高等学校专业教材

国家级一流本科课程配套教材

食品风味化学与分析

宋焕禄　主　编

王丽金　副主编

中国轻工业出版社

图书在版编目（CIP）数据

食品风味化学与分析/宋焕禄主编．—北京：中国轻工业出版社，2023.6

高等学校专业教材　国家级一流本科课程配套教材

ISBN 978-7-5184-3583-8

Ⅰ.①食…　Ⅱ.①宋…　Ⅲ.①食品化学—高等学校—教材　Ⅳ.①TS201.2

中国版本图书馆 CIP 数据核字（2021）第 130998 号

责任编辑：钟　雨

策划编辑：钟　雨　　责任终审：白　洁　　封面设计：锋尚设计

版式设计：砚祥志远　　责任校对：晋　洁　　责任监印：张　可

出版发行：中国轻工业出版社（北京东长安街 6 号，邮编：100740）

印　　刷：三河市国英印务有限公司

经　　销：各地新华书店

版　　次：2023 年 6 月第 1 版第 2 次印刷

开　　本：787×1092　1/16　印张：29.5

字　　数：650 千字

书　　号：ISBN 978-7-5184-3583-8　定价：58.00 元

邮购电话：010－65241695

发行电话：010－85119835　　传真：85113293

网　　址：http：//www.chlip.com.cn

Email：club@chlip.com.cn

如发现图书残缺请与我社邮购联系调换

230704J1C102ZBW

序一 Foreword

风味是食品品质的一个重要体现。随着国民经济的发展以及人民生活水平的提高，人们对食品的追求目标发生了变化，既要好吃美味，同时要兼顾营养健康，风味健康双导向。健康、美味、方便、实惠是中国乃至世界食品发展的趋势。

食品风味品质的调控和提升，是满足人民群众对美好生活的热切期盼和向往的直接目标。当前，食品风味的多元化使得食品中的风味成分更加复杂，同时食品存储、加工、调配等过程中风味也会不断变化，食品风味特征成分的研究与分析成为难点和重点的聚焦。在这一背景下，“食品风味化学”已成为近年来食品科学领域的研究热点。食品风味物质含量较少，且食品基质甚为复杂，如何对其进行提取分离和富集，是一个巨大的考验；细节决定成败，所以食品风味分析也是颇见功底。

我国有五千年的灿烂文化，孔子就主张“割不正不食，不得其酱不食”，苏东坡的东坡肉、东坡肘子流传至今，袁枚的《随园食单》中收集了300多种南北菜肴饭点，非常经典。食品产业要坚定中国饮食文化自信，积极主动地研究探索中国传统食品的基础科学问题，为中国食品更健康、美味、方便、实惠夯实科学基础，传承博大精深的中国味。这其中，食品风味化学的作用至关重要，因为食以味为先。

宋焕禄教授多年来一直潜心于食品风味方面的教学与科研，成果颇丰，经过多年的积淀，厚积薄发，其主讲的线上课程《食品风味化学与分析》被教育部评为国家级线上一流本科课程。其研究团队结合自己多年的研究成果以及当前最新国际前沿，编写了《食品风味化学与分析》教材。该书除详细阐述了食品风味化学领域的基础知识外，还介绍了国际上风味化学新理论、新方法和新应用，通过大量实际案例，深入浅出、适用面广、理论联系实际，相信该书可以帮助读者更好地掌握食品风味化学与分析方面的内容。希望读者朋友能够“开卷有得，欣然忘食”。

中国工程院院士，北京工商大学教授

2021年6月16日

序二 Foreword

改革开放以来，我国食品学科相关教育有了很大的发展。随着课程设置的不断调整，每隔一段时间会有不同版本教材出版，同时也会翻译引进一些国外优秀教材。作为培养我国食品风味研究人才的北京工商大学，自建校以来，其食品风味在教学和科研领域一直为国内翘楚。北京工商大学食品与健康学院宋焕禄教授是我在无锡轻工业学院（现为江南大学）读研究生时的同窗，毕业后一直从事食品风味化学方面的教学与科研工作，由其主持的慕课《食品风味化学与分析》荣获国家精品课程，同时该课程登录学习强国平台，供全国党员学习。为配合慕课教学效果，宋教授以慕课原班人马为基础，补充食品风味研究新内容，执笔力作配套教材。

本教材在慕课基础上，继续坚持理论与应用相结合，培养工程人才以解决复杂技术难题为靶标，从实处解决食品风味研究中的难题。本书内容不仅符合食品本科教学要求，而且有一定高阶知识点，用于食品风味相关内容的研发创新，也符合工程教育认证 OBE 理论思想。

近年来，随着新知识交叉发展和网络的进一步普及，作为一名一线教师，深感我国在教学科研的实践中，从风味理论到风味创新，急需一本有基础，有前沿，有理论，有实操的食品风味科学书籍。宋焕禄教授的《食品风味化学与分析》符合新世纪教学模式，将有利于我国食品风味研究水平的提高，也必将进一步促进食品风味创新的发展。

作为老同学，我乐于为本教材作序并期待宋焕禄教授有更多的大作问世。

江南大学食品学院教授/博导

教育部食品科学与工程类专业教学指导委员会主任委员　　2021 年 6 月 18 日

序三 | Foreword

人类对美味的追求可谓源远流长，历久弥新。人们对这种感官上的满足及生理上的快感趋之若鹜，欲罢不能，此所谓之饕餮盛宴是也。现代医学及神经生理学实验显示，当人们摄入美食时大脑皮层灰质区域的活跃程度增强，科学地阐明了饕餮盛宴的道理所在。然而，物质决定存在，美味的基础是风味物质（气味及滋味物质）激活了嗅觉与味觉的蛋白受体，从而使大脑产生了相应的感觉。

风味成分及其含量是食品风味感官的物质基础，是风味感官研究的关键，在国内外已有大量的研究，形成了系统的理论和实验方法。以气味为例，目前从各类食品中鉴定出的挥发物达10000多种，其中真正起作用、能够激活鼻腔深处嗅觉蛋白受体，使人们产生嗅觉的仅有数百种之多。现代食品风味分析技术，如分子感官科学技术致力于捕捉到这些特征的气味活性物质，从分子层面阐述食品气味特征的化学本质。近年来，风味感官研究更是从风味物质的分子基础拓展延伸到了口腔和鼻腔的动态释放和感知，以期揭示风味小分子在口腔环境条件下的释放、迁移、被感知机制。可以预期这些新前沿研究必将带来食品风味感官感知领域的新突破。

北京工商大学宋焕禄教授是我敬仰的食品风味感官研究专家，长期致力于分子水平上的食品风味研究。宋教授领衔的团队所撰写的这本《食品风味化学与分析》教材，在国家精品课程（国家级线上一流本科课程）内容的基础上，参考了国内外食品风味研究的最新进展，尤其是团队长期研究的成果和教学经验，精心打磨，深入浅出，力求在深度与广度上寻找平衡，能充分满足本科生、硕士生、博士生以及教师等不同层次人员的需求。同时，该教材也是相关科研院所、企业研发人员学习食品风味化学知识的有益参考资料。慕课上线2年来，参与线上学习2万余人，相信这本教材能切实满足相关人员的学习需求。

陈建设，教授，博士生导师
浙江工商大学食品与生物工程学院特聘副院长，
食品口腔加工与感官科学研究所所长
国际食品科学院院士、英国食品科学院院士
国际食品口腔加工学术会议主席
Journal of Texture Studies 主编

2021年6月18日

前言 | Preface

教材是教师教学和学生学习的主要凭借，是教师进行教学、搞好教书育人工作的主要依据，是学生获得系统知识、发展智力、提高思想品德觉悟的重要工具。“民以食为天，食以味为先”，食物/食品是我们赖以生存、营养获取及美味愉悦的重要来源，而风味作为食品品质的重要指标，赋予了食品美味愉悦的重要内涵。为了更好地进行食品风味方面的教学，我们按照教学计划安排，于2018年年底录制了慕课《食品风味化学与分析》并在“学堂在线”上线，免费向全国开放，开课3年，截至2020年6月，在线学习突破2万余人，受到学习者的好评，还入选了“学习强国”，供全国9000多万名党员学习，为此本课程于2020年11月被国家教育部评为首批国家级线上一流本科课程。但是，随着慕课的不断进行以及学校线下教学需要，一本适用于教学大纲及风味化学前沿的教材的编写也迫在眉睫。因此，我们在慕课内容的基础上，参考国际风味分析的最新研究成果，编写了这本教材。

根据编写大纲要求，结合编者团队近20年教学实验经验，《食品风味化学与分析》从理论上系统地解释了食品风味理论、分析方法及重点实验操作。除系统性介绍国内外相关理论知识外，还介绍了当下国际最新的研究成果，反映了食品风味研究领域近10年的发展状况。本教材的特点是既有风味化学基础知识的介绍，又有风味化学国际前沿的介绍，还有实验操作的详细介绍，努力争取做到理论联系实际，全方位介绍风味化学的知识与实验技能，以便使读者能够开卷有益，学以致用。

本书共分十章，主要内容包括绪论、味觉及嗅觉的神经生理学基础、风味的形成与变化、气味化合物的提取/分离和分析方法、滋味化合物的提取/分离和分析方法、分子感官科学与风味、食品中的气味成分、食品中的滋味成分、食品风味与人体健康、食品风味化学与分析实验，最后根据目前国家“减盐、减糖、减油”的三减政策，介绍了食品风味在这方面的发展趋势。

本书可作为高等院校食品及相关专业本科生、研究生教材，也可供食品及相关行业科研人员、企业技术人员参考，还可用作社会培训教材。

本书的撰写人员均为北京工商大学食品与健康学院分子感官科学科研团队的教师，全书由宋焕禄（第一、四、九章）、张雨（第二、三、十章）、邹婷婷（第四、九章）、王丽金（第五、六、八、十章）、孟琦（第七、十章）、郭天洋（第七章）编写，由宋焕禄、王丽金统稿。在编写过程中，得到了有关方面的大力支持，于明光、申栋宇、金燕京、郭坤伦、赵慕、万苏艳等同学也参与了本书的编写工作，在此一并表示由衷的感谢！

本书涉及的学科多，内容范围广，加之编者水平和能力有限，不足、错误和不妥之处在所难免，敬请同行专家和广大读者批评指正，以便使本书在使用中不断完善和提高。

主编

2021年5月

目录 Contents

第一章 绪论

CHAPTER 1

学习目的与要求

1. 明确风味、风味化学的范畴。
2. 了解食品风味分析的重要性。
3. 熟悉食品风味分析需要的基本技能及工具。

第一节　食品风味及其重要性

食品讲究“色、香、味、形”，其中风味就占了其中两项即香和味。另外，还有大家熟知的“民以食为天，食以味为先”。这些说法充分说明了风味在食品中的重要性，这是因为食品是嗜好性的，喜欢吃就吃得多，即使食品再有营养，倘若索然无味，无法摄入，其营养自然也就谈不上了。

风味比较复杂，是几种感觉的组合。从化学刺激物的角度，风味分为三方面：①香气（aroma），能被嗅觉感知到的小分子挥发性物质，分子质量在250～400u；②滋味（taste），有味觉的不挥发性物质，分子质量大一些；③触觉/痛感（tactile/pain），三叉神经（trigeminal）的痛感或震颤感等，如麻味、辣味。当然，声音（如吃薯片时的清脆声）、质构（黏稠度、沙沙的感觉）等也包含在风味范畴中，但是本书未涉及上述内容。

风味是食品可接受性中比较重要的要素，受文化背景影响，还与过去经历及日常生活息息相关，无论人们吃到美味佳肴或是吃到闻到恶心的食物，总是留下难忘的记忆；另外风味的感知还受文化背景、宗教、过去的记忆、情感（情绪）、性别、年龄、身体生理状态等诸多因素影响。

第二节 食品风味化学

食品风味化学是食品化学的一个分支，着重研究风味物质的化学本质及其分析方法，以达到从风味入手对食品加工、贮藏过程进行品质控制的目的。

风味物质比较复杂，以牛肉加热（炖煮、烤炙等）时产生的风味物质为例，已有几百种化合物从其挥发成分中被鉴定出。这些挥发成分涵盖了有机化合物种类的大多数，如烃类、醇类、醛类、酮类、羧酸类、酯类、内酯类、醚类、呋喃及其衍生物、吡啶及其衍生物、吡嗪及其衍生物、吡咯及其衍生物、噁唑类和噁唑啉类、噻唑和噻唑啉类等（表 1 - 1）。由此可见，食品的风味很复杂，不可能由单一或一类化合物构成。但是，这些化合物的性质相差甚远（沸点/挥发度、极性、分配系数、觉察阈值等），所以在其提取/分离时，要充分考虑到这些因素，例如，最好要用溶剂萃取（考虑极性，有机化学中相似相溶原理）与顶空分析（挥发度）这两种方法相结合；在分析鉴定时，至少要用极性与非极性两种气相色谱毛细管柱进行分离，再用气相色谱 - 嗅闻（GC - O）技术筛选出关键的特征赋予（character - impact）化合物，抓住主要矛盾，为食品加工贮藏过程中的品控提供科学依据。

表 1 - 1　　已报道的牛肉加热时产生的挥发成分的化学分类

分类	数量	分类	数量
烃类——脂肪族	73	氯化物	10
——脂环族	4	苯类	86
萜类	8	含硫化合物（非杂环）	68
醇类——脂肪族	46	呋喃及其衍生物	43
——脂环族	1	噻吩及其衍生物	40
醛类——脂肪族	55	吡咯及其衍生物	20
酮类——脂肪族	44	吡啶及其衍生物	17
——脂环族	8	吡嗪及其衍生物	54
羧酸类——脂肪族	20	噁唑和噁唑啉类	13
内酯类	32	噻唑和噻唑啉类	29
酯类——脂肪族	27	含硫杂环化合物	13
醚类——脂肪族	5	其他	12
胺类——脂肪族	20	合计	748

第三节 食品风味分析的意义

1. 食品风味分析的意义

（1）食品中主要风味组分的化学本质及结构能够帮助产品改良及新产品开发

①加工/配料优化。

②贮藏条件的优化/评价。

③货架期（shelf - life）测定。

（2）可以找到异味物（off - flavor）或化学污染物（chemical taint）

（3）可以帮助品控或产品分级（grading）

①产品（原料）指纹图谱（fingerprinting）。

②原产地保护（naturalness）。

（4）基础研究 风味活性化合物的结构 - 功能的关系、香气化合物与大分子如蛋白质、淀粉、脂肪乳浊液的相互作用（如吸收、释放模型）。

（5）将感官评价与仪器分析关联起来 即食品中香气轮廓（aroma profile）与挥发物（volatile）成分、滋味轮廓（taste profile）与不挥发性（non - volatile）风味成分关联起来①。

2. 食品风味分析三部曲

（1）关键风味物质的鉴定及其准确定量 何谓关键风味物质？以气味为例，据报道，食品中的挥发物有1万多种，但是目前公认能够被嗅闻到（能激活鼻腔深处嗅觉上皮细胞中的嗅觉蛋白受体）的只有200～300种，大多数挥发物对食品的整体香气轮廓没有贡献。因此，如果要研究香气或香气变化，那么就要聚焦于气味活性化合物（odor - active compounds），与大多数的无气味挥发物相比，它们仅占少数，但是却起了关键作用，可以用气相色谱 - 嗅闻技术（GC - O）筛选出来。

找到了风味活性化合物，还需要采用外标定量法或内外标结合定量法或稳定同位素稀释法（SIDA）等对其进行精确的定量；进而再用风味模型、缺失试验等筛选出风味重组物，此即关键风味物质。

（2）形成途径推断 食品一般是动物性或植物性的，在采摘或屠宰之后其中的生化变化依然进行，在其加工贮藏过程中也有成分的变化，如氨基酸/蛋白质的降解、美拉德反应、脂肪降解/自动氧化等，所以要推断关键风味物质的形成途径。

（3）品控 最后，还要掌握这些关键风味物质在食品加工、贮藏过程关键环节中的变化规律，达到从风味入手进行品质控制的目的。

第四节 食品风味分析工具

1. 基本知识/技术

（1）食品科学

（2）化学、生物化学

2. 所需的仪器及试剂、材料

（1）气相色谱 - 质谱联用仪（GC - MS）

---

① 感官描述分析与化学/仪器分析的关联。

（2）气相色谱－嗅闻仪（GC－O）

（3）高效液相色谱（HPLC）/液相色谱－质谱联用仪（LC－MS）

（4）同时蒸馏提取器（SDE）/溶剂辅助风味蒸发器（SAFE）

（5）高真空系统

（6）高纯度溶剂（二氯甲烷、乙醚等）

（7）高纯度氮气/氦气

（8）香气、滋味标准化合物

3. 书籍（仅举几例）

（1）Rouseff R L and Cadwallade K R. 2001. *Headspace Analysis of Foods and Flavors – Theory and Practice*. Berlin：Springer.

（2）Reineccius G. 1995. *Flavor Analysis*. Berlin：Springer.

（3）Reineccius G. 1994. *Source book of flavors*. Berlin：Springer.

（4）Marsili R. 2001. *Flavor，Fragrance and Odor Analysis*. New York：Marcel Dekker Inc.

（5）Kolb B and Ettre L S. 2006. *Static Headspace – Gas Chromatography：Theory and Practice*，2nd Edition. New Jersey：Wiley – Blackwell.

（6）Belitz H D，Grosch W，Schieberle P. 2004. Aroma compounds. *Food chemistry*，4th edition. Berlin：Springer.

（7）Leland J，Schieberle P，Buettner A and Acree T. 2001. *Gas Chromatography – Olfactometry：the state of the art*. Washington DC：American Chemical Society.

4. 杂志期刊（仅举几例）

（1）*Journal of Agricultural and Food Chemistry.*

（2）*Food Chemistry.*

（3）*LWT – Food Science and Technology.*

（4）*Food Research International.*

（5）*Journal of the Science of Food and Agriculture.*

（6）*Flavour and Fragrance Journal.*

（7）*Food & Function.*

（8）*Journal of Food Properties.*

（9）*Journal of Food Processing and Preservation.*

5. 网站

（1）Flavour and Fragrance Journal：http：//www3. interscience. wiley. com.

（2）Leffingwell and Associate：http：//www. leffingwell. com.

（3）Flavornet：http：//nysaes. cornell. edu/flavornet.

（4）LRI and Odour Database：http：//www. odour. org. uk.

（5）Perfumer and Flavorist：http：//perfumerflavorist. com.

思考题

1. 什么是风味?
2. 为什么要进行食品风味分析?
3. 食品风味研究的工具有哪些?

参考文献

[1] 宋焕禄. 食品风味化学 [M]. 北京: 化学工业出版社, 2007.

[2] 宋焕禄. 分子感官科学 [M]. 北京: 科学出版社, 2014.

[3] Belitz HD, Grosch W, Schieberle P. 2004. *Aroma compounds. Food chemistry, 4th edition* [M]. Berlin: Springer.

[4] Leland J, Schieberle P, Buettner A and Acree T. 2001. *Gas Chromatography - Olfactometry: the state of the art* [M]. Washington DC: American Chemical Society.

[5] Rychlik M, Schieberle P and Grosch W. 1998. *Compilation of odor thresholds, odor qualities and retention indices of key food odorants* [M]. Deutsche Forschungsanstalt für Lebensmittelchemie und Institut für Lebensmittelchemie der Technischen Universität München, Garching.

第二章

CHAPTER 2

味觉及嗅觉的神经生理学基础

学习目的与要求

1. 明确嗅觉和味觉产生的基本原理。
2. 了解气味化合物基本性质。
3. 熟悉基本味觉分类。

进入二十一世纪以来，食品风味研究快速发展，从分子生物化学到化学感官分析领域都取得了长足进步。基于食品系统的复杂体系和风味化合物自身属性，风味是食物中重要的食用属性。食品风味，不仅影响食品质量属性，同时也影响消费者购买选择。另外，风味作为食物的一部分还与饮食文化息息相关，在烹饪领域、食品科学、公众交流中发挥着重要作用。我们的感官系统负责产生外界刺激的反馈，包括化学（味觉和嗅觉）和物理（机械、声音、视觉和温度）特征。

在过去的20年中，化学感官领域在理解嗅觉和味觉的分子信号机制方面取得了重大进展。然而，对气味和味觉识别的分子理解仍然远远落后，需要解决受体分子与天然配体复合的多个结构以实现研究目标。目前，G－蛋白偶联受体（G protein－coupled receptors，GPCRs）结构的发展使这一目标成为现实。识别大量不同配体的多特异性受体如何在大脑中产生感官知觉的共同难题只有通过高分辨率受体结构和功能研究的结合才能完全理解。

第一节　人体的嗅觉与味觉

嗅觉是人类最古老的系统感觉之一。然而，与其他感觉系统相比，有关嗅觉的出版物数量很少。但是，近年来，在了解嗅觉主要过程方面取得了巨大进步后，相关出版物已逐渐增多。从鼻腔黏膜中的气味物质与受体细胞的第一次接触，到嗅觉信号的级联反应，再到中枢神经系统中嗅觉刺激的处理，本部分主要从嗅觉的解剖学和生理学，包括感觉输入、嗅觉和神经系统进行简要介绍。

从进化的角度讲，化学感官是我们最古老的感觉系统。甚至原始的单细胞生物也已经进化出感知周围环境化学成分变化的策略，并在进化过程中对此进行了适应和调整。我们生活的自然环境，从化学角度出发，可以被看成是一个复杂的化学空间，是由各类生物体及其释放出的各种化合物所构成的。这些化合物由多种代谢过程产生包括小分子挥发性化合物（有机或者无机）、非挥发性化合物。这些环境化合物为生物体的生存提供了关键信息，因为它们反映了食物、食物链和同种生物的存在。

一、 嗅觉受体与信号转导

嗅觉神经系统开始于神经上皮细胞，称为嗅觉上皮细胞（olfactory epithelial cell，OE），位于鼻腔的顶部（图 2－1）。OE 包含数以百万计的嗅觉感觉神经元（olfactory sensory neurons，OSNs），它们将纤毛树突延伸到表面。此外，OSNs 轴突与嗅小球（olfactory bulb，OB）的二级神经元突触接触。OSNs 的基本作用是检测环境信息并将其传递给次级神经元。

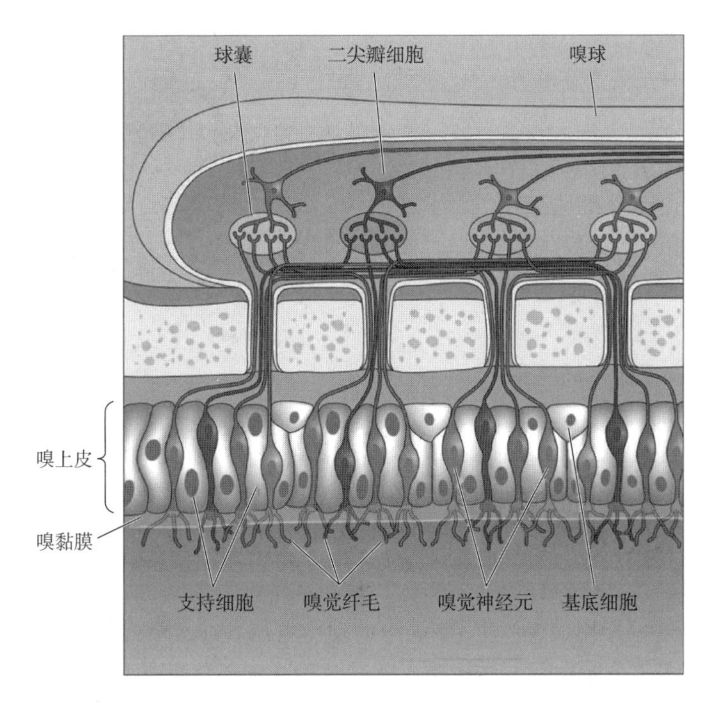

图 2－1　人类嗅觉神经示意图

嗅觉辨别力的分子基础是在感觉神经元上表达的种类丰富，且数量巨大的嗅觉受体。嗅觉受体的定义：①在 OSNs 中表达；②具有检测特定环境化学线索的功能；③启动细胞内信号转导，最终驱动神经元动作电位的产生。第一个哺乳动物嗅觉受体家族——嗅受体（olfactory receptors，OR）家族的发现，开启了嗅觉研究的分子时代。这一发现为其他类型的哺乳动物嗅觉受体的识别提供了思考。目前，已经有三种不同类型的嗅觉受体被证明，可以在 OSNs 中进行表达。每一个嗅觉受体都能探测到特定的化合物线索，并为嗅觉辨别力做出不同的贡献。对这些特定线索的检测不仅给动物提供了气味感知，而且还带来了一些生理和行为上的影响。本部分初步讨论嗅觉受体的表达、结构和信号转导途径配体的特性。

1. 气味受体基因家族

通过基因组测序分析，所有四足动物所表达的 OR 相关基因数量范围在 400 ~ 4200 个，其中包括 20% ~ 60% 的伪（假）基因。这些数字表明 ORs 基因家族是整个基因组中最大的基因家族。在不同种动物基因组中发现的 ORs 基因，通常被视为小群。目前根据基因型将 ORs 分为以下九类：α、β、γ、δ、ε、ζ、η、θ、κ，每种亚群源于不同的基因组。在这九个亚群中，有两类 ORs 分布在四足动物基因组中，剩下的 7 类 ORs 主要在鱼类和两栖动物中表达。有研究结果发现，部分 ORs 能够检测水中的溶性化合物（水栖生物），而有些 ORs 则可能检测空气中挥发性气味化合物（陆栖生物）。

1991 年，Buck 和 Axel 分离和克隆了 OR 基因。实验证实了以下内容，首先，通过假设 ORs 属于 G－蛋白偶联受体（GPCR）家族，发现气味物激活 OSN 导致 G－蛋白介导的第二信使的产生，随后在 OSN 中诱导动作电位。其次，ORs 是一个由多基因家族编码的，该家族具有识别大量不同气味的能力。研究人员根据各种 GPCRs 中保守的氨基酸序列设计一系列简并的寡核苷酸来扩增大鼠 OE 中的基因表达序列。最后，验证候选基因的特异性表达。这些被识别的基因编码的蛋白质具有 GPCRs 的共同结构特征。这些蛋白质含有 7 个假定的跨膜区域，一个位于细胞外 N 末端的糖基化位点，以及假定的细胞外环中保守的半胱氨酸分子之间的二硫键（图 2－2）。

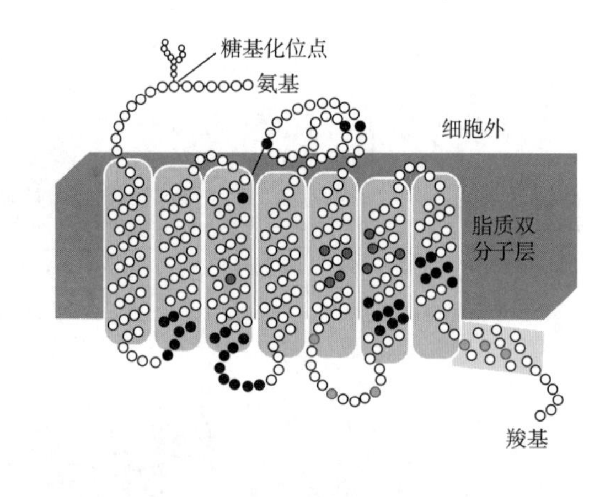

图 2－2　气味受体的分子结构

展示了 OR 的膜拓扑。ORs 中常见的氨基酸序列用黑色阴影表示。● 和● 分别显示了参与气味结合和 G－蛋白偶联的关键氨基酸残基。

2. OR 介导的信号转导和调控

OR 的激活

ORs 的一个基本作用是启动细胞内信号转导，这一作用最终产生 OSNs 中的动作电位。在 OSNs 的纤毛膜上，激动剂结合或偶联到嗅觉特异性 G－蛋白部分结构域，随后激活腺苷环化酶Ⅲ（ACⅢ）OSNs，导致细胞内 cAMP 水平升高（图 2－3）。cAMP 正向调节 cAMP 敏感的环核苷酸门控通道（cyclic nucleotide－gated channel，CNGC）的开放，这些通道是异四聚体，由四个亚基组成。CNG 通道导致钙流入，随后开启了钙门控氯离子通道。由这些离子渗透引起的 OSNs 的膜去极化是 OSNs 动作电位产生的结果。

除了已明确的信号通路，后来的研究揭示了几个被认为调节或激活 OSNs 和信号转导的机制。为了启动信号转导，ORs 被定位在 OSNs 的细胞表面，最有可能与受体转运蛋白（Receptor－transporting proteins，RTPs）结合。RTPs 可能与纤毛膜表面的一些 ORs 形成复合物，并可能通过正位或变位机制调节其信号传导效果。一种被称为 M3 型乙酰胆碱蕈毒碱受体

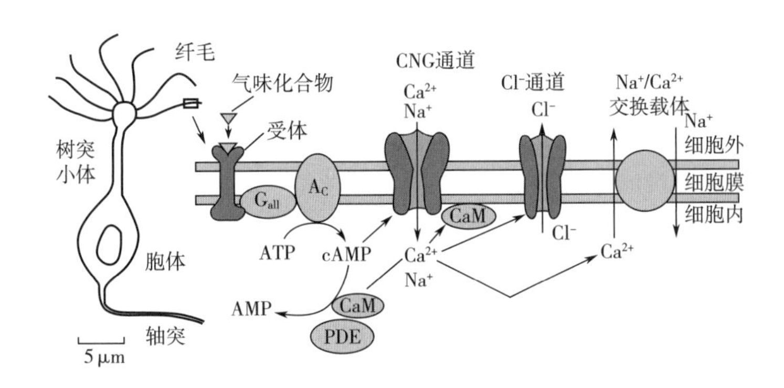

图 2-3　嗅觉受体介导示意图

（M3 muscarinic acetylcholine receptor，M3-R）的 G 偶联受体已被证明在 OSNs 的纤毛上表达，并有可能调节或介导信号传导。在与 ORs 共表达时，M3-R 可与多种 ORs 发生物理作用，放大其信号，但不影响 OR 蛋白的表达水平。活跃状态的 M3-R 进一步增强了 OR 的信号介导，而不活跃的 M3-R 则逆转了这一作用。

图 2-4 所示为 CNGC 介导的信号转导。在 OSNs 中，OR 按异三聚体 GTP、G_{olf}和 ACⅢ的顺序激活信号组件。CNG 通道（CNGC）由 CNGA2、CNGA4 和 CNGB1b 组成。离子通道的开通，CNGC 和 Ca^{2+}端依赖 Cl^-通道，导致膜去极化。GC-D 在细胞外结合钠尿肽或细胞内结合 HCO 时表现出催化活性。这导致细胞内环磷酸鸟苷（Cyclic guanosine monophosphate，cGMP）的增加，刺激 CNG 通道复合物的门控，包括 CNGA3 亚基，开启的通道导致了钙流入，引发膜去极化。

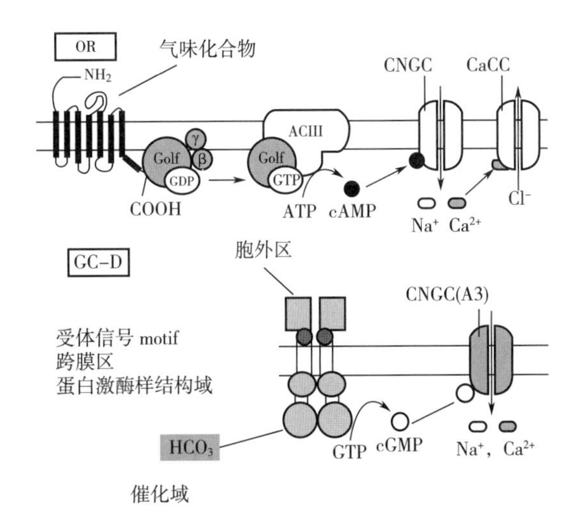

图 2-4　CNGC 介导的信号转导示意图

3. 配体结合方式和 G-蛋白偶联的结构基础

体外功能检测系统的发展使研究人员能够解决各种问题，如 ORs 如何结合其同源激动剂和激活 OSNs 中的嗅觉神经元特异性 G-蛋白（Olfactory neuron specific-G protein，Golf）。GPCRs 家族的配体结合位点包含在由 7 个跨膜结构域形成的空腔内。结合激动剂激活的 GPCRs 与

G－蛋白的细胞内环和C端区同源。计算对接模拟和合理的受体设计结合位点定向诱变，成功定义了小鼠的气味结合位点，即MOR174－9或Olfr73。与其他GPCRs一样，MOR174－9中的配体结合位点主要由分布在TM3、TM5和TM6中的几个氨基酸残基组成。

OR在配体结合模式中的一个特征是，绝大多数参与气味结合的关键氨基酸残基是疏水的。因此，与主要通过静电作用结合配体的其他GPCRs，ORs通过微弱的疏水相互作用与同源气味物质相联系，而与之形成对比的是，其他GPCRs包括主要通过静电相互作用结合配体的GPCRs。这种弱配体结合可能反过来导致配体复合物亲和力相对较低（多为M阶）和寿命较短（<1ms）。尽管ORs亲和力低，哺乳动物物种仍然对许多气味表现出极高的敏感性。这种差异可能归因于覆盖OSNs层的鼻黏液的存在。鼻黏液可能在捕获气味中发挥作用，并将它们及时地、空间集中地呈现给OSNs。

当OR与激动剂结合时，OR经历构象变化，从而与Golf结合。诱变研究表明，偶联Golf是通过位于细胞内第三环和C末端结构域的一系列保守氨基酸残基实现的。OR的晶体结构尚未确定。最近分离出的大量ORs可能有助于构建高分辨率的ORs晶体结构，并在未来进一步深入了解ORs的结构基础。

二、 嗅觉感受

鼻腔由鼻中隔分为左右两部分，每一侧从外侧壁上又有上、中、下鼻甲伸向鼻腔内。整个鼻腔均被黏膜所覆盖。平静呼吸时，大部分空气是通过中、下鼻道吸入肺内，只有少量通过上鼻道。因此，人们在辨别一些不太显著的气味时常常要用力吸气，才能使气味分子到达上鼻道和鼻中隔后上部的嗅上皮以刺激嗅细胞。

嗅觉受体的适宜刺激物几乎均为有机的、挥发性的化学物质，其刺激程度受某些物理因素影响（如物质的挥发程度、物质在水溶液或脂质中溶解度等）。用以检测嗅觉的气味物质称嗅素（嗅质），自然界能够引起嗅觉的有气味物质可达2万余种，而人类能够分辨和记忆的气味约1万种。大部分自然形成的风味，实际上是几种嗅质分子的混合物，然而这些风味是作为一种单独的感知信号而被感知的。这种复杂的单独感知是嗅觉的显著特征。芳香沁人肺腑，令人心旷神怡；腐臭使人厌恶，唯恐躲避不及。通常把人或动物对气味的敏感程度称为嗅敏度，其可用嗅阈值来衡量。把能引起嗅觉的气味物质的最小浓度称为嗅阈值（olfactory threshold），可用1L空气中含有某物质的毫克数表示。

嗅觉的特点：

（1）嗅阈值低　人类嗅觉的生理特性之一是嗅阈值低，嗅觉十分灵敏。不同种族及不同个体之间存在较大差异，通常女性嗅同值低于男性；儿童低于成人；妇女月经期嗅觉减退。人类嗅阈的大小也随气味物质种类不同而有很大差异，如果粪臭素为4×10^{-10}mg/L；人工麝香为$5 \times 10^{-10} \sim 5 \times 10^{-9}$mg/L；乙醚为6mg/L。有些人缺乏一般人所具有的对某种化学物质的嗅觉能力，称为嗅盲或嗅觉缺损。嗅觉功能可因嗅上皮损伤或嗅细胞减少而降低；温度和湿度等环境因素对嗅闹也有一定影响；也可随机体不同条件的变化而改变，如感冒、鼻炎、吸烟者的嗅灵敏度均可降低。此外，随着机体处于不同的行为状态，同一种嗅物质会具有不同的意义，例如，在饱满或饥饿不同状态时，人们对食物的芳香的感受会完全不同。

（2）适应较快　嗅觉受体属于快适应受体，因此，在某种嗅素连续刺激下，可迅速引起嗅觉减退。“入芝兰之室，久而不闻其香；入鲍鱼之肆，久而不闻其臭”，可理解为嗅觉适应。不同的刺激，嗅觉适应的时间不同，有的只需 1～2min，有的需要十几分钟甚至更长。嗅觉的适应也具有选择性，即对某种气味适应后，此时对其他嗅素仍有正常的嗅觉。嗅觉还有一种和心情有关的特点，即能引起情绪活动，有些气味可引起愉快的情绪，而有些气味则引起不愉快或厌恶的情绪。

现已表明，嗅觉受体在受刺激后，1s 左右已适应 50%，但此后，它们产生适应即非常少且非常慢。当我们进入一个较强的气味环境时，1min 左右几乎完全适应了。这是因为我们的心理适应程度比受体本身适应要强。有学者推测，适应的机制可能发生在中枢神经系统内。当一个嗅刺激开始后，中枢神经逐渐产生一个强的反馈抑制，发自脑部嗅觉中枢的大量神经纤维终止于嗅小球内颗粒细胞（抑制细胞），抑制嗅信号通过嗅小球传递信息。

三、 嗅觉相关组织

人脑中新皮层约占全部皮层的 96%，占据大脑半球表面的绝大部分。与嗅觉有关的古、旧皮层仅占 4%，且位于大脑半球的腹内侧部。嗅脑（Rhinencephalon）是指与嗅觉纤维有直接联系的脑部，在进化过程中相当于旧皮层的部分，包括嗅小球、嗅束、嗅结节、嗅前核、前穿质、前梨区皮层和部分杏仁体。

嗅小球是嗅觉通路传递和处理嗅信息的第一个中继站。嗅觉受体的轴突末梢形成嗅神经，经过筛板进入嗅小球（Olfactory bulb）。在许多哺乳动物及人体胚胎，嗅小球呈分层结构，但在发育成熟的人脑，分层结构不清楚。一般最浅层为嗅神经纤维层，由进入嗅小球无髓鞘的嗅神经丝组成。最深层即位于胶质团块外面的是嗅束纤维层，由有髓鞘的轴突组成。上述两层之间是灰质层，含有数层细胞。

嗅小球灰质神经细胞有四种：

（1）僧帽细胞（Mitral cells） 形体巨大，有尖树突和两侧基树突，形如僧帽，故名。在嗅小球内排列成单行。

（2）丛状细胞（Tufted cells） 形如僧帽细胞，但较小，位置较浅。

（3）颗粒细胞（Granule cells） 小圆或星形，无真正轴突，且数较多，遍布于嗅小球各层，比较集中于深层。

（4）球周细胞（Periglomerular cells） 有各种形状，分布在突触小球的周围。

僧帽细胞是嗅通路的第二级神经元，其伸出主树突及其远端树突分支和丛状细胞的尖树突伸向浅纤维层，树突末端反复分支，和嗅神经丝的末端分支紧密环抱，组成突触小球（Synaptic glomerule）。颗粒细胞与球周细胞都是中间神经元。每个突触小球内大约有 2.5 万个嗅细胞轴突末梢终止于僧帽细胞和丛状细胞的树突上。如此大量的细胞聚集或辐射构成了复杂的嗅觉信息编码。僧帽细胞的轴突再形成嗅束（Olfactory tract）将信息传递至高级嗅觉中枢。哺乳动物嗅觉网络示意图如图 2－5 所示。

嗅小球的信息整合作用：根据免疫组化研究，球周细胞大部分含多巴胺，有些含 γ－氨基丁酸（γ－aminobutyric acid，GABA），但也富含各种神经肽。颗粒细胞以 GABA 作为抑制性递质，僧帽细胞与丛状细胞以 Glu 兴奋性递质作用于它们接触的细胞。

嗅觉感知起始于嗅觉受体蛋白与气味分子的结合，配体受体结合物活化细胞内的 G－蛋白，活化的 G－蛋白激活腺苷酸环化酶，使细胞内大量的 ATP 转化成 cAMP。cAMP 是细胞内第二信使，可使细胞膜上的核苷酸门控离子通道打开，引起细胞外钙离子等阳离子内流，细

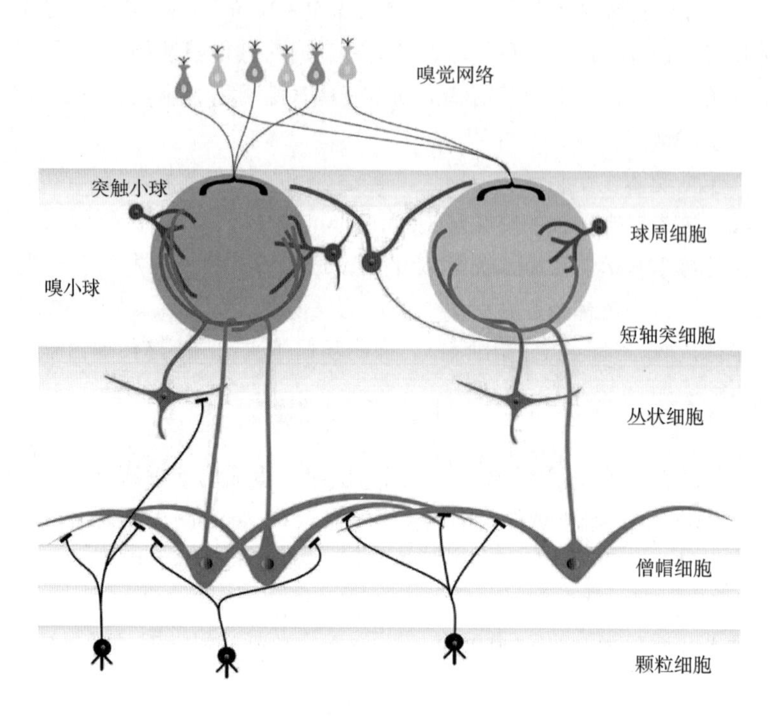

图2-5　哺乳动物嗅觉网络示意图

胞产生动作电位，由此，将气味分子的化学信号转化成电信号，通过轴突传到更高级的脑部结构，实现嗅觉的感知（图2-6）。

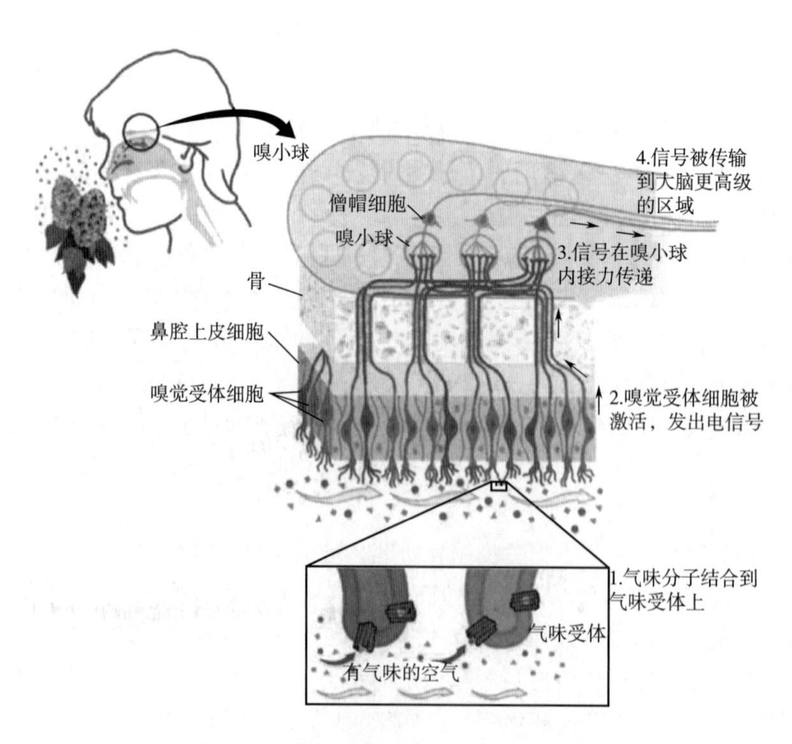

图2-6　嗅觉受体和嗅觉系统组成示意图

四、 乳头和味蕾

与嗅觉相似，味觉的文字记录最早可以追溯到古希腊学者的文字内容。这些古希腊学者认为，特定的味觉是通过感觉器官的孔（位于舌头）和感觉对象（物质）之间在我们体内产生的对称关系，如果我们学过生物化学里面酶和底物的锁钥学说，那么可以借助这一学说对古希腊学者关于味觉的解释进行了解。此后，从阿拉伯学者到欧洲中世纪的解剖学，再到近十几年，从生理学、解剖学以及计算机技术等不同学科进行阐明和解答，人以及生物如何感知滋味。

在哺乳动物中，味觉是滋味感受的主要方式。不同种属的哺乳动物通过口腔能分辨出的基本味觉种类差异明显，但基于基因组数据分析后发现，包括人在内哺乳动物，目前只能区分五种基本味觉：甜、苦、酸、咸和鲜味。已有关于第六种味觉的研究，候选者有浓厚味、脂肪味等，会在本章进行简要介绍。尽管由于物种差异，与大多数哺乳动物相比，人类对味觉的辨别能力似乎不高，但是味觉已经为我们提供了很多有价值的感官信息以评估食物，从安全性到愉悦感。味觉引起的反应范围很广，从天生的行为举止，如母婴关系，到后天社会行为，如美食创新、饮食乐趣、美味的吸引力，都在无时无刻地提醒人类一个问题，人类是如何感知滋味的?

所有滋味化合物对味蕾的刺激是相似的。呈味化合物，如甜味或鲜味分子与特定传感器细胞的顶端膜相互作用，此类细胞即口腔中的味觉受体细胞（taste receptor cells，TRC）。与鼻腔中的气味传感器细胞不同，TRC 不是神经元，而是专门的上皮细胞。它们将味觉信号发送给中枢神经系统，最终由大脑神经元接收到该信号。

几十个 TRC 细胞和其他种类的细胞集中在一起在称为味蕾，它们是最接近味觉的感觉器官。这些洋葱形结构包含大约 50 ~ 100 个细胞，这些细胞嵌入非感觉上皮细胞中。已经在舌头上的三种化学感觉型乳头中发现了味蕾：前舌的菌状乳突，后舌边缘的叶状乳突和后舌的周缘乳突。图 2 -7 所示为哺乳动物味蕾分布示意图。乳头状和味蕾的数量因人而异，但据估计，人类拥有约 300 种菌状乳头，约有 1100 个味蕾。平均而言，9 个周缘乳头含有约 2200 个味蕾，两个叶状乳头及其约 5 个裂隙约含 1300 个味蕾。味蕾也出现在在于咽、喉和会厌

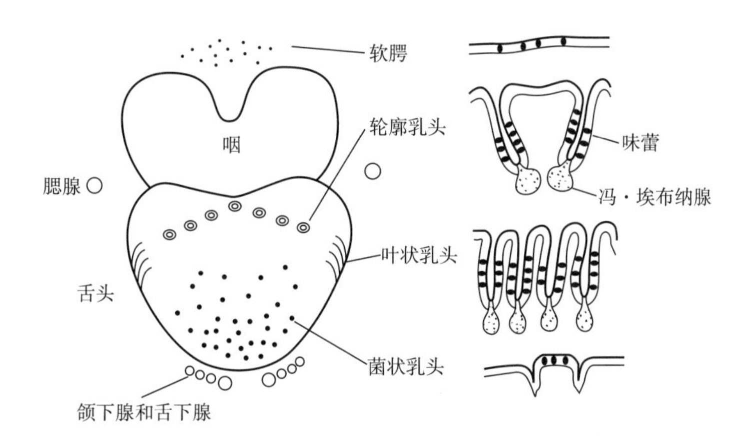

图 2 -7　哺乳动物味蕾分布示意图

中，然而，舌外味蕾不是乳头状的。小唾液腺通过导管与周缘和叶状乳头的裂缝相连。因此，小唾液腺的分泌物围绕后舌的乳突的味蕾，并形成可能影响味觉分子检测周围环境的受体。有证据表明，人类系统与其他哺乳动物的系统极为相似，因此动物观察也应适用于人类系统。通过电镜及解剖学研究，大致可以将味蕾细胞分为以下五种不同类型。

1. 味蕾细胞类型

味蕾细胞类型示意图如图2－8所示。

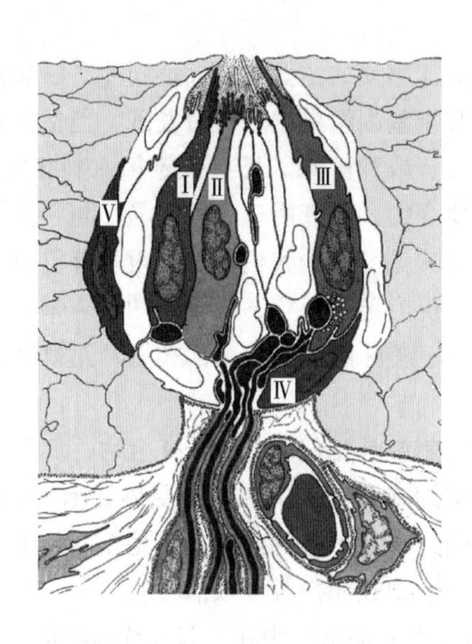

图2－8 味蕾细胞类型示意图

哺乳动物味蕾的纵切面，根据电镜观察结果绘制的示意图。每种单元类型只描述一次。
Ⅰ型细胞是胶质样细胞，Ⅱ型细胞由苦味、甜味和鲜味刺激物的受体细胞组成。
突触只存在于Ⅲ型（突触前）细胞的基部。Ⅳ型细胞为基底细胞，Ⅴ型为边缘细胞。

（1）Ⅰ型细胞　Ⅰ型细胞形状细长，其特征是包裹在其他细胞周围，这表明它们具有神经胶质样功能。Ⅰ型细胞还包含细细的绒毛，延伸到味觉孔，在上皮细胞的凹陷处，味觉活性分子与受体接触。一般认为味觉分子仅能进入味蕾细胞的微毛顶端。紧密的连接屏蔽了基底外侧细胞部分与口腔的接触。Ⅰ型细胞可以表达兴奋性神经递质。此外，一部分Ⅰ型细胞表达功能性上皮钠通道（Epithelial sodium channel，ENaC），该通道被认为与咸味的转导有关，因此导致这种细胞类型在味觉中起积极作用。

（2）Ⅱ型细胞　Ⅱ型细胞是电子透明的，这使它们在电子显微镜图像中呈现明亮感（Ⅱ型细胞又称“光细胞”），并且显示出它们细长的形状。Ⅱ型细胞一般位于味蕾的上部，并不总是延伸到其基部。它们具有几个钝的微绒毛，延伸到味觉孔中。这些细胞也称为受体细胞。大量研究表明，它们以相互排斥的方式表达甜，鲜味或苦味刺激的味觉受体，从而形成三个功能子集。所有三种类型受体细胞，表达相同的细胞内信号传导蛋白，包括G－蛋白亚基α－味转导素、$\beta1$或$\beta3$和$\gamma13$、磷脂酶C－$\beta2$（PLC－$\beta2$）、肌醇三磷酸受体型Ⅲ（IP_3 R3）和瞬时受体电位通道M5（Transient receptor potential M5，TRPM5）以及各种连接蛋白。

从生化实验到异源细胞实验中发现，Ⅱ型细胞似乎只适合于甜，苦或鲜味的单一一种滋味的刺激。苦味受体（TAS2Rs 或 T2R 的），不与 T1R 受体在同一细胞中共表达。表达 T1R1（鲜味受体特异性 T1R 亚基）的细胞不同于表达 T1R2（甜味受体特异性 T1R 亚基）的细胞。但是有实验表明，甜、鲜味、苦味受体通过同一信号最终导致神经递质三磷酸腺苷（ATP）释放的细胞内蛋白质。该信号不是通过经典的突触机制释放的。相反，是通过泛连接蛋白（Pannexin）或连接蛋白（Connexin）半通道排出的。

（3）Ⅲ型细胞　通过电子显微镜显示的Ⅲ型细胞与Ⅰ型和Ⅱ型细胞相比，具有中等的电子密度，并且只有一个细长的微绒毛，与味觉孔接触。它们表达各种神经蛋白，例如神经细胞黏附分子（Neural cell adhesion molecule，NCAM）。Ⅲ型细胞在味蕾上形成常规突触和因此显示出突触前特，也是唯一表达突触蛋白的细胞。因此，Ⅲ型细胞也称为突触前细胞。这种细胞类型不对甜，鲜味，或苦的刺激做出反应。Ⅲ型细胞中特异性表达瞬时受体电位家族的某些成员，称为脊椎动物酸味受体基因（Polycystic kidney disease 2 - like 1 protein，PKD2L1）。经过基因工程改造的小鼠，专门在 PKD2L1 细胞中表达白喉毒素，不仅缺乏其 PKD2L1 细胞，而且失去了对酸性味觉刺激的神经反应，从而证明Ⅲ型细胞是酸味细胞。

（4）Ⅳ型和Ⅴ型细胞　Ⅳ型细胞显示出与分层鳞状上皮细胞相似的形状。他们存在于味蕾的基底部，不具有滋味孔。这些细胞表达发育信号蛋白，这表明它们正在增殖，并暗示它们具有成为其他味蕾细胞前体的可能性。味觉细胞寿命很短，大约需要 10d 后就能更换。原始Ⅴ型细胞的外观与Ⅳ型细胞相似，但是当它们延伸到味蕾中时，它们呈Ⅰ型细胞状。在味蕾外围层中发现Ⅳ型细胞，其形成角蛋白束网络。Ⅴ型细胞不接触味觉孔，被认为可以支撑味蕾或形成扩散屏障，从而通过横向扩散穿过周围的上皮细胞来限制小分子的进入。

2. 将味觉信息传输到大脑皮层

味蕾由三个颅神经传入，这些细胞存在于三个周围神经节中：膝状神经节（Ⅶ）、岩质神经节（Ⅸ）和结节神经节（Ⅹ）。神经节神经元的纤维终止于髓质的一个小区域，称为味觉核。味觉信息从味觉核沿下降路径传输到控制下颌运动和唾液分泌的各种口运动核和唾液中枢神经核。因此，味觉信息似乎在局部感觉运动反射通路中用于控制咀嚼、吞咽、可口食物的唾液分泌或张开嘴以排出有害的有毒（苦味）化合物。

3. 味觉细胞类型与个体行为之间的联系

甜味、鲜味和苦味受体（以及酸性受体候选物 PKD2L1）在不同亚群的受体细胞中表达，以及观察到的受体细胞在体外仅对一类味觉刺激做出反应表明，味觉细胞形成独立的群体，这些群体致力于仅检测和转导一种味觉刺激。有针对性地敲除 T1R1 或 T1R2 基因的小鼠选择性地失去了对甜味或鲜味物质的感受和反馈效应，而对其他基本味觉刺激的反应却未受影响。缺乏 T1R3 的小鼠失去了甜味和鲜味，但对咸、酸和苦涩刺激的反应正常。

在一系列复杂的研究中，具有 PLC - $\beta 2$ 基因靶向缺失的小鼠被证明对甜味，苦味和鲜味化合物缺乏反应，这与该信号分子在这三种味觉的转导中的核心作用相符。酸味和咸味却是正常的。当这些小鼠被设计为在其苦味细胞中选择性表达 PLC - $\beta 2$ 活性时，可以选择性地恢复其苦味，同时对鲜味和甜味刺激无反应。

五、 味觉受体

动物通过味觉系统来评价食物的营养价值，并防止摄入对机体不利的物质。尽管组成物质的成分有多种，但现在普遍认为都是五种基本味觉组合，它们分别是酸味（sour）、甜味（sweet）、苦味（bitter）、咸味（salty）和鲜味（umami）。我们所说的各种滋味均由这五种基本味觉组合而成。某种味觉物质（即味质）溶解于唾液、作用于味觉细胞上的受体后，经过细胞内信号转导、神经传递把味觉信号分级传送到大脑，进行整合分析，产生味觉/滋味（taste）。图2-9所示为5种味觉与其相应的味觉受体和刺激因子。苦味被认为是保护摄入毒物，许多毒物是苦的；甜味是糖及碳水化合物的信号；鲜味是由L-氨基酸及核苷酸引起的；咸味是由Na^+产生的；酸味是由有机酸提供的。越来越多的证据证明，脂肪可能由味蕾上的专属受体所感知。滋味受体的名称以及描绘跨膜拓扑的手绘图显示于图的四周。苦味是由类似于类型Ⅰ的GPCRs（没有N末端）的G蛋白耦联受体所传导的；相反地，甜味与鲜味是由类型Ⅲ的GPCRs（有长的N末端以形成一个球形胞外配体结合区域）的二聚体所感知。Na^+的受体之一是阳离子通道，它含有3个亚基，每个亚基由2个跨膜区域；酸及脂肪的膜受体还未被确定。

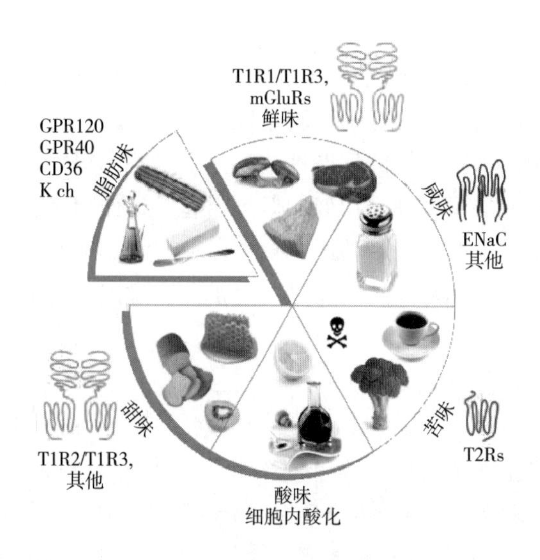

图2-9 味觉类型、滋味受体和天然刺激物例子

味觉受体细胞中5种滋味的转导机制如图2-10所示。在类型Ⅱ受体细胞中［图2-10（1）］，甜、苦及鲜味分子配基与味觉GPCRs结合，活化了一个磷酸肌醇途径，使细胞质中Ca^{2+}浓度升高，并通过阳离子通道TrpM5使（细胞）膜去极化。Ca^{2+}浓度升高与膜去极化这两者的加和将缝隙连接半通道（很可能由Panx1组成）打开了一个大的孔径，导致了ATP的释放。如图所示为T1R味觉GPCRs（甜味、鲜味）的二聚体。T2R味觉GPCRs（苦味）没有广泛的胞外区域，而且T2Rs是否具有多聚体还不知晓。突触前细胞（类型Ⅲ）中［图2-10（2）］，有机酸（HAc）透过原生质膜，酸化细胞质，使其质壁分离，然后酸化细胞质。细胞内质子敏感的K^+通道受到阻碍（图中未画出），并使细胞膜去极化，然后电压门控的Ca^{2+}通道提升了Ca^{2+}浓度引起了突触泡的胞外分泌（图中未画出）。图2-10（3）所示为咸味的转导机制，Na^+的咸味是Na^+渗透出膜离子通道（包括ENaC）的结果，使膜去极

化。咸味传导的细胞类型还未被确定。

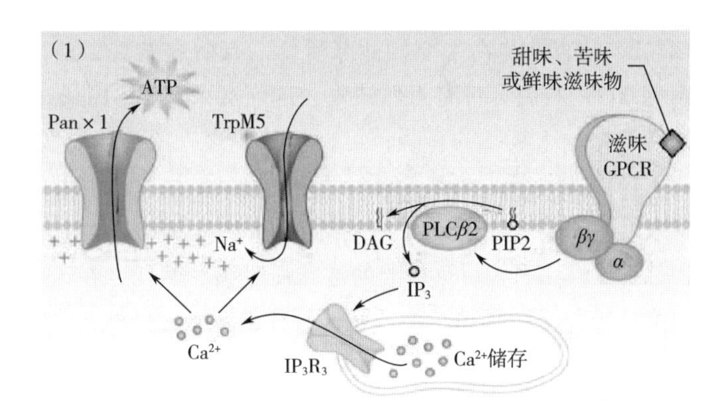

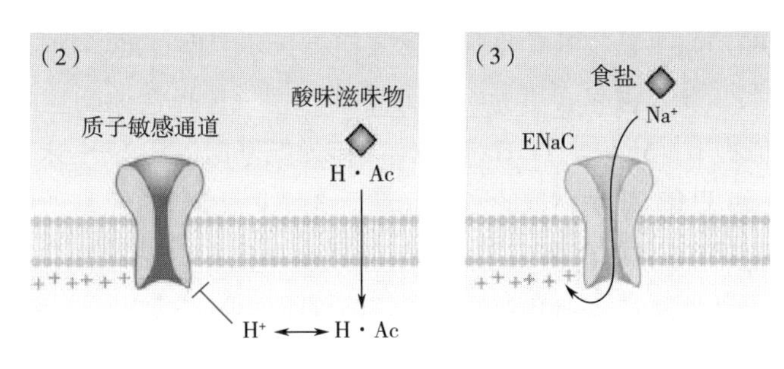

图2－10　味觉细胞中5种滋味的转导机制

1. 甜味受体

糖的甜味和它带来的愉悦感是我们非常熟悉的一种感受，以至于甜味几乎似乎是蔗糖的物理特性。感官、享乐等行为接受度之间的紧密关系充分说明了甜味检测和知觉如何演变以帮助识别代谢能量的最基本来源。甜味的诱人味觉形式是由三个G－蛋白偶联受体（GPCR）介导的T1R1、T1R2和T1R3与细胞外钙感测、γ－氨基丁酸B型受体构成。这些GPCR组装成同型二聚体或异型二聚体受体复合物，其特征是存在长的氨基末端胞外域，可介导配体识别和结合。

T1R在TRC中的表达模式定义了三种细胞类型：共表达T1R1和T1R3的TRC（T1R1/T1R3细胞），共表达T1R2和T1R3的TRC（T1R2/T1R3细胞）和仅含T1R3的TRC8。对小鼠甜味基因相关研究确定了单一基因会会受到多个甜味物质的刺激。该基因被称为*Sac*基因，在微生物研究中还发现，某些菌株借助*Sac*基因具备从水中区分出含蔗糖和糖精溶液阈值差异的能力。通过连锁分析和遗传数据，显示了*Sac*基因座编码T1R3，从而暗示了甜味检测中T1R基因家族的一个成员。异源细胞的功能表达研究发现，T1R3与T1R2（T1R2/T1R3）结合形成了一种甜味受体，该甜味受体对所有种类的甜味剂都有反应，包括天然糖、人造甜味剂、D－氨基酸和强烈的甜味蛋白。这些结果证实了T1R2/T1R3异聚体是甜味受体，并暗示T1R2/T1R3细胞是甜味的TRC。

人类和小鼠在品尝某些人造甜味剂和强烈甜味蛋白的能力上表现出一些显著差异，例如，小鼠无法品尝到阿斯巴甜或莫奈林（薯芋防己甜素）。最近，对人类、啮齿动物和嵌合人类啮齿类动物T1R2/T1R3受体的生化研究表明，不同种类的甜味受体配体实际上需要受体复合物的不同域才能识别。总之，这些功能实验和生化研究充分验证了 T1R2 和 T1R3 亚基在甜味识别中的作用，并证明了异构化在受体功能中的重要性。在 T1R2 和 T1R3 敲除小鼠的研究中，发现 T1R2/T1R3 是哺乳动物主要的甜味受体。有研究发现，猫（从普通家猫到老虎的所有猫科动物）的 T1R2 基因都带有天然缺失，这证实了 T1R 对甜味的基本需求，猫对甜食无反应，一些猫科动物对冰激凌的喜爱，可能与其中含有的油脂有关，此外大部分猫，是乳糖不耐症，因此一旦摄入乳糖，会引发腹泻，而乳糖又是牛乳冰淇淋的成分。

2. 鲜味受体

大多数哺乳动物都强烈被多种 L－氨基酸的滋味所吸引。然而，在人类中，只有谷氨酸钠（MSG）和天冬氨酸，唤起了一种独特的咸味，被称为鲜味。另外，嘌呤核苷酸（例如肌苷酸 IMP 和鸟苷酸 GMP）可以增加鲜味。该功能已被食品工业用作增强多种产品风味的一种手段。基于细胞的研究表明，啮齿动物 T1R1 和 T1R3 GPCR 结合形成一个 L－氨基酸受体。这些结果证实了 T1R1/T1R3 是氨基酸味觉受体，而表达 T1R1/T1R3 的细胞是候选的鲜味感测细胞。人 T1R1/T1R3 复合物起着更为特异的受体作用，选择性地响应谷氨酸钠和天冬氨酸（以及谷氨酸类似物 L－AP4）。T1R1/3 在体内作为氨基酸（鲜味）味觉受体起作用的最终证据来自对 T1R1 和 T1R3 敲除小鼠的研究。缺乏 T1R1 或 T1R3 亚基的纯合突变体显示鲜味完全丧失，包括对 IMP、谷氨酸和 L－氨基酸的所有反应和对钠的行为吸引。这些结果提示 T1R1/T1R3 异聚 GPCR 复合体确立为哺乳动物的鲜味受体。

3. 苦味受体

与甜味和鲜味逐渐演变为识别出有限的营养成分相反，苦味具有防止摄入大量结构上不同，却具有毒性化合物的繁重任务。尽管这些化合物非常丰富，但这些化合物都引起了类似的感觉，以至于我们仅将它们称为“苦味”。这些观察结果表明，苦味受体可能是由一个大家族的基因编码的，并且苦味逐渐演变为可以识别多种化学物质，但不一定要区分它们。苦味是由大约 30 个不同的 GPCR（T2R）家族介导的。T2R 基因在不同于含甜味和鲜味受体的 TRC 中选择性表达。在异源表达测定中，大量的 T2Rs 被用作苦味受体，其中一些具有独特的多态性，这些多态性与小鼠、黑猩猩和人类对选择性苦味的敏感性的显著变化有关。

4. 咸味受体和酸味受体

许多研究表明，咸味和酸味，通过细胞顶端表面的 Na^+ 和 H^+ 专门膜通道直接进入来调节味觉细胞的功能。在有离子的情况下，TRC 活化被认为至少部分地通过阿米洛利敏感的 Na^+ 通道进入 Na^+ 介导。但是，盐“受体”的身份仍然是推测性的，并且存在很大争议。

学界已经提出了引起酸味的多种细胞类型，受体和机制。这些包括超极化激活的环核苷酸门控通道（cyclic nucleotide－gate cation channel，HCN），酸敏感离子通道（acid－sensing ion channels，ASICs），K^+ 通道和 H^+ 门控钙通道的激活以及 Na^+/H^+ 交换剂和 K^+ 通道的酸失活。但是，最近的遗传和功能研究表明，TRP 离子通道家族成员 PKD2L1 具有酸敏感的 TRCs78，从而大大简化了对酸受体的追求。PKD2L1 在 TRC 群体中选择性表达，而 TRC 群体不同于介导甜味、鲜味和苦味的 TRC，进一步证实了周围味觉形态的细胞分离。PKD2L1 表达细胞在味觉系统中充当酸受体的证据来自结论性的基因消融实验。将白喉毒素靶向 PKD2L1 表达细胞可产生特定且完全丧失酸味的动物个体。

六、 信息技术与受体的高分辨率结构

近年来，由于开发了一系列改进的建模方法，在确定膜蛋白结构方面取得了越来越多的成功。尤其是在信息技术蛋白质工程领域取得了一系列突破，促进了 G－蛋白偶联受体（GPCR）的结构测定。该结构有助于发展统一的理论，即激动剂结合后受体构象变化如何导致受体细胞内表面上的 G－蛋白偶联。此外，与 G－蛋白结合的 GPCR 的结构已经阐明了随后的信号传导途径是如何被激活的。现在有可能使用基于结构的化合物，设计来开发新颖的高效和亚型特异性候选药物，这将导致将来有更好的药物可用于多种疾病，例如，糖尿病、神经退行性疾病和癌症。GPCR 的结构生物学是一个广阔的领域。

这些例子突出了结构和功能研究相结合的协同作用。化学感觉受体结构确定的初始步骤仍在进行中，要达到确定其结构的最终目的，还有很长的路要走。全球多个不同实验室正在进行着广泛的结构－功能研究。“嗅觉/味觉受体的结构－功能关系”研讨会，使双方更加紧密地团结在一起，并增进了对这一领域所面临问题的相互理解。只有结合方法和团队对结构和功能研究的努力，才能最终揭示化学感应受体功能的潜在分子机制。

已对 40 多种不同的 GPCR 进行了结晶，并通过 X 射线晶体学。但是，最大的 GPCR 家族 OR 的实验结构阐明仍然不确定。OR 序列具有 7 个跨膜螺旋（TM）（TM1～TM7）中的每一个中存在的保守氨基酸残基的特征性基序。这些基序中的一些也与非嗅觉 GPCR 共享。尽管缺乏实验验证的结构，但计算技术的进步与 OR 突变体的功能评估相结合，能够在原子水平上研究配体－受体相互作用。这些方法在 OR 上的应用，以其与非嗅觉 GPCR 的相似性和实验性配体介导的受体激活数据为指导，已被证明是研究其动力学及其与气味分子相互作用的强大工具。

嗅觉始于通过 OR 检测气味配体。由于人类基因组编码约 400 个以上的 OR，因此人们认为使用了组合密码，其中一个 OR 可以被一组激活剂激活，而一个激活剂可以激活 OR 的组合。为了适应结构上不同的激活剂，配体结合腔在 OR 之间应高度可变。与 ORs 响应相关的化学空间涵盖了较大的范围，导致分别对少量或大量气味剂进行响应的 OR 的狭义和广泛调谐受体的命名。

当结合激动剂分子时，GPCR（包括 OR）的激活机制是基于相对于无活性状态而言，有利于活性状态。基于保守残基的 ORs 的同源性模型与其他 GPCR 一起成功地预测了基于细胞培养测定中的配体介导的激活，为其配体结合预测的准确性提供了证据。计算气味分子与 OR 的配体腔之间的亲和力是区分激动剂和拮抗剂的有效参数。一旦受体被激活，在其细胞内部分就会打开一个结合位点，从而允许 G－蛋白的结合，从而触发神经元激活。假设所有 OR 共享 G－蛋白偶联作为一种共同的激活机制，可以合理地假设该家族中一些保守的残基控制着激活。GPCR 的结构是高度保守的，受体激活的机制也是高度保守的，其中激动剂结合会导致构象变化，从而导致 G－蛋白结合的细胞内表面出现构型变化。

此外，结构和功能的研究对于实现这一目标至关重要，也是必不可少的。鉴于在药理学、细胞和分子生物学、神经生物学和建模研究的各个方面都付出了巨大的努力，现在可以通过提取和组合所提出的每个领域的关键信息并让结构进行更合理的方式来进行结构研究这项先验知识指导的工作。

第二节 气味化合物的基本性质

世界上大约有3000万种不同的化学物质。其中95%是碳基化合物。食品香气对饮食整体体验的影响是巨大的。香气不仅是一种我们呼吸过程中的感受。当我们进食的时候或者食物被吃掉时，香气化合物可以通过鼻腔被嗅觉受体捕捉，这与空气通过鼻腔的路径十分相似。在吃东西的过程中，气味、滋味和口感共同发挥作用，从而形成一种完整的美好感觉。

一、香气化合物介绍

香气化合物是结构多样的有机分子，分子质量一般低于250u，并且其蒸气压足够高，因此使得这些分子部分处于气态。这些物质在气相中的浓度取决于几个因素，例如物理化学性质、浓度以及它们与其他食物成分的相互作用。芳香化合物的浓度通常很低——百万分之一(mg/kg)或更低，但是它们的浓度不会反映出它们对香气整体的贡献。

芳香化合物在水中的溶解度通常有限，但也有例外，如挥发性有机酸（例如，丁酸）、芳香酚（例如，香兰素）、糖衍生化合物（例如，麦芽糖醇和呋喃酮）。油：水分配系数是评价芳香化合物水溶性的一种简便方法；log P（油－水分配系数的对数）也被广泛使用。随着log P 的增加，化合物变得更亲脂，也就是说，不易溶于水，因此更容易被非极性溶剂萃取。

人们对食物的接受程度取决于许多因素，这些因素突出了食物的感官特性，如颜色、外观、滋味、气味、质构，甚至咀嚼时发出的声音。当人们吃食物时，滋味、气味和质感的相互作用提供了一种整体的感觉，很多时候会用“风味”这个词来定义。风味是由两类化合物组成的：其中一些是非挥发性化合物，与味觉有关；另一些是香气物质，与嗅觉（气味）有关。然而，有一些化合物能同时提供这两种感觉。当化合物与位于舌头味蕾的味觉受体相互作用时，就会产生基本味觉感知。香气物质是一种挥发性化合物，是由嗅觉器官的气味受体部位即鼻腔的嗅觉组织所感知到的。它们通过鼻子（前鼻）进入受体，通过咀嚼（后鼻）释放后通过喉咙进入受体。

香气或者芳香物质的概念，从某种意义上讲，不应该严格地使用，因为一种化合物可能是导致一种食物的典型气味或滋味，但是在另一种食物中，它可能导致劣变的气味或滋味，或两者都有，从而造成异味。此外，食物的香气可以提供多种功能，其中可以与过去的经历联系在一起，刺激我们的食欲，或者提醒我们这类食物的安全性，例如，在有腐臭的情况下。

食物的香气有几个功能，不仅传递食物的基本特征，提供多样性和趣味性，还提醒我们注意腐臭和不安全的食物，刺激或引发食欲，并提供一种连接到过去的情感经历。香气化合物是高挥发性、低分子质量的化合物，在食物中含量较低。人们的饮食习惯在很大程度上是由他们所消费的产品的香气和风味决定，并使他们得以发展和生存。在产生香气和口味方面的知识创新使新食品的开发成为可能。消费者接受或拒绝这些新食品，主要取决于其特性、香气和滋味，而不考虑其营养品质、毒理学。

被定义为香气（芳香）化合物，可以认为是一种高度挥发性的物质，具有低分子质量，以低浓度存在于食品中（约10～15mg/kg），对食品自身质量和可接受度有明显的影响。环顾我们周围的世界，可以发现天然存在的大部分香气化合物主要源于植物，尤其是花卉或者果实部分。动物性来源的香气化合物很少，而且人类对其的接受性差异较大，比如麝香或者龙涎香。如果不考虑人为带来的因素，如加热（对流、传导、辐射）或是微生物发酵过程（酸乳、酱油、醋、啤酒），可以说我们日常接触的香气化合物大部分源自植物界。所以在本节，主要从植物视角出发，描述或者举例。

一般来说，水果和蔬菜中含有多种化合物。当然在加工食品中，也包含大量的化合物，特别是当食品仅通过热加工（如咖啡）或与发酵结合（如面包、啤酒、可可或茶）。基于分子感官科学的研究发现，在众多的挥发性化合物中，只有有限数量化合物对食物香气属性或辨别性起到重要作用。因此，我们在这里介绍一组关于阈值的定义。阈值浓度被定义为个体第一次感知刺激的浓度。对于香气来说，这可以是一个觉察阈值——个体能够感知到香气的点。另一个是，识别阈值——个体能够识别香气的点，该阈值对应的是一种化合物的最低浓度，恰好足以识别其气味，称为气味阈值（识别阈值）（表2－1）。其中，20℃表示受温度影响，从分子角度出发，在不同温度前提下，每种化合物分子的热运动不同，同时鼻腔味觉受体也受温度干扰，所以在以后涉及阈值等内容，要注意测定的温度参数。大多数食物的挥发性成分中都含有许多具有气味活性的化合物，但这些化合物中很少有能真正赋予食物特性的。例如，熟肉中含有数百种气味活性化合物，其中许多在烘烤、烤或油炸的，但它们也出现在零食、炸薯条、坚果等，其他化合物则散发出看似无关的香气，如草本或植物、玫瑰、蘑菇和棉花糖。然而，只有少数化合物能产生特有的肉香，最常见的例子是2－甲基－3－呋喃硫醇和双(2－甲基－3－呋喃基）二硫醚，它们被称为肉类的“化合物”，因为如果没有这些化合物，食物将无法识别。

表2－1　部分芳香化合物在水中的气味阈值（20℃）

化合物	气味阈值（mg/L）	化合物	气味阈值（mg/L）
乙醇	100	芳樟醇	0.006
麦芽酚	9	己醛	0.0045
糠醛	3.0	2－苯乙醛	0.004
己醇	2.5	甲基丙醛	0.001
苯甲醛	0.35	丁酸乙酯	0.001
香兰素	0.02	甲硫醇	0.00002
覆盆子酮	0.01	3－甲氧基－2－异丁基吡嗪	0.000002
柠檬烯	0.01	1－对薄荷烯－8－硫醇	0.0000002

阈值通常由嗅觉和品尝样品决定。香气化合物的阈值浓度依赖于它们的蒸汽压，而蒸汽压受温度和介质的影响。化合物的“香气值”是根据该化合物在食物中的浓度与其气味阈值的比值计算出来的。以香气值为基础对挥发性化合物进行评价，最初只能提供一个粗略的模式，一旦确定了化合物的气味阈值及其在提取物中的浓度，就可以计算出气味活性值（odor activity value，OAV），OAV 的定义是单个化合物的浓度与该化合物的气味阈值的比率。

香气是影响不同食物质量的重要特征，尤其是新鲜水果和蔬菜。据估计，全世界消费的水果超过 480 种，蔬菜超过 600 种。然而，在全球不同的市场上，大约有 40～50 种水果和 40～60 种蔬菜占主导地位，还有 80 种左右的季节性“特色”水果和蔬菜可供选择。每一种水果和蔬菜都有独特的香气，在水果和蔬菜在收获前和收获后，成熟时会有一个物理和生化代谢过程，因为负责香气的化学成分会不断变化。

食品的风味和香气是密切相关的自然现象。那些与气味有关的化合物，其分子质量更高、不易挥发、可溶于水且数量更少，所以化合物必须具有挥发性才能到达嗅觉系统。滋味和香气都是人类对挥发性、非挥发性以及混合成分复杂组合的感知，这些成分构成了香气和滋味，以及外观和质地。挥发性化合物负责水果和蔬菜的香气，并提供独特的风味特征，以区别不同的商品。当位于鼻腔的嗅觉上皮细胞受体，觉察到挥发性香气化合物时，这些化合物可以引起人类的嗅觉感知。这些神经受体的敏感性有很大范围取决于化合物，据估计大约有 1000 种不同的嗅觉受体。来自这些受体的信号被大脑解释，从而产生对香气和滋味的感知。通过鼻子闻（前鼻）挥发性化合物与通过咽喉后部闻（后鼻）挥发性化合物（咀嚼和吞咽时发生）产生的气味感知是不同的。另一个重要特征是这些化合物的手性，因为芳香和味觉化学受体有能力区分不同的对映体形式。

通过气相色谱－质谱联用（GC－MS）分析，已经从食品中鉴定出 8000 多种不同的挥发性化合物，每一种食品或者食物都有一个独特的挥发性特征，根据品种、成熟度、加工程度和其他因素不同。除了存在于水果和蔬菜中的初级挥发性化合物外，当植物组织被切割或烹饪等过程破坏时还会形成二级挥发性化合物。物理行为包括挫伤、切割、咀嚼、冷冻和加热导致细胞破裂、酶和底物的混合，以及化学和生理反应，这些变化启动了各种化合物的产生，其中许多有助于风味的形成。

二、 挥发性香气化合物的化学和感官性质

挥发性香气化合物负责气味，并对新鲜和加工水果的整体风味做出贡献。就水果和蔬菜而言，决定香气的挥发性化合物浓度很低（在 10～15mg/kg，很少超过 30mg/kg），而且单个挥发性化合物的浓度差异很大。然而，产品中最丰富的挥发性化合物可能对风味的贡献度不是最重要的因素。单个化合物的气味阈值特性是差异巨大的，或者是高度可变的，这就是产品中最丰富的挥发性化合物可能不是产生最关键或最重要香气的原因。在新鲜水果和蔬菜中发现的挥发性化合物中，气味阈值可能相差 10^8 倍或更多。尽管不同的水果通常有许多共同的芳香特征，每个水果都有独特的香气，这取决于挥发性化合物的组合、浓度和对个别挥发性化合物的感知阈值。

水果和蔬菜中的挥发性化合物主要由多种化学成分组成，包括酯类、醇类、醛类、酮类化合物等（图 2－11）。然而，一些硫化合物，如 *S*－甲硫基丁酸、3－(甲硫基)丙醛、2－(甲硫基)乙酸乙酯、3－(甲硫基)丙酸乙酯和 3－(甲硫基)乙酸丙酯，也有助于水果的滋味，如甜瓜。每个化合物的贡献对不同品种特定的香气轮廓贡献度不同，这取决于生理活动和生物合成途径中相关酶的底物特异性、气味阈值以上的化合物。例如，从不同的芒果品种中已经报道了超过 285 种挥发性芳香化合物，包括单萜类、倍半萜类、酯类、醛类、酮类、醇类、羧酸类、脂肪烃和芳香烃。碳氢化合物的单萜和倍半萜占总挥发性芳香

化合物的 70% ~90% 。

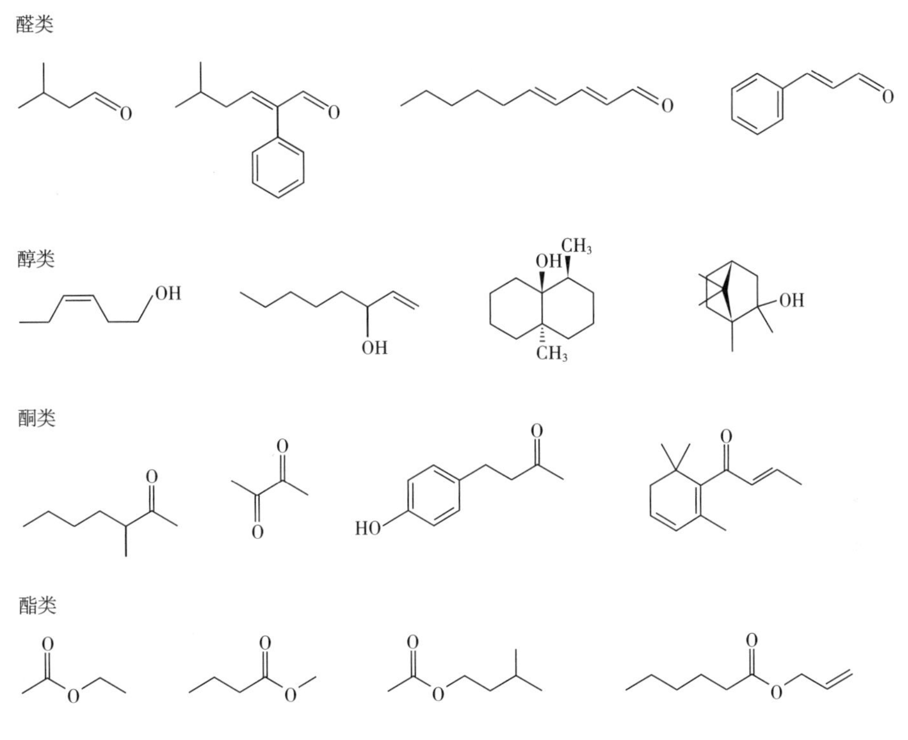

图 2 -11　部分醛类、醇类、酮类和酯类化合物示意图

1. 酯类

酯是由羧酸衍生物和醇的酯化而形成的。酯类是许多水果中主要的挥发性化合物（如甜瓜、苹果、菠萝和草莓），具有典型的果香和风味。酯也有助于在腌火腿和一些干酪中发现更微妙的香气。丁酸乙酯和己酸乙酯是帕尔马干酪和蓝纹干酪的关键气味。水果和蔬菜能够利用各种各样的底物，从而产生大量的酯类，它们具有各种独特的香气。在苹果中，烷基酯约占挥发性化合物的 90% 。最丰富的化合物是乙酸乙酯，存在于大多数成熟或成熟的果实中。研究表明，草莓中乙基酯含量显著增加，这是由醇酰基转移酶含量增加引起的，这种转移酶导致酰基辅酶 A 和醇的酯化。从这个意义上说，乙基酯是水果香气的主要成分，特别是在成熟的水果中，乙醇的生产促进了它们的形成。酯类是苹果释放出的最丰富的挥发性化合物，与金合欢烯（α - farnesene，α - 法呢烯）一起，已被提出用于品种分类。2 - 甲基丁酸乙酯、2 - 甲基乙酸丁酯和乙酸己酯是富士苹果特有香气的主要来源，而丁酸乙酯和 2 - 甲基丁酸乙酯是“Elstar” 苹果的活性气味化合物，丁酸乙酯、乙醛、2 - 甲基丁醇和甲基丙酸乙酯是“考克斯橙（cox orange）” 的活性气味化合物。长链乙基酯会形成肥皂状、干酪状和蜡状。有些酯类对特定的水果很有特性：3 - 甲基丁酯、乙酸酯是梨或梨汁的特征，己酸烯丙酯是菠萝中最典型的化合物，顺 -3 - 己烯酸丁酯赋予了其前体产生绿叶香气，而 C_9 的酯类化合物对甜瓜的香气至关重要。

2. 内酯

内酯是一种环状有机（或分子内）酯，是由相应的羟基酸形成的气味强的香气化合物，有助于一些水果和蔬菜的风味的形成。以呋喃环为基础的是γ－内酯［例如，γ－辛内酯（或4－辛烷内酯）和γ－癸内酯（4－癸烷内酯）］，具有桃、奶油和椰子的芳香。因此，它们在热带风味中非常受欢迎；例如，γ－癸内酯是桃和油桃中主要的内酯，基于吡喃环的γ－内酯比其他呋喃酰异构体的气味活性更弱，其在水中的阈值为11μg/kg。γ－内酯和δ－内酯均对桃的香气有促进作用。目前已经鉴定出了6种对桃香气很重要的内酯：γ－癸内酯、γ－十二内酯、γ－辛内酯、δ－癸内酯、γ－壬内酯和δ－十二内酯。γ－癸内酯内酯被描述为具有“奶油味、果香、桃红色”的气味。在芹菜中，3种最强烈的气味是邻苯二甲酸3－丁苯酞、瑟丹内酯和瑟丹酸内酯。当这些化合物被添加到鸡汤中，他们被发现可以增强“鲜味”和“甜味”的感知强度。在甜奶油的提取物中发现了几种内酯，其中γ－壬内酯的OAV值最高，被认为是甜奶油香气的来源。在牛乳巧克力中发现，不饱和内酯（5－羟基辛－2－烯酸内酯和5－羟基十二－2－烯酸内酯）的OAVs较高。它们也都在可可中被发现，5－羟基癸－2－烯酸内酯（5－hydroxydec－2－enoic acid lactone）曾被用于巧克力的生产。茉莉花内酯提供花茶中主要花香气味。内酯也对波本威士忌的挥发性做出了重要贡献，δ－壬内酯（δ－nonalactone）的FD因子为2048，顺－3－甲基－4－辛内酯（*cis*－3－methyl－4－octanolide，即威士忌内酯）和γ－癸内酯(γ－decalactone）也有助于香气的呈现。内酯的气味阈值随着组成碳数的增加而显著降低。较为重要的内酯通常含有8～12个碳原子，其中一些是多种水果中非常有效的风味成分。所有内酯来源于它们对应的4－羟基羧酸或5－羟基羧酸，这些羧酸由以下几种途径形成：①由烟酰胺腺嘌呤二核苷酸还原酶；②不饱和脂肪酸的水合；③不饱和脂肪酸的环氧化和水解，或④氢过氧化物的还原。

3. 萜类化合物

萜类化合物是构成水果和蔬菜风味的最大和最多样化的挥发性化合物，同时也是化学结构最多样化的天然产物家族之一，有超过40000种不同的分子结构。一些非挥发性萜类化合物被认为是植物激素赤霉素、脱落酸、固醇类（甾醇类）化合物，它们参与重要的植物过程，如膜结构、光合作用和生长调节，调节水果发育，并在水果成熟过程中发挥重要作用。挥发性萜类化合物－单萜类化合物（C_{10}）和倍半萜类化合物（C_{15}）在不同程度上与大多数水果风味和花香气有关。柑橘类水果的香气主要由这些萜类物质组成，它们聚集在黄皮里的特殊油腺和汁囊里的油体中。柑橘类精油中，单萜、R－柠檬烯通常占90%以上。倍半萜烯、壬烯、辛烯虽然在橙中含量很少，但在橘的风味和香气中起着重要作用。诺卡酮是一种公认的巴伦西亚橘烯（valencene）的衍生物，是精油的一小部分，但在葡萄柚的风味和香气中起着主导作用，而单萜烯*S*－芳樟醇被发现是一种重要的草莓香气化合物，在许多其他水果中发现，包括桃、番石榴、油桃、木瓜、芒果、西番莲、番茄、荔枝、橙和多刺梨。单萜类香叶醇、香茅醇和氧化玫瑰的结合也是香麝香葡萄特有香气的关键成分，作为玫瑰的特殊气味。从类胡萝卜素中提取的去甲异戊二烯类化合物是树莓果实中最丰富的挥发分，在9种树莓基因型中占总挥发分的64%～94%。

4. 醛类和酮类

醛和酮是含有羰基官能团C═O的有机化合物。这个基团的碳原子还有两个化学键，这些化学键可能被氢、烷基或芳基取代基占据。如果这些取代基中至少有一个是氢，那么化合物就是醛；如果两者都不是氢，化合物就是酮。

（1）醛类　醛是许多食物或调味品的常见成分，具有很低的气味阈值。直链无分枝醛存在于不同的食物和植物组织中。因此，乙醛在浓度较低情况下，是部分水果风味的常见成分之一，而丙醛、丁醛和戊醛往往有一种化学类的刺激感。许多挥发性醛具有显著的气味特性，这种化合物可以由醇类和其他前体通过氧化过程形成，因此与氧化有关的香气性质的变化通常与醛的形成有关。

许多含有两个双键的醛类气味阈值较低，例如2,4－烷二烯醛（2,4－alkadienals）在油炸香气中很重要，有一些独特的油炸味。例如，炸鸡可能会呈现出淡淡煮熟的牛肉味。在水中的气味阈值为0.2μg/kg。另一类醛类化合物，反－4,5－环氧－(*E*)－2－烯醛[(trans－4,5－epoxy－(*E*)－2－alkenals)]，通常存在于不同的食品中，如豆乳、薯片和红茶中，由于阈值较低，呈现金属气味。

饱和与不饱和的挥发性C_6和C_9醛是水果、蔬菜和绿叶风味的关键因素，被广泛用作食品添加剂，赋予一种特殊的“新鲜绿色”气味。醛在植物界中广泛存在，来源于支链和芳香氨基酸或蛋氨酸的降解。C_6醛如己醛、(*Z*)－3－己烯醛和(*E*)－2－己烯醛能产生“植物”香气，当切或咀嚼蔬菜和水果破坏组织时，这些香气就会散发出来。这些醛是许多水果和蔬菜的重要风味成分，包括苹果、橙、树莓、桃、草莓、樱桃、番茄、黄瓜和菠菜。在某些情况下，己醛和相关C_6随着果实成熟，植物体内醛含量降低。C_9当单独评估时，呈现出一种青草味。(*E*,*Z*)－2,6－壬二烯醛和(*E*)－2－壬烯醛是黄瓜的关键香气成分，产生了“黄瓜味”和“脂肪”的香气，(*Z*)－3－壬烯醛产生了苹果的“青苹果”味。苯甲醛也是樱桃和其他核果中重要的香气化合物。含有芳香环的醛类物质，如苯甲醛，存在于樱桃和杏仁中；苯乙醛（玫瑰/蜂蜜气味）和肉桂醛是食品和调味品的重要成分。其中一个例子是香兰素（4－羟基－3－甲氧基苯甲醛）[(4－hydroxy－3－methoxybenzaldehyde)]。

（2）酮类　酮类化合物，特别是C_5、C_7、C_8酮，在不同种类的水果和蔬菜气味上具有特殊意义。直链甲基酮，在2位上含有一个羰基，如2－庚酮，能产生蓝色干酪和水果梨的香气，而3－辛酮则有泥土味和蘑菇味。这类化合物的另一种类型是α－二羰基化合物（α－dicarbonyl compounds）；2,3－戊二酮和2,3－丁二酮或双乙酰，具有阈值较低脂肪味，会给许多熟食带来黄油和奶油味。在水果中，这种化合物有助于产生花香，就像在葡萄柚中，它们带来一种“类似天竺葵”的气味。在覆盆子中，1－(对羟基苯)－3－丁酮对果实风味的贡献很大。

5. 苯丙烷和苯类及其他芳香族衍生物

苯丙烷和苯类挥发性化合物对许多植物的芳香和气味有贡献，并在植物与防御途径的通信中发挥重要作用。苯甲醇衍生物1,3,5－三甲氧基烯丙基苯（1,3,5－trimethoxybenzene）已被鉴定为月季花气味的关键成分。这种挥发性物质是一种有效的镇静剂，并已被用作化妆品添加剂。生物合成途径被认为是从间苯三酚开始，包括三个甲基化步骤。许多现代玫瑰品种从3,5－二羟基甲苯中通过两个连续的甲基化反应合成相关化合物3,5－二甲氧基甲苯。香兰素（4－羟基－3－甲氧基苯甲醛）是目前世界上应用最广泛的风味化合物。它是从兰花香草的豆荚提取物获得的主要风味化合物。香兰素（香草醛）在成熟果实种子周围的分泌物中积累。香草提取物被视为一种天然香料，但由于其成本和供应有限，其年产量无法满足全球需求量，因为香兰素是从其天然来源分离出来的。香料工业中使用的香草醛大部分来源于以愈创木酚、丁香酚或木质素为原料，通过化学方法获得。

6. 醇类

醇类挥发性化合物，这种化合物在酒精饮料和大多数水果和蔬菜中很重要，但在香气和风味方面起着次要的作用。酒精饮料中挥发性风味物质的释放不仅取决于溶液中挥发性物质的浓度，还取决于挥发性物质之间，各种非挥发性物质和乙醇的相互作用。乙醇是葡萄酒中最丰富的挥发性化合物，它可以改变对芳香属性的感官感知以及挥发性化合物的检测。在另一种食物中，有报道称丁醇的存在会增加苹果的香气。在西瓜中，C_9 化合物(*Z*,*Z*) - 3,6 - 壬二烯醇是对风味有重要贡献的化合物之一，被描述为“西瓜味、果香、新鲜、黄瓜味”。在其他水果和蔬菜中，C_6 化合物如己醇、(*Z*) - 3 - 己烯醇和(*E*) - 2 - 己烯醇等复合醇会带来“草本”芳香。

7. 呋喃及其衍生物

呋喃及其衍生物是一种天然存在的化合物（图 2 - 12），在很多食物和饮料中含量很低，它们与食物的滋味有关，既包括工业化食品也包括家庭自制食物。呋喃是美拉德反应中形成的一类化合物。文献数据显示呋喃的形成有多个源来①热降解/美拉德反应还原糖，单独或在氨基酸的存在；②某些氨基酸的热降解；③受热分解的抗坏血酸和多不饱和脂肪酸。大部分食品中呋喃的主要来源是碳水化合物的热降解，如葡萄糖、乳糖和果糖。在食品的热加工过程中可以形成各种各样的化合物，其中一些与香气有关（如糠醛），而另一些则与健康有关（如呋喃）。在简单的模型体系中，研究了呋喃在热解条件下的生成，揭示了更多的前体类，即①抗坏血酸及其相关化合物；②含有氨基酸和还原糖的美拉德型体系；③不饱和脂肪酸或甘油三酯的脂质氧化。

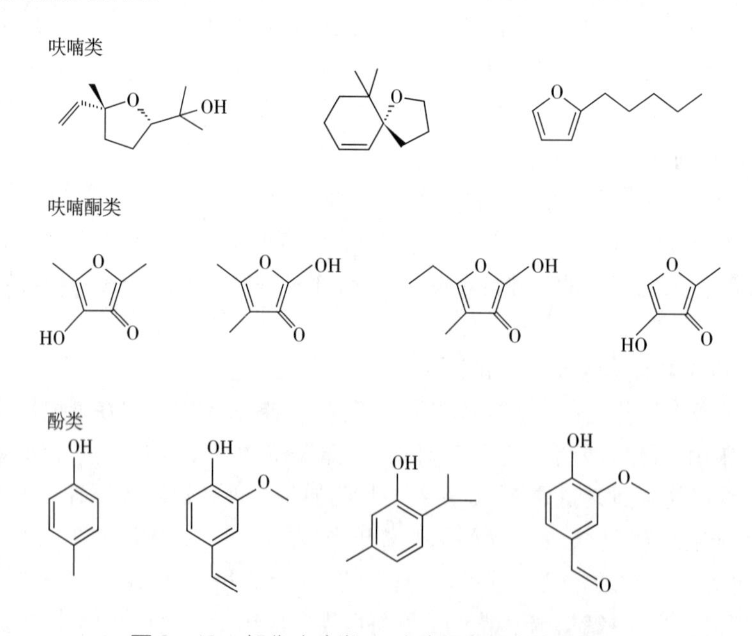

图 2 - 12　部分呋喃类、呋喃酮类化合物示意图

新鲜农产品中主要含有呋喃萜烯。一个例子是芳樟醇氧化物，它带来花香，但在一些食品加工中这种化合物，被视为氧化过程和质量损失的信号。呋喃酮带来了一种“甜的、焦糖的、花香的、类似草莓的”香气，并为草莓、黑莓、覆盆子、菠萝、芒果和番茄等水果的口味做出了贡献。在草莓中，呋喃酮和 2,5 - 二甲基 - 4 - 甲氧基 - (2*H*) - 呋喃 - 3 - 酮(2,

5 – dimethyl – 4 – methoxy – 2*H* – furan – 3 – one）在果实成熟过程中均有增加。大多数呋喃是在原料的热处理过程中形成的。在新鲜农产品中发现的往往是呋喃萜烯，如芳樟醇氧化物，它会带来花的草本气息，但往往在储藏期间出现，表明氧化。

8. 吡嗪

吡嗪是一种杂环含氮化合物（图 2 – 13），有助于提高几种蔬菜的风味，特别是在一些加工产品如葡萄酒中，产生“青椒”，或者“烤香”等滋味。大多数吡嗪是在高于 100℃ 温度下的食品热处理过程中产生的。简单的未取代或单取代的吡嗪具有烘烤的饼干香气和相对较高的气味阈值，但随着取代量的增加，气味阈值降低。它们有很强的气味。其中一个例子是 2 – 甲氧基 – 3 – 异丁基吡嗪（3 – isobutyl – 2 – methoxypyrazine），在不同新鲜蔬菜中如青椒、红椒和法国豆的挥发性成分中，都检测到了它；在欧洲防风草、甜菜豌豆、蚕豆、芦笋和黄瓜中也都检测出了这种化合物。2 – 甲氧基 – 3 – 异丁基吡嗪是绿甜椒中的特征赋予化合物，被认为是生法国豆中最强烈的气味，而其同系物 3 – 甲氧基 – 2 – 异丙基吡嗪（2 – isopropyl – 3 – methoxypyrazine）则赋予了泥土味、豌豆味、豆乳味等。

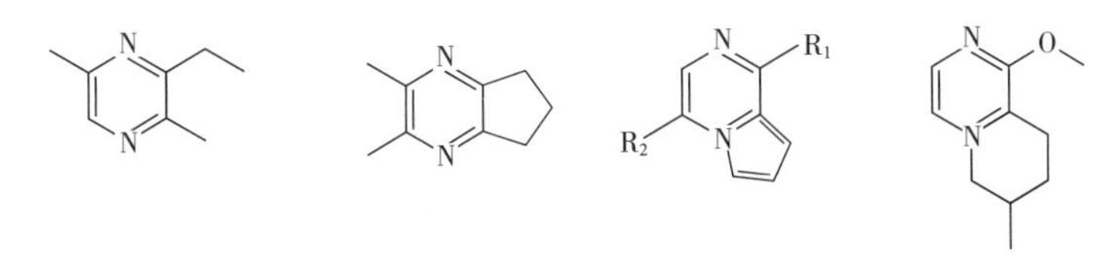

图 2 – 13 吡嗪类化合物示意图

9. 含硫化合物

挥发性有机化合物（volatile organic compounds，VOCs）包括广泛的低分子质量次生代谢物，在环境条件下具有可观的蒸气压。尽管有些 VOCs 可能是几乎所有植物都共有的，但其他 VOCs 只特定于一个或几个相关的类群。第一类是所谓的“绿叶”挥发物，因为它们有“新鲜的绿色”的气味，包括短链（C_6）无环醛、醇及其酯，由植物产生的大多数类群作为创伤反应，通过酶代谢的多不饱和脂肪酸。然而，物种或属特异性 VOCs 已在一些物种中被描述，如葱科和芸苔科的含硫 VOCs。在这种情况下，许多强烈的香气都是含硫化合物的反应。硫代葡萄糖苷是水解后的含硫、阴离子的天然产物通过称为芥子酶的内源性硫代葡萄糖苷酶产生几种不同的产物例如，异硫氰酸酯、硫氰酸酯和腈。它们含有硫基，存在于芸薹科的众多物种中。化学上，硫代葡萄糖苷由与葡萄糖相连的硫代氢肟基邻磺酸基和烷基、烷基或吲哚侧链。众所周知，手性香料化合物的对映体往往具有不同的感官性质。在某些情况下，一种手性形式可能表现出较低的滋味阈值相对于它的对映异构体。在其他情况下，香气可能改变两种对映体形式之间的风味特征，或从有气味到无气味的特征。部分含硫化合物示意图见图 2 – 14。

三、 生物合成

1. 脂肪酸衍生的亲脂化合物

植物挥发物的主要成分是饱和脂肪酸和不饱和脂肪酸。脂肪酸衍生的直链醇、醛、酸、酮、酯和内酯（$C_1 \sim C_{20}$）广泛存在于植物中，浓度很高是许多直链挥发性风味化合物的主要组成部分，构成了新鲜水果风味。在完整的水果中，芳香挥发分通过氧化生物合成途径形

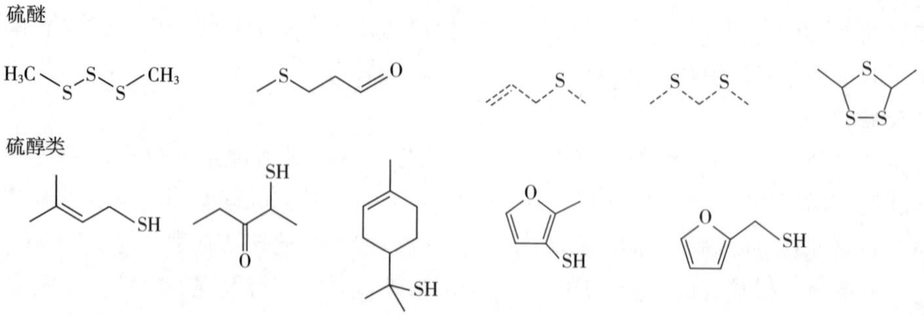

硫醚

硫醇类

图2-14 部分硫醚、硫醇类、噻吩类、噻唑类和噻唑啉类化合物示意图

成，而当水果组织被破坏时，挥发物通过脂氧合酶途径形成。然而，对一些含有磷脂酰甘油、单半乳糖甘油二酯和二乳糖甘油二酯的鉴定表明，甘油酯中的脂肪酸侧链可能被直接氧化。因此，一些研究表明，在果实成熟过程中，脂肪酸的可得性增加，膜通透性提高，可能会使脂肪氧合酶（Lipoxygenase，LOX）途径在完整的植物组织中变得活跃，并作为氧化的替代品发挥作用。

在水果中发现的许多脂族酯、醇、酸和羰基都来自于亚油酸和亚麻酸的氧化降解。此外，由酶催化的不饱和脂肪酸氧化分解产生的一些挥发性化合物也可能通过自氧化作用产生。亚油酸的自氧化作用产生9,13-氢过氧化物(9,13-hydroperoxides)，而亚麻酸也产生12,16-氢过氧化物(12,16-hydroperoxides)。已醛和2,4-癸二烯醛（2,4-decadienal）是亚油酸的一次氧化产物，亚麻酸的自氧化反应生成2,4-庚二烯醛为主要产物。这些醛的进一步自氧化作用导致其他挥发性产物的形成。据报道，酿酒酵母（*Saccharomyces cerevisiae*）的组成型表达Δ9-去饱和酶（desaturase)，催化转化亚油酸、亚麻酸，在番茄生产的改性脂类物质的氧化模式，其结果是一些短链醇类和醛的浓度增加来自脂肪酸如(*Z*)-3-已烯醇、1-已醇、已醛、(*Z*)-3-已烯醛。

2. 氨基酸衍生物

支链降解产生的醛、醇和芳香氨基酸或蛋氨酸是植物中大量的挥发物。然而，他们的生物合成途径的许多方面仍然未知。许多支链酯赋予了很多水果特有的特性，例如，2-甲基乙酸丁酯具有强烈的苹果香气。乙酸异戊酯是香蕉风味的关键成分之一，并赋予一种强烈的水果气味，被描述为类似于香蕉或梨。2-甲基丁酸甲酯决定了皮刺梨的特征香气，而异戊酸-乳酸酯和2-甲基乙酸丁酯及其他挥发性物质的结合赋予了瓜的独特香气。

来自亮氨酸的化合物，如3-甲基丁醇和3-甲基丁酸，以及苯丙氨酸形成的2-苯乙醛和2-苯乙醇，在番茄、草莓、葡萄品种和其他水果中含量丰富。从氨基酸中提取的醇类和酸类也可以酯化成对水果气味影响较大的化合物，如香蕉中的3-甲基乙酸丁酯和3-甲基丁酸丁酯。

番茄氨基酸分解代谢的研究结果表明，L-苯丙氨酸分解代谢为香气挥发物最初是通过脱羧作用介导的，随后是脱胺作用。相反，在矮牵牛花（矮牵牛花，茄科）和玫瑰（蔷薇，蔷薇科）的花瓣中，已经观察到一种酶能够脱羧，释放苯乙醛，这表明可以使用不同的生物合成路线。尽管这些酶在序列和酶的性质上有细微的差异，但它们的下调导致了2-苯乙醛和2-苯乙醇的释放减少。转基因番茄株系已经表明，氨基酸脱羧酶的过表达导致水果中

2－苯乙醛、2－苯乙醇和1－硝基－2－苯乙烷的含量增加了10倍。化合物浓度不同会给人不同的嗅觉感受，例如，在低浓度时，2－苯乙醛和2－苯乙醇与愉快、甜美、绚丽的气韵相关，而在高浓度时，2－苯乙醛则令人不快。

甜瓜果实中必需氨基酸L－苯丙氨酸、L－甲硫氨酸、L－亮氨酸、L－异亮氨酸和L－缬氨酸代谢为香气化合物，而氨基转移酶（aminotransferases，AT）的作用被认为是生成各自的α－酮酸的关键步骤。苹果中，氨基酸脱羧酶（aromatic amino acid decarboxylase，AADC），在成熟过程中上调，乙烯处理进一步增强。在甜瓜中，乙烯可以调控缬氨酸、亮氨酸、异亮氨酸等支链氨基酸以及苯丙氨酸、半胱氨酸的代谢，促进芳香挥发物的形成，尤其是甲基支链和芳香酯的形成。

苯丙氨酸和苯类挥发性化合物主要来源于苯丙氨酸，对许多植物的芳香和气味起作用，并在植物与防御途径的沟通中发挥重要作用。几种催化这些化合物生物合成的最后步骤的酶已被分离和鉴定，然而，对于苯骨架形成的早期步骤仍有很多需要了解。

3. 碳水化合物来源的风味化合物

只有有限数量的自然挥发物直接来源于碳水化合物而没有预先降解碳骨架，这些化合物包括呋喃酮和吡咯酮。它们是水果重要的香气成分，已经从几种树的树皮和叶子中分离出来。吡咯酮麦芽糖醇和2,5－二甲基－4－羟基－3－(2H)－呋喃酮构成的气味分子具有异常低的气味阈值。呋喃酮只由果实释放；相反，麦芽糖醇已从落叶松、金花落叶松和松科植物的树皮和叶子中分离出来。对于呋喃酮的前体，使用标记前体的实验表明，D－1,6－二磷酸果糖是呋喃酮的高效生物前体。在草莓和番茄中，己糖二磷酸转化为4－羟基－5－甲基－2－亚甲基－3－(2H)－呋喃酮，作为从成熟水果中分离的烯酮氧化还原酶的底物。

呋喃酮（furaneol），又称菠萝酮、草莓酮，具有强烈的焙烤焦糖香气，特征香气为果香、焦香、焦糖和菠萝样香气，是水果诱人香气的关键风味化合物之一。在草莓中，呋喃烯醇被O－甲基转移酶（o－methyltransferases，OMTs）进一步代谢为呋喃酮。OMTs对呋喃烯醇的体内甲基化作用已经通过对反义方向的OMTs序列草莓的遗传转化得到证实，在一个组成启动子的控制下，甲氧基呋喃酮挥发性几乎完全丧失。然而，甲氧基呋喃酮的降低水平仅被1/3的人感觉到与芳香提取物稀释实验的结果一致。

萜类化合物，这些分子是由存在于质体和细胞质中的碳水化合物中的乙酰辅酶A和丙酮酸直接由酶合成的。尽管它们的多样性，所有的萜类化合物都来自共同的结构单元异戊二烯基焦磷酸（isopentenyldiphosphate，IPP）及其异构体二甲基烯丙基焦磷酸（dimethyl allyl pyrophosphate，DMADP）。在植物中，IDP和DMADP都是通过两条平行的途径合成的：①MVA途径，在细胞质中具有活性；②甲基赤藓糖醇4－磷酸盐（methyl erythritol 4－phosphate，MEP）途径，在质体中具有活性。丙烯基转移酶催化IDP单元加成到二磷酸丙烯基上，二磷酸基上有烯丙基双键。大多数PTs接受DMADP作为初始底物，但它们也结合GDP或FDP，这取决于特定的异戊烯转移酶。GDP和FDP的可用性往往是植物中单萜和倍半萜生产的关键因素。

萜烯挥发性生物合成的第三阶段是将各种二磷酸戊酯DMADP、GDP、FDP和GGDP转化为半萜、单萜、倍半萜和二萜，分别由大家族的萜烯合成酶（TPSs）。三萜（和甾醇）和四萜（如类胡萝卜素）分别来自两个分子的FDP或GGDP缩合。从进化的角度来看，植物的半萜、单萜、倍半萜和二萜合成酶是相互关联的，并且在结构上不同于三萜或四萜合成酶。许多 TPSs 已经从多种植物中分离并鉴定出来。在番茄和其他植物中，有证据表明几种 TPSs 是多底物酶，能够根据相应底物利用率合成不同链长。在这些多底物酶中，有些可以形成以 GDP 为底物的单萜和以 FDP 为底物的倍半萜。

第三节 主要基本味觉、浓厚味及脂肪味

从物种进化角度，味觉被赋予评估食物的安全性及营养含量，并防止有毒物质的摄入。例如，甜味可识别富含能量的营养素，鲜味可识别蛋白质和氨基酸，盐味可确保饮食中电解质的平衡。一般来说，酸味和苦味会警告生物体不要摄入可能有害的或有毒的化学物质，从微生物角度出发，发酵和腐败的本质比较接近，通过对微生物活动的控制，人类掌握了发酵技术，赋予了食物更多的风味属性。在人类进食活动中，味觉具有一定的附加价值，比如愉悦、喜悦、兴奋甚至美好的回忆。出人意料的是，尽管我们可以品尝到各种各样的化学物质，但从本质上看，它们能引起的味觉种类很少只有甜、苦、酸、鲜和咸。尽管不多，但这物种味觉已令人满意地适应了对有效和可靠的进化需求，以帮助识别和区分关键饮食成分。

一、主要基本味觉

我们的所有五个感官系统都参与确定适口性，从而促进食物的选择、摄入、吸收和消化。虽然我们的大多数感官（包括视觉、听觉、触觉、热感受和本体感受）都已调整为检测物理事件，但嗅觉和味觉的感知是由挥发性和非挥发性分子诱导的，它们激活了鼻子和口腔中的特定化学受体细胞腔。长期以来，心理物理学家建议存在四种基本口味品质：甜、苦、酸和咸。在 1908 年由池田菊苗（东京帝国大学）后发现报道，谷氨酸（海藻、肉汤中的关键味觉刺激物）即所谓的鲜味才被公认为第五种基本味觉。全部味觉受体细胞的激活介导了五种口味，这些受体细胞被组装成味蕾，这些味蕾分布在舌头和上皮的不同乳突上。

鲜味已经被广泛接受为第五种基本味觉形式，其他四种基本味觉是甜、酸、咸、苦。这种接受主要归因于对谷氨酸 G－蛋白偶联受体的鉴定，如 mGluR4 和异配体 T1R1/T1R3 受体。鲜味配料是食品调味品的重要组成部分，在食品生产中有着广泛的应用。在蘑菇中也发现可以增鲜化合物，除了这些已被证明具有或增强鲜味的天然和合成鲜味化合物。最近的研究表明，从鱼蛋白、牛肉清汤或其他食物的水解物中产生的一些肽分子具有鲜味，一些合成肽也具有鲜味。对天然食品和配料的需求不断增长，鲜味肽也被发现是理想的天然成分，对其在食品中的充分开发和应用有很高的要求。

鲜味（umami taste）被称为肉味（meaty）或类肉味（broth－like），因为它曾被用来形容咸味和肉汤食品的滋味。关于鲜味肽的最早报道之一是鲜味寡肽（表 2－2），从催乳蛋白酶改性大豆水解蛋白中分离纯化。通过研究 L－谷氨酰寡肽的化学结构和口感特征之间的相关性，高酸性（亲水）的 L－谷氨酰寡肽具有鲜味，有助于食品蛋白水解物的良好风味。采用 5 种蛋白酶水解鱼的浓缩蛋白，发现酸性寡肽（分子质量低于 1000u）尝起来像肉汤，回味良好，从类似味精的酶解液中分离出 4 个二肽和三肽。经木瓜处理的牛肉肉汁（牛肉鲜味肽，BMP）中分离出大量具备鲜味的寡肽。在 BMP 首次被报道后，Schlichtherle－Cerny 和

Amadó 从风味酶水解脱胺的小麦面筋中发现了 4 个味精样焦谷氨酰肽。Winkel 等研究了这些谷氨酰胺肽的结构、味觉阈值水平和溶解度，认为 GMP/IMP 或谷氨酸结合到鲜味受体上可能是这些谷氨酰胺肽产生鲜味的原因。还有研究指出从花生水解物中发现了两种新的鲜味肽，一种八肽和一种十一肽。Bagnasco 的研究指出寡肽或者短肽有助于米粉水解物的鲜味。

表 2－2　部分鲜味肽结构及阈值

肽的类型和数量	氨基酸序列	来源	味道及 pH	阈值浓度
二肽	Asp－Ala	酱油	鲜	未提供
	Ala－Asp	人工合成	苦＞鲜	13mmol/L
	Ala－Glu	人工合成	鲜（中性）	1.5mmol/L
	Asp－Asp	人工合成	咸/鲜（6.0）	4.79mmol/L
	Asp－Glu	人工合成	咸/鲜（6.0）	1.25mmol/L
	Asp－Leu	人工合成	鲜（中性）	2.5mmol/L
	Glu－Asp	蛋白酶改性大豆蛋白	肉汤味	未提供
		人工合成	肉汤味（6.0）	200mg/100g
		鱼蛋白水解	味精样	200mg/100g
		人工合成	咸/鲜（6.0）	3.14mmol/L
	Glu－Glu	蛋白酶改性大豆蛋白	肉汤味	未提供
		人工合成	肉汤味（6.0）	1%溶液
		鱼蛋白水解	味精样（6.0）	150mg/100g
		人工合成	咸/鲜（6.0）	2.73mmol/L
		人工合成	鲜	1%（g/mL）
	Glu－Leu	人工合成	鲜	3mmol/L
	Glu－Lys	人工合成	鲜（6.0）	3.12mmol/L
	Glu－Orn	人工合成	鲜/酸	3.12mmol/L
	Glu－Ser	蛋白酶改性大豆蛋白	肉汤味	未提供
		人工合成	淡肉汤味	未提供
		鱼蛋白水解	味精样（6.0）	200mg/100g
	Glu－Thr	人工合成	肉汤味	未提供
	Glu－Val	人工合成	鲜/甜	1%（g/mL）
	Gly－Asp	人工合成	鲜	6mmol/L
	Gly－Glu	人工合成	鲜＞苦	0.8mmol/L
	Leu－Glu	人工合成	鲜＞苦	1.5mmol/L
	Lys－Gly·HCl	人工合成	咸/鲜（6.0）	1.22mmol/L
	Orn－Orn·2HCl	人工合成	鲜	1.5mmol/L

续表

肽的类型和数量	氨基酸序列	来源	味道及 pH	阈值浓度
	Orn – Ala · HCl	人工合成	咸/鲜	1.25mmol/L
	pGlu – Pro	脱酰胺小麦面筋水解物	味精样	未提供
	Thr – Glu	鱼蛋白水解	味精样	300mg/100g
	Val – Asp	人工合成	苦 > 鲜	25mmol/L
	Val – Glu	人工合成	鲜 > 苦	1.5mmol/L
三肽	Ala – Asp – Ala	人工合成	鲜 > 苦	3mmol/L
	Ala – Glu – Ala	人工合成	鲜（中性）	0.8mmol/L
	Asp – Glu – Ser	鱼蛋白水解	味精样	300mg/100g
	Glu – Asp – Glu	鱼蛋白水解	味精样	300mg/100g
	Glu – Gln – Glu	鱼蛋白水解	味精样	200mg/100g
	Glu – Glu – Leu	人工合成	鲜	未提供
	Glu – Gly – Ser	蛋白酶改性大豆蛋白	肉汤味	未提供
		鱼蛋白水解	味精样（中性）	200mg/100g
	Gly – Asp – Gly	人工合成	鲜（中性）	1.5mmol/L
	Gly – Glu – Gly	人工合成	鲜 = 苦	1.5mmol/L
	Leu – Glu – Glu	人工合成	鲜	未提供
	pGlu – Pro – Gln	脱酰胺小麦面筋水解物	味精样	未提供
	pGlu – Pro – Glu	脱酰胺小麦面筋水解物	味精样	未提供
	pGlu – Pro – Ser	脱酰胺小麦面筋水解物	味精样	未提供
	Ser – Glu – Glu	鱼蛋白水解	味精样	200mg/100g
	Val – Asp – Val	人工合成	鲜	13mmol/L
	Val – Glu – Val	人工合成	鲜（中性）	1.5mmol/L
四肽	Glu – Ser – Leu – Ala	人工合成	酸 > 涩 > 鲜 > 苦	未提供
五肽	Glu – Glu – Ser – Leu – Ala	人工合成	酸 > 涩 > 鲜 > 苦	1.25mmol/L
六肽	Asp – Glu – Glu – Ser – Leu – Ala	人工合成	酸 > 涩 > 鲜 > 甜 > 苦	未提供
	Cys – Cys – Asn – Lys – Ser – Val	金华火腿	鲜	未提供
七肽	Ala – His – Ser – Val – Arg – Phe – Tyr	帕尔玛火腿	鲜	未提供
八肽	Lys – Gly – Asp – Glu – Glu – Ser – Leu – Ala	牛肉汁	美味	未提供

续表

肽的类型和数量	氨基酸序列	来源	味道及 pH	阈值浓度
	Lys - Gly - Asp - Glu - Glu - Ser - Leu - Ala	人工合成	鲜，酸，甜	未提供
	Lys - Gly - Asp - Glu - Glu - Ser - Leu - Ala	人工合成	鲜/酸	1.41mmol/L
	Lys - Gly - Ser - Leu - Ala - Asp - Glu - Glu	人工合成	酸/鲜/甜	0.78mmol/L
	Ser - Leu - Ala - Asp - Glu - Glu - Lys - Gly	人工合成	鲜/酸	1.25mmol/L
	Ser - Leu - Ala - Lys - Gly - Asp - Glu - Glu	人工合成	酸/鲜	1.50mmol/L
	Ser - Ser - Arg - Asn - Glu - Gln - Ser - Arg	花生水解液	鲜	未提供
十一肽	Glu - Gly - Ser - Glu - Ala - Pro - Asp - Gly - Ser - Ser - Arg	花生水解液	鲜	未提供

表2-2所示为52种被报道显示鲜味的多肽，以及它们的类别、来源、滋味和阈值浓度。这52个肽包括24个二肽、16个三肽、5个八肽、2个五肽、2个六肽、1个四肽、1个七肽和1个十一肽。合成和自然形成的二肽和三肽，如Glu - Ser、Glu - Asp、Glu - Glu和Glu - Gly - Ser的口感进行比较，发现二肽和三肽的口感相似。味精的阈值浓度为1.5mmol/L，大多数二肽和三肽的鲜味较味精弱。四肽、五肽、六肽和七肽的滋味是不同的。合成的六肽和七肽的鲜味较天然形成的六肽和七肽弱。天然形成的八肽具有鲜味，而合成的八肽不仅具有鲜味，还具有酸味和甜味。

比较表2-2中所有自然形成和合成的肽的口感，可以发现水解产物的肽具有鲜味，但合成后肽的口感发生了变化。随着鲜味肽分子质量的增大，这种趋势变得更加明显。对于所有报道的鲜味肽，大多数天然形成的鲜味肽几乎都可以用合成肽进行验证。利用合成肽来确定天然形成肽的口感的做法也可能引入部分争议。因此，在肽合成过程中由于氨基酸的异构形式而产生的空间结构变化可能会影响肽的鲜味。

新发现的鲜味肽与其他风味化合物的风味相互作用。最近的研究表明（表2-3），鲜味肽的相互作用有四种类型：肽与肽的相互作用，肽与核苷酸的相互作用，肽与阳离子的相互作用以及肽与其他味觉成分相互作用。Tamura和其他人检测了含有N-末端二肽（Lys - Gly）、酸性三肽（Asp - Glu - Glu）、C-末端三肽（Ser - Leu - Ala）和咸味二肽（Orn - Sum - Ala）的混合物的滋味。他们发现，所有的组合都产生了一种与BMP具有相同特性和几乎相同强度的鲜味。混合物的滋味与BMP的鲜味相似，表明存在增强、抑制或掩盖滋味的相互作用，以及影响滋味的协同作用。

表2-3　　鲜味肽与其他呈味化合物混合后滋味及阈值数值

混合成分类别	肽和相互作用成分	滋味	阈值浓度/(mmol/L)
肽与肽	Lys-Gly+Asp-Glu-Glu+Ser-Leu-Ala	鲜/酸	1.41
	Orn-β-Ala+Asp-Glu-Glu+Ser-Leu-Ala	鲜/酸	1.41
	Lys-Glu+Glu-Glu+Ser-Leu-Ala	鲜/酸	0.94
肽与核苷酸	0.5% Glu-Glu+0.02% IMP	鲜/咸/甜	未提供
	0.5% Glu-Val+0.02% IMP	鲜/酸	未提供
	0.5% Ala-Asp-Glu+0.02% IMP	鲜/苦	未提供
	0.5% Ala-Glu-Asp+0.02% IMP	鲜/酸	未提供
	0.5% Asp-Glu-Glu+0.02% IMP	鲜/咸	未提供
	0.5% Ser-Pro-Glu+0.02% IMP	鲜/苦/咸	未提供
	0.5% Glu-Glu+0.5% Glu-Val+0.5% Asp-Glu-Glu+0.5% Glu-Glu-Asn+0.02% IMP	鲜/酸/咸	未提供
	0.5% Asp-Glu-Ser+0.5% Glu-Glu+0.5% Asp-Glu-Glu+0.02% IMP	酸/鲜/苦	未提供
肽与盐	Asp-Asp+Na^+	咸/鲜	3.33
	Asp-Asp+K^+	模糊的鲜味	3.24
	Asp-Glu+Na^+	鲜/咸	3.32
	Asp-Glu+K^+	模糊的鲜味	3.72
	Glu-Asp+Na^+	咸/鲜	1.74
	Glu-Asp+K^+	模糊的鲜味	1.71
	Glu-Glu+Na^+	鲜/咸	2.22
	Glu-Glu+K^+	模糊的鲜味	3.62
	Asp-Asp-Asp+Na^+	咸/鲜	3.23
	Asp-Asp-Glu+Na^+	鲜/咸	2.06
	Asp-Glu-Asp+Na^+	鲜/咸	2.68
	Glu-Asp-Asp+Na^+	咸/鲜	3.23
	Asp-Glu-Glu+Na^+	鲜/咸	2.09
	Glu-Asp-Glu+Na^+	咸/鲜	3.09
	Glu-Glu-Asp+Na^+	鲜/咸	3.47
	Glu-Glu-Glu+Na^+	鲜/咸	2.09
肽与其他味觉成分	Lys-Gly-Asp-Glu-Glu-Ser-Leu-Ala+MSG	鲜味增强	未提供
	Lys-Gly-Asp-Glu-Glu-Ser-Leu-Ala+NaCl	鲜味增强	未提供

Nakata 研究了酸性肽与 Na^+ 和 K^+ 的相互作用，发现当 pH 增加到 6 时，使用 NaOH 和 KOH，酸性二肽的钠盐表现出肉和咸味。每个肽的钾盐显示出一种模糊的滋味，不能被归类为鲜味或咸味。对酸性肽盐的感官分析表明，肽中 Glu 和 Asp 的序列可能是建立咸味和鲜味的关键因素。

Winkel 等比较了味精、GMP、乳酸 GMP 和乙酰 GMP 在水、氯化钠溶液和模型水中的滋味阈限值。他们发现味精在 0.5% NaCl 的水中（5mg/kg）> GMP 和 0.05% 的味精溶液（0.5mg/kg）> 乳酸 GMP 肉汤（0.03mg/kg）> 乙酰 GMP 肉汤（0.01mg/kg）的味觉阈值。这些结果表明，用于溶解鲜味肽的介质可能也影响了它们的味觉评价。肽的味觉评价结果受到其他肽、核苷酸和阳离子的影响，也可能受到溶解介质的影响。这些物质可能会干扰鲜味肽的准确评价。鲜味肽与酸、甜或苦味物质的相互作用和溶解介质应进一步研究。然而，近年来对这些方面的研究十分有限。可能的原因包括①对鲜味肽的口感存在争议，阻碍了对鲜味肽与其他口感物质相互作用的更详细的研究；②鲜味肽是两性离子，这使得肽与其他风味物质之间的相互作用过于复杂，无法区分其口味特性。

二、 浓厚味

酸、甜、苦、咸、鲜这五种基本口味都决定了我们的适口性，而适口性可以促进食物的选择和吸收。除了这五种味觉之外，为了更好地了解食物的复杂性，最近又提出了另一种味觉——浓厚味。传统上，浓厚味常被用来形容美味的口感食物是用 kokumi 来表达的，意思是它们有很好的黏稠性、口感和复杂性。大约在十几年前，日本的一些研究人员首次发现食物中的某些分子可以使食物变得更稠、更拗口、更复杂，同时增加食物滋味的连续性。他们将这种感觉定义为的“浓厚味”。然后他们首先发现厚味成分是一些含硫的氨基酸、肽及其衍生物。例如，从洋葱和大蒜中分别提取的反(+) - *S* - 丙烯 - 1 - 半胱氨酸亚砜（PeCSO）及 γ - 谷氨酰基肽、(+) - *S* - 甲基 - 1 - 半胱氨酸亚砜和 γ - L - 谷氨酰基 - L - 半胱氨酸。Ueda 等人还证明，添加到模型牛肉提取物或鲜味溶液中的谷胱甘肽（γ - Glu - Cys - Gly，GSH）可增强口感、连续性和浓稠的风味。同样，通过感官法在豆类和高达（Gouda）干酪中检测到一系列浓厚味活性化合物，如 γ - 谷氨酰二肽和三肽。虽然浓厚味化合物本身没有味觉，但它们可以增强食物的口感，使其更有嚼劲、更复杂，并产生持续的美味。

近年来，天然浓厚味调节剂在调味品工业中得到广泛应用，对浓厚味的分子机制研究引起了人们的广泛关注。一般来说，所谓的浓厚味化合物存在于日常饮食中。某些商用酵母提取物中的谷胱甘肽（谷胱甘肽）具有典型的浓厚味。虽然谷胱甘肽的滋味很弱，但在鲜味、甜味和风味化合物存在的情况下，谷胱甘肽能协同增强口感，并证实了谷胱甘肽对扇贝的滋味有贡献。干鲣鱼片是一种非常受赞赏的调味品，因其增强风味的功能，在面汤中加入干鲣鱼片可以提高风味的复杂性。

Thomas Hofmann 教授等发现，在模型鸡汤中加入豆类水提物，可以使鸡汤口感更醇厚、更复杂，并能在舌头上产生更持久的美味。然后，他们在高达干酪中发现了类似的现象，与 4 周的高达（Gouda）干酪相比，对 44 周熟的高达干酪的感官评估显示出明显的口感和连续性。其主要原因是熟化 44 周的高达干酪中谷氨酰肽较多。在鱼发酵物中，利用鱼蛋白的酶解液作为增味剂，通过酶解降解鱼蛋白，提高了鱼蛋白中肽的含量，从而改善了鱼蛋白的盐味。

美拉德反应（MR）是非酶促反应。它可以发生在氨基酸、肽和还原糖的羰基之间，引起食品的颜色和风味的改变。美拉德反应产物（MRPs）在许多食品中被用作风味增强剂。Ogasawara 等报道美拉德肽（分子质量 1~5ku）能增强鲜味溶液和清汤的口感、鲜味和连续性汤。因此，美拉德肽可作为增味剂，改善溶液的口感和连续性。同样，Eric 等认为脱脂葵花籽蛋白酶解物 MRP 作为大豆 MRPs 的替代品，可以作为高抗氧化活性的风味增强剂。因为 MRPs 具有产生多种口味的潜力，这些口味通常存在于面包、烤咖啡、熟肉和蔬菜中。有关 MRPs 在开发加工香料和风味增强剂方面的研究已经有很多报道。在已经进行的一些研究中，使用蛋白质或肽来生成加工风味增强剂，蛋白质水解物通过 MRPs 被广泛用于开发风味物质，被认为是美拉德反应的重要风味增强剂和前驱物。

浓厚味机制：钙感应受体（CaSR）。从大豆和成熟的高达干酪中分离并鉴定了一批活性化合物。并应用感官组学（Sensomics）方法验证该成分是否能改善浓厚味。由于这些谷氨酰肽含量低且低于阈值，正常情况下，它们完全没有滋味。然而，他们可以使美味的解决方案更满口、复杂和连续，以及人造干酪基础。最近，一些研究者报道了许多浓厚味活性化合物，如谷氨酰肽可以激活钙感应受体（CaSR）。

目前的研究已经指出上田等首次发现大蒜的水提物可以增强汤的耐久性、口感和浓稠性。用离子交换树脂的方法分离出大蒜的提取物，然后采用反渗透膜法进行浓缩，采用离子交换色谱法从不同风味组分中分离出各含硫化合物，并用场解吸质谱和核磁共振进行鉴定。然后对每一个分离到的属于浓厚味成分的化合物进行感官评价。以往的研究发现，具有良好水溶性的多肽是浓厚味成分。霍夫曼的研究小组采用凝胶渗透色谱法、亲水性相互作用液相色谱法和比较口味稀释分析相结合的方法，通过 HPLC - MS/MS 和 1D/2D - NMR 测试来鉴定食用豆中具有浓厚味的关键分子。一些化合物如 γ - L - 谷氨酰 - L - 缬氨酸和 γ - L - 谷氨酰 - 亮氨酸均通过上述方法分离和鉴定。然后用相似的方法对 Gouda 干酪中的浓厚味成分进行分析。采用凝胶渗透色谱（GPC）对干酪水提物进行了分析，确定了具有浓厚味的化合物。采用高效液相色谱/质谱/质谱联用技术对 GPC 组分进行鉴定，鉴定浓厚味成分。研究发现，8 种 α - L - 谷氨酰二肽和 10 种γ - L - 谷氨酰二肽可作为增强浓厚味的分子。但其中只有 γ - 谷氨酰二肽能够使人类舌头上的钙感应受体（CaSR）可以检测到浓厚味化合物。

CaSR 是典型的七跨膜产物，人类发现 CaSR 存在于动物肾脏和甲状旁腺等多种细胞中。CaSR 对控制哺乳动物细胞外钙离子的动态平衡具有重要意义。血钙水平由 CaSR 感知。通过抑制甲状旁腺激素分泌，刺激降钙素分泌，使血钙离子降至正常水平，从而影响血钙离子水平。类似的 CaSR 调节也在肝脏、肠道和胃等许多其他器官中进行。这一系列的表现表明 CaSR 具有广泛的生物功能。许多文献报道，CaSR 可被阳离子、氨基酸、药理作用、多胺、多肽类和聚赖氨酸、鱼精蛋白等诱导。

CaSR 已在小鼠的味觉细胞中被报道，Ninomiya 研究发现小鼠中存在一组对钙有反应的味觉神经。McCaughey 等对钙的味觉感受、摄入、消化和吸收机制进行了研究，这些发现提示在味觉细胞中存在钙的传递机制。最近，Bystrova 指出一些抗生素和 L - 氨基酸可以引起分离的味觉细胞的反射。Ohsu 等报道了大量的 CaSR 激动剂，如具有浓厚味的 γ - 谷氨酰二肽和三肽，与浓厚味强度高度相关。

通过使用共聚焦扫描显微镜成像细胞内的改变。然后发现谷氨酰 - 缬氨酰 - 甘氨酸引起了味蕾中 6.5% 的味觉细胞内钙浓度短暂升高。这意味着味觉细胞中的 [Ca^{2+}] 反应对特定物质有选择性的刺激，如浓厚味物质。在接下来的测试发现，浓厚味刺激意味着释放储存的 Ca^{2+}，而不是 Ca^{2+} 的涌入。几个单独的受体可以对浓厚味和鲜味产生 Ca^{2+} 反应。在研究鲜味受体时，发现 CaSR 配体具有很高的亲和性和显著的差异。

随着人们生活水平和饮食习惯的提高，单一的口味属性已不能满足人们的需求；人们追求体验更美味的食物。浓厚味是一种感官的感觉，如浓稠、口感、复杂性和改善连续性的食物滋味。

三、脂肪味

膳食脂肪通过多种机制作用于食物的风味，关于它们的味觉感受是最近才得到关注的。目前的证据表明，非酯化脂肪酸（nonesterified fatty acid，NEFA）是味觉成分的有效刺激。CD36 和 GPR120 是假定的受体，这可能无法完全解释脂肪酸引起的全部感觉。长链 NEFA 的感官品质，被称为脂肪味（oleogustus）。NEFA 口味的敏感性存在显著的个体差异，这提示了遗传和环境决定因素的假设。脂肪味的重要性还没有完全确定，但可能有助于滋味，这影响了食物的选择以及脂类代谢和慢性疾病的风险。

一个令人信服的例子是，甜味的存在是为了促进环境中碳水化合物的发现及其摄取。越来越多的证据表明，淀粉在啮齿类动物中是一种有效的味觉刺激，可能在人类中也是如此，但它必须被口腔中的唾液淀粉酶水解成单糖或双糖单元，才能引发明确的甜味信号。在那些赞同味觉是由有限的几种基本品质组成的概念的人当中，甜味被普遍认为是一种基本的味觉，而作为碳水化合物的淀粉则不是。

在自然界中，蛋白质也是弱味刺激物。对 T1R1/T1R3 谷氨酸受体的鉴定被报道有助于在环境中识别蛋白质来源的感觉被称为鲜味，从日语翻译成英语为“美味的滋味”。重要的是，在适当的食物体系中，这可能是对低浓度的恰当描述，但是在水溶液中，鲜味的L－谷氨酸盐并不比蔗糖更受欢迎。此外，在简单的水介质中较高的浓度被大多数消费者认为是不愉快的。当蛋白质被水解时，产生的氨基酸混合物是明显的苦味和令人讨厌的，除非你已经习惯了它们（例如，经常食用含有水解蛋白配方乳粉的婴儿）。

脂肪口味的概念是最近才提出的，但人们的接受程度正在不断提高。几乎没有证据表明，膳食（和身体）脂肪的主要形式甘油三酯是一种有效的味觉刺激。然而，可能是其脂肪酸成分，非酯化脂肪酸（non－esterified fatty acids，NEFA）。这些化合物在低浓度的脂肪食品中天然存在，在腐臭产品中则以高浓度存在。在消化的口腔阶段，它们也可能通过内源性分泌的唾液脂肪酶的活性产生。后一种机制在啮齿类动物中被广泛接受，但直到最近才在人类中得到支持。先前的观点认为，人类可能缺乏舌脂酶，这种酶的测量已经被证明是困难的，但是在生理条件下其活性的最终产物的记录有力地支持了它在中的作用。在简单的水溶液中，NEFA 是不愉快的。

脂肪味的转导机制：在身体各处，脂肪通常被感知为 NEFA，而不是甘油三酯（TAG）。TAG 是脂肪的储存形式，但在运输和包装过程中会形成较大的脂类聚集，如脂肪组织中的脂滴或血液中的乳糜微粒和脂蛋白。作为信号分子或穿越细胞膜，TAG 必须被水解。在肠道或外周组织的细胞表面，TAG 必须被分解，这样 NEFA 才能与细胞膜受体结合或被吸收。在口腔内，NEFA 被认为可能是刺激产生脂肪味的化合物。虽然 TAG 肯定有助于食物的结构、质地和降解特性，但 NEFA 很可能是味觉的化学刺激物，因为它们足够小，可以与味觉细胞表面的化学受体相互作用。NEFA 确实可以促进味觉细胞的去极化，促进消化酶的释放，但不是酯化脂肪酸。

第四节　风味感知对社交的影响

在过去几年中，食品工业对天然产品的需求不断增长，促使人们大力开发用于生产香料化合物的生物技术工艺。通过大量研究以及日常生活感受，人类活动中最多维化的感觉就是对风味的感知。另外，在我们所有的感觉中，对滋味的感知有大约 90% 来自嗅觉，主要是特别嗅觉可以通过两种通道（方式）相互协作。一方面，鼻子感知到香气，另一方面，当食物在口腔中被咀嚼并分解时，香气就会释放出来，从而产生互补的感官刺激。同时，在温度升高的作用下，新的挥发性分子被释放并到达嗅觉受体（图 2－15）。

近年来对风味感知主题的研究迅速增长，最近关于滋味感知的心理物理学研究发现，气味可以诱发对食物甜味感知的变化。这样研究结果如果具有普遍性，对于国际调味品公司具有一定的潜在好处，因为它可以平衡香气化合物浓度影响味觉，通常香气化合物单位成本会更高一些。

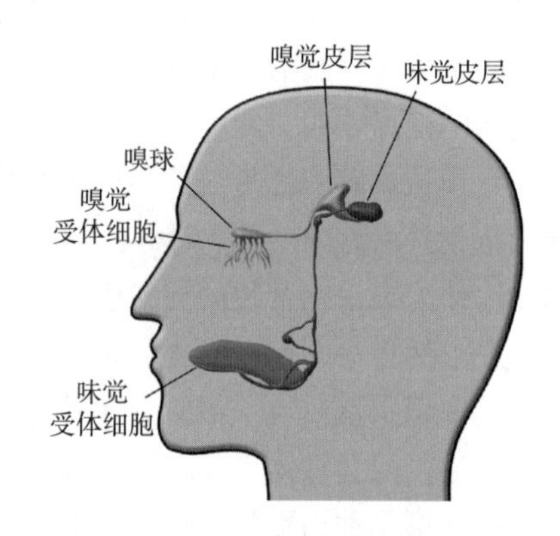

图 2－15　风味感受示意图

另一个引起强烈商业兴趣的领域是，一些研究试图发现，消费者的大脑是否可以被诱骗去感知各种口味，而不需要包含我们许多人似乎都渴望的所有不健康的成分。这里还有一些研究开发味觉的基因差异。有些人舌头上的味觉受体比其他人多 16 倍。在非常真实的意义上，我们很可能生活在不同的味觉世界里。

味觉和行为之间的联系也是一个有趣的话题和重要的研究领域。这个领域的一个基本问题是，味觉对于动物，尤其是人类，有什么重要的功能。研究表明，在哺乳动物和人类的发育过程中，味觉在很多层面上都有影响。对于食物的摄入，味觉会有意识或无意识地影响我们的思维、决定和对食物的行为。食物的感官体验是控制食物摄入量的一个决定性因素，通常归因于与某些感官信号相关的积极享乐反应。基于食物的视觉、嗅觉、味觉和质地的感官线索在餐前、餐中和餐后都有作用。大量关于消费者偏好的研究表明，品味具有社会意义。有证据表明，味觉在人类的社会交往中起着重要作用，但这是否是哺乳动物和脊椎动物的普遍特征呢？很可能是这样。对于许多脊椎动物来说，身体上的社交接触，包括舔食相关动物生殖器、尿液、汗液或唾液中的非挥发性社交化合物，有助于将化合物传递到许多脊椎动物的犁鼻器，后者对同种社交化合物做出反应。事实上，这两种感官感知（与视觉、听觉和触觉等其他感官感知相结合）在生物物种的行为中扮演着重要的角色，并决定着它们的生存和适应它们进化的环境。因此，嗅觉和味觉感知也取决于社会行为（摄入或不摄入食物的食品安全）。

思考题

1. 请阐述嗅觉受体与味觉受体的区别。
2. 鲜味物质从化学结构上有哪些种类？
3. 气味化合物的特点有哪些？
4. 借助课外资料阐明信息技术、组学技术对风味研究有什么帮助。

参考文献

[1] Adler E, Hoon MA, Muelle KL. Anovel family of mammalian taste receptors [J]. *Cell*, 2000, 100: 693 - 702.

[2] Becchetti A, Gamel K, Torre V. Cyclic nucleotide - gated channels pore topology studied through the accessibility of reporter cysteines [J]. *Journal of General Physiology*, 1999, 114: 377 - 392.

[3] Feng T, Zhang ZW, Zhuang HN. Effect of peptides on new taste sensation kokumi - review [J]. *Mini - Reviews In Organic Chemistry*. 2016, 13: 255 - 261.

[4] Hajeb P, Jinap S. Umami taste components and their sources in asian foods [J]. *Critical Reviews in Food Science and Nutrition*, 2015, 55: 778 - 791.

[5] ParkerJK, Elmore S, Methven L. 2015. *Flavour Development, Analysis and Perception in Food and Beverages*. Cambridge: Woodhead Publishing. pp63 - 81.

[6] Medler KF. Calcium signaling in taste cells [J]. *Biochimica et Biophysica Acta*, 2015, 1853: 2025 - 2032.

[7] ShinN, RyotaH, FumiakiI. Neuronal organization of olfactory bulb circuits [J]. *Frontiers in neural circuits*, 2014, 8: 1 - 19.

[8] Nizzari M, Sesti F, GiraudoM T, Virginio C, Cattaneo A, Torre V. Single - Channel Properties of Cloned cGMP - Activated Channels from Retinal Rods [J]. *Proceedings of the royal Society b - Biological Sciences*, 1993, 254: 69 - 74.

[9] Yin Z, Venkitasamy C, Pan Z, Liu W, Zhao L. Novel umami ingredients: umami peptides and their taste [J]. *Journal of Food Science*, 2016, 82: 16 - 23.

第三章 风味的形成与变化

CHAPTER 3

学习目的与要求

1. 明确美拉德反应步骤。
2. 不同加热方法对风味物质生成的影响。
3. 口腔条件对风味物质辨别的作用。

第一节 美拉德反应与风味之间的关系

本节着重介绍美拉德反应。作为一类非酶褐变，美拉德（Maillard）反应产物是由肉类、蔬菜、水果，在加工、准备和储存过程中产生的。此反应及其特定产物，在食品或食物的生产既产生有利的结果，也产生了负面的效应。茶、啤酒、面包和糖浆都因美拉德反应产生的丰富风味而带来有利结果，牛乳、面粉等食品，由于美拉德反应产生的挥发物，影响了感官特性，则降低了质量和外观。因此，完全理解美拉德反应及其在食品制备中的含义是非常重要的。美拉德反应从化学本质上可以看成是一种还原糖与氨基酸、肽或蛋白质中的氨基基团缩合的复杂反应，是一种具有多相的复杂反应，可能通过多种途径产生多种颜色和风味的化合物（图 3 – 1）。最初的反应是由 Louis – Camille Maillard 在研究氨基酸时观察到的，当时他先在甘油和葡萄糖的存在下加热氨基酸。伴随着棕色沉淀物生成，二氧化碳逐步释放，同时还产生了部分令人愉悦的气味。从这项工作开始逐步理解了氨基酸和还原糖羰基之间的缩合反应。第一个描述美拉德反应机制理论是由霍奇和瑞斯特（1953）提出的，并经过其他人的进一步修改逐步完善。

一、美拉德反应步骤

美拉德反应的化学过程十分复杂，它可以在醛、酮、还原糖及脂肪氧化生成的羰基化合物与胺、氨基酸、肽、蛋白质甚至氨之间发生反应，但本质上都是羰氨间的缩合反应。美拉

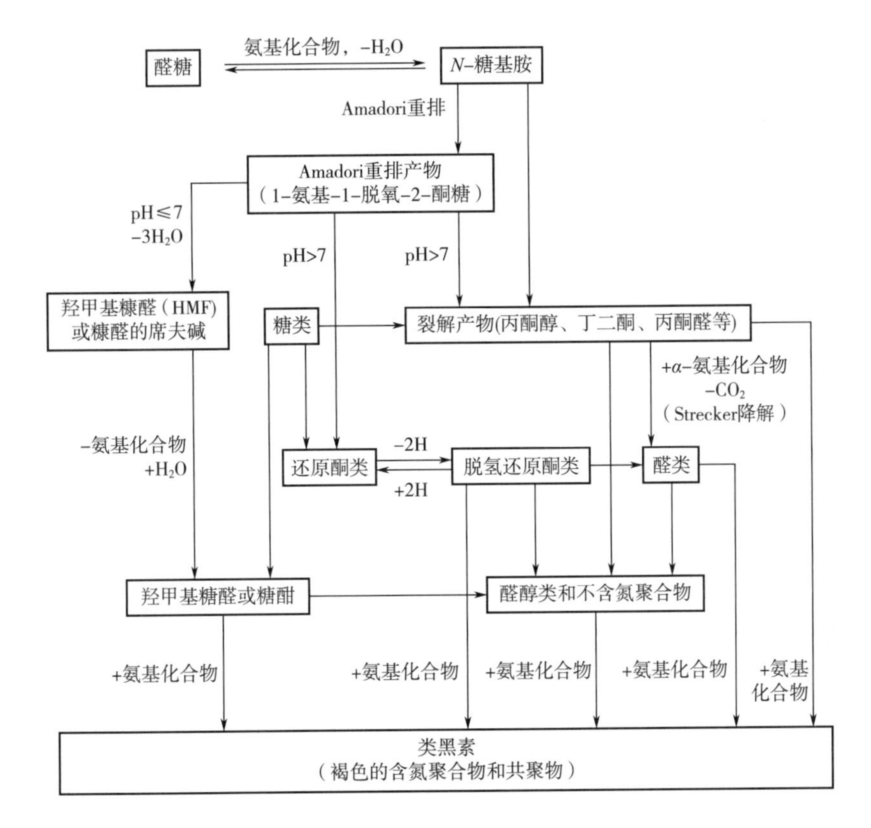

图3－1　美拉德反应示意图

德反应是一个由三个阶段组成的复杂的反应过程。初始阶段是氧化还原糖的氨基和羰基之间的缩合，主要是脱水、重排途径，再加上 Amadori 重排或 Heyns 重排，然后是中间阶段，其发生 Strecker 降解，反应完成于醛醇缩合的最后阶段，并形成棕色黑素类聚合物和共聚物。

1. 初始阶段

这个初始反应开始于氨基化合中的氮元素对氧化还原糖部分的羰基碳的亲核取代。这个反应之后形成环化不稳定的席夫碱。然后它会转化成 N 取代的糖基胺。富电子氮的来源通常被描述为赖氨酸的含氮侧链或精氨酸的胍基。所有的游离氨基酸都有可能通过游离氨基发生美拉德反应。蛋白晦或蛋白质内部亚胺肽键可以与还原糖反应，生成美拉德产物。肽/蛋白的长度可能会影响反应的速率。一般来说反应速率与链长相关性较弱，比如二肽甘氨酸的反应速度比单独的自由氨基酸或三肽的反应速度要快。大量研究发现，赖氨酸仍然是参与褐变反应的关键氨基酸。

酮和醛还原糖均可参与反应。在 Amadori 重排后，氧化态的醛糖与氨基酸形成醛胺反应，最终生成 1－氨基－1－脱氧－酮糖 Amadori 化合物。另外，酮糖会产生酮胺并重新排列成 2－氨基－2－脱氧－醛糖 Heyns 化合物（图 3－2）。一般而言，戊糖的反应速度比己糖快，单糖的反应速度明显比双糖快。

一般来说，赖氨酸具有侧链胺和氨基基团，与大多数糖高度反应。然而，甘氨酸与果糖、核糖或乳糖加热时反应速率最高。一些游离氨基酸的反应效率约为赖氨酸的 20%，可能是通过侧碳氨基（色氨酸、酪氨酸、脯氨酸、亮氨酸、异亮氨酸和丙氨酸）。因此，蛋白质水解物或游离氨基酸浓度高的食物（如虾）很容易变成褐色。

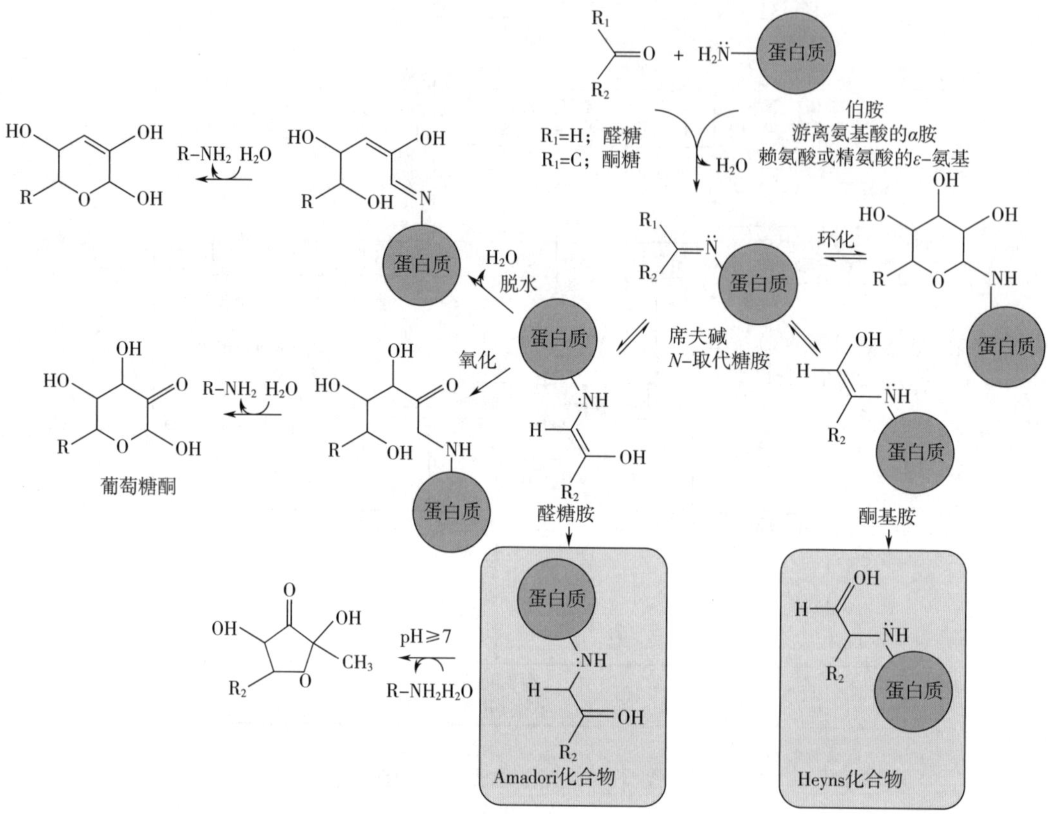

图3－2 美拉德反应早期 Amadori 和 Heyns 化合物的形成

同样，糖的种类对褐变反应也有重要的影响。单糖的反应速率大于双糖，五碳糖的反应速率大于六碳糖。一般说来，糖的反应顺序如下：戊糖、己糖和双糖。然而，这取决于所使用的模型系统。一些研究显示，赖氨酸与核糖或木糖反应最快，而与阿拉伯糖反应的速度中等。美拉德反应的初期反应物，影响了后续反应中不同香气、滋味和颜色的化合物。每个含游离氨基的氨基酸加上赖氨酸和精氨酸的侧链基团，并将还原糖限制在 8 种更常见的简单碳水化合物中，仅这一简单的排列组合就有超过 576 种 Amadori 或 Heyns 的潜在产品。每一中间产物可能通过其余反应途径再交叉反应，以及缩合产物的中间产物与其他底物反应的可能性，上述这些描述凸显了该反应的多样性与复杂性。在缩合反应和失水形成中间亚胺之后，有两条可能的途径：可逆环化生成糖胺或生成席夫碱（图 3－2）。生成希夫碱的反应是可逆的，特别是在酸性条件下，初始产物很容易再生。席夫碱会形成烯醇形式，根据初始糖和 pH 的不同，有三种可能。在较高的 pH 下，胺损失生成脱氧二羧基化合物。在较低的 pH 下，1,2－烯醇化导致酮 Amadori 产物的生成，而胺的氧化和水解损失导致葡萄糖循环产物的生成。在加热的情况下，每一个中间产物都可以通过下一阶段的美拉德反应形成风味（香气）产物。

2. 中间阶段

根据给出的各种反应过程，形成的 Amadori、Heyns 和其他中间产物有几种不同的反应方向，通常称为中间阶段（图 3－1）。通过脱氧，脱水产生香气或风味化合物的一个例子包括在肉类中产生呋喃酮、异麦芽糖醇和麦芽糖醇。有些研究者认为中间阶段涉及大量的反应及化合物，将本阶段比喻为一个包含大量反应物、中间产物和产物的反应池。在这一阶段反应中，Amadori 和 Heyns 的产物将有几种可能的降解途径，影响因素主要决于 pH 和温度。在酸性条件下，Amadori 产物进一步分解脱水，形成含有呋喃环的羟甲基糠醛和糠醛。同时，在酸性条件下，糖脱水会产生1 - 脱氧酮、2 - 脱氧酮、3 - 脱氧酮或4 - 脱氧酮。这些物质然后环合成麦芽醇和前面描述的呋喃酮，并在随后与氨和硫化物反应中产生许多具有肉味和其他风味的化合物。Heyns 和 Amadori 化合物的另一个途径是在偏中性或碱性的条件下脱水。由于失去两个水分子，产生具有抗氧化性还原态烯二醇。酸催化的裂解和胺的损失生成二羰基脱氧酮。羰基的存在使烯二醇，形成稳定的 α - 氧 - 烯二醇，具有强酸性倾向，并具备潜在的强还原力。因此，还原剂和脱氢还原剂在后续反应中对褐变起关键作用。

第三种途径涉及 Amadori 或 Heyns 降解化合物的裂变或碎裂（图 3 - 1）。该反应是由醛醇缩合反应的氧化裂变引起。通过重排和还原，裂解反应形成小的脱碳醛、乙醇和乙酸化合物，包括乙酸、甲醛、双乙酰、乙二醛、缩醛和乙醛。如在最初的美拉德缩合反应中所观察到的，涉及游离氨基酸损失的一个重要途径是氨基酸在由 Amadori 或 Heyns 化合物（还原剂和裂变产物）形成的环态二碳基存在的情况下的氧化降解。脱氧酮、双乙酰、丙酮醛、羟基丙酮、乙醛和其他分解产物是潜在的 Strecker 反应物。潜在的降解产物具有多样性，二羰基化合物和游离氨基酸结合，使这种反应成为食品和饮料风味的一个主要贡献者。由于游离氨基酸的反应速度更快，这一途径在游离氨基酸含量高的食物或蛋白质水解物中更为普遍。半胱氨酸和核糖的反应是肉类的许多香气和风味的主要原因。乙二醛的羰基可以与反应性较小的精氨酸侧链反应（图 3 - 3）。虽然 Strecker 降解反应对烤肉、可可和咖啡豆等焙烤食品的风味有重要影响，但该反应的高分子质量和低分子质量产品都发挥了重要作用。进一步的反应产生了与加热后的食物风味有关的化合物。吡嗪等杂环含氮化合物对许多加热和烤过的食物的滋味很重要，如肉类、肉汤和蔬菜，大多数气味阈值较低。吡咯最初是在烘焙咖啡豆中发现的，是非酶褐变过程中形成的杂环化合物的关键成分。当丝氨酸、苏氨酸和各种单糖的存在下加热时，可以鉴别出谷物和爆米花的重要风味。有些化合物会使熟食散发出焦糖般的香气。几种 Strecker 降解产物进一步在熟食中提供复杂的滋味。半胱氨酸和甲基乙醛基 Strecker 降解产物是噻唑杂环化合物的例子。半胱氨酸巯基，亲核攻击由氨和醛反应形成的亚胺中间体的碳，产生一系列类似的环状分子。这些低气味阈值的挥发物使肉类、薯片和烤花生散发出硫磺味、类似洋葱的香气。

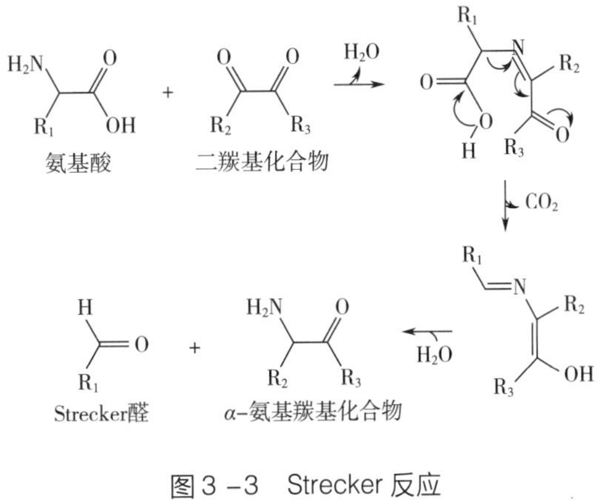

图 3 - 3　Strecker 反应

3. 末端反应

虽然许多中间体提供挥发性香气和可溶性的滋味成分，反应产生褐色化合物和滋味。这最后一个步骤是许多物质聚合成高分子质量和低分子质量的类黑素（Melanoids），其中很多都是缩合反应。氨基化产物包括呋喃甲醛和其他产物的聚合产生了一种不明确的褐色阴离子化合物。如果褐变色素的主要成分是由碳水化合物构成的，如在深色液体中发现的碳水化合物，那么这些产品就被称为黑色素。在面包和烘焙食品的外壳上发现的褐变反应通常在核心含有蛋白质，因此被称为黑色素。通常，黑色素的组成取决于参与聚合的醛和胺的数量。缩合产物通常是杂环化合物的聚合物。尽管作为抗氧化剂和其他生物效应，这些化合物在健康方面的作用越来越大，但人们对这些化合物的结构知之甚少。我们大部分的理解来自于使用模型系统，采用还原方法混合各种中间体，并研究最终产物。

4. 晚期糖基化终产物

一段时间以来，人们一直担心美拉德反应产物的形成会使食品失去营养价值，甚至产生潜在的毒性。加工食品中赖氨酸作为一种营养来源的损失，以及与美拉德反应产物反应后蛋白质功能、溶解度和消化率的降低，都是这些反应物在食品加工中作用的例子。除了美拉德反应引起的食品营养状况的变化外，美拉德反应中间体与蛋白质或脂类之间的一些副反应还引起了生物健康方面的关注。晚期糖基化终产物（advanced glycation end - products，AGEs）是 Amadori 产物和 α - 二羰基化合物与蛋白质或脂类反应的副反应的结果。一般来说，这些产物是由还原糖反应或生物大分子（碳水化合物、脂类、蛋白质）或抗坏血酸降解而形成的。

聚焦于蛋白质交联的形成，最终产物可以产生蛋白质加合物（单或多取代）或与交联的蛋白质（蛋白质 - 交联 - 蛋白质）。除了晚期反应物，Amadori 产物还降解成活性羰基，而羰基又与氨基反应，形成交联化合物。大多数检测到的交联产物主要是赖氨酸或精氨酸侧链的修饰，与其他氨基酸侧链的已知反应有限。AGE 产物基于多种具有高度不同和不均匀结构的反应物。最早的年代交联蛋白之一是羧甲基赖氨酸（CML），它在组织和烹饪中非常普遍，是通过降解 Amadori 产品或在蛋白质赖氨酸残基上添加活性乙二醛而形成的。由核糖引发的反应会产生戊糖甙，这是精氨酸和赖氨酸之间形成的交联产物。当交联蛋白由甲基乙醛和两个赖氨酸残基开始时，也会产生类似的老化产物。

二、 美拉德反应与风味物质形成

1. 氨基酸反应与中间体的形成

美拉德反应中原料氨基酸是决定产物风味的主要因素。最重要的氨基酸降解机制是 Strecker 降解。不同的氨基酸通过 Strecker 降解产生的不同特殊醛类（又称 Strecker 醛类）是造成食品不同风味的重要物质之一，也是进一步反应的中间体，是各种氨基酸通过 Strecker 降解形成的醛。例如，半胱氨酸参与 Strecker 反应产生硫氢基乙醛和 α - 氨基酮，当反应的中间体半胱氨酸反应时，可分解产生硫化氢、氨和乙醛，这些物质都是形成强香气化合物十分重要的活性中间体，在肉类风味中具有重要的作用；甲硫氨酸的 Strecker 反应是含硫中间体的另一个重要来源，反应中产生甲硫氨醛、甲硫醇和 2 - 丙烯醛。

2. 吡嗪类物质的形成

吡嗪类含氮杂环化合物是许多食品中常见的挥发性风味关键物质中具有强烈的感官特征，几乎所有品种的熟肉中都有吡嗪类物质的存在。对熟肉来说吡嗪类物质是嗅感物质中非常重要的成分。大多数吡嗪类化合物都是由己醛基和氨基酸经过缩合反应生成的，缩合后的产物发生 Strecker 降解生成的氨基还原酮，氨基还原酮再经过自身缩合及氧化反应产生吡嗪类化合物。

3. 含硫杂环化合物的形成

Wilson 等首先证实，在肉香中有多硫杂环化合物存在，这些杂环化合物有硫醚类、噻啶等。可从牛肉汤中得到，在鸡肉中也发现了这类多硫杂环化合物。Pippen 等研究认为 2,4,6 - 三甲基 - 1,3,5 - 三噻烷是在鸡肉脂肪中硫化氢和乙醛间接反应得到的。研究表明 5,6 - 二氢 - 2,4,6 - 三甲基 - 1,3,5 - 二噻嗪、2,4,6 - 三甲基 - 1,3,5 - 三噻烷和 3,5 - 二甲基 - 1,2,4 - 三噻烷可以通过加热硫化氢、乙醛、氨基化合物制得。大多数研究认为，含硫化合物是肉类烹制过程中形成的最重要的挥发性物质，含硫前体物质如半胱氨酸和肽类谷酰胺等，他们参与美拉德反应的 Strecker 反应形成挥发性含硫化合物。

4. 内酯的形成

生肉是没有香气的，只有在蒸煮或焙烤时才会有香气。在加热过程中，肉内各种组织成分间发生一系列复杂变化，产生了挥发性香气物质，目前有 1000 多种肉类挥发性成分被鉴定出来，内酯化合物就是其中的一种。内酯形成于 Strecker 降解反应生成的醛在加热的条件下脱水生成酮醛化合物，该化合物与氨基化合物缩合、脱羧形成席夫碱，进一步反应形成氨基醛类，而后经脱氢、脱水、环化等反应生成内酯类化合物。

5. 呋喃、噻吩、吡啶和吡咯的形成

呋喃类物质可由 Amadori 化合物经过 1,2 - 烯醇化途径产生，在这些呋喃类物质中，2 - 呋喃醛是最重要的一种，它是其他呋喃类物质的重要前体物质之一，而且也是其他杂环化合物如噻吩和吡咯的前体物质。呋喃环的氧可被硫和氮取代，生成了相应的噻吩或吡咯衍生物。另外，含硫化合物除了上面我们介绍由乙醛、氨和甲硫醇与硫化氢反应合成外，也可由呋喃衍生物合成，喃类的衍生物是模型系统中发生美拉德反应的主要产物，它可以与硫化氢和氨反应形成二级反应产物而参与肉香气的形成。有研究表明，将半胱氨酸、谷氨酰胺、丙氨酸、硫化钠和 2,5 - 二甲基 - 4 - 羟基 - 3(2H)呋喃酮（呋喃酮）进行加热，可形成具有肉香的化合物。

三、 影响美拉德反应的因素

在食品加工过程中，加热含有前体物的食物时将导致反应物的损失和有色产物的形成，为了产生所需的风味，反应物、反应环境和加热条件都必须进行精确的选择，风味特征是反应物、反应条件共同影响下形成的产物，这些因素中有一个不合适，产生的风味就不理想。目前，在研究各种因素对美拉德反应影响时，人们建立了简单的模型体系以明确给定组分因素、环境或加工变量的作用。

1. 氨基酸和糖

常见的几种引起美拉德反应的氨基化合物中，发生反应速度的顺序为：胺 > 氨基酸 > 蛋白质。其中氨基酸常被用于发生美拉德反应，氨基酸的种类、结构不同会导致反应速度有很大的差别，比如氨基酸中氨基在 ε - 位或末位这比 α - 位反应速度快；碱性氨基酸比酸性氨基酸反应速度快。当加热半胱氨酸与还原糖的混合物时，便得到一种刺激性“生”味，如有其他氨基酸混合物存在的话，可得到更完全和完美的风味，蛋白水解物对此很合适。

糖是美拉德反应中必不可少的一类物质。有资料表明，单糖和 ARP（ Amadori 重排产物）的呋喃糖或吡喃糖比其他形式的糖更能脱水。环状 ARP 脱水后随着温度的升高形成共轭产物，再经过专一的再环化，可形成5、6、7环杂环化合物，而许多杂环类化合物本身就是风味物质。有研究者认为随着环状结构的增大，美拉德反应速度急剧降低。所以在食品加工中可以人为添加适量的糖，使形成诱人的风味、色泽。从发生美拉德反应速度上看，糖的结构和种类不同导致反应发生的速度也不同。一般而言，醛的反应速度要大于酮，尤其是α、β不饱和醛反应及α-二羰基化合物；戊糖的反应速度大于己糖；单糖的反应速度要大于双糖；还原糖含量和褐变速度成正比关系。对于反应来说，多糖是无效的，双糖主要指蔗糖和麦芽糖，其产生的风味差，单糖具有还原力，包括戊糖和己糖。研究标明，单糖中戊糖的反应性比己糖强，且戊糖中核糖反应性最强，其次是阿拉伯糖、木糖。由于葡萄糖和木糖廉价易得，反应性好，所以常用葡萄糖和木糖作为美拉德反应原料。

有研究表明，甘氨酸（Gly）、丙氨酸（Ala）酪氨酸（Tyr）、天冬氨酸（Asp）等氨基酸于180℃和等量葡萄糖反应可产生焦糖香气，而缬氨酸（Val）能产生巧克力香气；组氨酸（His）、赖氨酸（Lys）、脯氨酸（Pro）可产生烤面包香气；苯丙氨酸（Phe）则能产生一种特殊的紫罗兰香气。因此在加工过程中，我们可以利用氨基酸的这种性质，将其和葡萄糖直接加入食品并热处理，使食品产生宜人的风味和色泽，以提高营养和改善食品的风味。

2. 加热温度

加热温度在美拉德反应中是影响风味形成的一个重要因素。美拉德反应速度会随着温度的上升而加快。在一定的时间范围内（如4h），反应体系温度升高10℃，美拉德反应速度会加倍。但过高的温度又会使氨基酸和糖类遭到破坏，甚至产生致癌物质。因此通常控制温度在180℃以下，以100~150℃为佳。因此，反应中可根据不同的风味需要而设定不同的温度。例如，在比较烤肉和炖肉的感官特性时，温度的影响是很明显的。炖肉缺乏烤肉特有的风味，主要是因为在炖肉过程中温度没有超过100℃。而烤肉表面干燥，水分活度低，表面温度就有可能超过100℃。低的水分活度和高的表面温度有助于烧烤风味化合物的产生，从而赋予烤肉特有的风味。

3. pH

美拉德反应受到pH的影响，pH影响美拉德反应中某些途径的反应速率，从而改变挥发性物质形成的平衡。当pH在3~10时，美拉德反应会着pH的上升呈上升趋势，色泽也会相对加深。在偏碱性的环境中，有色聚合物的数量增加，易生成含氮挥发物（如吡嗪），例如，pH为9.0的加热体系比在相同条件下pH为5.0的体系产生的吡嗪多了将近500倍。在偏酸性环境中，反应速率降低，因为在酸性条件下一葡萄糖胺容易被水解，而N-葡萄糖胺是美拉德特征风味形成的前体物质。在pH为4.5~6.5时对由半胱氨酸一核酸的模拟系统中生成的挥发物的影响的研究表明，pH的微小变化会对某些种类的挥发物产生重大影响。含氮杂环化合物只有在pH大于5.5时才能生成，2-甲基-3-呋喃硫醇和2-呋喃基-甲基硫醇却只能在低pH下生成。

4. 水分活度

水分活度将影响大多数美拉德反应途径的速率，从而影响整个风味形成的速率和可能的风味特性。某些化学反应会生成副产物水（反应途径被水抑制），而其他一些化学反应则会消耗水（反应途径受水促进）。一般认为，在高水分含量的食品中，反应物稀释后分散于高水分含量的介质中，不容易发生美拉德反应；在低水分含量的食品中，尽管反应物浓度增加，但反应物流动转移受限制，也不容易发生美拉德反应；因此美拉德反应在中等程度水分含量的食品中最容易发生。反应的最适水分活度为0.65~0.75，水分活度小于0.30或大于0.75时美拉德反应很慢。例如，烘烤食品时，诱人的褐色及特征风味的产生伴随着烘烤食品表层脱水反应的进行而产生。水分活度对烷基吡嗪形成速率的影响在模型体系和传统的美拉德反应体系中是一样的。当水分活度为0.75时加热产生的吡嗪数量最多，大于或小于这个水分活度含量都将减少。

第二节　微生物法和酶法与风味之间的关系

对芳香的感觉是我们日常生活的一部分，也是人类历史的一部分。食物消费过程中，一般的知觉是由感官所感受到的一系列物理和化学感觉所形成的。例如，通过触觉和听觉感知，如质地、流动性或脆度。上颚辨别滋味（咸、甜、苦、酸和鲜味），而嗅觉负责对香气的感知。风味通常是复杂基质中许多挥发性和非挥发性成分存在的结果，这些成分具有不同的化学和物理化学性质。而非挥发性化合物主要影响味觉，挥发性化合物影响味觉和嗅觉。这些相互作用的结果被称为滋味。作为风味感知的一部分，香气是食物中挥发性化合物的结果。这种感觉可能来自单一化合物，但它通常来自挥发物混合物之间的相互作用，也受到非挥发物成分的影响。大量的化合物可能导致香气，如醇类、醛类、酯类、二羰基化合物、中短链游离脂肪酸、甲基酮、内酯、酚类化合物和硫化物。有文献称，在食物中已经发现的7000多种挥发性化合物中，只有5%对食物的香气有影响。

香气化合物，通常发现在非常低的浓度（在mg/kg范围内或更低），可能最初存在于食物中（即如原材料中的挥发物）或在食品加工或储存过程中产生的挥发物。在加工过程中，这些化合物可能由酶和非酶反应或发酵过程形成。在过去十几年中，食品工业对天然产品的需求不断增长，促使人们大力开发用于生产香料化合物的生物技术工艺或获得新型香气化合物，微生物或者酶技术被广泛用于风味化学领域。此外，芳香化合物可能被添加到食品中。在这种情况下，芳香添加物可能是从自然中分离出来，通过化学方法合成，或者通过生物技术生产。

从早期开始，人们就从植物源中提取出从单一物质到复杂物质的风味化合物。最终，在阐明了它们的结构后，化学合成产生了合成香料。如今，香料占世界食品添加剂市场的四分之一以上，大多数香料化合物是通过化学合成或从天然材料中提取而成。然而，最近的市场调查表明，消费者更喜欢被贴上“天然”标签的食品。虽然香料可能是由天然物质的化学转化产生的，但由此产生的产品在法律上不能称为天然产品。此外，化学合成往往导致环境不友好的生产过程，缺乏底物选择性，这可能导致不需要的外消旋混合物的形成，从而降低工艺效率，增加下游成本。另外，直接从植物中提取天然香料的生产也面临各种问题。这些原料通常含有低浓度的目标化合物，使得提取成本很高。此外，它们的使用取决于难以控制的因素，如天气条件和植物疾病。这两种方法的缺点以及人们对天然产品越来越感兴趣，使得许多研究转向寻找其他生产天然香料的策略。

食物偏好、购买和消费都受到香气的影响，这就鼓励了这些化合物在食品工业中作为添加剂的使用。2016年，全球香气市场达到40.8亿美元，该市场的一部分包括所谓的“生物技术香气”或“生物香气”，这是利用微生物（或其他细胞）或酶以生物技术生产的，可以是原生的，也可以是转基因的，其生产过程见图3－4。对这种芳香生产方法的兴趣主要是出于技术、环境和商业方面的考虑，例如，反应条件更温和，不需要有毒或污染的催化剂，以及产生的产品具有更高的经济价值。

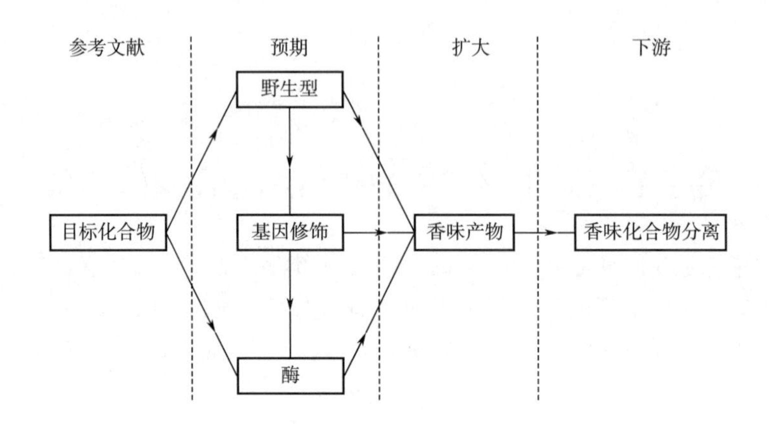

图3－4　香气的生物技术生产过程

在上述的两种情况下，可以将前体或中间体添加到培养基中，以促进特定风味的生物合成。此外，通过对食品发酵过程中微生物代谢的研究获得的信息可用于开发适合特定风味添加剂的生产体系。另外，酶技术为天然香料的生物合成提供了一个非常有前景的选择。许多酶（即脂肪酶、蛋白酶、葡萄糖苷酶）催化前体分子产生芳香化合物。使用酶催化反应具有显著的优势，提供比化学路线更高的立体选择性。

一、微生物源香气化合物

历史上，微生物在许多风味食物的加工中起着不可或缺的作用。用微生物菌种对葡萄酒、醋、啤酒、发酵蔬菜、牛乳、大豆和肉类等产品进行了保藏、改性和调味。微生物培养可用于生产风味化合物，特别是作为食品添加剂或作为食品发酵过程的一部分应用。芳香化合物可根据其化学结构、理化性质或感官性质分类。可根据用于生物转化生产的前体的化学家族确定替代分类。关于微生物生产一些常用食品芳香化合物的详细信息如下。

1. 2,3－丁二酮

2,3－丁二酮主要与黄油味有关，因此广泛用于模仿黄油和其他乳制品味，以及在食品或饮料中需要黄油味时。这种化合物由乳酸菌和几种食品中的其他微生物（例如，乳酸乳球菌、乳酸杆菌、嗜热链球菌、肠系膜明串珠菌）产生。以淀粉为基质的乳酸菌混合培养物中丁酸、乳酸、2,3－丁二酮等乳品风味化合物的生产。乳酸链球菌和克雷默氏链球菌的乳培养物在30℃下24h内产生大量2,3－丁二酮和乙醛。

2. 内酯

内酯是γ－羟基酸和δ－羟基酸的环酯，它们普遍存在于食品中，有助于香气的细微差别，如椰子味、果味、奶油味、奶油味、甜味或坚果味。在20世纪60年代对几种生物体的羟基酸分解代谢进行研究时发现了利用生物技术路线生产内酯的可能性。生乳不含有游离内酯，而这些内酯只在加热后出现。由这些化合物提供的乳样、奶油样和椰子样香气通常被认为是乳制品中的理想香气。然而，内酯的存在可能会在加热的牛乳中产生陈腐风味。6－戊基－2－吡喃酮提供了一种椰子香气，是绿色木霉培养物中的主要挥发性成分。其他微生物，如桑布塞氏酪酵母和酸乳杆菌，分别从蓖麻酸和亚油酸中有效地生成椰味内酯γ－癸内酯和δ－十二内酯。

3. 酯类

酯是常用的调味剂，因其具有果香而非常受欢迎。它们被用于水果风味产品（即饮料、糖果、果冻和果酱）、烘焙食品、葡萄酒和乳制品（如发酵奶油、酸乳和干酪）。乙酸酯类，如乙酸乙酯、乙酸己酯、乙酸异戊酯和2－苯乙酸乙酯，被认为是葡萄酒和其他葡萄酒精饮料中的重要风味化合物。在干酪生产中，短链脂肪酸的乙基或甲基酯通常会带来水果味，而从硫醇中提取的硫酯则与卷心菜或硫的香气有关。

4. 吡嗪类

吡嗪是一种杂环含氮化合物，具有坚果味和烘烤味。它们通常是通过美拉德反应在食物的传统烹饪/烘焙过程中形成的。如今，使用不利于吡嗪形成的烹饪工艺（即微波烹饪）已导致需要提供具有烘焙香气的天然吡嗪作为食品添加剂。一些微生物也能合成吡嗪，例如，谷氨酸棒杆菌从氨基酸中产生大量的四甲基吡嗪。

5. 萜烯类

萜烯在自然界中广泛存在，主要作为精油的成分存在于植物中。它们由异戊二烯单元组成，可以是环状的、开链的、饱和的、不饱和的、氧化的等。这些化合物的生物转化可能对食品香料工业的应用具有相当大的兴趣。在萜烯类中，芳樟醇、橙花醇、香叶醇和香茅醇是最活跃的香料，因为它们的感官阈值较低。

在微生物培养中获得的大多数萜烯是由子囊菌和担子菌属真菌产生的。念珠菌产生多种香气产品，如乙酸乙酯、乙酸丙酯、乙酸异丁酯、乙酸异戊酯、香茅醇和香叶醇。为了避免这些培养物中检测到的抑制作用，有必要降低生物反应器中的产物浓度。另一方面，萜烯的微生物转化也受到了广泛关注。许多微生物能够分解萜烯或进行特定的转化，创造出具有附加价值的产品。一些细菌可以将价格低廉的倍半萜－戊烯转化为重要的芳香化合物。

6. 醇类

在酒精发酵过程中，除了乙醇，酵母产生长链和复杂的醇类。这些化合物及其衍生酯具有有趣的感官特性。其中一个最相关的香气相关的醇是2－苯乙醇，它具有玫瑰般的气味。天然2－苯乙醇主要通过高成本工艺从玫瑰花瓣中提取。不同的酵母菌株，都显示出了利用生物转化法从2－苯丙氨酸中提取的芳香化合物（2－苯乙醇）的工业生产潜力。

7. 香兰素

香兰素（4－羟基－3－甲氧基苯甲醛）是一种常见的香料化学物质，存在于香草菜豆中。广泛应用于食品、饮料、香水、制药和各种医疗行业。目前化学合成香兰素占总市场份额（70%）的95%以上，但对天然香兰素的需求日益增加。香草豆直接提取成本高，且受植物供应的限制，使其成为生物技术香料生产的一个有前途的目标。香兰素是微生物降解阿魏酸、酚二苯乙烯、木质素、丁香酚和异丁香酚等几种底物的中间产物。

8. 苯甲醛

苯甲醛是仅次于香兰素的第二大常见香科化学物质，用于樱桃和其他天然水果香料。世界苯甲醛消费量约为每年7000t。天然苯甲醛一般从杏仁等果仁中提取，导致有毒氢氰酸的不良形成。目前，天然底物的发酵是生产苯甲醛的一种替代途径，无有害副产品。然而，苯甲醛对微生物代谢有毒性，其在培养基中的积累可能强烈抑制细胞生长。因此，只有少数微生物被报道为苯甲醛生产商。其中，以恶臭假单胞菌和白腐菌为生物催化剂，对苯丙氨酸生物合成苯甲醛进行了研究。

9. 甲基酮

甲基酮、2-庚酮、2-壬酮和2-十一烷酮是超高温牛乳中陈味的最大贡献者。Moio 等报告2-庚酮和2-壬酮是超高温杀菌牛乳中最强的气味。这些甲基酮具有广泛的香料应用，尤其是与蓝纹干酪和水果香料有关的香料。已有研究发现，在特定条件下黑曲霉和罗氏青霉有一定的甲基酮生产能力。

二、乳酸发酵

乳酸发酵可以产生不同的化合物，这些化合物提供一些经典产品的芳香族特征，如黄油、干酪和酸奶。乳酸菌、明串珠菌和链球菌都参与了这一过程。根据产生能量的代谢途径，分为同型或异型。在同乳酸发酵中，如链球菌将葡萄糖转化为乳酸（$C_3H_6O_3$）作为单一产品，并产生“新鲜”味。在异型酵过程中，柠檬酸与碳水化合物同时代谢形成芳香化合物除了乙醛，还有 C_4 羰基分子，如双乙酰（$C_4H_6O_2$）、乙偶姻（$C_4H_8O_2$）、丁二醇（$C_4H_{10}O_2$）。乙醛也由柠檬酸途径产生，可能由苏氨酸通过苏氨酸醛缩酶的作用产生。

乙醛被认为是一种与酸乳的新鲜风味有关。在这些产品中，牛乳发酵是通过嗜热链球菌和保加利亚乳杆菌的混合培养来进行的。保加利亚乳杆菌在这个过程中可以在乳制品中识别出90多种不同的挥发性化合物，如丙酮、双乙酰、乙醇和乙醛，后者被报告为主要化合物。在酸乳中，乙醛的气味阈值在0.0079~0.039mg/kg。然而，消费者可接受的理想浓度应该在14~20mg/kg。双乙酰（2,3-丁二酮）是黄油风味中的一种关键香气化合物。该化合物的气味识别阈值约为5μg/kg。乳球菌和丁二酮化乳球菌的混合培养用于发酵牛乳奶油，以生产成熟的或酸性黄油。前者产生乳酸，而后者，显示了明显的代谢柠檬酸的能力，负责双乙酰的生产。

蛋白质分解和脂肪分解被认为是成熟干酪生产的关键过程，如蓝纹干酪，其特征是存在甲基酮。简单地说，蓝纹干酪生产的发酵过程可以分为两部分：与乳酸菌（Lactic Acid Bacteria，LAB）活性相关的初级发酵和真菌进行的二次发酵（成熟）。产生甲基酮的主要代谢途径包括脂肪酶释放游离脂肪酸（FFA）的作用，这些脂肪酸被进一步氧化，随后产生的甲基酮酸被脱羧。之后，其中一些甲基酮可能会还原成相应的醇（图3-5）。一些非转化的FFA，如丁酸（$C_4H_8O_2$）和己酸（$C_6H_{12}O_2$），对蓝纹干酪的香气也很重要。

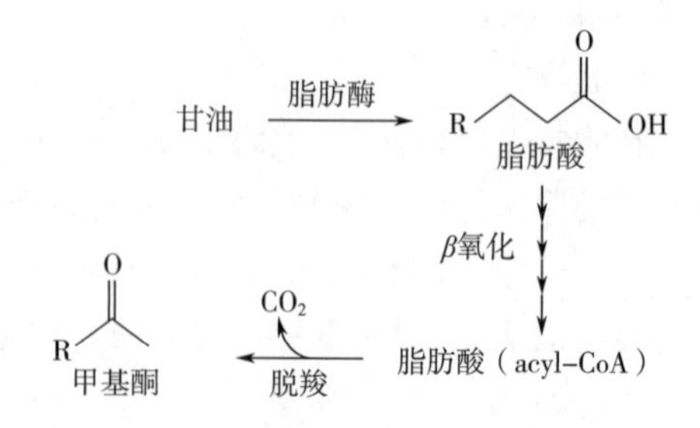

图3-5 蓝纹干酪中香气化合物（短链脂肪酸和甲基酮）的形成

三、 酒精发酵

与商业相关的主要酒精发酵使用的是酵母菌属的酵母，特别是酵母，它产生二氧化碳和乙醇（C_2H_6O）作为葡萄糖代谢的最终产物。除了促进与发酵饮料有关的酒精香气，乙醇也被认为是其他芳香活性化合物的载体，如“杂醇酒”（高级醇）、有机酸和酯，它们在发酵过程中同时产生。这些气味活性化合物对最终产品的独特香气的形成至关重要。关于酒精生产，这些化合物是由氨基酸代谢通过埃利希途径（Ehrlich pathway）。在这种情况下，氨基酸首先被转换成相应的 α - 酮酸通过转氨作用，其次是其脱酸到相应的醛，发生还原反应，产生更高的醇。这些醇类在最终产品中形成不同的气味，如花香、果味、草本、辛辣和玫瑰味。最初形成的醇类（如乙醇和高级醇类）可以通过酵母菌的代谢经酶解缩合酯化为有机酸，这导致酯的产生，这是与果味有关的挥发物。例如，这些不同的酯类化合物（表 3 - 1），其中大多数被报道为啤酒中重要的气味活性化合物，这主要是因为它们的阈值较低。另一方面，双乙酰（丁二酮）的生产对啤酒行业来说是一个大问题，因为这种产品会在最终产品中产生黄油味（异味）。

表 3 - 1　啤酒的主要香气酯类

名称	化学式	香味描述
乙酸乙酯	$C_4H_8O_2$	水果
己酸乙酯	$C_8H_{16}O_2$	苹果味
乙酸辛酯	$C_{10}H_{20}O_2$	苹果
乙酸异戊酯	$C_7H_{14}O_2$	香蕉
乙酸异丁酯	$C_6H_{12}O_2$	水果
2 - 苯乙酸乙酯	$C_{10}H_{12}O_2$	玫瑰

四、 酶衍生芳香化合物

除了广泛应用于食品和饮料行业。酶，如脂肪酶、蛋白酶、过氧化物酶、脂氧合酶、胺氧化酶等，都与食品的香气（和异味）生产有关。酶促香气的产生可以在食物加工和储存过程中就地发生，也就是说，通过酶在食物中存在、添加或产生的作用，或者通过微生物培养，通过体外添加，在培养基中一步合成产物用作食品添加剂。

1. 加工过程中酶的香气产生

酶改性干酪是一种含有浓缩干酪风味的糊状或粉状食品，由几种酶（如肽酶和脂肪酶）作用在温和干酪或新鲜干酪凝乳上。肽酶的作用与游离氨基酸的产生有关，游离氨基酸对滋味很重要，是芳香化合物的前体。此外，通过脂质酶的作用从甘油三酯中释放出游离脂肪酸，这不仅对香气有直接影响（短链脂肪酸），而且对它们作为不同挥发性有机化合物的前体也是至关重要的。例如，在氧化反应之后，游离脂肪酸可以转化为羟基酮酸，在脱羧后转化为甲基酮。游离脂肪酸的分解代谢也能产生仲醇、内酯和对干酪香气有不同贡献的酸。此外，脂氧合酶和水合酶作用产生的不含羟基和不含羟基的游离脂肪酸是内酯的前体。EMC 中香气化合物的其他重要前体，如脂肪酸-酮酸，也可能由氨基酸通过转氨酶介导的转氨反应形成。这些化合物可以转化为芳香化合物，包括支链氨基酸、芳香醛、甲硫醇。缬氨酸转氨作用形成，异亮氨酸、亮氨酸分别同时形成乙偶姻、双乙酰或2,3-丁二醇与天冬氨酸转氨作用后形成的草酰乙酸。在肉制品中，芳香化合物的产生与加工过程中的几种反应有关，包括某些成分的酶降解（蛋白水解、糖酵解和脂解），这也对与肉味相关的非挥发性化合物的产生有积极影响。

2. 芳香添加剂（生物芳香）的酶生产

脂肪酶在芳香合成中的应用是一个研究很广泛的过程，利用这种方法可以合成多种化合物。使用脂肪酶产生不同风味的酯（例如甘油、脂肪醇和萜醇的酯），通常与果味联系在一起，是一个典型的例子。除了催化水解反应，这是形成干酪香气的关键反应，脂肪酶还可以催化酯化反应在某些情况下（如低水分活度）产生酯。近年来，研究了利用脂肪酶开发酯香料生产的新途径。这些包括采用固定化技术（物理吸附、包封或微包封以及共价结合）来稳定酶；非常规溶剂的使用（超临界 CO_2）在反应介质中；微波辐射技术的应用。例如，利用不同的固定化酶在微波辐射下通过丙酸与丁醇酯化制备丙酸丁酯，以缩短反应时间。同样，该酶在以戊酸和乙醇为前体合成戊酸乙酯的过程中也表现出最好的性能，在微波照射下表现出协同作用。微波辅助合成乙酸异戊酯也被描述使用两种商业脂肪酶和不同的酰基供体，如乙酸、乙酸酐和乙酸乙酯，以及微波能级。

五、 风味加工中常见的酶

1. 蛋白酶

寡肽由于其感官特性和生物活性受到越来越多的关注。相对较短的寡肽在食物的感官鉴赏中起着重要作用，不同的序列可以用来重现五种基本的味觉（甜、苦、酸、咸、鲜）。肽可以通过蛋白酶介导的蛋白质水解获得。然而，蛋白质的水解常导致疏水性苦味肽的形成，这限制了蛋白质水解产物在食品中的应用。这种苦味可以通过掩蔽、提取苦味肽或用外肽酶进一步水解来降低。

肽可以通过重组DNA技术、化学合成和酶法合成，这取决于所需序列的长短。酶的使用避免了与化学合成有关的一些问题，因为酶的区域和立体特异性免除了中间保护/脱保护步骤的要求，并避免了外消旋化，同时允许温和的反应条件。因此，酶法合成作为食品添加剂的多肽显得尤为有趣。虽然丝氨酸和半胱氨酸内切酶是最广泛使用的酶，但大多数市面上可买到的蛋白酶（金属蛋白酶、内切蛋白酶、外切蛋白酶、丝氨酸蛋白酶和天冬氨酸蛋白酶）都可以使用。

2. 葡萄糖苷酶

葡萄糖苷酶可以通过释放糖结合的挥发性萜类和风味前体来增强某些葡萄酒的香气。葡萄中的萜醇主要以无气味的糖结合形式存在。在发酵期间或之后添加外源酶被发现是改善香气前体化合物水解和提高葡萄酒风味的最有效方法。这种现象现在被酶公司利用，他们专门生产β-葡萄糖苷酶，以增强某些葡萄酒的香气。葡萄糖苷酶已从多种来源中分离出来，包括葡萄球菌、酵母、酿酒球菌、曲霉或念珠菌。葡萄糖苷酶也可作为缓慢释放的芳香化合物来合成糖苷。

在食物产生中香气化合物一直依赖人工经验，比如发酵的乳制品和肉制品。在最近几十年，科学家才能对这些化合物的起源背后的机制有更深入的了解。本节介绍了在这些传统发酵过程中形成的一些主要香气的例子。还介绍了由微生物或酶产生的香气化合物的关键例子，这些化合物已经成为商业现实，其中一些是基于合成生物学。因此，我们预计基因工程微生物或酶仍将被越来越多地用于开发传统发酵产品中更好的香气特征，以及通过生物转化或重新合成产生新的香气化合物。

第三节　新技术对风味的影响

为了保存易变质的食物而进行的食品加工可以追溯到史前时代。随着时间的推移，提高食品质量的需要逐渐增加，更多的技术被开发并引入食品工业。所有这些技术的主要目标都是对食物化合物成分进行令人满意的改变。这些变化包括各种反应，如微生物/酶失活、蛋白质凝固、淀粉溶胀、结构软化和芳香成分的形成。然而，每种技术都有其自身的局限性，也可能导致一些不良的变化，有关营养和感官特性。

感知特征对于消费者接受度的重要性是众所周知的。在感官参数中，香气起着独特的作用决定了我们所消费食物的风味。加工方法可能直接或间接地影响香气。这种影响可能是积极的，也可能是消极的，这取决于产品的类型或使用的技术。这一问题最近促使食品研究人员努力采用新技术，以最大限度地减少加工过程的不利影响。在这方面，近年来出现了各种新方法，一般分为加热方法和非热方法。后者由于其较高的性能和较低的感官和营养品质的不良影响而获得了更多的关注。

一、新型热加工技术

热加工是最常用的技术方法，它为食品提供了所需的微生物安全。这种技术依赖于食物外部产生的热量和通过对流和传导机制在内部传递。这种方法的传统例子有烘烤、蒸、煮沸、巴氏杀菌、杀菌、挤压烹饪和各种干燥技术。这些方法有一些局限性，阻碍了它们在食品上的广泛应用。例如，由于材料的低热扩散系数，可能不能充分地将热量传递到半固体或固体食物的中心。此外，长时间暴露在高温下可能导致食品基质的质量退化。

上述方法也会涉及风味变化、芳香化合物和食品最终感官质量的热诱导反应有关。从口味的观点来看，其中一些主要的反应是：①脂类的热降解；②蛋白质去磷酸化；③肽键水解；④美拉德反应；⑤脂质氧化和美拉德反应产物的相互作用。在面包、谷物、咖啡、坚果、麦芽和熟肉等食物的加工过程中，由于产生特定的所需滋味，这些反应/影响是可取的。然而，对于果汁、牛乳和乳制品等食物的感官属性，同样的影响，特别是在恶劣条件下，被认为是不受欢迎的。表 3 - 2 所示为巴氏灭菌对一些食品风味/香气质量的负面影响的例子。

表3-2　巴氏杀菌对一些食品风味/香气质量的负面影响

产品	加工条件	对风味/香气的影响
低热量胡萝卜汁	巴氏灭菌法（65℃，30min）	不可接受的熟滋味
混合果汁（橙色/苹果混合）	巴氏灭菌法（70℃，1~1.5min）	气味评分降低
果汁（苹果、橙、草莓和香蕉）	巴氏灭菌法（87℃，7min）	水果过熟的滋味
牛乳	UHT	风味减弱，熟卷心菜味
百香果果汁	巴氏灭菌法（75℃，1min）	香气减弱，且颜色变化

为了解决这一问题，在过去的十年里，人们越来越关注食品热加工技术，以尽量减少不良影响，并确保感官和营养质量的保持。这些技术主要包括欧姆、微波，红外和射频加热，这些技术对加工食品风味/香气的影响如表3-3所示。它们可以单独使用，也可以与提高效率相结合使用。所有这些加工方法背后的基本思想是食物基质中的传热模式，这些新技术可以提高加热和能源效率，生产高质量的食品。

1. 欧姆加热

欧姆加热得名于欧姆定律，它描述了电流、电压和电阻之间的关系。又称电阻加热、焦耳加热、电加热、直接电阻加热、导电加热。该技术基本上是一种热电方法，它基于电流通过具有电阻的食品。电能在食物内部转化为热能，它是一种即时加热方法。该技术主要用于液体和多相液固混合物，特别是难以使用传统热交换器处理的介质。此外，它也被用于固体食物，如全火鸡肉、牛肉和火腿也有记录。迄今为止，欧姆加热已经在食品中发挥了很多潜在的功能，包括蒸发、提取、杀菌、巴氏杀菌、发酵、漂白和脱水。

表3-3　新型热技术（欧姆、微波、红外和射频加热）对加工食品风味/香气的影响

技术	加工条件	产品	风味影响
欧姆加热	70℃、10min、17.5~20 V	果汁混合（南瓜、胡萝卜、橘子、芹菜、葡萄柚）	无负面影响
欧姆加热	80℃、50Hz、10V/cm和33V/cm	浓缩果汁（橙和菠萝）	无负面影响
欧姆加热	120℃、>20min、50Hz、8kV	橘汁	提高香气
欧姆加热	95℃保持8min、0~250V、50Hz	火腿	与传统方法相比，风味和香气得分较低
微波加热	微波热空气干燥（40~70℃、40W）	大蒜	挥发性成分的保留率高，风味强
微波加热	微波干燥（730W、10min）	孜然种子	微波烘烤样品中总醛等特征风味化合物的更好保留
微波加热	巴氏杀菌牛乳（80~92℃、15s、532W）	鲜乳	对风味无不良影响
微波加热	灭菌（915MHz/60kW）	脱脂乳	改善风味

续表

技术	加工条件	产品	风味影响
微波加热	烫漂（128℃、11min、5kW、915MHz）	花生	观察到异味（陈腐/花香和灰味）的出现
微波加热	干燥 ①加热 6min（叶温 91℃），冷却 1h ②加热 4min（叶温 106℃），冷却 30min ③加热 2min（叶温 106℃），700W	黑茶	甜香度高，促进了总儿茶素和果酸的含量 茶黄素；有助于保持多酚和挥发性化合物
红外	烘烤（160～220℃、6kW、1.1～1.3μm）	芝麻	160～200℃的良好风味/200℃以上形成的烧焦味检测
红外	解冻，170～230℃、30～60min	冻栗子	防止形成特殊的风味和香气
射频	害虫防治预热，48～52℃、0～20min、12kW	橙子	挥发性风味的显著变化
射频	灭菌，最高到135℃、27MHz、6kW	通心粉和干酪	对风味品质无明显不良影响
射频	干燥，8～9min、27.12MHz、2kW	焙烤饼干	观察到轻微的未煮熟的滋味
射频	灭菌，6kW、27.12MHz、20min	真空包装菜心	对风味无不良影响
射频	烹饪，73℃、40min	腿和肩部制作的火腿	风味质量无明显变化，但总体可接受性显著
射频	巴氏杀菌（75～85℃、10min、27.12MHz、600W）	真空包装火腿	气味无明显变化

欧姆加热的优缺点：

欧姆加热比传统的加热方法有显著的优势。这些优点包括：①处理时间短、热损伤小、营养成分少损失；②高温一致性高；③用于低导热性食品的可能性；④对无传热表面的连续加工的适宜性；⑤提高能源效率，维修费用低；⑥与传统加热方法相比，更容易精确控制温度；⑦关闭电流后无残余传热；⑧品质更高，口感更清新；⑨减少污染。与上述优点相反，也报告了一些缺点，即①与传统方法相比，安装和操作系统的费用较高；②含脂肪体的食物的功效不足，脂肪体是一种不导电的物质；③温度与电场分布的复杂耦合。

2. 微波加热

微波加热是近年来在食品工业中获得相当关注的另一种热处理方法，微波是300MHz～300GHz 频段内的电磁波。当微波冲击到介电性食物时，一部分能量被反射，一部分被传输，一部分被材料吸收，并在那里以热的形式散去。加热是由于分子动能的增加和相关的分子摩擦。换句话说，该技术是基于通过影响食品材料的极性分子，将交变电磁场能量转化为热能。由于体积产生热量，它有可能在整个产品中瞬间传递热量。

传统的方法是通过热梯度来传递能量，而微波加热是通过入射辐射与靶材料分子的直接相互作用，将电磁能量转化为热能的转换。例如，在微波中，热量在整个材料中产生，导致比传统烹饪更快的加热速度。这可以防止产品的颜色、滋味和营养等质量属性受到严重损害。此外，微波能穿透食品表面而不起作用。在整个产品中，能量转化为热能的效率更高，并使加工食品的最终质量更好。

微波加热的优点，主要为①启动时间短；②提高能源效率；③精密设备控制；④节约空间；⑤易于操作；⑥降低维护；⑦减低噪音水平；⑧改进加工食品的营养质量；⑨更好地保持滋味和颜色品质。虽然微波技术在食品加工中具有相当大的优势，但也存在着一些缺陷需要进一步完善。

3. 红外加热

红外辐射是一种电磁波谱形式的能量，它是由暴露在食物基体中的原子和分子中的电子运动产生的。根据波长的不同，红外辐射可分为三个区域。这些区域是：近红外、中红外和远红外。与传统的加热方法相比，红外加热更有效，因此这种替代方法被提出了许多处理应用，如解冻（如冷冻金枪鱼或冷冻薯泥）、干燥（如面条、蔬菜、鱼和水果）、加热（如面粉）、煎（如肉）、烤（如谷类食品、咖啡、可可、栗子、榛子、芝麻）和烘焙（如比萨、饼干和面包）。红外加热还可用于巴氏杀菌和杀菌，使食品和包装材料中的病原体灭活。它可以通过破坏细胞内的 DNA、RNA、核糖体、细胞膜和/或细胞内的蛋白质来灭活微生物。

由于红外辐射具有传热能力强、热直接穿透食品、调节响应快、过程控制可能性大等基本特性。使用红外加热处理的食物可以迅速冷却，因为红外辐射主要加热表面的薄层，因此对最终产品的质量提供较少的负面变化。近年来，红外技术因其显著的优点而获得了传统热方法的显著优势。尽管红外加热为食品加工提供了许多好处，但它也有一些缺点。红外技术的主要缺点是穿透功率低。由于这种限制，红外加热主要用于需要表面加热的场合。

4. 射频加热

在所有电子技术中，无线电频率被认为是食品加工的一种独特技术。射频加热（又称电容介电加热）涉及电磁能量直接转移到产物中，导致分子间的摩擦相互作用。射频加热的原理与微波加热非常相似。然而，这两者之间的主要区别是波长。射频的波长被指定为微波频率的 22～360 倍，这使得射频能量比微波更能穿透介质材料。因此，射频加热被称为高频介质加热系统。电磁频谱的射频波段覆盖范围广泛的高频，通常在 kHz 范围（$3kHz < f \leq 1MHz$）或 MHz 范围（$1MHz < f \leq 300MHz$）。

由于射频技术的巨大潜力，它已成功应用于食品行业的各种加工。这些应用程序包括干燥（如咖啡豆、可可豆、玉米、谷物和坚果）、解冻（冷冻肉、渔业产品、鸡蛋、水果和蔬菜）和加热（如饼干、零食、面包和饼干）、漂白/酶失活（如各种蔬菜和水果）、烤（如咸花生和可可豆）、灭菌（如包装面粉、杏仁、香料、和花生酱饼干）、巴氏灭菌（如肉及肉类产品）和控制霉菌生长。

射频加热方法的一般优点是：①较短的加工时间（减少加热时间并显著提高食品质量）；②穿透深度大；③在酶和微生物失活期间，有较好的细菌学和感官品质；④减少用水和设备的资本费用；⑤降低能源消耗和节约能源；⑥减少废物管理费用；⑦环境友好。

虽然射频加热在食品工业和研究实验室已经证明了它的有效性，但它有一些缺点，阻碍了这项技术在工业部门的使用。在包装食品中，可能出现热失控加热（或热点）和电弧（避免介电击穿），导致包装失效和产品破坏等。

二、新型非热技术

热技术被认为是食品加工的一种有效方法，然而，由于产热过程，可能与营养流失和不良的感官品质有关。人们对高质量营养食品的需求也在不断增长，这些食品具有“类新鲜”的特性，并能更好地保留功能。因此，食品技术人员一直在寻求改进加工方法，使其对营养、感官属性（质地、滋味和香气）产生最小的负面影响，并且没有任何健康风险。为了开发这种方法，需要降低加工温度，因为热处理通常导致所需感官特性的丧失，并对维生素、生物活性化合物和其他重要营养物质造成各种损害。因此，在过去的十年中，新型温和或非热技术的发展趋势已经增长，以应对这一需求，并以新兴技术如压力、光脉冲等取代加热方法。

“非热加工”一词是指在环境温度或亚致死温度下有效的技术。非热加工技术必须至少要达到两个标准才能被认为是热加工的另一种有效的加工方法。第一个标准是在微生物/酶的失活方面与热法的效率相同，也就是说，最终经过新加工方法的食品在化学和微生物方面是否安全。例如，热技术可以对数减少微生物在加热过程中。预计替代的非热方法将以同样的方式使微生物的细胞群失活。第二个有效性方面是在处理过的食品中保存比热法更好的整体质量属性的可行性。除了这些标准之外，替代方法必须经济且没有不良的环境影响。

与热加工技术类似，非热技术也可能影响感官属性，特别是嗅觉参数（香气/气味）。这些参数在加工过程中可能受到生化降解/组成或与其他化学成分相互作用的影响，从而产生一定的香气/气味。出于这个原因，风味科学家们最近一直关注于评估非热技术对嗅觉变化的影响。目前这些技术的主要例子是脉冲电场、高压技术和超声波技术。

1. 脉冲电场

脉冲电场（PEF）作为一种新的非热加工方法在各种食品中得到了广泛的关注。当食物受到脉冲电场影响时，其生物细胞膜会形成小孔。根据处理条件和脉冲的强度，可以以永久或暂时的方式形成孔洞。随后，这些形成的孔洞增加了膜的通透性，从而导致细胞壁的破坏，周围介质的侵入，最终导致细胞含量的损失。PEF 可以可在各种温度下进行，如环境温度、低于环境温度或高于环境温度。

PEF 主要用于两个目的：①通过导致细胞膜功能的不可逆损失而使微生物细胞失活；②降低各种酶的活性以提高目标食品的质量。PEF 主要用于液体和半液体食品的加工，因为电流可以更有效地流向液体介质。然而，也有许多研究表明了 PEF 技术在固体食品材料中的适用性。在所有 PEF 应用中，脉动电场使各种病原微生物的失活。在加工食品中，PEF 还表现出了对许多本地食物酶的实质性失活能力，如果胶甲酯酶、碱性酶、磷酸酶、多酚氧化酶、纤溶酶和脂肪酶。脉冲电场对食品风味的影响见表 3 - 4。

2. 高压技术

高压（HP）有时也被称为高静水压力，是一种新兴的方法，食物在高压力下，实现以下两个目的：①在低温下灭活致病性微生物；②改变食品属性，以生产所需的高质量食品。高压技术对食品风味的影响见表 3 - 4。

表3-4　脉冲电场（PEF）和高压（HP）对加工食品风味/香气的影响

加工技术	加工条件	产品	风味影响
脉冲电场	巴氏灭菌法 60.1℃、9s、35kV/cm、35psi(1psi=6.895kPa)	橙汁	5个代表性气味化合物稳定
脉冲电场	35℃、100Hz、35kV/cm、1700μs	草莓汁	提高风味稳定性
脉冲电场	巴氏灭菌法（45℃、40kV/cm/97ms）	橙色汁	风味含量的提高
脉冲电场	巴氏灭菌法 （28kV/cm、50次脉冲、至少34℃）	挤压柑橘类果汁	挥发性香气无显著变化
脉冲电场	细菌失活（23psi、41kV/cm、175μs）	啤酒	风味损失严重，但总体可接受
脉冲电场	巴氏灭菌法 [35kV/cm、1200次脉冲/s（pps）、4μs]	苹果汁	保留主要风味
脉冲电场	巴氏灭菌法 （90s、32kV/cm、40℃以下、10Hz）	龙眼汁	与热处理相比，风味化合物含量较高
脉冲电场	40kV/cm、57μs、45℃	番茄汁	与热加工果汁相比，保留更多风味化合物
高压	去酶活，活动（400Mpa、20℃、20min）	草莓泥	保护芳香化合物含量
高压	评估滋味 （200~800MPa、15min、18~22℃）	草莓	提高稳定性
高压	灭菌，灭菌（25℃、600MPa、15min）	番石榴汁	保持原挥发性风味成分
高压	果酱质量评估（400~500MPa、10~30min）	草莓果酱	改进挥发性风味属性
高压	质量评价酸乳 （100~400MPa、15min、20℃）	酸乳	风味评分好
高压	600MPa、60s、18~20℃	橙汁	无变化
高压	400和600MPa、5℃、15min	牛肉和鸡肉	风味无变化
高压	200~400MPa、10min、20℃	鳕鱼肉	风味无变化
高压	常压和800MPa、20~60℃、10min	樱桃、番茄泥	樱桃鲜味强度下降，番茄气味无明显变化
高压	400MPa和500MPa、20min、22℃	西瓜汁	无明显变化

目前，HP最大的商业应用是通过灭活各种微生物（如病毒、细菌、酵母和霉菌）来延长货架寿命。HP还有其他几个与食品结构工程相关的应用。这些应用包括：①改进了生物活性成分的提取和分离方法（通过提高产量、缩短时间和提高传质速率）；②使各种酶失活，以改变食物的质地；③通过减少各种肉类和乳制品的减重来提高最终产量；④改善几种冷冻鱼产品的冻融（通过加快冻融过程、减少滴失和解冻时间）；⑤通过分散系统的均质化来稳

定悬浮液和乳剂；⑥减少煎炸时的吸油量和减少煎炸时间。

3. 超声技术

超声功率在食品处理中通常应用于低频范围（20～100kHz），声强在10～1000W/cm^2。当一个样品受到超声作用时，波通过介质，在材料中产生一系列连续的压缩和稀薄，最终形成空化气泡。形成的气泡随后崩塌，释放能量，在食品样品中引起各种机械、化学和生化效应。从保存到改性，这些化学和物理效应为我们在食品生产的几乎每个方面都提供了一个广泛应用的平台。超声技术可在压力下或与热和压力处理结合使用，有效地对处理过的样品进行巴氏杀菌。超声的技术已被证明在肉类加工中有许多有益的应用。它能提高肉制品的结合力、强度、色泽和成品率。它还可以通过影响肉蛋白来帮助嫩化肉组织。超声技术对风味的影响见表3-5。

表3-5　超声波（US）技术对加工食品风味的影响

加工技术	加工条件	产品	风味影响
超声波	20kHz，263W，89.25μm，8min，10℃	鲜果汁	降低感官得分
超声波	330W/m^2，9min，19kHz	番荔枝汁	香气显著减少
超声波	8min，20kHz，10℃，500W，89.25μm	水果汁	香气无影响
超声波	1、10、20、30min，24kHz，105μm/min，低于46℃	橙汁	香气无影响
超声波	20kHz，3、6、9min，20、40和60℃，60、90和120mm	苹果汁和花蜜	风味化合物有不同程度下降
超声波	400W，24kHz，2.5、5、10、15、20min，45℃	牛乳	橡胶味产生
超声波	24kHz，200W，0～16min，15～25℃	牛乳	气味得分下降
超声波	40kHz，250W，60℃，40min	绿茶	和传统方法比，香气量增加

第四节　唾液在味觉传导中的作用

唾液是消化道的第一种消化液体，由三对主要的唾液腺（腮腺、下颌、舌下）和数百个小唾液腺（唇、舌、颊、腭）产生，分布在口腔黏膜的大部分部位。这种液体通常覆盖牙齿表面和口腔黏膜，具有多种功能，包括维持口腔的味觉和体感功能。

一、唾液与味觉

唾液在味觉中的作用最早由McBurney和Pfaffmann（1963）记载，他们通过人体心理物理实验证明唾液成分（钠和氯）可以影响对NaCl的味觉敏感度。Gurkan和Bradley（1988）记录了大鼠的味觉神经（舌咽神经）反应，并提出唾液不仅是味觉物质的溶剂，而且还以某种方式与受体机制相互作用。在这些研究的基础上，许多心理行为、动物行为和电生理的研究提供更多的证据，证明唾液可以广泛影响口腔的五种基本味觉以及脂肪、淀粉、涩味和触觉。

唾液腺的分泌依赖于反射活动。唾液腺反射由支配唾液腺的自主神经调节。当我们清醒的时候，所有的腺体都有源源不断的唾液进入口腔。在进食时伴随着咀嚼分泌了最丰富的唾液，产生了味觉和嗅觉，以及感受到食物的质地。自主神经的激活是由多种感觉传入引起的，包括味蕾的激活、牙龈的机械感受器、黏膜的裸露神经末梢以及鼻腔的嗅小球。这些对唾液分泌的刺激被称为味觉、咀嚼、嗅觉和食道唾液反射。这种反射性唾液，或被刺激的唾液，特别有助于食物的分解和丸剂的形成，并为吞咽做出准备。相比之下，静止的唾液与受到反射刺激的唾液具有不同的成分，因此更适合食物的滋味。

在没有受到刺激或休息时，唾液会在没有明显的与进食有关的感官刺激的情况下进行分泌，但实际上它是每日循环中唾液总分泌的最大贡献者。虽然这种唾液是在静止状态下产生的，但它仍然是一个活跃的分泌过程，富含糖蛋白，包括黏蛋白和 IgA，主要从下颌和舌下唾液腺分泌（约 60% ~70%）。虽然腮腺是人体最大的唾液腺，但它们的静息流量很低，但在反射激活过程中，它们对整个口腔唾液（流入口腔的所有唾液腺的总和）的贡献最大。而下颌腺和舌下腺有大量的黏蛋白，腮腺没有。黏蛋白具有高黏度的特性，对口腔组织有很强的黏附性，通常被认为是制造整个口腔唾液厚度和弹性的分子。这些发现表明，静止的唾液通过润滑和保护口腔组织，并作为抵抗化学和机械刺激物的屏障，有助于维持口腔健康。对于由处方药物、疾病或头颈部照射引起的唾液流减少（口干症）患者，其结果是临床上显著的口腔不适，表现为龋齿增多、口腔黏膜感染易感或口腔感觉改变。

在正常健康的受试者中，唾液不断地包裹口腔黏膜，保护味觉受体不受外界环境的影响，但大多数唾液也介导了味觉传导的初始事件。为了到达和刺激味觉受体，味觉刺激物质最初必须溶解在唾液中，然后通过唾液层到达受体。液体层由各种有机和无机物质组成，其中一些物质可以刺激味觉受体，并与味觉物质发生化学作用。这些反应最终会影响感知到的滋味强度和/或质量。口腔中的滋味受体将食物化学物质区分为五种基本的味觉品质：甜、咸、酸、苦和鲜味。其他的滋味，如涩味、金属味和脂肪味，可能是由口腔机械受体和黏膜内的裸露神经末梢探测到的。

二、 口腔内感觉受体环境

1. 唾液成分

唾液是三对主要腺体和数百个小腺体分泌的唾液的混合物，这些小腺体都有不同的蛋白质结构。有些蛋白质对所有腺体都是相似的，例如，分泌成分，IgA 的转运蛋白（唾液中的主要抗体）。黏蛋白在颌下腺、舌下和大多数小腺中是常见的，但在浆液腺、腮腺和埃布纳腺中不表达。富含脯氨酸的蛋白质（proline - rich proteins，PRPs），目前只在腮腺样本中出现，而酸性 PRPs 出现在下颌骨和腮腺。此外，每个腺体对唾液的相对贡献在休息和刺激状态之间是不同的。因此，一个人的唾液成分会有很大的差异，而由于基因多态性，人与人之间的差异更大。例如，富含脯氨酸的蛋白质占腮腺总蛋白质的近 70%，只有 6 个左右的基因编码，但可以被重新排列，并且有很多转录后突变，以至于在唾液中出现了一个包含 30 个独立蛋白质的家族。

与反射分泌受刺激的唾液相比，静止的唾液最适合初次品尝食物。虽然唾液的分泌成分包括主动分泌的氯离子，钠离子和水，所以它含有一个低盐的浓度。这一耗能的过程将与血清等渗的最初原始唾液转变为低渗溶液（表3－6）。这样会让味蕾适应它们周围的离子环境。另外，静息状态下唾液的缓冲能力较低，因为唾液中主要的缓冲剂碳酸氢盐离子和碳酸酐酶的分泌都与流速有关。因此，在没有受到刺激的静止唾液中，低缓冲能力（尽管蛋白质确实提供了一些缓冲能力）使味蕾能够探测到低浓度的质子，从而产生味觉。

表3－6　人唾液的理化指标

指标	休息态唾液	刺激态唾液	唾液的来源
Na^+	2.7mol/L	63.3mol/L	腮腺
	3.3mol/L	45.5mol/L	颌下
K^+	46.3mol/L	18.7mol/L	腮腺
	13.9mol/L	17.8mol/L	颌下
Cl^-	31.5mol/L	35.9mol/L	腮腺
	12.0mol/L	23.4mol/L	颌下
HCO_3^-	0.60mol/L	29.7mol/L	腮腺
pH	5.47	6.48	腮腺
	6.63	—	颌下

唾液的另一种作用是降低表面张力，促进感受食物最初的滋味。这是休息和刺激唾液的共同特点。唾液的低表面张力是由唾液中的蛋白质产生的，特别是表面活性蛋白（表3－7）。

表3－7　与口腔官能相关的唾液蛋白及其主要功能

蛋白质	主要功能	对口腔感觉的影响
黏蛋白	润滑和	脂肪/油脂乳化
	薄膜的形成	和触觉
淀粉酶	淀粉消化	碳水化合物的滋味
		葡萄糖和触觉
脂肪酶	脂肪消化	脂肪酸的滋味
碳酸酐酶	缓冲作用	酸味
脯氨酸蛋白	薄膜的形成	收敛性
组氨素（histatins）	抗菌作用	收敛性
促进细菌黏附富酪蛋白（Statherin）	补牙齿的充矿质	表面张力降低

对于许多味觉物质，例如，盐和酸，唾液是将离子传递到味蕾的溶剂。像唾液这样的水溶液能够很容易地检测出锁在油/脂肪液体中的滋味。油会被唾液乳化，可能是与黏蛋白相互作用。在体内研究中通过共聚焦显微镜研究了舌表面油的沉积，再次涉及唾液的乳化行为。与不同蛋白质乳剂相互作用研究，进一步的表明，口腔黏膜支配着食物的滋味和口感。

2. 黏膜上的唾液腺层

唾液以一种化学含量差异明显的混合物状态的薄膜形式存在于口腔中，覆盖并与黏膜相互作用，形成一层高度润滑的层。唾液膜的厚度从硬腭上的5μm到舌头上的25μm不等，这是通过测量唾液的数量来计算的每单位面积。唾液在口腔不同区域的厚度可能反映了许多变量，包括局部流量率、唾液黏弹性特性和黏膜的表面粗糙度。例如，舌头的背表面有最厚的膜，这可能是由于乳头形成明显的脊。在口腔坚硬的表面上，唾液蛋白很容易和牙齿中的矿物质成分相互作用。

3. 唾液和味孔

（1）味蕾和唾液流量　由味觉受体细胞组成的味蕾在口腔中分布不均。许多味蕾位于叶状和环状乳头状的上皮皱襞中，少量味蕾位于蕈状乳头状和软腭的黏膜中。不同区域的味蕾很可能暴露在不同的液体环境中，因为每个唾液腺产生的分泌物组成不同，而且，它们并不总是在口腔周围很好地混合或分布。

腮腺唾液从靠近上臼齿的颊黏膜的主要排泄管的口腔开口分泌到口腔内。下颌腺的主管道和舌下腺的几个小管道通向口底的舌下黏膜。由于这种解剖学特征，腮腺和下颌下/舌下的唾液并不均匀地分布在整个口腔中。采集自口腔后部的混合唾液中腮腺唾液所占比例最大，而来自口腔前部的唾液在受刺激和未受刺激的情况下所占比例最小，在大鼠身上也观察到了类似的结果。

（2）味孔环境　味觉受体位于微绒毛或球杆状顶端由味觉细胞组成。顶端膜在味蕾顶端的味觉孔（直径约20μm）暴露于口腔。味孔通常充满黏液，这些黏液来自唾液，也可能来自味蕾细胞的分泌物。对家兔的组织化学分析显示，其味觉孔分泌物的碳水化合物组成与覆盖在邻近上皮上的黏液物质不同，并且在蕈状和环状/叶状味蕾的味觉孔分泌物组成也不同。这些发现表明，味蕾的分泌物会立即与味觉受体接触。其中一种物质可能是淀粉酶，它由环状乳突的味蕾分泌。

三、 唾液对滋味的作用

滋味物质应溶于唾液液层，以达到刺激滋味受体。在此过程中，唾液可能通过增溶、扩散、稀释和化学作用影响滋味物质。一些唾液成分也会影响滋味受体的敏感度，通过产生类似兴奋剂作用，影响受体对滋味物质的亲和力。在饮食习惯中，唾液的功能可以通过咀嚼和消化等试验进行观察。实验动物如大鼠、小鼠和仓鼠分泌不同浓度的离子盐、淀粉酶活性和pH不同的唾液。这种变化可能反映了物种在味觉敏感性或味觉转导方面的差异。

1. 唾液作为溶剂

滋味物质在受体液层的溶解和扩散过程可以影响食物和饮料摄入后味觉反应的开始时间。滋味物质一旦在唾液层中溶解为离子和分子，它们通过扩散向滋味受体的运动相对较快。因此，可以理解为是溶解过程而非扩散过程。典型的增溶效果可以在食用固体食品和水接触后观察到。

2. 咸味

在人类混合唾液的唾液成分中，Na^+、K^+、Cl^-和HCO_3^-的主要离子浓度可以达到其滋味觉察阈值以上（表3-6）。这些离子不断地刺激滋味受体细胞的顶端膜。最终，滋味受体细胞适应了这些唾液成分。Na^+和Cl^-可能在很大程度上促进了味觉细胞的适应或基础活性，

因为 Na^+和 Cl^-（NaCl）比其他唾液腺离子（KCl、$KHCO_3$或 $NaHCO_3$）诱导更大的味觉反应。Na^+可以通过上皮钠通道进入味觉细胞，这一通道被认为是 Na^+受体，镶嵌在味觉受体的顶端细胞膜上。此外，味蕾细胞顶端和/或上皮之间的紧密连接可渗透 Na^+和 Cl^-，Cl^-的渗透可能有助于唤起更强的咸味。有充分的证据表明，唾液中的 Na^+和 Cl^-可以通过自我适应的过程影响食品和饮料中所含氯化钠的检测。

3. 酸味

酸味是由酸性化合物引起的，其中有机酸在水溶液中的质子和/或质子化分子形式是酸味的配体。酸能刺激味觉和三叉神经的感觉。特别是非游离的酸分子可以进入舌上皮释放质子。这些质子可到达并刺激支配包括味蕾在内的上皮细胞的三叉神经游离末梢。在人类中，酸是一种能唤起唾液反射的有力刺激物。大量的唾液会冲淡这种味觉刺激。此外，唾液通过中和酸与碳酸氢盐、磷酸盐、两性蛋白质和酶的成分，起到缓冲作用。碳酸氢盐是唾液最重要的缓冲系统。由于唾液的碳酸氢盐浓度和 pH 随唾液流速的增加而增加，因此在高流速刺激下的缓冲作用比在低流速刺激下更有效。

4. 甜味

唾液对甜味的影响因动物种类而异，反映了唾液成分和味觉感受机制的不同。清醒的大鼠舔食蔗糖溶液时，二级味觉传递神经元表现出巨大的反应幅度，部分原因是唾液的作用。这种增强作用在具有各种化学结构的甜味化合物中很常见，包括糖如单糖和二糖，氨基酸和人工甜味剂如糖精和甜蜜素。这种唾液效应可以通过用含有 HCO_3^-的人工唾液，调节 pH 到 8~10 的溶液来模拟；同时，当舌头适应 pH 为 3~4 时，甜的口味反应被抑制。一个可能的解释是，唾液的 pH 会改变 G 蛋白偶联受体上的假定受体 T1R2/T1R3 异位二聚体上的电荷分布，而甜味剂与受体分子的变构 H^+结合在 pH 9 左右最为理想。

5. 鲜味

代表性的鲜味物质有 5′-单核苷酸，如 5′-肌苷酸（IMP）和 5′-鸟苷酸（GMP），以及一些氨基酸包括谷氨酸，其钠盐是第一个发现的鲜味物质。鲜味受体是 G-蛋白偶联受体的异质二聚体，T1R1/T1R3，这种受体与谷氨酸和单磷酸核苷酸的协同作用有关。例如，谷氨酸和 IMP 混合物的滋味强度大于个体滋味强度的总和。这种协同作用是鲜味的一种独特特征，同时也体现在 IMP 和各种氨基酸以及谷氨酸的混合物中。在这些鲜味氨基酸助剂中，谷氨酸、甘氨酸、脯氨酸和丝氨酸是人类唾液中发现的主要氨基酸。一项心理物理学研究表明，低浓度的唾液谷氨酸在 IMP 存在时足以产生协同的味觉增强效应。有可能食物中的 IMP 和/或 GMP 也能提高唾液中其他氨基酸的口感强度，因为人的唾液相比谷氨酸含有更多的甘氨酸、脯氨酸和丝氨酸。

6. 苦味

唾液可以起到抑制苦味的作用，这在动物实验中得到了证实，但还没有在人类的心理物理实验中得到证实。在大鼠身上，当大鼠舔一种苦味溶液——盐酸奎宁，舌头上唾液含量正常时，鼓膜脊索的神经活动几乎可以忽略。在麻醉的大鼠中，当大鼠舌头适应后，在接触奎宁时，神经活动的反应更小。这种抑制作用可以通过舌头适应含有大鼠唾液电解质的溶液来模仿。使用含有各种离子的人工唾液对仓鼠鼓膜脊索的记录也有类似的结果因此，唾液电解质可能在受体水平上抑制苦味传导；但由于苦味化合物种类繁多，且对苦味刺激的分子机制知之甚少，这一现象尚未得到解释。

7. 淀粉酶产生的口感

淀粉酶是腮腺和冯·埃布纳氏腺分泌的主要消化酶，它能将淀粉和糖原分解麦芽糖和葡萄糖。通过大鼠的组织化学研究，在环状乳头的味蕾中发现了一种淀粉酶，味蕾细胞可能分泌淀粉酶，与唾液淀粉酶协同消化碳水化合物，消化产生的糖，特别是在味觉孔中产生的糖，可能刺激味觉受体。淀粉酶的这种潜在作用可能有助于检测淀粉的"滋味"，而通常认为淀粉是无味的。在动物实验中，已经假设淀粉的滋味是由两种碳水化合物的味觉受体检测的：一种是糖的甜味受体，另一种是多糖的滋味受体，但是，后一种受体还没有被发现。

除了口感之外，淀粉酶对淀粉的消化还可能导致质构感觉的改变，即淀粉类食品的融化增加和厚度感觉下降。一项体外实验表明，人的唾液能在几秒钟内显著降低蛋乳甜点的黏度。通过咀嚼将淀粉酶适当地混合到食物丸中，唾液淀粉酶的这种作用将有效地进行。

8. 脂肪酶产生的口感

仅由冯·埃布纳氏腺分泌的唾液腺脂肪酶可以分解唾液腺层中乳化的膳食脂肪，甘油三酯，生成游离脂肪酸和甘油单酯。由于甘油三酯是无味的，口腔中释放出来的游离脂肪酸很可能是检测脂肪滋味的信号分子，但最近的人类心理物理证据表明，各种游离脂肪酸的滋味可能不同于五种基本滋味。一些游离脂肪酸的候选受体现在已经从啮齿动物的叶状和环状乳突的味觉细胞中分离出来。

在受刺激的唾液中，脂肪酶的活性足以分解脂肪并产生游离脂肪酸，其浓度超过人体的味觉觉察阈值。在大鼠中进行的一项实验支持了这一观点，该实验表明，脂肪在1~5s内就会在环状乳突中消化，并且产生的游离脂肪酸的数量足以在口腔中被检测到。此外，脂肪酶抑制剂降低了对甘油三酯的偏好，但对游离脂肪酸没有影响。

四、 唾液与口腔感觉的长期关系

唾液除了最初的感觉刺激过程外，还具有长期保护口腔黏膜的作用并具有维护味蕾健康和完整的功能。味觉细胞大约每九天就会不断地被新的细胞所取代。唾液中含有再生的营养因子，一种候选蛋白是锌和/或锌结合蛋白碳酸酐酶（gustin），它被认为是促进味蕾生长和发育的营养因子。这一假设是基于补充锌对味觉障碍患者的治疗。另一种候选药物是表皮生长因子（epidermal growth factor，EGF），它作为伤口愈合的主要促进因子之一已被广泛研究。对于大鼠的味蕾，在饮水中补充EGF可以防止去除下颌腺和舌下腺后菌状乳头中味蕾的丢失。这表明，唾液EGF可能一直作为一种生长因子维持味蕾的正常更新。与上皮细胞一样，味蕾细胞起源于邻近局部上皮基底区的干细胞，因此，EGF在味蕾中的作用涉及口腔上皮。

唾液的99%以上是水，它作为一种溶剂将滋味传递给受体。只有不到1%的唾液是无机离子和有机分子。但部分无机盐能刺激滋味受体，影响滋味阈值和滋味超阈值强度。有机成分（蛋白质）本身不能刺激滋味受体。它们中的一些可能通过消化淀粉和脂肪、乳化脂肪/油脂、降低表面张力和与食物的化学作用（如单宁），影响口服感觉传导的最初过程。唾液还能形成滋味受体的环境，并能影响滋味受体更新后的敏感度。为了维持唾液的这些作用，休息时充足的唾液是必要的。静置唾液的流速与受刺激唾液的流速、咬力以及腮腺和下颌唾液腺的大小呈正相关。这些发现表明，为了在休息时分泌足够的唾液和维持口腔感觉，必须保持产生足够的被刺激唾液的能力，这需要健全的唾液腺、神经回路和咀嚼能力。

思考题

1. 影响美拉德反应的因素有哪些?
2. 非热加工和热加工对风味物质生成的影响因素有哪些?
3. 唾液与风味感知的关系有哪些?

参考文献

[1] Bassey FI, Chinnan MS, Ebenso EE, Edem CA, Iwegbue CMA. Colour Change An Indicator of the Extent of Maillard Browning Reaction in Food System [J]. *Asian journal of chemistry*, 2013, 25: 9325-9328.

[2] Belitz H, Grosch W, Schieberle. 2008. "*Aroma Compounds*" *in Food Chemistry. 4th Edition* [M]. Berlin: Springer. pp 339-402.

[3] Ines Kutzli, Daniela Griener, Monika Gibis, Christian Schmid, Corinna Dawid, Stefan K Baier, Thomas Hofmann, Jochen Weiss. Influence of Maillard reaction conditions on the formation and solubility of pea protein isolate-maltodextrin conjugates in electrospun fibers [J]. *Food hydrocolloids*. 2020, 101: 625-632.

[4] Bordiga M, Nollet LML. 2019. *Food aroma evolution during food processing, cooking and aging* [M]. Boca Raton: CRC Press. pp730-744.

[5] Richard L. Doty. 2015. *Handbook of olfaction and gustation. Third Edition* [M]. New Jersey: John Wiley & Sons, Inc. pp651-699.

[6] Rocha RS, Calvalcanti RN, Silva R, Guimaraes JT, Balthazar CF, Pimentel TC, Esmerino EA, Freitas MQ, Granato D, Costa RGB, Silva MC, Cruz AG. Consumer acceptance and sensory drivers of liking of Minas Frescal Minas cheese manufactured using milk subjected to ohmic heating Performance of machine learning methods [J]. *LWT-food science and technology*, 2020, 126: 253-253.

[7] Starowicz Malgorzata, Zielinski Henryk. How Maillard Reaction Influences Sensorial Properties (Color Flavor and Texture) of Food Products [J]. *Food reviews international*, 2019, 35: 707-725.

第四章

CHAPTER 4

气味化合物提取和分析方法

学习目的与要求

1. 掌握气味化合物的提取方法。
2. 掌握气味化合物的定性方法。
3. 掌握气味化合物的定量分析方法。
4. 掌握仪器分析与感官评价相结合分析气味化合物的方法。

挥发性气味化合物的鉴定是复杂的，所以风味分析应该考虑以下事情：

（1）实验仪器的灵敏度通常不如人的鼻子；

（2）挥发性气味化合物的浓度较低且存在于复杂的食品基质（含有许多干扰性的不挥发物）；

（3）气味化合物是由许多种类的化合物构成的，因此基于化合物极性（polarity）或挥发性（volatility）的萃取/分离方法并不能完全区分；

（4）从食品的气味角度来看，不是所有的仪器检测出来的挥发物都是同等重要的。仪器只能测出挥发物的半峰宽、峰高、峰面积等，却测不出其气味特征及其强度等；

（5）食品的气味是动态的，在食品加工、贮藏过程中是变化的。挥发性气味成分在提取/分离过程中的变化是重要的、麻烦的、需要解决的。

第一节　气味化合物的提取/分离方法

大多数的现代分析仪器在进行分析之前必须对样品进行预处理。风味分析，尤其是挥发性风味化合物分析的第一步，也是最重要的一步，是从食品样品中提取出挥发性的目标化合物。所采用的任何一种方法都不应使风味物质遭到破坏，更不应产生异味。样品的预处理方法对风味分析的结果影响很大，提取出挥发性风味成分的样品制备方法通常可以分为两大类：一类是根据化合物的溶解性，另一类是根据化合物的挥发性保持样品的气味特征。目前在风味鉴定和分析中常用的样品预处理方法有溶剂萃取法、常压或减压蒸馏技术、同时蒸馏提取法、静态顶空制样技术、动态顶空制样技术（吹扫-冷阱捕集技术）、固相微萃取技术、超临界流体萃取技术、分级分离技术等。

一、溶剂萃取法

溶剂萃取（solvent extraction）是指用溶剂分离和提取液体混合物中的组分的过程。在液体混合物中加入与其不相混溶（或稍相混溶）的选定的溶剂，利用其组分在溶剂中的不同溶解度而达到分离或提取目的。气味化合物一般不溶于水而溶于有机溶剂，通过这种方法将其从复杂的食品基质中提取分离。

（一）直接萃取法或液-液萃取法

液-液萃取（liquid-liquid extraction）常用于样品中被测物质与基质的分离，在两种不相溶液体或相之间通过分配对样品进行分离而达到被测物质纯化和消除干扰物质的目的。在大部分情况下，一种液相是水溶剂，另一种液相是有机溶剂。可通过选择两种不相溶的液体控制萃取过程的选择性和分离效率。由于常用的溶剂具有较高的蒸汽压，可以通过蒸发的方法将溶剂除去，以便浓缩这些被测物质。

液-液萃取技术利用样品中不同组分分配在两种不混溶的溶剂中溶解度或分配比的不同来达到分离、提取或纯化的目的。Nemat 分配定律指出：物质将分配在两种不混溶的液相中。如果以有机溶剂和水两相为例，将含有有机物质的水溶液用有机溶剂萃取时，有机化合物就在这两相间进行分配。在一定的温度下有机物在两种液相中的浓度比是一常数：

$$K_D = C_O/C_{ab} \tag{4-1}$$

式中　K_D——分配系数；

C_O——有机相中物质的浓度；

C_{ab}——水相中此物质的浓度。

有机物质在有机溶剂中的溶解度一般比在水相中的溶解度大，所以可以将它们从水溶液中萃取出来。分配系数越大，水相中的有机物可被有机溶剂萃取的效率会越高。但是，在许多的样品体系中这些物质的分配系数差别较大，使用一次萃取是不可能将全部物质从水相中移入有机相中。

气味物分析时的溶剂萃取法中的溶剂其主要性质是其不溶于水，且沸点较低。这些性质不仅对萃取过程有用，而且在色谱分离过程中也是有用的。第一，因为许多气相色谱毛细管柱的固定相对水是敏感的；第二，低沸点溶剂会于样品中大多数组分出峰之前从色谱柱中迅速流出。根据其极性增强排序，气味分析中经常使用的溶剂有戊烷、乙醚和二氯甲烷。与顶空分析相比，溶剂萃取的优点就是溶剂本身。1mL 的溶剂萃取液可以提供相当次数的进样，因为气相色谱法的进样量通常为 1μL，因此，一个溶剂萃取液可以进行气相色谱（GC）、气-质联用（GC-MS）及气相色谱-嗅闻（GC-O）分析。萃取物中组分的有效分离使得样品中的微量成分得以鉴定。

一些气味重且脂肪含量低的澄清液体样品如软饮料、澄清果蔬汁等，可以用较少量的溶剂萃取其中的挥发物，然后除去溶剂，用 0.1g 的无水 Na_2SO_4 干燥后用 GC-MS 分析而无须浓缩。如果需要浓缩的话，高纯度氮气可以被用来吹干。回流萃取通常被用来提高萃取率，微波萃取、超声萃取也被用来提高萃取率。

有研究者用液液萃取法对红茶中挥发物进行了提取：将20g红茶放入一个500mL的圆底烧瓶中，加入350mL水，进行水蒸气蒸馏，蒸气于4～6℃冷凝下来，蒸馏30min，得到约80mL的冷凝液。此冷凝液用二氯甲烷进行萃取3次（分别是20mL、20mL和10mL），然后加入80μL的2－甲氧基－d3－苯酚（230mg/L）作为内标。萃取液的有机相静置后滗出，再用无水硫酸钠（Na_2SO_4）干燥，氮气吹扫浓缩至0.2mL，置于－20℃下冷冻储藏待用。另有研究者报道了采用液液萃取法对白酒中挥发组分的萃取：将酒样进行预处理、萃取、分离、浓缩，分成中碱性组分、酸性组分、水溶性组分，进而用于GC－MS分析。萃取流程如下：将200mL样品用煮沸的去离子水取样品稀释到含酒精度10%～14%（体积分数），加氯化钠至饱和，用乙醚∶戊烷＝1∶1分3次萃取得到有机相a，将有机相a浓缩到100mL，浓缩后的有机相a加煮沸的去离子水，用NaOH和$NaHCO_3$混合溶液调节pH＝10.0～11.0，加NaCl饱和，静置分层得到水相b和有机相c，将水相b用2mol/L硫酸调节pH＝1.0～2.0，加NaCl饱和，乙醚∶戊烷＝1∶1萃取2次，将有机相加无水硫酸钠干燥，放置过夜，浓缩到0.5mL，得到酸性组分；将有机相c用煮沸的去离子水水洗2次，得到有机相d和水相e；将有机相d加无水硫酸钠干燥过夜，浓缩到0.5mL，得到中碱性组分，将水相e加NaCl饱和，乙醚∶戊烷＝1∶1萃取2次，得到有机相f，加无水硫酸钠干燥、过夜，浓缩到0.5mL，得到水溶性组分。还有研究者应用液液萃取提取中度烘烤橡木片中挥发性化合物：将2g橡木片样品浸泡在100mL酒精水溶液中（12%乙醇，0.7g/L酒石酸，1.11g/L酒石酸氢钾）。在室温、黑暗条件下浸提15d，每天定时摇瓶1次。过滤，滤液中添加内标和无水NaCl饱和，用45mL二氯甲烷液液萃取3次，每次15mL。合并有机相，用无水硫酸钠干燥过夜，氮吹，浓缩至250μL，用于GC－MS分析。除此之外，还有其他研究者应用液液萃取方法分离景芝白干酒中的挥发性成分、液液萃取方法提取镇江香醋香气成分等。

（二）超临界流体萃取

超临界流体（supercriticalfluid，SF）是处于临界温度（criticaltemperature，T_c）和临界压力（criticalpressure，P_c）以上，介于气体和液体之间的流体。超临界流体具有气体和液体的双重特性。超临界流体萃取（Supercritical fluid extraction，SFE）是一种新型萃取分离技术。它利用超临界流体，即处于温度高于临界温度、压力高于临界压力的热力学状态的流体作为萃取剂。从液体或固体中萃取出特定成分，以达到分离目的。超临界流体（CO_2）萃取基本组成示意图如图4－1所示。

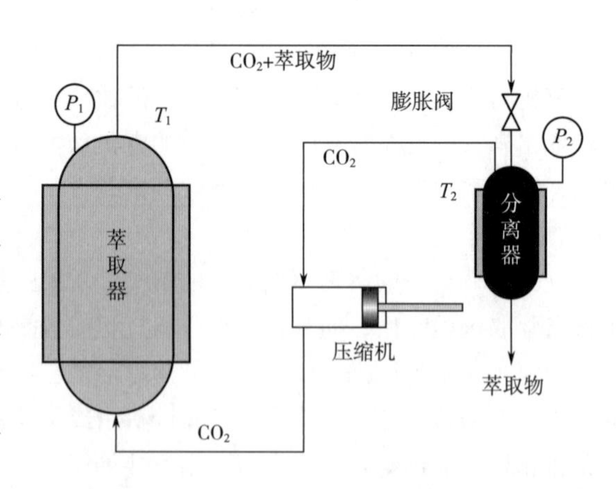

图4－1 超临界流体（CO_2）萃取基本组成示意图

用超临界萃取方法提取天然产物时，一般用CO_2作萃取剂。这是因为：

（1）临界温度和临界压力低（T_c＝31.1℃，P_c＝7.38MPa），操作条件温和，对有效成分的破坏少，因此特别适合于处理高沸点热敏性物质，如香精、香料、油脂、维生素等。

（2）CO_2可看作与水相似的无毒、廉价的有机溶剂。

（3）CO_2在使用过程中稳定、无毒、不燃烧、安全、不污染环境，且可避免产品的氧化。

（4）CO_2的萃取物中不含硝酸盐和有害的重金属，并且无有害溶剂的残留。

（5）在超临界CO_2萃取时，被萃取的物质通过降低压力，或升高温度即可析出，不必经过反复萃取操作，所以超临界CO_2萃取流程简单。

因此超临界CO_2萃取特别适合于对生物、食品、化妆品和药物等的提取和纯化。有研究者利用超临界CO_2萃取技术对茅台红葡萄酒组成成分进行了定性研究，从萃取物中分离出了46种成分，鉴定了其中的38种成分，分析认为红葡萄酒所含风味物质主要为醇类和羟基化合物。其中以丙三醇含量最高，为21.2%，由于其具有香甜味因而口感舒适。其次为苯乙醇，含量3.55%，由于其具有玫瑰香气、茉莉香气、茴香香气、丁香香气等多样风味，因此也构成该酒主要特征香气组分。此外成分还有乙酸，具有淡甜柔和的气味；乳酸乙酯，具有特殊的果香和酒香。

超临界CO_2萃取也可用于提取大高良姜风味物质，用于调制潮州菜特色酱碟调味品。有研究表明在40℃、25MPa、CO_2流量10L/h条件下所获得的风味物质最多，为亮黄色膏状半固态。该提取物具有特殊的辛辣香气，具有独特的赋味的作用。并通过单因素试验和正交试验证明，大高良姜提物对潮州菜特色酱碟调味品的重要性远大于其他辅料，如麦芽糊精、柠檬酸和味精等。

另有研究者采用水蒸气蒸馏提取和CO_2超临界流体萃取2种方法，进行紫藤种子挥发油的提取。结果表明，SF－CO_2萃取温度40℃、萃取压力25MPa，乙醇含量5%，提取时间2.5h，此条件下精油提取率为10.50%，水蒸气蒸馏提取的提取率为0.011%。超临界提取的提取率远远大于水蒸气蒸馏提取，存在明显差异。通过GC－MS分析发现，两种提取方法得到的精油成分具有较大的差异，超临界提取精油对3种真菌的抑制活性均优于水提精油。

（三）同时蒸馏提取法

1. 同时蒸馏提取法概述

香气物质在进行气相色谱分析之前，挥发性化合物需要从非挥发性基质中浓缩或分离。这两步浓缩和分离通常都是一个给定样品所必需的。样品制备方法可以分为两类：以化合物的溶解性为基础的技术，包括样品和溶剂的直接接触法（如SFE），或样品与吸附剂的接触（如SPME直接萃取模式），这会导致能污染气相色谱注射器的大分子化合物同时被萃取出来。以挥发性为基础的技术就不存在这样的缺陷；但是，它们都会产生包含很低浓度的挥发物（蒸汽蒸馏）的大量的水，或者只能分离高挥发性部分（顶空法）。只有少数几种方法能同时利用这两种性质。发明于1964年的同时蒸馏提取（simultaneous distillation extraction，SDE）方法，就是被经常用于样品制备的一种方法。

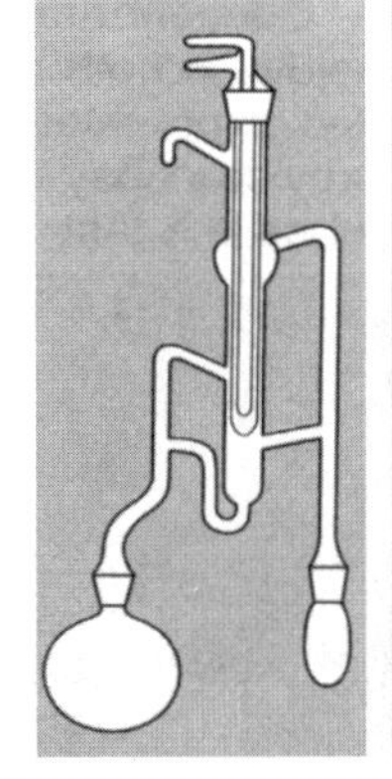
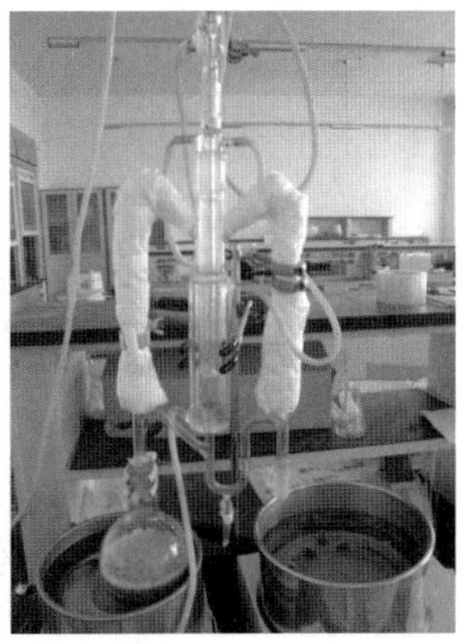

图4－2　同时蒸馏提取装置示意图

Likens和Nickerson于1964年设计出原始装置，并创建分析酒花油（图4－2）的SDE方法后，这种技术才广泛的被人接受。对风味成分的一步分离浓缩可以极大地缩短分离操作的时间，而且由于不停地循环，处理的液体量也减少了很多。样品（水溶液或固体在水中形成的浆状物）在连接左臂的烧瓶中搅拌煮沸。挥发物通过左臂的上端部分蒸汽蒸馏，同时，溶剂通过右臂的上端部分蒸汽蒸馏。蒸汽在冷管中冷凝，同时提取过程在冷凝器表面的两液膜层上进行。水和溶剂，在分离器中汇聚和分离，回到各自的烧瓶中。如图 4－2 所示，系统是用密度比水大的溶剂。反过来可以使用密度比水小的溶剂，这就是发明者开始时建议的。

2. 同时蒸馏提取法中的后生物（artifact）

常压同时蒸馏提取法（atmosphericsimultaneous distillation extraction，A－SDE）的一个固有缺点是在提取物中出现后生物（或矫生物）。这主要是由于以下原因引起的。

（1）污染　在两步蒸馏－萃取过程中，磨口玻璃连接处的润滑油和加到样品中的消泡剂经常会释放出挥发物。另外，污染物可能来源于溶剂或实验室蒸馏水。这些观察对 SDE 是明显有效的，除了样品，所有用于最终实验时的试剂都要进行空白实验。

（2）氧化　许多成分对氧化非常敏感（苯甲醛，萜类，不饱和脂肪酸等）。例如，常压下用 SDE 分离鳕鱼挥发物会产生冷冻储存鱼的气味，这是由于脂质氧化成顺－4－庚烯醛。同样，从巴西坚果油中萃取出的反,反－2,4－壬二烯醛和反,反－2,4－癸二烯醛可能是由于不温和的 SDE 条件产生的。

（3）热反应　Mottram 发现熏肉提取物中的有机含氮衍生物是由加工肉时添加的亚硝酸盐反应生成的。噻啶、二噻嗪和三硫杂烷都被怀疑是在 A－SDE 分离肉挥发物时形成的，还包括其他一些不希望的反应（酯的水解、美拉德反应、糖降解）产生。此外在关于 SDE 的专门报道中，蒸汽蒸馏精油中出现的后生物也在 SDE 萃取中发现。

从上面这些观察中，可以得出这样的结论，非热 A－SDE 后生物可以通过使用合适的操作条件加以避免。这样，A－SDE 可以用于适用于热稳定化合物，或产生与精油相似的萃取物。这是因为后面的一种萃取通常包括蒸汽蒸馏步骤，或模拟加工过程。由于工作温度被固定在水的沸点，只能通过改变体系的压力来实现。

3. 影响同时蒸馏提取的工作参数

（1）溶剂　SDE 使用的多种密度比水高或低的溶剂已经被进行了比较：二氯甲烷、戊烷、异戊烷、已烷、氯仿、乙酸乙酯、乙醚、甲基正丁基醚、三氯氟乙烷和溶剂混合物如戊烷/乙醚。从中得到一个共同的结论：二氯甲烷是最适合的萃取溶剂。对于一些特殊的化合物，其他的溶剂会有更高的效率。但是二氯甲烷的适用范围最广。

（2）盐析　为了降低水中挥发物的溶解性，有人建议向样品烧瓶中添加盐。这好像只是增加了极性化合物的回收率，例如，香豆素或 2－苯基乙基乙醇；但是，香草醛和乙基香草醛的生成仍可以忽略不计。

（3）蒸馏－萃取时间　最佳分离期已被证实：蒸馏提取 48h 以测试从肥皂中回收挥发性极低的化合物（如肉桂醇、2－苯基乙基乙醇）。对含脂质的样品增加提取时间以获得可接受的回收率，效果是显著的。

通常的原则是，1～2h 对于非脂肪物质是足够的（如植物、非脂肪食物）。但是，Bouseta 等认为最大产出量通常是在 30～35min 达到，随后逐渐降低，这可能是由于随后持续的损失。关于分离期间功能处理的理论会在“理论模式”部分讨论。

（4）氧气影响　为了将氧化程度降低到最低，SDE 实验之前需要对水进行脱气，并且在蒸馏提取时用惰性气体保护。重复上面提到的用于鳕鱼挥发物分离的实验参数，McGilli 降低了储存气味和顺-4-庚烯醛的生成。2mL/min 氮气吹进 Godefroot's 装置中的样品烧瓶中起氧化保护作用是足够的，更高的流量会降低冷凝效率以及极大地改变回收率。我们自身的经验就是在蒸馏之前要先清洗仪器，将出口连到 T 型连接口上，T 型连接口有 1~2mL/min 的氮气通过，这样可以避免浓缩时的蒸汽损失。还建议在样品烧瓶中添加抗氧化剂，如没食子酸丙酯和乙氧基喹啉，可以很大程度的限制上面提到的鳕鱼脂肪的氧化。

4. 同时蒸馏提取工作参数的优化

同时蒸馏提取各参数之间最佳的组合可以通过经验实验测定。通过对单缸的修饰，Blanch 等通过改变 4 个变量在 18 步实验中优化了回收率，4 个变量为：样品的温度、溶剂的水浴温度、冷却温度和分离时间。同样的参数，除了冷却温度，都服从于一个响应面中心立方实验设计，最佳结果通过 20 步获得。

（四）溶剂辅助风味蒸发法

溶剂辅助风味蒸发法（solvent-assisted flavor evaporation，SAFE）是一种新型的、从复杂食品基质中直接分离气味化合物的方法，是 1999 年由德国 W. Engel 等发明的，溶剂辅助蒸发萃取技术基本组成示意图如图 4-3 所示，溶剂辅助蒸发萃取技术新型蒸馏装置示意图如图 4-4 所示。SAFE 系统为蒸馏单元与高真空泵的紧凑结合，其优点如下：

（1）与以前的高真空转移技术相比，具有高的挥发物收率。

（2）对极性较高的风味物质有较高的收率。

（3）能从含有脂肪的食品基质中获得较高的气味物质（odorant）收率。

（4）能直接蒸馏含水样品，如乳、啤酒、橙汁、果浆等。

（5）能得到真正、可靠的风味提取物，即用这种新的方法得到的风味提取物，在感官上与原被提取物几乎一样。

（6）与许多其他极为成熟的现代风味分离方法相比，对复杂食品基质中的极性化合物及痕量挥发物的定量更为可靠。

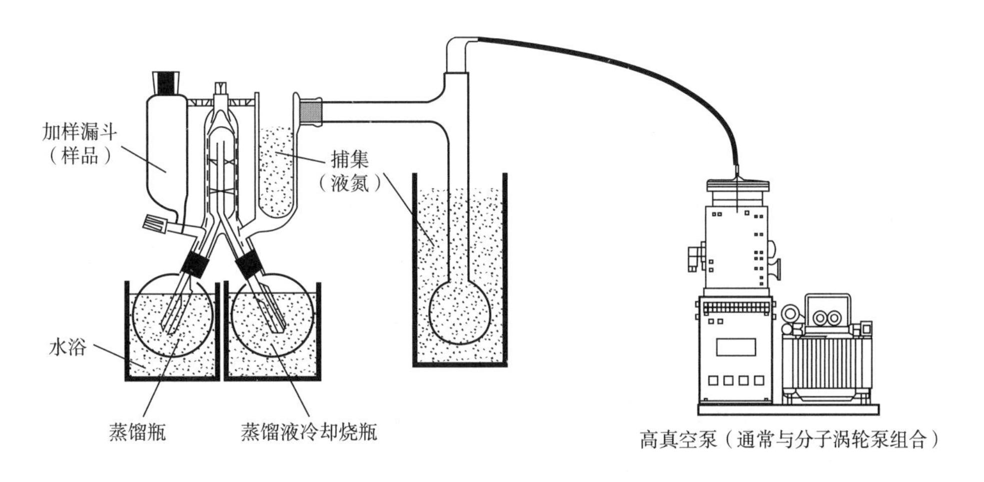

图 4-3　溶剂辅助蒸发萃取（SAFE）技术基本组成示意图

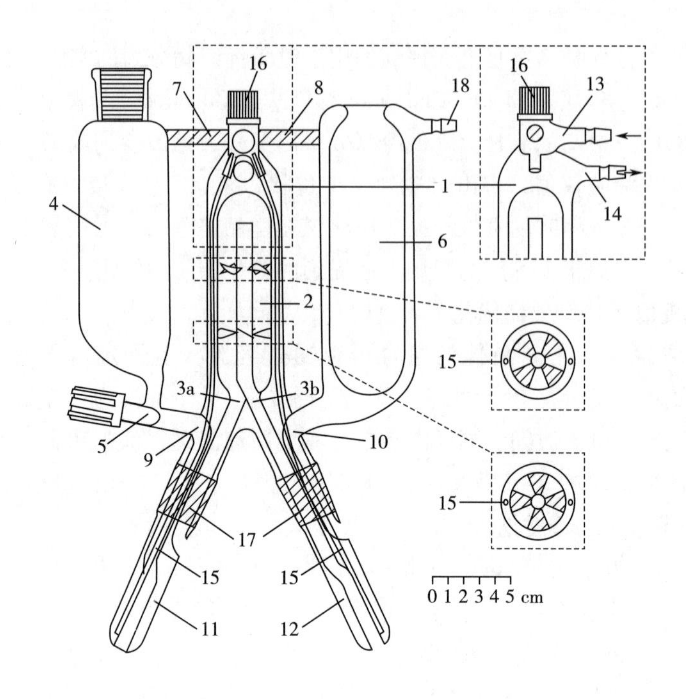

图4－4　溶剂辅助蒸发萃取（SAFE）技术新型蒸馏装置示意图

1—蒸馏器蒸馏部分　2—中心头　3a—蒸汽入口头　3b—蒸汽出口头　4—样品漏斗　5—喷嘴旋钮
6—冷阱（加液氮至内）　7，8—玻璃棒（支撑用）　9，10—玻璃管弯头处
11，12—蒸馏器左右腿　13—恒温水入口　14—恒温水出口　15—蒸馏器腿部截面　16—蒸馏器盖子
17—蒸馏器腿部磨石（与收集器—圆底烧瓶配合）　18—真空系统接头

实验表明，用SAFE方法准备的气味提取物，完全没有像SDE法那样有受热产生的挥发物（artifact），最接近和代表原样品的气味轮廓，同时SDE和SAFE分离干酪中挥发性化合物的比较如图4－5所示。结果还表明，SAFE法对较不挥发性和极性的气味组分如4－羟基－2,5－二甲基－3(2*H*)－呋喃酮、4－羟基－5－甲基－3(2*H*)－呋喃酮和5－乙基－4－羟基－2－甲基－3(2*H*)－呋喃酮的萃取，更为有效。

二、顶空分析法

顶空分析（headspace analysis）法是将待测样品放入一个密闭的容器中，样品中的挥发成分便食品基质中释放出来，进入容器的顶空，其在顶空中含量的多寡只由基本的物理－化学定理所决定。将一定量的顶空气体注入气相色谱中进行分析即可，此法简单、实用。缺点是不同的气味组分由于其挥发性不同，其存在于容器顶空中的量会不同。另外，此法只适合于高挥发性的气味组分的分析。

顶空分析的特点有：

（1）控制密闭容器中液体或固体样品挥发到顶空中的方法。

（2）适合于气味的特征化（模拟了食品气味挥发物的成分）。

（3）非破坏性技术（条件温和）。

（4）样品易于制备且需要量少。

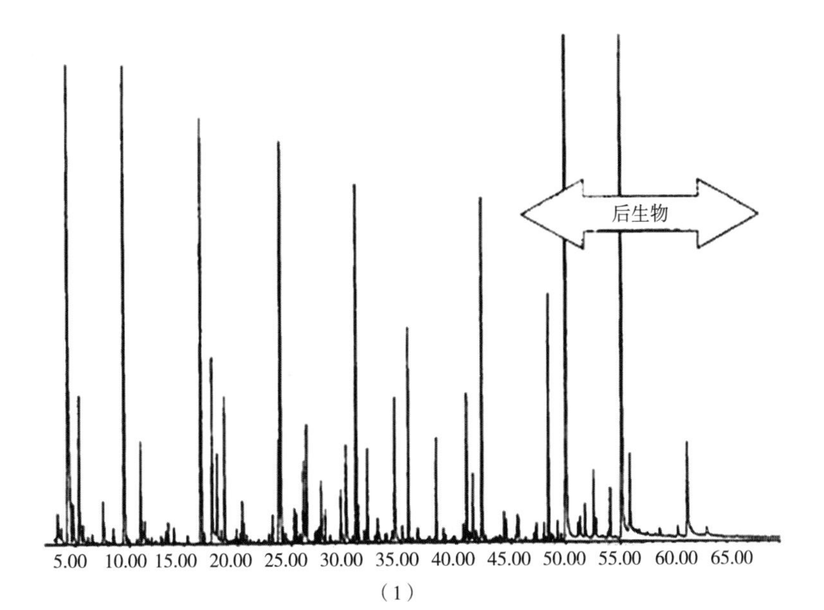

（1）

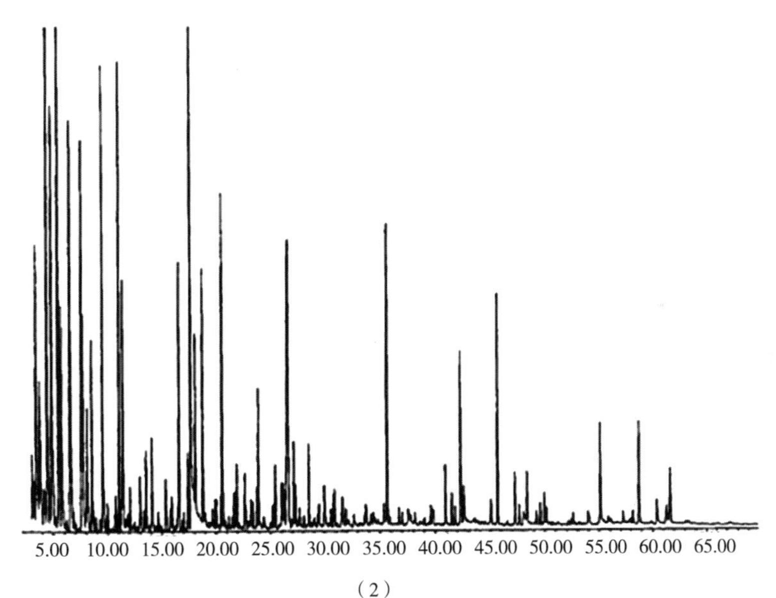

（2）

图4－5　同时蒸馏萃取（SDE）和溶剂辅助蒸发萃取（SAFE）分离干酪中挥发性化合物的比较

（一）静态顶空分析法

静态顶空分析（static headspace analysis）法将液体或固体样品置于一密闭容器中，并升温至一定的温度使容器气相中样品的被测物组分浓度达到平衡（温度升高可使 c_V 提高）；挥发到容器顶空的气体被气密式微量注射器（gas－tight syringe）抽出注射进气相制样阀或进样环，然后注射或排气至气相色谱柱中（冷聚焦）。静态顶空示意图如图4－6所示。

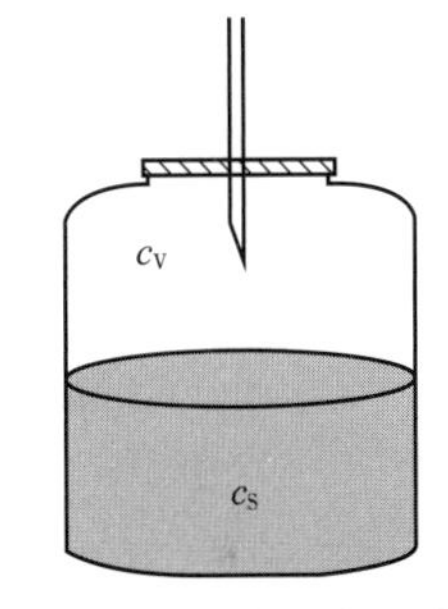

图4－6　静态顶空示意图

c_V：顶空气相中的分析物浓度

c_S：样品相中的分析物浓度

1. 静态顶空香气提取物稀释分析法（static headspace

aroma extract dilution analysis，SHA）

用注射器将一定体积的食品顶空气体注射到带有顶空进样系统的气相色谱仪中，气体被冷凝到 -100℃至一捕集器（trap）中，然后将色谱柱升温，捕集器上的样品挥发，随着气相色谱柱分离流出，由嗅闻口检测其中的气味化合物（GC-O）。通过逐步减少样品顶空体积（如从40mL逐步减少至0.5mL），并对之逐一嗅闻，气味化合物的相对气味效力便会知晓，其对样品气味贡献的程度也自然可知。使用静态顶空香气提取法进行提取和气相色谱分析示意图如图4-7所示。静态顶空系统示意图如图4-8所示。

例如，德国的Peter Schieberle教授等应用SHA技术，确定了冷榨柠檬油A中的关键气味化合物为乙酸、顺-2-壬烯醛、乙醛、1-戊烯-3-酮、己醛、辛醛、1-辛烯-3-酮、反,反-2,4-癸二烯醛等。

进行静态顶空分析之前的考虑：峰面积∝溶质质量∝溶质浓度

$$A \propto S_{气体} = \frac{S_{样品}}{K + \beta} \tag{4-2}$$

$$\beta = \frac{V_{气体}}{V_{样品}} \tag{4-3}$$

式中 A——峰面积；

$S_{气体}$——气相（顶空）的表面积；

$S_{样品}$——样品的表面积；

K——分配常数；

$V_{气体}$——瓶中气相（顶空）的体积；

$V_{样品}$——瓶中样品的体积；

β——顶空瓶中两相的体积比。

两相在小瓶中的相对体积由相比β来表示：

$$\beta = \frac{V_{气体}}{V_{样品}} \tag{4-4}$$

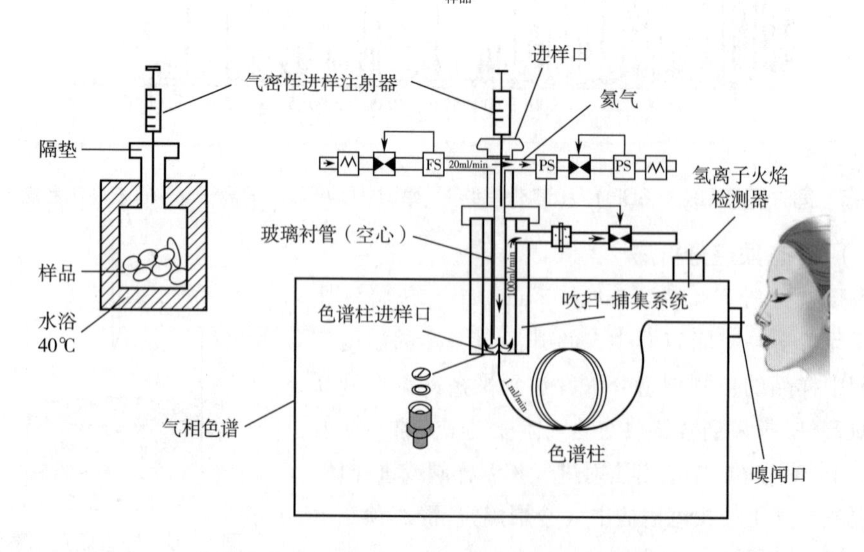

图4-7 使用静态顶空分析法进行香气提取和气相色谱分析示意图

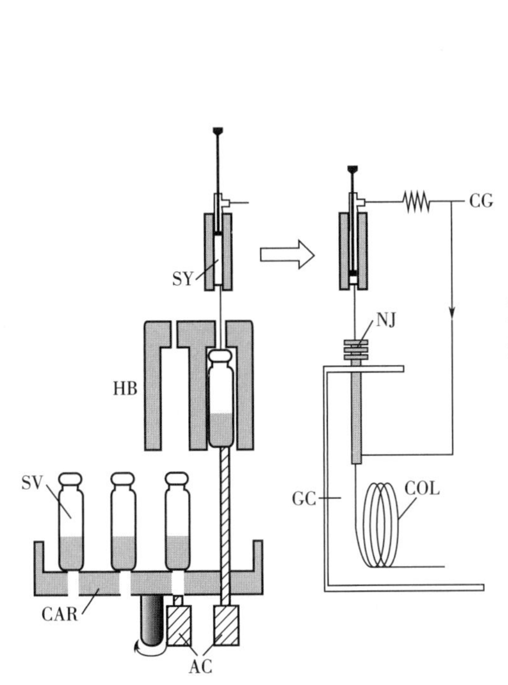

(1) 带有注射器进样的自动HS-GC系统原理
SV=样品瓶，CAR=圆盘传送带，HB=加热部件，AC=气缸，SY=气体注射器，CG=载气，GC=气相色谱，INJ=气相色谱的进样针部分，COL=色谱柱

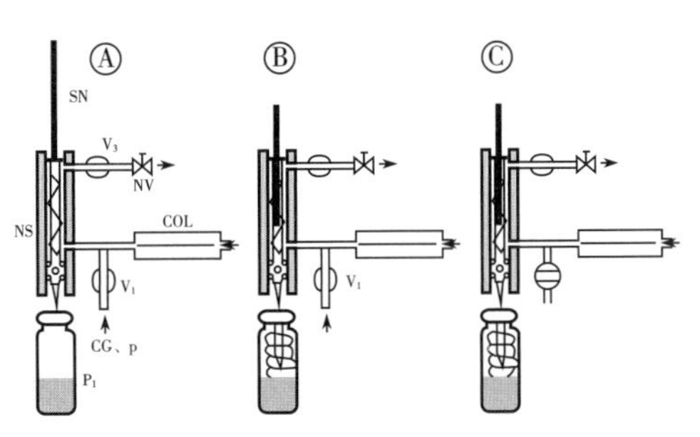

(2) 自动压力平衡系统示意图
(A) 定量（待机），(B) 加压，(C) 样品转移。
CG=载气，V=开/关电磁阀，SN=可移动进样针，NS=针阀杆，NV=进样针体积，COL=色谱柱，Pi=柱子进口压力，Pv=瓶中原有的顶空压力

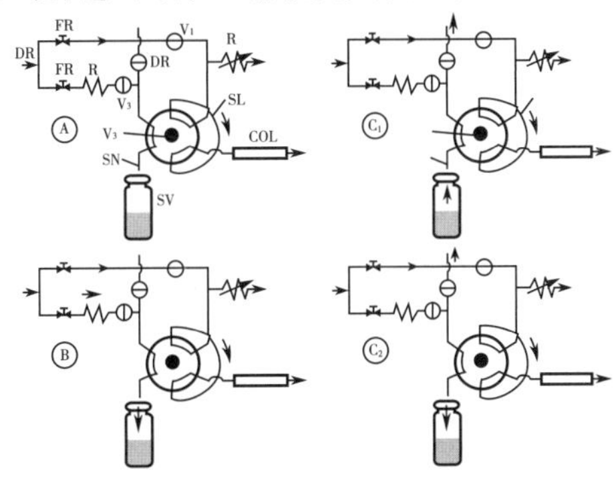

(3) 气相色谱仪顶空压力/循环系统的原理
(A) 定量（待机），(B) 加压，(C_1) 取样(循环填充)，(C_2) 进样。CG=载气，FR=流速/压力调节器，R=限制器，V=电磁开关阀，BR=背压调节器，VR=可变限制器，V_6=六端口阀，SL=采样回路，SN=可移动进样针，SV=样品瓶，COL=色谱柱

图4-8　静态顶空分析系统示意图

$$\beta = \frac{V_v - V_{样品}}{V_{样品}} = \frac{V_{气体}}{V_v - V_{气体}} \tag{4-5}$$

$$V_{样品} = \frac{V_v}{1+\beta} \tag{4-6}$$

$$V_{气体} = V_v \frac{\beta}{1+\beta} \tag{4-7}$$

假设平衡后样品相的体积等于原样品的体积 V_0，换句话说，就是分析物的量转变成了气相，人们认为在平衡过程中，原样品的体积不会发生任何明显的变化。

即

$$V_0 = V_{气体} \tag{4-8}$$

样品中分析物的质量为 W_0，原浓度为 c_0

则

$$c_0 = W_0 / V_{样品} \tag{4-9}$$

经平衡后，两相中分析物各自的含量为 $W_{气体}$ 和 $W_{样品}$，其浓度为 $c_{气体}$ 和 $c_{样品}$

$$c_{样品} = W_{样品} / V_{样品} \tag{4-10}$$

$$c_{气体} = W_{气体} / V_{气体} \tag{4-11}$$

$$W_{气体} + W_{样品} = W_0 \tag{4-12}$$

通过热力学控制的平衡常数来表示分析物在两相之间的分布。

$$K = c_{样品}/c_{气体} \tag{4-13}$$

$$K = \frac{\frac{W_{样品}}{V_{样品}}}{\frac{W_{气体}}{V_{气体}}} = \frac{W_{样品}}{W_{气体}}\frac{V_{气体}}{V_{样品}} = \frac{W_{样品}}{W_{气体}}\beta \tag{4-14}$$

分配系数是描述两相系统质量分布的基本参数。它取决于分析物在凝聚相中的溶解度：具有高溶解度的化合物在凝聚相中的浓度相对于气相较高（$c_{样品} > c_{气体}$）。因此，K 值会很大，另一方面，对于在浓缩相中溶解性很小的分析物，$c_{样品}$ 接近 $c_{气体}$ 甚至可能小于它的值，因此 K 会很小。

据上所述：

$$W_0 = c_0 V_{样品} \tag{4-15}$$

$$W_{样品} = c_{样品} V_{样品} \tag{4-16}$$

$$W_{气体} = c_{气体} V_{气体} \tag{4-17}$$

$$c_{样品} = K c_{气体} \tag{4-18}$$

根据物料平衡，

$$c_0 V_{样品} = c_{气体} V_{气体} + c_{样品} V_{样品} = c_{气体} V_{气体} + K c_{气体} V_{样品} = c_{样品}[K V_{样品} + V_{气体}] \tag{4-19}$$

$$c_0 = c_{气体}\left[\frac{K V_{样品}}{V_{样品}} + \frac{V_{气体}}{V_{样品}}\right] = c_{气体}(K+\beta) \tag{4-20}$$

$$c_{气体} = \frac{c_0}{K+\beta} \tag{4-21}$$

在给定的系统和条件下，K 和 β 都是常数，因此（$K+\beta$）也是常数，也就是说在一个给定的系统中，顶空的浓度与原始样品浓度成正比。根据 GC 的基本规则，给定分析物的峰面积与被分析样品中被分析物的浓度成正比。在我们的例子中，一个顶空瓶中分析，其中被分析物的浓度是 $c_{气体}$。因此，对于得到的峰面积 A，我们可以写成：

$$A \propto c_{气体} = \frac{c_{样品}}{K+\beta} \tag{4-22}$$

式（4-22）表示了样品浓度 $c_{样品}$、分配常数 K、顶空瓶中两相的体积比 β 与峰面积 A 之间的一种平衡关系。K 是表示两相系统质量分布的基本参数，随着挥发物的不同而不同，其大小取决于温度、化合物浓度、基质组成以及顶空瓶/样品的大小。

通过控制 K 和 β 能够优化静态顶空分析：平衡温度与蒸气压直接相关，一般来说，温度越高，蒸气压越高，顶空气体的浓度就越高，分析灵敏度就越高；加盐会改变挥发性组分的分配系数，盐浓度小于5%时几乎无作用，因此常用高浓度盐来改变 K；衍生化会使之更具挥发性，亦使顶空气体的浓度增高，分析灵敏度随之增加。改变样品的体积，β 会随之而改变。因此，这些变量的影响可以通过严格控制系列中每个样本的制样条件来降低（假设变量是常量），从而达到优化静态顶空分析条件的目的。

静态顶空制样，限于顶空中挥发性化合物的浓度较高的样品，其吸附结果近似于我们直接闻到的气味成分。

2. 固相微萃取

（1）固相微萃取的构成　固相微萃取（solid phase microextraction，SPME）法是 1989 年

由加拿大 Waterloo 大学 Pawliszyn 发明，它是通过微纤维表面少量的吸附剂从样品中分离和浓缩分析物。与样品接触后，分析物被固相纤维（依靠外层材料的性质）吸收或吸附直到系统达到平衡。平衡时分析物被吸收的量取决于分析物在样品和外层材料之间分配系数的大小。萃取后，纤维通过像注射器那样的手柄装置转移到分析仪器中，对目标分析物进行分离和定量分析。这一技术集合了取样、萃取和进样，是方便现场监测的一种简单方法。这种技术可以在环境监测、工业卫生、过程监测、临床、法庭、食品、风味以及药品分析方面、实验室和现场分析。

SPME 使用一种小型的熔融石英纤维，通常在外面涂一层聚合物以满足大部分粒子的几何学结构特征。这种纤维被固定在像注射器的手柄装置上进行保护，见图 4-9。分析物被纤维相吸收或吸附（取决于外层的性质），直到体系达到平衡。平衡时分析物被萃取的量取决于分析物在样品和外层材料之间分配系数（分配率）的大小。

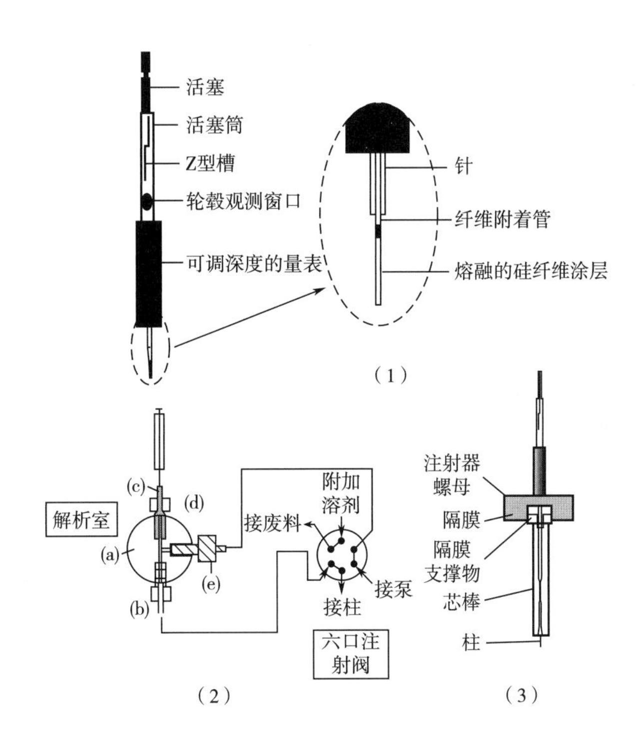

图 4-9　固相微萃取（SPME）装置示意图

（1）商业化 SPME 装置的设计　（2）SPME/HPLC 分界面：（a）不锈钢（SS）1/16 球座，（b）1/16SS 管，（c）1/16 聚醚醚酮（PEEK）管（0.02 内径），（d）两片拧紧的聚醚醚酮连接器，（e）带有一片聚醚醚酮连接器的聚醚醚酮管（0.005 内径）　（3）SPME/GC 分界面

（2）固相微萃取的特点

①灵敏度好：定量地转送到气相色谱。

②绿色技术：气相色谱无溶剂进样技术。

③配置灵活：自动化方便。

④体积小：现场和体内操作方便。

⑤制样和样品制备步骤一体化。

（3）固相微萃取的萃取原理　在平衡状态下，根据质量守恒，由样品基体与纤维涂层之间的传质情况得到式（4－23）：

$$c_0V_s = c_s{}^{\infty}V_s + c_f{}^{\infty}V_f \tag{4-23}$$

式中　c_s^{∞}，c_f^{∞}——样品中的平衡浓度和纤维涂层上的平衡浓度；

V_s，V_f——样品体积和纤维体积；

c_0——样品中分析物的初试浓度。

用式（4－24）计算分析物在样品和纤维涂层之间的分布系数 K_{fs}。

$$K_{fs} = \frac{c_f{}^{\infty}}{c_s{}^{\infty}} \tag{4-24}$$

由式（4－23）和式（4－24），得到：

$$c_f{}^{\infty} = c_0\frac{K_{fs}V_s}{K_{fs} + V_s} \tag{4-25}$$

假设样品的体积（V_s）比纤维体积（V_f）高得多，涂层提取的分析物 n_s 的总摩尔可以通过式（4－26）来计算

$$n_s = c_f\infty V_f = \frac{K_{fs}V_fc_0V_s}{K_{fs}V_f + V_s} \tag{4-26}$$

该式表明，涂层提取的分析物数量与样品基质中的分析物浓度成正比。

根据样品基体与纤维涂层之间的传质情况如下：

在 SPME 中选用的固相涂层对于萃取的有机成分有较强的亲和力，一个数值大的 K 可以保证有效的富集，提高了分析的灵敏度。通常 K 值并不足以大到使分析物都被萃取到固相涂层中，因此 SPME 仅仅是一种平衡取样的方法。若试样体积不变，在整个浓度区间，n_s 和 c_0 呈指数而非线性的关系。仅当 c_0 较低时，即平衡处于吸附等温线的线性范围内，该式才成立。

影响分配常数的因素有温度、离子强度、酸碱度、萃取层和样品基质极性。

温度：温度是直接影响分配常数的重要参数，升高温度会促进挥发性化合物到达顶空及萃取纤维表面。

离子强度：离子强度增高，使极性有机待萃取物（非离子）在吸附涂层中的 K 值增加，提高萃取灵敏度。

酸碱度：溶液酸度使样品中的气味成分呈聚合单分子游离态，使涂层与本体溶液争夺气味成分的平衡过程极大的偏向吸附涂层。

萃取层：萃取层选择的基本原则是“相似相溶”，SPME 萃取过程依赖的是分析物在涂层和样品两相中的分配系数，因此萃取层对于该技术及其重要。

被萃取的有机化合物量 n_s 和样品中的浓度 c_0 成正比，是此方法可以定量的基础。

当样品体积非常大时，即 $V_s \gg K_{fs}V_f$，也可近似写为

$$n = K_{fs}V_fc_0 \tag{4-27}$$

对于顶空固相微萃取模式，最后分配到涂层上分析物的量 n 仍可用该式表达。在同一个分析体系中，若使用同一个萃取头，K_{fs}，V_f，V_s 可视为恒定值，因此，在实际分析过程中，可通过确定 n_S 和 c_0 的关系来测得位置样品中分析物的值。被萃取的有机化合物量只与样品浓度有关，与样品体积无关。

动力学因素决定了达到平衡的快慢：搅动，微波。搅拌和超声振荡等均能使分析物从基质中快速转移至固定相，从而降低萃取时间。搅拌速度越快，平衡时间越短，但是过度搅拌也会干扰平衡时间和精密度。

（4）固相微萃取优化和校准的理论　固相微萃取是一个多相平衡的过程。萃取体系通常是很复杂的，因为在由液相和悬浮固体颗粒组成的样品中，加上顶空，会和分析物产生多种互相吸附。在有些情况下还要考虑一些特殊的因素，比如分析物由于生物降解或容器壁的吸收而损失。下面的讨论我们只考虑三相：外层纤维，气相或顶空，均匀的基质比如纯水或空气。在萃取时，分析物在三相中转移直到达到平衡。

外层聚合物萃取分析物的量与分析物在三相体系中的整体平衡有关。当一种分析物的总量在萃取时保持恒定时，有：

$$c_0 V_s = c_f^{\infty} V_f + c_h^{\infty} V_h + c_s^{\infty} V_s \quad (4-28)$$

式中　c_0——样品中分析物的初始浓度；

c_f^{∞}，c_h^{∞}，c_s^{∞}——分析物在平衡时外层纤维、顶空、样品中的浓度；

V_f，V_h，V_s——外层纤维、顶空、样品各自的体积。

如果我们定义外层/气相分配常数为 $K_{fh} = c_f^{\infty}/c_h^{\infty}$，气相/样品分配常数为 $K_{hs} = c_h^{\infty}/c_s^{\infty}$，外层纤维吸附分析物的量，$n = c_f^{\infty} V_f$，就可以表示为：

$$n = (K_{fh} K_{hs} V_f c_0 V_s)/(K_{fh} K_{hs} V_f + K_{hs} V_h + V_s) \quad (4-29)$$

也可使：

$$K_{fs} = K_{fh} K_{hs} = K_{fg} K_{gs} \quad (4-30)$$

由于纤维/顶空的分配常数，K_{fh} 近似于纤维/气相分配常数 K_{fg}，顶空/样品分配常数 K_{hs}，可以近似于气相/样品分配常数 K_{gs}，如果顶空气相中的水汽可以忽略，式（4－29）可以写为：

$$n = (K_{fs} V_f c_0 V_s)/(K_{fs} V_f + K_{hs} V_h + V_s) \quad (4-31)$$

式（4－31）表明，正如平衡条件所期望的，分析物的萃取量与纤维在体系中的位置无关。它可以在顶空中或进入样品中只要外层纤维体积、顶空体积、样品体积保持恒定。式（4－31）中分母的三项，是分析物容量在三相中尺度：纤维（$K_{fs} V_f$），顶空（$K_{hs} V_h$），样品（V_S）。假设装有样品的容器是满的（没有顶空），分母上 $K_{hs} V_h$ 和顶空的容量相对应的（$c_h^{\infty} V_h$）可以被忽略。则：

$$n = (K_{fs} V_f c_0 V_s)/(K_{fs} V_f + V_s) \quad (4-32)$$

式（4－32）表示了体系平衡时外层聚合物吸附的量。大多数测定时，K_{fs} 相较于样品与外层体积的相比是相当小的（$V_f \ll V_s$）。这样样品的体积相较于纤维的体积要大得多。这样就可以得出非常简单的关系：

$$n = K_{fs} V_f \quad (4-33)$$

式（4－33）强调 SPME 技术的取样能力。因为只要 $K_{fs} V_f \ll V_s$，样品的萃取量就与 V_s 无关，所以不需要很好的限定样品的体积。SPME 装置可以直接和观察体系结合以定量。

（5）影响固相微萃取的因素

①纤维头类型和涂层厚度：聚二甲基硅氧烷（polydimethylsiloxane，PDMS）：非极性。PDMS/二乙烯基苯（divinyl benzene，DVB）：非极性/中极性。PDMS/Carboxen（碳分子筛）：非极性/高度挥发物。PDMS/Carboxen/DVB：混合涂层，吸附选择性较宽。Carbowax/DVB：极性。

Polyacrylate 聚丙烯酸酯：极性半挥发物。

选用不同的涂层，对气味的提取有较明显的差别，如图4－10所示。

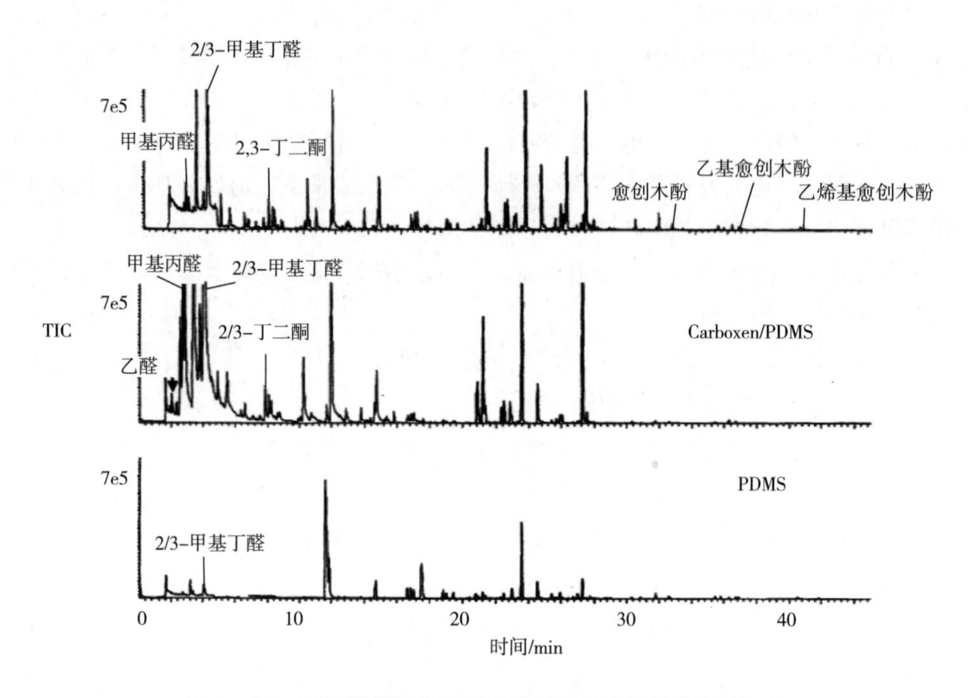

图4－10　固相微萃取头不同涂层对咖啡液香气提取的比较

②制样模式：静态顶空（复杂的食品基质）典型、常见的制样方式为直接接触（浸入）溶液，为有效地进行吸附，溶液通常要搅拌。

③制样时间/温度：合适的制样温度应不能导致样品的降解；制样时应考虑温度的平衡过程；对于高挥发性化合物应使用尽可能短的吸附时间（1～5min）；对于半挥发性化合物可适当延迟提取时间（5～30min）。

（6）固相微萃取使用时的注意事项

①适用范围：具有高、中、低挥发度的化合物均可；痕量及相当低浓度的化合物均可。

②定量分析：通常用内标法、外标法定量，但必须知道每个挥发物的回收率；最好使用自动SPME系统已保证较高的准确度。

③定性分析：气－质联用（GC－MS）；气相色谱－嗅闻（GC－O）。

④其他注意事项：必须对萃取头进行预处理（防止污染）；必须知晓萃取头的制样偏差（sampling bias）；必须考虑所吸附挥发组分的热稳定性。

（7）固相微萃取的发展前景　许多科学家在平衡条件下使用SPME，因为该技术的灵敏度是最高的，而且校准是直接的。在许多情况下，尽管样品基质是复杂的，通常是定义明确的，因此可以在实验之前确定合适的分布常数（K）。在短暂暴露时间的动态区，由于萃取量随时间线性增加，SPME还有另一个简单校准的机会。应该强调的是，在大约十分之一的平衡时间内，萃取最大量的30%（图4－11）。举例说明，这可以作为更省时的方法的基础。基本上，在达到平衡之前，对于所有目标分析物，萃取量与它们的扩散系数成正比。扩散系数可以方便地通过实验确定，或者可以在许多基质的文献中找到。对于类似分子质量的分析物，它们是相似的，这导致了更简单的定量，不像分布常数变化很大，因为它们与需要单独校准的分子结构相关。该方法的优点是萃取时间较短，能够消除固体涂层的饱和效应，主要缺点是灵敏度较低。通过向涂层中添加适当的标准，可以方便地在平衡和动力学方法中进行校准。由于固相微萃取不是一种气体抽出的方法，涂层中存在的任何标准都将以扩散系数（D）和定义边界层的基质对流条件所定义的速率被基质萃取。该标准实际上达到了基质与萃取相间的分配平衡。因此，可以通过监测校准剂的损失率或其平衡值（视情况而定）来获得在任一模式下校准所需的参数。这种方法需要简单的校准加载程序，对于挥发性标准物，可以是顶空小瓶，分析物溶解在非挥发性基质中。例如，这可以包括真空泵硅油或其他适当的吸附剂。这种校准方法可以自动化，因此提供了一个额外的步骤，可以通过采用 SPME 的气相色谱自动进样器将其集成到简单的高通量过程中。

萃取率还取决于基质和萃取相之间的表面接触面积（A）。同时，平衡时间与萃取相的厚度（$b-a$）有关（图 4－11）。因此，有机会通过应用大表面积进样器来加速分析物的积累，从而通过应用更薄的薄膜来更快地达到平衡。这种高比表面积、薄进样器可有效地用于现场快速、高灵敏度取样。基于这一原理，设计了一台具有薄膜几何结构的 96 孔板固相微萃取装置，并通过一个简单的机器人系统实现了自动化，以便在液相色谱－质谱（LC－MS）测定之前高通量提取样品。类似地，薄膜微萃取装置已被开发用于现场和体内制样，用于气相色谱或直接质谱的引入。

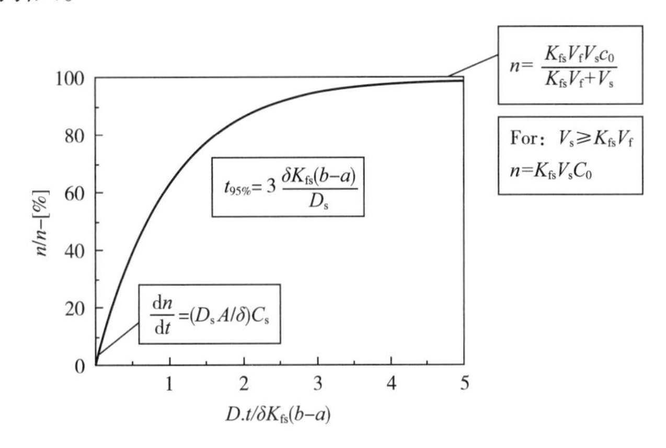

图 4－11　固相微萃取无因次萃取对时间分布的影响

图中公式显示实验和物理化学参数与平衡时间和 SPME 平衡和动力学模式下的校准参数有关，其中 $n\infty$ 是在给定时间的萃取量；t 是在平衡时萃取的量；V_f是纤维涂层的体积；K_{fs}是纤维/样品分配系数；V_s样品的体积；c_s样品中分析物的初始浓度；δ 是边界层的厚度：（$b-a$）是纤维涂层的厚度；D_s是样品流体中被分析物的扩散系数；A 是萃取相与样品基质之间接触的表面积。

（8）固相微萃取在食品分析中的应用进展　食品的特点是非常复杂的混合物，它们几乎全部由水、蛋白质、脂质、碳水化合物、维生素和矿物质组成。食品，无论是生的还是加工的，都需要进行分析，以满足几个目标，即营养和健康问题的结果；可靠的过程控制和质量保证的要求；风味和异味化合物的测定；以及提供准确率认证和可追溯性确认的必要性。无论是通过关注几个目标化合物、多个目标化合物/化合物类别，还是通过概述食品组成的轮廓，食品基质都被视为具有分析挑战性的材料。

食品分析中样品制备的重要性源于基质本身的复杂性和异质性，基质本身由大量化学上不同的组分组成，但也需要分离和浓缩感兴趣的分析物，而不是干扰基质组分，以获得最佳的灵敏度和选择性。最重要的是产生与后续仪器分析兼容的萃取物，因此需要适当的清理步骤。事实上，高选择性分析分离和检测系统的发展和出现并没有降低样品净化的重要性，考虑到基质效应对色谱、检测和电离效率、质谱仪结构构象能力以及检测和定量的限制的不利影响。因此，采样和样品制备仍然是食品基质分析过程中的主要难点。样品制备的最新趋势强调了小样品容量和减少有机溶剂使用的重要性，以最终鼓励使用环境友好和绿色的样品制备替代品。

例如，固相微萃取在食品分析中的应用消除了和/或最大限度地减少了使用传统样品制备方法所遇到的缺点，包括最大限度地减少了有机溶剂的消耗，减少了样品制备时间和样本量要求，并且易于自动化。然而，这项技术提供的几个附加特征归功于在食品分析中挖掘其潜力的吸引力。从方法发展的角度来看，最有用的参数尤其包括各种商业萃取阶段的可用性，利用顶空 - SPME 和浸渍 - SPME 萃取模式对不同形式的食品基质进行制样的可能性，以及调整萃取参数，如萃取时间和样品温度，以获得最佳灵敏度。因此，在食品分析中应用最广泛的固相微萃取模式是顶空 - 固相微萃取（HS - SPME）。因此，这种方法在涉及挥发性和半挥发性分析物的半定量指纹和图谱研究中受到越来越多的关注，最终的目的集中在样品比较和指示样品正常/异常的生物标志物的识别上，最好是食品真实性。快速的固相微萃取样品制备和导入，提高了 HS - SPME 萃取的选择性和灵敏度，使用自动取样器保证了可重复的定时，以及坚固的超弹性纤维组件，所有这些都归功于 HS - SPME 与高速色谱相结合的广泛应用。

（9）新型固相微萃取

①薄膜固相微萃取：薄膜固相微萃取（thin film solid phase microextraction，TF - SPME）是一种组合进样技术和样品制备技术于 2001 年首次引入。该技术与传统的固相微萃取的主要区别在于使用了体积更大、比表面积更大的萃取相。这达到了在不牺牲采样时间的情况下提高灵敏度的最终目的。在平衡条件下，将基本质量平衡应用于固相微萃取，可以实现 TFME 技术灵敏度的提高，薄膜固相微萃取（TF - SPME）发展历程如图 4 - 12 所示。TF - SPME 技术是一种平衡萃取方法，所用的萃取相体积较小，在最小化基质干扰的同时有效地增加净化效果。另外，TF - SPME 技术是一种以敞开体系为萃取相的样品前处理方法，这种体系应用于大体积样品萃取时，避免了由于突破体积限制造成的萃取效率降低的问题，同时这种敞开体系下可直接进行样品前处理并且避免了对基体的污染及堵塞。

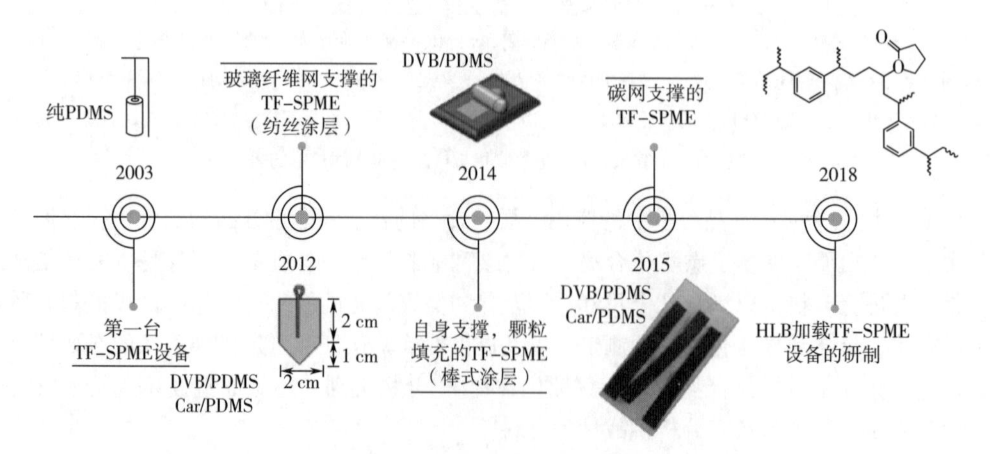

图 4 - 12　薄膜固相微萃取（TF - SPME）发展历程

TF - SPME 装置的壳状几何形状允许增加表面积，同时仍然允许装置容易地缠绕在载体上，从而确保容易注入 GC 入口。此外，同一研究还证明了使用 TF - SPME 对水介质进行现场分析的有效性，使 TF - SPME 成为一种方便的现场提取工具，TF - SPME 工作流程图，见图 4 - 13。

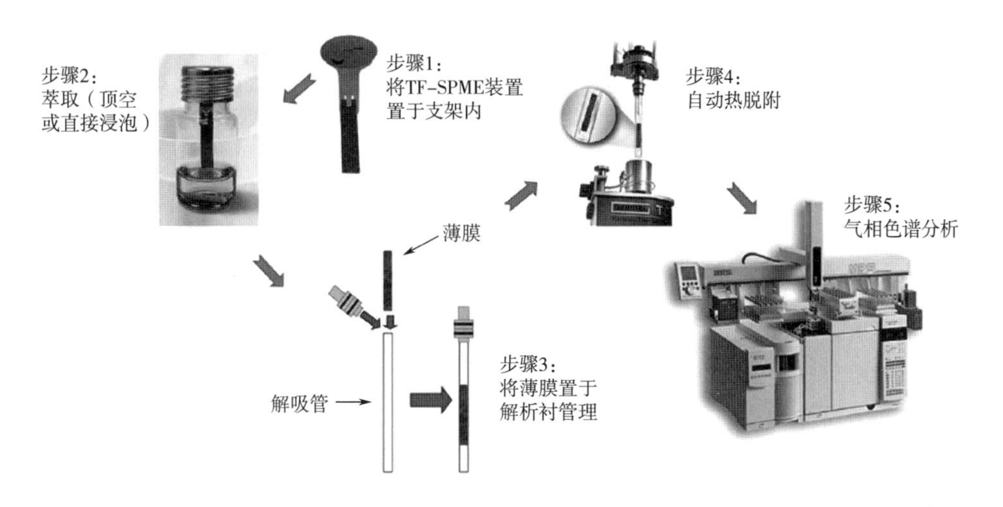

图 4 - 13　薄膜固相微萃取（TF - SPME）工作流程图

(1) 将 TF - SPME 装置置于支架内　(2) 萃取（顶空或直接浸泡）　(3) 将装置置于解析衬管理
(4) 自动热脱附　(5) 气相色谱分析

固相萃取技术的基本原理主要是分析物通过界面层从样品基质扩散到萃取相，并达到相平衡过程。对于直接萃取过程，相平衡时的萃取效率可以根据式（4 - 34）得到：

$$n = \frac{K_{es}V_eV_s}{K_{es}V_e + V_s}c_s \tag{4-34}$$

其中平衡相的萃取效率（n）与分配系数（K_{es}）、萃取相体积（V_e）、分析物在样品基质中的质量浓度（c_s）以及分析物体积（V_s）成比例关系。因此，在较低样品基质浓度下可以采用提高分析物的分配系数或者增加萃取相体积等增加萃取效率。其中，分配系数是一个热力学参数主要与包覆材料的物理性质有关。

包覆材料的固相微萃取装置的萃取相体积主要是由其外部包覆材料的尺寸决定，因此可以增加外部材料的层厚度等增加萃取相体积。然而根据萃取动力学理论公式发现［式（4 - 35）］，在增加层厚度时萃取的平衡时间也会相应增加。

$$t_{95\%} = 3 \times \frac{\delta K_{es}(b - a)}{D} \tag{4-35}$$

式中　$t_{95\%}$——平衡时间；
$b - a$——萃取相的层厚度；
K_{es}——分配系数；
δ——界面层的厚度；
D——分散系数。

而 TF - SPME 通常将具有较高比表面积的片状薄膜材料平铺在基质材料表面，以提高装置的有效萃取相体积。通过片状薄膜材料的包覆，包覆层的厚度通常会保持恒定不变或者更薄，因此根据式（4-35）萃取平衡时间也会相应地降低。同时，根据分析物的分散系数以及萃取相的表面积（A）与初始萃取率（dn/dt）的比例关系［式（4-36）］，较高比表面积的萃取相可以有效地增加萃取效率。

$$dn/dt = \frac{DA}{\delta}c_n \tag{4-36}$$

Bruheim 等将上述公式应用于 TF-SPME，并通过相应的实验结果等证实，在直接膜萃取过程中，实验结果与公式的理论预测等保持一致。因此相对于 TF-SPME 也存在着如下结论，初始萃取效率和膜的表面积呈线性关系，萃取时间增加后膜的萃取效率与膜体积之间成正比。

②管内固相微萃取：管内固相微萃取（in-tube solid phase microextraction，in-tube SPME）最初是由 Eisert 和 Pawliszyn 提出的另一种模式的 SPME 样品预处理方法。这种萃取模式的固定相的存在形式不同于外涂纤维 SPME 设计，它是将固定相涂在了石英管的内表面，样品基质流经管内时，样品中的有机组分被萃取并吸附到柱内的固定相上，脱附时利用一定体积的溶剂或载气吹扫热脱附的方法进行脱附。该技术克服了传统纤维固相微萃取头易折断、低吸附量、萃取平衡时间长、固定相涂层易流失等问题，具有自动化程度高、检测限低、固定相材料丰富等优点，是目前应用最广的管内固相微萃取方式。

2002 年中国科学院大连化学物理研究所发展出一种新式 in-tube SPME 与气相色谱在线联用装置如图 4-14 所示。该装置采用样品加压引入和萃取柱出口负压的方法，加快了样品通过流速，突破了吸附相与水样品之间微米级空气层，极大提高了传质过程。同时，该装置使用微三通和压差进样技术，使热脱附的组分通过微三通直接进入色谱柱内，避免使用高温阀，不但完全避免了吸附残留现象，而且降低了装置成本。

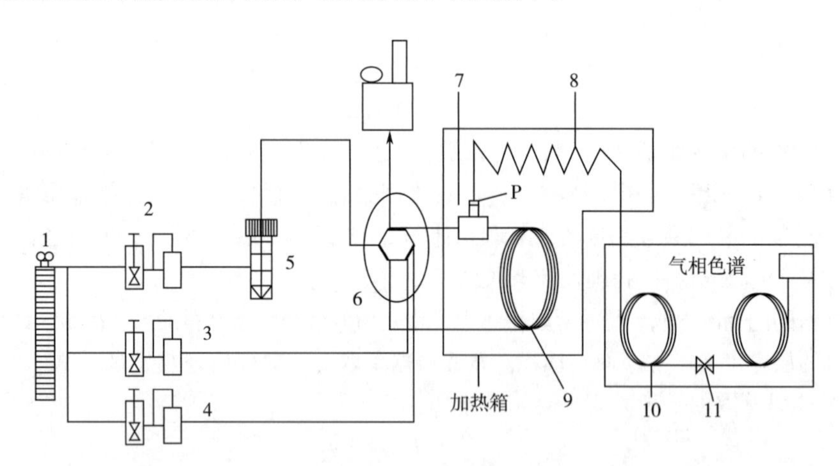

图 4-14 in-tube SPME 与气相色谱在线联用装置示意图

1—气瓶 2—样品流量控制器 3—脱附气流量控制器 4—辅助气流量控制气
5—样品容器 6—切换阀 7—微三通 8—传输柱 9—萃取柱 10—预柱 11—连接头

③固相动态萃取：固相动态萃取（solid-phase dynamic extraction，SPDE）技术及相关的工具是由位于德国伊德施泰因的 CHROMTECH 公司于 2000 年研发的，它是一种对蒸气与液体制样的内针（inside-needle）技术，操作简便，有着与静态顶空一样好的重现性，吸附量大且样品量少，比固相微萃取及搅拌棒吸附萃取（SBSE）的效果都要好。实际上，固相动

态萃取可以达到吹扫－捕集（purge & trap，P&T）的灵敏度，但是自动化程度更高，气相色谱进样界面更简化，且气相色谱的进样口不被额外的硬件所占据，从而使得液体及顶空进样可以使用同一进样口。

SPDE 也称为“魔针”，其相关参数见表 4－1。通过，被分析物被浓缩在一个气密式微量注射器（2.5mL）不锈钢针内壁的 50μm 的聚二甲基硅氧烷（PDMS）与活性炭（10%）膜上。当做顶空－固相动态萃取（HS－SPDE）时，样品中一定体积的顶空气体被气密式微量注射器抽出，其中被分析物的量足够被气相色谱或气质联用分析所用。此过程重复数次，抽出的顶空气体为恒量，所以为动态萃取，被捕集的被分析物经热脱附后直接进入气相色谱进样器进样。图 4－15 所示为 SPDE 的萃取针与制样过程，图 4－16 所示为固相动态萃取头示意图，针的 PDMS 的涂层量为 4.5μL，远高于 100μm 固相微萃取纤维头上的约 0.6μL 的 PDMS 涂层。

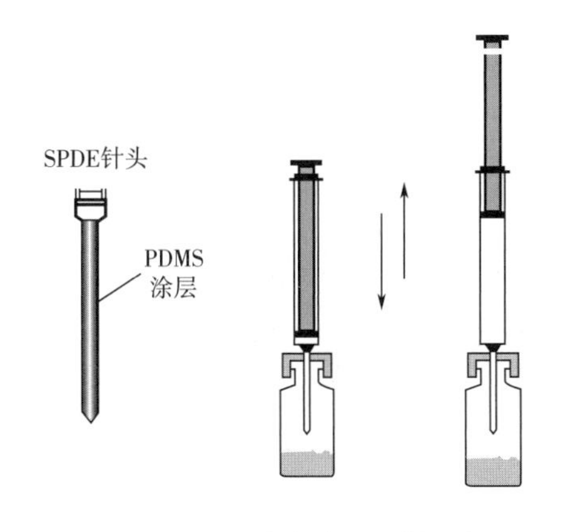

图 4－15 固相动态萃取取样示意图

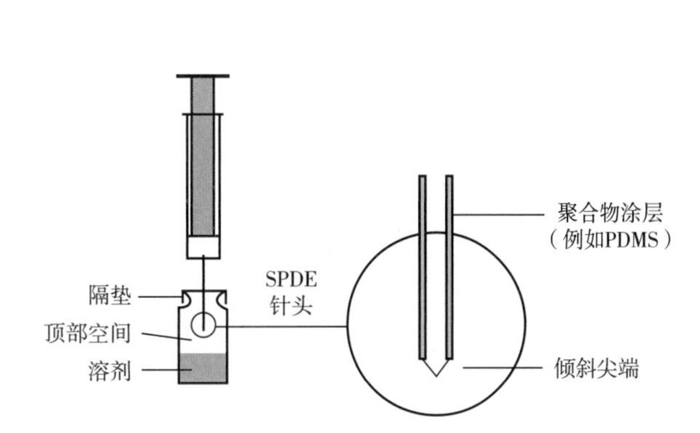

图 4－16 固相动态萃取头示意图

表 4－1 固相动态萃取参数

项目	参数	项目	参数
预保温时间/s	40	每个冲程抽取体积/μL	2000
萃取针冲洗时间/s	10	热脱附气体体积/μL	750
微量注射器温度/℃	40	进样器深度/mm	50
萃取温度/℃	40	热脱附流速/（μL/s）	50
摇动速度/（r/min）	500	预脱附时间/s	15
摇动进行时间/s	10	气相色谱运行时间/min	30
摇动停止时间/s	2	萃取针老化温度/℃	260
样品深度/mm	35	萃取针老化时间/min	3
抽气冲程/冲程数	25		

（二）动态顶空制样

动态顶空制样（dynamic headspace sampling，DHS）用惰性气体如氮气对密闭容器中样品表面进行吹扫，那么样品的顶空中的气味成分便会被载气带出来，当混合气体通过一个捕集物

(如 Tenax 柱，其结构见图 4－17）时，就会被吸收。这样经过一段时间，Tenax 柱上就会聚集一定量的气味化合物。然后将 Tenax 柱加热让气味化合物挥发出来，进入气相色谱仪或气－质联用进行成分分析。Tenax 柱中的填料是一种多聚物吸附剂，称为聚（2,6－二苯基－p－苯醚氧化物），能有效地吸附气味挥发物，现已被广泛应用于食品气味、水中挥发性有机物（VOC）以及环境检测中。实验室动态顶空制样装置见图 4－18。

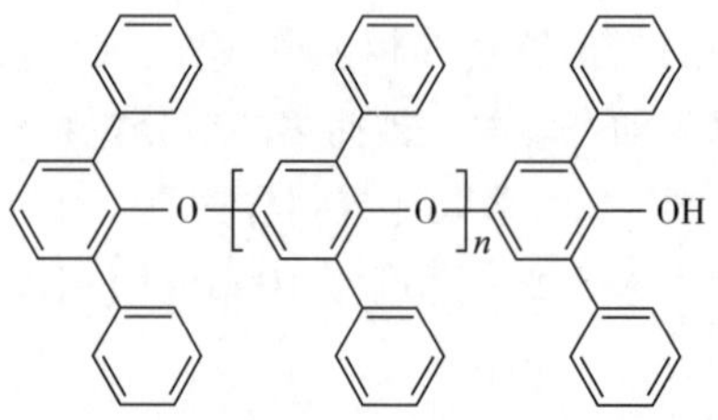

图 4－17　Tenax 结构图（间－2,6－二苯基亚苯基氧化物聚合物）

图 4－18　实验室动态顶空制样装置示意图

应用样品顶空分析的另一个好处是，它可被用来进行样品的典型性分析或指纹分析（pattern analysis or fingerprinting）。人们很早就发现，将样品的顶空气体用气相色谱分析后得到的总谱图，代表了该样品的气味特征，而无须鉴定谱图中每一个峰是何种化合物。换言之，气相色谱的谱图可以作为“指纹”来表征该样品的气味轮廓。

使用动态顶空的两个关键环节包括冷阱捕集和热脱附。冷阱捕集又称为低温冷冻浓缩，它可以避免吸附材料在高温热解析时有芳香族杂质释放出来，对微量分析结果产生干扰。在冷冻浓缩时一般不使用吸附剂，而是在冷阱捕集管内填充一些玻璃珠、玻璃棉或其他的惰性材料以增加接触面积。

为保证气味萃取物以一个“窄带”进入毛细管柱，冷冻浓缩液气化后，可以再经过一次冷聚焦，从而提高气相色谱分析的分辨率与灵敏度。样品冷冻浓缩一般用－196℃的液氮做冷却剂，因为液氮的冷冻浓缩效果非常好，可以使很多强挥发性易于穿透吸附剂的物质被很好地冷凝。

而热解吸的目的是让捕集的气味成分以很窄的形式瞬间进入气相色谱柱进行分析。快速加热解吸的过程，解吸时间短，样品在更短的时间内进入气相色谱，这样引入到色谱系统的载气、水、二氧化碳的量就会很少，从而更好地提高了气相色谱分析的分离度及检测的灵敏度。动态顶空制样热脱附示意图如 4 - 19 所示。

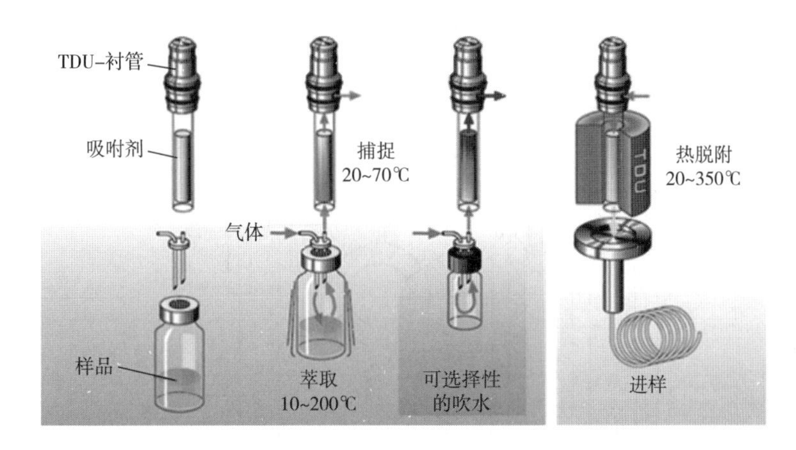

图 4 - 19　动态顶空制样热脱附示意图

动态顶空装置见图 4 - 20 和图 4 - 21，可以看出，样品放在密闭的顶空瓶中，惰性气体吹扫使挥发物吸附在吸附柱上，再选择性干燥除水，然后进入热脱附系统进行热解析，解吸下来的挥发物。

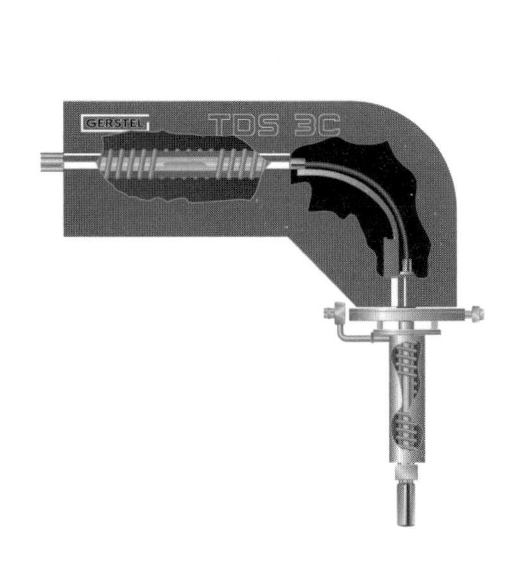

图 4 - 20　动态顶空制样热脱附系统

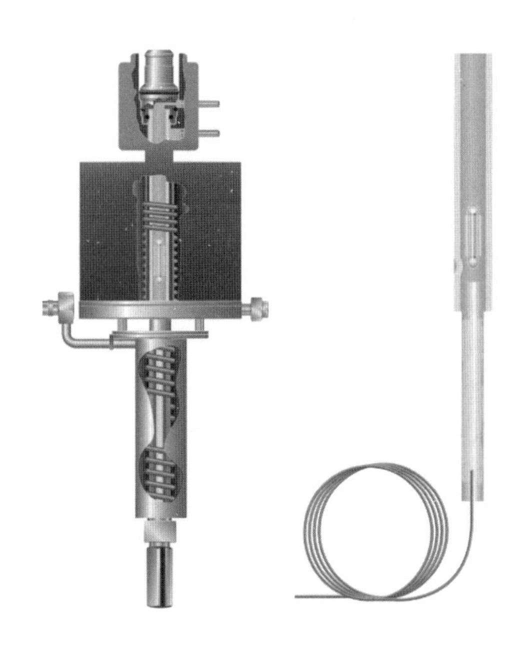

图 4 - 21　动态顶空制样热脱附单元（左侧）和冷进样系统（右侧）

（三）吹扫－捕集

吹扫－捕集是用流动气体将样品中的挥发性成分“吹扫”出来（图4－22），再用一个捕集器将吹扫出来的有机物吸附，随后经热解吸将样品送入气相色谱仪进行分析。待吹扫的样品可以是固体，也可以是液体样品，吹扫气多采用高纯氮气。捕集器内装有吸附剂（Tenax、活性炭、硅胶），可根据待分析组分的性质选择合适的吸附剂。

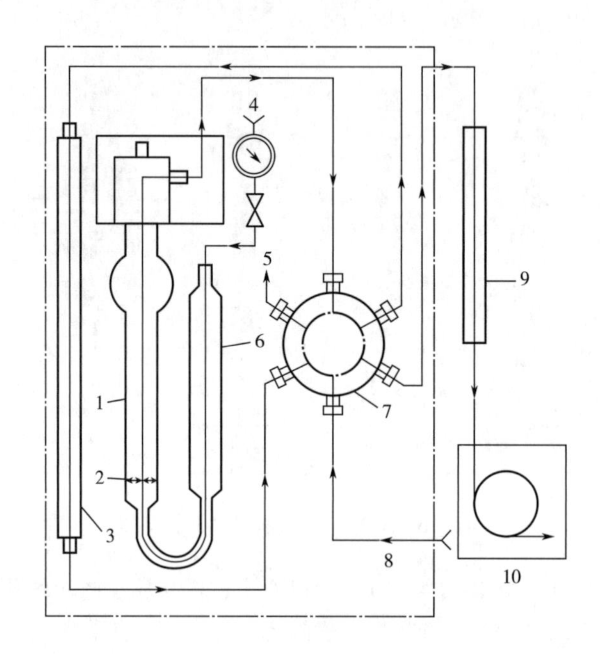

图4－22　吹扫－捕集进样装置气路图

1—样品管　2—玻璃筛板　3—吸附捕集管　4—吹扫气入口　5—放空　6—储液瓶
7—六通阀　8—GC载气　9—可选择的除水装置和/或冷阱　10—GC

（四）搅拌棒吸附萃取

1. 搅拌棒吸附萃取技术的原理

搅拌棒吸附萃取（stir bar sorptive extraction，SBSE）技术是由E. Batussen于1999年发明的，是一种新型的固相微萃取样品前处理技术。它适于浓缩水性样品中的挥发性成分，搅拌棒内包含磁性核，磁性核外为玻璃管，玻璃管外涂有聚二甲基硅氧烷（PDMS）涂层。当初他们偶然发现，在固相微萃取的水溶液实验时，Teflon磁力搅拌棒可以保留非极性溶质。尽管SBSE与SPME的原理相同，但是SBSE的灵敏性会高得多，其吸附剂的量也多一些，且又比较耐用，被成功地应用于多个领域的有机痕量物或超痕量物的分析中，并得到了认可。搅拌棒吸附萃取浓缩装置如图4－23所示，搅拌棒吸附萃取和顶空吸附萃取（HSSE）装置如图4－24所示，顶空吸附萃取实物示意图如图4－25所示。

搅拌棒（Gerstel公司生产的Twister搅拌棒）由密封在玻璃管中的磁核和厚的聚二甲基硅氧烷（PDMS）涂层（0.5mm或1mm）组成，萃取机制和固相微萃取非常相似。例如，被分析物被吸附在聚合的液态PDMS相中而浓缩。搅拌棒引入水溶液样本中，在搅拌时萃取（被分析物）。随后将搅拌棒从水溶液中转移到空的热解吸玻璃管中，再转移到热解池中，被分析物受热释放出来，并被转入到GC系统中。

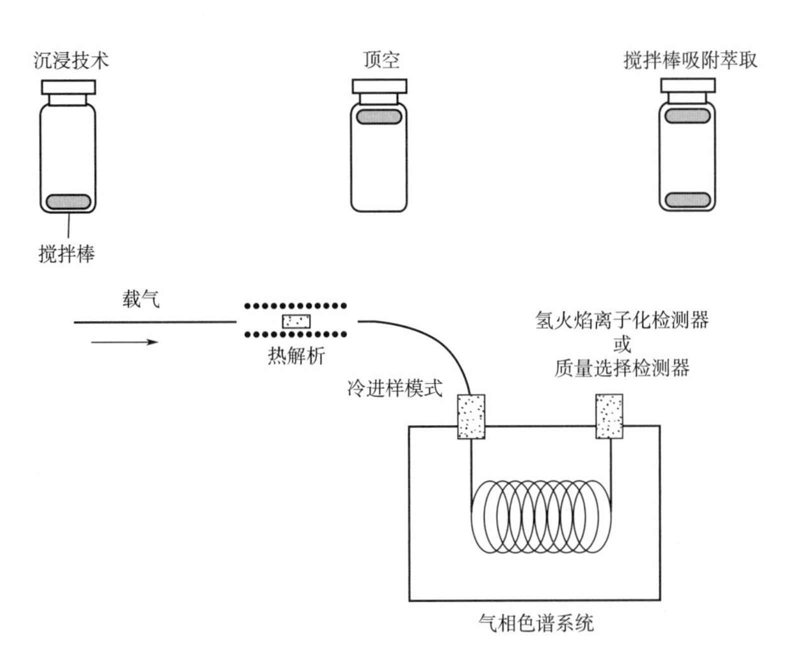

图4－23　搅拌棒吸附萃取浓缩装置示意图

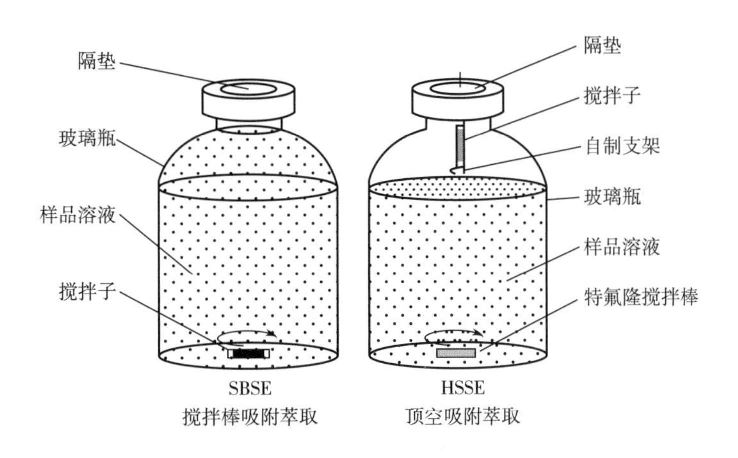

图4－24　搅拌棒吸附萃取和顶空吸附萃取装置示意图

2. 搅拌棒吸附萃取（SBSE）的特点

相比固相微萃取，搅拌棒吸附萃取有较多的活性涂层（100μL PDMS），因此具有比SPME大得多的吸附能力，可以被应用于顶空吸附或液体浸渍的方式，吸附其上的挥发物可以采用热脱附的方式（300℃加热解吸）传输至气相色谱进行分离分析。

3. 搅拌棒吸附萃取的热脱附解析

SBSE分为顶空吸附、浸入式吸附、浸入顶空混合吸附。如果萃取时搅拌棒是浸入样品中的，需要先用蒸馏水冲洗，干燥后解吸。解吸的方法分为溶剂洗脱解吸和

图4－25　顶空吸附萃取实物示意图

热脱附解吸，热解析通常是一个缓慢的过程，在热解析时可使用热脱附系统（thermal desorption system，TDS），如图4－26所示，也可使用程序升温气化（PTV）进样器，如图4－27所示。PTV进样器是先用液氮或干冰将热解析的样品流冷冻聚焦，然后再快速加热，使样品流以“窄带”形式进入色谱系统，保证有效地分离。图4－28和图4－29所示为SBSE和SPME两种不同萃取方法的萃取效果的比较。

图4－26 热解析时所使用的热脱附系统示意图

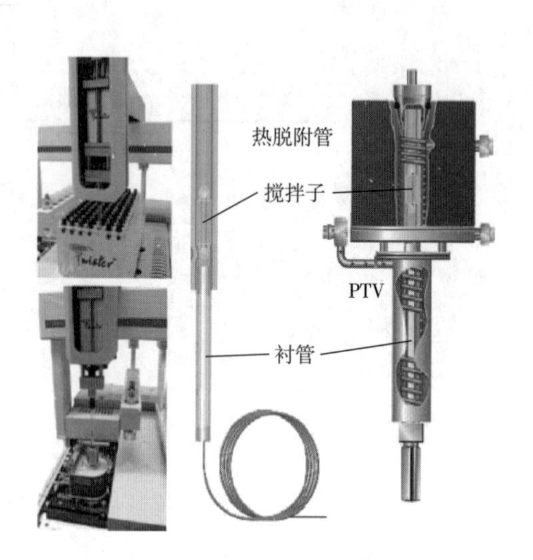

图4－27 程序升温气化示意图

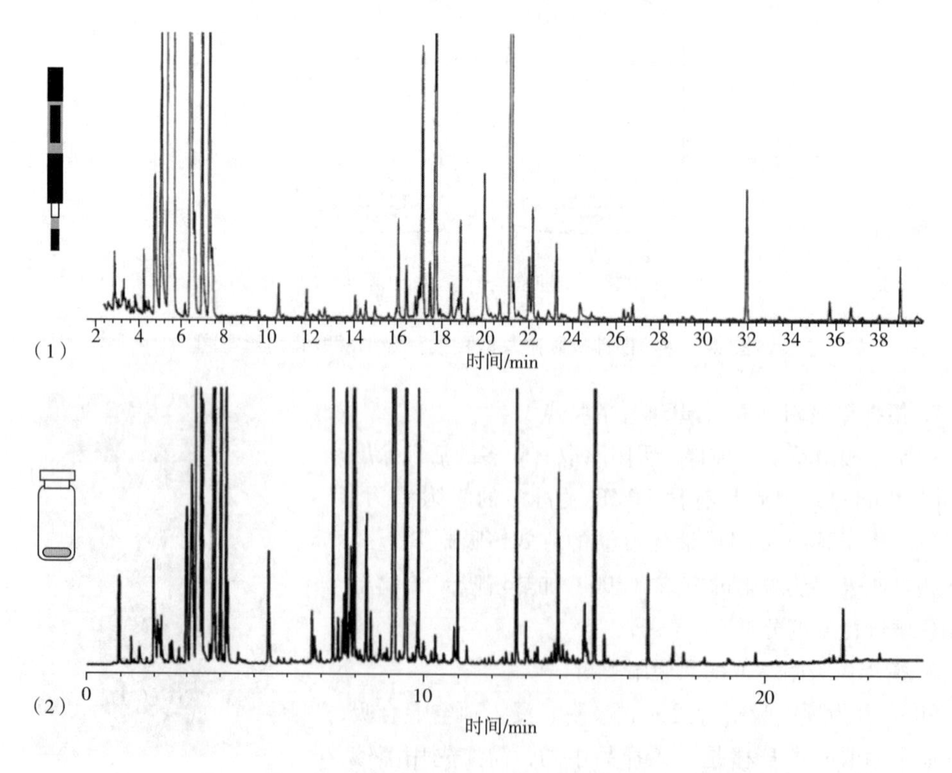

图4－28 一种软饮料的SBSE和SPME两种方法比较

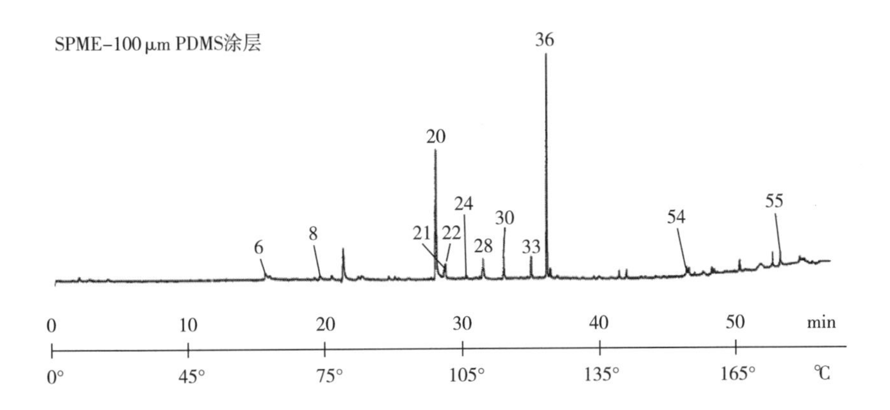

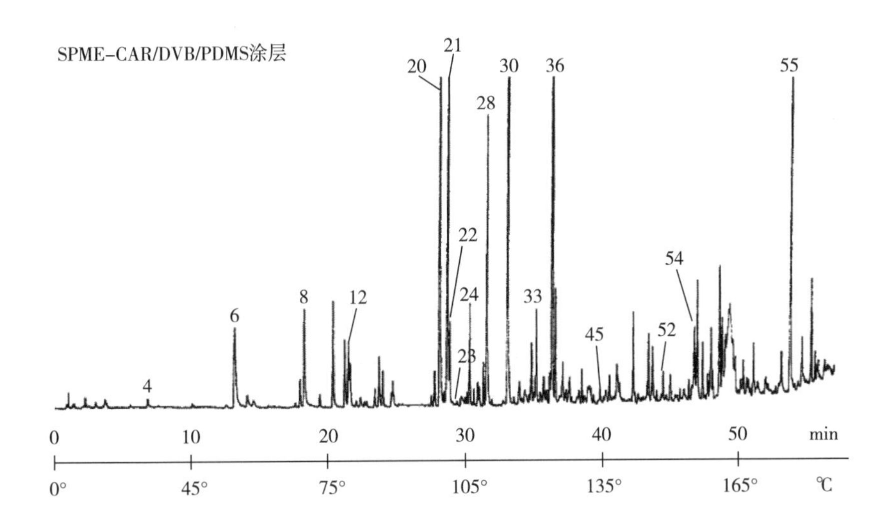

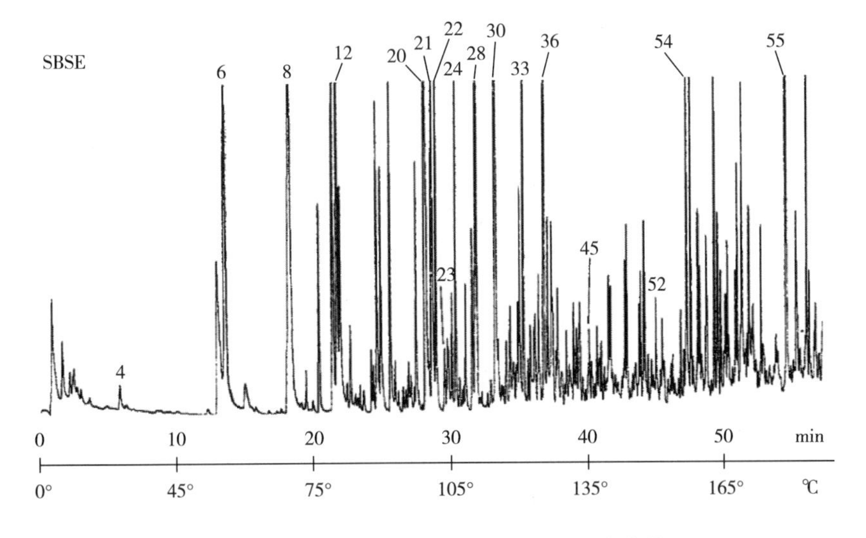

图 4 -29　SBSE 和 SPME 两种萃取方法比较

三、 气味化合物提取方法的选择

最近，随着分析技术和检测仪器的更新与发展，气味化合物的提取方法也越来越多，常见的提取方法有溶剂萃取法：直接萃取法或液-液萃取法（LLE）、超临界流体萃取法（SFE）、同时蒸馏提取法（SDE）、溶剂辅助风味蒸发法（SAFE）等；顶空分析法：静态顶空分析（SHA）法、动态顶空制样（DHS）、吹扫-捕集（P&T）、搅拌棒吸附萃取（SBSE）等。LIE 使用方便、常温操作、分离效率高，但是耗时长，浓缩过程中易损失高挥发性风味物质；SFE 萃取出的挥发物与样品中的组分相同，但对设备的要求很高，萃取物质包含高沸点、不易挥发的脂溶性物质；SDE 可以同时进行水蒸气蒸馏和溶剂萃取馏分，提高了对微量成分的提取效率，对低浓度的香气化合物有较好的提取效果，但所需要的设备过于复杂，此法需要长时间高温蒸煮，容易使沸点较低的气味成分损失，产生较多的副产物；SAFE 是一种能从复杂的食品物质中温和的、全面的提取挥发物质的方法，使得挥发物在接近室温的高真空条件下蒸发，样品中的热敏性气味损失少，能真实地反映出样品原有的风味；SPME 克服了传统样品前处理技术的缺陷，集采样、萃取、浓缩、进样于一体，大大加快了分析检测的速度；SBSE 可避免竞争性吸附，具有固定相体积大、萃取容量高、搅拌萃取与富集同时进行的优点，不必使用搅拌子。

因此，针对不同的食品样品，在提取气味化合物时，我们应根据任务选择合适的方法（图 4-30）。

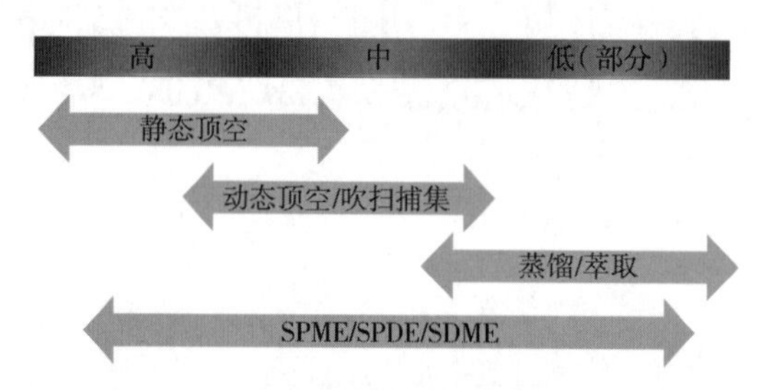

图 4-30 不同样品适用的不同萃取方法

（1）应考虑被分析样品的热稳定性、挥发度及挥发物浓度等。

（2）任何一种方法都有其应用范围及不足，所以需要几种方法结合起来使用才行。

（3）针对特定目标物选择使用最合适的分析方法。

第二节 气味化合物的分析方法

一、 气味化合物的定性分析方法

（一） 气相色谱法

1. 气相色谱仪工作原理

气相色谱（gas chromatography，GC）仪是一种多组分混合物的分离、分析工具，它是以气体为流动相，采用冲洗法的柱色谱技术。当多组分的分析物质进入到色谱柱时，由于各组分在色谱柱中的气相和固定液液相间的分配系数不同，因此各组分在色谱柱的运行速度也就不同，经过一定的柱长后，顺序离开色谱柱进入检测器，经检测后转换为电信号送至数据处理工作站，从而完成了对被测物质的定性定量分析。

样品在色谱柱中得以分离是基于热力学性质的差异。固定相与样品中的各组分具有不同的亲和力（对气固色谱仪是吸附力不同，对气液分配色谱仪是溶解度不同）。当载气带着样品连续地通过色谱柱时，亲合力大的组分在色谱柱中移动速度慢，因为亲合力大意味着固定相拉住它的力量大。亲合力小的则移动快。检测器对每个进入的组分都给出一个相应的信号。

将从样品注入载气为计时起点，到各组分经分离后依次进入检测器，检测器给出对应于各组分的最大信号（常称峰值）所经历的时间称为各组分的保留时间 t_r。实践证明，在条件（包括载气流速、固定相的材料和性质、色谱柱的长度和温度等）一定时，不同组分的保留时间 t_r也是一定的。因此，反过来可以从保留时间推断出该组分是何种物质。故保留时间就可以作为色谱仪器实现定性分析的依据。

2. 气相色谱仪的构成

（1）进样口　理想的进样口应满足以下条件：不会造成样品的分解；不会引起化合物的歧视；适合所有样品，包括干净的及脏的样品。

常见进样口的类型有以下几种：分流/不分流（split/splitless）；冷上柱进样（cool on - column）；程序升温气化进样（programmed temperature vaporizer，PTV）；其他包括阀进样、顶空进样等。

①分流/不分流（split/splitless）：不分流是指将分流支路的电磁阀关闭，让样品全部进入色谱柱（图 4 - 31）。不分流并不是绝对不分流，而是分流与不分流的结合。分流是指将分流支路的电磁阀打开，让样品部分进入色谱柱（图 4 - 32）。

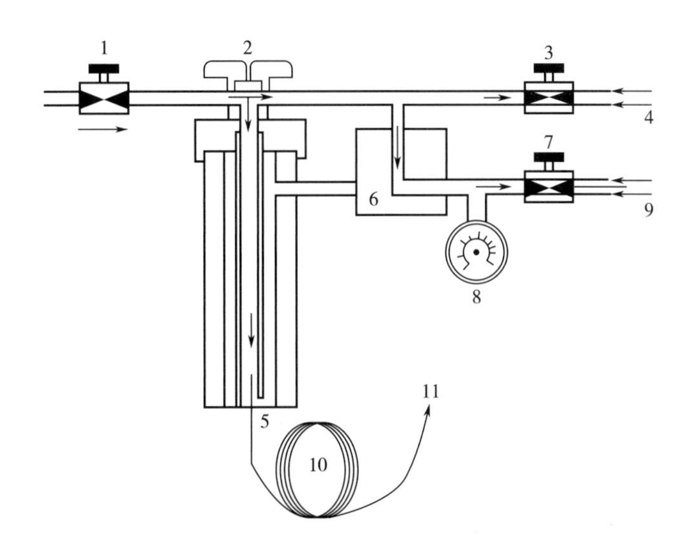

图 4 - 31　HP4890　（5890）　仪器不分流进样口原理示意图

1—总流量控制阀　2—进样口　3—隔垫吹扫气调节阀　4—隔垫吹扫气出口　5—分流器
6—分流/不分流电磁阀　7—柱前压调节阀　8—柱前压表　9—分流出口　10—色谱柱　11—接检测器

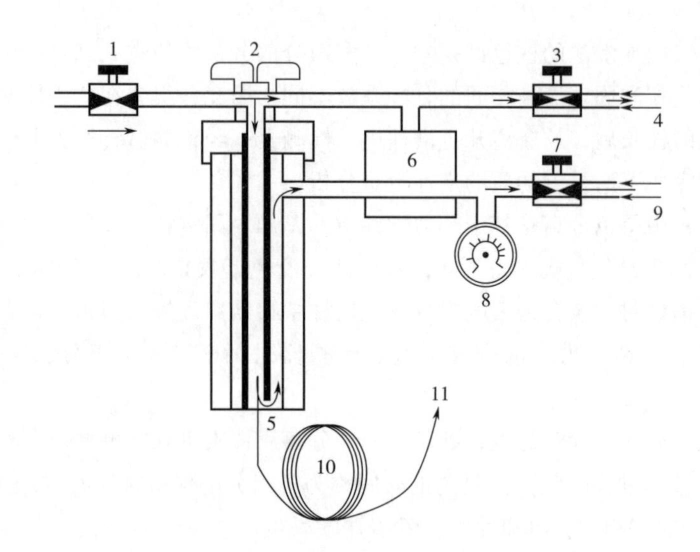

图4-32 HP4890（5890）仪器分流进样口原理示意图

1—总流量控制阀 2—进样口 3—隔垫吹扫气调节阀 4—隔垫吹扫气出口 5—分流器 6—分流/不分流电磁阀 7—柱前压调节阀 8—柱前压表 9—分流出口 10—色谱柱 11—接检测器

衬管容积最大仅有900μL，所以用微量注射器的进样量取决于溶剂的蒸气膨胀因子（表4-2）。比如用二氯甲烷做溶剂萃取的香气提取物，因为二氯甲烷的膨胀因子为356，所以最多只能进2μL。常见的GC进样口衬管结构如图4-33所示。

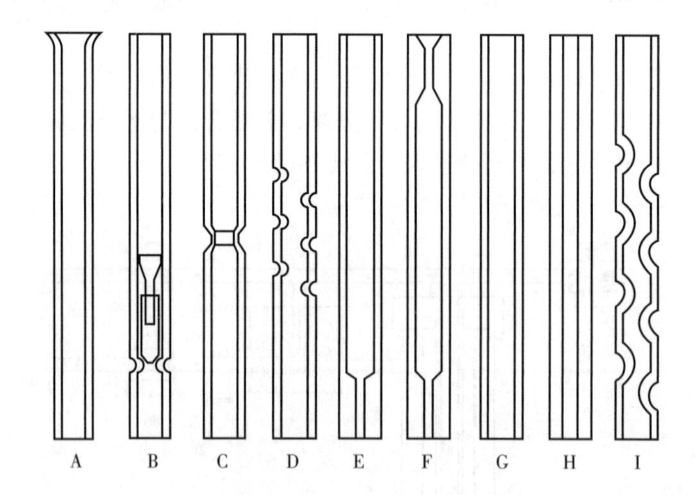

图4-33 常用GC进样口衬管的结构

A—用于填充柱进样口 B～G—用于毛细管柱分流进样

G和H—用于不分流进样 G、H和I—用于程序升温汽化进样口

表4-2 蒸汽膨胀因子

溶剂	相对密度	分子质量/u	估计膨胀因子
异辛烷	0.89	114	138∶1
己烷	0.66	86	174∶1

续表

溶剂	相对密度	分子质量/u	估计膨胀因子
戊烷	0.62	72	198:1
乙酸乙酯	0.90	88	233:1
氯仿	1.48	119	284:1
二氯甲烷	1.33	85	356:1
甲醇	0.79	32	53:1
水	1.00	18	—

注：进样口温度250℃，柱前压力90kPa。

②冷上柱进样（cool on - column）：冷上柱进样是指将样品直接注入处于室温或更低温度下的色谱柱，然后再逐渐升高温度使样品组分依次气化通过色谱柱进行分离，该进样方式避免了歧视效应和样品的分解。

③程序升温气化进样（programmed temperature vaporizer，PTV）：程序升温气化进样是指将液体或气体样品注射入处于低温的进样口衬管内，然后按设定程序升高进样口温度。该方法是将分流/不分流和冷柱上进样结合为一体。常见气相色谱进样口和进样技术见表4-3。

表4-3 常见气相色谱进样口和进样技术

进样口和进样技术	特点
填充柱进样口	最简单的进样口。所有气化的样品均进入色谱柱，可接玻璃和不锈钢色谱柱，也可接大口径毛细管柱进行直接进样
分流/不分流进样口	最常见的毛细管柱进样口。分流进样最为普遍，操作简单，但有分流歧视和样品可能分解的问题。不分流进样虽然操作复杂一些，但分析灵敏度高，常用于痕量分析
冷柱上进样口	样品以液体形态直接进入色谱柱，无分流歧视问题。分析精度高，重现性好。尤其适合于沸点范围宽，或热不稳定的样品，也常用于痕量分析（可进行柱上浓缩）
程序升温汽化进样口	将分流/不分流进样与冷柱上进样结合起来。功能多，使用范围广，是较为理想的气相色谱进样口
大体积进样	采用程序升温汽化或冷柱上进样口，配合以溶剂放空功能，进样量可达几百微升，甚至更高，可大大提高分析灵敏度，在环境分析中应用广泛，但操作较为复杂
阀进样	常用六道阀进样引入气体或液体样品，重现性好，容易实现自动化。但进样与峰展宽的影响大，常用于永久气体的分析，以及化工工艺过程中物料流的监测
顶空进样	只取复杂样品基体上方的气体部分进行分析，有静态顶空与动态顶空之分，适合于环境分析（如水中有机污染物）、食品分析（如气味分析）及固体材料中的可挥发物分析等

续表

进样口和进样技术	特点
裂解进样	在严格控制的高温下将不能气化或部分不能气化的样品裂解成可气化的小分子化合物，进而用气相色谱分析，适合于聚合物样品或地矿样品等，还包括烟草样品

④其他进样口：

a. 吹扫－捕集进样。吹扫－捕集进样是柱色谱法中通过使用六通阀完成进样的进样操作。试样的计量管连接在输送流动相的六通阀的旁路上，通过阀的切换，使流动相通过计量管注入试样。吹扫－捕集进样器的工作原理如图4－34所示。

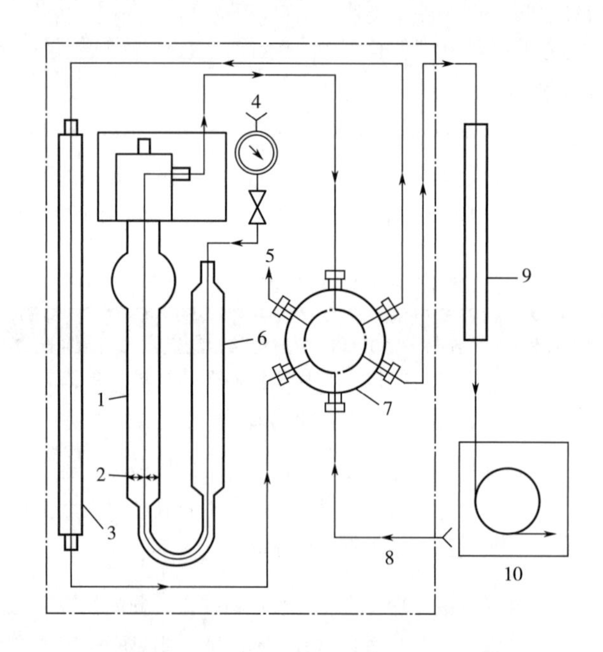

图4－34　吹扫－捕集进样装置气路图

1—样品管　2—玻璃筛板　3—吸附捕集管　4—吹扫气入口　5—放空　6—储液瓶　7—六通阀　8—GC载气　9—可选择的除水装置和/或冷阱　10—GC

六通阀进样器的工作原理如下：手柄位于取样（load）位置时，样品经微量进样针从进样孔注射进定量环，定量环充满后，多余样品从放空孔排出；将手柄转动至进样（inject）位置时，阀与液相流路接通，由泵输送的流动相冲洗定量环，推动样品进入液相分析柱进行分析。虽然六通阀进样器具有结构简单、使用方便、寿命长、日常无需维修等特点，但正确的使用和维护将能增加使用寿命，保护周边设备，同时增加分析准确度。如使用得当的话，六通阀进样器一般可连续进样3万次而无需维修。手柄处于load和inject之间时，由于暂时堵住了流路，流路中压力骤增，再转到进样位，过高的压力在柱头上引起损坏，所以应尽快转动阀，不能停留在中途。在HPLC系统中使用的注射器针头有别于气相色谱，是平头注射器。一方面，针头外侧紧贴进样器密封管内侧，密封性能好，不漏液，不引入空气；另一方面，也防止了针头刺坏密封组件及定子。

b. 顶空进样。顶空进样器是气相色谱法中一种方便快捷的样品前处理方法，其原理是将待测样品置入一密闭的容器中，通过加热升温使挥发性组分从样品基体中挥发出来，在气液（或气固）两相中达到平衡，直接抽取顶部气体进行色谱分析，从而检验样品中挥发性组分的成分和含量。使用顶空进样技术可以免除冗长烦琐的样品前处理过程，避免有机溶剂对分析造成的干扰、减少对色谱柱及进样口的污染。该仪器可以和国内外各种型号的气相色谱仪相连接。

（2）柱温箱　柱温箱是高效液相色谱仪的重要配套装置，它可以准确、稳定的控制色谱柱的使用温度，对于提高色谱柱的柱效，改善色谱峰的分离度，缩短保留时间，降低反压，保证分析样品结果的重复性，具有不可忽视的作用。柱温是影响化合物保留时间的重要因素，若柱温高于固定液的使用温度，则会造成固定液随载气流失，不但影响柱的寿命，而且固定液随载气进入检测器，将污染检测器，影响分析结果。若柱温过高了，会使各组分的分配系数 K 值变小，分离度减小；但柱温过低，传质速率显著降低，柱效能下降，而且会延长分析时间。柱温越高，出峰越快，保留时间变小。柱温变化会造成保留时间的重现性不好，从而影响样品组分的定性结果。一般柱温变化 1℃，组分的保留时间变化 5%；如果柱温度变化 5%，则组分的保留时间变化 20%。柱温升高，正常情况下会导致半峰宽变窄，峰高变高，峰面积不变。但是组分峰高变高，以峰高进行定量时时分析结果可能产生变化；反之则相反，柱温降低。

（3）毛细管色谱柱　气相色谱毛细管柱（图 4－35）因其高分离能力、高灵敏度、高分析速度等独特优点而得到迅速发展。随着弹性石英交联毛细管柱技术的日益成熟和性能的不断完善，已成为分离复杂多组分混合物及多项目分析的主要手段，在各领域应用中大有取代填充柱的趋势。现在新型气相色谱仪、气相色谱－质谱联用仪基本上都是采用毛细管色谱柱进行分离分析。

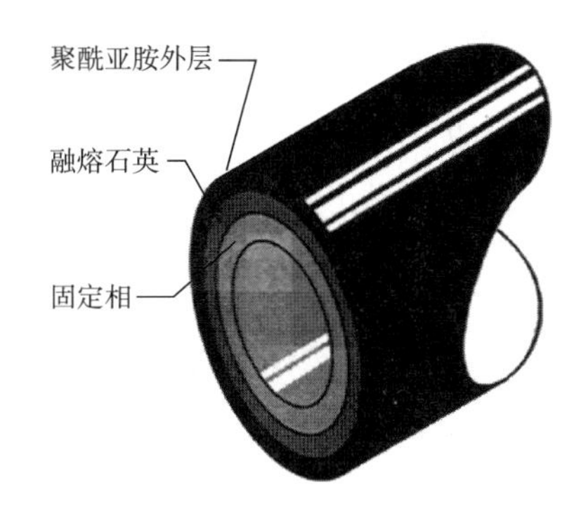

图 4－35　气相色谱毛细管柱

选择色谱柱时可从以下两方面来进行考虑：

①根据极性的不同来选择合适的色谱柱：

极性：DB－WAX（Carbowax），DB－FFAP。

非极性：DB－1。

弱极性：DB－5，HP－5，DB－5ms。

中极性：DB－1701。

②根据实验的目的来选取合适的色谱柱尺寸：在做常规 GC 时多使用中等长度、内径及厚度的柱子（≤30m×0. 32mm i. d. ×0. 5μm）；使用细长的薄膜柱（≥30m×0. 25mm i. d. ×0. 25μm）时，可以在降低的流速下有最佳的分离效率；需要注意的是，0. 25mm 内径×0. 25μm 膜厚柱子的保留时间与 0. 32mm 内径×0. 5μm 膜厚柱子的一致。常用的不同厂商毛细管色谱柱牌号对照见表 4－4。

表4-4 常用的不同厂商毛细管色谱柱牌号对照

极性	固定液	HP（Agilent）	J & W	Supelco	Alltech	SGE	适用范围
非极性	OV-1、SE-30	HP-1、Ultra-1	DB-1	SPB-1	AT-1	BP-1	脂肪烃化合物、石化产品
弱极性	SE-54、SE-52	HP-5、Ultra-2、HP-5MS	DB-5	SPB-5	AT-5	BP-5	各类弱极性化合物及各种极性组分的混合物
中极性	OV-1701、OV-17	HP-17、HP-50	DB-1701	SPB-7	AT-17、AT-50	BP-10	极性混合物如农药等
强极性	PEG-20、FFAP	HP-20HP-FFAP	DB-WAX	Supelco wax 10	AT-WAX	BP-20	极性化合物如醇类、羧酸酯等

（4）检测器　气相色谱检测器根据其测定范围可分为以下四种。

通用型检测器：对绝大多数物质够有响应；

选择型检测器：只对某些物质有响应；对其他物质无响应或很小。

根据检测器的输出信号与组分含量间的关系不同，可分为：

浓度型检测器：测量载气中组分浓度的瞬间变化，检测器的响应值与组分在载气中的浓度成正比，与单位时间内组分进入检测器的质量无关。

质量型检测器：测量载气中某组分进入检测器的质量流速变化，即检测器的响应值与单位时间内进入检测器某组分的质量成正比。

气相色谱常用的检测器见表4-5。

表4-5 气相色谱常用的检测器

通用型检测器	选择性检测器
热导检测器（TCD）	火焰光度检测器（FPD）-检测硫、磷
火焰离子化检测器（FID）	氮磷检测器（NPD）-检测氮、磷
光离子化检测器（PID）	原子发射检测器（AED）-检测氮、碳、氧、硫
	质谱（选择性）检测器（MSD）-化合物结构信息
	傅里叶变换红外检测器（FTIF）-化合物结构信息
	嗅觉检测器（O）-气味活性化合物

①光度化检测器（photol ionization detectors，PID）：光离子化检测器可以检测极低浓度（0~1g/L）的挥发性有机化合物（volatile organic compounds，VOC）和其他有毒气体。很多发生事故的有害物质都是VOC，因而对VOC检测具有极高灵敏度的PID应在应急事故检测中有着无法替代的用途。

②氮磷检测器（nitrogen phosphorus detector，NPD）：NPD又称热离子检测器（thermionic detector，TID），它是在FID的喷嘴和收集极之间放置一个含有硅酸铷的玻璃珠。这样含氮磷化合物受热分解在铷珠的作用下会产生多量电子，使信号值比没有铷珠时大大增加，因而提

高了检测器的灵敏度。这种检测器多用于微量氮磷化合物的分析中。

③火焰光度检测器（FPD）：火焰光度检测器可用于磷的检测，有机磷化物在燃烧中生成磷的氧化物，然后被富氢焰中的氢还原成 HPO，被火焰高温激发成激发态磷裂片（HPO·）回到基态时，发出一系列波长的光，波长为480～580nm，最大波长为526nm。可用526nm 的滤光片，使磷的最大发射光透过，过滤出其他波长的发射光，达到选择检测的目的。

FPD 也可用于硫的检测。当硫化物进入火焰，形成激发态的 S＊分子，当其返回基态时，发射出波长为 320～480nm 的光，最大发射波长为 394nm。用 394nm 的滤光片，只能是 394nm 附近的光透过。

④质谱（选择性）检测器（MSD）：质谱分析是一种测量离子质量－电荷比（质荷比，m/z）的分析方法。样品组分经过色谱柱分离进入离子源后，载气被真空抽走，被测组分被电离成分子离子和各种碎片离子，经加速、聚焦后进入四极杆质量分析器，将各离子按质荷比分离后，在离子检测器上变成电流信号输出，得到各组分的定性和定量结果。

质谱（选择性）选择性检测器由以下几个重要组成部分。

a. 离子源。离子源的作用是将被分析化合物电离成离子，并使这些离子在离子光源系统的作用下聚成一定形状和一定能量的离子束，然后进入质量分析器被分离。与气相色谱连接常用的离子源主要有电子轰击源（electron impact ion source，EI）和化学电离源（chemicalionization，CE）。电子轰击源的电离效率高，能量分散小，结构简单，操作方便，得到的谱图是特定的，因而应用较广，大多数气相色谱的离子源都配置它。化学电离源主要用于分析样品相对分子质量比较大或热稳定性较差的有机物，得到的谱图简单，容易解释，它可作为电子轰击源的补充，配置相对较少。

b. 质量分析器。质量分析器的作用是将离子源中产生的离子按质荷比（m/z）大小分离，以便进行质谱检测。常用的质量分析器主要有四极杆质量分析器和离于阱质量分析器，它们是质谱检测器的核心，质谱仪的名称一般都按照质量分析器的类型来命名。

图 4－36 所示为四极杆质量分析器的构造示意图。它由四根平行的圆柱形电极组成，电极分成两组，分别加上直流电压和具有一定振幅、频率的交变电压。当离子由分析器的电极间轴线方向进入电场后，将在极性相反的电极间产生振荡，只有质荷比一定的离子才可围绕轴线作有限振幅的稳定振荡运动，并到达接收器。其他离子则因振幅不断增大而与电极相碰、放电（中和），然后被真空泵抽走。有规律地改变所加电压或频率，就可使不同质荷比的离子依次到达接收器，实现离子的分离。

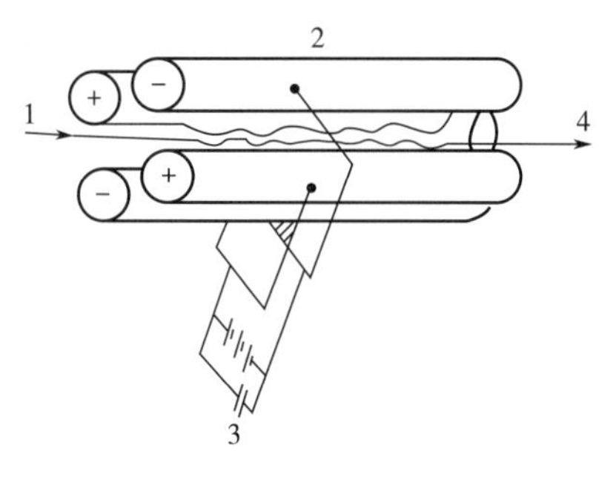

图 4－36　四极杆质量分析器示意图

1—离子源　2—圆形电极

3—直流及射频电压　4—离子收集器

图 4－37 所示为离子阱质量分析器结构示意图。它由 3 个电极（顶端帽、底端帽、环电极）构成。若将适当的高频电压（蓄积电压）加到环电极上，则电极围成的空间中产生三维电极。生成的离子在电场内围绕着某种轨道稳定地积蓄起来。之后，加大高频电压，离子轨道变得不稳定，离子按质量数由小到大顺序到达检测器，从而得到分离。这样，在离子阱中可以储存生成的离子，然后再分离。因此生成的离子损失少，可进行高灵敏度的

质谱测定。

c. 离子检测器。离子检测器的作用是把质量分析器分离之后的离子收集放大，变成电信号。质谱检测器常用的离子检测器是电子倍增器。质谱检测器对组分的检测有两种方式，即全扫描检测方式和选择离子检测方式。

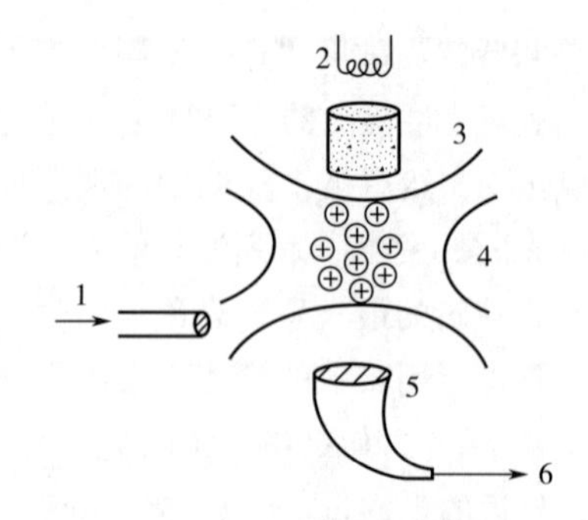

图 4－37　离子肼质量分析器示意图

1—样品　2—灯丝　3—端盖电极
4—环状电极　5—电子倍增器
6—信号

全扫描检测方式（scan）是在规定的质量范围内，连续改变射频电压，使不同质荷比的离子依次产生峰强信号。为了更清楚表示不同离子的强度，通常用线的高低而不用质谱峰的面积来表示，故称质谱棒图，又称峰强－质荷比图。全扫描质谱图包含了被测组分分子质量、元素组成和分子结构的信息，是未知组分定性的依据。

选择离子检测（SIM）方式是预先选定 1～3 种特征离子进行扫描，得出这些质荷比的离子流强度随时间变化的图形——特征离子色谱图，又称质量碎片图。这种检测方式在进行痕量物质分析时，更显示出它们的优点。首先灵敏度高，其检测限可达 5×10^{-14}g，比全扫描检测方式提高 2～3 个置级。第二个优点是可对气相色谱不能分离（即台峰）的组分进行定量测定，这是目前任何检测器无法比拟的。因为质谱检测器依据的是按不同质荷比得以分离的，只要事先知道它们的特征离子质量，就可以用选择离子检测方式将它们分离从而进行测定。

美国安捷伦（Agilent）公司将选择离子检测/全扫描检测结合在一起，一次进样能将选择离子和全扫描很好地完成，既可以用全扫描数据进行谱库检索，对化合物给予确证；又可以用选择离子数据进痕量分析。质量检测器组成示意图如图 4－38 所示。

使用质谱检测器有以下注意事项。

a. 选择好载气。在使用质谱检测器来进行气体组分检测时，对载气选择主要考虑其电离能和相对分子质量。被分析的组分首先要被电离成离子，然后才能被检测。因此，作为载气的气体，其电离能必须高于被分析的气体组分。否则会因载气被电离而造成较高的总离子流本底。氦气的电离能较大，不易被电离形成大量的本底电流。因此，氦气是最理想、最常用的载气。

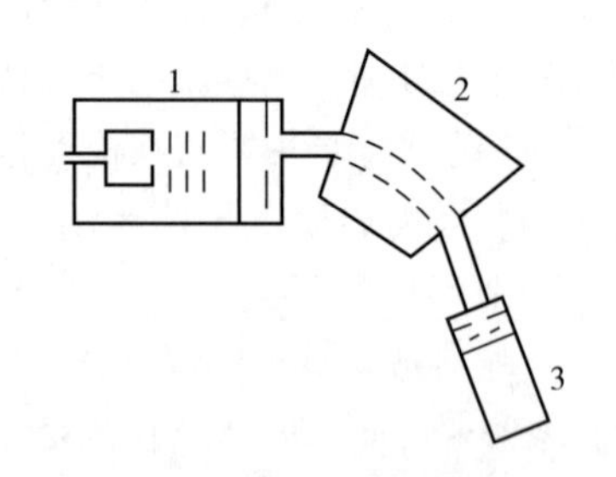

图 4－38　质量检测器组成示意图

1—离子源　2—质量分析器
3—离子检测器

b. 合理选择色谱柱型。除了考虑色谱分离效率外，还必须兼顾其流失问题，否则会造成更杂的质谱本底。毛细管柱适用于质谱检测器。而填充气液色谱柱或多或少都有流失，因此很少使用。

c. 确认好的真空度。好的真空度是保证质谱检测器正常运行的基本条件。达不到所要求的真空度时会产生不必要的离子—分子反应，增加本底干扰。在系统真空度没有达到要求之前，不能操作质谱检测器。首先打开前级泵机械泵，然后再打开涡轮分子泵继续抽至所要求的真空度，离子源的真空度要达到 10^{-4}～10^{-3} Pa，质量分析器和离子化检测器要达到 10^{-4}～

10^{-3} Pa 以上才能打开质谱检测器。

d. 防止离子源的污染和退化。首先，色谱柱老化时不能接质谱检测器，老化温度应高于使用温度。其次，所有的注射口（如隔垫、内衬管、界面）都必须保持干净，不能使手指、汗渍、外来污染物沾污它们，否则会引起新的质量碎片峰。

e. 综合考虑质谱检测器的操作参数。按分析要求和仪器能达到的性能来综合考虑质量色谱图的质量范围、分辨率和扫描速度。在选定气相色谱柱型和分离条件下，可知气相色谱峰的宽度，然后以 1/10 气相色谱峰宽来设定扫描周期。由所需谱图的质量范围、分辨率和扫描速度，再实际测定，直至仪器性能满足要求为止。

气相色谱 - 质谱联用（GC - MS）技术是一种结合气相色谱和质谱的特性，在试样中鉴别不同物质的方法。其主要应用于工业检测、食品安全、环境保护等众多领域。如农药残留、食品添加剂等；纺织品检测如禁用偶氮染料、含氯苯酚检测等。化妆品检测如二噁烷，香精香料检测等；电子电器产品检测，如多溴联苯、多溴联苯醚检测等；物证检验中可能涉及各种各样的复杂化合物，气 - 质联用仪对于这些司法鉴定过程中复杂化合物的定性定量分析提供强有力的支持。气相色谱具有极强的分离能力，质谱对未知化合物具有独特的鉴定能力，且灵敏度极高，因此气相色谱 - 质谱联用技术成为分离和检测复杂化合物的最有力工具之一。

⑤谱库与计算机检索：随着计算机技术的飞速发展，人们可以将在标准电离条件（电子轰击电离源，70eV 电子束轰击）下得到的大量已知纯化合物的标准质谱图存储在计算机的磁盘里，做成已知化合物的标准质谱谱库，然后将在标准电离条件下得到的，已被分离成纯化合物的未知化合物质谱图与计算机内存的质谱谱库内的质谱图按一定的程序进行比较，将匹配度（相似度）高的一些化合物检出，并将这些化合物的名称、分子质量、分子式、结构式（有些没有）和匹配度（相似度）给出，这将对解析未知化合物，进行定性分析有很大帮助。目前，质谱谱库已成为 GC - MS 中不可缺少的一部分，特别是用 GC - MS 分析复杂样品，出现数十个甚至上百个色谱峰时，要用人工的方法对每一个色谱峰的质谱图态解析，那是十分困难的，要耗费大量的时间和人力。只有利用质谱谱库和计算机检索，才能顺利、快速地完成 GC - MS 的谱图解析任务。

为了使检索结果正确，在使用谱库检索时应注意以下几个问题。

a. 质谱库中的标准质谱图都是在电子轰击电离源中，用 70eV 电子束轰击得到的，所以被检索的质谱图也必须是在电子轰击电离源中，用 70eV 电子束轰击得到的，否则检索结果是不可靠的。

b. 质谱谱库中标准质谱图都是用纯化合物得到的，所以被检索的质谱图也应该是纯化合物的。本底的干扰往往使被检索的质谱图发生畸变，所以扣除本底的干扰对检索的正确与否十分重要。现在的质谱数据系统都带有本底扣除功能，重要的是如何确定（即选择）本底，这就要靠实践经验。在 GC - MS 分析中，有时要扣除色谱峰一侧的本底，有时要扣除峰两侧的本底。本底扣除时扣除的都是某一段本底的平均值，选择这一段的长短及位置也是凭经验决定。

c. 在总离子流图（TIC）中选择哪次扫描的质谱图进行检索，对检索结果的影响也很重要。当总离子流的峰很强时，选择峰顶的扫描进行检索，可能由于峰顶时进入离子源的样品量太大，在离子源内发生分子 - 离子反应，使质谱图发生畸变，得不到正确的检索结果。当选择总离子流强度很大的扫描时，由于分子 - 离子反应，出现了(2M + 1) + 、(2M) + 或(2M - 1) + 的情况。当被检索的峰前干扰严重时（如检索主峰后的峰时），往往在峰的后沿处选择质谱图进行检索；当被检索的峰后干扰严重时（如检索主峰前的峰时），往往在峰的前沿处选择质谱图进行检索。这样做就是要尽可能避免被检索的质谱图被其他物质所干扰。

d. 要注意检索后给出的匹配度（相似度）最高的化合物并不一定就是要检索的化合物，还要根据被检索质谱图中的基峰，分子离子峰及其已知的某些信息（如是否含某些特殊元素—F、Cl、Br、I、S、N 等，该物质的稳定性、气味等），从检索后给出的一系列化合物中确定被检索的化合物。

（二）气相色谱 - 嗅闻技术

据资料介绍，迄今已有 10000 余种化合物从食品的挥发成分中被鉴定出。现在大家公认，仅有有限数目的挥发物对食品的香气有贡献，而并不是所有的挥发物成分。此外，食品中的一些气味很强的化合物的含量很低，以至于用气相色谱仪无法将其鉴定出来。所以，光靠气 - 质联用是不能够对食品中的赋予风味特征的关键化合物进行分析鉴定的。

气相色谱 - 嗅闻（gas chromatography - olfactometry，GC - O）技术开创了现代风味化学的新时代，越来越被广泛地应用于食品风味的检测方面，其实体示意图如图 4 - 39 所示。它是将气相色谱的分离能力与人类鼻子敏感的嗅觉联系在一起，对食品香气的研究特别有效的一种分析方法。一些气相色谱 - 嗅闻技术如香气提取物稀释分析（aroma extract dilution analysis，AEDA）、时间 - 强度嗅闻方法分析以及检测频率（detection frequency）分析被用来对食品中香气或气味活性化合物（aroma - active 或 odor - active）的鉴定和重要性排序。

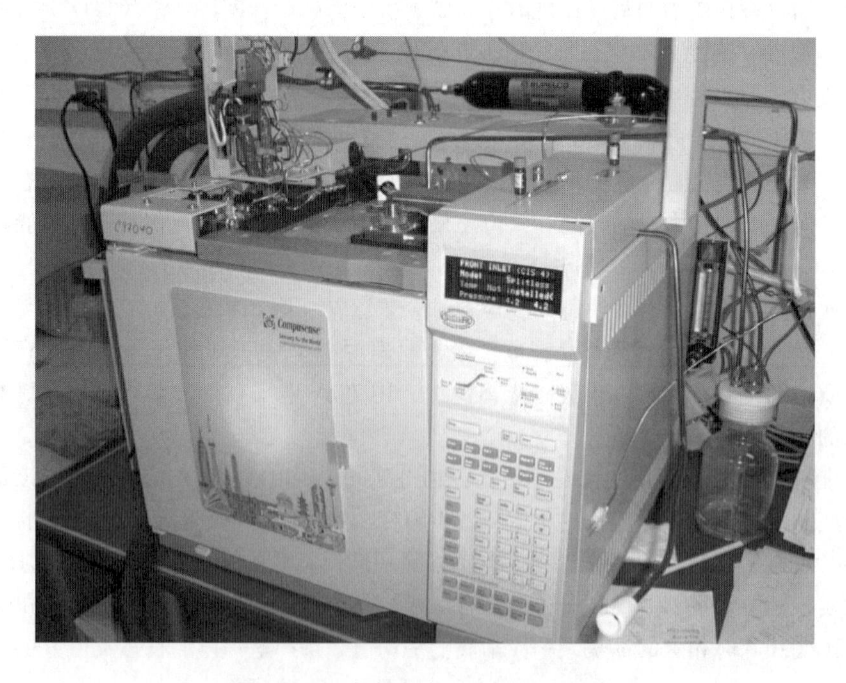

图 4 - 39　气相色谱 - 嗅闻仪示意图

1. 气味活性化合物的鉴定

首先将气味活性化合物的保留时间（retention time，RT）换算成保留指数（retention index，RI），再根据不同极性毛细管柱上的 RI，结合其在嗅闻仪嗅闻口的气味特征（odor property），与相关资料中的相关气味活性化合物进行对比，加以确定。例如，1.0g 泰国金牌鱼露置于一个 100mL 顶空瓶中，在 40℃下萃取 20min，DB－5ms 柱的气相色谱－嗅闻（GC－O）的结果如表 4－6 所示，在 2.05min 时嗅闻到麦芽味/黑巧克力味，采用式（4－37）计算出 RI 值为 525，经查询资料，鉴定此化合物为甲基丙醛（methylpropanal）。

$$RI = 100n + 100[t_r(x) - t_r(n)]/[t_r(n+1) - t_r(n)] \quad (4-37)$$

式中　RI——保留指数；

t_r——保留时间；

x——待分析的化合物；

n，$n+1$——正构烷烃的碳原子数，且 $t_r(n) < t_r(x) < t_r(n+1)$。

表 4－6　泰国金牌鱼露气相色谱－嗅闻（GC－O）结果

RT/min	化合物	*RI*	气味特征	1mL	1mL	0.5mL	0.1mL
1.1	乙醛	<500	酸乳、刺激	*	*	*	
1.2	甲硫醇	<500	烂白菜	*	*		
1.37	三甲胺	<500	氨味、鱼腥味	*	*	*	*
1.72	C_5，戊烷	500					
2.05	甲基丙醛	525	麦芽味、黑巧克力味	*	*	*	*
2.45	2,3－丁二酮	556	奶油味、稀奶油味	*	*	*	
3.02	C_6，己烷	600					
3.75	3－甲基丁醛	635	麦芽味、黑巧克力味	*	*	*	*

注：* 表示可被嗅闻到的。

2. 香气活性化合物的重要性排序

1987 年，德国 W. Grosch 教授及其研究小组，发明了香气提取物稀释分析（aroma extract dilution analysis，AEDA）方法。将香气提取物原液分别在两种不同极性的气相色谱柱（如极性的 DB－Wax 色谱柱以及非极性的 DB－5 色谱柱）上进行 GC－O，一般将香气提取物原液在极性的 DB－Wax（或 DB－FFAP）色谱柱上进行系列稀释吸闻，即 AEDA（图 4－40），找出所嗅出的气味物质对所测食品的香气贡献程度。再将香气提取物原液在非极性的 DB－5 色谱柱上进行 GC－O，然后根据公式，计算出每种嗅出物的 RI 值（在极性 DB－Wax 色谱柱以及非极性的 DB－5 色谱柱），根据有关资料判断出每种化合物为何物。

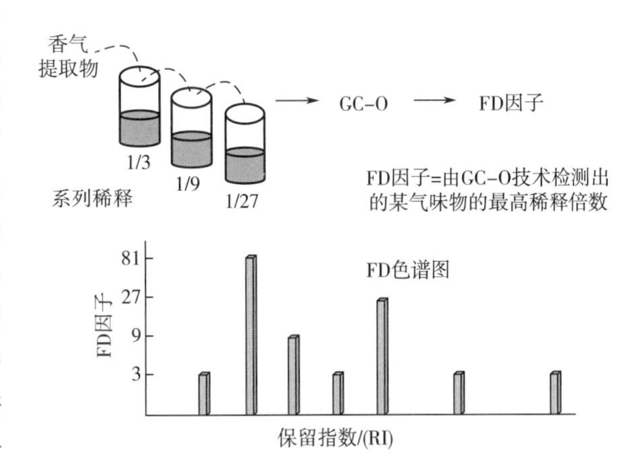

图 4－40　香气提取物稀释分析示意图

3. GC－O 方法的潜能

GC－O 操作所得到的首个有用的信息就是检测到气相色谱图中的香气化合物区域，在 GC－O 操作中，检测到气相色谱流出物中所有挥发性化合物的浓度都要高于它们的阈值，然后相应的挥发性化合物的定性由它们的香气特性、强度其色谱图性质如保留指数（RI）来鉴别，在不同极性的固定相上得到的 RI 值提供了香气活性化合物性质的其他信息，如官能团。香气的性质和强度对于风味学家来说是非常有用的信息，他们能利用这些信息创造特殊复杂的香气。

食品中的香气活性化合物经常与其主要挥发性化合物不一致，如图 4－41 所示，白面包脆皮的许多重要香气化合物在气相谱图中并无显示。例如，2－乙酰基－1－吡咯啉（峰 11），这是由于这些化合物的低香气阈值。那些次要组分的鉴别是一项颇具挑战性的工作。一旦稀释分析鉴别出香气活性区，则这些耗时的鉴定实验就可集中在最强香气化合物上。如果需要进一步的分馏和净化步骤，GC－O 可以再次作为一种筛选方法并且引导样品的纯化工作，这一过程也被称为感官导向风味分析，该方法在鉴定具有低阈值的未知化合物上是尤其有效的。相关的一个例子就是鉴定出 1－对－薄荷烯－8－硫醇是葡萄汁香气的关键成分，它具有很低的气味阈值：2×10^{-8}mg/L（水中的阈值）。更多的例子见表 4－7，这些化合物大多数浓度都非常低，难以用传统的分析技术来鉴别。

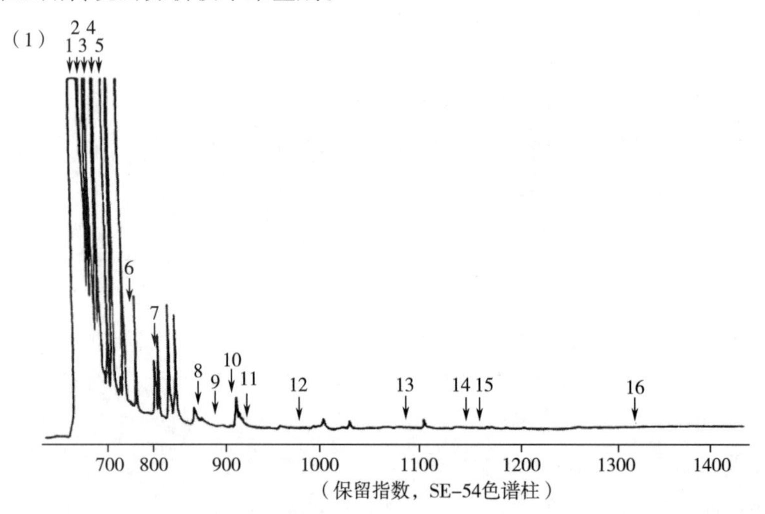

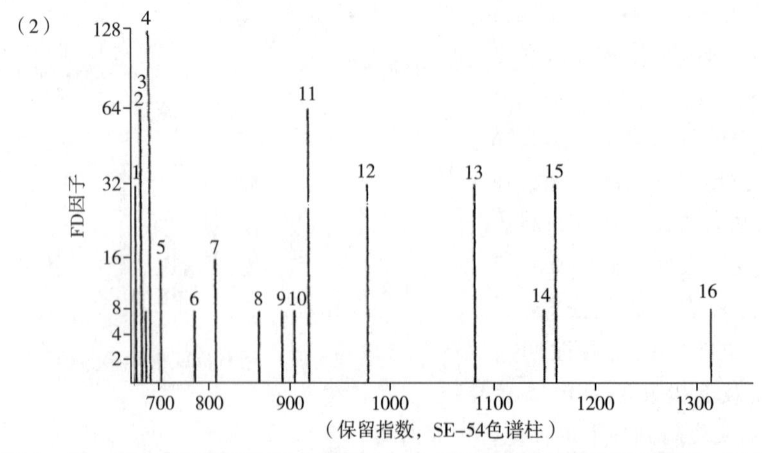

图 4－41 白面包脆皮的气相色谱图（1）和香气化合物的稀释因子（2）

表 4－7　　采用 GC－O 从食品中鉴定出来的香味关键组分

食品名称	化合物
面包皮、小麦	2－乙酰基－1－吡咯啉
煮牛肉	2－甲基－3－呋喃硫醇
烤牛肉	2－乙酰基－2－噻唑啉
炖牛肉	12－甲基十三醛
烤咖啡	甲酸 3－巯基－3－甲基丁酯
干酪（emmentaler）	法呢醇
柚子	1－*p*－亚甲基－8－硫醇
葡萄酒（sauvignon）	4－巯基－4－甲基－2－戊酮
绿茶	3－甲基－2,4－壬二酮
独活草	4,5－二甲基－3－羟基－2(5*H*)－呋喃酮(sotolone)

一般来说，一种挥发性化合物的香气性质结合其 RI 值等价于用 GC－MS 鉴定，然而，由于 RI 值的变化，因此需要进一步用到标准物来进行检测，可通过将被鉴定的化合物与其标准物一起通过不同极性的毛细管柱，这种方法对于鉴定具有很低阈值的香气化合物及具有特殊香气特性的香气化合物是很有帮助的，RI 值也可以提供鉴定未知香气物质的重要信息，即使在无法利用标准物的情况下，某些时候，通过协调检测技术采用 GC－MS 来鉴定也是有可能的，例如，在气相色谱图一个特别区域内追踪目标分子的典型片段。以 SIM 模式记录，并采用 GC－MS/MS 技术，需要注意的是，从某种经验上来看，这种耗时的鉴别工作仅限于一些仍然未知的化合物。

（三）气相色谱－嗅闻－质谱或气相色谱－质谱－嗅闻

1. 气相色谱－嗅闻－质谱（GC－O－MS）耦合技术及其应用

将气相色谱－嗅闻技术（GC－O）与气相色谱－质谱联用技术（GC－MS）耦合在一起，创建了气相色谱－嗅闻－质谱（GC－O－MS）技术（图 4－42、图 4－43 和图 4－44）。气相色谱－嗅闻－质谱（GC－O－MS）技术特征在于 GC－O只能辨别组分气味，初步判断气味化合物；GC－MS 能给出组分的结构信息，操作起来需要二次进样，信息不同步；而 GC－O－MS 耦合技术具有以下优点。

①解决了 GC 及嗅闻仪常压操作向 MS 真空（或负压）系统平稳转换，使操作程序及步骤简捷，避免了分析过程中由于制样或其他原因而导致时有误差发生，避免了 GC－O 分析无法顺利进行的现象（质谱仪的高真空使得评价员在常压操作的嗅闻仪的嗅闻口闻不到气味物）；

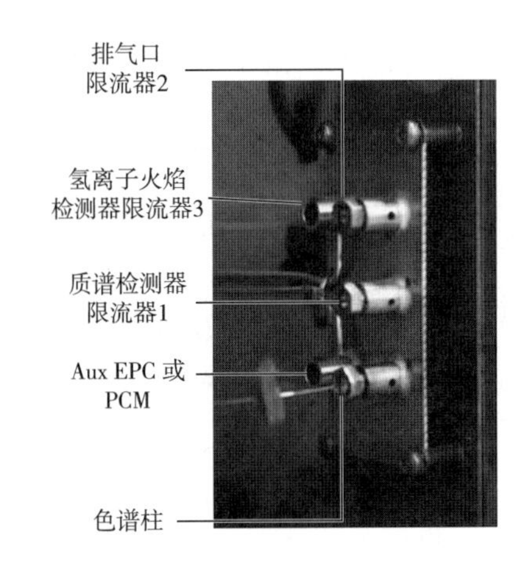

图 4－42　三通分流器和补充气体的连接

②实现了 GC－O－MS 针对关键气味活性物

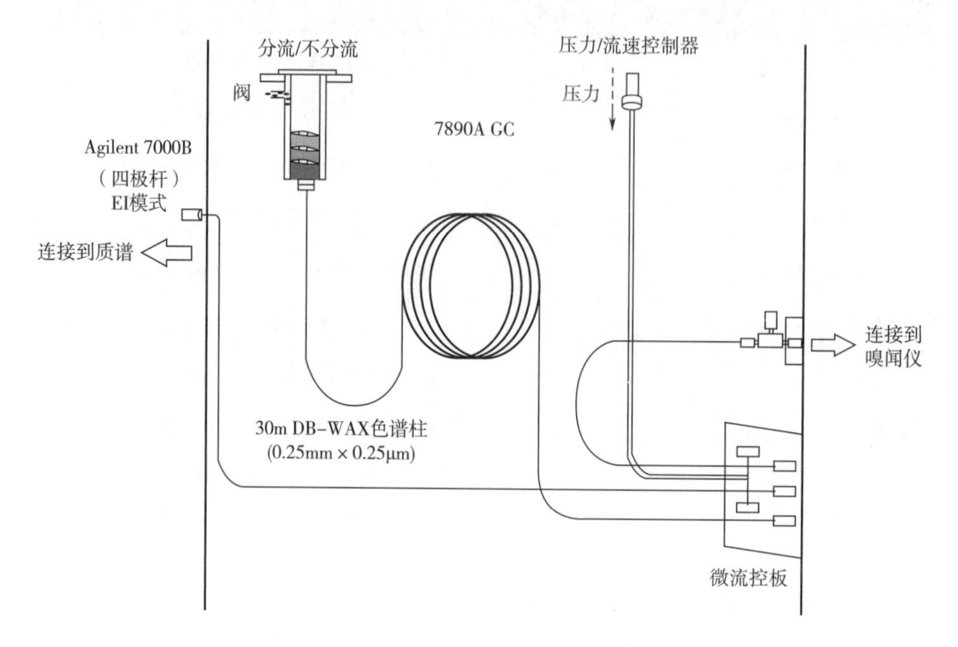

图4-43　GC-O-MS 连接示意图

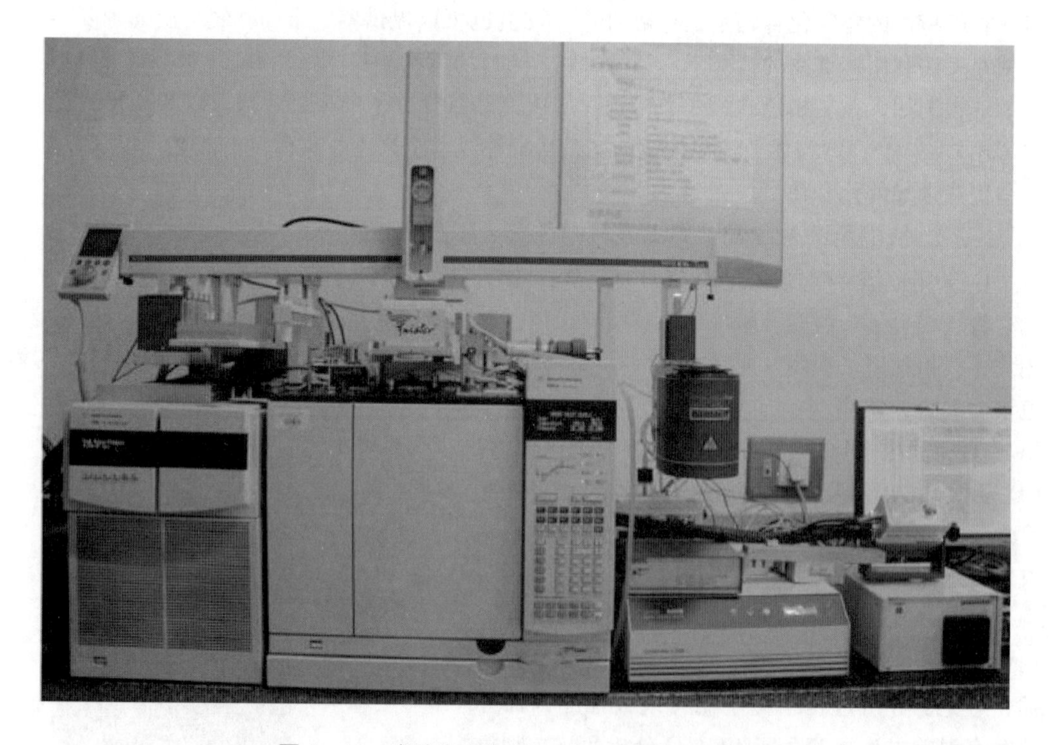

图4-44　实验室中的 GC-O-MS 仪器示意图

在线嗅闻和获取结构信息同时进行，只需一次进样，使关键气味物的分析更加快捷、准确，解决了GC－O与GC－MS的分析结果匹配不良而导致的气味活性化合物误判现象的发生。

因此，GC－O－MS技术在各类食品及香精（尤其是咸味香精）分析方面的应用具有显著的优势。该种方法能鉴定出既有风味特性又有结构特性的化合物，大大提高了鉴定结果的准确性。待测样品经气相色谱分离之后，以1∶1的分流比同时进入质谱检测仪和嗅闻仪。由质谱谱库得到化合物的结构信息，确定物质种类。经嗅闻口检测到的化合物，用一系列正构烷烃将其保留时间换算成RI值，并和相关参考文献进行比较，从而判断各个气味活性化合物。如果质谱结果和嗅闻结果相吻合，那么再利用标准品进行验证，如果保留时间一致就可确定该物质。GC－O－MS技术在很大程度上保证了实验的准确性，保证了食用香精（尤其是咸味香精）研发的精准性，为食品风味化学的发展起到了一定推动作用。

2. GC－O－MS技术在食品风味分析中的应用

采用GC－O－MS耦合技术对多种食品如金华火腿、牛肉香精、猪肉香精中的特征赋予的气味活性化合物进行了定性定量分析，并推断了其形成途径，为相关食品的加工生产及储藏中的品质控制提供了科学依据。国家一级查新单位结果表明，采用GC－O－MS技术对各种食品及食用香精中关键气味活性化合物的分析最早的报道是北京工商大学宋焕禄教授团队于2009年发表在国际知名食品科技期刊*Flavour and Fragrance Journal*上的*Aroma－active compounds of Beijing roast duck*一文，介绍了用GC－O－MS技术对北京烤鸭中的气味活性化合物进行深入分析的结果。之后跟踪国际前沿，宋焕禄教授首次将分子感官科学概念介绍至国内，相关内容可参考《分子感官科学》（科学出版社），其中对分子感官科学进行了归纳综述，对其研究团队多年来在分子感官科学领域做的工作进行了梳理与总结。

（1）SPME/GC－O－MS对家畜气味进行分析　Laor等研究了美国和以色列研究奶牛场收集的奶牛粪便的气味。采用HS－SPME和多维气相色谱－质谱联用仪对挥发性有机化合物（VOCs）的86种潜在气味进行了鉴定。其中17种化合物仅由人鼻检测。使用多维气相色谱－嗅闻－质谱（MDGC－O－MS）的情况有所增加色谱分辨率，即使是相对较短的提取。在赖特等人的工作中，MDGC－O被用于识别与牲畜相关的关键气味标记和排序它们对整体香气剖面的贡献。随着距离的增加，甲酚一直发挥着主导气味的影响作用，三甲胺被证明是除硫化物（包括硫化氢）和挥发性脂肪酸等之外的家畜气味物。该研究证明SPME与一个系统可用于分离、识别和排序与牲畜有关的不良气味（malodor）。采用HS－SPME法提取牛瘤胃气体中的有机挥发物（VOCs）和气味物，并由GC－O－MS进行进行分析。结果表明，瘤胃气体可能是VOCs和异味的重要潜在来源。HS－SPME技术和GC－O－MS技术可以成为定性表征的有用工具关于瘤胃气体、消化及其与不良气味和VOC形成的关系。

（2）通过感官分析和GC－O－MS研究游离脂肪酸对猪肉气味的影响　研究了单个脂肪酸对猪肉模型系统气味的影响，并通过GC－O检测鉴定了重要的香气活性化合物。应用了DHS、AEDA在60mL/min的流量下，用氮气将挥发物扫到Tenax TA上15min，然后在Perkin Elmer ATD400上进行热解吸。这些分析是在惠普公司的GC－MS（6890N－5973）上进行。采用NIST/EPA/NIH质谱数据库和Kovats保留指数（KI）对挥发物进行鉴定。检测频率法

（DF）在 GC－O 中进行识别特征香气活性化合物。在加入 $C_{18:2}\omega6$ 的样品中检测到几种长链醛、醇和酮，产生油性气味。1－戊烯－3－醇在加入 $C_{18:3}\omega3$ 和 $C_{22:6}\omega3$ 的样品中被检测出，这可能解释了这些样品的鱼腥味。

（3）SPME/GC－O－MS 对啤酒花香气新品种的表征　啤酒花（*Humulus Lupulus* L.）给啤酒带来了一种典型的这可能是由于几种挥发物造成的。以 4 种德国香气酒花为原料制备了新型啤酒花精油的挥发性成分，用 HS－SPME 和 GC－O－MS 对其进行了研究，GC－MS 共鉴定出 91 种化合物，包括单萜烃、酯类、酮类、醛类、呋喃类、氧合和非氧合基因型倍半萜。其中通过应用 GC－O 技术，只有 12 种气味被确定为香气活性化合物，这 12 种化合物在由 5 种不同啤酒花品种制备的啤酒花精油中的含量是采用外标法进行定量分析的。结果表明，单萜烃 β－月桂烯是啤酒花油中的主要成分，其中大部分是酯类。同时，主成分分析（PCA）的结果表明，可以根据不同的啤酒花精油来区分它们的特征挥发性成分。利用 GC－O 对啤酒花精油品种 Spalter Select 进行了分析，β－月桂烯和 2－十一酮被鉴定为最有效的气味物。

（4）聚类分析　我国 23 个地区蜂胶常见的香气活性成分，采用 DHS、GC－O－MS 和两个内标物对 23 个国产蜂胶样品的主要香气活性成分进行了定性和定量分析。大于 130 种挥发物在气相色谱 DB－Wax 柱上被分离同时由质谱从鉴定，其中，23 个蜂胶样品中的共有挥发物 83 种，然而通过 GC－O 鉴定仅鉴定出 44 种化合物（包括 10 种萜、7 种醇、6 种芳烃、5 种醛、5 种酯类和 4 种有机酸）是蜂胶总体香气轮廓的贡献者。PCA 和离散点用三维坐标图比较了主要香气活性成分的面积分化和浓度。基于浓度、气味活性值（OAV）和感官评价评分的 PCA 方法，将常见的香气活性成分与各组分进行比较。高 OAV 的组分为乙酸、乙酸苯乙酯和萘，呈下降趋势顺序，它近似于感官评价分数。在离散点图上，前三个主成分可以分为三种模式，而四个样本是离群点。结果表明，高浓度的香气成分并不总是在气味贡献中起重要作用，因为气味水平与其相关阈值。根据 OAV 与感官评价评分的近似结果，OAV 可以准确地反映气味水平。因此，对于气味物的定性和定量分析而言，GC－O－MS 被证明是有效的技术。

（5）相关性分析　黑巧克力与牛奶巧克力香气活性化合物的比较研究及与感官知觉的关系，用 GCO－MS 分析了两种巧克力和可可液块中最重要的香气活性化合物，共鉴定出 32 种主要的香气活性化合物，包括醛、吡嗪、吡咯、羧酸、内酯、醇、酮、酯、吡酮、呋喃和含硫化合物。进一步的定量分析表明，黑巧克力中吡嗪、吡咯、羧酸、醇和 Strecker 醛的含量较高，而牛奶巧克力中内酯、酯、长链醛和酮的浓度较高。通过定量分析、感官评价和相关分析，确定了气味与巧克力感官感知的关系。PCA 的结果清楚地证明了香气活性化合物与样品之间聚集性的回归关系，而偏最小二乘（PLS）方法的结果可以建立基于感官评价的定量数据与感官的关系（图 4－45）。甲基丙醛和 3－甲基丁醛与羧酸一起与麦芽香气呈正相关；吡嗪、吡咯啉和麦芽酚与坚果、烤和焦糖样味呈正相关；苯乙醛和苯乙醇是花香的重要香气活性物质，这也被认为是巧克力产品中香气增强的烘烤和坚果气味。

3. 关键香气活性化合物/气味的鉴定

关键的香气活性化合物，又称为强效气味物，是食物中挥发物的复杂混合物中的一小部

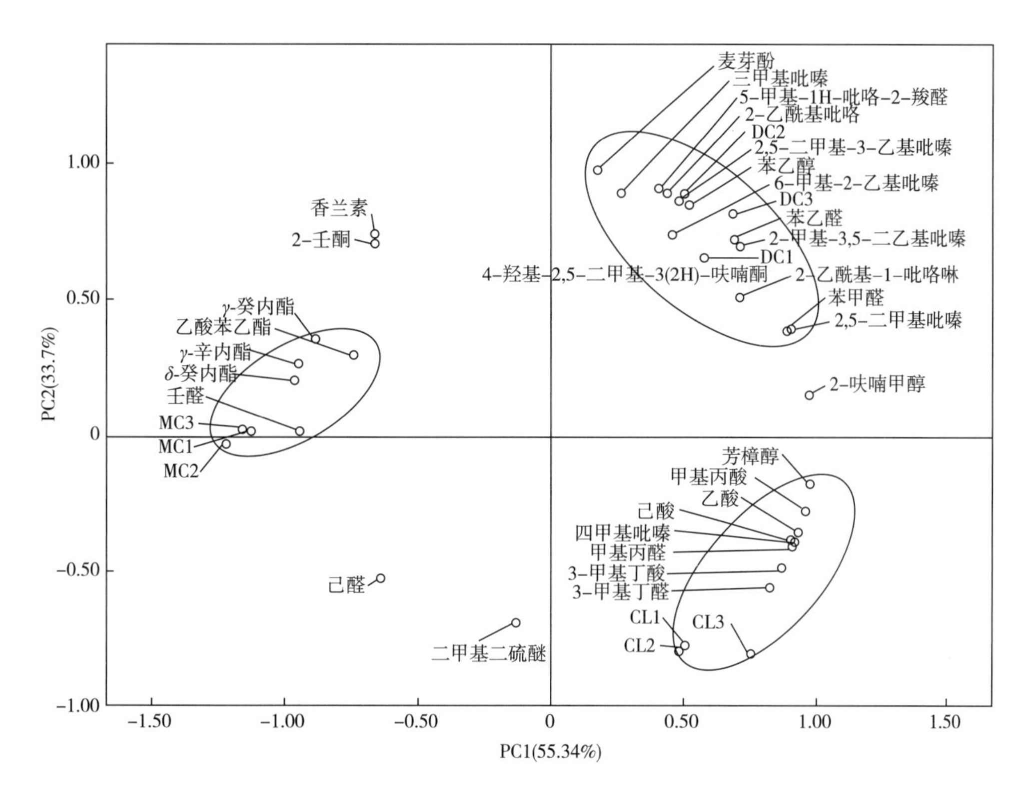

图 4-45 黑巧克力（DC）、牛奶巧克力（MC）及可可液块（CL）中主要香气活性化合物的主成分分析（PCA）双标图

分，导致了（食品）整体气味。全面地研究食物中的所有气味是困难及昂贵的。因此，在进一步深入分析（定量分析、比较分析、相关分析等）前，有必要确定最有效的气味物。众所周知的稀释分析方法，包括香气提取物稀释分析和动态顶空稀释分析，是最常用的方法来实现这一点。

（1）香气提取物稀释分析（AEDA） AEDA 最初是由 W. Grosch 教授团队于 1993 年提出的，它已被应用于评价许多食品的香气特征，如橄榄油、黄油、瑞士干酪、加热牛肉、面包、啤酒、绿茶等。每个挥发性组分的重要性由平均风味稀释（FD）因子排序，该因子是根据 AEDA 程序在嗅闻口确定的。例如，由二氯甲烷以 1∶n 的方式从初始酸性或中性-碱性组分中制备系列稀释液，然后由 3 名经验丰富的评价员进行 GC-O 分析，每个评价员至少接受两年间每周一次的 GC-O 培训。某一化合物的 FD 因子是在某一稀释度（1，n，n^2，n^3 等）下确定的，即在某一稀释度下没有一位评价员能检测到化合物在嗅觉检测端口的气味。具有较高 FD 因子的化合物被认为是更重要的。

（2）动态顶空稀释分析（DHDA） DHDA 是为 DHS 设计的一种香气稀释分析方法，可用于食品顶空挥发物提取物中关键的香气活性化合物的鉴定。在一个典型的操作过程中，样本是放置在一个密闭容器中的。在平衡（水浴循环）后，样品分别以恒定的流量以 n，n^2，$n^3\cdots$ min 的氮气流吹扫。被 Tenax 捕集的香气活性化合物被热解吸下来后注入 GC-MS 进行分析，气相色谱毛细管柱流出物在质谱与嗅闻端口之间 1∶1 分流（v/v）。某一化合物的 FD

因子是这样确定的，即在一个稀释度（1，n，n^2，n^3等）下没有一位评价员可以检测到化合物在嗅觉检测器口的气味。GC－O 一般由 3 名受过训练的评价员进行操作。

（3）气味活性值（OAV） OAV 被定义为单个化合物的浓度与该化合物的气味阈值的比率。OAV 的概念最初是由 Patton 和 Josephson 于 1957 年提出的。化合物具有较大 OAV 的被认为对复杂气味混合物的整体气味轮廓有更大的贡献。OAV 已被广泛应用于水果、干酪、葡萄酒等中的重要香气活性化合物的测定，其中 FD 因子和 OAV 是衡量各化合物在食物整体香气中作用的两个主要参数。

（4）香气重组 在进行 AEDA 时，香气化合物在工作过程中会有一些损失，因此在 AEDA 之后应该进行更可靠的定量实验和香气重组实验。在一个典型的 AEDA 鉴定气味活性化合物步骤后，需要对最重要的气味（例如，FD＞16）进行定量分析，并对 OAV 进行计算，并进行关键香气化合物对整体香气的贡献度评价。然后，利用样品中测定的浓度中的所有量化香气化合物（OAV＞1）制备香气模型。最后根据 OAV（从低到高）逐一缺失气味物，得到一系列不完全香气模型，并对完整模型的两个样本进行评价。缺失试验可用于评估单个气味对整体香气的贡献，这种方法被称为分子感官科学，是 Peter Shieberle 首次提出并成为最流行的方法应用于食品关键香气化合物的鉴定/表征。

在过去的 20 年中，对数百种食品的关键香气活性化合物进行了特征化，这对解决食品工业中的关键问题有很大的帮助。一些典型的研究以下各节讨论了 2005 年后的例子。

4. 关键香气活性化合物/气味鉴定的应用

（1）AEDA 牛肉提取物关键气味剂的鉴定，对牛肉提取物（BE）的乙醚提取物进行了香气提取物稀释分析（AEDA），风味稀释（FD）因子 32～128 范围内的 7 种关键香气活性化合物被鉴定出来。从 7 种香气化合物中选择最具香气活性的化合物的省略实验表明，2,3,5－三甲基吡嗪、1－辛烯－3－醇、3－甲基丁酸和 4－羟基－2,5－二甲基－3(2*H*)－呋喃酮。香气重组物中 4 种香气化合物的香气重组、添加和缺失试验表明，每个化合物都有一个单独的香气剖面。这种复合混合物与 BE 的整体香气比较显示出很高的相似性，表明关键香气化合物的鉴定是成功。

（2）AEDA 橄榄油的香气活性化合物，采用 GC－O－MS 技术分析了橄榄油的香气活性成分。利用 AEDA，从 Ayvalik、Gemlik 和 Memecik 品种橄榄油的香气提取物中检测到 28、24 和 32 种香气活性化合物。根据 FD 因子，提取物中最强的香气活性化合物是愈创木酚（橄榄糊，肥皂），用于 Ayvalik（FD＝1024），Gemlik（FD＝512）和己醛（割青草味）的 1－戊烯－3－醇（草，绿色植物），用于 Memecik（FD＝1024）的辛醛（柑橘、柠檬）和(*Z*)－3－己烯酸乙酯（水果味）。结果表明，GC－O－MS 技术是从各种食品中选择和排序关键芳香化合物的有用工具。

（3）DHDA 酵母抽提物的香气活性化合物，采用动态顶空萃取或同时蒸馏萃取的方法提取酵母浸膏的挥发物，并结合 DHDA 或 AEDA 在或进行 GC－O－MS 分析确定和优先考虑香气活性化合物。感官结果表明，酵母抽提物样品的总体香气特征主要有肉味、烤味，其次是甜味和烧焦的香气。本研究中检测到的重要香气活性化合物主要是醛、酸、酮、呋喃衍生物、吡嗪和含硫化合物。其中有 6 种挥发性化合物，如 3－甲基丁醛、2,3－丁二酮、2,3,5－三甲基吡嗪、乙酸乙烯酯、2－乙酰基－1－吡咯啉和(*E*,*E*)－2,4－十二烯醛，以前从未被报道为膏状酵母提取物中的关键香气活性化合物。

（4）DHDA　猪肉风味的香气化合物，采用SDE法和DHS法提取自制热反应猪肉风味的香气成分，并进行GC－O－MS分析。此外，用AEDA和DHDA对关键香气化合物进行了筛选。结果，用SDE/GC－O－MS鉴定了30种香气活性化合物，用DHS/GC－O－MS检测了40种香气活性化合物。其中，两种方法均检测到24种香气活性化合物，且最多FD因子最高的主要是3－甲基丁醛、2,3－丁二酮、辛醛和2－甲基丙醛。其次是2－甲基噻吩、甲基吡嗪、(*E*)－2－辛烯醛、糠醇、糠醛和壬醛。这些化合物对猪肉风味的整体香气特征有显著的贡献，并被报道为与天然猪肉香气相关的关键气味物。因此，GC－O－MS技术被证明是一种有用的工具，在风味创造。

（5）北京烤鸭香气活性化合物　采用AEDA、DHDA和GC－O－MS技术对北京烤鸭的香气活性化合物进行了研究，并测定了它们的OAV。结合AEDA和DHDA的结果，发现北京烤鸭的主要气味成分为3－甲基丁醛、己醛、二甲基三硫醚、3－甲硫基丙醛、2－甲基丁醛、辛醛、庚醛、2－甲基－3－呋喃硫醇、2－糠硫醇、3,5－二甲基－2－乙基吡嗪、(*E*,*E*)－2,4－癸二烯醛、1－辛烯－3－醇、壬醛、癸醛、(*E*)－2－癸烯醛、(*E*,*E*)－2,4－癸二烯醛、(*E*)－2－壬烯醛、(*E*,*Z*)－2,6－壬二烯醛、(*E*,*E*)－2,4－辛烯醛等。北京烤鸭气味的来源是由于其丰富的香气前体如氨基酸、类脂类、维生素和碳水化合物在烤鸭子的过程中的热降解。对北京烤鸭的风味进行了了解，并对其气味特性和香气活性化合物的形成途径进行了研究为本产品加工质量控制奠定科学基础。

（6）伽师瓜汁中的香气化合物　采用GC－MS－O分析和OAV分析方法对伽师瓜汁中的香气化合物进行了鉴定。鉴定出12种化合物为伽师瓜汁的强效气味物，即(*E*,*Z*)－2,6－壬二烯醛、(*Z*,*Z*)－3,6－壬二烯－1－醇、丁酸乙酯、2－甲基丁酸乙酯、2－甲基丙酸乙酯、(*Z*)－6－壬烯醛、(*E*)－2－壬烯醛、庚醛、2－甲基丁酸甲酯、壬醛、己醛和2－甲基丙酸乙酯。

（7）美拉德反应产生的关键香气活性化合物　主编团队进行了一系列的研究，研究了肽－美拉德反应产生的肉味的形成机制［如谷胱甘肽，谷胱甘肽基肽（四肽～七肽），以及从牛肉/鸡肉白水解物中的肽－半胱氨酸－硫胺素］和［$^{13}C_5$］木糖/木糖（1∶1）构成的美拉德反应体系。在这里，GC－O－MS加碳水化合物模块标签（CAMOLA）方法发挥了作用在香气活性肉化合物（如糠醛、2－糠醇、2－甲基－3－糠醇、噻吩等的鉴定和排序中的重要作用。）并推导出它们的形成途径。这些结果在一定程度上有助于阐明肽－美拉德反应生成的肉味化合物的形成机制，并可能在肉味香精的制备中有用。

（8）利用分子感官科学表征酱油中的关键香气化合物　将AEDA应用于从日本商品酱油中分离出的挥发物中，在8－4096的风味稀释（FD）因子范围内发现了30种气味活性化合物。其中，2－苯乙醛最高FD因子为4096，其次为3－(甲硫基)丙醛(蛋氨醛)，互变异构体5－甲基－2－乙基－4－羟基－3－(2*H*)－呋喃酮(4－HEME)，4－羟基－2,5－二甲基－3(2*H*)－呋喃酮(4－HDF)和3－羟基－4,5－二甲基－2(5*H*)－呋喃酮（sotolone），FD因子为1024。用稳定同位素稀释法测定了13种气味物，根据它们在水中的浓度和气味阈值的比率计算其OAV。其中3－甲基丁醛（麦芽）、4,5－二甲基－3－羟基－2(5*H*)－呋喃酮（调味料）、4－HEMF（焦糖样）、2－甲基丁醛（麦芽味）、3－甲硫基丙醛（煮熟的马铃薯样）、乙醇（酒精）和2－丙酸乙酯（水果味）显示最高的OAV（>200）。一种含水模型香气混合物（含有13种以其在酱油中出现的浓度的气味物的重组物），结果显示，该香气重组物与酱油本身的整体香气有很好的相似性。

5. 从包装材料到食品的气味化合物的研究

采用 GC - O - MS 技术，Vera、Canellas 和 Nerin 研究了市场多层样品中用于食品包装的粘合剂中气味的迁移，从黏合剂中检测到 25 种气味物。76% 的这些化合物迁移到干食品模拟物（Tenax®）中。此外，浓度低于质谱检出限的化合物由高修饰频率（MF%）的嗅闻仪检测出。乙酸（醋）、丁酸（干酪）和环己醇（樟脑味）是主要的气味。这一结果证明，GC - O - MS不仅是计算迁移浓度以评估可能的人类风险，而且也是一种有用和可靠的方法或者让嗅闻仪检测到这些迁移化合物，从而确定它们是否会影响包装食品的感官特性。

该小组还进行了类似的研究：①HS - SPME/GC - O - MS 释放的氧化异味物影响包装食品的感官特性。最丰富的气味物是(*Z*)-3-己烯酸己酯，浓度（1.5791 ± 0.1387）~（4.8181 ± 0.3123）μg/g。(*E*)-2-十二烯醛、(*E*)-2-辛烯醛、2-戊醇、(*E*)-3-壬烯醛、(*E*,*Z*)-3,6-壬二烯醛、3-甲基丁酸乙酯。用 GC - O - MS 检测了辛烯酸乙酯、己酮、己酸异丙酯和辛醛，尽管它们的浓度很低，因为它们的 LOD 和 LOQ 分别为 0.011μg/g 和 0.036μg/g。②采用 GC - O - MS 方法对食品包装用五种不同类型的胶黏剂（热熔胶、乙烯 - 乙烯基乙酸酯、淀粉、聚醋酸乙烯和丙烯酸）中的异味化合物进行了研究。丁酸、乙酸、丁酸甲酯、1 - 丁醇和壬醛，存在于大多数黏合剂中。

Gerretzen 等通过使用气味区域来处理质谱仪之间的检测时间差异，开发了一种新的方法并以快速有效的方式减少解释 GC - O - MS 数据所需的时间和精力。

Chin、Eyres 和 Marriott 采用 MDGC - O/MS 系统对希拉兹红酒（Shiraz）的 7 个气味区域进行了分析，结果表明，11 个气味挥发物与标准化合物的质谱谱图及保留指数（RI）匹配，其中包括乙酸、1 - 辛烯 - 3 - 醇、辛酸乙酯、甲基 - 2 - 氧 - 壬酸酯、丁酸、2 - 甲基/3 - 甲基丁酸、3 -（甲硫基）- 1 - 丙醇、己酸、γ - 大马烯酮和 3 - 苯丙酸乙酯。用该方法鉴定了磨咖啡中的辣椒气味为 2 - 甲氧基 - 3 - 异丁基吡嗪。

采用溶剂辅助风味蒸发/气相色谱 - 质谱（SAFE/GC - O - MS）研究了棕榈仁油（PKO）的香气活性化合物，共鉴定出 73 个挥发物，包括呋喃、吡喃、吡嗪、醛、酮、酸、醇、酯、含硫化合物和挥发性酚类。这些发现将有助于 PKO 在烘焙和糖果制品中的应用。

对德国土塘虹鳟水产养殖中的气味分子进行了研究，特别侧重于发霉的异味。为了这个目的，鱼肉及鱼皮中的挥发物用 SAFE 法提取，轻度浓缩，提取物随后用 GC - O - MS 和二维气相色谱 - 高分辨质谱/嗅闻（2DHRGC - MS/O）进行了分析。(*E*,*Z*,*Z*)-2,4,7-十三碳三烯醛、反-4,5-环氧-(*E*)-2-癸烯醛、4-乙基辛酸、3-甲基吲哚（Skatole）、*D*-柠檬烯和吲哚首次被鉴定为德国水产养殖虹鳟鱼中气味活性化合物。

Sasaki 等使用 GC - O - MS 与 AEDA 鉴定了商用烤梗茶和“甜心”荔枝中的关键气味物，这些结果可能对茶叶产品的发展产生积极的影响。

张等采用 GC - MS/O 和偏最小二乘回归（PLSR）研究了加热方式［传统黏土炖锅（TS）烹饪和商用陶瓷电炖锅（CS）］烹饪对鸡汤香气特征的影响。庚醛、苯甲醛、(*Z*)-2-癸烯醛、(*E*,*E*)-2,4-癸二烯醛、1-戊醇、(*E*)-2-十一烯酮、2-戊基呋喃和一种未知化合物具有鸡肉气韵。辛醛、(*E*,*E*)-2,4-癸二烯醛和 1-戊醇、(*E*,*E*)-2,4-癸二烯醛和(*E*)-2-十一烯酮具有异味属性。

Raffo 等用 GC - O - MS 和 AEDA 对粉碎芸芥（*Eruca Sativa*）及细叶二行芥（*Diplotaxis* tenuifolia）叶片中的气味活性化合物进行了表征。最有效的气味活性化合物被鉴定作为（*Z*）-3-己烯醛和（*E*）-3-己烯醛，（*Z*）-1,5-辛烯-3-酮，具有清新嗅觉气韵，而4-巯基丁基和4-（甲硫基）异硫氰酸丁酯，呈现出典型的萝卜香气。

郭等采用气相色谱-嗅闻-质谱技术（GC-O-MS）和综合二维气相色谱飞行时间质谱仪（GC×GC-TOF MS），对黄浦江源水体中的气味物进行了研究。14种气味物，包括三种腐败性气味物如双（2-氯异丙基）醚、二乙基二硫醚和二甲基二硫醚，以及2种土霉味化合物-土臭素（Geosmin）和2-异冰片（2-MIB）被鉴定出来，并采用标准化合物进行了验证。GC-O-MS技术可用于其他复杂源区的气味鉴别有类似的气味问题。

Giri等对熟肉加热过程诱导毒物和气味进行了研究。气味活性化合物的测定方法是：动态顶空气相色谱-质谱联用仪与八位嗅闻仪（DH-GC-MS/8O）和DH-中心切割多维气相色谱-质谱联用与嗅闻法（DH-GC-GC-MS/O）。GC-GC-MS-O实现了具有高气味活性的气味区域的共流出。不同的烹饪技术产生16个多环芳烃（PAH）和68种气味活性化合物。

（四）全二维气相色谱-质谱联用仪

20世纪90年代初，Liu和Phillip等提出的全二维气相色谱（comprehensive two-dimensional gas chromatography，GC×GC）方法使得二维气相色谱技术的发展进入新的阶段。二维色谱的原理是利用双柱系统，在最大限度保证物质分辨率的情况下，获得较大的峰容量，实现复杂组分的完全分离。目前，以中心切割二维气相色谱技术和全二维气相色谱技术为代表的二维气相色谱技术正在食品风味分析领域发挥重要作用。

1. 全二维气相色谱的原理

传统多维色谱（GC-GC）如中心切割式二维色谱拓展了一维色谱的分离能力，并已有多个成功应用。但这种以中心切割为基础的二维色谱仪将第一根色谱柱流出的一段或几段感兴趣的馏分送入第二根柱进一步分离。当第二根色谱柱固定相与第一根有显著差异时，被切割馏分的分辨率得到显著提高。这仅对于样品中少数组分感兴趣的情况非常适合。如果想全面了解一个未知复杂样品，传统的多维气相色谱方法显然不能满足要求，而是需要一个全分析方法。

全二维气相色谱是最近20年开发出的一种具有高分辨率、高灵敏度、高峰容量等优势的色谱技术。与中心切割二维气相色谱相比，双柱之间的调制器具有一维流出组分的收集、聚焦、再传送的重要作用，减小组分转移造成分辨率的损失。它是把分离机制不同而又互相独立的两支色谱柱以串联方式结合成二维气相色谱。在这两支色谱柱之间装有一个调制器，这个调制器起捕集再传送的作用。经第1支色谱柱分离后的每一个馏分，都需先进入调制器，进行聚焦后再以脉冲方式送到第2支色谱柱中进行进一步的分离。所有组分从第2支色谱柱进入检测器。信号经数据处理系统处理后，得到以第1支柱上的保留时间为第一横坐标，第2支柱上的保留时间为第二横坐标，信号强度为纵坐标的三维色谱图，或二维轮廓图。图4-46所示为全二维气相色谱的原理示意图。通常第一根色谱柱使用非极性的常规高效毛细管色谱柱，采用较慢的程序升温速率（通常为1~5℃/min）。调制器将第一维柱后流出的组分切割成连续的小切片。为了保持第一维的分辨率，切片的宽度应该不超过第一维色谱峰宽的四分之一。每个切片再经重新聚焦后进入第二根色谱柱分离。第二根色谱柱通常使用对极性或构型有选择性的细内径短柱。组分在第二维的保留时间非常短，一般在1~10s，因此第二维的分离也可近似当作恒温分离。

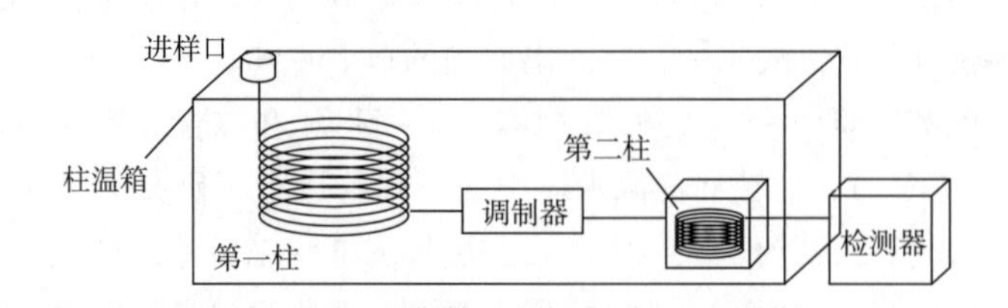

图4-46　全二维气相色谱的原理示意图

目前全二维气相色谱（GC ×GC）主要应用于石油、烟草、食品等领域，以酒中挥发性组分研究为例，该方法已成功应用于葡萄酒、冰酒、中国白酒的挥发性组分的定性、定量分析。陈双等在相同的一维色谱和质谱条件下对比 GC - TOF MS 与 GC × GC - TOF MS 对黄酒中挥发性组分的分析效果，发现二维气相色谱图的峰密度明显高于一维结果，基线低于一维分离色谱图。因此，可以解决低浓度组分被基线掩盖的问题。同时，因其能够在相对较短时间内完成复杂样品挥发性物质的高分离度全分析，而逐渐被用于食品挥发性风味的分析。

2. 全二维气相色谱的特点

①优点：峰容量为二维之积，极大拓宽了分析容量；二维间调制作用防止组分切片转移造成的峰展宽；样品全分析速度快，只 1 次进样；与部分质谱联用可实现化合物族分类功能。

②缺点：第二维只能用快速柱，分离能力有限；保留性较强，高沸点成分分析有一定局限；对检测器检测频率和数据处理软件有特殊要求；价格高。

（五）红外光谱法

1. 红外光谱的基本原理

红外光照射分子可产生分子振动能级跃迁，红外光谱（infrared，IR）是分子吸收红外光产生的原子间的振动和分子的转动所得的谱图，可对化合物的结构进行表征，常用于定性鉴别分析。通常将红外光谱分为 4 个区域：近红外区（波长在 780 ~ 2526nm）、中红外区（波长在 2500 ~ 25000nm）和远红外区（波长在 25000 ~ 100000nm）。有机物分子中含氢基团在近红外光激发下，发生伸缩摆动，分子振动的合频与各级倍频的吸收一致。因此通过其近红外光谱可以得到分子中含氢基团的特征信息。不同化合物的红外吸收光谱随结构及其聚集态的不同而产生差异，因此，根据其红外光谱特征吸收可以确定该化合物或其官能团是否存在来定性分析化合物，还可以根据物质组分特征吸收峰的强度实现对化合物的定量分析。傅里叶变换红外（Fourier transform infrared，FTIR）光谱仪是一种干涉型红外光谱仪，与色散型红外光谱仪不同，它没有单色器和狭缝，而是利用迈克尔逊干涉仪获得入射光的干涉图，通过傅里叶数学变换，转换为普通的红外光谱图，是一种计算机技术与红外光谱相结合的分析鉴定方法。

2. 红外光谱在食品香气化合物研究中的应用

有研究者采用气相色谱 - 红外光谱（GC - IR）与气相色谱 - 质谱（GC - MS）联合分析热裂解汽油 C_5 馏分中组分的结构。对于富含烯烃的热裂解汽油 C_5 馏分，用 GC - IR 技术不仅可以准确地测定 C_5 馏分中烯烃同分异构体的结构，还可获得其他组分的结构信息，即其确定烯烃结构的准确性优于 GC - MS。两种技术联用可起到互补作用，有利于确定化合物的结构。Bergamaschi 等采用傅里叶变换红外光谱（FTIRS）以及气相色谱法结合线性判别分析（LDA）对采自 85 家农场 1264 头奶牛的牛乳中脂肪酸进行了分析，傅里叶变换红外光谱在化合物分类方面测定的结果（97.4%）优于气相色谱结合线性判别分析法（LDA）（81.1%），但是在准确度上差一些（FTIRS 为 74.5%，LDA 为 77.3%），但是二者的结合就比较完美。上述样品制成干酪再用近红外光谱（near infrared spectrum，NIRS）、质子转移反应飞行时间质谱（proton transfer reaction time of flight mass spectrometry，PTR－TOF－MS）及感官评价对其挥发物指纹图谱进行了三种方法的比较，结果发现，前两个仪器分析法比感官评价法的准确度高。对液体乳中的脂肪酸分析而言，傅里叶变换红外光谱（fourier transform infrared spectroscopy，FT-IRS）比气相色谱结合线性判别分析法（LDA）的成本更低，更便于实际应用，因此在 2013 年被国际乳品联合会（International Dairy Federation，IDF）当成了乳中许多化学成分特征化的方法。用近红外法（NIR）建立的挥发物指纹图谱对干酪真实性的研究表明，尽管原乳经过了 2 个月的发酵成熟制成了干酪，但是其来源依然能被捕捉到，这对生产原产地保护（protected designation of origion，PDO）非常有用。由于其成本低，简单快捷，红外光谱法（傅里叶变换红外光谱法分析原乳、近红外光谱法分析干酪）结合线性判别分析（linear discriminant analysis，LDA）被证明为乳品生产的有效的仪器分析方法。

干酪的风味是复杂的，受品质及类型的影响较大，很大程度上取决于其成熟过程中的蛋白质、脂肪及糖类的水解情况，所以乳的化学成分如蛋白质脂肪含量、发酵过程中的生化变化都影响了最终干酪的品质。对干酪风味有贡献的主要成分是有机酸、氨基酸、含硫化合物、内酯类、甲基酮类、醇类和酚类。目前干酪的风味与级别都是靠训练有素的评价员的感官评价，这种方法比较复杂、费事费力、成本高，而且在滋味方面及对每一生产批次的干酪进行评价时比较困难。Subramanian 等报道了傅立叶变换红外光谱法可以快速可靠的仪器分析方法来测定干酪的风味质量，用相似分类法（soft independent modeling of class analogy，SIMCA）进行模式识别。样品之间的差异主要是其有机酸、脂肪酸及其酯类以及氨基酸（波数分别为 1450～1350，1200～990cm^{-1}），这些成分贡献了干酪的风味。包括样品制备在内的每个样品分析时间小于 20min，因此是一直快速、价廉及简单的干酪风味品质分析方法。

（六）核磁共振

核磁共振（nuclear magnetic resonance，NMR）是指在静磁场中采用一定频率的电磁波进行照射时，磁矩不为零的原子核吸收电磁能从而发生电子跃迁，通过共振吸收信号的产生而生成的波谱。早在 20 世纪中期科学家们观察到核磁共振信号而获得 1952 年的诺贝尔物理学奖。目前为人们所利用的原子核主要有 H、B、C、O、F、P 等，其中应用最广泛的是^{1}H－NMR 和^{13}C－NMR。早期核磁共振技术主要用于对核结构和性质的研究以及根据分子结构对氢原子周围磁场产生的影响来解析分子结构。随着核磁技术不断发展，已从最初的一维谱发展到现在的二维和三维等高级图谱，其在分子结构解析中的应用也越来越广泛。

食品中的水、淀粉、糖、油等物质中都有氢核，因此 NMR 可被应用于食品成分分析以及检测食品品质等。根据射频场频率的不同，NMR 包括高分辨率和低分辨率两个类型。高分辨率 NMR 主要用于解析小分子化合物的结构，在食品检测中的应用较少，仅限于简单的食品模型；低分辨率 NMR 信号的最初强度与样品中原子核数量直接相关，可通过 NMR 谱信号表征食品的理化性质。而且基于低分辨率 NMR 仪体积小、价格低、易于操作等优势，其与化学计量学的结合在食品检测研究中得到了广泛的应用。

二、 气味化合物的定量分析

（一） 定量分析的基础

1. 定量分析的基本公式

定量分析就是要确定样品中某一组分的准确含量。色谱定量分析是根据仪器检测器的响应值与被测组分的量，在一定条件下成正比的关系来进行定量分析的。也就是说，在色谱分析中，在一定条件下，色谱峰的峰高或峰面积（检测器的响应值）与所测组分的含量（或浓度）成正比。因此色谱定量分析的基本公式：

$$\omega_i(c_i) = f_i A_i \tag{4-38}$$

式中 ω_i——组分 i 的质量；

c_i——组分 i 的浓度；

f_i——组分 i 的校正因子，与检测器的性质和被测组分的性质有关；

A_i——组分 i 的峰面积。

在色谱定量分析中，要想得到可靠的定量分析结果，必须能准确地测定检测器的响应值——峰面积（A_i）和校正因子（f_i）。为了能正确地选择合适的定量方法，并尽可能减少误差，下面将分别介绍检测器响应值的准确测定方法，校正因子的准确测定方法和定量分析方法的选择，并对影响定量分析结果的一些因素进行讨论。

2. 峰高和峰面积的准确测定

峰面积和峰高是色谱图上最基本的数据，它们的测量精度将直接影响定量分析的精确度。采用峰面积还是峰高测量，根据峰形而定。测量峰高比峰面积要简单得多，但其定量的线性范围较窄。因此采用峰高定量要求操作条件十分恒定，峰形对称，半峰宽度不变。对于出峰时间晚的组分，如果峰形较宽或峰宽有明显波动时，则更适宜用峰面积来进行定量分析。但对于严重拖尾的谱峰，或保留时间短、峰形较尖的谱峰，使用峰高来进行定量分析则更好。

在色谱峰是对称峰，且在与其他峰完全分离的情况下，准确地测出峰高和峰面积是不困难的。但是当色谱峰不对称、没有完全分离开以及基线发生较明显的漂移时，准确地测量色谱峰的峰面积和峰高就会发生一些困难。这时就要利用一些特定的方法，减少峰面积和峰高测量的误差。

峰高是色谱峰顶点与峰底（或基线）之前的垂直距离，峰面积是色谱峰与峰底（或基线）所围成的面积。因此要准确地测量峰高和峰面积，关键在于峰底（或基线）的确定。

峰底是从峰的起点与峰的终点之间的一条连接直线。一个完全分离的峰，峰底与基线（在正常操作条件下，仅有流动相通过检测器时所产生的响应信号曲线称为基线，稳定的基线应是一条水平直线）是相重合的。

在使用色谱工作站测量峰高和峰面积时，仪器可根据人们设定的积分参数（半峰宽、峰高和最小峰面积等）和基线的设置来计算每个色谱峰的峰高和峰面积，用峰面积或峰高乘以定量校正因子，即可得到待测组分的质量。

3. 定量校正因子的测定

由于同一种检测器对不同物质具有不同的响应值，即使两种物质的含量相等，在检测器上得到的信号却往往是不相同的。例如，含量均为50%的两个组分，所得到的两个色谱峰面积并不相等；或者说两个峰面积相等的组分，其含量并不相等。为使峰面积（或峰高）能正确反映出物质的质量，就要对峰面积进行校正，因此就必须在定量计算时引入校正因子，其作用就是把混合物中的不同组分的峰面积（或峰高）校正成相当于某一标准物质的峰面积（或峰高），用于计算各组分中的质量分数。色谱定量分析是基于被测组分的量与其峰面积成正比关系。为了使检测器产生的响应信号能真实反映物质的含量，就要对响应值进行校正，在做定量计算时就要引入定量校正因子。

（1）绝对校正因子　对同一个检测器，等量的不同物质其响应值是不同的，但对同一种物质其响应值只与该物质的量（或浓度）有关。根据色谱定量分析的基本公式，可以计算出定量校正因子：

$$f_i = \frac{m_i(c_i)}{A_i} \tag{4-39}$$

式中　A_i——i 组分的峰面积；

m_i（c_i）——i 组分的质量（浓度）。

根据式（4－39），取一定量（或一定浓度）的 i 组分作色谱分析，准确测量所得峰的峰面积（或峰高），代入上式就可计算出校正因子 f_i。

测定方法：将已知量的被测标准物质进样测定即可获得一色谱峰，根据进样量和峰面积或峰高即可计算出绝对校正因子。如果取相同体积的样品测出的样品中组分的峰高，即可算出组分的百分含量。

由此方法测量出的校正因子称为绝对校正因子，它只适用于这一个检测器。绝对校正因子是随操作条件变化而变化的，要求准确进样，这是比较困难的。对于被测组分一定的情况下，校正因子的数值，主要由仪器的灵敏度决定。即使是换一个同类型的检测器，甚至是换一个同一厂家生产的同一型号检测器，由于两个检测器的灵敏度总是有些差异的，这就使等量的同一种物质在这两个检测器上的响应值有所不同，因此计算出的绝对校正因子也有所不同。同一个检测器，随着使用时间和操作条件改变灵敏度也在改变。这些都使绝对校正因子在色谱定量分析中的使用有很大的局限性，因此进行面积校正时常采用相对值，为此人们引出了相对校正因子的概念。

（2）相对校正因子　相对校正因子（f）是某物质（i）与基准物质（s）的绝对校正因子之比，即：

$$f = \frac{f_i}{f_s} = \frac{m_i(c_i)A_s}{m_s(c_s)A_i} \tag{4-40}$$

式中　f——相对校正因子；

f_i——i 物质的绝对校正因子；

f_s——基准物质的绝对校正因子；

m_i（c_i）——i 物质的质量（浓度）；

A_i——i 物质的峰面积；

m_s（c_s）——基准物质的质量（浓度）；

A_s——基准物质的峰面积。

常用的基准物质对不同检测器是不同的，热导检测器常用苯作基准物质，氢火焰离子化检测器则常用正庚烷作基准物质。

通常人们将相对校正因子简称为校正因子，它是一个无因次量，数值与所用的计量单位有关。根据物质量的表达方式不同，校正因子分为：

①质量校正因子：当物质量用质量表示时的校正因子称为质量校正因子（f_m），它是最常用的定量校正因子，其表示单位峰面积所代表的组分质量，质量一般用克或毫克表示。

$$f_m = \frac{A_s m_i}{A_i m_s} \tag{4-41}$$

式中　m_i，A_i——被测物质的质量和峰面积；

m_s，A_s——基准物质的质量和峰面积。

②摩尔校正因子：当物质量用摩尔数表示时的校正因子称为摩尔校正因子（f_M），其表示单位峰面积所代表的组分摩尔数。

$$f_M = \frac{A_s m_i M_s}{A_i m_s M_i} = f_M \cdot \frac{M_s}{M_i} \tag{4-42}$$

式中　m_i，M_i，A_i——被测物质的质量、摩尔质量、峰面积；

m_s，M_s，A_s——基准物质的质量、摩尔质量、峰面积。

③体积校正因子：当物质量用体积表示时的校正因子称为体积校正因子（f_V），其表示单位峰面积所代表的组分体积。对于气体组分，体积校正因子在标准状态下等于摩尔校正因子，这是因为1mol任何气体在标准状态下体积都是22.4L。

$$f_V = \frac{A_s V_i}{A_i V_s} \tag{4-43}$$

式中　V_i，A_i——被测物质的体积、峰面积；

V_s，A_s——基准物质的体积、峰面积。

（3）响应值与校正因子的关系　响应值即为组分通过检测器时所产生的信号强度，可以用来表示检测器的灵敏度。响应值与校正因子间有一定的关系。

①绝对响应值（S_i）：即单位量组分通过检测器时所产生的信号强度，也称为绝对灵敏度：

$$S_i = \frac{A_i}{W_i(c_i)} = \frac{1}{f_i} \tag{4-44}$$

式中　A_i——组分i色谱峰的峰面积；

W_i（c_i）——组分i的质量（浓度）。

即绝对响应值（S_i）为绝对校正因子的倒数。

②相对响应值（S）：相对响应值也称为相对灵敏度，是某组分（i）与基准物质（s）的绝对响应值之比：

$$S = \frac{A_i W_s(c_s)}{A_s W_i(c_i)} = \frac{f_s}{f_i} = \frac{1}{f} \tag{4-45}$$

式中　A_i——组分i色谱峰的峰面积；

A_s——基准物质色谱峰的峰面积；

$W_i(c_i)$——组分i的质量（浓度）；

$W_s(c_s)$——基准物质的质量（浓度）。

即相对响应值为相对校正因子的倒数。

相对响应值或相对校正因子只与被测组分、标准物质以及检测器的类型有关，不受操作条件、柱温、载气流速和固定液的性质等因素的影响，因而使用方便。

（4）校正因子的实验测量方法　准确称取（或已知准确含量）的被测组分和基准物质，配制成已知准确浓度的样品，在一定的色谱条件下，取准确体积的样品进样，这样可以准确知道进入检测器的组分和基准物质的质量或摩尔数或体积，然后准确测量所得组分和基准物质的色谱峰面积，就可以计算出质量校正因子、摩尔校正因子或体积校正因子。

例如，苯、甲苯和乙基苯相对校正因子的测定。在分析天平上准确称量，然后加入苯称量，加入甲苯称量，再加入乙基苯称量，则三者的质量为已知，混匀，取一定量注入色谱仪，获得3个色谱图，测量其峰面积或峰高，以苯为基准物质，按照公式即可计算出相对校正因子，如表4－8所示。

表4－8　相对质量校正因子

组分	组分质量/g	峰面积/mm^2				相对质量校正因子
		1	2	3	平均	
苯（基准物）	2.220	442	440	438	440	1.00
甲苯	2.220	429	428	430	430	1.02
乙基苯	2.221	419	422	420	420	1.05

（二）归一化法

把所有出峰的组分含量之和按100%计的定量方法，称为归一化法。当样品中所有组分均能流出色谱柱，并在检测器上都能产生信号的样品，即在色谱图上都显示出色谱峰，可用归一化法定量，其中组分i的质量分数可按式（4－46）计算：

$$W_i = \frac{A_i f_i}{A_1 f_1 + A_2 f_2 + \cdots\cdots + A_i f_i + \cdots\cdots + A_n f_n} \times 100\% \quad (4-46)$$

式中　A_i——组分i的峰面积；

f_i——i组分的质量校正日子。

当f_i为摩尔校正因子或体积校正因子时，所得结果分别为i组分的摩尔百分含量或体积百分数。

归一化法的优点是简便、准确，特别是进样量不容易准确控制时。进样量的变化对定量结果的影响很小。其他操作条件，如流速、柱温等变化对定量结果的影响也很小。

归一化法定量的主要问题是校正因子的测定较为麻烦，虽然一些校正因子可以从文献中查到或经过一些计算方法算出，但要得到准确的校正因子，还是需要用每一组分的基准物质直接测定。

1. 应用实例一：中国特有野生水果欧李（*Cerasus humilis*）香气成分分析

（1）样品　欧李果实，果实采摘后进行清洗、破碎、压榨取汁。

（2）实验仪器　HS－SPME装置、PA萃取头（75μm聚丙烯酸酯），美国Supelco公司；气相色谱－质谱联用仪（Trace MS），美国Finigon质谱公司。

（3）分析条件

①气相色谱条件：色谱柱，PEG，30 m；程序升温，34℃保持3min，15℃/min升温至52℃，3℃/min升温至120℃，10℃/min升温至220℃，保持5min。载气He，流速1mL/min。检测器温度250℃，入口温度250℃。

②质谱条件：EI 电离源，电子能量 70eV。灯丝电流 0.25mA，电子倍增器电压 1500V，扫描范围 33～450u。离子源温度 200℃。

（4）定性和定量方法

①定性方法：通过 HP MSD 化学工作站检索 NBS/WILEY 标准谱库、数据处理系统，并结合有关文献标准谱图进行核对分析。

②定量方法：采用色谱峰面积归一化法计算已定性的香气物质的相对含量。

（5）分析结果 图 4－47 为总离子流色谱图。表 4－9 所示为鉴定得到的 77 种化合物及其相对质量分数，主要成分为 2－己烯醇（13.83%）、2－己烯醛（9.62%）、苯甲醛（6.88%）、3－己烯醇（6.57%）、乙酸乙酯（6.38%）、己醛（5.15%）、沉香醇（5.05%）、己醇（4.12%）、己酸（3.57%）、乙酸丁酯（3.03%）。这些香气物质的含量占总量的 64.20%。

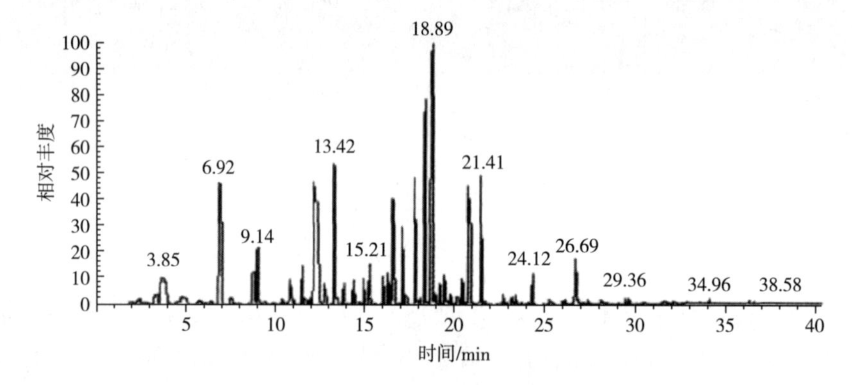

图 4－47 欧李香气成分总离子流色谱图

表 4－9 欧李 77 种化合物及其相对质量分数

编号	保留时间/min	化合物名称	分子式	相对分子质量	相对含量/%
1	3.85	乙酸乙酯	$C_4H_8O_2$	88	6.38
2	4.95	乙醇	C_2H_5O	45	1.82
3	5.80	2－戊酮	$C_5H_{10}O$	86	0.74
4	6.11	1 种喹啉衍生物	$C_{15}H_3NS_2$	267	0.095
5	6.50	癸烷	$C_{10}H_{22}$	142	0.44
6	8.18	3－己酮	$C_6H_{12}O$	100	0.21
7	8.93	乙酸丁酯	$C_6H_{12}O_2$	116	3.03
8	9.14	己醛	$C_6H_{12}O$	100	5.15
9	9.57	十一烷	$C_{11}H_{24}$	156	0.095
10	10.10	异丁醇	$C_4H_{10}O$	74	0.095
11	10.54	乙酸异戊酯	$C_7H_{14}O_2$	130	0.30
12	10.93	2－戊醇	$C_5H_{12}O$	88	1.69
13	11.02	3－甲基－2－己烯	C_7H_{14}	98	0.84
14	11.17	2－己烯醛	$C_6H_{10}O$	98	9.62
15	11.62	正丁醇	$C_4H_{10}O$	74	1.99
16	11.76	月桂烯	$C_{10}H_{16}$	136	0.32
17	12.04	1－戊烯－3－醇	$C_5H_{10}O$	86	0.30
18	12.58	己酸甲酯	$C_7H_{14}O_2$	130	0.23

续表

编号	保留时间/min	化合物名称	分子式	相对分子质量	相对含量/%
19	12.69	D-苎烯	$C_{10}H_{16}$	136	0.11
20	12.86	4-戊烯酸乙酯	$C_7H_{12}O_2$	128	1.14
21	13.51	丁酸丁酯	$C_8H_{16}O_2$	144	0.36
22	13.96	已酸乙酯	$C_8H_{16}O_2$	144	0.99
23	14.48	3-甲基丁醇	$C_5H_{10}O$	86	1.16
24	14.59	1-已烯-3-醇	$C_6H_{12}O$	100	0.46
25	14.74	4-戊烯-1-醇丙酸酯	$C_8H_{14}O_2$	142	0.13
26	15.02	乙酸已酯	$C_8H_{16}O_2$	144	1.24
27	15.31	2-辛酮	$C_8H_{16}O$	128	2.36
28	16.16	顺-3-已烯酸乙酯	$C_8H_{14}O_2$	142	1.31
29	16.37	2-戊烯-1-醇	$C_5H_{10}O$	86	1.54
30	16.59	反-3-已烯酸乙酯	$C_8H_{14}O_2$	142	0.93
31	17.19	1-已醇	$C_6H_{14}O$	102	4.12
32	17.41	(*E*)-3-已烯-1-醇	$C_6H_{12}O$	100	6.57
33	17.99	壬醛	$C_9H_{18}O$	142	0.15
34	18.07	山梨醛	C_6H_{10}	82	0.50
35	18.46	2-已烯醇	$C_6H_{12}O$	100	13.83
36	19.01	辛酸乙酯	$C_{10}H_{20}O_2$	172	0.78
37	19.26	芳樟醇	$C_{10}H_{18}O$	154	1.51
38	19.55	庚醇	$C_7H_{16}O$	116	1.43
39	19.66	6-甲基-5-庚烯-2-醇	$C_8H_{16}O$	128	0.23
40	20.28	异辛醇	$C_8H_{19}O$	131	0.27
41	20.35	壬醇	$C_9H_{20}O$	144	0.11
42	20.69	3-壬烯-2-酮	$C_9H_{16}O$	140	0.06
43	20.88	苯甲醛	C_7H_6O	106	6.88
44	21.00	2-乙基-6(3,5-二甲基吡啶-2)-苯并噻唑	$C_{16}H_{16}N_2S$	268	0.13
45	21.47	沉香醇	$C_{10}H_{18}O$	154	5.05
46	21.72	1-辛醇	$C_8H_{18}O$	130	0.13
47	22.61	ρ-薄荷烯-4-醇	$C_{10}H_{18}O$	154	0.08
48	22.73	3,7-二甲基-1,5,7-辛三烯甘油酯	$C_{10}H_{16}O$	152	0.34
49	22.95	苯甲酸甲酯	$C_8H_8O_2$	136	0.095
50	23.29	癸酸乙酯	$C_{12}H_{24}O_2$	200	0.42

续表

编号	保留时间/min	化合物名称	分子式	相对分子质量	相对含量/%
51	23.39	薄荷醇	$C_{10}H_{28}O$	156	0.19
52	23.53	4-苯甲酸基-(2*H*)-吡喃-3-酮	$C_{12}H_{10}O_4$	218	0.38
53	24.42	*ρ*-薄荷烯-8-醇	$C_{10}H_{18}O$	154	1.24
54	25.51	香茅醇	$C_{10}H_{28}O$	156	0.08
55	26.02	橙花醇	$C_{10}H_{18}O$	154	0.17
56	26.17	2,5-二甲基苯甲醛	$C_9H_{10}O$	134	0.19
57	26.59	十二酸乙酯	$C_{14}H_{28}O_2$	228	0.08
58	26.69	己酸	$C_6H_{12}O_2$	116	3.57
59	26.94	异丁酸-3-羟基-2,2,4-三甲基戊酯	$C_{12}H_{24}O_3$	216	0.15
60	27.06	苯甲醇	C_7H_8O	108	0.08
61	27.17	2,2,4-三甲基-1,3-戊二醇-二异丁酯	$C_{16}H_{30}O_4$	286	0.08
62	27.41	丁二酸二乙酯	$C_8H_{14}O_4$	174	0.17
63	27.52	苯乙酸	$C_8H_{10}O$	122	0.06
64	28.11	2-乙基己酸（异辛酸）	$C_8H_{16}O_2$	144	0.32
65	28.28	二乙二醇	$C_4H_{10}O_3$	106	0.08
66	28.38	4-己烯酸	$C_6H_{11}O_2$	115	0.10
67	28.61	苯酚	C_6H_6O	94	0.08
68	29.36	辛酸	$C_8H_{16}O_2$	144	0.34
69	29.61	2,6-二(叔丁基)-4-羟基-4-甲基-2,5-环己二烯-1-酮	$C_{15}H_{24}O_2$	236	0.17
70	30.55	未知	$C_{11}H_{15}O_2$	179	0.08
71	31.54	癸酸	$C_{10}H_{20}O_2$	172	0.08
72	31.66	2,4-二-叔丁基-苯酚	$C_{14}H_{22}O$	206	0.10
73	31.93	三乙二醇	$C_6H_{14}O_4$	150	0.08
74	32.14	牦牛儿酸	$C_{10}H_{16}O_2$	168	0.15
75	32.84	2-[2-(2-乙氧基乙氧基)乙氧基]乙醇	$C_8H_{18}O_4$	178	0.15
76	33.59	5-羟甲基-2-呋喃甲醛	$C_6H_6O_3$	126	0.10
77	34.06	异丁基邻苯二甲酸酯	$C_{16}H_{22}O_4$	278	0.15

2. 应用实例二：真空冷冻干燥对香椿中挥发性成分的影响

（1）样品　新鲜香椿于研钵中快速碾碎至有香气散发，用于新鲜香椿挥发性成分分析。香椿完整叶片原料，于真空冷冻干燥设备中（－45℃）进行冻干处理24h，冻干后的香椿在研钵中碾碎用于挥发性成分分析。

（2）实验仪器　TF－SFD－50真空冷冻干燥北京德天佑科技发展有限公司；Agilent 7890气相色谱－质谱联用仪美国安捷伦公司。

（3）分析条件　气相色谱条件：HP－225石英弹性毛细管柱（30.0m×250μm×0.25μm），载气为氦气（99.999%），流速为1.0mL/min，柱温采用程序升温：初温40℃，保持3min后以4℃/min升至150℃，保持4min，再以8℃/min升至250℃，保持3min；进样口温度230℃；分流比5∶1。

质谱条件：电离方式为EI，离子源温度为230℃，扫描方式为全扫描。

（4）定性和定量方法

①定性方法：采用计算机检索与质谱检索库NIST14.L进行初步定性分析，结合人工谱图分析确定化合物。

②定量方法：采用峰面积归一法确定各化合物所对应的含量。

（5）分析结果　在已优化的HS－SPME萃取条件的基础上，结合GC－MS对冻干香椿挥发性成分进行分析，并与新鲜香椿中挥发性成分进行了比较。GC－MS分析得到的总离子流图见图4－48。

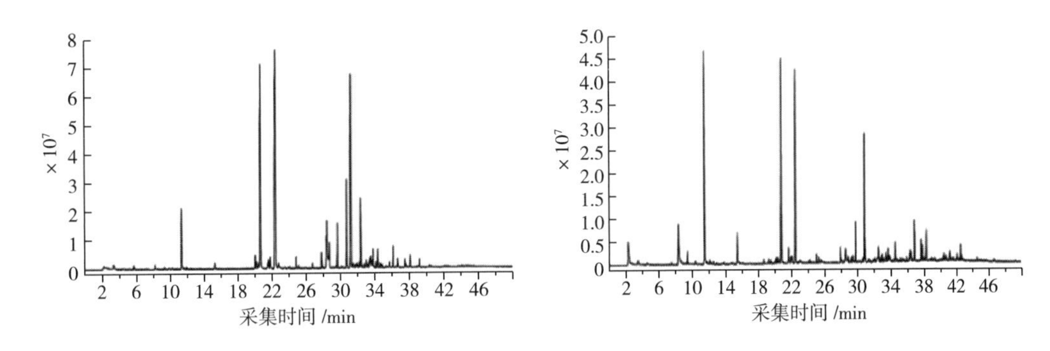

图4－48　新鲜香椿、冻干香椿挥发性成分GC－MS总离子色谱图

GC－MS分析显示，冻干处理前后的香椿的挥发性成分主要为含硫类、萜烯类、醇类、酯类等，对与香椿特征性风味有关的挥发性有机硫化物进行分析比较，发现冻干后的香椿中与香椿风味有关的物质如硫化丙烯、2－巯基－3,4－二甲基－2,3－二氢噻吩、2,5－二甲基噻吩、3,4－二甲基噻吩的含量无明显变化（表4－10）。

（三）内标法

这是一种常用的较准确的定量方法，当混合物中所有组分不能全部出峰时，或有一组分因含量太大，在色谱图上得到平头峰而不能测定其峰面积时，如果我们欲测定其中能出峰的某几个组分的含量时，可采用内标法定量。内标法是指把一定量（准确称量）的内标物加到一定量（准确称量）的被测样品中，然后根据内标物的峰面积和试样中被测组分的峰面积，以及相应的校正因子来计算被测组分的含量。

表 4-10 新鲜香椿与冻干香椿挥发性硫化物成分

保留时间(RT)/min		分子式	中文名称	英文名称	相对含量/%	
新鲜香椿	冻干香椿				新鲜香椿	冻干香椿
3.406	3.437	C_3H_6S	硫化丙烯	Thürane methyl -	0.55	0.58
5.192		C_4H_8S	(*Z*)-1-甲硫基-1-丙烯	1-Propene,1-(methylthio)-,(*Z*)-	0.08	—
	6.855	C_5H_6S	3-甲基噻吩	Thiophene,3-methyl-	—	0.04
7.195		C_5H_8S	5-甲基-2,3-二氢噻吩	Thiophene,2,3-dihydro-5-methyl-	0.2	—
9.908		$C_3H_6S_2$	—	1,2-Dithiolane	0.04	—
10.31		C_6H_8S	2,4-二甲基噻吩	Thiophene,2,4-dimethyl-	0.1	0.13
	10.372	C_6H_8S	2,5-二甲基噻吩	Thiphene,2,5-dimethyl-	0.14	0.14
11.361	11.447	C_6H_8S	3,4-二甲基噻吩	Thiophene,3,4-dimethyl-	4.19	4.21
11.682	12.047	$C_6H_{10}S$	1,1′-硫代二-1-丙烯	1-Propene,1,1′-thiobis-	0.63	0.64
12.412	12.486	$C_4H_8S_2$	甲基丙烯基二硫醚	(*E*)-1-Methyl-2-(prop-1-en-1-yl)disulfane	0.06	0.17
	12.863	$C_4H_8S_2$	(*Z*)-1-甲基-1-丙烯基二硫醚	(*Z*)-1-Methyl-2-(prop-1-en-1-yl)disulfane	—	0.12
13.419		$C_6H_{12}S$	1-(乙硫基)-2-甲基-1-丙烯	1-Propene,1-(ethylthio)-2-methyl-	0.07	—
	18.611	$C_6H_{10}S_2$	二烯丙基二硫醚	Diallyl disulphide	—	0.27
19.705		$C_6H_{12}S_2$	(1*E*)-1-丙烯基丙基二硫醚	(*E*)-1-(Prop-1-en-1-yl)-2-propyldisulfane	0.13	—
20.082	20.151	$C_6H_{10}S_2$	—	1,2-Di((*Z*)-prop-1-en-1-yl)disulfane	0.7	0.25
20.237	20.299	$C_6H_{10}S_2$	—	1-[(*E*)-Prop-1-en-1-yl]-2-[(*Z*)-prop-1-en-1-yl] disulfane	0.71	0.66
20.738	20.756	$C_6H_{10}S_2$	2-巯基-3,4-二甲基-2,3-二氢噻吩	2-Mercapto-3,4-dimethyl-2,3-dihydrothiophene	48.35	48.08

21.634		$C_6H_{10}S_2$	—	(*Z*) - Prop - 1 - en - 1 - yl propanedithioate	1.19	—
22.815	21.999	$C_6H_8S_2$	2-巯基-3,4-二甲基噻唑	3,4 - Dimethylthiophene - 2 - thiol	0.58	0.45
25.374	25.448	$C_6H_{10}OS_2$	5,5-二甲基-1,3-二噻烷-2-酮	1,3 - Dithian - 2 - one,5,5 - dimethyl -	0.05	0.03
25.924		$C_8H_{16}S$	1-丁基四氢噻吩	Thiophene,1 - butyltetrahydro -	0.07	—
28.236		$C_6H_{12}S_3$	(*E*)1-丙烯基-1-三硫烷基丙烷	(*E*) - 1 - (Prop - 1 - en - 1 - yl) - 3 - propyltrisulfane	0.15	—
28.384	28.501	$C_6H_{10}S_3$	—	1,3 - Di(*E*) - prop - 1 - en - 1 - yl) trisulfane	4.38	4.57
35.746		$C_6H_{10}S_2$	2-亚乙基-1,3-二噻烷	2 - Ethylidenc[1,3]dithiane	0.32	—
36.173	36.234	$C_9H_{18}S_3$	1-(1-丙烯基硫代)丙基二硫醚	Disulfide,1 - (1 - propenylthio) propyl propyl	1.03	1.11
37.662	37.588	$C_9H_{12}S_3$	(*E*)-3,4-二甲基-2-(-1-丙烯基-1-二硫烷基)噻吩	(*E*) - 3,4 - Dimethy1 - 2 - (prop - 1 - en - 1 - yldisulfanyl) thiophene	0.09	2.12
			总计		63.81	63.57

例如，要测定试样中组分 i（质量为m_i）的浓度（百分含量）$c_i\%$，可于试样中加入质量为 m_s的内标物，若试样重为 m。

因：$m_i = f_i A_i \quad m_s = f_s A_s$

$$\frac{m_i}{m_s} = \frac{A_i f_i}{m_s f_s} \tag{4-47}$$

$$m_i = \frac{A_i f_i}{m_s f_s} \times m_s \tag{4-48}$$

所以：$c_i\% = \frac{m_i}{m} \times 100\% = \frac{\frac{A_i f_i m_s}{A_s f_s}}{m} \times 100\% = \frac{A_i f_i m_s}{A_s f_s m} \times 100\%$

式中 f_i，f_s——被测组分和内标物的质量校正因子。

如果以内标物作测定相对校正因子的基准物质，则：

$$\frac{f_i}{f_s} = f_i' \tag{4-49}$$

所以 $c_i\% = \frac{A_i m_s}{A_s m} f_i' \times 100\%$

在用相对法定量时，可用相对校正因子f' 代替绝对校正因子f，同理：

$$c_i\% = \frac{A_i f_i' m_s}{A_s f_s' m} \times 100\% \tag{4-50}$$

式中 f_i'，f_s'——被测组分相对校正因子和内标物相对校正因子，可由实验测定或由文献值进行计算得到。

内标法克服了标准曲线法中，每次样品分析时色谱条件很难完全相同而引起的定量误差。把参比物加到样品中去，使待测组分和参比物在同一色谱条件下进行分析，可使定量的准确度提高，特别是内标法测定的待测组分和参比物质在同一检测条件下响应值之比与进样量多少无关，这样就可以消除标准曲线定量法中由于进样量不准确产生的误差。

内标法的关键是选择合适的内标物。内标物应是原样品中不存在的纯物质，该物质的性质应尽可能与待测组分相近，不与被测样品起化学反应，同时要能完全溶于被测样品中。内标物的峰应尽可能接近待测组分的峰，或位于几个待测组分的峰中间，但必须与样品中的所有峰不重叠，即完全分开。内标物的加入量应与待测组分相近。内标物应与被测组分的物理性质及化学性质（如挥发度、化学结构、极性以及溶解度等）相近，这样当操作条件变化时，有利于内标物及被测组分作匀称的变化。

为使内标法适用于大量样品分析，可对内标法做一改进，将内标法与标准曲线法相结合，即使用内标标准曲线法。方法如下：用待测组分的纯物质配成一系列不同浓度的标准溶液。取相同体积的不同浓度的该标准溶液，分别加入同样量的内标物，然后在相同的色谱条件下分别加入含内标的一系列标准溶液。以待测组分与内标物的响应值之比为纵坐标，标准溶液浓度为横坐标作图，得到一条内标标准工作曲线，此直线应通过原点（如不通过原点，则说明方法有系统误差）。分析样品时，取和绘制内标标准工作曲线时相同体积的样品和相同量的内标物，在和绘制内标标准工作曲线相同的色谱条件下，测出待测组分和内标物的响应值之比，由此比值可在内标标准工作曲线上查出样品中待测组分的浓度，进而可以算出待测组分在样品中的含量。这一方法可以省去测定相对校正因子的工作，特别适用于大批量样品的分析测定工作。

内标法的优点是进样量的变化和色谱条件的微小变化对内标法定量结果的影响不大，特别是在样品前处理（如浓缩、萃取，衍生化等）前加入内标物，然后再进行前处理时，可部分补偿待测组分在样品前处理时的损失。若要获得很高精度的结果时，可以加入数种内标物，以提高定量分析的精度。

内标法的缺点是选择合适的内标物比较困难，内标物的称量要准确，操作较麻烦。使用内标法定量时要测量待测组分和内标物的两个峰的峰面积（或峰高），根据误差叠加原理，内标法定量的误差中，由于峰面积测量引起的误差是标准曲线法定量的 2 倍。但是由于进样量的变化和色谱条件变化引起的误差，内标法比标准曲线法要小很多，所以总的来说，内标法定量比标准曲线法定量的准确度和精密度都要好。

1. 应用实例一：宁德养殖大黄鱼挥发性化合物成分分析

（1）样品　冻鲜大黄鱼，经宰杀、去内脏，其个体长约 30cm、重 500g 左右。

（2）实验仪器　QP－2010 Plus 气相色谱－质谱串联用仪、Rtx－5MS（30m × 0.25mm，0.25μm）色谱柱、65μm CAR/PDMS 萃取头：日本岛津公司；57330－U 手动 SPME 进样器：美国 Supelco 公司。

（3）分析条件　气相色谱条件：气相色谱柱为 Rtx－5MS 色谱柱（30m × 0.25mm，0.25μm）。载气为高纯氦气（纯度 99.999%），柱流量 3mL/min，不分流进样。升温程序：进样口温度为 220℃，初始温度 50℃ 保持 5min，以 6℃/min 的速度升温至 250℃ 保持 5min。

（4）质谱条件　离子源温度 230℃，电离方式 EI，电离能量 70eV，接口温度 250℃，扫描方式设为 SCAN 模式进行定性分析，离子碎片的扫描范围（*m/z*）35～450。溶剂延迟时间 2.5min。定量分析时质谱扫描方式设为 SIM 模式。

（5）定性和定量方法

①定性方法：对比质谱数据库（NIST08、NIST08s、FFNSC1.3）进行相似度检索，根据不同化合物的基峰、质荷比进行串联检索与人工解析，化合物鉴定标准为其质谱匹配度大于 80%。计算待测化合物的保留指数并与文献中报道的保留指数对比定性。保留指数的计算方法：

$$RI_x = 100 + 100 \times \frac{RT_x - RT_n}{RT_{n+1} - RT_n} \tag{4-51}$$

式中　RI_x——目标化合物的保留指数；

RT_x——目标化合物的保留时间，min；

RT_{n+1}，RT_n——目标化合物出峰前后相邻两个正构烷烃的出峰时间，min。

②定量方法：定量分析采用内标法进行定量，根据环己酮的浓度估算待测物的含量，计算公式为：

$$待测物浓度 = \frac{待测物峰面积 \times 环己酮浓度}{环己酮峰面积} \tag{4-52}$$

（6）分析结果　采用 SPME 和 SDE 两种方法提取大黄鱼中的挥发性化合物，结合 GC－MS 分析，得到的总离子流图如图 4－49 所示。

根据内标法计算各挥发性化合物的浓度和相对含量，结果如表 4－11 所示。

表 4 – 11　　大黄鱼 SPME 和 SDE 提取物中挥发性化合物鉴定结果

项目	序号	保留时间/min	保留指数	保留指数	挥发性化合物	沸点/℃	特征离子碎片	鉴定依据	含量/(ng/g)		相对含量/%	
									SPME	SDE	SPME	SDE
醛类	1	2.77	801	801	己醛	127.9	44 100 56	MS,R	68.68 ±6.24	—	1.93	—
	2	8.54	994	999	反,反 –2,4 – 庚二烯醛	177.4	81 67 110	MS,R	54.06 ±3.10	—	1.52	—
	3	8.77	1002	1001	辛醛	163.4	43 84 100	MS,R	222.19 ±25.73	—	6.23	—
	4	10.45	1057	1058	反 –2 – 辛烯醛	190.1	41 70 83	MS,R	86.62 ±27.52	—	2.43	—
	5	11.81	1102	1102	壬醛	190.8	57 41 98	MS,R	1376.84 ±484.45	89.74 ±7.37	38.6	3.61
	6	13.09	1151	1155	反,顺 –2,6 壬二烯醛	95.0	41 70 94	MS,R	62.27 ±12.13	—	1.75	—
	7	13.3	1158	1156	反 –2 – 壬烯醛	205.0	41 70 83	MS,R	47.22 ±3.24	—	1.32	—
	8	14.52	1204	1203	癸醛	209.0	57 82 112	MS,R	92.05 ±16.87	319.69 ±277.28	2.58	12.86
	9	15.89	1260	1262	反 –2 – 癸烯醛	230.0	41 70 83	MS,R	20.43 ±5.83	—	0.57	—
	10	17.2	1314	1318	反,反 –2,4 – 癸二烯醛	244.6	81 41 67	MS,R	43.84 ±4.86	66.48 ±2.55	1.23	2.67
	11	18.26	1361	1363	2 – 十一碳烯醛	244.8	70 41 83	MS,R	27.23 ±2.27	13.47 ±0.89	0.76	0.54
	12	19.28	1407	1409	十二醛	242.2	57 43 82	MS,R	12.77 ±1.75	—	0.36	—
	13	27.14	1814	1811	十六醛	297.8	82 57 73	MS,R	—	113.44 ±9.51	—	4.56
	14	30.51	2018	2018	十八醛	321.3	43 82 68	MS,R	—	55.01 ±4.57	—	2.21
醇类	15	2.75	800	801	3 – 己醇	134.4	59 43 101	MS,R	—	50.04 ±1.16	—	2.01
	16	2.81	803	803	2 – 己醇	139.7	45 69 87	MS,R	—	86.44 ±1.03	—	3.48
	17	8.06	981	986	1 – 辛烯 –3 – 醇	168.4	57 43 85	MS,R	146.09 ±20.19	—	4.1	—
	18	10.82	1070	—	3 – 环己烯 –1 – 乙醇	—	79 108 67	MS,R	206.51 ±2.61	—	5.79	—
	19	13.65	1171	1172	1 – 壬醇	215.0	56 83 98	MS,R	26.87 ±2.22	—	0.75	—

酮类	20	2.56	—	785	3－己酮	125.5	43 57 100	MS,R	—	60.22±0.81	—	2.42
	21	2.62	—	750	2－己酮	127.8	43 58 100	MS,R	—	99.27±3.00	—	3.99
	22	6.17	926	—	4－丙氧基－2－丁酮	—	43 72 85	MS,R	—	57.47±4.39	—	2.31
	23	7.38	961	952	2－辛酮	173.1	43 128	MS,R	—	583.16±63.14	—	23.46
	24	7.59	967	—	3－己烯－2－酮	140.0	83 55 43	MS,R	—	28.37±4.27	—	1.14
	25	8.21	985	966	2,3－辛二酮	173.0	43 71 99	MS,R	203.93±2.03	—	5.72	—
	26	11.47	1091	1093	3,5－辛二烯－2－酮	194.6	95 124 43	MS,R	58.40±5.37	—	1.64	—
	27	17.74	1338	1333	3－癸烯－2－酮	222.4	43 69 97	MS,R	45.17±8.46	—	1.27	—
芳香	28	10.58	1062	1063	1－甲基－2－丙基－苯	186.5	105 77 134	MS,R	14.76±3.34	—	0.41	—
烃类	29	11.15	1081	1093	1,4－二甲基－2－乙基苯	104.0	119 91	MS,R	83.09±1.72	—	2.33	—
	30	12.04	1112	1122	四甲基苯	204.0	119 91 65	MS,R	47.60±6.63	—	1.33	—
	31	12.73	1137	1143	5－甲基－1,3－二乙基苯	205.9	119 148 91	MS,R	9.27±1.10	—	0.26	—
烃类	32	9.39	1022	1023	伞花烃	173.9	119 91 117	MS,R	17.36±1.93	—	0.49	—
	33	9.54	1027	1028	柠檬烯	175.4	68 93 107	MS,R	306.37±9.95	—	8.59	—
	34	16.65	1291	1292	1－十三烯	233.3	43 55 83	MS,R	57.40±2.35	—	1.61	—
	35	19.4	1412	1411	雪松烯	262.5	119 93 105	MS,R	24.58±3.33	—	0.69	—
	36	25.18	1703	1707	2,6,10,14－四甲基－十五烷	296.0	57 43 85	MS，R	187.14±1.50	17.14±13.56	5.25	6.89
	37	42.09	2809	2847	三十碳六烯	429.3	69 81 41	MS，R	—	56.84±5.49	—	2.29
酯类	38	8.78	1002	1006	乙酸己酯	171.5	43 56	MS，R	—	67.89±9.06	—	2.73

续表

项目	序号	保留时间/min	保留指数	保留指数	挥发性化合物	沸点/℃	特征离子碎片	鉴定依据	含量/（ng/g）		相对含量/%	
									SPME	SDE	SPME	SDE
酯类	39	18.14	1356	1344	乙酸二氢香芹酯	233.0	43 121	MS，R	14.42 ±1.98	—	0.4	—
	40	27.81	1853	1865	1，2-苯二甲酸，双（2-甲基丙基）酯	320.0	149 57 104	MS，R	—	26.65 ±1.88	—	1.07
	41	30.09	1991	1994	十六烷酸，乙基酯	362.4	55 41 83	MS，R	4.11 ±0.46	19.14 ±1.51	0.12	0.77
	42	37.68	2525	2519	双（2-乙基己基）邻苯二甲酸二酯	341.5	149 167 57	MS，R	—	27.06 ±0.28	—	1.09
其他类	43	2.41	—	—	2-丁基四氢呋喃	158.7	71 43	MS，R	—	11.18 ±1.72	—	0.45
	44	21.31	1503	1513	2，4-二叔丁基苯酚	265.5	191 57 206	MS，R	—	19.84 ±0.40	—	0.8
	45	29.58	1960	1963	棕榈酸	340.6	73 43 129	MS，R	—	36.08 ±13.82	—	1.45
	46	32.82	2171	2186	十六碳酰胺	392.4	59 43 128	MS，R	—	27.72 ±2.20	—	1.12
	47	35.37	2351	2375	油酸酰胺	433.3	59 41 281	MS，R	—	284.65 ±20.23	—	11.45
	48	35.76	2379	2398	硬脂酸酰胺	250.0	59 43 128	MS，R	—	17.73 ±1.46	—	0.71
	49	41.31	2766	2625	芥酸酰胺	474.2	59 41 83	MS，R	—	96.7 ±6.93	—	3.89

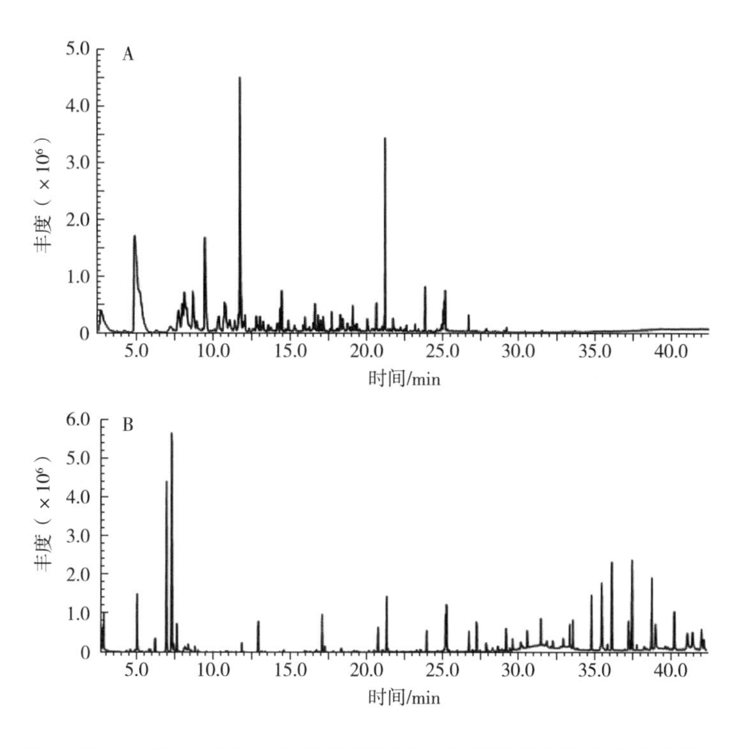

图4－49 大黄鱼SPME和SDE提取物中挥发性化合物的总离子流图

2. 应用实例二：双内标法分析烟草干馏香料中挥发性成分

（1）样品　烟丝放入管式炉中，加热至一定温度，将干馏所产生的烟气利用氮气带入冷阱中的吸收瓶，用丙二醇洗出管道中的烟气冷凝物，将吸收瓶中的吸收液与管道中洗出的烟气冷凝物合并，制得烟草干馏香料。

（2）实验仪器　Agilent 7890A－5975C型气相色谱－质谱联用仪。

（3）分析条件　气相色谱条件：DB－624毛细管色谱柱（60m×0.32mm，1.8μm）；进样口温度270℃；进样量1μL，分流进样，分流比为10∶1；载气为氦气（纯度不小于99.999%），恒流模式，流量1.0mL/min。升温程序：初始温度40℃；以2℃/min速率升温至160℃；再以3℃/min速率升温至260℃，保持10min。

（4）质谱条件　电子轰击离子源（EI）；电离能量70eV；传输线温度230℃；离子源温度200℃；溶剂延迟3.5min；全扫描模式，扫描范围（m/z）50～450。

（5）定性和定量方法

①定性方法：将已配制的待测样品溶液引入气相色谱－质谱仪进行分析，得到总离子流图，采用NIST08标准谱库检索分析，将匹配度大于80%的化合物同时结合相关文献辅助进行定性。

②定量方法：以薄荷醇（IS1）和苯甲酸丙酯（IS2）为双内标物，根据内标物的浓度、样品中各组分的峰面积与内标峰面积的比值，计算干馏香料样品中各组分的含量，认定内标的因子为1。

（6）分析结果　通过标准谱库检索进行定性，共定性出50种化学成分，化合物名称及含量见表4－12，其中“—”表示未检出。

表4-12　　不同干馏温度下的化学成分及含量

序号	化合物	对应内标	保留时间 t/min	相似度	质量分数 w（mg/kg）			
					400℃	500℃	600℃	800℃
1	吡啶	IS1	21.69	90	440.08	415.73	370.83	304.01
2	丙酸	IS1	22.23	84	263.01	244.13	254.21	230.31
3	环戊酮	IS1	26.73	80	83.26	83.31	80.18	60.83
4	2-甲基吡啶	IS1	27.26	95	170.70	162.82	152.20	102.51
5	2-甲基四氢呋喃-3-酮	IS1	27.64	80	17.30	15.16	15.47	11.12
6	甲基吡嗪	IS1	27.99	82	16.24	20.22	18.55	15.66
7	2-环戊烯酮	IS1	31.46	80	135.96	123.08	99.13	97.04
8	3-甲基吡啶	IS1	32.07	94	507.12	461.12	348.23	221.32
9	4-甲基吡啶	IS1	32.28	94	75.97	76.71	71.56	49.69
10	2,6-二甲基吡啶	IS1	32.49	95	54.13	58.25	60.44	39.49
11	2-呋喃甲醇	IS1	34.26	91	1073.39	1009.53	915.57	772.02
12	2-乙基吡啶	IS1	34.78	95	82.49	64.56	62.44	60.76
13	2-甲基-2-环戊烯-1-酮	IS1	37.14	91	230.86	223.13	202.77	241.61
14	3,5-二甲基吡啶	IS1	37.57	96	176.93	163.24	149.64	89.58
15	2-乙酰呋喃	IS1	37.94	86	130.23	111.76	108.74	81.42
16	2,3-二甲基吡啶	IS1	38.94	95	55.45	51.91	49.39	22.37
17	6-甲基-2-乙基吡啶	IS1	39.29	94	41.41	40.59	42.68	21.95
18	3-乙基吡啶	IS1	40.66	95	147.21	120.44	77.12	42.36
19	4-乙基吡啶	IS1	41.28	95	9.54	10.32	6.89	—
20	3-乙烯基吡啶	IS1	41.66	91	70.11	70.96	82.32	114.74
21	丁内酯	IS1	42.31	82	150.07	138.05	137.38	101.99
22	2,3,6-三甲基吡啶	IS1	43.59	94	41.86	37.48	44.62	21.71
23	3-甲基-2-环戊烯-1-酮	IS1	44.23	91	257.00	242.78	212.07	163.54
24	4-甲基-3-乙基吡啶	IS1	44.66	83	68.67	49.12	53.26	25.87
25	2,3-二甲基-2-环戊烯-1-酮	IS1	45.03	93	—	42.03	47.21	25.12
26	3,4-二甲基吡啶	IS1	45.22	83	83.79	76.12	89.33	55.51
27	3,4-二甲基-2-环戊烯-1-酮	IS1	46.01	93	56.88	52.12	54.45	33.95
28	2,6-二乙基吡啶	IS1	48.35	80	—	—	19.63	—
29	2-羟基-3-甲基-2-环戊烯-1-酮	IS1	48.74	95	410.89	397.66	362.64	254.31
30	苯酚	IS1	49.11	91	808.59	764.02	655.26	472.43

续表

序号	化合物	对应内标	保留时间 t/min	相似度	质量分数 w (mg/kg)			
					400℃	500℃	600℃	800℃
31	2,3-二甲基-2-环戊烯-1-酮	IS1	49.60	90	161.48	169.58	147.78	110.23
32	苯甲醇	IS1	50.17	83	59.60	—	54.41	—
33	2-甲氧基苯酚	IS1	53.35	94	103.48	109.07	72.69	46.99
34	2-甲基苯酚	IS1	53.72	96	255.73	244.27	194.10	145.81
35	2,3-二氢-3,5-二羟基-6-甲基-4(*H*)-吡喃-4-酮	IS1	59.29	82	787.63	553.49	410.88	213.41
36	2,4-二甲基苯酚	IS1	60.41	969	70.68	77.19	68.37	30.65
37	3,5-二羟基-2-甲基-(4*H*)-吡喃-4-酮	IS1	61.43	80	—	88.78	61.95	88.04
38	3-羟基吡啶	IS1	62.60	90	582.12	609.52	657.44	416.71
39	5-甲基-3-羟基吡啶	IS1	64.85	85	155.93	—	—	—
40	未知	IS1	66.18	87	424.99	406.95	413.35	248.28
41	2,6-二甲基氟苯	IS1	67.53	87	—	—	—	166.39
42	烟碱	IS2	71.01	95	19098.20	17844.28	17061.34	13711.09
43	2-(1-甲基-2-吡咯烷基)-吡啶	IS1	71.55	89	—	102.48	114.69	—
44	2,6-二甲基苯酚	IS1	72.22	92	—	89.54	—	—
45	对苯二酚	IS1	73.50	91	1446.01	1155.95	1123.29	812.85
46	麦司明	IS1	76.27	96	—	—	397.44	416.29
47	4-乙基-1,2-二甲氧基苯	IS1	78.37	80	—	—	75.34	
48	杜氢醌	IS1	79.01	83	79.53	—	126.14	—
49	2,5-二甲基对苯二酚	IS1	80.79	96	75.14	76.15	66.45	—
50	2,3′-联吡啶	IS1	81.98	89	87.30	75.17	103.06	58.19

以薄荷醇（IS1）和苯甲酸丙酯（IS2）为双内标物进行半定量分析，以400℃为例，插入双内标的总离子流图见图4-50。

薄荷醇和苯甲酸丙酯与干馏香料里的化学成分实现了良好的色谱分离。由于内标物苯甲酸丙酯的出峰位置和强度与烟碱比较接近，因此用来计算烟碱的含量；而薄荷醇用来计算干馏香料其他微量成分的含量。

（四）外标法

外标法也称为标准曲线法或直接比较法，这是在色谱定量分析中比较常用的方法，是一种简便、快速的绝对定量方法（归一化法则是相对定量方法）。外标法优点是操作简单，计算方便，大多用于大量样品的控制分析，适宜工厂的控制分析。与分光光度分析的标准曲线法相似，首先用欲测组分的标准样品绘制标准工作曲线。具体做法是：用标准样品配制成不同浓度的标准系列，在与欲测组分相同的色谱条件下，等体积准确量进样，测量各峰的峰面积或峰高，用峰面积或峰高对样品浓度绘制标准工作曲线，由式 $m_i = f_i A_i$ 可以看出，此标准曲线应为一条直线，并且能通过原点，但有时由于某些样品存在着不可逆吸附，或者由于仪器的惰性，需要样品达到一定浓度之后才能出峰等原因，也会出现不通过原点的标准曲线，不过此方法是从曲线上查得组分的含量，故不会增大计算的误差。标准曲线的纵坐标可用 A_i 或 h_i 以及 $h_i \cdot x$（峰高乘峰宽）表示，其中以 $h_i \cdot x$ 法较准确，标准工作曲线的斜率即为绝对校正因子。在测定样品中的组分含量时，要将操作条件稳定在做标准曲线时的状态，使被测样品也以同样的数量进样，测量所得色谱峰的峰面积或峰高，然后在标准工作曲线上直接查出样品组分的浓度。知道进入色谱柱中样品组分的浓度后，就可根据样品处理条件及进样量来计算原样品中该组分的含量了。外标法的准确性，主要取决于进样量的重复性和操作条件的稳定程度。此法操作和计算都十分简便。

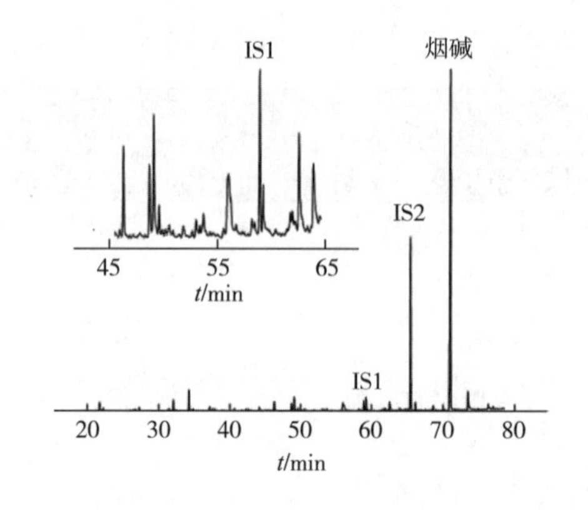

图 4-50　400℃插入 IS1 和 IS2 的总离子流图

标准曲线可用公式表示：

$$W_i = A_i \cdot K_i \tag{4-53}$$

这其实就是式（$m_i = f_i A_i$）的另一种写法，K_i 为一常数。这样，有时可以不做出标准曲线，而是用标准样测出 K_i 值，分析时把测得未知样的 A_i 和 K_i 值代入上式就可计算 W_i。在此基础上，又有一种简化方法称为单点校正法，只要一个标准样，相当于用一点定一线。实际上是两点定一线，一个点是标准样，另一点是原点，两者构成一线。在分析时要求所配制标准样的含量，尽可能与未知样品的含量相接近，定量进样，由标准样与被测组分的峰面积或峰高相比，按下面的公式求出被测组分的百分含量：

$$W_i = A_i \cdot \frac{W_s}{A_s} \tag{4-54}$$

单点校正法实际上是利用原点作为标准工作曲线上的另一个点。因此，当方法存在系统误差时（即标准工作曲线不通过原点），单点校正法的误差较大。

外标法的优点是：绘制好标准工作曲线后测定工作就很简单了，计算时可直接从标准工作曲线上读出含量，这对大量样品分析十分合适。特别是标准工作曲线绘制后可以使用一段时间，在此段时间内可经常用一个标准样品对标准工作曲线进行单点校正，以确定该标准工作曲线是否还可使用。

外标法的缺点是：每次样品分析的色谱条件（检测器的响应性能，柱温度，流动相流速及组成，进样量，柱效等）很难完全相同，因此容易出现较大误差。另外，标准工作曲线绘制时，一般使用欲测组分的标准样品（或已知准确含量的样品），因此对样品前处理过程中欲测组分的变化无法进行补偿。

1. 应用实例一：不同品牌普洱茶香气成分分析

（1）样品　市售普洱茶，粉碎，加入煮沸超纯水和 NaCl，待水浴平衡后进行气相色谱 - 质谱联用仪分析。

（2）实验仪器　气相色谱 - 质谱联用仪（7890A - 5975C），美国 Agilent 公司；75μm。CAR/PDMS 萃取头，美国 Supelco 公司；手动固相微萃取进样器，美国 Supelco 公司。

（3）分析条件

①气相色谱条件：色谱柱采用 HP - 5MS 石英毛细管柱（60m × 320μm × 0. 25μm）；升温程序：40℃保持 3min，以 4℃/min 升温至 150℃，保持 1min，再以 8℃/min 升温至 250℃；进样口温度为 250℃；载气（He），纯度 99. 999%，流速 1mL/min；进行方式：手动进样；进样模式：不分流进样。

②质谱条件：电离方式为 EI 源，电子能量 70eV，离子源温度 230℃，四极杆温度 150℃，传输线温度 280℃，电子倍增器电压 350 V，（m/z）35 ~ 400 进行质量扫描，溶剂延迟 8min。

（4）定性和定量方法

①定性方法：采用保留指数测定法。取 0. 1μL 正构烷烃混标，进样分析，记录每个正构烷烃对应的保留时间，普洱茶样品各个色谱峰的保留时间 RI_x，保留指数的计算方法：

$$RI_x = 100 + 100 \times \frac{RT_x - RT_n}{RT_{n+1} - RT_n} \quad (4-55)$$

式中　RI_x——目标化合物的保留指数；

RT_x——目标化合物的保留时间，min；

RT_{n+1}，RT_n——目标化合物出峰前后相邻两个正构烷烃的出峰时间，min。

②定量方法：用标准品配制成一定浓度的混标溶液，采用外标法定量。

（5）分析结果

采用 HS - SPME - GC - MS 对 3 个品牌的普洱茶进行分析，挥发性成分的总离子流图如图 4 - 51 所示。

GC - MS 定性分析结果见表 4 - 13，3 个品牌普洱茶样品共检测出 74 种挥发性香气成分，其中共有成分 38 种。大益普洱茶、老同志普洱茶和澜沧古茶普洱茶中分别检测出 66、53 和 48 种香气物质，包括醛类 17 种、醇类 13 种、酮类 8 种、甲氧基苯类 11 种、烃类 15 种、酯类 5 种、含氮化合物 2 种、酚类 3 种。采用 HS - SPME - GC - MS 进一步验证，3 个不同品牌的普洱茶共有 74 种挥发性物质，其中共有挥发性物质 38 种；大益普洱茶的醛类、醇类、酚类和烃类的相对含量高于其他 2 个品牌的普洱茶，老同志普洱茶的甲氧基苯类化合物相对含量最高，而澜沧古茶的酮类、酯类和含氮化合物的相对含量最高。

2. 应用实例二：砂糖橘挥发性风味成分分析

（1）样品　选取新鲜无损的砂糖橘榨汁，用空白蒸馏水定容稀释 50 倍，然后用移液管稀释后的橘汁置于吹扫管中进样分析。

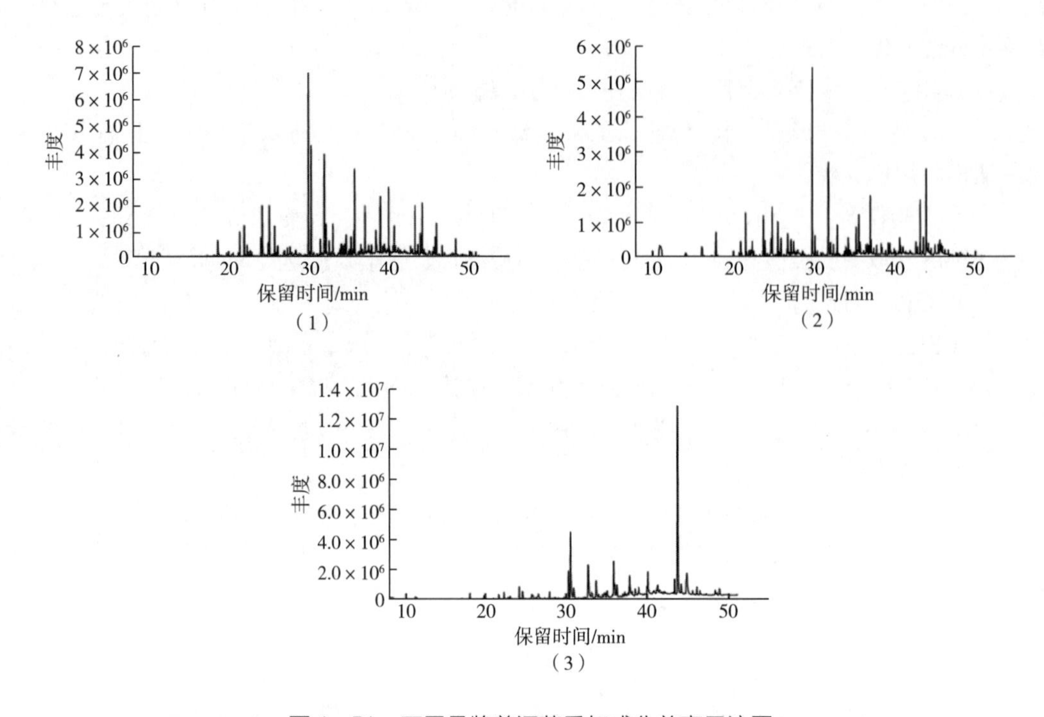

图 4 -51　不同品牌普洱茶香气成分总离子流图

表 4 -13　　不同品牌普洱茶挥发性化合物 GC - MS 分析结果

序号	化合物	ID	RI	RI	相对百分含量/% ±SD		
					大益普洱茶(7572)	老同志普洱茶(7678)	澜沧古茶(0081)
醛类							
1	己醛	MS, RI, S	804	806	0.19 ±0.04	0.12 ±0.03	0.40 ±0.16
2	苯甲醛	MS, RI, S	925	927	0.28 ±0.06	0.15 ±0.01	0.20 ±0.12
3	(E,E)-2,4-庚二烯醛	MS, RI	969	967	0.21 ±0.18	0.09 ±0.03	0.00 ±0.00
4	辛醛	MS, RI	1005	1002	0.00 ±0.00	0.15 ±0.02	0.12 ±0.04
5	苯乙醛	MS, RI, S	1020	1012	0.23 ±0.04	0.14 ±0.02	0.13 ±0.03
6	(E)-2-辛烯醛	MS, RI	1032	1034	0.09 ±0.03	0.00 ±0.00	0.00 ±0.00
7	1-乙基-$(1H)$-吡咯-2-甲醛	MS, RI	1034	1039	0.65 ±0.22	0.42 ±0.11	0.00 ±0.00
8	壬醛	MS, RI, S	1102	1104	0.51 ±0.09	0.30 ±0.05	0.85 ±0.25
9	(E)-2-壬醛	MS, RI	1172	1164	0.25 ±0.05	0.00 ±0.00	0.00 ±0.00
10	2-羟基-6-甲基苯甲醛	MS	1195		0.65 ±0.31	0.00 ±0.00	0.00 ±0.00
11	藏红花醛	MS, RI, S	1197	1198	0.00 ±0.00	0.00 ±0.00	1.17 ±0.26

续表

序号	化合物	ID	RI	RI	相对百分含量/% ±SD		
					大益普洱茶（7572）	老同志普洱茶（7678）	澜沧古茶（0081）
12	癸醛	MS，RI	1209	1204	1.22 ±0.19	0.91 ±0.18	0.00 ±0.00
13	(*E*,*E*)-2,4-壬二烯醛	MS，RI	1215	1217	0.27 ±0.24	0.00 ±0.00	0.00 ±0.00
14	β-环柠檬醛	MS，RI，S	1221	1219	0.47 ±0.13	0.27 ±0.06	0.39 ±0.08
15	(*E*)-2-癸烯醛	MS，RI	1245	1240	0.00 ±0.00	0.00 ±0.00	0.30 ±0.10
16	3,4,5-三甲氧基苯甲醛	MS	1479		1.09 ±0.76	9.00 ±0.00	0.00 ±0.00
17	肉豆蔻醛	MS，RI	1609	1611	0.12 ±0.04	0.00 ±0.00	0.00 ±0.00
醇类							
18	芳樟醇氧化物Ⅰ	MS，RI	1069	1072	1.92 ±0.13	2.34 ±0.75	1.38 ±0.55
19	芳樟醇氧化物Ⅱ	MS，RI	1083	1087	2.94 ±0.43	3.34 ±0.43	1.96 ±0.68
20	芳樟醇	MS，RI，S	1095	1098	1.03 ±0.27	0.34 ±0.10	0.56 ±0.14
21	α-松油醇	MS，RI，S	1187	1189	2.56 ±0.37	1.40 ±0.28	0.92 ±0.28
22	4-萜烯醇	MS，RI	1192	1192	0.00 ±0.00	0.19 ±0.01	0.52 ±0.26
23	2,2,6-三甲基-6-乙烯基四氢-(2*H*)-呋喃-3-醇	MS	1210		5.08 ±0.62	2.92 ±0.43	1.94 ±1.08
24	橙花醇	MS，RI	1225	1228	0.70 ±0.12	0.00 ±0.00	0.00 ±0.00
25	香叶醇	MS，RI，S	1248	1255	0.49 ±0.06	0.39 ±0.08	0.31 ±0.16
26	2-甲氧基苯甲醇	MS	1253		0.54 ±0.10	0.58 ±0.13	0.00 ±0.00
27	紫丁香醇	MS，RI	1337	1335	0.24 ±0.03	0.19 ±0.03	0.00 ±0.00
28	雪松醇	MS，RI	1606	1598	1.43 ±1.88	0.80 ±0.08	0.89 ±0.57
29	异植醇	MS，RI，S	1943	1949	0.28 ±0.12	0.50 ±0.07	0.49 ±0.27
30	植醇	MS，RI，S	2101	2104	0.36 ±0.05	0.38 ±0.03	1.56 ±0.25
酮类							
31	甲基庚烯酮	MS，RI	962	958	0.28 ±0.17	0.15 ±0.06	0.00 ±0.00
32	(*E*,*E*)-3,5-辛二烯-2-酮	MS，RI	1090	1092	0.25 ±0.04	0.00 ±0.00	0.00 ±0.00
33	异佛尔酮	MS，RI	1121	1120	0.12 ±0.05	0.17 ±0.05	0.16 ±0.03
34	优葛缕酮	MS	1239		0.28 ±0.03	0.00 ±0.00	0.15 ±0.02
35	α-紫罗酮	MS，RI，S	1429	1429	0.52 ±0.07	0.46 ±0.08	0.88 ±0.52
36	香叶基丙酮	MS，RI	1454	1452	0.68 ±0.14	0.72 ±0.13	1.85 ±0.47
37	β-紫罗酮	MS，RI，S	1487	1486	2.00 ±0.34	1.72 ±0.36	3.00 ±0.94

续表

序号	化合物	ID	RI	RI	相对百分含量/% ±SD		
					大益普洱茶（7572）	老同志普洱茶（7678）	澜沧古茶（0081）
38	植酮	MS，RI	1835	1837	0.99 ±0.33	1.42 ±0.53	2.62 ±0.37
甲氧基苯类							
39	1,2－二甲氧基苯	MS，RI，S	1145	1149	2.39 ±1.15	1.92 ±0.68	1.95 ±0.33
40	1,4－二甲氧基苯	MS，RI	1157	1158	0.00 ±0.00	0.00 ±0.00	0.24 ±0.04
41	3,4－二甲氧基苯	MS，RI，S	1232	1241	0.68 ±0.24	0.90 ±0.20	1.34 ±0.17
42	1,2,3－三甲氧基苯	MS，RI，S	1312	1315	17.31 ±4.79	18.23 ±0.90	12.31 ±1.81
43	1,2－二甲氧基－4－乙基苯	MS，RI，S	1322	1326	0.98 ±1.39	1.44 ±0.64	1.73 ±0.75
44	1,2,4－三甲氧基苯	MS，RI，S	1370	1374	10.5 ±3.69	9.19 ±1.09	8.36 ±2.80
45	1,2,3－三甲氧基－5－甲基－苯	MS，RI，S	1405	1407	2.27 ±1.10	3.33 ±1.94	2.77 ±1.21
46	1,2－二甲氧基－4－*N*－丙烯基苯	MS，RI	1408		0.00 ±0.00	0.52 ±0.06	0.44 ±0.28
47	1－甲氧基－4－(1－丙烯基)－苯	MS，RI，S	1416	1415	0.66 ±0.48	0.00 ±0.00	0.00 ±0.00
48	四甲氧基苯	MS，RI，S	1446	1437	1.17 ±0.34	1.89 ±0.27	1.91 ±0.10
49	5－烯丙基－1,2,3－三甲氧基苯	MS，RI	1537		0.44 ±0.15	0.52 ±0.28	1.26 ±0.92
烃类							
50	邻异丙基甲苯	MS，RI，S	1022	1018	0.00 ±0.00	0.08 ±0.06	0.19 ±0.12
51	α－松油烯	MS，RI	1024	1020	0.29 ±0.05	0.00 ±0.00	0.00 ±0.00
52	柠檬烯	MS，RI，S	1027	1024	0.00 ±0.00	0.16 ±0.13	0.77 ±0.27
53	2－甲基萘	MS，RI	1295	1298	0.15 ±0.01	0.21 ±0.07	0.27 ±0.02
54	十三烷	MS，RI，S	1298	1300	0.40 ±0.33	0.07 ±0.02	0.43 ±0.11
55	β－愈创木烯	MS，RI	1381	1388	0.15 ±0.01	0.00 ±0.00	0.00 ±0.00
56	十四烷	MS，RI，S	1397	1400	0.34 ±0.07	0.00 ±0.00	0.00 ±0.00
57	α－柏木烯	MS，RI	1410	1411	0.21 ±0.24	0.00 ±0.00	0.00 ±0.00
58	2,6－二甲基萘	MS	1421		0.28 ±0.17	0.00 ±0.00	0.00 ±0.00
59	2,6,10－三甲基十二烷	MS，RI，S	1472		0.55 ±0.22	0.00 ±0.00	0.00 ±0.00
60	十六烷	MS，RI，S	1599	1600	1.32 ±0.58	0.78 ±0.12	0.81 ±0.58
61	十七烷	MS，RI，S	1698	1700	1.50 ±0.62	0.96 ±0.20	1.27 ±0.69

续表

序号	化合物	ID	RI	RI	相对百分含量/% ±SD		
					大益普洱茶（7572）	老同志普洱茶（7678）	澜沧古茶（0081）
62	2,6,10,14－四甲基十五烷	MS，RI	1703	1708	0.73±0.41	0.97±0.10	0.00±0.00
63	十八烷	MS，RI，S	1899	1800	0.48±0.23	0.62±0.18	0.48±0.27
64	植烷	MS，RI	1810	1812	0.51±0.33	0.50±0.12	1.35±0.82
酚类							
65	2,6－二甲氧基苯酚	MS	1242		1.02±0.14	0.94±0.09	0.00±0.00
66	2,4－二叔丁基苯酚	MS	1507		0.66±0.46	0.43±0.04	0.00±0.00
67	2,6－二叔丁基对甲基苯酚	MS，RI	1514	1503	0.26±0.10	0.16±0.05	0.72±0.12
酯类							
68	邻苯二甲酸二甲酯	MS，RI	1458	1456	0.86±0.82	0.00±0.00	0.00±0.00
69	二氢猕猴桃内酯	MS，RI，S	1530	1533	3.18±0.26	4.63±0.52	3.40±0.37
70	棕榈酸甲酯	MS，RI，S	1925	1927	0.43±0.16	1.39±0.39	1.73±1.35
71	邻苯二甲酸二丁酯	MS，RI，S	1938	1936	1.28±1.23	0.96±0.17	2.25±0.77
72	棕榈酸异丙酯	MS，RI	2025	2027	0.48±0.41	0.00±0.00	0.59±0.12
含氮化合物							
73	*N*－乙基琥珀酰亚胺	MS	1126		0.15±0.03	0.19±0.01	0.00±0.00
74	咖啡因	MS，RI，S	1846	1840	2.77±0.41	5.92±3.46	7.87±1.66

（2）实验仪器　Tekmar 2016 吹扫－捕集自动进样器（美国 Tekmar 公司）；Tekmar 3000 吹扫－捕集浓缩仪（美国 Tekmar 公司）；GCMS－QP2010 Plus 气相色谱－质谱联用仪（日本岛津公司）。

（3）分析条件

①气相色谱条件：DB－1 毛细管柱 60 m×0.32mm×1μm，升温程序为：起始温度 40 ℃，保留 2min，5 ℃/min 升温至 200 ℃，随后 10 ℃/min 升温至 250 ℃，保留 10min。载气为高纯氦（99.999%），流速为 1.2mL/min。

②质谱条件：电离方式为电子轰击（EI）；电离能 70eV；电子倍增管电压 1800 V；离子源温度 250 ℃；采用全扫模式（SCAN）检测，扫描质量范围为 29～350u。

（4）定性和定量方法

①定性方法：根据样品与标样的色谱保留时间以及质谱图库进行定性。

②定量方法：采用外标法建立标准曲线根据色谱峰面积大小进行定量。

（5）分析结果　砂糖橘中挥发性化学成分的总离子流图见图 4－52，结果见表 4－14。

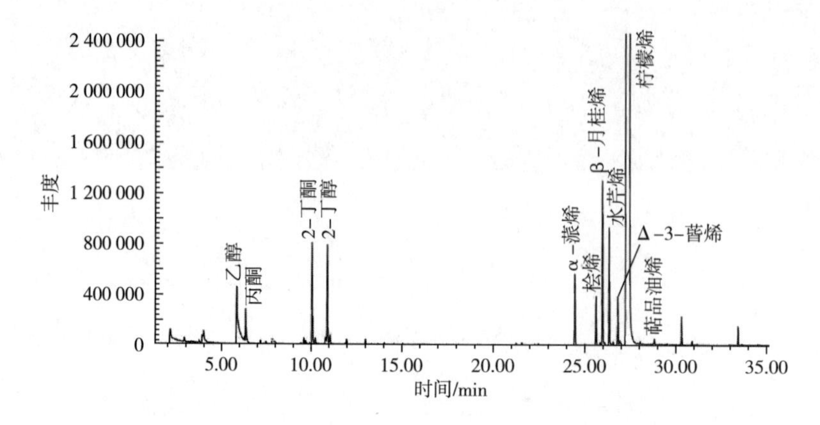

图 4－52　砂糖橘中挥发性化学成分的总离子流图

表 4－14　砂糖橘挥发性成分

序号	化合物	保留时间/min	相对含量/%	序号	化合物	保留时间/min	相对含量/%
1	乙醛	3. 29	4. 46	15	乙酸丁酯	19. 12	<0. 005
2	乙醇	5. 84	1. 14	16	3－己烯－1－醇	20. 89	0. 02
3	丙酮	6. 46	0. 01	17	1－己醇	21. 32	0. 04
4	二硫化碳	8. 11	<0. 005	18	2－庚酮	22. 02	<0. 005
5	1－丙醇	9. 49	<0. 005	19	己酸甲酯	23. 42	<0. 005
6	2－丁酮	10. 14	<0. 005	20	α－蒎烯	24. 37	1. 57
7	2－丁醇	11. 06	0. 08	21	莰烯	25. 65	1. 04
8	乙酸乙酯	11. 1	0. 3	22	β－蒎烯	25. 89	0. 44
9	2－戊酮	13. 81	0. 02	23	水芹烯	26. 63	0. 52
10	乙酸丙酯	15. 21	<0. 005	24	Δ－3－蒈烯	26. 83	1. 54
11	丁酸甲酯	15. 53	0. 01	25	α－萜品烯	26. 9	0. 05
12	2－甲基－1－丁醇	16. 37	<0. 005	26	柠檬烯	27. 25	87. 5
13	乙醛	18. 41	0. 01	27	萜品油烯	28. 83	0. 95
14	丁酸乙酯	18. 71	0. 28				

砂糖橘中挥发性成分共鉴定出 27 种，其中包括 6 种醇、2 种醛、4 种酮、6 种酯、8 种萜烯和 1 种硫化物。砂糖橘中柠檬烯的相对含量最大，占总挥发性成分的 87. 50%，占总萜烯类化合物的 93. 47%；其次为乙醛、α－蒎烯、Δ－3－蒈烯、乙醇和莰烯，分别占总挥发性物质量的 4. 46%、1. 57%、1. 54%、1. 14% 和 1. 04%。

（五）稳定同位素稀释分析

在可获得标记目标化合物的情况下，稳定同位素稀释分析（stable isotope dilution analysis，SIDA）是消除定量分析过程中基质效应影响最有效的方法。同位素稀释质谱法（isotopic dilution mass spectrometry，IDMS）采用具有相同分子结构的稳定同位素（^{13}C，^{2}H 等）标记化合物为内标，这种内标物对相应目标物在复杂基质中的分离和鉴定可以起到标记作用，并且其物理和化学性质与被分析的目标化合物最为接近，可以消除样品在前处理步骤中所引起的回收率差异，这些特性与质谱的高灵敏度和分析复杂样品的能力结合起来，使同位素稀释质谱法被公认为一种测量复杂基质中化学成分的基准方法。同位素稀释质谱法最早应用于核物理和地质方面，自 20 世纪 70 年代以来已广泛应用于食品、环境、生物和医学等领域，特别是在食品分析中的应用得到迅猛发展，食品分析已成为目前同位素稀释质谱法的主要应用研究方向之一。

同位素稀释质谱法是采用与待测物具有相同分子结构的某种浓缩同位素物质作为稀释剂，通过同位素丰度的精确质谱测量和所加稀释剂的准确称量，经数学计算求得样品中待测物绝对量的一种灵敏、准确的定量分析方法。其基本原理为：选择待测元素的某种浓缩同位素物质作为稀释剂，按一定的比例，用天平准确称取一定量的稀释剂加入到一定量的待测样品基质中，组成混合样品，当稀释剂与待测物达到化学平衡，用质谱法测定混合样品的同位素丰度比，根据待测样品、稀释剂和混合样品的同位素丰度比以及所加入的稀释剂的量，即可确定待测物在样品中的浓度。同位素稀释质谱法测量的仅仅是混合样品里稀释剂和待测物的同位素离子物质的量之比，当稀释剂加入并与待测物达到平衡，同位素比值即已恒定，不受样品基质中其他因素的干扰，在测量过程中的系统误差也能进行准确测量、估算和校正，测定结果的不确定度仅仅取决于测量精度，因此国际计量组织视该方法为基准方法或绝对法。

在食品分析过程中，定量地分离出某种待测元素或者化合物是一直以来的难题，用一般的方法有时甚至无法达到分离目的。而同位素稀释质谱法可以简单地解决这个问题，该方法在分析过程中不需严格定量分离待测元素，利用同位素质量比值的变化来定量地测定待测元素的浓度，具有化学计量称质量高准确度和同位素质谱分析高精度的双重优点，是可提供最精确测定值的分析方法之一。

应用实例一：发酵可可豆中的关键香气化合物的分析

（1）样品　发酵、干燥和未经焙烤的可可种子（由德国巧克力制造商提供），可可豆均采用咖啡烘烤机进行新鲜烘烤。将未焙炒和焙炒的豆用液氮深度冷冻，并在实验室研磨机中研磨成细粉，然后进行提取。

（2）同位素标记标准　标记化合物的编号是指未标记的芳香化合物，使用 d 表示^{2}H 标记，c 表示^{13}C 标记，如下所示。

[$^{2}H_2$]-(E,E)-2,4-壬二烯醛(d-26)，[$^{2}H_2$]-2-甲基丁醛(d-2a)，[$^{2}H_2$]-3-甲基丁醛(d-2b)，[$^{2}H_2$]-2-甲基丁酸乙酯(d-4)，[$^{2}H_4$]-2-庚醇(d-9)，[$^{2}H_{2-7}$]-2-乙酰基-1-吡咯啉(d-10)，[$^{2}H_6$]-二甲基三硫醚(d-11)，[$^{2}H_3$]-2,3,5-三甲基吡嗪(d-13)，[$^{2}H_2$]-2-甲基丙酸乙酯(d-3)，[$^{2}H_3$]-3,5-二甲基-2-乙基吡嗪(d-15)，[$^{2}H_3$]-3-异丁基-2-甲氧基吡嗪(d-19)，[$^{2}H_2$]-芳樟醇(d-21)，[$^{2}H_3$]-5-甲基-2,3-

二乙基吡嗪(d-17)和[$^{2}H_{2}$]-丁酸(d-23)。[$^{13}C_{2}$]-苯基乙醛(c-24)和[$^{13}C_{2}$]-2-苯基乙醇(d-31)，[$^{2}H_{3}$]-2-甲基-3-(甲基二巯基)呋喃(d-25)和[$^{2}H_{2}$]-3-甲基丁酸(d-27b)，[$^{2}H_{3}$]-2-甲氧基苯酚(d-29)，[$^{13}C_{2}$]-4-羟基-2,5-二甲基-3(2*H*)-呋喃酮(c-40)。[$^{2}H_{2}$]-δ-癸内酯(d-37)，[$^{2}H_{2}$]-δ-十一烷酸内酯(d-38)，[$^{13}C_{2}$]-3-羟基-4,5-二甲基-2(5*H*)-呋喃酮(c-39)，[$^{2}H_{3}$]-3-甲基吲哚(d-41)。[$^{13}C_{2}$]-苯乙酸(c-42)，[$^{2}H_{3}$]-乙酸(d-18)和[$^{2}H_{7}$]-对甲酚(d-35)。

（3）实验仪器 Varian Saturn 2000 质谱仪（德国达姆施塔特）。

（4）分析条件

①气相色谱条件：一部分引至保持在200℃的火焰电离检测器（FID）；另一个连接到嗅探端口，保持在180℃。GC色谱柱，具有极性固定相（FFAP；25m×0.32mm，膜厚0.20μm，瓦里安，德国达姆施塔特），中极性（OV 1701；30m×0.32mm，膜厚0.25μm，瓦里安，德国达姆施塔特）和非极性固定相（SE-54；25m×0.32mm，膜厚0.25μm，Macherey-Nagel，Düren，德国）用于在40℃时以2.2mL/min的流速将氦气作为载气进行冷柱上样。FFAP色谱柱的温度程序如下：从40℃（1min）开始，以40℃/min的速度升至60℃，保持1min，然后以6℃/min的温度升至180℃（0min），最后以15℃/min的速度升至240℃（10min）。

②质谱条件：使用甲醇作为反应气体，在70eV的电子碰撞模式（MS-EI）和在115eV的化学电离模式（MS-CI）产生质谱。

（5）定性和定量方法

①定性方法：通过将保留指数，质谱和气味特性与参考化合物进行比较来进行识别。对于一维GC-MS无法鉴定和定量某些化合物，通过Fisons移动柱流切换系统（MCSS；Mainz-Kastell，德国）进行了二维分析。

②定量方法：根据存在的相应分析物的量，在初步测量中确定，将可可豆的等分试样（分别为5~250g）悬浮在乙醚中，并加有已知量的分别溶于乙醚的标记内标。将悬浮液搅拌1h，过滤，并通过SAFE蒸馏分离出挥发性部分。通过质谱监测相应离子的强度来分析中性-碱性和酸性部分。根据为分析物和内标选择的离子的相对丰度计算浓度，并通过响应因子对数据进行校正，这些响应因子是从含有已知浓度的标记和未标记化合物的混合物中确定的。

（6）分析结果 在未经焙烧的可可豆中，41种化合物的*FD*因子范围为2~8192。其中2-和3-甲基丁酸（FD 8192，哈喇），乙酸（FD 2048，酸）和3-羟基-4,5-二甲基-2(5*H*)-呋喃酮（FD 1024，呈调味料）以最高的稀释度检测到这些化合物，表明这些化合物是未烘烤可可豆香气的贡献者。在烤豆中，检测到42种气味活性化合物（表4-15），其中包括4-羟基-2,5-二甲基-3(2*H*)-呋喃酮（FD 8192）、2-和3-甲基丁酸、苯乙醛和主要的气味剂是2-和3-甲基丁醛（均为FD 4096）。

选择了其中31种在未焙炒或焙烤可可种子中*FD*因子最高的芳香化合物进行定量分析，得到的结果如表4-16所示。

表4-15　从未经焙炒和焙烤的可可豆中分离出的馏出物中鉴定出的重要气味活性化合物

序号	气味化合物	气味描述	*RI* 值			*FD* 因子	
			FFAP	SE 54	OV 1701	未烘烤的	烘烤的
1	甲基丙醛	麦芽味的	819	560	—	—	16
2	2/3-甲基丁醛	麦芽味的	900	650	731	64	4096
3	丙酸乙酯	水果味的	937	761	813	64	128
4	2-甲基丁酸乙酯	水果味的	1031	851	906	256	128
5	3-甲基丁酸乙酯	水果味的	1047	855	908	32	64
6	未知的	水果味的	1162	—	—	8	8
7	3-甲基-1-丁醇	麦芽味的	1185	736	—	16	8
8	1-辛烯-3-酮	像蘑菇味的	1289	981	1050	4	8
9	2-庚醇	柑橘味的	1300	952	980	8	8
10	2-乙酰基-1-吡咯啉	爆米花味的	1314	927	1018	32	1024
11	二甲基三硫醚	硫磺味的	1326	960	1042	64	128
12	未知的	橡胶味的	1380	—	—	4	16
13	2,3,5-三甲基吡嗪	土味的	1383	1010	1083	32	128
14	未知的	马铃薯味的	1398	—	—	4	32
15	3,6-二甲基-2-乙基吡嗪	土味的	1421	1082	1148	4	32
16	3,6-二甲基-2-乙基吡嗪	土味的	1430	1085	1151	64	256
17	5-甲基-2,3-二乙基吡嗪	土味的	1454	1090	1152	2	64
18	乙酸	粗味的	1462	—	—	2048	1024
19	5-甲基-3-异丁基吡嗪	绿灯笼椒味的	1489	1094	1140	32	8
20	丙酸	酸味的	1518	—	—	16	32
21	芳樟醇	花香的	1533	1190	1189	64	256
22	甲基丙酸	腐臭味的	1538	—	—	256	256
23	丁酸	腐臭味的	1065	—	—	128	64
24	苯乙醛	蜂蜜味的	1609	1040	1179	64	4096
25	2-甲基-3-(甲基二硫代)呋喃	肉味的	1615	—	—	128	256
26	(*E*,*E*)-2,4-壬二烯醛	脂肪味的	1635	—	1338	8	16
27	2-和3-甲基丁酸	腐臭味的	1646	—	—	8192	4096
28	乙酸苯乙酯	花香的	1780	1382	1475	64	128
29	2-甲氧基苯酚	烟味的	1837	1083	1125	256	512
30	苯乙醇	花香的	1844	—	—	16	32
31	2-苯乙醇	花香的	1884	1112	1285	256	512
32	辛内酯	椰子味的	2005	1261	—	32	64

续表

序号	气味化合物	气味描述	RI 值			FD 因子	
			FFAP	SE 54	OV 1701	未烘烤的	烘烤的
33	γ-壬内酯	桃味的	2009	1365	1541	2	2
34	4-羟基-2,5-二甲基-3(2H)-呋喃酮	焦糖味的	2039	—	—	128	8192
35	甲酚	粪便味的	2063	—	1311	16	16
36	γ-癸内酯	桃味的	2100	1462	1677	32	32
37	δ-癸内酯	椰子味的	2176	1485	1686	16	16
38	δ-十一烷酸内酯	椰子味的	2207	1477	1724	256	128
39	3-羟基-4,5-二甲基-2(5H)-呋喃	辛辣味的	2214	—	—	1024	2048
40	异丁香酚	烟味的	2287	—	1573	64	64
41	3-甲基吲哚	粪便味的	2432	1622	1628	2	2
42	苯乙酸	甜味的	2519	—	—	256	128

表 4-16　　未焙炒和焙烤的可可豆中 31 种气味活性化合物的浓度

序号	气味化合物	未烘烤的/（μg/kg）		烘烤的/（μg/kg）	
		平均值	标准偏差（±）	平均值	标准偏差（±）
1	乙酸	1800000	147000	610000	13000
2	3-甲基丁醛	1100	54	26400	771
3	甲基丙酸	8300	193	12700	800
4	3-甲基丁酸	14200	453	17300	1330
5	2-苯乙醇	2100	50	3400	164
6	2-苯基乙酸	4450	363	4740	110
7	苯乙醛	61	1.6	5400	192
8	2-甲基丁醛	640	25	7560	60
9	2-甲基丁醇酸	6100	195	7400	569
10	4-羟基-2,5-二甲基-3(2H)-呋喃酮	17	0.35	990	51
11	2-庚醇	190	9.5	143	6
12	乙酸 2-苯乙酯	980	69	960	11
13	2,3,5-三甲基吡嗪	190	5.9	830	25
14	丁酸	600	15	550	4.5
15	2-甲氧基苯酚	61	1.4	100	1.5

续表

序号	气味化合物	未烘烤的/（μg/kg）		烘烤的/（μg/kg）	
		平均值	标准偏差（±）	平均值	标准偏差（±）
16	芳樟醇	680	27	640	7.8
17	3,6-二甲基-2-乙基吡嗪	14	0.15	50	0.55
18	二甲基三硫醚	2.4	0.05	26	0.45
19	2-甲基丁酸乙酯	42	1.4	44	1.4
20	丙酸乙酯	36	0.91	40	1.8
21	辛内酯	120	2	123	13
22	八内酯	21	0.9	43	2.5
23	3,5-二甲基-2-乙基吡嗪	3.9	0.25	15	0.48
24	3-羟基-4,5-二甲基-2(5*H*)-呋喃酮	11	0.6	10	1.1
25	4-甲基苯酚	4.6	0.2	7.6	0.24
26	2-乙酰基-1-吡咯啉	<0.05	0	3.9	0.26
27	5-甲基-2,3-二乙基吡嗪	2	0.075	6.9	0.02
28	(*E*,*E*)-2,4-壬二烯醛	1.8	0.08	5.7	0.23
29	1-辛烯-3-酮	0.29	0.015	1.8	0.19
30	2-甲氧基-3-异丁基吡嗪	0.54	0.14	0.4	0.0056
31	2-甲基-3-(甲基二硫基)呋喃	<0.005	0	0.56	0.002

思考题

1. 与 SDE 相比，SAFE 有哪些优点？
2. 对挥发物的提取/分离而言，为何要将溶剂萃取法与顶空分析法二者相结合？
3. 为何要进行气相色谱-嗅闻操作？
4. 什么是 AEDA？如何得出？
5. 气味物的定量有哪些方法？

参考文献

[1] 葛俊苗，宋益善，李燕，等．傅立叶变换红外光谱仪及其在食品中的应用［J］．广东化工，2017，44（2）：54-55.

[2] 李大雷，翁彦如，杜丽平，王超，马立娟，肖冬光．电子鼻和气质联用法分析普洱茶香气成分［J］．食品与发酵工业，2019，45（03）：237-245.

[3] 孟令芝，龚淑玲，何永炳编著．第二版．有机波谱分析［M］．武汉：武汉大学出

版社，2003：194 - 199.

［4］孙晓健，于鹏飞，李晨晨，刘常金．HS - SPME 结合 GC - MS 分析真空冷冻干燥香椿中挥发性成分［J］．食品工业科技，2019，40（16）：196 - 200.

［5］王勇，范文来，徐岩，魏金旺．液液萃取和顶空固相微萃取结合气相色谱 - 质谱联用技术分析牛栏山二锅头酒中的挥发性物质［J］．酿酒科技，2008，8：99 - 103.

［6］魏育坤，魏好程，伍菱，杨燊，邱绪建，黄志勇，倪辉．SPME/SDE - GC - MS 分析宁德养殖大黄鱼挥发性化合物［J］．食品研究与开发，2020，41（15）：129 - 136.

［7］薛慧峰，耿占杰，秦鹏，赵家琳，王芳．用气相色谱 - 红外和气相色谱 - 质谱技术分析热裂解汽油 C5 馏分组分结构［J］．石化技术与应用，2011，29（4）：362 - 367.

［8］薛洁，涂正顺，常伟，贾士儒，王异静．中国特有野生水果欧李（*Cerasus humilis*）香气成分的 GC - MS 分析［J］．中国食品学报，2008（01）：125 - 129.

［9］杨艳芹，储国海，周国俊，夏倩，袁凯龙，蒋健，刘金莉，肖卫强．双内标气相色谱 - 质谱联用法测定烟草干馏香料致香成分含量［J］．理化检验（化学分册），2016，52（11）：1272 - 1276.

［10］赵娟，李焰焰．砂糖橘挥发性风味成分分析［J］．阜阳师范学院学报（自然科学版），2012，29（04）：25 - 27，39.

［11］Belitz HD，Grosch W，Schieberle P. 2004. Aroma compounds. *Food chemistry*，4th edition. Berlin：Springer. pp719 - 720.

［12］Bergamaschi M，Cipolat - Gotet C，Cecchinato A，Schiavon S，Bittante G. Chemometric authentication of farming systems of origin of food（milk and ripened cheese）using infrared spectra，fatty acid profiles，flavor fingerprints，and sensory descriptions［J］. *Food Chemistry*，2020，305：e125480.

［13］Chaintreau A. Simultaneous distillation - extraction：from birth to maturity—review［J］. *Flavour and Fragrance Journal*，2001，16（2），136 - 148.

［14］Engel W，Bahr W，and Schieberle P. Solvent assisted flavour evaporation - a new and versatile technique for the careful and direct isolation of aroma compounds from complex food matrices［J］. *European Food Research and Technology*，1999，209，237 - 241.

［15］Felix Frauendorfer，Peter Schieberle. Key aroma compounds in fermented forastero cocoa beans and changes induced by roasting［J］. *European Food Research and Technology*，2019，245（9）.

［16］ISO - IDF. 2013. Milk and liquid milk products. Determination of fat，protein，lactose，pH，and NaCl content. International Standard ISO 9622 and IDF 141：2013. International Organization for Standardization，Geneva，Switzerland，and International Dairy Federation，Brussels，Belgium.

［17］Kolb B and Ettre LS. 1997. Static Headspace - Gas Chromatography：Theory and Practice. Wiley - VCH，New York.

［18］Lee SJ and Noble AC. Characterization of odor - active compounds in Californian Chardonnay wines using GC - olfactometry and GC - mass spectrometry［J］. *Journal of Agricultural and Food Chemistry*，2003，51，8036 - 8044.

[19] Rychlik M, Schieberle P and Grosch W. 1998. Compilation of odor thresholds, odor qualities and retention indices of key food odorants [M]. Deutsche Forschungsanstalt für Lebensmittelchemie und Institut für Lebensmittelchemie der Technischen Universität München, Garching.

[20] Solis - Solis HM, Calderon - Santoyo M, Gutierrez - Martinez P, Schorr - Galindo S, Ragazzo - Sanchez JA. Discrimination of eight varieties of apricot (prunus armeniaca) by electronic nose, LLE and SPME using GC - MS and multivariate analysis [J]. *Sensors and Actuators B*, 2007, 125: 415 - 421.

[21] Subramanian A, Harper WJ & Rodriguez - Saona LE. Cheddar cheese classification based on flavor quality using a novel extraction method and fourier transform infrared spectroscopy [J]. *Journal of Dairy Science*, 2009, 92: 87 - 94.

[22] Xiao ZB, Wang HL, Niu YW, Liu Q, Zhu JC, Chen HX, Ma N. Characterization of aroma compositions in different Chinese congou black teas using GC - MS and GC - O combined with partial least squares regression [J]. *Flavour and Fragrance Journal*, 2017, 32: 265 - 276.

第五章

CHAPTER 5

滋味化合物的提取和分析方法

学习目的与要求

1. 明确滋味化合物的提取方法。
2. 熟悉滋味化合物的分离和制备技术。
3. 熟悉滋味化合物的定性分析方法。
4. 熟悉滋味化合物的定量分析方法。
5. 掌握仪器分析与感官评价相结合分析滋味化合物的方法。

滋味化合物是存在于食物中的、通过刺激味蕾中的味觉受体细胞从而产生味觉的一类化学物质。各种滋味的本质都是由食物中相应化学分子的存在造成的，如甜味是由糖类、糖醇等甜味化合物引起的，酸味通常是由于氢离子的存在，咸味主要是以氯化钠为代表的中性盐产生的，苦味是由生物碱类、萜类、糖苷类、苦味肽、氨基酸等多种苦味化合物产生，鲜味化合物主要有氨基酸、核苷酸类、寡肽等。为了实现食品滋味的优化和改良，得到最佳工艺、贮藏条件及货架期等参数，需要对滋味化合物进行准确地分析。

针对滋味化合物的分析方法，现代使用最普遍的方法是仪器分析结合感官鉴评分析。在仪器分析方面，滋味化合物的分析离不开常规的食品化学成分的分离纯化技术，例如超滤技术、凝胶过滤色谱、反相高效液相色谱、制备型液相色谱、液相色谱－质谱联用、核磁共振等；但是仪器分析所得的馏分或色谱峰并不一定具有呈味特性，单用仪器分析无法获得食品呈味的本质，必须结合感官分析，通过对每个馏分进行感官评价，才可明确该食品的关键滋味化合物。

滋味化合物分析的一般步骤见图5－1。

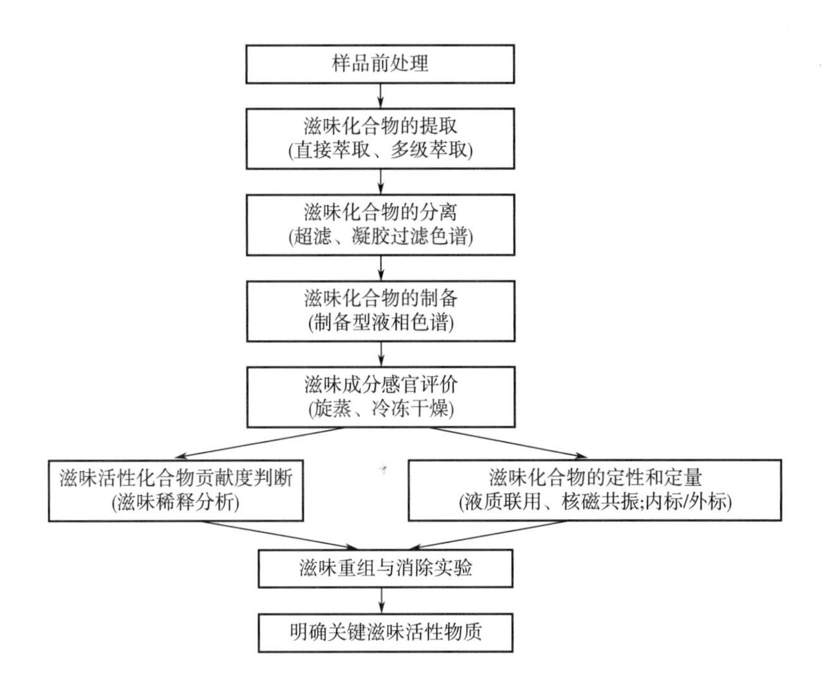

图5－1　滋味化合物分析的一般步骤

第一节　滋味化合物的提取/分离方法

采用合理高效的方法对食品中的滋味化合物进行提取是滋味物质研究的第一步，是后续进行准确分析和鉴定的重要前提。在滋味化合物提取之前，首先需要对食品样品的特点进行充分了解，选择具有典型性和代表性的部位，以保证收集到最具有风味特征的样品；其次需要针对不同食品样品的性质进行适当的预处理，以保证滋味物质提取的高效性。滋味化合物研究中常见的食品样品主要可以分为固体样品和液体样品。

（1）固体样品　包括果蔬、畜禽等新鲜材料以及粮食、加工食品等干制材料，在提取前，需要收集合适的待测部位原材料，去除杂物和清洗干净后，采用磨碎、均质处理，获得均匀的匀浆或粉状样品。

（2）液体样品　包括液体饮品、液体调味料等，其中较为澄清的液体样品如白葡萄酒、透明果汁等可进行直接提取或预处理后直接分析，不澄清的液体样品可在提取前进行搅拌、匀浆处理，获得充分均匀的样品。

一、直接提取法

滋味化合物全部属于不挥发性化合物，且均属于水溶性化合物，所以通常可以用水、有机溶剂或者水与有机溶剂的混合物进行直接提取。例如，为了研究山羊干酪中的滋味成分，将冷冻的山羊干酪磨碎，并与2倍样品体积的去离子水直接混合，在室温条件下进行提取，提取完成后进行后续分析；在绞股蓝的甜味物质分离研究中，将绞股蓝干叶粉末加入去离子水浸泡2 h，并进行超声，从而获得甜味物质提取液；在提取香菇中的鲜味肽时，将香菇完全干燥并研磨成粉末，加入去离子水进行直接提取。前人研究菠萝及菠萝果汁中的游离糖时，是用纯甲醇溶液直接对菠萝果实匀浆后的样品和菠萝果汁进行提取，之后采用旋转蒸发仪除去甲醇，用去离子水复溶后进行分析。有些比较澄清的不含油脂的液体样品，例如果汁、葡萄酒、酱油等，可以稀释后过膜，直接分析，省去提取过程。

对于多数滋味化合物，水是最好的溶剂。但同时水的提取缺乏选择性，食品中许多极性的组分都易溶于水，包括一些多糖和蛋白质，这可能会对后续的分析带来麻烦。因此，添加一定比例有机溶剂（甲醇、乙醇等）的水溶液成为目前滋味成分研究中应用较多的提取溶剂。在甜味物质的研究过程中，常用的提取溶剂为80%乙醇水溶液，该溶液在对单糖的提取效率和选择性之间有很好的折中，特别是在乳制品的甜味物质研究中，80%乙醇水溶液在提取单糖的同时，还能沉淀乳蛋白。在提取高脂食品中的滋味成分时，甲醇或乙醇水溶液同时还会提取出一定比例的脂质，脂质不是滋味成分，后续需要用氯仿或石油醚进行进一步萃取，去掉脂肪类物质，留下相对无脂的水提取物，或者是提前采用正己烷进行除脂。例如，在研究脱盐薯片中的鲜味成分时，首先将薯片磨碎，并用正己烷对薯片进行脱脂处理，之后所使用的提取溶剂是乙醇：水（1∶1，体积分数）混合液。因此，在实际研究中，需根据样品特性和实验目的，选择合适的提取溶剂。

二、多级萃取法

由于食品基质通常比较复杂，所含有的不挥发性物质种类繁多，所以有时需要使用多级溶剂萃取，根据极性对目标成分进行有效提取。目的是最大限度地去除无用的物质，但同时要保留我们所需的滋味成分。

例如，在对白芦笋中的苦味物质进行研究时，用到了连续溶剂萃取法，如图5-2所示，首先将芦笋研磨，用甲醇/水溶液（70∶30，体积分数，pH 5.9）进行提取，旋转蒸发以去除有机溶剂，再进一步冻干去除水分，得到粗提物。因为甲醇水溶液可以提取出的物质非常多，为了进一步从中得到苦味馏分，分别用正戊烷（Ⅰ）、二氯甲烷（Ⅱ）、乙酸乙酯（Ⅲ）以及去离子水（Ⅳ）对粗提物进行连续萃取，得到4个提取液。经过旋蒸和冻干，并进行感官评价，可以发现具有苦味的馏分在Ⅲ号提取液中。通过连续萃取，有效地去除了非苦味物质，减少了后续苦味物质的分析的难度。在酱油中的呈味物质的研究中也采用了连续溶剂萃取法，分别用去离子水、20%（体积分数）乙醇和40%（体积分数）乙醇对酱油进行提取，得到3个提取液。将3种提取液分别进行旋转蒸发去除有机溶剂，再进一步冻干去除水分，得到待测样品，进行后续的感官评价和仪器分析。

由于滋味化合物通常存在易损耗、易变质的特点，所以对于提取好的样品要尽快分析，若需要保存，则多采用低温保存或是冷冻干燥法处理后保存，使样品最大限度地保持原来的化学组成和物理性质。

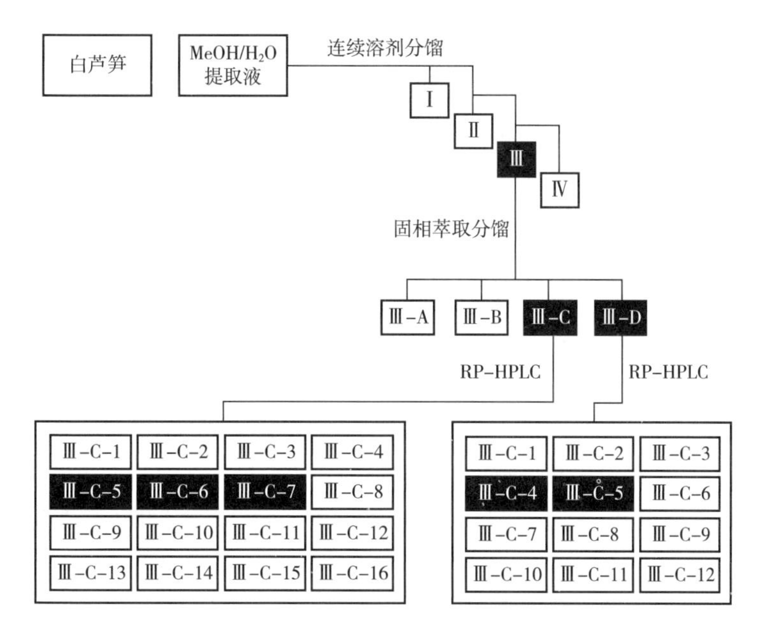

图5-2　白芦笋（*Asparagus officinalis* L.）苦味物质的连续溶剂萃取

第二节　滋味化合物的分析方法

一、滋味化合物的分离和制备

（一）超滤技术

风味化学家发现，食品中的滋味分子基本都在小于5000u的分子水平上，甚至大多处于小于1000u的分子水平上。因此，在分析滋味化合物之前，当所提取的食品样品中所含化合物的分子质量分布比较广时，可以在提取之后使用超滤技术（ultrafiltration，UF）对滋味化合物进行分离，这对滋味化合物的进一步纯化具有重要作用。

超滤技术的原理是通过超滤膜的使用，使得不同的物质根据分子直径的大小实现分离。所以，超滤膜是超滤仪的核心部件，超滤膜的结构和构成材料对于超滤技术的分离性能起着决定性作用。大多数超滤膜具有不对称的微孔结构，分为两层：上层被称为活化层，孔径较小（1~20nm），具有拦截大分子的作用，决定膜的分离性能；下层被称为支撑层，孔径较大，具有增加膜强度的作用。这种不对称膜结构，使得液体样品在分离过程中，大分子物质流经膜表面时，由于超滤膜孔径大小不同，在泵的压力作用下，小分子物质通过超滤膜，大分子物质无法通过，由此将不同大小的分子分开，达到对溶液净化、分离、提纯、浓缩的目的。

超滤技术具有过滤效果稳定、能耗低、效率高、浪费小、无相变、过滤范围广、方便扩容、操作简单等优点。由于超滤是在温和条件下进行操作，因此对被处理样品的影响很小，对分离和浓缩样品，特别是含有热不稳定物质和易挥发组分的样品，分离效果好。超滤技术可以截留的物质包括脂肪、油脂、蛋白质、淀粉、乳化液、胶乳、酶、发酵液、色素、核酸、多糖、肽、果胶等大分子有机物，以及细菌、病毒、寄生虫、藻类等微生物，还包括胶体和悬浮物等。因此，目前超滤技术在工业上已被广泛应用。

在食品风味研究中，当食品样品中的物质分子质量分布较广时，超滤成为进行关键滋味物质分离纯化的重要步骤。在对食品中的滋味成分进行提取后，可以应用超滤技术，将滋味提取物种的分子按分子质量的分布进行分类。通过逐一鉴评其滋味活性，最终锁定目标馏分。在实验室中常用的超滤系统是美国 Millipore Mini - Pellicon（图 5 - 3），该系统配备有 Easy - load 蠕动泵，为超滤提供驱动力，运用液压迫使溶液透过超滤膜，把大分子溶质阻留在膜的一侧，成为浓缩液，而小分子溶质透过膜到达另一侧，成为透过液流出。该系统能够提供两种不同材质的超滤膜共选择，一种为无缺陷聚醚砜系列，高通量，具有良好化学兼容性，一般均可应用；一种为无缺陷改良纤维素系列，适合极低浓度目标蛋白质吸附。不同材质的超滤膜截留分子质量大小从 3000u、5000u、10000u、30000u、50000u、100000u、300000u 到 1000000u（MWCO），有 0.1μm、0.2μm、0.45μm 等多种孔径可供选择，可以根据实验的不同目的选择合适的超滤膜。

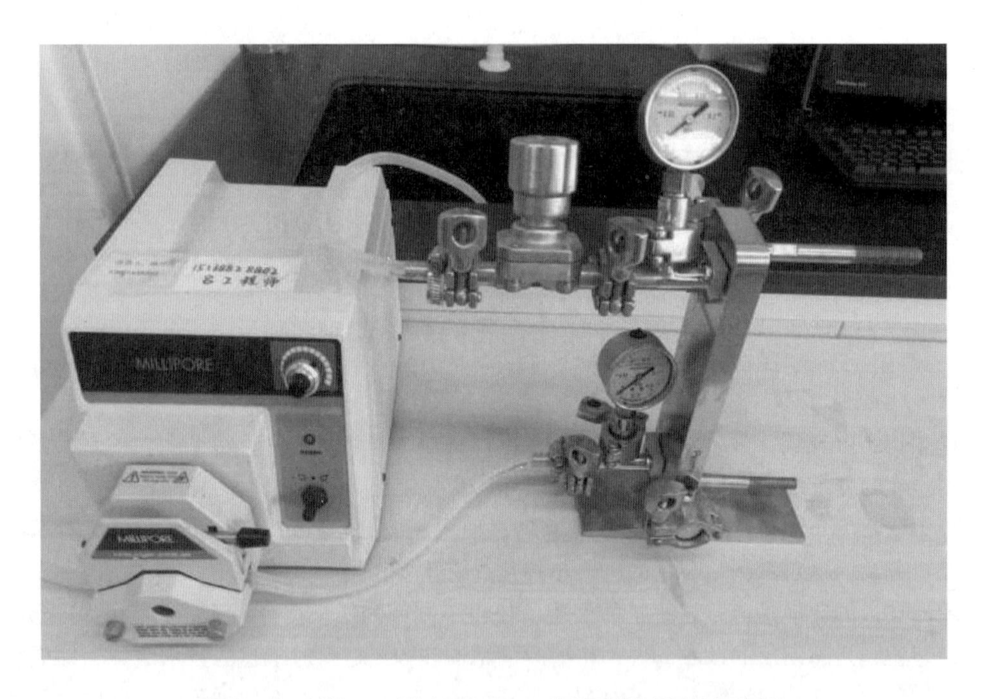

图 5 -3　Millipore Mini -Pellicon 实验室超滤系统示意图

在研究牛骨髓提取物中的鲜味和浓厚味物质时，利用超滤技术对水溶性提取物进行分离，使用不同孔径的超滤膜，得到 4 个馏分，分别是 U - I（分子质量 <1000u），U - Ⅱ（分子质量 =1000 ~3000u），U - Ⅲ（分子质量 =3000 ~5000u）和 U - Ⅳ（分子质量 >5000u）。对各组分进行冻干处理，经过感官鉴评，发现馏分 U - Ⅰ的鲜味和浓厚味非常明显，而其他馏分很弱或没有鲜味和浓厚味，由此可知牛骨髓提取物中大部分的鲜味和浓厚味活性成分在 U - Ⅰ中（表 5 - 1），锁定该馏分作为后续重点研究对象。在对牛肉汤中的呈味物质进行研究时，研究人员直接采用63.5mm内径的超滤膜，获得分子质量小于1000u的馏分，经过感评鉴评，发现其滋味与牛肉汤的整体滋味吻合，表明该馏分中包含了牛肉汤中的大部分滋味活性部分，从而成功缩小了包含滋味活性成分的馏分范围。在探索研究乳基婴儿配方乳粉中存在的苦味物质时，对乳粉的水提取液进行超滤处理，获得包含小于1000u，1000～3000u，以及3000～5000u三种分子质量分布的馏分，经感官评价可知小于1000u的馏分呈味强烈，因此对其进行后续研究。对于香菇中鲜味成分的研究，也可使用超滤技术，对滋味活性成分所在的馏分做初步筛选，得到呈味的馏分之后再进行后续分析。通过超滤技术，将呈味的滋味活性成分锁定在一定分子质量分布的馏分中，降低后续分析的难度。

表5-1 牛骨髓提取物利用超滤获得的馏分的感官评价

感官特性	U-Ⅰ	U-Ⅱ	U-Ⅲ	U-Ⅳ
鲜味	8.2 ± 0.1^{a}	6.0 ± 0.2^{b}	2.2 ± 0.3^{c}	0.3 ± 0.2^{d}
浓厚味	6.0 ± 0.0^{a}	6.0 ± 0.1^{a}	2.6 ± 0.0^{b}	0.5 ± 0.2^{c}
酸味	4.5 ± 0.1^{a}	4.0 ± 0.2^{b}	3.2 ± 0.1^{c}	3.1 ± 0.3^{d}
甜味	3.6 ± 0.2^{a}	3.2 ± 0.1^{b}	2.6 ± 0.2^{c}	2.0 ± 0.1^{d}
苦味	1.4 ± 0.1^{a}	2.0 ± 0.1^{b}	2.0 ± 0.2^{b}	2.0 ± 0.2^{b}

注：同一行数据后的不同小写字母表示差异显著（$p<0.05$）。

（二）凝胶色谱分离技术

凝胶色谱分离技术，是液相分配色谱的一种，是20世纪60年代中期发展起来的一种新型分离技术，主要用于高聚物的相对分子质量分级分析以及相对分子质量分布测试。它的分离基础是按照溶液中溶质分子体积大小进行的，其分离过程是在一个装有多孔凝胶的色谱柱中进行的。根据分离的对象是水溶性的化合物还是有机溶剂可溶物，又可分为凝胶过滤色谱（gel filtration chromatography，GFC）和凝胶渗透色谱（gel permeation chromatography，GPC）。凝胶过滤色谱一般用于分离水溶性的大分子，如多糖类化合物，常用凝胶的代表是葡萄糖系列，洗脱溶剂主要是水。凝胶渗透色谱主要用于有机溶剂中可溶高聚物（聚苯乙烯、聚氯乙烯、聚乙烯、聚甲基丙烯酸甲酯等）的相对分子质量分布分析及分离，常用的凝胶为交联聚苯乙烯凝胶，洗脱溶剂为四氢呋喃等有机溶剂。

装有多孔凝胶的色谱柱是凝胶色谱分离技术中的主体，一般凝胶装在玻璃管或有机玻璃管中。凝胶具有化学惰性，它不具有吸附、分配和离子交换作用。当样品溶液通过凝胶色谱柱时，柱中可供分子通行的路径有凝胶颗粒间隙（较大）和凝胶颗粒内的孔隙（较小），较大的分子（体积大于凝胶孔隙）被排除在粒子的小孔之外，只能从粒子间的间隙通过，速率较快，在色谱柱中的保留时间较短，先溶出；而较小的分子可以进入粒子中的小孔，通过色谱柱的速率要慢得多，其在色谱柱中的保留时间长；中等体积的分子可以渗入较大的孔隙中，但受到较小孔隙的排阻，介乎上述两种情况之间。经过一定长度的色谱柱，分子根据相对分子质量被分开，相对分子质量大的分子在前面（即保留时间短），相对分子质量小的分子在后面（即保留时间长）。影响分离度的不是色谱柱直径大小，而是色谱柱柱高。若样品量大，则可以选择直径大的色谱柱。若需要分离的组分多，则可以选择柱高比较高的色谱柱。分离度与柱高的平方根相关，但由于色谱柱过高会使里面填充的凝胶挤压变形阻塞，因此一般不超过1m。

凝胶色谱分离过程不依赖于流动相、固定相和溶质分子三者之间的作用力。这使得凝胶色谱在流动相溶剂的选择上比较简单，一般用单一溶剂即可达到分离测定的目的，无需改变溶剂强度，无需进行梯度洗脱。因此凝胶色谱的实验条件和操作过程非常简单，实验原理也通俗易懂。它对于那些组成和性质十分相近，但分子质量不同的物质可以达到有效地分离，这就弥补了液相色谱中吸附、分配和离子交换等分离分析方法的不足，为液相色谱分析增加了一种十分有用的分离形式。在凝胶色谱分析中，溶质在色谱柱的保留体积不会超过色谱柱中流动相溶剂的总体积，因此凝胶色谱分析中溶质分子的保留体积比液相色谱法的保留体积要小，分离得到的色谱峰相应就窄，便于定量检测。色谱柱中的凝胶填料没有吸附功能，因此，不会出现液相色谱中的色谱柱超载问题。对于同样规格大小的色谱柱，凝胶色谱柱能接受的样品的容量比液相色谱大10多倍。因此，凝胶色谱柱使用寿命一般较长，分离条件易于控制。由于设备简单、操作方便，目前已经被生物化学、分子生物学、生物工程学、分子免疫学以及医学等有关领域广泛采用，不但应用于科学实验研究，而且已经大规模地用于工业生产。除了测定高聚物的相对分子质量和相对分子质量分布，近年来，凝胶色谱也广泛用于分离小分子化合物。

凝胶色谱分离技术也存在局限性，因为目前还没有足够灵敏和瞬时响应的检测器与其配套，因此只能采用相对分析的方法，即只能采用不同分子质量的标样来标定色谱柱，再以此作为数据处理的依据，不能实现绝对定性和定量，因此使用凝胶色谱只能实现分子质量范围的测定，具体分子质量大小不能准确得到。另外，因为凝胶色谱峰容量较小，因此对于分子大小相近且性质相似的物质，利用凝胶色谱技术很难实现分离。

在食品滋味物质分析中，所分离的目标滋味物质多为水溶性分子，因此使用凝胶过滤色谱较多。对于富含色素、蛋白质、油脂等的食品样品，其所含组分的分子质量范围大，在分析时可以考虑利用凝胶过滤色谱对滋味馏分进行进一步的筛选，将大分子的杂质去掉，缩小馏分范围，便于后续精确地定性和定量。凝胶过滤色谱在食品滋味研究中的应用实例很多，例如，为了对牛肉汤中分离鉴定出的增甜剂 Alapyridaine（一种吡啶正盐）进行分离，首先将牛肉汤进行超滤，发现小于1000u的馏分具有增甜效应，之后对该馏分进行凝胶色谱的进一步分离。选择装有 Sephadex G－15 凝胶填料的色谱柱（400mm×55mm），以0.1mol/L乙酸水溶液作为流动相，对超滤筛选得到的呈味馏分进行分离，利用紫外检测器检测254nm的信号。从图5－4可以看出，小于1000u的馏分在凝胶色谱中可以进一步分为10个馏分。将各个馏分进行收集和冷冻干燥。之后经过感官鉴评，发现馏分Ⅲ具有明显的增甜作用。由此，将滋味活性成分进一步锁定在相应的馏分中，有利于下一步精细分离。

相似的应用还在乳基婴儿配方乳粉中苦味物质的研究上。通过超滤筛选得到奶粉水提取物中小于1000u的呈味馏分，利用凝胶过滤色谱，选择 Superdex Peptide 10/300GL 凝胶过滤色谱柱（300mm×10mm），对该馏分进行进一步分离。检测波长为220nm，最终进一步得到了4个馏分（图5－5）。对每个馏分进行冷冻干燥，并对每个馏分进行稀释分析。发现馏分P－F－1和P－F－4具有苦味，其中P－F－4苦味最为明显。将这两个馏分收集浓缩后，可用于进一步分析和分离。

（三）分析型高效液相色谱技术

高效液相色谱（high performance liquid chromatography，HPLC）是目前应用非常广泛的分

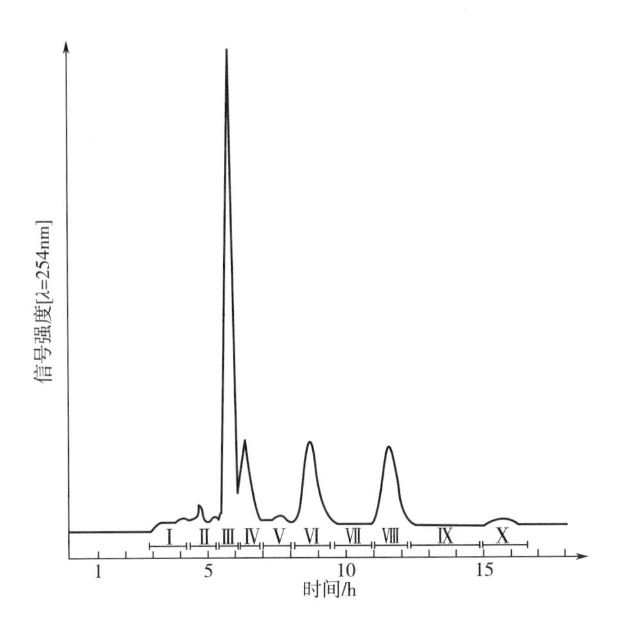

图5－4　牛肉汤滋味提取物中小于1000u馏分的凝胶色谱分离图

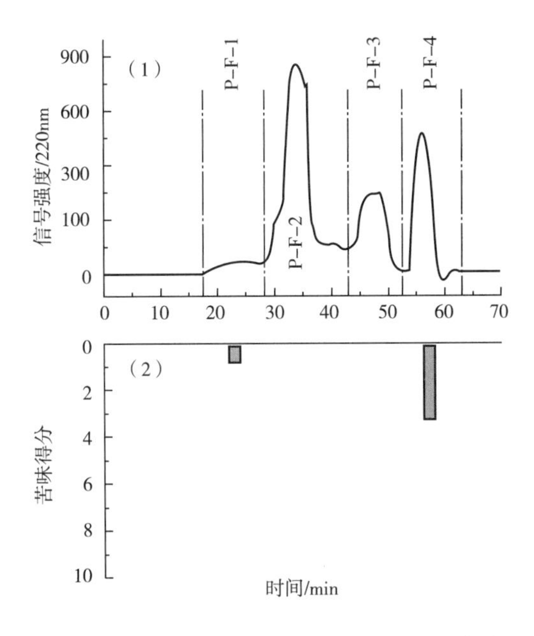

图5－5　乳基婴儿配方乳粉苦味提取物中小于1000u馏分的凝胶色谱分离图

析色谱仪器。它是用高压泵将具有一定极性的单一溶剂或不同比例的混合溶剂（流动相）泵入装有填充剂的色谱柱（固定相），经进样阀注入的样品被流动相带入色谱柱内进行分离后依次进入检测器，根据色谱信号进行数据处理而得到分析结果。样品溶质通过高压泵的作用在流动相和固定相之间进行连续多次交换，根据溶质在两相间的分配系数、亲和力、吸附力或分子大小不同引起排阻作用差别，从而使不同的溶质得以分离。

根据固定相与流动相极性的不同，液相色谱法又可分为正相色谱法和反相色谱法。采用极性固定相（如含水硅胶、三氧化二铝等）和非极性或弱极性流动相（如正己烷等烷烃）的分离方法属于正向液相色谱法，其流动相的极性小于固定相的极性，主要适用于极性物质的分离分析；采用非极性固定相（如 C_{18}）和极性流动相（如水/甲醇）对样品进行分离的方法称为反相液相色谱法，其流动相的极性大于固定相的极性，主要适用于非极性物质或中等极性物质的分离分析。反相液相色谱是高效液相色谱中应用最广泛的方法。对于滋味化合物的分析，大多采用反相高效液相色谱法。

1. 反相高效液相色谱的固定相

反相液相色谱常用的固定相为非极性键合相，一般最常用的是以多孔硅胶为基质的十八烷基键合相，简称为 C_{18}（ODS）。固定相的性能直接决定了色谱柱的分离性能。多孔硅胶键合相的制备是通过硅胶表面的硅羟基与氯硅烷发生键合反应（图 5-6 和图 5-7）进行的。多孔硅胶表面布满硅羟基，平均每平方纳米有 5 个羟基可以与氯硅烷发生反应，因此硅胶表面有足够多的反应位点形成键合相。键合反应完成后的硅胶填料需要采用水解的方法除去其中的氯，再通过硅烷化试剂除去剩余的硅羟基，这一过程称为封端反应（图 5-6）。通常，在硅胶表面不会达到百分百的键合，键合率随键合链的增加而减少。以 C_{18} 为例，键合浓度为 3~3.5μmol/m^2（完全键合为 4μmol/m^2），每个 C_{18} 链占有 0.5nm^2 的面积，而两个相邻基团间隔 0.7nm 左右，因此样品分子仍然有一定空间接近剩余的硅羟基，从而产生双重吸附作用。硅胶键合相的粒度通常为 3~10μm，硅胶微粒中的孔径 6~30nm。通常情况下，分离分子质量在 2000u 以下的样品分子，可以采用 12nm 以下孔径的填料，孔径小的填料具有较大的比表面积和较高的样品容量，可以使样品有较大的保留值和更好的分离选择性。当分离像蛋白质、多肽类的大分子样品时，可采用 30nm 孔径的填料，便于分子在孔内的扩散和分配，获得较好的分离效率。总体而言，色谱柱是色谱系统的核心，要想实现最佳的分离效果，应根据目标物质的特性，选择合适的色谱柱。

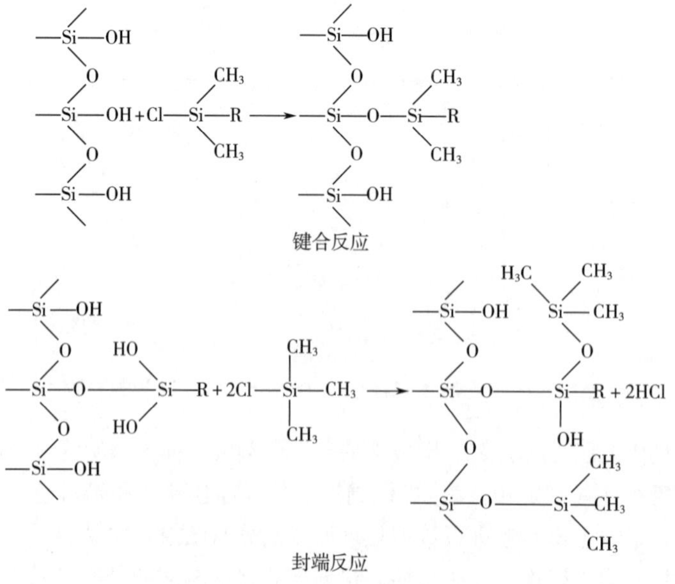

键合反应

封端反应

图 5-6　键合反应和封端反应

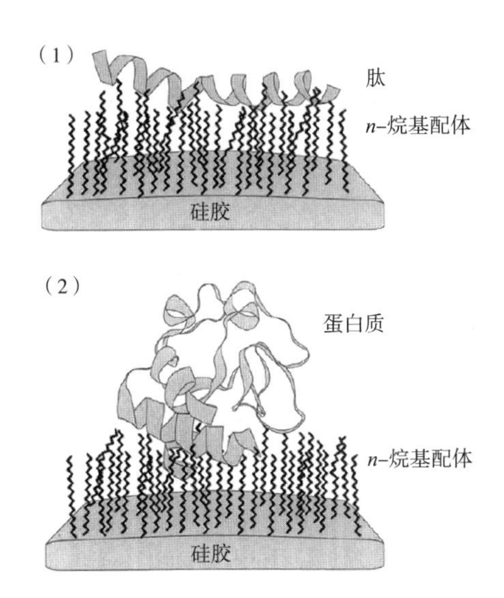

图5-7 肽（1）与蛋白质（2）与反相液相色谱的硅胶通过 n-烷基配体键合示意图

2. 反相高效液相色谱的流动相

反相液相色谱常用的流动相有水、甲醇、乙腈、四氢呋喃等，通常，极性越大的溶剂在反相体系中的洗脱能力越弱，反之，极性越小则洗脱能力越强。因此，根据极性，上述溶剂在反相体系中的洗脱能力为四氢呋喃 > 乙腈 > 甲醇 > 水。用四氢呋喃作为流动相时，所有化合物的保留值都很小。根据相关研究结果，甲醇/水、乙腈/水和四氢呋喃/水体系之间的洗脱能力有如下近似经验关系：即 100% 的甲醇的洗脱强度相当于 66% 的四氢呋喃/水的洗脱能力，相当于 89% 的乙腈/水的洗脱强度。在实际应用时，其洗脱能力会根据不同样品分子产生不同程度的偏离。通常，以不同比例混合而成的甲醇/水、乙腈/水的体系是最常见的二元溶剂系统，这也是目前利用反相色谱进行分离时使用频率最高的流动相体系。根据待分析组分的复杂情况，也可以在甲醇/水或乙腈/水中加入适量的四氢呋喃组成三元溶剂体系以进一步提高冲洗强度。这种三元溶剂体系所具有的洗脱能力几乎可以解决所有样品的洗脱问题。有时，为了改善色谱峰型、调节 pH、抑制样品解离或改变样品分离选择性，以及进行手性分离等，需要加入相应的试剂（如甲酸）组成四元以上的体系。另外，不同的样品分子在色谱柱的保留值还随流动相种类不同而出现明显的变化。例如，甲醇/水体系对含有氢键的极性样品分子有较好的分离选择性，对这一类样品的洗脱能力强，因此，能形成氢键的极性官能团分子在甲醇/水体系中出峰快，分离效率高；乙腈/水体系对含有双键的分子具有较强的分离选择性和较高的分离效率，因为乙腈分子中的双键可以与样品分子中的双键产生较强的相互作用；四氢呋喃/水体系对于芳香胺、酚类、羧酸类化合物的保留值比甲醇/水和乙腈/水有明显的增加，而对于非极性化合物的保留值有明显的减小。在滋味化合物的分析中，可根据待测滋味分子的特性进行相应的选择。对于未知的滋味化合物，可采用常规的甲醇/水体系做预先试验。

3. 高效液相色谱的检测器

高效液相色谱强大的分析功能与其可以连接种类繁多的检测器有着密不可分的关系。不同理化性质的溶质分子需要采用特定的检测器才能达到分析的高选择性、高灵敏度以及定性和定量的高准确性。建立正确高效的色谱分析方法，不仅需要选择正确的分离模式、色谱柱和流动相系统，还要选择正确的检测器。可以与液相色谱直接连接的检测器种类非常多样，常见的有以下几种。

（1）紫外可见光吸收检测器　紫外可见光吸收检测器（UV - VIS detector）是利用色谱分离的组分在紫外 - 可见光的波长范围内有特征吸收而产生电信号的检测器，由光源、样品池和光电管等部分组成。其核心部件是光源，目前紫外可见光吸收检测器多采用双光源，即利用氘灯提供紫外范围的波长，利用钨灯提供可见光范围的波长，两者结合可以提供 190 ~ 1000nm 范围的连续光谱。选择紫外 - 可见光吸收检测器进行检测，样品的溶质分子应具有紫外 - 可见光吸收特性，也就是溶质分子应包含有相应的吸收基团。只有在吸收基团的最大吸收波长附近进行检测，才可以得到高灵敏度和宽线性范围。

（2）光电二极管阵列检测器　光电二极管阵列检测器（diode array detector，DAD）是目前应用最为广泛的检测器，其检测原理与紫外可见光吸收检测器基本相同，区别是光电二极管阵列检测器进入流通池的不是单色光，获得的检测信号不是单一波长，而是可以同时得到所有波长的吸收值，相当于全扫描光谱图。光电二极管阵列检测器也是采用氘灯和钨灯组合光源，它们发出的复合光经过流通池被样品吸收，之后通过一个全息光栅发生色散，投射到一个由 2048 或更多的光电二极管组成的二极管阵列上，每个光电二极管输出相应的光强度信号，形成吸收光谱。光电二极管阵列可同时检测 180 ~ 600nm 的全部紫外光和可见光的波长范围内的信号，而且在 1s 内可进行快速扫描采集 100000 个检测数据。因此，光电二极管阵列检测器具有检测效率高、灵敏度高的优点。使用光电二极管阵列检测器同样要求样品的溶质分子应具有紫外吸收特性，它适用于几乎所有的有紫外吸收特性的化合物。

由于光电二极管阵列检测器可以获得全扫描光谱图，因此可以定性判别或鉴定不同类型的化合物，也可以对未分离组分的纯度情况进行判断，同时，使用该检测器进行分析检测时，可以不实现设定特定波长，而是根据各个组分的吸收峰的全扫描光谱，找到最大吸收波长，选择最佳值后再进行后续的定量分析。在滋味化合物的分析中，多数苦味、鲜味物质以及有机酸等，均可采用光电二极管阵列检测器进行分析。

（3）荧光检测器　荧光检测器（fluorescence detector，FLD）是利用某些溶质在受紫外光激发后，能发射出荧光的性质来进行检测的。对于不产生荧光的物质，可以使其与荧光试剂反应，制成可发生荧光的衍生物来进行测定。荧光检测器的激发光光源常用氙灯，可发射 250 ~ 600nm 连续波长的强激发光。光源发出的光经过透镜、激发单色器后，分离出具有确定波长的激发光，激发光聚焦在流通池上，使流通池中的溶质受激光后产生荧光。

荧光涉及光的吸收和发射两个过程，因此任何荧光化合物都有两种特征的光谱：激发光谱和发射光谱。荧光属于光致发光，需选择合适的激发光波长以利于检测。激发波长可通过荧光化合物的激发光谱来确定。激发光谱的具体检测办法是通过扫描激发单色器，使不同波长的入射光激发荧光化合物，产生的荧光通过固定波长的发射单色器，由光检测元件检测。最终得到荧光强度对激发波长的关系曲线就是激发光谱。在激发光谱曲线的最大波长处，处于激发态的分子数目最多，即所吸收的光能量最多，能产生最强的荧光。当考虑灵敏度时，测定应选择最大激发波长。一般所说的荧光光谱，实际上指荧光发射光谱。它是在激发单色器波长固定时，发射单色器进行波长扫描所得的荧光强度随荧光波长变化的曲线。荧光光谱可供鉴别荧光物质，并作为荧光测定时选择合适的测定波长的依据。激发波长和发射波长是荧光检测的必要参数。选择合适的激发波长和发射波长，对检测的灵敏度和选择性都很重要，尤其是可以较大程度地提高检测灵敏度。

（4）蒸发光散射检测器 蒸发光散射检测器（evaporative light scattering detector，ELSD）是一种通用型检测器，可对液体样品中半挥发和不挥发性化合物进行检测，特别是可以检测没有紫外吸收的有机物质，如碳水化合物、脂类等。样品组分从色谱柱后流出，进入蒸发光散射检测器之后，首先在N_2的作用下被雾化，之后被N_2气流携带通过漂移管，在此过程中溶剂挥发掉，留下溶质颗粒形成的薄雾，它可将光散射至光敏器件产生电信号。电信号被放大后通过一定的电压输出可以使我们了解通过光检测池的溶质颗粒的浓度。电信号的强弱取决于进入蒸发光散射检测器中样品颗粒的大小和数量，不受样品分子含有的官能团和光学特性的影响。由于在漂移管中流动相被蒸发，因此蒸发光散射检测器是唯一一个在检测前去除流动相的检测器，从而消除了溶剂峰对基线的扰动。也因为在分析过程中会将溶剂蒸干，因此在与液相色谱以及多种检测器串联一起使用时，蒸发光散射检测器必须串联在末尾位置。蒸发光散射检测器灵敏度比示差折光检测器高，对温度变化不敏感，基线稳定，适合与梯度洗脱液相色谱联用。

（5）示差折光检测器 示差折光检测器（refractive index detector，RID）也是一种通用型检测器，在液相色谱检测中多用于没有紫外-可见光吸收特性的化合物分析。只要被检测的化合物的折光指数与液相溶剂体系有差别即可被检测。但示差折光检测器的最大弱点是检测灵敏度低，受环境温度、流动相组成等波动的影响较大，不适合梯度洗脱，通常不用于痕量分析。不过，示差折光检测器对糖类检测灵敏度较高，其检测限可达10^{-8}g/mL，在研究甜味物质时，示差折光检测器常被用来分析食品样品中的糖类构成。

（6）质谱检测器 质谱检测器（mass spectrometry detector，MS）是一种同时具备高特异性和高灵敏度的通用型检测器，它可以通过测量离子质荷比提供丰富的结构信息，从而实现定性和定量分析。其基本原理是使样品组分在离子源中发生电离，生成不同质荷比的带电荷的离子，经加速电场的作用，形成离子束，进入质量分析器。在质量分析器中，再利用电场和磁场使发生相反的速度色散，将它们分别聚焦而得到质谱图，从而确定其质量。根据质谱图中信号的强弱，可以实现定量分析。

质谱仪器一般由进样口、离子源、质量分析器、检测器、数据处理系统等部分组成。目前，根据将样品组分离子化方式的不同，质谱检测器有多种离子源，如基质辅助激光解析电离（matrix-assisted laser desorption ionization，MALDI）、电喷雾电离（electrospray ionization，ESI）、快原子轰击（fast atomic bombardment，FAB）、液相二次离子质谱（liquid phase secondary ion mass spectrometry，LSIMS）、电子轰击电离（electron bombardment ionization，EI）、化学电离（chemical ionization，CI）等，其中基质辅助激光解析电离适合生物大分子的分析，电喷雾电离适合分析的化合物分子质量较为广泛，小分子到生物大分子均可。目前，与液相色谱联用得最普遍的质谱电离方式就是电喷雾电离。样品经液相色谱的色谱柱流出后进入质谱的电喷雾离子源，在干燥气的作用下，样品组分变为雾化液滴，并进一步蒸发，只留下带电离子，在电喷雾喷口和质量分析器之间的电场的作用下，离子通过毛细管进入质量分析器，在检测器中被检测。液相色谱与质谱联用技术可以解决大多数的食品成分分析问题，在滋味化合物研究中也被广泛使用。

4. 反相高效液相色谱在滋味化合物研究中的应用

高效液相色谱法具有分离效能高、选择性好、灵敏度高、分析速度快、适用范围广等显著的优点，所以目前食品中各种滋味化合物的研究均离不开高效液相色谱法的使用。对于所含样品组分的分子质量分布简单的食品可以直接使用高效液相色谱进行分析，对于所含组分的分子质量分布较广的食品，可选择性地使用超滤、凝胶过滤色谱等技术，对目标滋味馏分做提前锁定，之后再使用高效液相色谱进行精确分析。滋味化合物研究相关的应用见表5－2。

表5－2　高效液相色谱 HPLC 在不同滋味化合物研究中的应用

样品	滋味化合物	色谱柱	流动相	检测器	参考文献
水果、蔬菜、谷物	果糖，葡萄糖，蔗糖，半乳糖，麦芽糖，乳糖（甜味）	Prevail carbohydrate column	乙腈－水（70：30，体积分数）	ELSD	Shanmugavelan et al.（2013）
番茄	葡萄糖，果糖，蔗糖（甜味）	Aminex column	水	RID	Beullens et al.（2006）
牛肉汤	alapyridaine（甜味增强剂）	RP－18，ODS－Hypersil	10mmol/L 甲酸铵水溶液（A），0.1%三氟乙酸甲醇（B）	DAD，MS	Ottinger et al.（2003）
樱桃酒	酒石酸、柠檬酸、乳酸（酸味）	Atlantis C_{18}	0.05mmol/L 磷酸甲醇	UV/Vis	Niu et al.(2012)
鸡汤	β－丙氨酰二肽（厚酸味）	AminoPac PA－10 column	水（A），200 mmol/L NaOH 水溶液（B），1mol/L 醋酸钠水溶液（C）	MS	Dunkel et al.（2009）
酱油	肽类（鲜味）	C_{18} column	0.1%甲酸水（A），乙腈（B）	MS	Zhuang et al. 2016
牛骨髓抽提物	肽类（鲜味和浓厚味）	Eclipse XDB－C_{18} column	0.1%甲酸水（A），0.1%甲醇（B）	DAD，MS	Xu et al. 2018
白芷	香豆素类（苦味）	Zorbax SB－C_{18} column	0.1%甲酸水（A），甲醇（B）	DAD，MS	Yu et al. 2020
红茶	黄烷－3－醇糖苷（涩味）	Grom Sil 120 octyl－5－CP HPLC column	0.1%甲酸水（A），甲醇（B）	MS	Scharbert et al. 2004

注：ELSD—蒸发光散热检测器；RID—示差检测器；DAD—二极管阵列检测器；HPLC—高效液相色谱；MS—质谱检测器；UV/Vis—紫外－可见光检测器。

（四）制备型高效液相色谱技术

制备型高效液相色谱（Preparative high performance liquid chromatography，pre - HPLC）是在分析型液相色谱的基础上发展起来的一种高效分离纯化技术，其原理与分析型液相色谱仪一样，通过采用液相色谱技术，实现从混合物中分离、收集一种或多种纯物质的目的。制备型液相色谱中的“制备”这一概念就是指获得足够量的单一化合物以满足后续研究需求。制备型高效液相色谱仪的构成除了进样系统、高压输液泵、制备色谱柱、在线检测器等部件，还配有馏分收集器。

一般情况下，从食品中提取得到的滋味物质的量很少，经过制备型液相色谱积累收集后再进行深入分析是一种较为有效的方法。为了达到富集、分离、纯化的效果，制备型液相色谱仪要求使用直径更大的色谱柱、更高的流速、更大的进样量。分析型高效液相色谱和制备型高效液相色谱在仪器部件和操作参数上的区别见表5－3。

表5－3 分析型高效液相色谱和制备型高效液相色谱在仪器部件和操作参数上的区别

	分析型高效液相色谱	制备型高效液相色谱
目的	对样品中的成分进行定性和定量	对样品中成分的单体进行分离、富集和纯化
样品量	<0.5mg	半制备型<100mg；制备型0.1~100g；工业生成型200~2000g
上样量	尽可能小，样品/柱填料（质量分数）的基本范围：10^{-10}~10^{-3}	尽可能大，样品/柱填料（质量分数）的基本范围：0.001~0.1
最大流速	10mL/min	半制备型50mL/min；制备型100mL/min；工厂生产型100L/min
色谱柱颗粒粒径	3~10μm	10~20μm
色谱柱内径	4.6mm	10~1600mm

制备型液相色谱不是分析型色谱的简单放大。在我们使用制备型液相色谱进行收集时，通常我们会选择与分析型色谱所使用的色谱柱填料一样、柱长一样，但直径更大的色谱柱。此时，流速和样品体积应按照色谱柱的横截面积或色谱柱内径的平方（d_c^2）成比例增加。例如，当我们以一个10mm内径的色谱柱代替分析型色谱柱（4.6mm内径）时，流速和样品量都应增加$10^2/4.6^2=4.73$倍。在这样的条件下，在直径较大的色谱柱上能获得与分析型色谱相同的分离效果（相同的保留时间、峰宽、分离度和柱压）。另外我们也可以有针对性地建立制备型液相色谱的分析方法。在多数情况下，分析型液相色谱的分析目标是实现所有目标色谱峰的基线分离。而在制备型液相色谱中，我们要收集的目标色谱峰可能只有1个或少数几个。因此我们应尽可能提高目标色谱峰的分离度，也就是目标色谱峰与其相邻色谱峰之间的分离度是最重要的，其他非目标峰的分离度我们可以暂时忽略。这样可以提高制备型液相色谱分析和分离的效率，从而方便我们后续实现感官评价。

制备液相收集得到的组分，一般经过了流动相的稀释，所以在感官评价前，需要浓缩和富集。对于水溶液样品，一般可以采取冷冻干燥的方法，如果所收集到的馏分含有有机试剂，可以先用旋转蒸发或氮吹仪去除有机试剂，再进行冷冻干燥。在锁定具有呈味效应的滋味活性成分之后，下一步可对其结构进行鉴定。

为了研究白芷中的苦味物质，首先使用液相色谱对白芷水提取液进行分析，在310nm检测到13个峰。之后使用制备液相，增大进样量，对每个峰进行分离和收集，通过旋转蒸发和冷冻干燥后，对每个峰进行感官评价和苦味稀释分析，发现2、5、6、7、9、10号峰共6个组分具有苦味。下一步可以直接进行液-质联用分析，对这6个呈苦物质进行结构鉴定（图5-8）。

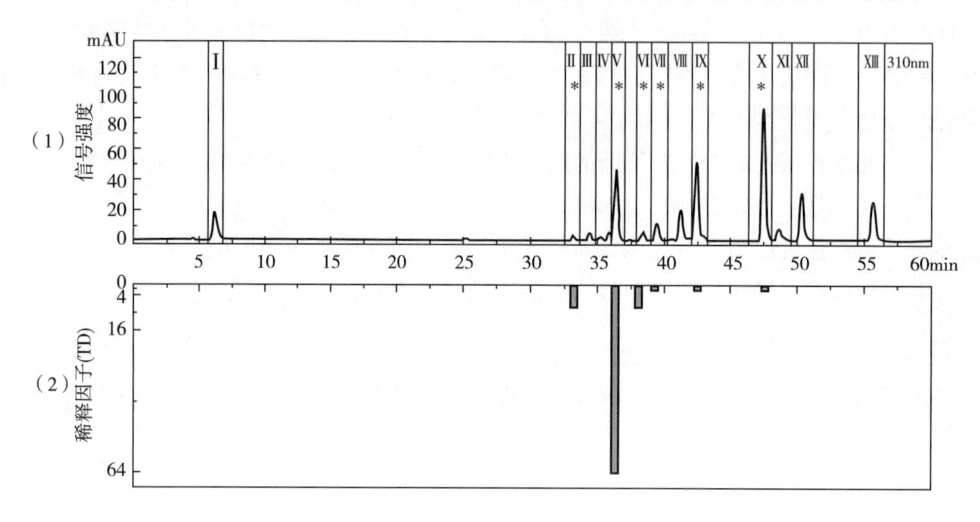

图5-8 白芷中苦味物质的制备液相色谱图（1）和稀释因子（2）

采用高效液相色谱对黑胡椒中的滋味成分进行分析，从黑胡椒的乙醇提取液中检测到41个成分，之后采用半制备型液相色谱对每个峰进行分离和收集，并分别进行感官评价和滋味稀释分析，从而明确了其中具有麻味、辛辣味和苦味的馏分。下一步将锁定的馏分使用液质联用、核磁共振等技术进行结构鉴定（图5-9）。

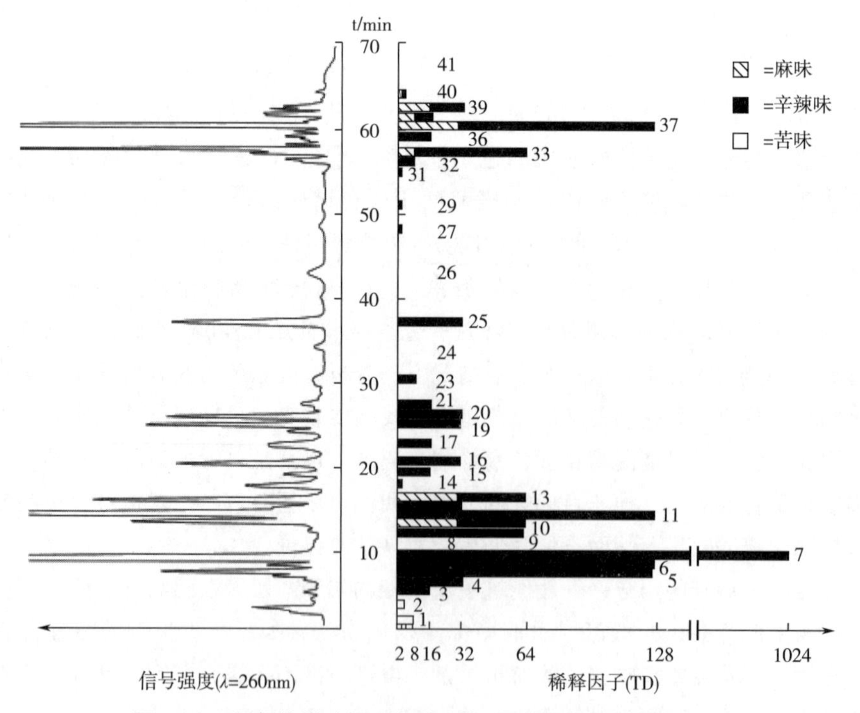

图5-9 黑胡椒滋味提取物的制备液相色谱图和稀释因子

二、 滋味化合物的定性分析方法

（一）液相色谱 - 质谱联用技术

目前常用的定性方法是液相色谱 - 质谱联用（liquid chromatography - mass spectrometry，LC - MS）技术，即液 - 质联用。液相色谱虽有强大的分析能力，但对于未知化合物，液相色谱本身没有鉴别的能力，往往需要借助质谱、红外光谱、紫外光谱、核磁共振等技术进行结构鉴定。这种离线的分析方式要求待鉴定的组分必须为纯物质，如果该组分不纯，还需要再次进行色谱分离后再进行结构鉴定。虽然这种方法具有一定的适用性，但操作上较为烦琐。在各种结构鉴定的技术手段中，质谱是一种有效的化合物鉴定技术。显而易见，液相色谱的优点在于分离，而质谱的优点在于对具有一定纯度的化合物进行结构鉴定。只要将液相色谱与质谱连接，就可以弥补液相色谱无法定性的短板，从而实现复杂样品中化合物的分离和鉴定的双重任务。

1. 质谱技术的发展历程

质谱的历史距今已经有 100 多年了。英国物理学家（Joseph John Thomson），1906 年揭示了电荷在气体中的运动，该发现为质谱的发明奠定了重要基础。1910 年，Thomson 使用没有聚焦作用的电场和磁场进行简易的组合，用这一装置证明了氖的两个同位素氖 20 和氖 22 的存在。此时质谱法被正式发明出来，所以 Thomson 也被称为现代质谱之父。之后 1919 年，科学家 Fransis Witliam Aston 研制出第一台精密质谱仪，并用这台仪器测定了 50 多种同位素，制作出第一张同位素表。利用质谱在同位素上的发现，使他获得了 1922 年诺贝尔化学奖。因此，质谱在初期的时候主要被应用在同位素探索上。

之后，质谱仪开始往高分辨的方向发展。1942 年，第一台商品质谱仪诞生，从此质谱被用于汽油、石油分析以及橡胶工业上。1956 年 Wolfgang Paul 和 Hans Georg Dehmelt 发明离子阱技术，离子肼是一种质量分析器，它比传统的聚焦分析器灵敏度更高，质量检测范围更广。当时离子阱的优越性没有立即体现出来，直到后来串联质谱发明，串联质谱可以实现多重检测，如一级离子筛选以后，可以进行第二次的碰撞，产生二级离子，再进行一次质量分析。离子肼非常适用于串联质谱，因此逐渐应用广泛，两位发明者于 1989 年获得了诺贝尔物理学奖。在这一时期，质谱主要应用在有机化学的研究上，此时质谱技术只能分析分子质量小于 1000u 的物质。对于分子质量大的化合物质谱无法进行检测。

1985 年，日本科学家田中耕一发明了一个重要的技术，称为基质辅助激光解吸电离（Matrix - assisted laser desorption ionization，MALDI），这是一种电离方式，通过使用一种额外的基质，来辅助样品进行离子化。这种电离方式，非常适用于生物大分子，如蛋白质、核酸、酶等。1984 年 John Bennetf Fenn 发明了电喷雾电离（Electrospray ionization，ESI），并于 1988 年首次将电喷雾电离成功应用于蛋白质分析。MALDI 和 ESI 这两种电离方式的发明都促进了质谱在生物学上的应用，特别是生物大分子领域的应用。

近年来，质谱的发展非常迅速。2000 年，俄罗斯科学家 Alexander Makarov 发明了轨道离子肼技术。与传统离子肼不同的是，传统离子肼使用的是射频电场，通过改变电场的参数，使大于或者小于目标质量的离子射出，只保留了目标质量的离子；轨道离子肼用的是静电场，使离子围绕中心电极做圆周运动。轨道离子肼的分辨度非常高，可以分辨质子和中子间的质量差。目前广泛应用在蛋白质组学、代谢组学，以及食品安全领域。美国普渡大学

R. Graham Cooks 教授团队在 2004 年发明了解吸电喷雾电离技术（desorption electrospray ionization，DESI），它的最大亮点是样品不需要预处理，不需要保持真空条件，直接在常压条件下就可以离子化分析。其主要应用在化学反应的研究上，反应的产物或者反应的中间体可以直接通过质谱检测到。2007 年，陈焕文教授发明了电喷雾萃取电离技术（EESI），是在 ESI 和 DESI 技术的基础上发展起来的新型离子化技术。主要针对液体样品或者黏性样品，同样无需预处理。因此，质谱新的技术不断开发出来，所以它的应用领域也在不断扩大，目前在生物、化工、环境等领域的结构解析、定量分析中有着广泛的应用，在滋味物质的研究中，质谱也是不可缺少的仪器。

2. 质谱的形成过程

质谱，简单来说，是称量离子质量的工具。质谱的形成过程与光谱类似。从光源发出一束白光，在棱镜的作用下按照波长的长短，可分成赤橙黄绿青蓝紫不同颜色的光束。在最后的聚焦平面上放上照相底板，就可以得到一个光谱图。与这一情况类似，当一个物质的原子或者分子在经过离子源的作用后，发生了电离，产生带电荷的离子，外界给一个电场，这些离子就会以电子束的形式进入质量分析器，在质量分析器这里会施加另外一个磁场或者电场，改变了之前离子束的方向。因为不同的离子的质量、所带的电荷不同，因此运动速度也不同，最后，各种离子就会按照离子质荷比的大小分离开。通过一定的方式把分离开的离子逐一记录下来，就形成了质谱图。质谱图里的离子大小已知，可以对物质的质量数进行判断，从而实现定性分析。根据谱峰的强度，可以判断物质的含量，从而可以进行定量分析。需要注意的是，质谱不属于光谱，在整个过程中没有透光、波长的概念，只是原理跟光谱有类似的地方。因此，质谱的定义可总结为：将物质按照一定的方式离子化，利用不同离子在电场或磁场的运动行为的不同，把离子按质荷比（m/z）分开而得到质谱，通过样品的质谱和丰度，可以得到样品的定性和定量结果。

3. 质谱仪的构成

一台完整的质谱仪由进样系统、离子源、质量分析器、检测器、数据处理系统构成。

（1）质谱的进样系统是把样品导入的装置。它可以跟一些常规分离设备进行连接，比如高效液相色谱、气相色谱、毛细管电泳等。液-质联用即样品从液相色谱的色谱柱后端流出后，直接进入质谱进行分析。

（2）质谱的离子源是样品分子发生离子化的部件，根据离子化原理的不同，有不同的离子源，例如基质辅助激光解析电离（MALDI）、电喷雾电离（ESI）等，这两种离子源常与液相色谱连接使用。其中，电喷雾电离是目前最常使用的一种电离方式。

（3）质量分析器是质谱的核心部件，它可以检测离子的质荷比，并将离子按质荷比分开。根据检测原理的不同，有飞行时间质谱（time of flight，TOF），四极杆质谱（quadropole，Q），离子肼（ion trap）等。为了应对复杂样品的分析，现在更多使用的是串联质谱，即两个或更多质谱连接在一起，滋味化合物研究中比较常用的质量分析器有三重四极杆质谱（QQQ）和四极杆飞行时间（Q-TOF）质谱。所谓三重四极杆质谱，即 3 个四极杆串联在一起，第一个和第三个四极杆主要进行离子扫描，第二个四极杆是碰撞池，用来对第一个四极杆筛选出的离子进行再次碰撞破碎。离子在四极杆中的路径是螺旋前进，设置合适的电压可以使非目标离子湮灭在四极杆上。三重四极杆质谱的优势在于定量的灵敏度和稳定性。飞行时间质谱，是离子在一个无场的离子漂移管中运动，质荷比小的运动的快，先通过漂移管，而质荷比大的运动慢，后到达漂移管的另一端。它的优势在于可以进行精确分子质量的测定，可以精确到小数点后四位。四极杆飞行时间质谱，即将一个四极杆和一个飞行时间质谱串联在一起，中间连接一个碰撞池，可实现二级碰撞。

（4）检测器是将来自质量分析器的离子束进行放大并进行检测。质谱仪中常用的检测器主要是电子倍增管及其阵列。

（5）数据分析系统一般是一台计算机，方便数据处理。

通常情况下，离子源、质量分析器和检测器要维持一个高真空状态，这样离子才能按照理论上的方式进行运动。质谱仪的离子产生及经过系统必须处于高真空状态。若真空度过低，则会造成离子源灯丝损坏、本底增高、图谱复杂化、干扰离子源的调节、加速及放电等问题。一般质谱仪都采用机械泵预抽真空后，再用高效率扩散泵连续地运行以保持真空。现代质谱仪采用分子泵可获得更高的真空度。

4. 质谱中的主要术语

（1）常见术语

①质荷比 m/z：质谱是把物质离子化后，根据离子在电场中的运动情况来进行检测。所以决定离子运动顺序的是其质荷比，而不是质量数。m 是相对原子质量，或者相对分子质量；z 是在离子化过程中所带的电荷数。一般 z 为 1，所以 m/z 被认为是离子的质量数，但对于蛋白质等大分子物质来说，其表面容易带多电荷，此时 z 大于 1，m/z 就不再是离子的质量数。在质谱中不能用平均相对分子质量计算离子的化学组成，例如，不能用氯的平均相对原子质量 35.5，而用 35 和 37，由于氯 35 的天然丰度为 75%，所以在质谱中通常以相对原子质量 35 进行计算。

②质谱图：是质谱的表示方法，质谱的结果一般以谱图的形式表现，横坐标为离子的质荷比，纵坐标为离子相对强度或相对丰度，是该质量离子的多寡的表示。谱图可以很直观地表示结果，因此非常常用，但不太细致。谱图还可分为连续谱和棒状图两种（图 5－10），一般电子轰击电离源（EI）多用棒图来表示，电喷雾电离源（ESI）多用连续谱来表示。另外，还可以使用列表法，在表格中分别列出质荷比、相对丰度等信息。

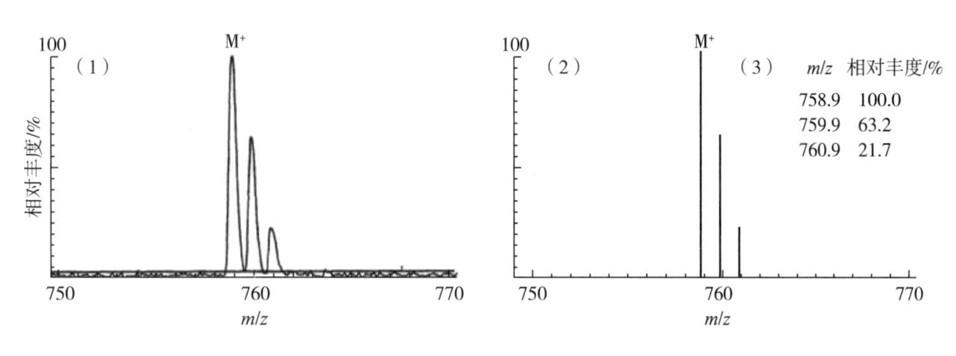

m/z	相对丰度/%
758.9	100.0
759.9	63.2
760.9	21.7

图 5－10　质谱结果的表现形式

（1）连续谱　（2）棒状图　（3）列表

③百分强度：所有峰的强度之和为 100，每个离子所占的份额即为其百分强度，百分强度 $=(I_i/\sum I_i)\times 100\%$（$I_i$，第 i 个离子的强度）。

④相对强度：质谱图中离子强度最大的峰称为基峰（base peak），定义基峰的强度为 100，即 $I_B=100$，其他离子强度与之相比的百分强度称为该离子的相对强度。

⑤总离子流图（Total ion chromatogram，TIC）：在选定的质量范围内，所有离子强度的总和对时间或扫描次数所作的图。若某一质谱图总离子流很低，说明电离不充分，不能作为一张标准质谱图。质量分析器在可能出现的质荷比范围内以固定时间间隔重复地扫描，检测系统就可连续不断地得到变化着的质谱信号。计算机一边收集存储，一边将每次扫描的离子流求和，获得总离子流。总离子流随时间变化的图谱称为总离子流色谱图。在总离子流图中，纵坐标表示收集存储离子的电流总强度，横坐标表示离子的生成时间或连续扫描的扫描次数。所以每一个时间点下，都有一张相应的质谱图，每一个质谱图对应一个化合物的结构信息，可以帮助我们解谱。

⑥质量范围（mass range）：表明一台仪器所允许测量的质荷比从最小到最大值的变化范围。一般最小为2。最大可达数万，若有多电荷离子存在，实际最大能达上百万。质量范围取决于仪器性能，实际工作中根据需求来进行选择。

⑦分辨率（resolution，R）：是判断质谱仪性能的一个重要指标。具体而言，分辨率是指质谱仪区分两个质量相近（质量差为 Δm）的离子的能力。低分辨仪器一般只能测出整数分子质量，高分辨率仪器可测出分子质量小数点后第四位（精确分子质量），因此可以根据分子质量计算和推导化合物的结构，而不需要进行元素分析。

⑧精确质量（exact mass）：高分辨率的仪器可以实现精确质量的计算，从而可以计算出分子式。精确质量的计算是基于天然丰度最大的同位素的精确原子质量。如虽然自然界中存在氢、氘、氚，但氢的天然丰度最大，^{1}H 的精确原子质量为 1.007825u。同理，^{12}C 的精确原子质量为 12.000000u，^{14}N 的精确原子质量为 14.003074u，^{16}O 的精确原子质量为 15.994915u。

分辨率不同的仪器对峰的分辨能力不同。两个峰在什么状态下可被认定为分开有具体的定义。简单来看，若两个相邻峰的峰谷低于峰高的10%（或50%），则可被认为是分开的。另外，半高宽，又称为半峰宽（FWHM），也常用于表示能量分辨率。它是指吸收谱带高度为最大处高度一半时谱带的全宽，即峰值高度一半时的透射峰宽度。按国际纯粹与应用化学联合会（International Union of Pure and Applied Chemistry，IUPAC）定义，分辨率 $R = M/\Delta M$（单峰质量除以50%峰高处的峰宽），M 为相邻两峰之一的质量数，ΔM 为相邻两峰的质量差。例如，500与501两个峰刚好分开，则 $R = 500/1 = 500$。若 $R = 50000$，则可区别开500与500.01。利用这个公式计算出来的分辨率是能达到两个相邻峰的峰谷低于峰高的50%。

例如，乙烯、氮气和一氧化碳的质量数同为28，但质量亏损导致三者的精确质量有细微差异（表5-4）。若想使这三个物质成功分开，可以通过上述公式计算得到两两物质之间的分辨率（CO和 N_2：2489；N_2 和 C_2H_4：1133.96；CO和 C_2H_4：1114.96。）。若仪器分辨力为 $R = 1000$，则达不到要分开这三个分子的要求。仪器分辨率达到2300（半高峰宽）时，可以区分出乙烯，但氮气和一氧化碳仍然不能区分；而当采用更高的分辨率5000时，即可区分三者（图5-11）。

表5-4　质量数为28的三种分子组成的精确质量

化合物名称	整数质量/u	精确质量/u
CO	28	27.994914
N_2	28	28.006158
C_2H_4	28	28.031299

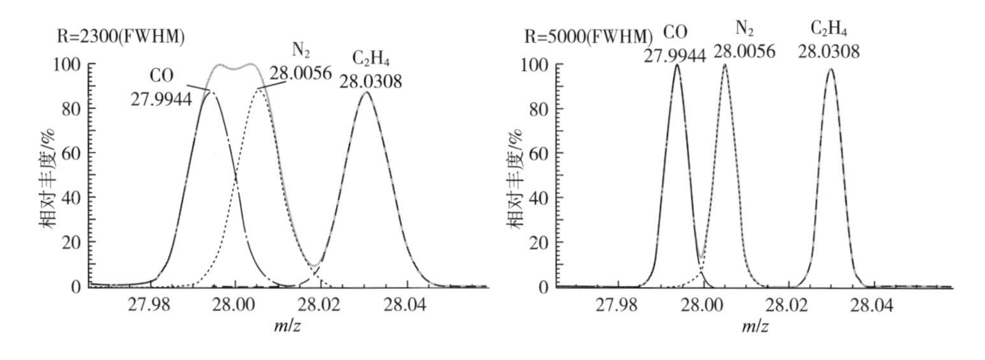

图5－11　质谱仪分辨率为2300和5000时的CO、N_2和C_2H_4的分离情况

质谱学上的高分辨包含两层含义：高的分辨本领和良好的线性行为和稳定性。线性行为指的是离子浓度和强度之间能够成比例关系，也就是仪器性能足够的稳定，一般线性行为好，表明定量能力好。不同类型的质量分析器在质谱应用上最大的不同，就在于其分辨率不同。

飞行时间质谱仪、傅立叶变换质谱仪的分辨力、线性和稳定性好，属于高分辨质谱仪。飞行时间质谱仪的分辨率可达到10000，Q－TOF的分辨率超过20000。

离子阱质谱仪的分辨力高，但线性低，属于准高分辨质谱仪，通常用于判断质谱峰带的电荷数。

四极杆质谱仪的分辨力低，但线性好，不属于高分辨质谱仪。四极杆的分辨率一般小于2000。

（2）离子的种类

①分子离子：中性分子丢失一个电子时，会显示一个正电荷，称为分子离子，用M+·表示，也可用M^+表示。分子离子在质谱图上相对应的峰为分子离子峰。通常情况下，分子离子峰的质荷比可以认为是化合物的相对分子质量。

②准分子离子：是指分子离子继续生成的碎片离子，最常见的准分子离子是$[M+H]^+$，$[M-H]^-$，准分子离子峰跟分子离子峰离的非常近，不容易辨认哪个是分子离子峰。在CI、FD、FAB等电离方法中，往往生成质量大于分子质量的离子如M+1，M+15，M+43，M+23，M+39，M+92……，也属于准分子离子。要熟悉不同物质的特性，解析准分子离子与分子离子有同样重要的作用。M+1峰通常是某些化合物如醚、酯、胺、酰胺等在碰撞中易捕捉氢原子而形成，它们形成的分子离子不稳定，使得分子离子峰很小，甚至不出现，但M+1峰却相当大。M－1峰：有些化合物如醛类，在离子源碰撞中容易失去氢原子，因此往往没有分子离子峰，但M－1峰却较大。

③碎片离子：电离后，有过剩内能的分子离子，会以多种方式裂解，生成碎片离子，其本身还会进一步裂解生成质量更小的碎片离子，所以理论上，除了分子离子峰，其余的离子均为碎片离子。碎片离子峰的数目及其丰度与分子结构有直接关联。碎片离子峰数目多表示该化合物分子容易断裂，某个碎片离子峰的丰度高表示该碎片离子较稳定，也表示该化合物分子比较容易断裂生成该离子。如果将质谱中的主要碎片识别出来，就能帮助判断该分子的结构。识别碎片的过程就是我们判断分子结构的过程。

④多电荷离子：是指带有2个或更多电荷的离子，有机质谱中，我们通常分析的都是小

分子物质，单电荷离子占绝大多数。只有那些不容易碎裂的基团或结构特别稳定的分子，如共轭体系结构，才会形成多电荷离子。对于蛋白质等生物大分子，采用电喷雾的离子化技术，可产生带很多电荷的离子，这也是用质谱解析结构比较困难的原因。多电荷离子可以扩展质谱的质量范围。

5. 电喷雾电离

电喷雾电离（electrospray ionization，ESI）是样品在电场的作用下形成带高度电荷的雾状小液滴，在向质量分析器移动的过程中，液滴因溶剂不断挥发而缩小，导致表面电荷密度不断增大，当电荷之间的排斥力足以克服液滴的表面张力时，液滴发生裂分，如此反复进行，最后得到带单电荷或多电荷的离子。电喷雾电离与液相色谱联用最好，也可直接进样，混合物直接进样可得到各组分的分子质量。

使用电喷雾电离应考虑溶剂的选择，溶剂除了对样品要有良好的溶解力外，其极性也应考虑。一般来说，极性溶剂（如甲醇、乙腈、丙酮等）更适合于电喷雾电离。常用的溶剂有水、甲醇、乙腈的各种比例混合液。根据所测样品的酸碱性，ESI 可选择正离子和负离子模式，主要看样品的物质是更容易接受氢，还是失去氢。有一些极性物质，两者都容易，可以两种模式都用。ESI 一般碎片少，多数情况下形成准分子离子峰。

6. 质量分析器

质量分析器是质谱仪的核心，不同类型的质量分析器构成不同类型的质谱仪。质量分析器的作用是将离子源产生的离子按 m/z 顺序分开并排列。不同类型的质谱仪其功能、应用范围、原理、实验方法均有所不同。目前常用的质量分析器有：

（1）飞行时间质谱（TOF） 其核心部分是一个无场的离子漂移管，加速后的离子在漂移管中具有相同的动能，离子运动的快慢取决于离子的质荷比，质荷比小的离子，漂移运动的速度快，最先通过漂移管；质荷比大的离子，漂移运动的速度慢，最后通过漂移管。飞行时间质谱适合于生物大分子，灵敏度高，扫描速度快，结构简单，分辨率随质荷比的增大而降低。

（2）四极杆质量分析器（Q） 离子在四极杆中的路径是螺旋前进，非目标离子将湮灭在四极杆上，四极杆质量分析器的优势在于定量的灵敏度和稳定性。

（3）离子阱质量分析器（ion trap） 特定 m/z 离子在离子阱内特定的轨道上稳定旋转，当改变端电极电压时，不同 m/z 离子飞出离子阱到达检测器。

（4）串联质谱（tandem MS） 两个或更多的质谱连接在一起，称为串联质谱（MS－MS）。最简单的串联质谱由两个质谱串联而成，其中第一个质量分析器（MS1）将离子预分离或加能量修饰后由第二个质量分析器（MS2）分析结果。目前，为了应对复杂的分析任务，一般多采用多级串联的质谱系统。按照系统构成和工作模式，串联质谱可分为时间串联和空间串联两大类型。时间串联是利用了质谱仪时间顺序上的离子储存能力，由具有存储离子的分析器组成，如离子阱质谱仪、回旋共振质谱仪等，但不能进行母离子扫描或中性丢失。空间串联是两个以上的质量分析器联合使用，两个分析器间有一个碰撞活化室，目的是将前级质谱仪选定的离子打碎，由后一级质谱仪分析。常见的串联形式有三重四极杆质谱（QQQ）、四极杆－离子阱质谱（Q－Trap）、四极杆－飞行时间质谱（Q－TOF）等。对于空间串联质谱，由于相关事件可以分别在不同的质谱分析器顺序进行处理，因此可以实现诸如全扫描、前体离子（母离子）、产物离子（子离子）和中性丢失等 MS/MS 分析扫描，而时间串联质谱，只能将待分析的离子储存起来进行顺序处理，一经扫描检测抛出离子阱后便不能再进行后续处理，因此单独依靠系统硬件本身不能进行前体离子扫描及中性丢失扫描，但却可以进行 N 级逐个碎裂过程的扫描分析 MS^n。

7. 质谱中的扫描模式

（1）全扫描　全扫描（scan）是指对指定质量范围内的离子扫描并记录其质谱图，用以确定待分析物的相对分子质量，并通过库搜索进行定性鉴别的方法，用单个质量分析器可以完成。

（2）选择离子监测　选择离子监测（selected ion monitoring，SIM）用于检测已知或目标化合物，比全扫描方式能得到更高的灵敏度。这种数据采集的方式一般用在定量目标化合物之前，而且往往需要已知化合物的性质。若几种目标化合物用同样的数据采集方式监测，那么可以同时测定几种离子。以三重四极杆质谱为例，通过 Q1 锁定已知目标离子，Q2 不打碎全通过，用 Q3 实施提取离子色谱图的监测，并用于定量分析。

（3）母离子扫描　母离子扫描可用来鉴定和确认类型已知的化合物，尽管它们的母离子的质量可以不同，但在分裂过程中会生成共同的子离子，这种扫描功能在药物代谢研究中十分重要。

连续扫描第一个质量分析器 Q1，让各种质荷比的母离子依次通过 Q1，进入 Q2，并诱导碰撞解离，同时设定 Q3 锁定特定质荷比的子离子，一经检测则利用软件回溯该子离子的母离子通过 Q1 时的电压，便可以得到母离子的质荷比，得以扫描记录具有共同子离子特征母体离子的质谱图。通俗地讲就是通过已知子离子，检测具有这种子离子特征的所有母离子。该模式是快速筛选化合物的有力手段，适合筛选结构相似的化合物，主要应用在药物和代谢研究中。

（4）子离子（产物离子）扫描　Q1 锁定某一质荷比为 m/z 的母离子，输送到 Q2 进行诱导解离，产生的碎片用 Q3 进行全扫描，因此得到的是母离子产生的子离子的质谱图，主要用于母离子的结构分析。

（5）中性丢失扫描　Q1 扫描一定质量范围内的所有母离子，并输送到 Q2 进行诱导解离，Q3 以与 Q1 保持中性丢失碎片的固定质量差联动扫描，得到中性丢失所形成子离子的质谱。该模式可用于鉴定和确认类型已知的化合物，也可以帮助进行未知物结构的判定，如 DNA 加合物的确定等。

（6）多反应监测（multiple response monitoring，MRM）　由 Q1 全扫描确定的质量为 m_1 目标物，经 Q2 打碎全通过，在 Q2 做子离子扫描，从子离子谱中选择特征的子离子 m_2，组成离子对实施 MRM 监测，只有同时满足 m_1 和 m_2 特征质量的离子才被监测。这样的质量色谱图经过了三次选择：即液相色谱的保留时间，Q1 选择 m_1 和 Q2 选择 m_2，其色谱峰被认为不再存在任何干扰。在 MRM 模式下，根据色谱峰面积，可采用外标或内标法进行定量分析。

8. 质谱定性的一般步骤

质谱定性的步骤通常包括仪器分析和谱图分析两部分，一般步骤如下。

（1）仪器分析　①目标物质的提取、分离。②离子源、质量分析器的选择。③扫描模式选择。④获得适当的质谱谱图。

（2）谱图分析　①尽可能判断分子离子。②结合碎片离子、中性丢失及其强度推断结构。③结合文献、标准品共洗脱、其他谱（如核磁共振波谱法）等确证结构。

其中，谱图分析的关键在于了解目标化合物的裂解方式，并熟悉其分子质量。例如，若利用质谱来分析甜味物质糖类，则需要熟悉葡萄糖的相对分子质量是180，在负离子模式下，葡萄糖失去一个氢原子，形成质荷比为179的准分子离子峰；蔗糖相对分子质量为342，在负离子模式下，会产生341的准分子离子峰。对于苦味物质槲皮素-3-葡萄糖苷，它属于黄酮类化合物，要想能够成功解谱，需要知道这一类化合物通常会先从糖苷键的位置断裂，除了分子离子峰，还会产生一个苷元离子峰，是分子离子峰丢失一个己糖苷产生的。对于鲜味物质肽类的结构鉴定，同样需要了解肽键的断裂方式。如图5-12所示，根据肽键的结构，在质谱中肽链通常可以从肽键前、肽键中间和肽键后三个位置发生断裂，所产生的碎片分别为a、b、c、x、y、z。含有N-末端碎片离子称为：a，b或c；含有C-末端的碎片离子称为：x，y或z。根据键能的大小，质谱中主要以b、y型离子为主。所以解谱最重要的是了解化合物如何裂解，以及熟悉其相关相对分子质量。

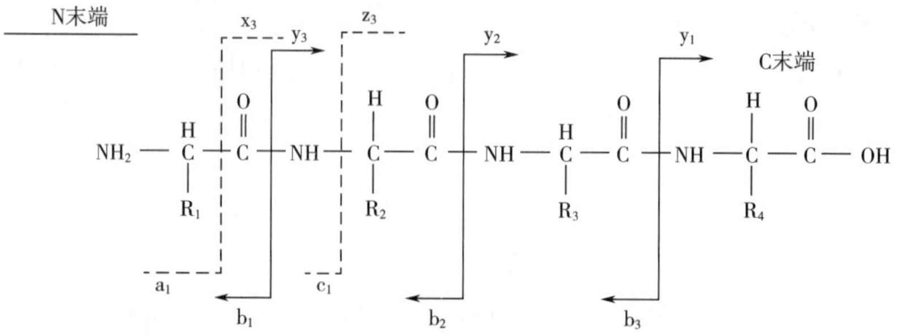

图5-12　肽链在质谱中的裂解方式及所形成的离子

9. 液-质联用技术在滋味化合物研究中的应用

目前，液-质联用技术飞速发展，已成为一种常规的应用技术。在风味研究领域，由于滋味活性分子种类纷繁复杂，因此需要使用液-质联用技术实现分离和获得结构鉴定信息，这对于滋味活性化合物的明确具有重要的作用。液-质联用技术在滋味化合物相关研究的应用非常广泛，应用举例如图5-13和图5-14所示。

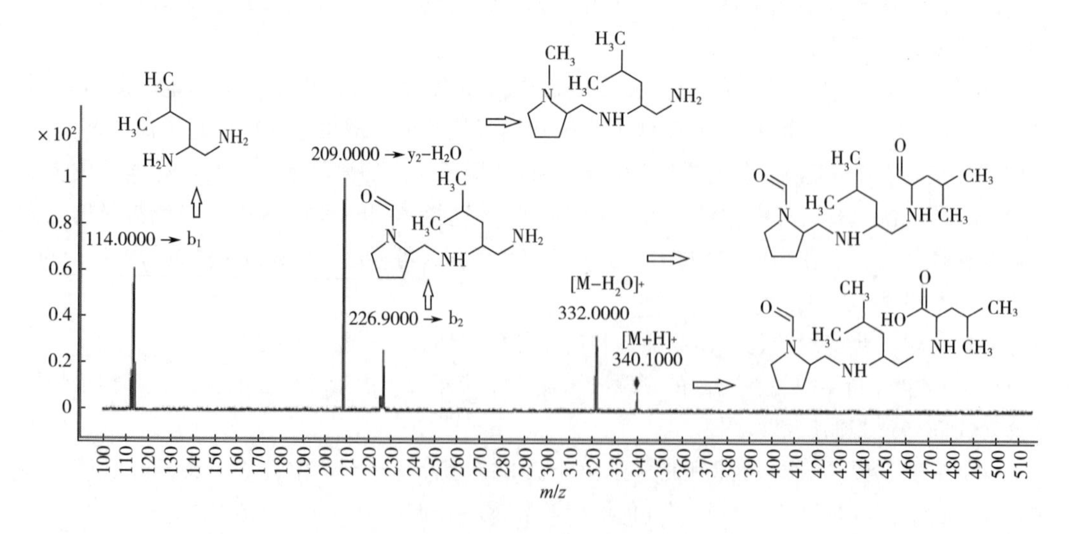

图5-13　LC-MS/MS串联质谱对婴儿配方乳粉中苦味肽的鉴定

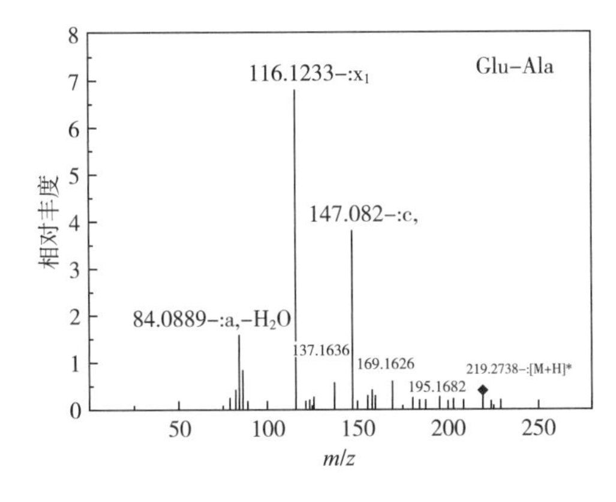

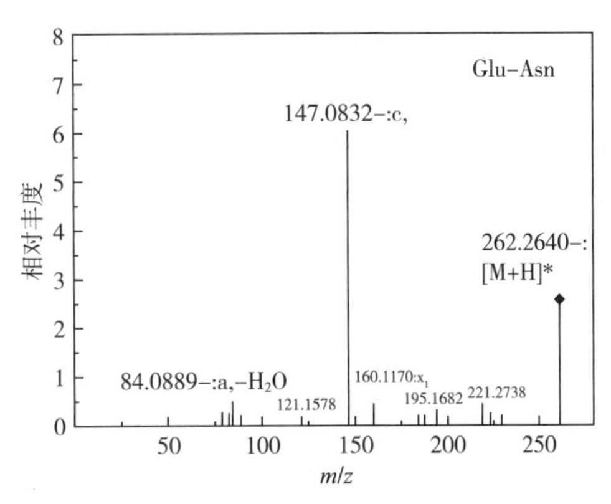

图5－14　LC－Q－TOF串联质谱对酵母抽提物中鲜味肽的鉴定

（二）核磁共振波谱技术

对于结构复杂的滋味分子或是互为同分异构体但滋味活性相差很大的分子，质谱无法实现准确鉴定，核磁共振技术可以为这些物质的鉴定提供技术支持。

核磁共振波谱技术（Nuclear magnetic resonance，NMR）与紫外吸收光谱、红外吸收光谱类似，本质上都是微观粒子吸收电磁波后在不同能级上的跃迁，只是核磁共振所涉及的微观粒子不是电子，而是原子核，是磁性原子核在磁场中吸收和再发射发生核磁能级的共振跃迁的一种物理现象。

1. 核磁共振现象的产生

原子核是由质子（带正电荷）和中子（不带电）组成，因此原子核带正电荷，其电荷数等于质子数，与元素周期表中的原子序数相同。原子核的质量数为质子数与中子数之和。原子核的质量和所带电荷是原子核的最基本属性。原子核通常表示为$^{A}X_{Z}$，其中X为原色的化学符号，A是质量数，Z是质子数。Z相同，而A不同的原子核称为同位素，如$^{1}H_{1}$、$^{2}H_{1}$、$^{3}H_{1}$。大多数原子核和电子一样具有自旋现象，因而具有自旋角动量，即原子核本身具有的角动量。自旋角动量可以用自旋量子数I来表示。一个原子核的自旋量子数可以取0、1/2、1、3/2等值。只有极少数核的自旋量子数会大于4。一些常见原子核的自旋量子数如表5－5所示。

表5－5　一些常见原子核的自旋量子数

质量数	质子数	中子数	自旋量子数 I	NMR信号	原子核
偶数	偶数	偶数	0	无	$^{12}C_{6}$，$^{16}O_{8}$，$^{32}S_{16}$
偶数	奇数	奇数	整数（1，2，3，…）	有	$^{2}H_{1}$，$^{14}N_{7}$
奇数	偶数	奇数	半整数（$\frac{1}{2}$，$\frac{3}{2}$，$\frac{5}{2}$，…）	有	$^{1}H_{1}$，$^{15}N_{7}$，$^{19}F_{9}$，$^{31}P_{15}$
奇数	奇数	偶数	半整数（$\frac{1}{2}$，$\frac{3}{2}$，$\frac{5}{2}$，…）	有	$^{13}C_{6}$，$^{17}O_{8}$，

相同元素的同位素可能具有不同的 I 值。自旋量子数 $I=0$ 的原子核称为非磁性核，中子数和质子数均为偶数，质量数也为偶数。这类原子核电荷均匀分布于球体表面，没有角动量，没有磁矩，无自旋现象，不是核磁共振研究对象，不能用核磁共振法进行测定，如 $^{12}C_6$、$^{16}O_8$、$^{32}S_{16}$ 等。自旋量子数 I 不为 0 的原子核都属于磁性核，均有自旋现象。这类原子核都可以是核磁共振研究对象，可以使用核磁共振法进行测定。但是，自旋量子数 I 为整数（1、2、3…）的原子核的中子数、质子数均为奇数，质量数为偶数，如 $^{2}H_1$、$^{14}N_7$ 等，这类原子核核电荷分布可看作一个椭圆体，电荷分布不均匀，其核磁吸收现象复杂，在核磁共振中应用较少。自旋量子数 I 为半整数（1/2、3/2、5/2…）的原子核也具有自旋现象，其中子数、质子数各为奇偶数，质量数为奇数，大多数这类原子核电荷分布也不均匀，核磁吸收现象复杂。其中，自旋量子数 I 为 1/2 的原子核，如 $^{1}H_1$、$^{13}C_6$、$^{15}N_7$、$^{19}F_9$、$^{31}P_{15}$ 等，呈现均匀的球形电荷分布，其核磁共振现象简单、谱线窄、易于核磁共振检测，是我们主要考虑的研究对象。目前研究最多的就是 ^{1}H、^{13}C 的核磁共振谱。

原子核带有正电荷，做自旋运动时产生磁场，形成核磁矩，核磁矩是表示自旋核磁性强弱特性的适量参数，有大小和方向。自旋角动量的方向与核磁矩的方向一致。将原子核置于磁场中，当原子核的核磁矩与外加磁场成一定的角度时，原子核的自旋会受到一个外力矩的作用，原子核在自旋的同时还绕外磁场方向做旋转运动，这种运动方式称为拉莫尔回旋（larmor procession）。在没有磁场时，原子核的自旋运动是随机的，自旋产生的核磁矩在空间的取向是任意的。若将原子核置于磁场中，则核磁矩由原来的随机无序排列状态趋向于整齐有序的排列。对于自旋量子数 I 为 1/2 的原子核来说，在外加磁场作用下能级发生分裂，自旋轴有两种取向：I 为 +1/2 的原子核，其核磁矩与外加磁场方向一致，为能量较低的状态；I 为 -1/2 的原子核，其核磁矩与外加磁场方向相反，为能量较高的状态。这两种自旋轴取向间存在能量差。当外界电磁波提供的能量刚好等于原子核两种能级间的能量差时，原子核就吸收电磁波，从低能级跃迁到高能级，发生核磁共振现象。也就是说，原子核原本在外磁场中做拉莫尔回旋，此时，一个电磁波照射过来，该电磁波的频率正好与原子核发生跃迁所需的频率相同，那么原子核就会吸收该频率的电磁波，发生核磁共振。通过记录其共振跃迁信号频率和强度，就获得了核磁共振波谱。在核磁共振中最常用的磁场强度为 9.4 T，大概是地球磁场强度的 10^5 倍。

2. 核磁共振波谱仪的构成

核磁共振波谱仪主要是由射频振荡器、磁铁、探头、扫描发生器、射频接收器和记录仪组成。将装有样品的样品管放入探头中，样品管会以一定的速率旋转以消除由磁场不均匀产生的影响。磁铁产生磁场，射频振荡器线性地改变它所发射的射频的频率，如果射频的频率与磁场强度匹配，样品就会吸收此频率的射频，产生核磁共振现象，此吸收信号被接受，经检测、放大之后生产核磁共振谱。

（1）射频振荡器　射频振荡器的作用是产生一个与外加磁场强度相匹配的射频频率，以提供能量使原子核从低能态跃迁到高能态。在相同的外磁场中，不同的原子核具有不同的共振频率，因此需要配置不同的射频振荡器。例如，一台磁场强度为 9.4 T 的超导核磁中，^{1}H 的激发频率为 400MHz，而 ^{13}C 的激发频率为 100MHz，因此应根据所要测定的原子核的共振信号，配置相应的射频发生器。核磁共振波谱仪的型号一般是用仪器激发氢原子发生核磁共振所需的电磁波频率来标注，如一台标着“400MHz 核磁共振波谱仪”的仪器是指^{1}H的共振频率为400MHz，外加磁场为9.4 T的仪器。频率越高，仪器分辨率越好，灵敏度越高，图谱越简单，越易于解析。

（2）磁铁　磁铁的作用是提供一个强而稳定、均匀的外磁场，使自旋原子核能够发生分裂，是核磁共振波谱仪的基本组成部分，也是决定灵敏度和分辨率的最主要部分。目前的核磁共振波谱仪中所使用的磁铁是超导磁铁。超导磁铁可稳定均匀地提供高达20 T以上的磁场，可制作1000MHz以上的高频波谱仪。

（3）探头　探头是检测样品的直接部件，使样品保持在磁场中的固定位置，以检测核磁共振信号，其组成包括发射线圈和接受线圈，并分别于射频振荡器和射频接收器相连，以保证灵敏、高效地检测到核磁共振信号。

（4）扫描发生器　扫描发生器是用于控制扫描速度、扫描范围等参数的一个部件。因为只有外加电磁波频率与原子核跃迁频率相同才能发生核磁共振，因此可通过扫频或是扫场两种方式来实现核磁共振。扫频是指样品置于强度恒定的外磁场中，逐渐改变射频频率发生共振，这种方式目前已很少使用；扫场是指固定射频频率，通过改变外磁场强度产生共振，目前，在连续波核磁共振波谱仪中一般采用扫场方式。

（5）射频接收器　射频接收器具有接收核磁共振信号，并将信号放大的功能。因为核磁共振信号一般很微弱，共振产生的信号通常要放大10^{5}倍才能记录。射频接收器具有信号累加的功能，将样品重复扫描使其信号累加，从而提高核磁共振波谱仪的灵敏度。

3. 核磁共振谱的测定

核磁共振一般测定液态样品，因此固体样品需要选择合适的溶剂配成溶液。^{1}H NMR波谱常用的溶剂有二甲基亚砜、氯仿、甲醇、丙酮、吡啶等含氢溶剂。为避免溶剂中质子信号干扰，溶剂均采用氘代试剂，即溶剂中的^{1}H全被^{2}D取代。用于NMR测定的溶剂最好是化学惰性的，与样品分子没有化学反应，溶剂分子不含有磁性原子核，或者其磁性核不干扰样品信号。一般对于低、中极性样品，常选择氘代氯仿来作为溶剂；对于极性大的样品，可以选择氘代丙酮、重水等作为溶剂，芳香化合物选择氘代苯作为溶剂，若样品用氘代试剂难以溶解，可选择氘代二甲基亚砜作为溶剂。

在测定NMR波谱时，一般需要选择一个标准物质作为内标，在解析NMR谱图的时候，可以以内标峰作为参考峰，以确定化学位移。最常用的内标物质是四甲基硅烷。为了便于波谱解析，一般规定内标四甲基硅烷的化学位移值为0，位于谱图的最右边。化学位移是核磁共振鉴定化合物分子结构的一个重要信息，分子结构中处于同一类基团中的氢核具有相似的化学位移，因此其吸收峰会在一定的范围出现。例如，$—CH_3$的氢核化学位移一般在0.8～1.5ppm。核磁共振的结果以谱图的形式呈现。谱图横坐标为化学位移值，自左到右是化学位移值减小的方向，也是磁场强度增强的方向。通常，将谱图右端称为高场，左端称为低场。谱图纵坐标代表吸收峰强度，峰信号强度是依据图上的积分曲线所对应的峰面积来决定的。目前人们已测定了大量化合物的质子化学位移数值，从而可以作为我们进行结构鉴定的重要参考。常见的特征质子的化学位移值见表5－6。

表5-6 常见的特征质子的化学位移值

质子的类型	化学位移/ppm	质子的类型	化学位移/ppm	质子的类型	化学位移/ppm
RCH_3	0.9	RCH_2F	4~4.5	RCHO	9~10
R_2CH_2	1.3	RCH_2Cl	3~4	$RCOCR_2—H$	2~2.7
R_3CH	1.5	RCH_2Br	3.5~4	HCR_2COOH	2~2.6
$R_2C═CH_2$	4.5~5.9	RCH_2I	3.2~4	$R_2CHCOOR$	2~2.2
$R_2C═CRH$	5.3	ROH	0.5~5.5	$RCOOCH_3$	3.7~4
$R_2C═CR—CH_3$	1.7	ArOH	4.5~4.7	$RC≡CCOCH_3$	2~3
RC≡CH	2~3.5	RCH_2OH	3.4~4	RNH_2或R_2NH	0.5~5
$ArCR_2—H$	2.2~3	$ROCH_3$	3.5~4	RCONRH	5~9.4

由于质子^{1}H的天然丰度较大，磁性较强，因此核磁共振氢谱（^{1}H NMR）灵敏度是所有磁性核中最大的，^{1}H也是化合物组成中最常见的原子核，因此用途最广。目前，解析^{1}H NMR谱是结构解析中最常用的核磁共振波谱分析法之一。^{13}C的天然丰度是^{13}C的1/100，因此灵敏度很低。测定^{13}C NMR要求高灵敏度的核磁共振仪器，同时所需样品量也要增加。与^{1}H NMR相比，^{13}C NMR碳的化学位移值可超过200，而氢化学位移值很小，一般在10以内，因此对于相对复杂的化合物，^{13}C NMR可以看到分子结构的精细变化。但是核磁共振碳谱的技术和费用均高于核磁共振氢谱，因此，一般先测定样品的核磁共振氢谱，若难以得到准确的结构信息，再选择测定核磁共振碳谱。若同时测定了核磁共振氢谱和碳谱，则可以准确推定其结构。

4. 核磁共振波谱技术在滋味化合物研究中的应用

由于质谱是根据分子质量对结构进行推断，当化合物结构复杂时，或是遇到同分异构体时，使用质谱不能得到准确的结构。核磁共振不是根据分子质量，而是根据不同的氢原子或碳原子在核磁谱里有不同的化学位移，会出现不同的峰。根据出峰的位置、峰强和耦合常数进行解析，从而可以得到完整分子结构。核磁共振是目前结构解析中最权威的工具，在滋味化合物研究中也早已普遍使用。其应用举例见图5-15和图5-16。

三、滋味化合物的定量分析方法

使用仪器分析（如高效液相色谱）对滋味化合物进行分析，除了能提供样品中关键滋味化合物的定性信息以外，还有一个优势在于能够提供关键滋味化合物的定量信息。滋味化合物的定量主要基于高效液相色谱或液-质联用，它们具有良好的重现性，能够提供定量所要求的精确度和准确度。高效液相色谱与合适的检测器连接，可以将检测信号转换成时间和信号相应数据，从而实现定量。目前，在滋味化合物研究中常用的定量方法有外标法、内标法和稳定同位素稀释分析法。

（一）外标法

外标法是色谱分析中，也是滋味化合物分析中最常使用的一种定量方法。其操作方式是：用已知的标准品配制成不同浓度的标准溶液，标准溶液的浓度范围应能够覆盖所有样品分析的浓度范围，配制标准品所使用的溶剂应与样品提取液或是样品本身的基质相同，采用

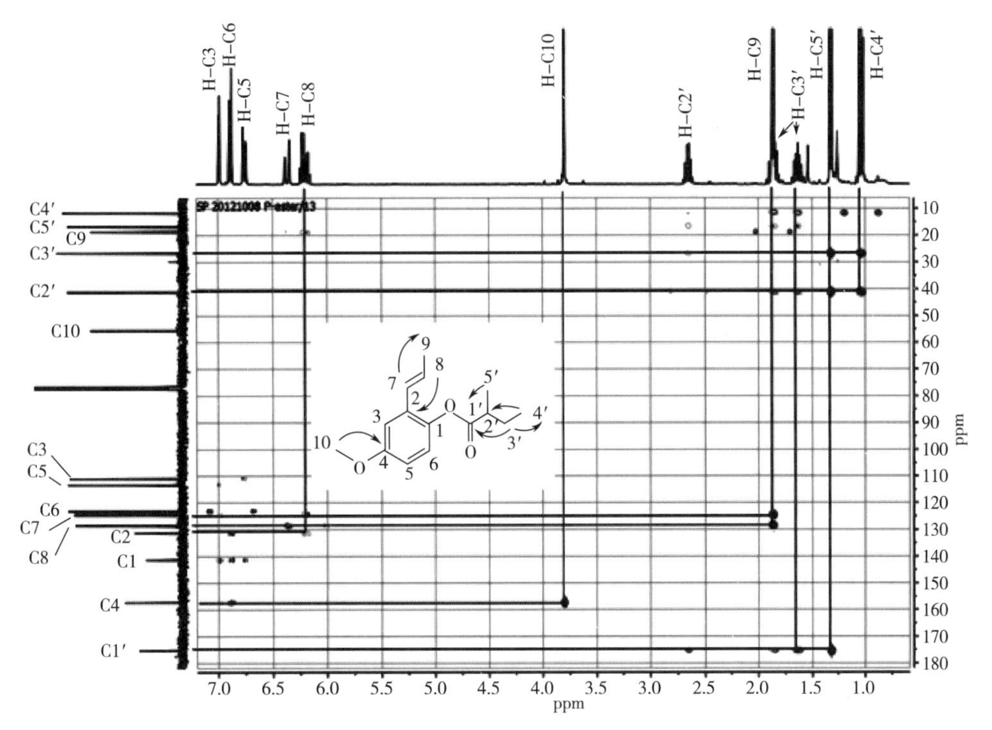

图5－15　八角中苦味物质反式－假异丁香酰基－2－丁酸甲酯的2D NMR谱图（400MHz，$CDCl_3$）

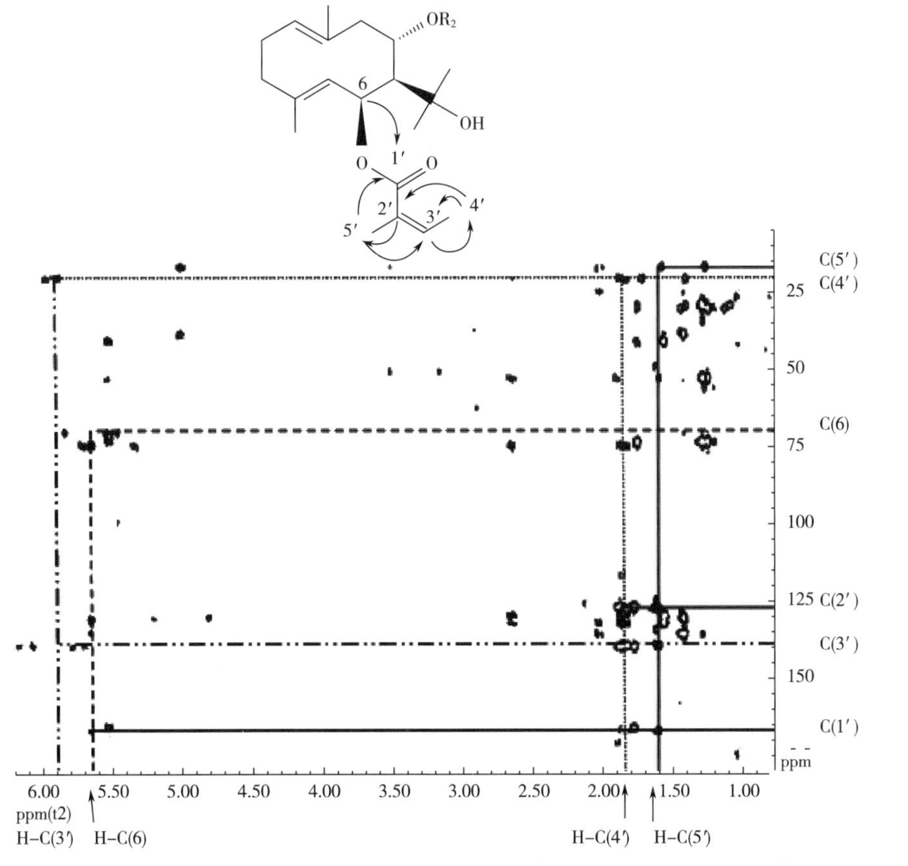

图5－16　胡萝卜中苦味物质6－，8－*O*－二当归酰基－6*ss*，8R，11－三羟基－1（10）*E*,4*E*－大根香叶二烯的2D NMR谱图（400MHz，$CDCl_3$）

与样品完全相同的分析条件，测量各个浓度的标准溶液，根据结果，建立峰面积和浓度之间的校正曲线。将样品中滋味化合物的峰面积代入校正曲线方程计算出样品的浓度。

因为外标法是建立在标准品的峰面积能够准确代表原样品中相应化合物的浓度上，因此外标法适合用于原始样品在取样、提取、进样等过程中操作较少且样品不存在损失的实验里。为了使所建立的校正曲线方程尽可能地准确，有一些注意事项。每个浓度的标准品应以相同体积进样，而不是采取同样浓度的同一个标品通过改变进样体积的办法。进样时应按照从低浓度到高浓度的顺序进样，有助于减少样品残留带来的偏差。

（二） 内标法

内标法是在样品配备之前就将已知浓度的内标物加入到样品中，与样品同时进行分析，根据样品中的化合物的峰面积与内标物的峰面积的比值可以计算样品中滋味化合物的浓度。内标物的选择应注意以下几点：①内标物应是样品中所不含有的化合物；②内标物不能与样品中成分有相同的保留时间；③内标物应是纯度高的已知化合物；④内标物应足够稳定，不会在样品配备和色谱分析过程中发生变化。

内标法有其独特的优势，如果样品在配备、提取、进样等前处理过程中容易发生损失，使用内标物就可以跟踪其中的变化。在实际操作中，最初的样品体积和最终的样品体积很少有完全一致的，因此我们可以在外标法中引入内标，使我们能够得到精确和准确的实验结果。在样品配备之前加入内标物，在配备不同浓度标准品时，也加入内标物，即将所有的样品和标准品一起用同样的方法处理。最后，我们可以通过内标浓度的变化将损失的比例计算出来，对定量结果起到校正作用。

（三） 稳定同位素稀释分析法

稳定同位素稀释分析法是在上述内标法和外标法基础上发展出的一种定量方法。该方法所使用的内标物是用稳定同位素标记的化合物。该方法需要使用质谱进行定量分析。使用稳定同位素稀释分析法不需要要求内标物一定要与样品中的化合物有一定的分离度。因为当使用分辨率足够高的质谱时，可以辨别出样品中的化合物和稳定同位素标记的内标，他们在质谱上呈现为两个峰。稳定同位素标记的内标物与样品同时洗脱出来，不会受到分离条件、检测器条件的影响。因此同时洗脱出的稳定同位素标记的标准品可以更好地模拟样品的实际情况。

滋味化合物与气味化合物类似，在食品中所占的比例很小，因此，对其进行精确定量是十分困难的。另外，感官分析中阈值的测定、滋味活性值的计算等均要求精确定量。所以，稳定同位素稀释分析法发明之后在滋味化合物分析中得到了广泛的应用，特别是对于成分复杂、分离困难的样品。

Timo Stark 等应用稳定同位素稀释分析技术对烘焙后的咖啡和可可粉中的呈现涩味的*N*-苯基丙烯酰基-L-氨基酸类物质进行了定量分析。共合成制备了9种氘代*N*-苯基丙烯酰基-L-氨基酸类物质，制备过程如图5-17所示。通过质谱可以对氘代同位素标准品和样品中的物质进行区分（图5-18）。由于氘代的同位素标准品的理化性质与样品中的物质完全一致，因此，通过氘代同位素标准品的浓度峰面积，可以对样品中对应的化合物进行准确定量。通过这种方法，结合LC-MS/MS，首次从可可粉中检测到了*N*-[3,4′-二羟基-(*E*)-肉桂酰基]-L-色氨酸，*N*-[4′-羟基-(*E*)-肉桂酰基]-L-色氨酸和*N*-[4′-羟基-3′-甲氧基-(*E*)-肉桂酰基]-L-酪氨酸这三种涩味物质，并实现了准确定量。首次从咖啡饮料中鉴定了(-)-*N*-[4′-羟基-(*E*)-肉桂酰基]-L-酪氨酸、(-)-*N*-[3′,4′-二羟基-(*E*)-肉桂酰基]-L-酪氨酸、*N*-[4′-羟基-3′-甲氧基-(*E*)-肉桂酰基]-L-酪氨酸、(+)-*N*-[3′,4′-二羟基-(*E*)-肉桂酰基]-L-天冬氨酸、*N*-[4′-羟基-(*E*)-肉桂酰基]-L-天冬氨酸、*N*-[3′,4′-二羟基-(*E*)-肉桂酰基]-L-色氨酸、*N*-[4′-羟基-(*E*)-肉桂酰基]-L-色氨酸和*N*-[4′-羟基-3′-甲氧基-(*E*)-肉桂酰基]-L-色氨酸共8种新的涩味物质。

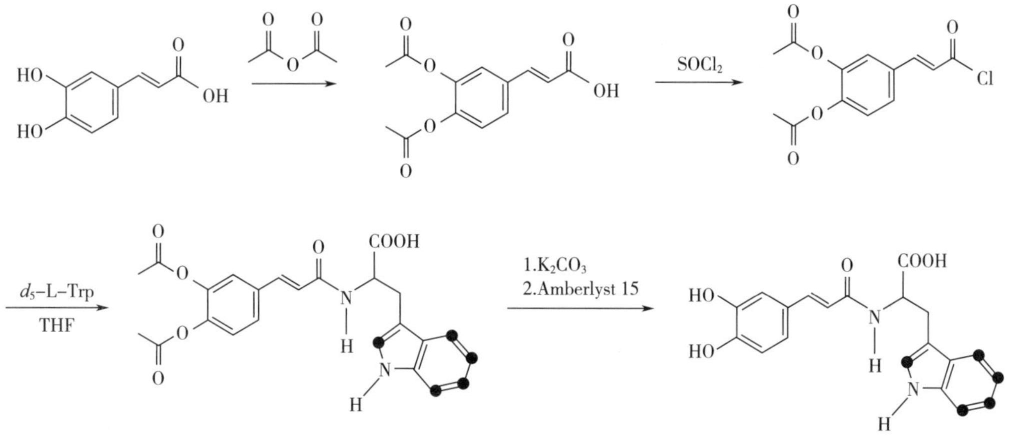

图5-17 *N*-[3′,4′-二羟基-(*E*)-肉桂酰基]-[1,4,5,6,7-^{2}H]-L-色氨酸的合成

Hashizume等应用稳定同位素稀释分析技术对日本清酒中的滋味活性物质焦谷氨酰十肽乙酯（pyroglutamyl decapeptide ethyl esters，PGDPEs）进行了定量分析，并测定了其阈值。利用HPLC和紫外-可见光检测器从日本清酒中共检测到两种PGDPEs：（pGlu）LFGPNVNPW-$COOC_2H_5$（PGDPE1）和（pGlu）LFNPSTNPW$COOC_2H_5$（PGDPE2）。分别制备了氘代的PGDPE1和PGDPE2，并通过LC-MS的分析对其进行定量分析。采用三角试验对PGDPE1和PGDPE2的识别阈值进行了测定，最后发现PGDPE1的识别阈值是3.8μg/L，PGDPE2的识别阈值是8.1μg/L。通过比较18种商业品牌清酒中PGDPE1和PGDPE2的含量，发现PGDPE1的含量变化从0~27μg/L，PGDPE2的含量则从0~202μg/L。因此，PGDPEs含量的不同是导致不同品牌清酒口感有差异的主要原因。

Hillmann等应用稳定同位素稀释分析技术对帕玛森干酪（Parmesan）中的滋味成分进行了精确定量，并根据含量与阈值的比值（dose-over-threshold，DoT；DoT>1）对滋味活性成分的贡献度进行了排序。从65种化合物中明确了其中31种为帕玛森干酪的关键滋味活性成分，包括氨基酸、有机酸、脂肪酸、生物胺、矿物质等化合物，同时还发现了15个具有增强浓厚味作用的γ-谷氨酰二肽类。合成$^{13}C_3$标记的γ-L-谷氨酰-L-丙氨酸-[$^{13}C_3$]作为γ-谷氨酰二肽类化合物的内标物，利用LC-MS/MS，实现精确定量（图5-19）。

四、滋味活性化合物的贡献度判断

（一）滋味稀释分析

利用仪器分析结合感官评价，可以锁定具有呈味效应的滋味活性成分，但是不同成分之

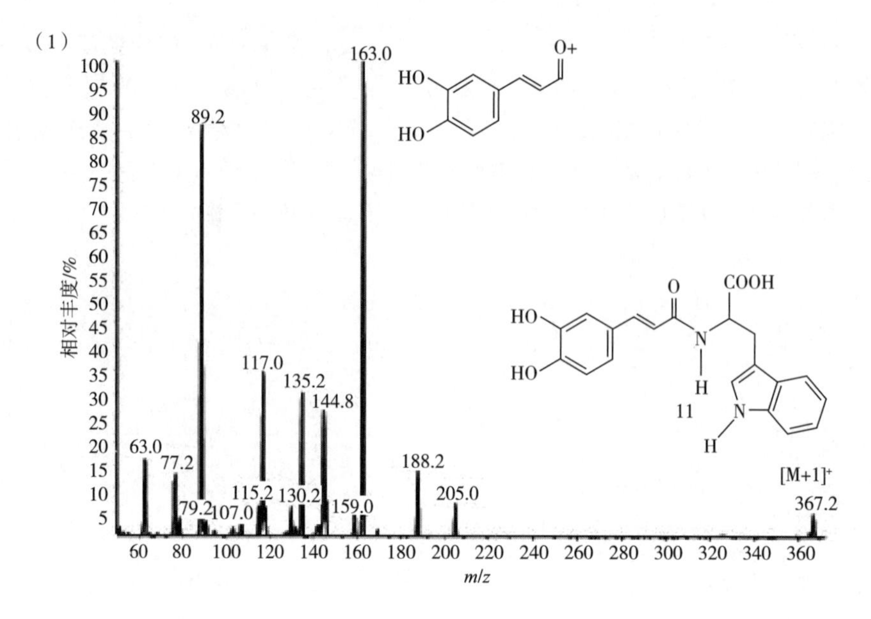

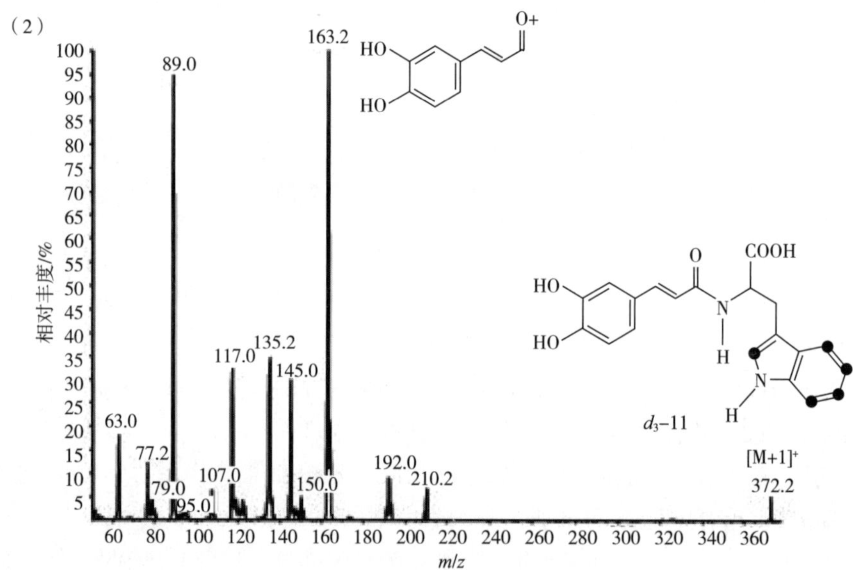

图5－18　MS/MS 对 *N*－［3′,4′－二羟基－(*E*)－肉桂酰基］－［1,4,5,6,7－H］－L－色氨酸和其对应的氘代同位素 *N*－［3′,4′v 二羟基－(*E*)－肉桂酰基］－［1,4,5,6,7－^{2}H］－L－色氨酸的检测

间的滋味贡献度，是不同的。只有极少数物质具有极强的滋味特性。为了揭示不同呈味成分的最终呈味效应，需要建立一个有效的方法，对不同成分的滋味贡献度进行排序。滋味稀释分析就是针对滋味强度进行评级的一种感官鉴评方法。

1. 滋味稀释分析的建立

滋味稀释分析（Taste dilution analysis，TDA）是2001年由Thomas Hofmann等建立的。在加热木糖和氨基酸水溶液时发现美拉德反应导致一种苦味迅速产生，由于美拉德反应产物非常复杂，导致如何确定引起这种苦味的关键滋味化合物是什么成为一个难题。在此之前，一

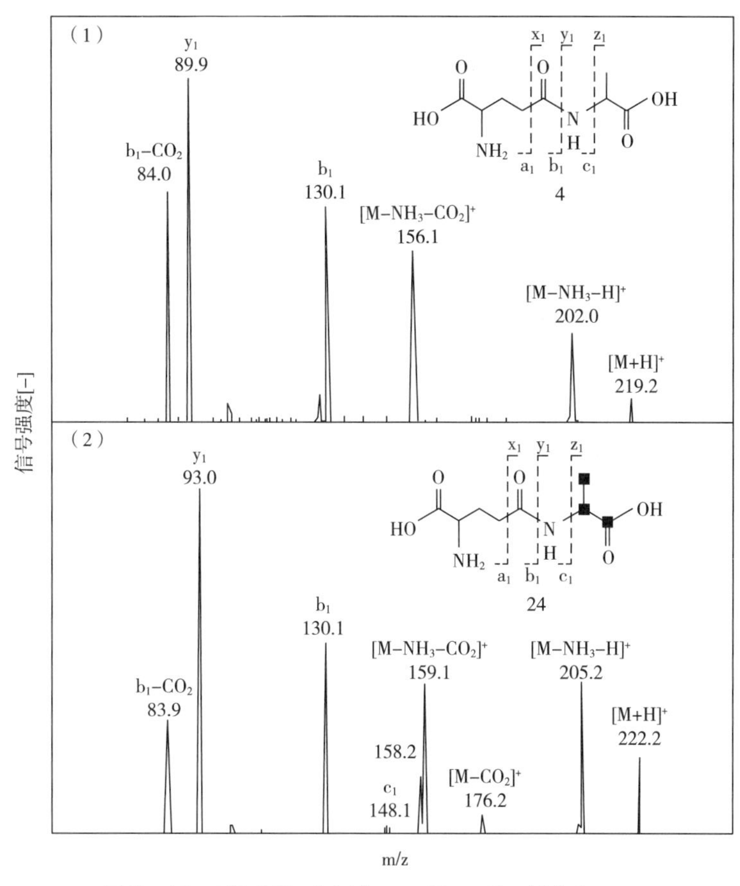

图5-19 MS/MS对（1）γ-Glu-Ala（2）和γ-Glu-Ala-[$^{13}C_3$]的检测

些加工食品的主要气味，如面包、烤牛肉、麦芽以及一系列热加工香料等，主要通过香气提取液稀释分析（Aroma extraction dilution analysis，AEDA）成功地获得鉴定。AEDA这项技术是将人的鼻子作为一个灵敏和选择性的生物传感器，通过连续稀释芳香提取物，利用GC-O测得不同香气化合物的气味阈值，从而实现从大量的无气味挥发物中分离出有气味的化合物。从AEDA得到启发，这种“稀释”的概念可以应用于研究美拉德反应得到的复杂产物。最初，是利用高效液相色谱分离出美拉德反应热褐变产生的碳水化合物/氨基酸混合物，得到着色强烈的部分，对不同馏分进行不断稀释，通过不同馏分颜色的变化，来对美拉德反应褐变产物的重要程度进行一个评估，又被称为颜色稀释分析（color dilution analysis，CDA）。此实验方法在美拉德反应中的颜色物质的鉴定中起到了重要的作用。与食品中的香气化合物和美拉德反应的褐变产物相比，在食品加工过程中产生的味觉活性化合物的信息还很不完整。因此，参考AEDA和CDA技术，建立了一种基于连续稀释高效液相色谱组分中反应产物味觉阈值的生物测定方法，用来筛选食品中滋味最强烈的化合物，即滋味稀释分析。Thomas Hofmann等在对加热食品中美拉德反应产生的苦味喹嗪类物质(1*H*,4*H*-Quinolizinium-7-olate)进行分析和鉴定时首先提出并应用此概念。

2. 滋味稀释分析的流程

滋味稀释分析，是利用高效液相色谱对不同的非挥发性滋味化合物进行多级分离，收集浓缩后制得一系列分离馏分。将其中的馏分冻干，并称取一定的质量等比例溶于水中，然后按1∶1进行逐步稀释得到一系列的稀释溶液。这些溶液传递给鉴评小组成员，采用三角实验法对溶液中的既定滋味进行鉴评，即将稀释后的馏分与两种空白（水）一起进行感官鉴评，直到某个稀释倍数时刚好能够区分空白与馏分的滋味差异，再稀释一倍则尝不到该滋味为止。这个能够检测出滋味差异的稀释度定义为滋味稀释因子（Taste dilution factor，TD）。每一个样品鉴评由至少三个不同的评估者进行，将各个评估者所评估的TD因子取平均值。同一人同一个样品之间的滋味稀释因子（TD）不得超过一个稀释倍数。TD值越大，则该馏分滋味越强。

3. 滋味稀释分析的应用

滋味稀释分析在滋味化合物的鉴定中发挥着重要的作用。与挥发性化合物一样，不挥发性化合物也是只有极少数物质具有较强的滋味特性。所以就必须建立一个有效的方法把具有较高滋味贡献度的关键滋味化合物挑选出来。在对馏分的滋味属性进行判断和评级时，应用滋味稀释分析技术最为高效和直观。食品中的非挥发性化合物的构成往往十分复杂，对所有物质馏分都进行分析的工作量是巨大的，也是没有必要的，找出这些“少数”物质是滋味稀释分析的基本目的。在滋味化合物分离阶段，由于滋味活性化合物的阈值要远高于气味活性化合物，且利用HPLC进行分析分离时，滋味化合物被用来洗脱的流动相进行了稀释，所以滋味稀释分析不能像香气稀释分析那样利用GC－O技术实现实时在线的风味评判。在滋味稀释分析过程中，需要将不同的馏分进行收集、浓缩、等比例复溶进行评判。

滋味稀释分析的应用已经成功地发现了许多关键滋味化合物。例如，使用高效液相色谱对木糖/丙氨酸美拉德反应产物进行分析，共检测到21个色谱峰，将这21个峰分别收集、冷冻干燥之后，与相同体积的水混合。然后，每个部分都被逐级用水一对一稀释，按照浓度增加的顺序呈现给训练有素的感官小组成员。小组成员被要求评估每一个峰的呈味强度，并使用三角试验来确定每一个峰的觉察阈值。根据定义，所测得的TD因子是滋味活性化合物在水中的觉察阈值，所以每一个滋味活性化合物均会有一个≥1的TD因子。TD因子的大小直接决定了每一个滋味化合物在水中的呈味活性，因此，最终可以根据TD因子的大小，将21个色谱峰进行滋味贡献度的排序。从图5－20可以看出HPLC所检测到的21个色谱峰并不是都具有呈味活性，经过滋味稀释分析后，可以发现起关键呈味作用的只有1－2个成分，其中19号峰是最主要的苦味成分。该分析结果也可表明，滋味成分的贡献度不是由含量决定的，图5－20中19号色谱峰并不是最高，但却是最主要的滋味活性成分，该结果充分说明了滋味活性化合物的分析只用仪器分析是不行的，必须结合感官评价才能真正明确具有呈味效应的关键滋味物质。最后，经LC－MS和NMR结构鉴定，呈苦味的关键物质是一种喹嗪类物质{3－(2－furyl)－8－[(2－furyl)methyl]－4－hydroxymethyl－1－oxo－(1*H*,4*H*)－quinolizinium－7－olate}，该物质具有非常明显的苦味，在水中的觉察阈值很低，为0.00025mmol/kg，是苦味标准化合物咖啡因和盐酸奎宁1/2000和1/28。

对木糖、鼠李糖和丙氨酸水溶液进行热处理后，也会导致反应混合物中迅速产生苦味，为了鉴定形成苦味的关键滋味活性化合物，使用滋味稀释分析（TDA）。该美拉德反应的复杂产物经高效液相色谱分析后共检测到26个色谱峰，对每个峰进行收集、浓缩和连续稀释以后，由感官评价小组人员进行品评。最终，26个色谱峰中有7个馏分对呈味有较高的影响（图5－21）。液相色谱－质谱联用和核磁共振波谱实验表明，导致美拉德反应产物强烈苦味的关键滋味活性化合物是一种吲哚嗪类物质[1 - oxo - 2,3 - dihydro - (1*H*) - indolizinium - 6 - olates]。

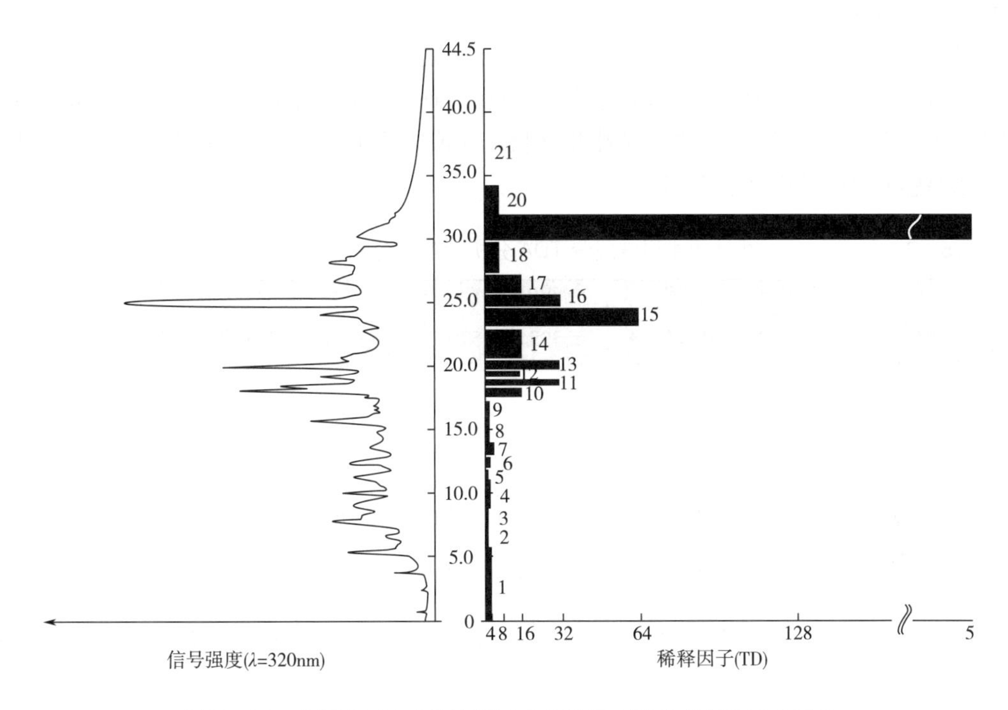

图 5 - 20　木糖/丙氨酸美拉德反应产物的 HPLC 分析和 TD 因子

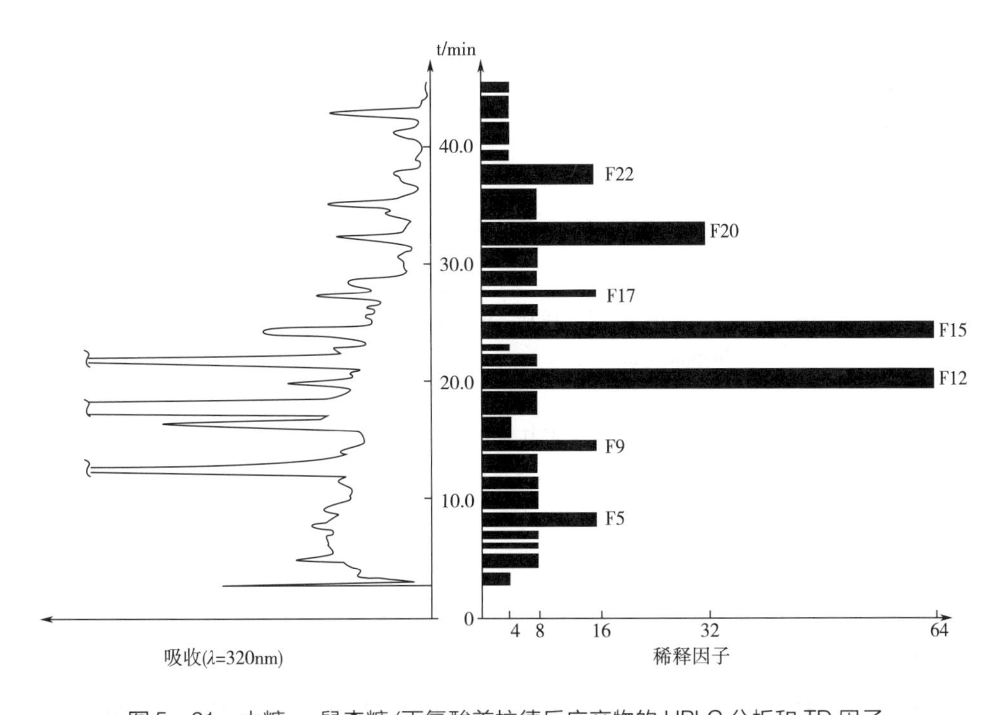

图 5 - 21　木糖、鼠李糖/丙氨酸美拉德反应产物的 HPLC 分析和 TD 因子

在对牛油果（*Persea americana* Mill）及其制品进行任何热处理或风干后都会导致一

种令人不快的异味的产生，主要表现为微微辛辣的口感和非常明显而持久的苦味。采用溶剂萃取、RP－HPLC 结合滋味稀释分析（TDA），经过 LC－MS 和 1D/2D NMR 结构鉴定，最终确认了 10 个 C_{17}～C_{21} 分别以 1,2,4－三羟基、1－乙酰氧基－2,4－二羟基和 1－乙酰氧基－2－羟基－4－氧基为基序的氧化脂素，以及 1－*O*－硬脂酰甘油和 1－*O*－亚油基甘油是加热加工处理后牛油果中最主要的苦味化合物，其苦味的 TD 因子均在 8 以上，部分还具有增强浓厚感的呈味效应（表 5－7）。

表 5－7　牛油果中滋味成分 TDA 分析后各馏分的 TD 因子

馏分	TD 因子		化合物鉴定
	苦味	浓厚味增强	
B1	1	16	—
B2	1	1	—
B3	8	1	1,2,4－三羟基－16－十七炔(1,2,4－trihydroxyheptadeca－16－yne)
B4	8	1	1,2,4－三羟基－16－十七烯(1,2,4－trihydroxyheptadeca－16－ene)
B5	8	16	1－乙酸基－2,4－二羟基－16－十七炔(1－acetoxy－2,4－dihydroxyheptadeca－16－yne)
B6	8	32	1－乙酸基－2－羟基－4－*O*－16－十七烯(1－acetoxy－2－hydroxy－4－oxoheptadeca－16－ene)
B7	2	8	—
B8	2	4	—
B9	2	4	—
B10	8	8	1－乙酸基－2,4－二羟基－16－十七烯(1－acetoxy－2,4－dihydroxyheptadeca－16－ene)
B11	8	64	1－乙酸基－2－羟基－4－*O*－十七烷(1－acetoxy－2－hydroxy－4－oxoheptadecane)
B12		8	—
B13	8	32	1－乙酸基－2－羟基－4－*O*－12－十八烯(1－acetoxy－2－hydroxy－4－oxo－octadeca－12－ene)
B14	2	8	—
B15	1	2	—
B16	1	8	—
B17	8	32	1－乙酸基－2－羟基－4－*O*－5,12,15－二十一烯(1－acetoxy－2－hydroxy－4－oxoheneicosa－5,12,15－triene)
B18	2	16	—

续表

馏分	TD 因子		化合物鉴定
	苦味	浓厚味增强	
B19	8	32	1 - 乙酰基 - 2 - 羟基 - 4 - *O* - 12,15 - 二十一烯(1 - acetoxy - 2,4 - dihydroxy - n - heneicosa - 12,15 - diene)
B20	16	256	1 - 乙酰基 - 2 - 羟基 - 4 - *O* - n - 12,15 - 二十一烯(1 - acetoxy - 2 - hydroxy - 4 - oxo - n - heneicosa - 12,15 - diene)
B21	2	<1	1 - 亚由酰基丙三醇(1 - linoleyl - glycerol)
B22	1	<1	1 - 硬脂酰基丙三醇(1 - stearoyl - glycerol)

（二）滋味活度值

滋味成分的呈味贡献度不是由含量决定的。其实不同的滋味成分都具有自己的滋味阈值，这与气味化合物具有气味阈值一样。滋味阈值指的是滋味活性成分在一定浓度水平下被人体感知到的最低值。不同滋味化合物其滋味阈值不同。例如，如表 5 - 8 所示，同样具有鲜味，L - 谷氨酸的阈值是 0. 2mmol/L，即在浓度为 0. 2mmol/L 时即可以尝到鲜味，而 L - 天冬氨酸需要浓度达到 7. 5mmol/L 才可被人感知到鲜味。相比气味活性阈值，滋味阈值比气味阈值更高，需要在较高浓度下才能被人类感知到。

表 5 - 8　　绿茶中鲜味物质的滋味阈值和滋味活度值

化合物	味觉属性	味觉阈值 / (mmol/L)	茶叶中浓度 / (mmol/L)	茶汤中浓度 / (mmol/L)	滋味活度值 TAV
L - 谷氨酸	鲜味	0. 2	41	1. 4	7
L - 茶氨酸	涩味	6	103	3. 4	0. 6
	鲜味	24	—	—	0. 1
L - 天冬氨酸	鲜味	7. 5	35	1. 2	0. 2
琥珀酸	鲜味	0. 9	19	0. 1	0. 1
磷酸腺苷	鲜味	2	0. 0089	0. 0003	<0. 1
5′ - 鸟苷酸钠	鲜味	0. 3	0. 015	0. 00056	<0. 1

在鉴定出一种风味化合物之后，需要对其在食品中整个风味轮廓中发挥的作用进行定量描述。滋味阈值是其中的一个重要的指标。利用滋味稀释分析（TDA）可以帮助实现阈值的测量。对一种物质的水溶液进行不断稀释，直到该滋味消失。此时的浓度即为该物质的滋味阈值。随着气味活度值（OAV）概念的提出，滋味活度值（Taste active value，TAV）也应运而生，它是指滋味活性化合物浓度与其滋味阈值的比值，又称为剂量比阈因子（Dose over threshold，DoT）。

滋味活度值的计算方法：

$$TAV = C/T \quad (5-1)$$

式中　C——滋味化合物的浓度；

T——滋味化合物的滋味阈值。

所以，决定一个滋味成分是否关键，不取决于浓度，也不取决于阈值，而是取决于TAV。一般认为TAV值大于1，这个物质才具有滋味活性。TAV值越高，滋味贡献度越大。TAV的计算需要建立在对目标滋味化合物准确的定量的基础之上。同时，需要对目标滋味物质进行滋味阈值的确定。应用TDA，可以使阈值测定的过程变得简单而直观。

表5-8所示是对于绿茶中鲜味物质的分析，经过检测发现，茶汤中的主要鲜味物质L-谷氨酸和L-天冬氨酸在茶叶和茶汤中的浓度相差不多，但因为其阈值不同，谷氨酸阈值更低，所以谷氨酸的TAV值更大，表明L-谷氨酸对绿茶鲜味的贡献度更大。

通过计算滋味活度值，食品风味化学研究人员明确了红茶中的关键呈味物质。利用HPLC-MS从红茶茶汤中鉴定了51种可能的呈味物质，包括15个氨基酸、14个黄酮醇糖苷、8个黄烷-3-醇、5个茶黄素类、5个有机酸、3个糖类和1个咖啡因。感官评价可将这些成分分为5类，分别呈现涩味、苦味、酸味、甜味和咸味（表5-9）。通过阈值和DoT的计算，可以明确关键呈味物质。如红茶茶汤中呈现涩味的物质既不是大分子质量的多酚类红茶素，也不是儿茶素或者茶黄素，而是一系列的黄酮醇糖苷类。特别是槲皮素-3-O-[R-L-吡喃鼠李酰-(1→6)-β-D-吡喃葡萄糖苷]，其DoT高达9652，是涩味最主要的贡献成分。

表5-9　　红茶中各呈味物质的阈值、浓度和剂量比阈因子（DoT）

促味剂	阈值[①] /（μmol/L）	浓度 /（μmol/L）	DoT因子[②]
组Ⅰ：赋予涩味和粗糙口感的化合物			
表没食子儿茶素没食子酸酯[③]	190.0	328.0	1.7
茶黄素	16.0	11.0	0.7
儿茶素	410.0	221.0	0.5
3,3′-二没食子酸酯茶黄素	13.0	6.7	0.5
表儿茶素没食子酸酯	260.0	113.0	0.4
茶黄素-3-没食子酸酯	15.0	6.4	0.4
茶黄素-3′-没食子酸酯	15.0	4.3	0.3
表没食子儿茶素	520.0	131.0	0.3
没食子儿茶素	540.0	131.0	0.3
表儿茶素[③]	930.0	84.0	0.1
没食子酸儿茶素酯	250.0	11.0	<0.1
没食子酸棓儿茶酸[③]	390.0	11.0	<0.1
茶黄素酸	24.0	0.009	<0.1
组Ⅱ：赋予口干口感和柔和涩味的化合物			
槲皮素-3-O-[α-L-鼠李糖-(1→6)-β-D-吡喃葡萄糖苷]	0.00115	11.1	9652.0

续表

促味剂	阈值[1] /（μmol/L）	浓度 /（μmol/L）	DoT 因子[2]
山柰酚 -3-*O*-[α-L-鼠李糖-(1→6)-β-D-吡喃葡萄糖苷]	0.25	6.5	26.0
槲皮素 -3-*O*-β-D-半乳糖苷	0.43	5.4	12.6
槲皮素 -3-*O*-β-D-吡喃葡萄糖苷	0.65	6.0	9.2
山柰酚 -3-*O*-β-D-吡喃葡萄糖苷	0.67	4.9	7.3
杨梅酮 -3-*O*-β-D-吡喃葡萄糖苷	2.10	9.3	4.4
槲皮素 -3-*O*-[β-D-吡喃葡萄糖基-(1→3)-O-α-L-鼠李糖(1→6)-*O*-β-D-半乳糖苷]	1.36	3.3	2.4
杨梅酮 -3-*O*-β-D-半乳糖苷	2.70	6.5	2.4
山柰酚 -3-*O*-β-D-半乳糖苷	6.70	3.0	0.4
山柰酚 -3-*O*-[β-D-吡喃葡萄糖基-(1→3)-O-α-L-鼠李糖(1→6)-O-β-D-吡喃葡萄糖苷]	19.80	8.6	0.4
槲皮素 -3-*O*-[β-D-吡喃葡萄糖基-(1→3)-O-α-L-鼠李糖(1→6)-*O*-β-D-吡喃葡萄糖苷]	18.40	7.1	0.4
芹黄素 -8-C-[α-L-鼠李糖-(1→2)-β-D-吡喃葡萄糖苷]	2.80	0.9	0.3
杨梅酮 -3-*O*-[α-L-鼠李糖-(1→6)-β-D-吡喃葡萄糖苷]	10.50	2.2	0.2
山柰酚 -3-*O*-[β-D-吡喃葡萄糖基-(1→3)-O-α-L-鼠李糖(1→6)-*O*-β-D-半乳糖苷]	5.80	0.8	0.2
5*N*-乙基-L-谷氨酰胺（茶氨酸）	6000.00	281.0	<0.1
γ-氨基丁酸	20.00[5]	0.4	<0.1
组Ⅲ：苦味物质			
咖啡因	500.0	990.0	2.0
L-异亮氨酸	11000.0	0.2	<0.1
L-亮氨酸	12000.0	0.4	<0.1
L-苯丙氨酸	58000.0	0.6	<0.1
L-酪氨酸	5000.0	0.4	<0.1
L-缬氨酸	21000.0	0.8	<0.1
组Ⅳ：酸味物质			
琥珀酸[4]	900.0	160.0	0.2
草酸	5600.0	860.0	0.2
苹果酸	3700.0	160.0	<0.1

续表

促味剂	阈值①/(μmol/L)	浓度/(μmol/L)	DoT 因子②
柠檬酸	2600.0	110.0	<0.1
抗坏血酸	700.0	150.0	<0.1
组Ⅴ：甜味物质			
葡萄糖	90000.0	340.0	<0.1
蔗糖	24000.0	100.0	<0.1
果糖	52000.0	110.0	<0.1
L-丝氨酸	30000.0	0.8	<0.1
L-丙氨酸	8000.0	1.1	<0.1
甘氨酸	30000.0	0.1	<0.1
L-鸟氨酸	3500.0	0.3	<0.1
L-脯氨酸	26000.0	0.1	<0.1
L-苏氨酸	40000.0	0.3	<0.1
组Ⅵ：鲜味物质			
天冬氨酸	4000.0	0.7	<0.1
谷氨酸	3000.0	1.0	<0.1

①根据最近的报道，在瓶装水中，味觉阈值浓度是通过比较二重试验来确定的。

②DoT 因子计算为浓度和味觉阈值的比值。

③表没食子儿茶素没食子酸酯在阈值浓度为 380μmol/L 时表现出苦味，表儿茶素和没食子酸棓儿茶酸在其涩味阈值水平上表现出苦味。

④该化合物在 700μmol/L 的阈值水平下呈现出鲜味，对应鲜味品质的滋味活性值为 0.23。

（三）滋味重组实验

滋味重组实验，是指在对食品中所有潜在的重要滋味成分进行精确定量后，将所有物质以其精确定量的浓度溶解在食品基质中，从而实现滋味模拟。将所有的滋味物质进行重组之后，对构建的滋味模型溶液进行味觉轮廓评价，并与原样品进行对比，在既定的风味指标内对两种样品进行评价，得到两者之间的差异，以此来判断找出的重要滋味物质是否完善。

在对牛肉汤中天然存在的滋味增强剂 Alapyridaine（一种吡啶正盐）进行鉴定时，通过超滤、凝胶过滤色谱以及 HPLC 分析，找到牛肉汤中的呈味成分。之后通过滋味稀释分析，锁定了一个能够明显增强甜味的组分，经过结构鉴定，明确了该成分为 *N*-(1-羧乙基)-6-(羟甲基)吡啶-3-醇正盐，又称 Alapyridaine（图 5-22）。为了判断该增强甜味的成分是否找寻正确，对牛肉汤中的 Alapyridaine 进行定量，得到其在牛肉汤中的天然浓度为 419μg/L。按照该天然浓度，建立了一个牛肉汤滋味重组溶液，为了尽可能地全面模仿牛肉汤的滋味，该重组体系包含：68mg/L 的 L－苏氨酸、38mg/L 的 L－丝氨酸、64mg/L 的谷氨酸单钠盐、16mg/L 的 L－脯氨酸、56mg/L 的甘氨酸、192mg/L 的 L－丙氨酸、34mg/L 的 L－缬氨酸、20mg/L 的 L－蛋氨酸、16mg/L 的 L－异亮氨酸、28mg/L 的 L－亮氨酸、38mg/L 的 L－酪氨酸、26mg/L 的 L－苯丙氨酸、44mg/L 的 L－赖氨酸盐酸盐、38mg/L 的 L－组氨酸、32mg/L 的 L－精氨酸、248mg/L 的牛磺酸、4mg/L 的核糖、8mg/L 的甘露糖、20mg/L 的果糖、40mg/L 的葡萄糖、424mg/L 的五水合肌苷磷酸二钠、80mg/L 的鸟苷酸 $2Na \cdot 7H_2O$、60mg/L 的磷酸腺苷、1296mg/L 的焦谷氨酸、3567mg/L 的乳酸、98mg/L 的丁二酸、854mg/L 的氯化钠、394mg/L 的氯化钾、1104mg/L 的六水合氯化镁、14mg/L 的二水合氯化钙、1558mg/L 的磷酸、912mg/L 的肌肽、1106mg/L 的肌酸和 572mg/L 的肌酐。最后，用盐酸水溶液（0.1mol/L）将溶液的 pH 调整到 6.0。取两份相同的牛肉汤滋味重组物，一份加入潜在的甜味增强物质（419μg/L），而另一份不加。对所获得的两组溶液进行感官鉴评，并与真实的牛肉汤样品进行对比。评价的滋味属性包括酸、甜、苦、咸、鲜和涩味，获得的结果如图 5－23 所示。可以看到添加了 Alapyridaine 的模型溶液 B 的甜味显著增强，这样所获得的滋味模型与原牛肉汤 C 的滋味轮廓基本相同。而缺乏 Alapyridaine 的模型溶液 A 的甜味明显较弱，由此证明了 Alapyridaine 是牛肉汤中不可缺少的关键滋味活性化合物。

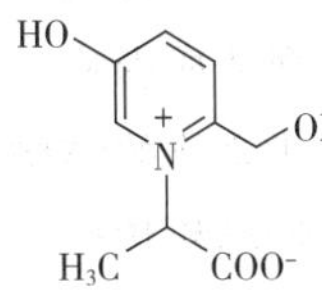

图 5－22 *N*－(1－羧乙基)－6－(羟甲基)吡啶－3－醇正盐（Alapyridaine）的结构

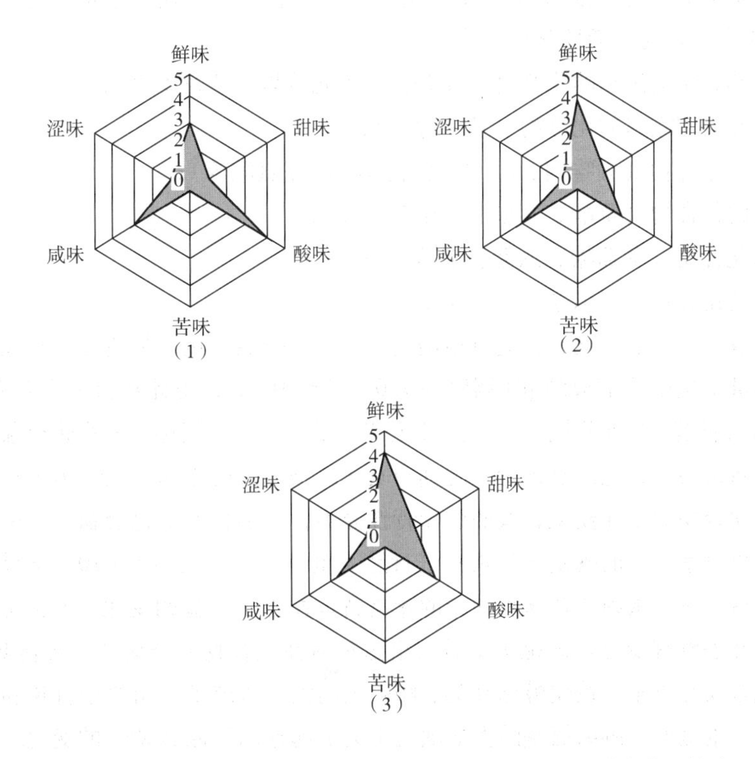

图 5－23 牛肉汤中甜味增强剂 Alapyridaine 重组溶液的感官鉴评轮廓图

（1）未添加 Alapyridaine 的牛肉汤重组物 （2）添加了 Alapyridaine 的牛肉汤重组物

（3）真实牛肉汤样品

（四）滋味消除实验

滋味消除实验，是指在用所有的滋味活性化合物进行重组的时候，人为地不添加一种或一类滋味活性物质，再对拿掉这些化合物之后的重组模型进行感官鉴评，评价其与完整的味觉重组溶液之间的差异，以此来鉴定被去掉的这一类物质对整体风味的影响。

当涉及的滋味化合物种类较多时，通常需要首先对所有的滋味化合物进行分类和排序，即应用滋味稀释分析 TDA 以及滋味活度值 TAV。只有对所有滋味化合物的重要性进行准确的预估，才能够高效地、更为准确地通过逐一去除来判断某一种或某一类化合物是否确实对整体风味轮廓造成影响。在进行消除实验时，通常有两种方式对滋味化合物进行分类。一种是按照滋味化合物的结构进行分类，如氨基酸类、糖类、有机酸类、肽类、多酚类等。由于同一类化合物结构相似，化学性质相似，因而检测方法相同，大多数甚至具有相似的味感，因此可以统一的进行消除。另一种方法是按照滋味活性进行分类，如按照甜味、酸味、鲜味、苦味、涩味等进行分类。这样的分类有利于直接探讨和明确每一组滋味化合物对整体滋味的影响，但其操作要求实验人员具有良好的感官基础。滋味消除实验一方面可以进一步明确某一个或某一类滋味化合物对食品整体风味的实际影响；另一方面可以在滋味活性化合物的分析和明确中，进一步缩小范围，排除非关键性滋味化合物，达到用“最少”的滋味化合物对原有滋味进行模拟的效果。

对红茶中潜在的51种滋味活性化合物进行了全组分定量和滋味重组物的构建（表5-9）。红茶的滋味经常被描述为“浓郁的”和“刺激的”，这种滋味描述通常是由苦味和涩味引起的。将所有51种潜在滋味活性化合物分成6组：

①有收涩感和粗糙滋味的化合物（儿茶素、表儿茶素、茶黄素等）；

②有口干和柔涩滋味的化合物（黄烷醇类）；

③有苦味的化合物（咖啡因、L-亮氨酸、L-异亮氨酸等）；

④有酸味的化合物（草酸、苹果酸、琥珀酸等）；

⑤有甜味化合物（葡萄糖、蔗糖、果糖等）；

⑥有鲜味的化合物（谷氨酸、天门冬氨酸）。

在对以上各组中的滋味化合物进行精确定量之后，按照定量结果进行重组实验，配制完毕后用0.1mmol/L盐酸将溶液的pH调整为7.0，平衡10min，由此获得一个含有15种氨基酸、14种黄烷醇糖苷、8种黄烷-3-醇、5种茶黄素、5种有机酸、3种糖和咖啡因在内的红茶滋味模型重组溶液，经感官评价发现其与真实红茶溶液的滋味一致。为了进一步精确阐明红茶中滋味化合物的呈味模型，按照滋味特性分类，分别将6组化合物及组中重要的化合物进行消除，再对重组物的既定滋味指标进行感官鉴评，结果见表5-10。结果显示，消除前3组化合物后，整个茶汤中苦味和涩味的味觉特征发生了明显的变化。而去除4、5、6组之后整个滋味几乎没有变化。这说明了后三组滋味活性化合物对茶汤的苦涩滋味没有贡献。而其中单一化合物儿茶素、黄烷醇糖苷类、咖啡因的消除造成了重组物中苦味和涩味的明显损失。茶黄素、茶氨酸、游离氨基酸类的缺失不会引起这两种滋味特性的变化。这个结果不仅对茶汤中苦涩味的分子来源进行了深入阐明，还充分表明了儿茶素、黄烷醇糖苷类、咖啡因对红茶苦味、涩味具有重要的作用。因此，通过应用定量分析、重组实验以及消除实验，完成了对红茶中滋味活性成分的完整的研究。

表 5-10　　红茶中 6 组滋味活性化合物消除实验的感官评价

消除的促味剂	检测到不同的鉴评小组成员数量①	滋味不同的描述②（强度的改变）
组①	7	涩味减少（2.2→1.7）苦味减少（1.5→0.6）
儿茶素	6	涩味减少（2.2→1.6）苦味减少
茶黄素	2	没有不同（1.5→0.6）
组②	8	涩味减少（2.2→1.5）苦味减少（1.5→0.5）
黄烷醇-糖苷类	8	涩味减少（2.2→1.5）苦味减少（1.5→0.5）
茶氨酸	0	没有不同
组①+组②	8	涩味减少（2.2→0.5）苦味减少（1.5→0.1）
黄烷醇-糖苷类+儿茶素	8	涩味减少（2.2→0.7）苦味减少（1.5→0.1）
组③	6	涩味减少（2.2→1.7）苦味减少（1.5→0.6）
咖啡因	5	涩味减少（2.2→1.7）苦味减少（1.5→0.6）
氨基酸	0	没有不同
组④	0	没有不同
组⑤	0	没有不同
组⑥	0	没有不同

①8 名感官评价人员通过三角试验法对消除不同滋味活性化合物后的重组模型进行感官评价。

②味觉强度范围是 0 分（未感知到该滋味）~3 分（强烈感知到该滋味）。

第三节　不同滋味活性化合物的分析

一、甜味物质的分析

1. 甜味物质简介

甜味物质通常是碳水化合物，不同的碳水化合物甜味强度不同。一般来说，碳水化合物中的轻基越多，该物质就越甜。常见的具有甜味的碳水化合物有：

（1）蔗糖　是一种二糖，是由葡萄糖和果糖通过糖苷键连接而形成的。蔗糖广泛地分布在各种植物中，甘蔗中约含蔗糖 26%，甜菜中约含 20%，故又称甜菜糖，各种植物的果实中几乎都含有蔗糖。蔗糖具有极好的甜味特性，它是最基本的甜度评定的基准物质。蔗糖也是在天然食品中广泛存在的甜味化合物。在水溶液中，蔗糖的甜味阈值为 12500μmol/kg。目前，蔗糖的定量检测方法为高效液相色谱法或酶试剂盒法。采用示差折光检测器或蒸发光散射检测器都可以方便的对蔗糖进行检测和定量。

（2）葡萄糖　是自然界最为常见的一种单糖，相比于蔗糖，葡萄糖的甜味阈值高，为 50000μmol/kg，甜度为蔗糖的 60% 左右。葡萄糖含五个羟基，一个醛基，具有多元醇和醛的性质。食品中结合的葡萄糖主要存在于糖原、淀粉、纤维素、半纤维素等多糖中，一些寡糖如麦芽糖、蔗糖、乳糖以及各种形式的糖苷中也含有葡萄糖。大多数生物均具有一种能力，即利用体内的酶系统分解 D-葡萄糖以取得能量，众多的中间产物还使得葡萄糖成为一种重要的风味前驱物。在进行重组实验时通常需要对这种基础糖类进行定量。葡萄糖的定量检测方法有高效液相色谱法、分光光度法、旋光度法、生物传感器法、气相色谱法等。其中应用最广的是高效液相色谱法。

（3）果糖　是一种单糖，它以游离状态大量存在于水果的浆汁和蜂蜜中，果糖还能与葡萄糖结合生成蔗糖。在自然界很少见到果糖形成的糖苷，果糖是所有糖中最甜的一种，比蔗糖约甜一倍多，果糖的甜具有“水果”的香气，甜味阈值为 52000μmol/kg。果糖可以被还原为糖醇，也可以被氧化为糖酸。果糖还具有一些醛糖所没有的性质，如：与间苯二酚的呈色反应等。在天然植物性来源的食品的滋味分析中，常需对其中的果糖成分进行定性和定量。果糖的定量分析方法有高效液相色谱法、分光光度法、连续流动分析和气相色谱法。

（4）核糖　是一种与生物遗传有关的重要的糖类，在生理上具有十分重要的作用，是各种核糖核酸（RNA）和各种核苷酸辅酶的组成糖。核糖是核糖核酸分子的一个组成部分，是生命现象中非常重要的一种糖。一方面，核糖作为一种甜味化合物在天然食品中尤其是汤类的重组实验中被使用，另外，作为一种五碳糖，核糖还具有较高的反应活性参加到美拉德反应中而形成新型的滋味产物。核糖甜味阈值 12500μmol/kg。核糖的定量检测方法为高效液相色谱法或酶试剂盒法。

（5）阿拉伯糖　是一种五碳醛糖，具有 4 个羟基，有链状和环状两种结构形式。阿拉伯糖广泛存在于粮食、水果等皮壳里，通常与其他单糖结合，以杂多糖的形式存在于胶体、半纤维素、多糖及某些糖苷中。含有阿拉伯糖含量较高的植物组织有玉米皮、玉米棒芯、稻子、麦子等谷类以及甜菜、苹果等植物细胞壁的纤维素和果胶质中。阿拉伯糖是植物性食品原料中的一种具有滋味活性的糖类，其甜度大约是蔗糖的一半。阿拉伯糖的甜味阈值是 17700μmol/kg。常用的检测方法为高效液相色谱法，可采用蒸发光散射检测器进行检测。

（6）乳糖　是一种双糖，由一分子葡萄糖和一分子半乳糖构成，它可以无水或含一分子结晶水或者是两种形式混合物形式存在。乳糖广泛分布在哺乳动物的乳汁中。在乳制品中，乳糖对其甜味具有重要的贡献，如在山羊干酪中，乳糖的含量高达 23.75g/L。乳糖甜度低、清爽、无后味，甜味阈值为 72000μmol/L。乳糖是还原糖，可以用斐林试剂法测定，也可以用高效液相色谱法。

（7）鼠李糖　又称为 6-脱氧甘露糖，作为一种微量糖而广泛分布于植物、细菌中，在细菌中以鼠李糖为组成糖的多糖或脂多糖存在于细胞表面。鼠李糖在植物的叶和花中除以游离糖形态存在外，也以芸香苷等各种糖苷形态分布。纯品鼠李糖为无色结晶性粉末，能溶于水和甲醇，微溶于乙醇。常见的 α-L-鼠李糖属单糖类，甜度为蔗糖的 33%。这种糖广泛分布在天然植物食品中，可以作为多种食品中的甜味。鼠李糖甜味阈值为 11800μmol/L。

（8）氨基酸　自然界中氨基酸有 D 型和 L 型，食物中的氨基酸大多为 L-氨基酸。甜味氨基酸是另一类潜在的能作为食品甜味的化合物。由于氨基酸类在食品尤其是天然食品中是一种重要的组成成分，在进行重组及消除实验的分组中常把这些物质归类为甜味化合物。常见的甜味氨基酸有甘氨酸、L-丙氨酸、L-丝氨酸、L-苏氨酸、L-脯氨酸、L-半胱氨酸、L-甲硫氨酸和 L-鸟氨酸。D 型氨基酸也具有滋味特征。有研究表明，D 型的甘氨酸、色氨酸、组氨酸、亮氨酸、苯丙氨酸、酪氨酸、丙氨酸具有甜味。D-色氨酸的甜度是蔗糖的 35 倍。

（9）糖醇　是含有2个以上的羟基的多元醇，糖醇少量存在于自然界中，是自然界可再生的糖类原料。将糖分子上的醛基或酮基还原成羟基，就成为糖醇。糖醇一般是无色结晶，溶解度不及相应的糖类。糖醇化合物入口有清凉感，且能为人体吸收代谢。糖醇是除了糖成分以外的另一种重要的甜味活性化合物。比起原本的糖，甜度有明显变化。例如，山梨醇的甜度低于葡萄糖，木糖醇的甜度高于木糖。在进行重组实验时，常需要将样品中的糖醇类进行定量，尤其是植物性食品及发酵食品。食品中常需要进行定量分析的糖醇有木糖醇、甘露醇、丙二醇、肌醇、阿拉伯糖醇、核糖醇、赤鲜糖醇、甘油、山梨糖醇等。糖醇不经过胰岛素代谢，可以作为糖尿病患者的代糖甜味剂。

（10）甜味肽　甜味肽和其他甜味物质的味觉受体及产生甜味的机制一样，主要是肽分子在结构中不仅有1个可以形成氢键的基团—AH（如—NH_2），而且同时还有1个电负性的基团—B（如—COOH），这2个基团不能直接相连，间隔0.25～0.40nm，二者之间要存在疏水性氨基酸且满足立体化学的要求，才能与目标受体的结合部位匹配。现在常见的甜味肽主要有阿斯巴甜（L－天门冬氨酰－L－苯丙氨酰甲酯，aspartame）、阿力甜（L－天门冬氨酰－D－丙氨酰胺，alitame）以及如甜味赖氨酸二肽（*N*－Ac－Phe－Lys，*N*－Ac－Gly－Lys）。

2. 甜味物质的分析

糖类是食品中一种重要的呈味物质，进行重组实验时，通常必须对样品中的糖类物质进行定量分析。另外，作为糖类的重要衍生物，糖醇类也需要进行定量检测。糖的检测分析，过去常采用斐林试剂、二硝基水杨酸法等化学分析方法，只能测定总还原糖，不能测定各种糖的含量。混合糖的分离鉴定及其组成的分析方法一般采用纸色谱图、薄层色谱法和柱色谱法，这些经典的层析法快速有效、无需衍生化处理，但多种单糖的分离效果差，微量成分的显色不明显而且重现性不好，适合简单样品的定性分析而不能满足复杂的样品的定性和定量分析。目前也有报道使用气相色谱检测分析糖类物质，气相色谱法分离效率高、灵敏度高、选择性好，但由于糖类本身没有足够的挥发性，需将其转化为挥发性的衍生物进行分析。衍生制备过程操作烦琐，耗时长，易产生多种衍生物的异构体。这为糖类化合物的定性、定量带来一定的困难。目前，随着高效液相色谱（HPLC）技术的迅速发展，使其具有操作简单、具有更多的可选方案、分离效果好、定量准确等优点。食品中糖类化合物的定性定量分析可以采用HPLC法，根据所分离糖类物质的具体性质，可选择相应的色谱柱和检测器。

3. 示例

（1）高效液相色谱法测定菠萝制品中游离糖含量

①背景介绍：糖在菠萝及其加工产品的风味特性中起着非常重要的作用，直接决定了产品的品质以及消费者的接受程度。菠萝含有约11.2%～13.4%的碳水化合物，其中大部分以游离糖（葡萄糖、果糖和蔗糖）的形式存在。目前，市面上存在往菠萝果汁和菠萝花蜜产品中掺假的行为，当掺入玉米糖浆或蔗糖之后，可以通过测定葡萄糖含量的增加以及新增的麦芽糖来检测。通过建立菠萝果实中游离糖的构成和含量，可以为菠萝制品掺假的检测提供依据。因此，有必要测定菠萝果实、新鲜浓缩菠萝汁、商业果汁和菠萝花蜜中的游离糖组成，明确菠萝及其制品中甜味来源。

②方法：菠萝新鲜果实匀浆处理，取5g匀浆后的均质进行提取，菠萝果汁、花蜜均取5mL。将以上各个样品与40mL甲醇混合。在磁力搅拌器中搅拌20min。之后样品离心3000r/min，30min。取上清液，用甲醇定容到50mL。使用旋转蒸发仪对提取液进行浓缩，去掉甲醇后，浓缩物

用双蒸水定容至50mL。使用Sep-Pack C18固相萃取柱去除其他杂质，得到滤液。取2.5mL滤液与7.5mL乙腈混合。将样品过0.45μm滤膜，之后进样。

使用Waters Associates液相色谱仪，配备6000A泵、U6K注射器和示差检测器R401。使用的色谱柱为μBondapak/碳水化合物柱。流动相为乙腈和水的混合溶液（75：25）。流速为0.9mL/min，室温进行分析。标准糖溶液为5～100μg/mL。将这些溶液（25μL）注入色谱系统，根据峰面积与浓度绘制成校准曲线。

③结果及讨论：HPLC对游离糖的分析结果表明，蔗糖是菠萝、新鲜菠萝果汁和商业果汁中最主要的糖类，其次是果糖和葡萄糖。在菠萝花蜜中蔗糖含量变化较大，比果糖和葡萄糖含量低（图5-24）。在大多数花蜜样品中，还检测到麦芽糖。商业菠萝果汁和天然菠萝果汁的高效液相色谱图谱一致，这意味着游离糖图谱提供了关于菠萝衍生物、果汁和蜜饯真实性的有价值的信息。在花蜜样品中发现麦芽糖，这是添加了玉米糖浆的明显标志。果糖/葡萄糖=1，果糖加葡萄糖/蔗糖=1的关系可以作为菠萝汁真实性的参考指标。

（2）不同加工方式得到的甜叶菊提取液中甜叶菊糖苷的鉴别、定量和感官表征

①背景介绍：近些年来，由人工合成的非营养的高强度甜味剂，如糖精和阿斯巴甜，已经被用来取代糖和其他高热量的甜味剂。为了满足消费者对有机产品日益增长的需求，人们花了很多精力开发天然来源的无热量甜味剂。甜叶菊糖苷是一种天然的无营养甜味剂的来源，原产于巴拉圭和巴西，在南美洲已使用数个世纪，在日本和其他亚洲国家也已使用数十年。从2008年开始，莱鲍迪苷A（rebaudioside A，Ra），甜叶菊中的主要成分，被美国食品与药品管理局认定是安全的食品添加剂。自2011年12月起，莱鲍迪苷A也被欧盟允许销售，以及作为安全的食品添加剂允许在食品加工中使用。甜叶菊里含有多种二萜-ent-贝壳杉烯糖苷，有一种强烈的甜味，但不同分子的甜味强度不同。大多数二萜类化合物是由甜菊苷元与不同的糖结合构成。其中，甜菊糖苷（stevioside，Sv）和莱鲍迪苷A是在数量上占优势的甜叶菊糖苷。不同的提取工艺决定了甜叶菊糖苷提取物的构成和质量，有采用有机试剂提取的工艺，也有用水溶液来提取的工艺。有些提取工艺专注于特定成分的提取，如莱鲍迪苷A。糖基转移酶也越来越多地被应用在甜叶菊糖苷提取中，用来增加甜度，同时去掉一些可能产生苦味的成分。目前市面上的一些甜叶菊糖苷提取物是由甜叶菊中的天然成分构成的，而有些则不是，这与他们所采用的不同的提取工艺有关。不同甜叶菊糖苷提取物的成分差异对于相关产品的监管、感官感知和消费者偏好有直接的关系。因此，通过超高效液相色谱-电喷雾电离-质谱（UHPLC-ESI-MS）测定四种商用甜叶菊糖苷产品中的化学构成，并由感官评价小组对其呈味特性进行评估。

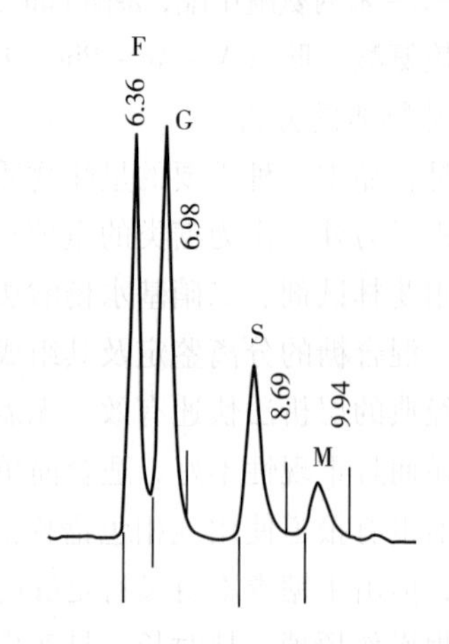

图5-24 菠萝花蜜中游离糖的HPLC色谱图
F—果糖 G—葡萄糖 S—蔗糖 M—麦芽糖

②方法：样品为四种纯化的甜叶菊糖苷提取物，是通过不同的提取工艺技术得到的，即膜净化（MP）、酶改性（EM），以及乙醇结晶（EC1和EC2），分别是由Prodalysa（Concón，

智利)、AccoBio（江苏，中国)、GLG（温哥华，加拿大）和 Gargill Truvia（Minneapolis，美国）四个公司提供。使用 Thermo Accela UHPLC 进行分析，色谱柱为 Waters Acquity UPLC HSS C18 柱（150mm×2.1mm i. d.），温度为20℃，所使用的流动相为水/醋酸（100∶0.1，体积分数）（洗脱液 A）和乙腈/乙酸/二氯甲烷（100∶0.1∶0.1，体积分数）（洗脱液 B）。洗脱程序如下：0～1min，25% B（体积分数）；1～16min，25%～50% B（体积分数）；16～22min，50%～100% B（体积分数）；22～28min，100%～25% B（体积分数）。流速为300μL/min。MS^n是由 Thermo Scientific LTQ VELOS 进行，使用电喷雾电离（ESI）和负离子模式检测，电源电压为3.5kV，离子转移管温度为350℃。根据质谱碎片来进行结构鉴定。

感官评价由一个受过训练的小组进行评估，对四种甜叶菊糖苷提取物的商业样品（MP，EM、EC1 和 EC2）中的四种感官属性“甜”“苦”“甘草”和“金属”进行评估。所有的小组成员都有丰富的感官分析经验，并接受了针对性地培训，以保证能够准确地评估甜叶菊糖苷提取物中的感官特性。将甜叶菊糖苷提取物样品溶解在纯净水中，使其浓度接近50g/L 的蔗糖溶液的甜度：MP 为300mg/L，EM 为700mg/L，EC1 为250mg/L，EC2 为220mg/L。所有样品都是在感官评估当天新鲜制备的，在评估时使用50g/L 蔗糖溶液作为参照。

③结果与讨论：使用 UHPLC－MS 从4个甜叶菊糖苷提取液中共检测到31个峰（图5－25），

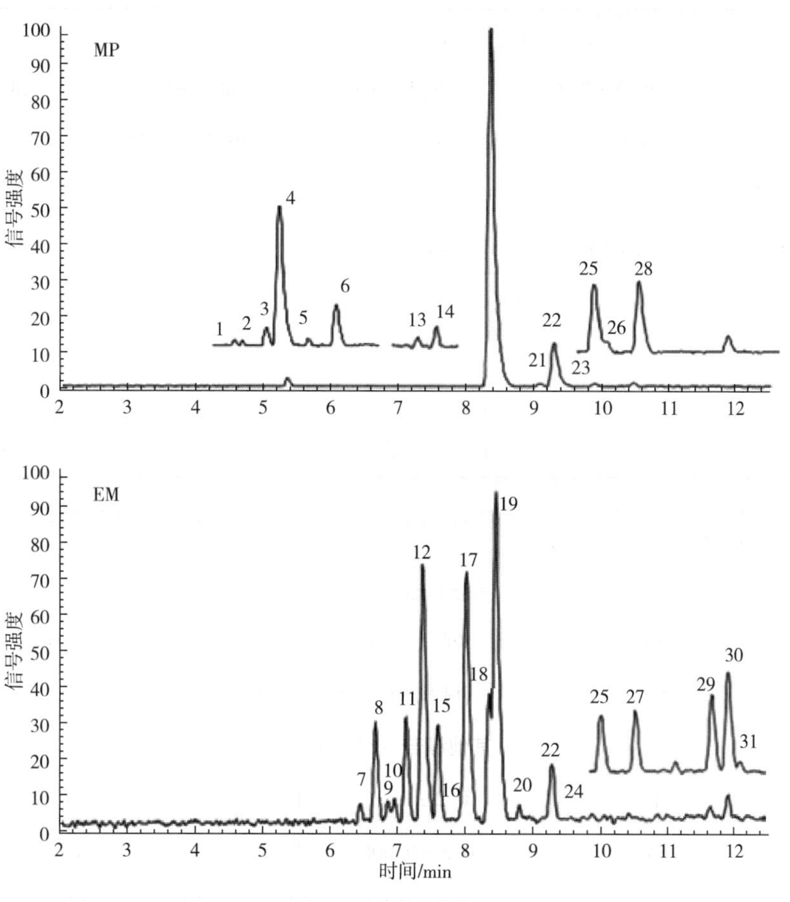

图5－25　甜叶菊糖苷提取物的 HPLC 色谱图

MP—膜净化，智利　EM—酶改性，中国

并对其进行结构鉴定。除了EM，在其他三个样品中，均为Ra是含量最高的化合物，提取物中Ra浓度大于为60mg/100mg提取物，EM样品中，Ra含量仅为2.7mg/100mg。EM样品中使用了酶解修饰技术，对具有香气的Sv的结构进行了修饰，在一定程度上减少了苦味。MP中含有多种小分子的甜菊糖苷，含量最高可达24mg/100mg，这是由于MP样品采用的水萃取和膜纯化工艺产生的结果。

对MP、EM、EC1和EC2样品以及HPLC分析所得的各个组分进行感官评价，结果如表5-11和表5-12所示。从表5-11可以看到，四个样品甜味没有显著差异，金属味也没有显著差异，它们的甜度均与5%蔗糖溶液一致。MP样品的苦味最高，这可能与其含有较多小分子的甜菊糖苷有关。MP样品中含有广泛的天然甜菊糖甙。然而，当考虑异味的时候，这种甜叶菊糖苷提取物产品与通过其他加工技术获得的样品相比，表现出最强烈的苦味、甘草味和金属味。通过类似的溶剂提取纯化处理得到的提取物EC1和EC2，尽管提取物在化学成分上有很大差异（表5-12），但两个样品在各个味觉属性上均无显著差异，呈现相似的感官味感。另外，EM样品中的酶修饰是一种有效的替代品，可以有效减少Sv导致的苦味，而其他味感与其他样品无差异。

表5-11　四个甜叶菊糖苷提取物MP、EM、EC1和EC2的感官评价①

味觉属性	MP	EM	EC1	EC2
甜味	49.2 ± 7.3^{a}	49.5 ± 5.0^{a}	48.3 ± 5.2^{a}	48.0 ± 2.4^{a}
苦味	59.1 ± 12.6^{c}	53.3 ± 11.1^{bc}	49.7 ± 15.2^{ab}	44.3 ± 16.4^{a}
甘草味	68.3 ± 12.8^{c}	58.9 ± 12.3^{b}	51.2 ± 17.9^{ab}	48.6 ± 16.2^{a}
金属味	53.0 ± 12.0^{a}	49.1 ± 7.9^{a}	47.9 ± 8.1^{a}	45.3 ± 12.6^{a}

①感官评价结果以平均值±标准差的形式表示，同一行数据后不同小写字母表示差异显著（$p < 0.05$）。

表5-12　四个甜叶菊糖苷提取物MP、EM、EC1和EC2中各个甜菊糖苷的定量分析和感官属性　单位：mg/100mg

序号	化合物名称	样品				味觉阈值	
		MP	EM	EC1	EC2	甜味	苦味
		主要糖苷（含量高）					
18	Ra	67.2±3.5	2.7±0.03	84.4±0.6	102.6	8.3	0.194
19	Sv	14.9±0.4	6.3±0.02	17.9±0.3	ND	11.2	112
		其他糖苷（含量低）					
1	I	0.2±0.01	ND	0.3±0.01	0.2±0.02	ND	ND
2	Rk	0.2±0.006	ND	ND	ND	ND	ND
3	Rn	0.6±0.04	ND	ND	ND	ND	ND
4	Rd	2.8±0.16	0.2±0.002	0.5±0.001	0.1±0.005	5.3	162

续表

序号	化合物名称	样品				味觉阈值	
		MP	EM	EC1	EC2	甜味	苦味
5	Rj	0.3 ±0.02	ND	ND	ND	ND	ND
6	Rm	1.6 ±0.09	0.9 ±0.05	ND	ND	ND	ND
13	Rh	0.4 ±0.02	ND	ND	ND	ND	ND
14	Ⅱ	0.7 ±0.08	ND	ND	ND	ND	ND
16	Ri	0.05 ±0.001	3.3 ±0.05	ND	ND	ND	ND
21	Rf	1.2 ±0.1	0.3 ±0.03	0.1 ±0.01	0.3 ±0.004	ND	ND
22	Rc	8.4 ±0.7	1.3 ±0.06	0.6 ±0.04	ND	27.8	49
23	DuA	1.3 ±0.09	0.4 ±0.01	ND	ND	32.9	49
25	Rg	2.9 ±0.1	1.7 ±0.06	ND	ND	ND	ND
26	Ⅲ	0.5 ±0.01	ND	ND	ND	ND	ND
28	Ru	1.3 ±0.1	0.3 ±0.1	ND	ND	27.3	61
29	Rb	0.4 ±0.002	0.8 ±0.01	0.8 ±0.05	1.6 ±0.1	18.1	137
30	Sb	ND	0.9 ±0.05	0.3 ±0.002	ND	26.8	84
31	DuB	ND	0.4 ±0.04	ND	ND	ND	ND
	糖基转移酶处理后产生的其他糖苷						
7	甜叶菊苷元-(葡萄糖基)$_6$	ND	2.2 ±0.03	ND	ND	ND	ND
8	甜叶菊苷元-(葡萄糖基)$_5$	ND	5.2 ±0.02	ND	ND	ND	ND
9	甜叶菊苷元-(葡萄糖基)$_6$	ND	1.7 ±0.2	ND	ND	ND	ND
10	甜叶菊苷元-(葡萄糖基)$_6$	ND	2.0 ±0.6	ND	ND	ND	ND
11	甜叶菊苷元-(葡萄糖基)$_5$	ND	5.4 ±0.2	ND	ND	ND	ND
12	甜叶菊苷元-(葡萄糖基)$_4$	ND	10.2 ±0.3	ND	ND	ND	ND
15	甜叶菊苷元-(葡萄糖基)$_5$	ND	4.9 ±0.08	ND	ND	ND	ND
17	甜叶菊苷元-(葡萄糖基)$_4$	ND	11.2 ±0.1	ND	ND	ND	ND
20	甜叶菊苷元-(葡萄糖基)$_4$-(鼠李糖苷)$_1$	ND	0.9 ±0.05	ND	ND	ND	ND
24	甜叶菊苷元-(葡萄糖基)$_4$	ND	1.3 ±0.08	ND	ND	ND	ND
27	甜叶菊苷元-(葡萄糖基)$_3$	ND	1.7 ±0.07	ND	ND	ND	ND

注：ND 表示未检出。

二、酸味物质的分析

1. 酸味物质的介绍

酸味通常认为是具有可释放出 H^+ 的化合物引起的，但是，酸味的强度与 H^+ 的强度不呈正相关关系。含有 H^+ 的酸类化合物分为无机酸和有机酸。无机酸的酸味阈值在 pH 3.4 ~ 3.5，有机酸的酸味阈值多在 pH 3.7 ~ 4.9。食品中呈酸味的物质主要有：

（1）柠檬酸　是分布最为广泛的一种有机酸，具有纯正的酸味，通常作为酸味鉴评的基准物质。天然柠檬酸主要存在于柠檬、柑橘、菠萝、梅、李、桃的果实，以及一些植物叶子如烟叶、棉叶、菜豆叶等中。动物体内的骨骼、肌肉、血液中也含有相当量的柠檬酸。从结构上看，柠檬酸是一种三羧酸类化合物，并因此而与其他羧酸有相似的物理和化学性质。柠檬酸是一种较强的有机酸，有3个H^+可以电离，加热后可以分解成多种产物。柠檬酸的酸味阈值为2600μmol/L，在进行滋味重组物的构建时常需要对这种物质进行检测和定量。目前，测定柠檬酸的方法有高效液相色谱法、离子色谱法、气相色谱法、毛细管电泳法等。

（2）苹果酸　又称2－羟基丁二酸，是一种酸性较强的有机酸，有两个对映体，即L－苹果酸和D－苹果酸，自然界存在的苹果酸都是L型苹果酸。天然的水果中有大量的苹果酸，尤其是未成熟的水果，苹果酸的存在对水果呈酸味具有重要的贡献。L－苹果酸口感接近天然苹果的酸味，与柠檬酸相比，具有酸度大、滋味柔和、滞留时间长等特点。L－苹果酸阈值（最初感觉到酸味的浓度）为3700μmol/L，其酸味度比柠檬酸高。现有测定苹果酸的方法主要为高效液相色谱法和酶法。

（3）草酸　是植物性食品中的重要有机酸类。富含草酸食物包括豆类、菠菜、荷兰芹、大黄属植物、可可、速溶咖啡、甜菜以及覆盆子、柑橘、白薯、李属植物、胡萝卜、芹菜、黄瓜、蒲公英叶、莴苣、羽衣甘蓝、胡椒等，其中前七种食物草酸盐含量在25mg/100g以上。草酸对于食品的酸味会有贡献，所以它也作为潜在酸味化合物常用于滋味重组物的构建中。草酸的酸性比醋酸（乙酸）强10000倍，是有机酸中的强酸。草酸酸味阈值590μmol/L。常见的检测方法有滴定法、比色法、酶法及高效液相色谱法。

（4）酒石酸　即2－羟基琥珀酸，广泛存在于水果中，尤其是葡萄中，葡萄酒中亦有较高含量的酒石酸。酒石酸主要以钾盐的形式存在于多种植物和果实中，也有少量是以游离态存在的。酒石酸的酸味较为爽口，酸味阈值为292μmol/L。高效液相色谱法是酒石酸测定的最常用的方法。

（5）乳酸　即2－羟基丙酸，广泛存在于人体、动物及微生物代谢之中，也存在于相关的多种食品中。乳酸分子存在两种光学对映体（D－乳酸和L－乳酸），其理化性能十分相近，只是旋光性相反。乳酸是一种可以呈现出较柔和酸味的有机酸。它广泛存在于乳制品和发酵食品中，如酸奶、泡菜等。乳酸也是进行滋味重组物构建中常需要定量的有机酸，尤其是乳制品中。乳酸的酸味阈值为1400μmol/L。目前已经建立的分析方法主要有滴定法、旋光法、酶法和高效液相色谱法。

（6）脂肪酸类　一些短链的脂肪酸尝起来具有酸味，因为它们都具有较强的挥发性，所以闻起来也是酸味。这些物质对酸的气味和滋味都有贡献。一系列短链脂肪酸如甲酸、乙酸、丙酸等在滋味重组物构建中都有报道。脂肪酸中，甲酸的酸味阈值为4338μmol/kg，乙酸为1990μmol/kg，丁酸为4000μmol/kg，己酸为3400μmol/kg，辛酸为5200μmol/kg，癸酸为1550μmol/kg。在这其中，甲酸和乙酸是普遍在食品中贡献酸味的重要滋味活性化合物。而其他脂肪酸在发酵乳制品如干酪中非常重要。对于脂肪酸的定量，经常采用气相色谱法。

（7）酸味肽　酸味肽主要是由于肽类中的酸性或碱性氨基酸残基电离出氢离子，在受体通道（磷脂）的作用下，进入味蕾细胞，呈现出酸味。因酸味肽同时具有酸味和鲜味，所以常把酸味肽作为鲜味肽中的一部分。

2. 酸味物质的分析

食品中的低分子有机羧和其他香气分子一起赋予食品特有的滋味。食品中的低分子有机酸主要有乙酸、乳酸、丁二酸、柠檬酸、酒石酸、苹果酸等，少量存在的有机酸还有甲酸、顺丁烯二酸、马来酸、草酸等。这些低分子有机羧酸是食品酸味的主要来源。食品中有机酸的种类、含量和构成对食品的滋味有很大影响。目前，低分子有机酸的分析方法有化学滴定法、比色法、分光光度法、酶法、色谱法和毛细管电泳法等。化学滴定法开发的较早，一般只用于食品中的总酸度的测定，不能用于多种有机酸的分析测定。比色法、分光光度法和酶法一般要进行预分离、衍生化等烦琐的前处理，而能达到同时分离的有机酸数目较少。这些传统方法往往适用于特殊样品或某些不常见的有机酸分离。色谱法是现代低分子有机酸分析的最常用方法。毛细管电泳法是近些年发展速度较快、较有前途的分析方法。它也可应用于食品中低分子有机酸的分析测定，但与色谱法相比研究的较少。色谱法是目前有机酸分析当中最常用的方法，包括高效液相色谱法、气相色谱法等。

3. 示例

（1）利用感官评价、色谱分析和电子舌法对杨梅汁的感官特征进行了研究

①背景介绍：杨梅（*Myrica rubra*）是一种亚热带水果，其果皮深红色到深紫红色，由于其独特的口味和健康效果，深受人们喜爱。但是由于杨梅极易腐烂，消费者很难买到鲜果，因此，杨梅果汁和杨梅酒的加工和改良成为热门的研究和生产方向。近年来，杨梅汁在中国越来越受欢迎。杨梅果汁的风味特性受杨梅原料的影响。果汁原料的种类和产地是影响果汁口感的重要因素。为了更深入地研究杨梅果汁的口味特征，采用高效液相色谱（HPLC）对杨梅果汁中糖类和有机酸进行分析。

②方法：实验材料为来自四个不同产地的杨梅果实，分别命名为 CB、YB、XB、XD。将杨梅果实匀浆处理，之后灭菌，置于 -80℃进行保存。

感官评价参考《葡萄酒、果酒通用试验方法》（GB/T 15038—2006）来进行，24 名小组成员在室温下的感官评价实验室参加了感官评估测试。根据辨别能力，从中挑选 8 名成员（4 男 4 女，平均年龄 28 岁）。整个感官评价过程分为三部分。在第一部分，小组成员品尝杨梅汁来识别和记录所有的感官属性。第二部分，小组成员讨论并确定属性，然后根据提供的标准建立最终的词典。第三部分，杨梅果汁的每个感官属性被评估打分，打分范围是 0（未检测到）~9（非常强烈）。取 20mL 杨梅果汁样品用于感官评价，所有的样本按照随机顺序传递给感官小组成员，成员对每个样本每个属性的感知强度进行评分。

有机酸的测定采用 Agilent 1260 HPLC，配备有 UV - Vis 检测器。检测波长设置在 210nm。色谱柱为 Agilent C_{18}色谱柱（250mm × 4. 5mm，5μm）。流动相为 0. 1mol/L KH_2PO_4 - H_3PO_4溶液。流速设定为 0. 7mL/min。柱温箱设定为 30℃。

杨梅果汁中糖的测定使用 Sep - Pak C_{18}固相微萃取柱进行预处理，之后使用 Agilent 1260 HPLC 和示差折光检测器进行分析。色谱柱为 Agilent Zorbax Carbohydrate 色谱柱（250mm × 4. 5mm，5μm）。流动相为乙腈/水溶液（8∶2，体积分数）。流速设定为 1mL/min。柱温箱设定为 30℃。

③结果与讨论：四种杨梅果汁（CB、YB、XB、XD）在酸、甜、苦、涩等感官上均有显著差异。如表 5 - 13 所示，CB 在酸味、苦味和涩味感官得分最高，在甜味感官得分最低，说明 CB 杨梅汁具有相对的酸味和涩味口感。YB 的酸味分数最低。XB 的甜味得分最

高，苦味和涩味得分最低，说明 XB 杨梅汁较甜。结果表明，产地对杨梅果汁感官属性的影响较大。

表 5－13　　来自 4 个产地的杨梅果汁的感官评价结果①

感官属性	CB	YB	XB	XD
酸	5.411 ±0.336[c]	4.804 ±0.269[a]	5.054 ±0.238[ab]	5.268 ±0.222[bc]
甜	4.429 ±0.278[a]	5.071 ±0.525[b]	5.768 ±0.647[c]	5.286 ±0.247[bc]
苦	5.393 ±0.430[b]	5.232 ±0.301[b]	4.625 ±0.250[a]	4.714 ±0.304[a]
涩	6.089 ±0.393[c]	5.393 ±0.570[b]	4.75 ±0.375[a]	5.036 ±0.576[ab]

①感官评价结果以平均值 ± 标准差的形式表示，同一行数值后不同的小写字母表示差异显著（$p<0.05$）。

利用 HPLC 对四种杨梅果汁中的有机酸和糖类进行测定，并进行了定量，结果见表 5－14。杨梅汁中含有酒石酸、奎宁酸、苹果酸、抗坏血酸、乳酸、醋酸、马来酸、柠檬酸和琥珀酸共 9 种有机酸，除酒石酸外，其余有机酸在四种杨梅果汁中均检出。柠檬酸的浓度最高，其次是苹果酸和琥珀酸。乳酸和醋酸含量极低。有机酸的种类对果汁的口感有重要影响。例如，琥珀酸是低酸度的，有新鲜的滋味，醋酸是刺激的，乳酸是温和的。在 4 种杨梅果汁中，酒石酸、奎宁酸、抗坏血酸、乳酸、醋酸、马来酸和琥珀酸的含量有显著差异，这是导致其口感差异的主要原因。同时，四种杨梅果汁中的葡萄糖、果糖和蔗糖含量也存在差异。样品 CB 和 YB 葡萄糖和果糖含量高于蔗糖，而样品 XB 和 XD 中蔗糖的含量更高。糖和有机酸的构成和含量最终决定了杨梅果汁不同的口感。

表 5－14　　来自 4 个产地的杨梅果汁的有机酸和糖类含量测定结果①

	CB	YB	XB	XD
酒石酸	1.125 ±0.316[a]	21.382 ±6.272[b]	7.552 ±1.004[a]	ND②[a]
奎尼酸	150.884 ±15.825[b]	142.656 ±16.319[b]	62.669 ±15.213[a]	132.029 ±18.347[b]
苹果酸	676.96 ±56.707[a]	770.533 ±59.324[a]	793.082 ±98.099[a]	749.802 ±93.059[a]
抗坏血酸	4.39 ±0.844[a]	23.857 ±6.406[d]	18.862 ±2.845[c]	9.279 ±1.323[b]
乳酸	0.031 ±0.007[b]	0.021 ±0.005[a]	0.027 ±0.004[ab]	0.029 ±0.009[b]
乙酸	0.323 ±0.086[a]	0.184 ±0.138[a]	2.815 ±0.443[b]	0.184 ±0.022[a]
马来酸	2.134 ±0.614[b]	1.324 ±0.832[ab]	0.591 ±0.036[a]	1.871 ±0.124[b]
柠檬酸	8914.286 ±843.772[a]	7519.877 ±655.770[a]	7764.293 ±421.773[a]	8478.266 ±472.924[a]
琥珀酸	528.44 ±28.811[c]	313.033 ±40.072[b]	437.66 ±62.262[a]	352.763 ±89.841[a]
果糖	20.21 ±2.210[b]	19.37 ±4.030[b]	13.74 ±2.630[a]	11.6 ±1.030[a]
葡萄糖	16.81 ±2.010[b]	19.89 ±3.090[b]	10.95 ±1.250[a]	10.68 ±1.090[a]
蔗糖	8.08 ±1.370[a]	14.56 ±3.510[a]	26.83 ±4.290[b]	33.23 ±9.840[b]

①有机酸和糖类的测定结果以平均值 ± 标准差的形式表示，同一行数据后的不同小写字母表示差异显著（$p<0.05$）。

②ND 表示未检出。

（2）不同樱桃酒中的滋味活性化合物的鉴定及其与感官属性的关系

①背景介绍：滋味和口感是决定消费者喜爱果酒的主要因素。因此，许多研究者通过研究果酒中的滋味活性化合物来实现品质控制。目前，已有许多研究利用高效液相色谱、液－质联用等技术对葡萄酒、柑橘酒中的滋味活性成分进行鉴定，但尚无对樱桃酒的研究。因此，通过对樱桃酒进行感官评价，以及对滋味活性化合物（有机酸、氨基酸、酚酸、单宁酸、糖类）进行分析，最终明确了樱桃酒中影响滋味和口感的关键滋味活性化合物。

②方法：5 个来自于不同品牌的樱桃酒（W1、W2、W3、W4、W5）被作为样品进行分析。感官评估是由一个训练有素的小组完成的，小组由 4 名女性和 4 名男性组成，年龄在 23 ~ 30 岁。感官评价评分采用 0 ~ 9 分，0 分为没有味感，9 分为味感非常强烈。口感参照材料如下：酸味（4g/L 酒石酸）、甜味（30g/L 蔗糖）、苦味（0.15g/L 硫酸奎宁）、涩味（1.0g/L 硫酸铝）。

有机酸的测定采用 Agilent 1100 HPLC，配备有 UV－Vis 检测器。检测波长 210nm。色谱柱为 Waters Atlantis C_{18}（250mm × 4.5mm，5μm.）。柱温箱温度为 30℃，流动相为 0.05mol/L H_3PO_4 和甲醇（95 : 5，体积分数）的混合物，流速为 0.8mL/min。注射前，样品要经过 0.45m 孔径的滤膜进行过滤。进样体积为 10μL。

氨基酸的测定同样采用 Agilent 1100 HPLC 和 UV－Vis 检测器。检测波长 338nm，色谱柱为 ODS Hypersil（250mm × 4.5mm，5μm）。流动相是 20mmol/L 醋酸钠和 1 : 2（体积分数）甲醇－乙腈，流速为 1mL/min。柱温为 40℃。采用邻苯二醛（OPA）进行柱前衍生。进样前用 0.45μm 孔径的膜过滤样品。进样体积为 10μL。

酚酸的测定采用 Waters Acquity UPLC，色谱柱为 BEH C_{18} 分析柱（100mm × 2.1mm，1.7μm）。柱温箱温度 25℃。流动相：溶剂 A 为水与 5% 甲酸，体积分数；溶剂 B 为甲醇与 5% 甲酸，体积分数。流速为 0.25mL/min。洗脱梯度为 0 ~ 20min：5% ~ 15% B；20 ~ 25min：15% ~ 10% B；25 ~ 30min：10% ~ 5% B。最后，色谱柱在初始条件下再平衡 5min。质谱分析是在负离子模式下，离子源为 ESI，离子源温度 100℃，毛细管电压 3.2kV，氩气作为碰撞气体（碰撞能量 2eV）。50mL 樱桃酒用 40mL 乙酸乙酯在分离漏斗中提取两次，每次持续 20min。通过旋转蒸发仪将有机层从水溶液中分离出来，蒸发至干燥。将干燥的提取物溶解在 10mL 甲醇中。取 10μL 样品进样分析。

单宁酸的测定采用 Agilent 1100 HPLC，DAD 检测器，检测波长 275nm。色谱柱为 Akasil－C_{18} 色谱柱（250mm × 4.5mm，5μm）。流动相为甲醇和纯水（1 : 1，体积分数）的混合溶液，流速为 0.5mL/min。样品在进样前使用 0.45μm 孔径的滤膜过滤。取 10μL 样品进样分析。

糖类物质的分析使用 Agilent 1100 HPLC，示差折光检测器。色谱柱为 Waters Sugar-pak1（300mm × 6.5mm，5μm），柱温箱温度 85℃。流速 0.4mL/min，洗脱液是纯水。样品在进样前使用 0.45μm 孔径的滤膜过滤。取 10μL 样品进样分析。

③结果与结论：对 5 种樱桃果酒的感官评价如表 5－15 所示，樱桃酒的感官特性被描述为酸、甜、苦和涩。W1 的酸味和涩味得分最高，甜味得分最低。W2 的苦味最强，酸味最少。W5 的甜味得分最高，涩味得分最低。相比之下，W3 和 W4 在感觉属性上表现为中等强度。果酒中的有机酸不仅对风味有重要影响，而且还会影响果酒的化学稳定

性和 pH，从而影响到果酒的品质。有机酸在果酒中的浓度随着原料的品种、环境条件、酿造和储存条件而变化。在樱桃果酒中共鉴定出了七种有机酸（表 5－16）：草酸、酒石酸、苹果酸、乳酸、醋酸、柠檬酸和琥珀酸。其中有四种有机酸，即草酸、酒石酸、乳酸和琥珀酸在五种樱桃酒中均有检出。W3 中未检测到苹果酸，苹果酸在苹果乳酸发酵过程中可以转化为乳酸，因此，苹果酸的降解程度能反映出酒精发酵和苹果乳酸发酵的整体成功程度。W1、W2、W3 中检测到醋酸和柠檬酸。与酒石酸相比，柠檬酸在酒精溶液中不会与钙、钾形成不溶性沉淀。因此，通常可以在果酒中加入柠檬酸来调节酒的酸度。不同樱桃酒中有机酸含量不同，其中含量最高的有机酸是乳酸，其次是琥珀酸和酒石酸。同样，乳酸也被认为是红葡萄酒中主要的有机酸。含量最低的有机酸是草酸。这些有机酸含量的差异是导致樱桃酒味感有差异的原因之一。

氨基酸通常是樱桃果酒香气的前体物质，因此氨基酸的种类和含量也被测定。从樱桃果酒中共检测到 17 种氨基酸，其中 14 种氨基酸在 5 种樱桃果酒中均有分布。W4 不含组氨酸，W5 不含酪氨酸和甲硫氨酸。从定量结果可以看到，含量较高的是天门冬酰胺，脯氨酸和丙氨酸。不同樱桃果酒中的氨基酸含量存在差异，可能是由于发酵的方法、樱桃品种、地理产地、气候条件等因素导致的。因此，不同的氨基酸可以用来区分不同的樱桃果酒。

酚类化合物在果酒的色泽、涩味、苦味等感官特性中起着重要的作用，其构成是决定果酒品质的一个重要因素。从 5 种樱桃果酒中共检测到 5 种酚酸（表 5－16），其中咖啡酸的含量最高，平均占总酚酸的 48.31%，且在每一款樱桃酒中都发现了咖啡酸，在 W3 中达到了最高水平 0.1359g/L。丹宁酸被证明与葡萄酒的涩味有关，在樱桃果酒中也存在，樱桃酒中单宁酸的浓度从 0.0566～0.1327g/L。W1 中单宁酸含量最高，为 0.1327g/L。W4 和 W5 中含量最低，为 0.0566g/L。

蔗糖、葡萄糖和果糖（表 5－16）是樱桃果酒中主要的糖类构成。5 种樱桃果酒中糖的含量各不相同。从 W1 到 W5 糖类含量呈上升趋势，变化范围 1.31～4.19g/L。W1 果酒中糖的含量最低。糖的种类和含量直接决定了樱桃果酒中的甜味。

这些滋味活性化合物构成了樱桃果酒的独特口味或口感。在生产中可以通过调整发酵参数或补充这些典型的风味活性物质，改善樱桃果酒的滋味和口感特征。

表 5－15　　5 种樱桃果酒的感官评价结果

样品	感官评价平均得分			
	酸味	甜味	苦味	涩味
W1	7.0625d	3.1875a	4.5a	4.75d
W2	3.1875a	4.5b	6.75d	4.1875c，d
W3	5.25c	4.375b	6c	3.75b，c
W4	6.5d	6.25c	5.25b	3.25a，b
W5	4.1875b	7.0625d	4.3125a	3a

注：同一行数据后的不同小写字母表示差异显著（$p<0.05$）。

表5－16 5种樱桃果酒中有机酸、氨基酸、酚酸、单宁酸、糖类的HPLC测定含量

序号	化合物名称	W1	W2	W3	W4	W5
有机酸						
1	草酸	0.1216±0.01	0.5118±0.12	0.1200±0.02	0.1658±0.02	0.1144±0.02
2	酒石酸	204150±0.23	0.2454±0.04	0.6952±0.09	0.7810±0.04	1.8840±0.11
3	苹果酸	0.6478±002	0.2042±0.02	ND	2.467±00.18	0.7081±0.07
4	乳酸	3.5290±0.18	5.2830±0.16	7.0110±0.11	10.880±00.24	2.5130±0.08
5	乙酸	2.1260±0.10	1.8280±0.07	1.8540±0.08	ND	ND
6	柠檬酸	0.4072±0.07	0.1926±0.01	1.5450±0.04	ND	ND
7	琥珀酸	1.4630±0.05	1.1630±0.12	1.6720±0.04	3.2700±0.10	1.7110±0.07
氨基酸						
8	天冬酰胺	0.0393±0.02	1.0412±0.06	0.7994±0.07	0.3327±0.06	0.1968±0.01
9	谷氨酸	0.0264±0.01	0.0132±0.01	0.1037±0.03	0.0612±0.02	0.0417±0.01
10	丝氨酸	0.0156±0.01	0.0275±0.01	0.0567±0.02	0.0470±0.02	0.0109±0.01
11	组氨酸	0.0151±0.01	0.0190±0.01	0.0383±0.01	ND	0.0052±0.00
12	甘氨酸	0.0039±0.00	0.0080±0.00	0.0831±0.05	0.0132±0.01	0.0144±0.01
13	苏氨酸	0.0113±0.01	0.0238±0.01	0.0506±0.02	0.0404±0.01	0.0094±0.00
14	精氨酸	0.0368±0.01	0.0161±0.01	0.0353±0.01	0.0159±0.01	0.0005±0.00
15	丙氨酸	0.0405±0.02	0.3046±0.03	0.1168±0.03	0.0682±0.04	0.2021±0.06
16	酪氨酸	0.0108±0.03	0.0050±0.01	0.0217±0.03	0.0132±0.01	ND
17	半胱氨酸	0.0013±0.00	0.0005±0.00	0.0022±0.00	0.0012±0.00	0.0008±0.00
18	缬氨酸	0.004±10.00	0.0213±0.01	0.0169±0.01	0.0093±0.00	0.0164±0.01
19	甲硫氨酸	0.0048±0.00	0.0007±0.00	0.0007±0.00	0.0022±0.00	ND
20	苯丙氨酸	0.0086±0.00	0.0478±0.02	0.0538±0.02	0.0009±0.00	0.0236±0.01
21	异亮氨酸	0.0076±0.00	0.0208±0.01	0.0223±0.01	0.0208±0.01	0.019±20.01
22	亮氨酸	0.0160±0.01	0.0264±0.01	0.0453±0.01	0.0177±0.01	0.0200±0.01
23	赖氨酸	0.0226±0.01	0.0100±0.00	0.0431±0.01	0.0113±0.00	0.0019±0.00
24	脯氨酸	1.2491±0.08	0.0246±0.01	0.0881±0.04	0.0207±0.01	0.1058±0.03
酚酸和单宁酸						
25	没食子酸	ND	0.0350±0.01	0.0836±0.03	0.0066±0.00	0.0078±0.00
26	4－羟基苯甲酸	ND	0.0128±0.01	0.0509±0.02	0.0003±0.00	0.0011±0.00
27	绿原酸	ND	0.0132±0.00	0.021±30.02	0.0011±0.00	ND
28	香草酸	0.0403±0.01	0.0051±0.00	0.0408±0.02	0.0044±0.00	ND
29	咖啡酸	0.0518±0.01	0.1018±0.02	0.1359±0.03	0.0003±0.00	0.0133±0.00
30	单宁酸	0.1327±0.02	0.0748±0.01	0.0848±0.03	0.0566±0.02	0.0566±0.02

续表

序号	化合物名称	W1	W2	W3	W4	W5
糖类						
31	蔗糖	0.0800 ±0.02	0.0900 ±0.01	0.1100 ±0.03	1.5700 ±0.08	1.3700 ±0.07
32	葡萄糖	0.6500 ±0.06	0.6700 ±0.07	09600 ±0.08	0.6700 ±0.05	1.6500 ±0.10
33	果糖	0.5800 ±0.10	0.6700 ±0.05	0.6700 ±0.06	0.5900 ±0.09	1.1700 ±0.11

注：ND 表示未检出。

三、 咸味物质的分析

1. 咸味物质的介绍

咸味是由盐类引起的滋味，这种滋味主要受阴阳离子的影响。咸味物质的相对咸度跟离子半径有关，半径较小呈咸味，半径较大则呈苦味，介于中间的则表现出咸苦。食品和饮料中许多无机离子的浓度同食品的风味和质量有直接关系。食品中的无机离子（如 Na^+、K^+、NH_4^+、Cl^-、PO_4^{3-}等）的含量虽然远不如糖类、蛋白质等物质的含量高，但它们赋予食品独特的口感和滋味。如无机离子对鱼、虾、蟹的滋味有重要的贡献，其中阳离子主要为 K^+和 Na^+，阴离子主要是 Cl^-、PO_4^{3-}等。有研究对蟹肉水溶性抽提液分析时发现去除 Na^+会直接引起抽提液的鲜味和甜味骤降，使得蟹的独特风味消失，同时苦味增强；去掉 K^+之后，抽提液则完全失去了味感；去掉 Cl^-之后同样导致无滋味；去掉 PO_4^{3-}则鲜味和甜味都下降。此外，食品中一些无机离子对人体的健康也有一定的影响。天然食品中常见的能引起咸味的物质有：

（1）钠盐　钠主要以钠盐的形式存在，是食品咸味的主要来源。食品中的主要钠盐有氯化钠、硫酸钠、碳酸钠、碳酸氢钠等。其中氯化钠，即食盐的主要成分，是最为重要的咸味物质。呈咸味物质除了中性盐之外，有些物质也呈咸味，但咸味不太纯正，如葡萄糖酸钠、苹果酸钠等有机酸钠盐。在食品中加入钠盐可以除掉原料的一些异味，增加美味，这就是钠盐的提鲜作用。钠离子的滋味阈值为 7500μmol/L。

（2）钾盐　钾离子及钾盐溶液也呈现咸味。氯化钾也是自然界最为常见的天然咸味化合物，是一种常见的钾盐，性质基本同氯化钠，味极咸。现在已有氯化钾替代氯化钠呈现咸味的研究。钾离子的滋味阈值为 150μmol/L。

（3）铵盐　是氨与酸反应生成的离子产物，常见的铵盐有氯化铵、硫酸铵等。铵盐具有咸味，是进行重组实验中可能需要定量的一种无机咸味物质，铵离子的滋味阈值为 5000μmol/L。

（4）氯化物　氯化物（Cl^-）是水中一种常见的无机阴离子。几乎所有的天然水中都有氯离子存在，它的含量范围变化很大。氯离子本身是无味，是一种助味剂。水中氯化物含量较高时，水会带有咸味，尤其当主要阳离子为钠离子时。当水中含有钠离子时会与氯离子的咸味产生协同作用。然而，若主要阳离子为钙与镁离子时，即使氯盐含量高达 1000mg/L，亦不会产生咸味。当有相当量的钠离子存在时，水中氯离子的滋味阈值为 7500μmol/L。

（5）磷酸盐　磷酸盐几乎是所有食物的天然成分之一，天然食品中存有大量的磷酸盐。同时，作为重要的食品配料和功能添加剂广泛应用于肉制品、禽肉制品、海产品、水果、蔬菜、乳制品、焙烤制品、饮料、马铃薯制品、调味料、方便食品等的加工过程中。这些磷酸盐溶解在水中会呈现出咸味效果。对于磷酸离子，其咸味阈值为7500μmol/L。

（6）咸味肽 目前报道的咸味肽主要是二肽，如 Orn – Tau · HCl，Lys – Tau · HCl，Orn – Gly · HCl，Lys – Gly · HCl 和 Orn – β – Ala。咸味肽和酸味肽一样主要是阳离子起作用，阳离子易与位于细胞膜上的味觉受体磷酸基发生吸附而呈咸味。其咸味与氨基的解离程度以及体系中是否有相对离子有关。咸味肽中电离出来的阳离子通过位于细胞膜的钠通道进入味觉细胞使钙离子去极化。当细胞内部的阳离子足够多且带正电时，会形成一股小电流，然后释放出传导介质，使神经元兴奋增强给大脑发出一个“咸”的信号。咸味肽的发现与应用，在糖尿病、高血压患者等需要低钠食品的特殊人群食品开发上具有优势。

2. 咸味物质的测定

近年来，分析无机离子和低分子质量的有机阴离子是色谱领域的一个热门课题。各种分离技术如离子色谱（IC）、高效液相色谱（HPLC）、高效毛细管电泳（HPCE）已经成为无机离子和低分子质量有机阴离子的重要分离技术，而其中 IC 和 HPCE 为最有效的分离技术。对于食品中的某些特定元素的测定可以采用原子吸收光谱法、等离子发射光谱法、分光光度法、等离子体质谱法、原子荧光光谱法等。这些方法是对于常规离子色谱法和毛细管色谱法的补充。原子吸收光谱分析是对食品中无机离子检测较为常用的方法。这种方法是基于基态原子蒸汽吸收同种原子所发射的特征谱线这一原理而建立的一种光学分析方法，是现代无机分析的主要手段之一。

3. 示例

色谱纯化和质谱分析法研究牛骨源咸味肽

（1）背景介绍 众所周知，目前人们饮食中含有太多的盐。食盐是人类生存最重要的物质之一，也是烹饪中最常用的调味料，但是过多地摄入食盐不仅与高血压的发生有密切关系，也会对心、脑、肾等器官产生损害。随着现代科技的发展，开发安全健康的食盐替代物的开发具有重要意义和前途。食品工业已经开发出许多减少钠摄入量的方法，这是极具有挑战性的难题，因为人们喜爱食物的主要驱动力是滋味和质地，而这两者都与盐的含量密切相关。咸味肽作为一种可呈现咸味的多肽，其来源于天然动植物，开发与应用前景广阔，具有重要的社会意义和经济价值。对粉碎后的牛骨进行酶解，通过逐级纯化酶解液最终得到咸味肽，为咸味肽开发利用提供技术支持，尤其是对咸味肽应用于食品加工具有重要意义。

（2）方法 取新鲜牛骨，去肉、粉碎、除脂，取骨渣进行酶解，骨渣与水质量比为1∶1，添加复合动物蛋白酶 15mg/g（骨渣），酶解 2 h；然后添加风味蛋白酶 10mg/g（骨渣），酶解 4h，酶解期间持续搅拌；将酶解液真空抽滤后，用截留相对分子质量为 5000 的超滤膜过滤，收集滤液真空冷冻干燥，即为咸味肽粗提物，将咸味肽粗提物透析除盐后备用。凝胶色谱柱分离条件为：玻璃柱（60cm × 16cm），进样量质量浓度 50mg/mL，进样量 1mL，流速为 0. 8mL/min。洗脱液为超纯水，λ 为 220nm。将收集得到的不同峰组分分别冻干，制成1mg/mL 溶液，做出感官评定，判断不同峰组分是否有咸味。制备型液相色谱的分析条件：将冻干后咸味肽制成溶液，经 0. 45μm 滤膜过滤后备用。制备型液相色谱分离条件为：色谱柱为 C_{18} 柱（4. 6mm × 250mm），流动相为超纯水 – 甲醇（95 ∶ 5 ~ 90 ∶ 10，体积分数），梯度洗脱20min，样品质量浓度50mg/mL，进样量体积为1mL，流速为5mL/min，λ 为220nm，柱温25℃。采用MALDI－TOF/MS对咸味肽进行定性分析。

（3）结果与结论　将超滤后冻干样品进行凝胶层析色谱分离，如图5－26所示，可得到5个色谱峰，将分离得到的5种组分进行多次收集，冷冻干燥制成干品。分别对5种组分进行感官评定，发现组分4有咸味，其他组分均无咸味。将凝胶色谱分离得到组分4配制成溶液，过滤后进行制备型高效液相色谱分析。由图5－27可知，该组分可进一步分离出多种物质，经多次进样收集洗脱液，冻干后经感官评定，发现呈现咸味的多肽集中于第2～3峰，其余峰组分冻干后无咸味，故在后续分析中，使用MALDI－TOF/MS集中对这两个组分进行结构鉴定。

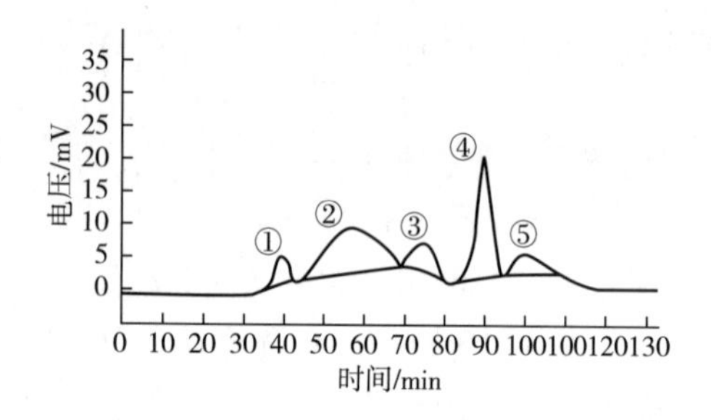

图5－26　牛骨酶解液凝胶色谱分离图

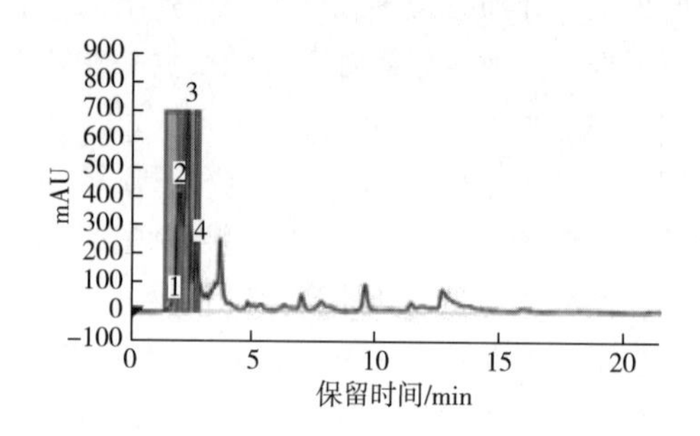

图5－27　牛骨酶解液制备液相色谱分离图

四、 苦味物质的分析

1. 苦味物质的介绍

作为一种味觉，单纯的苦味是令人不愉快的。人们很难接受有苦味的食品，比如苦杏仁、苦味浓烈的果汁，或是干酪。但是适当的苦味可以使食品具有特殊的风味，反而使苦味成为人们疯狂地喜欢某一类食品的原因。例如，人们喜爱苦瓜多是因为其特殊的苦味，咖啡略有苦味是全世界销量最大的饮品，类似还有啤酒、茶等。通常情况下，食品中苦味物质多为天然产物及其衍生物，少数来源于动物和微生物，多数来源于植物。①动物来源，主要是胆汁。胆汁是由动物肝脏分泌，存在胆囊里的一种金黄色液体，味极苦。在鸡鸭鱼等肉类产品加工的过程中如果不小心把胆囊弄破，会导致无法洗干净的苦味。②微生物来源，有些微生物在代谢时会产生一些苦味物质，如苹果如果感染了单端孢霉菌，会产生单端孢霉素，使苹果变苦。这一类菌不只感染水果，在谷物里面，如小麦、燕麦、玉米里都很容易产生。单端孢霉素有毒，如果被人们误食，会发生中毒，恶心、呕吐、腹泻等不良症状。③植物来源，食品中的多数苦味物质都属于这一类，是植物天然存在的物质。例如，苦杏仁苷是苦杏仁里的主要成分，咖啡碱是咖啡豆的主要苦味成分，柚皮苷是柑橘、柚子里的主要苦味成分。植物中的苦味物质大多属于药用成分，具有药理和保健作用。例如，咖啡碱可以使中枢神经兴奋，临床上用它治疗偏头痛，服用镇静催眠药过量后导致的呼吸衰竭，以及早产儿呼吸暂停等症状。④除了天然产物，有一些无机盐类是苦的，如氧化钙、硫酸镁等具有苦味。⑤另外，在加工、贮藏过程中，本来不苦的食品，有可能变苦。如苦味肽的产生，蛋白在水解的时候产生的某些肽段具有苦味；胡萝卜在低温冷藏时间过长，会产生一种叫作镰叶芹二醇的苦味物质。

“苦”为五味之一，其最显著的特征在于阈值极低，如奎宁，含量为0.005%时就可品尝出来。当它与甜、酸或其他味感调节得当时，能起着某种改进食品风味的特殊作用。常见的天然强苦味化合物有：

（1）核苷类　生物体中的核苷酸类物质在代谢过程中会产生一系列的中间物质，这些物质在滋味活性上通常呈现苦味，同时这些物质大部分还具有生物活性。在一些动物性食品滋味活性探究的重组实验中，需要对样品中潜在苦味活性核苷类物质进行定量，常见的核苷类物质有咖啡因、次黄嘌呤、牛磺酸、黄嘌呤、肌苷和腺苷等。它们的苦味阈值分别为500μmol/L、20000μmol/L、44000μmol/L、20000μmol/L、150000μmol/L和77000μmol/L。高效液相色谱法是检测这类物质的主要方法，通常检测其245nm下的紫外吸光值。咖啡因，又称1,3,7－三甲基黄嘌呤，也属于生物碱化合物。生物碱广泛存在于自然界（主要为植物，但有的也存在于动物）中，是一大类含氮的碱性有机化合物。自然界中的生物碱多数是苦的，或者麻的，同时是有毒的。其存在的原因是植物的自我保护。咖啡因会使昆虫食入后产生厌食症，剂量大时甚至会直接死亡。植物不仅将咖啡因用作驱赶害虫，还能吸引蜜蜂为其精确传粉。因为咖啡因能使蜂类对植物的长期记忆提升，以此大大提高了蜜蜂在同类植物上来回采蜜的可能。若是含有咖啡因的叶子落在地上，咖啡因进入土壤还能抑制周围与之竞争的植物生长最主要的咖啡因来源是咖啡豆，茶、可可等中也含有咖啡因。咖啡因经常作为感官评价中苦味标准品来使用。很多物质属于生物碱，例如，吗啡存在于罂粟，是一种止疼剂，属于生物碱。黄连中的黄连素，极苦，属于一种中药，也是生物碱类，具有抗菌消炎作用。尼古丁，又称烟碱，也属于生物碱。

（2）萜类化合物　萜类化合物在自然界里广泛分布，种类非常繁多，而且多数属于天然药用成分，所以在药用化学领域里研究非常多。从结构上看，萜类化合物是异戊二烯的聚合体及其衍生物。异戊二烯（图5－28），又称2－甲基丁二烯。萜类化合物常常根据结构中异戊二烯的数目进行分类。含有一个异戊二烯叫作半萜，含有两个叫作单萜。同理，含有4个异戊二烯被称为二萜，三萜即含有6个异戊二烯。含有3个异戊二烯结构称为倍半萜，含有5个异戊二烯叫作二倍半萜。含有6及以上异戊二烯，统称为多聚萜。

①葫芦苦素：有许多苦味物质属于萜类化合物。如葫芦科植物（苦瓜、黄瓜、甜瓜等）多具有苦味，引起苦味的物质是葫芦苦素，属于三萜，多数三萜化合物可以溶于水，而且水溶液振动摇晃后可以产生类似肥皂水溶液样的泡沫，被称为三萜皂苷。葫芦科所含的葫芦苦素准确来说属于三萜衍生物，很多双键集团都已经烷基化了，所以叫作葫芦烷型基本骨架（图5－29）。葫芦苦素是含有葫芦烷型基本骨架的三萜化合物，不同的瓜类像黄瓜、丝瓜、南瓜、甜瓜、葫芦都具有苦或不苦两种果实，所含的苦味物质主要是葫芦素A、B、C、D、E（图5－30）。它们之间的差别是个别取代基团不同。如葫芦素A、B、D之间的差异在于最右端R取代基的不同。葫芦素C的结构不太一样，最左侧环的酮基变成了醇基，另外9号位置原本是甲基，变成了甲醇基团。葫芦素E的左侧环状结构中多了双键。葫芦素B、C、D在葫芦科植物中普遍存在，但葫芦素A和C仅在黄瓜属植物中发现。特别是葫芦素C，是黄瓜苦味主要呈味物质。它们的共同点是都很苦，而且有毒。但是苦瓜，不含以上苦味成分。苦瓜的苦味主要来自于另外一类葫芦烷型三萜化合物，称为苦瓜苷，特点是可以食用，且具有降血糖等医学价值。与葫芦素的区别在于9位碳连接甲酰基，7位连接羟基或是糖基。

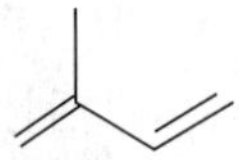

图5-28 异戊二烯结构图 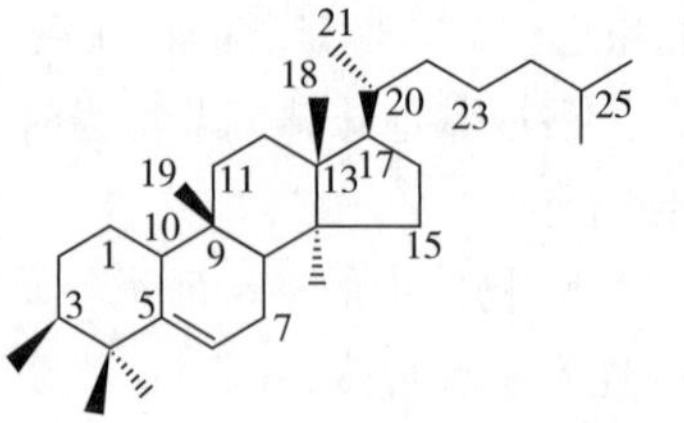　　图5-29 葫芦烷型基本骨架

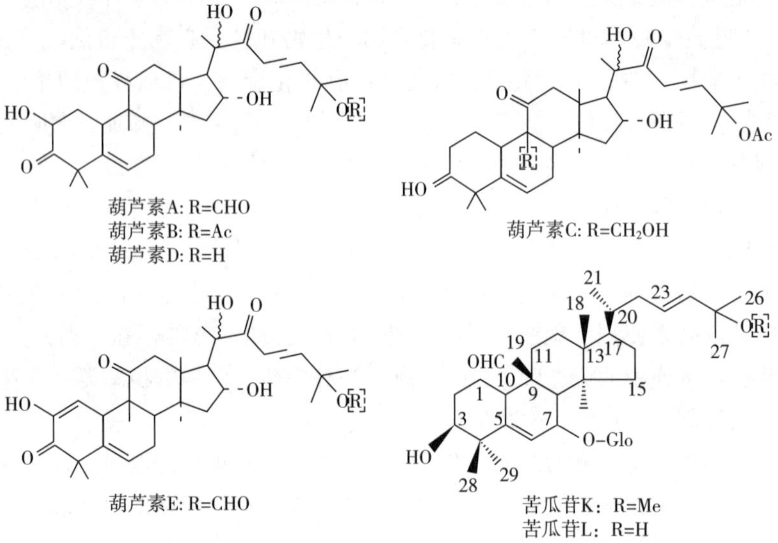

图5-30 葫芦素A、B、C、D、E和苦瓜苷K、L的结构

苦瓜中不只含有这两种三萜，还有其他种类的三萜。到目前为止，从苦瓜不同组织里提取并命名的三萜化合物已超过120种，但其中具有苦味的有4种。

②葎草酮类：啤酒中的苦味物质来自于啤酒花，啤酒花中的苦味物质是葎草酮（humulone series）或蛇麻酮（lupulone series）的衍生物。葎草酮属于倍半萜，R基团被不同的基团取代后变成不同的葎草酮（humulone），有加葎草酮（adhumulone）、合葎草酮（cohumulone）、前葎草酮（prehumulone）等，它们合起来称为α-苦酸。其中前3种占了98%。还有一类蛇麻酮，被称为是β-苦酸（图5-31）。尽管我们说α-酸和β-苦酸均具有一定的苦味，但使啤酒产生苦味的最主要的还不是它们。啤酒在生产过程中，要煮沸麦芽汁，在煮沸的过程中，α-酸会发生重排、环化、氧化等多种反应，异构化成异α-酸，这是酒花在啤酒酿造过程中最主要的反应(图5-32)。异α-酸比α-酸和β-苦酸更易溶于水，且更苦。在啤酒加工中，约有50%~60%的α-酸异构化为异α-酸，所以异α-酸是啤酒苦味的主要贡献物质。

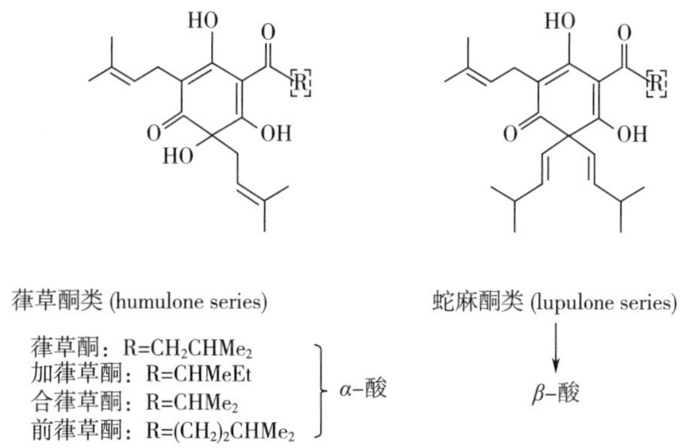

葎草酮类 (humulone series)

葎草酮：R=CH_2CHMe_2
加葎草酮：R=CHMeEt
合葎草酮：R=$CHMe_2$
前葎草酮：R=$(CH_2)_2CHMe_2$
} α-酸

蛇麻酮类 (lupulone series)
↓
β-酸

图 5 -31　啤酒花中的苦味物质葎草酮类、蛇麻酮类化合物结构

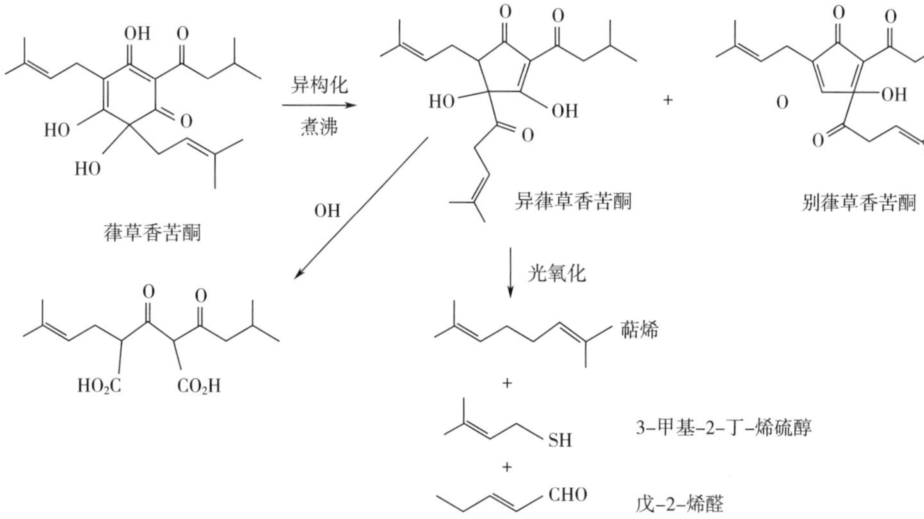

葎草香苦酮 —异构化/煮沸→ 异葎草香苦酮 + 别葎草香苦酮

OH

光氧化

萜烯
+
3-甲基-2-丁-烯硫醇
+
戊-2-烯醛

图 5 -32　啤酒加工过程中葎草酮的异构化

③莴苣苦素：菊科有很多蔬菜属于菊科，如常用来做蔬菜沙拉的苦苣和菊苣，有苦味。其中的主要苦味物质是莴苣苦素，也是萜类，属于倍半萜烯内酯（图5 -33）。还有一种蔬菜，称为朝鲜蓟，苦味物质称为菜蓟苦素，结构跟莴苣苦素类似，侧链更长一些（图 5 -34）。研究发现菜蓟苦素的苦味是奎宁的 2 倍。

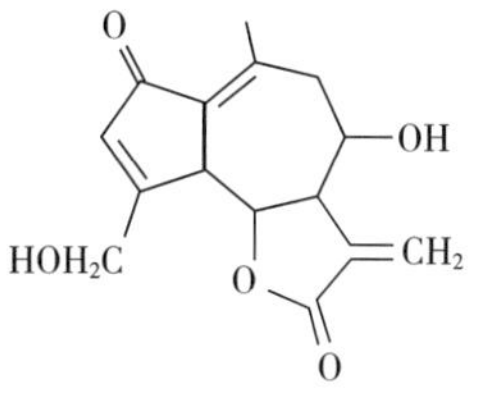

图 5 -33　莴苣苦素

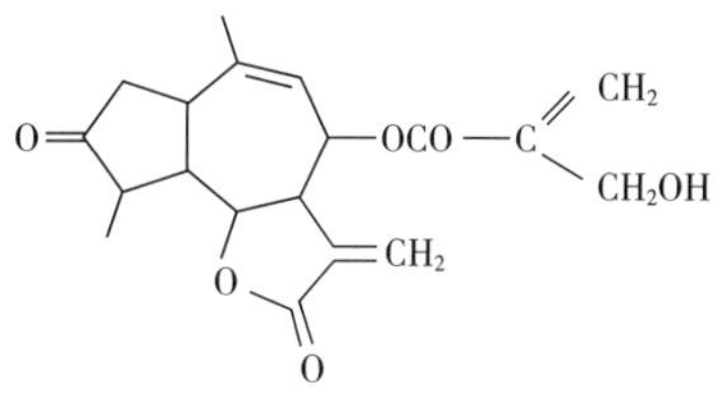

图 5 -34　菜蓟苦素

④柠檬苦素：芸香科的柑橘类水果，如橙子、柑橘、柚子、柠檬等，这类水果呈现苦味

的主要原因之一是柠檬苦素和其类似物（如诺米林）（图5-35和图5-36），它们属于三萜类化合物。在果核（种子）中含量较高，果皮里也有。成熟的柑橘类果实中柠檬苦素含量其实不高，此时果实中含量较高的是柠檬苦素的前体物质，在做果汁的过程中，经过（柠檬苦素D环内酯水解酶）的作用变成了柠檬苦素，此时产生了苦味，这种现象被称为“后苦”。后苦过程受pH影响很大，在pH小于6时容易发生。

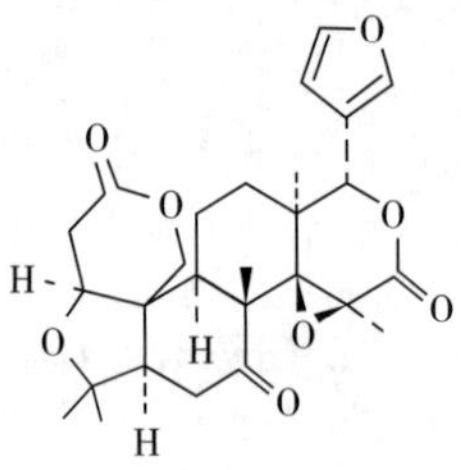

图5-35　柠檬苦素

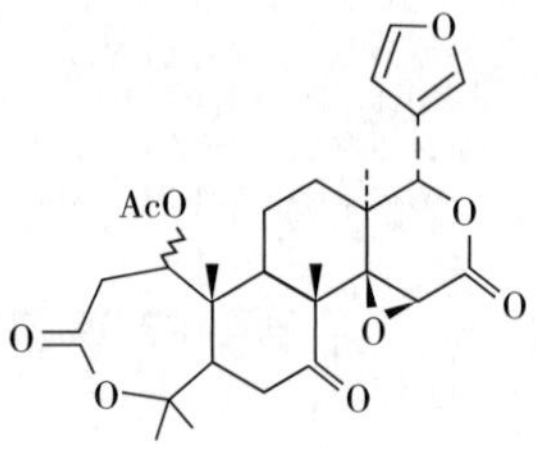

图5-36　诺米林

（3）糖苷类

①黄烷酮糖苷：柑橘类水果里，还有一类主要苦味物质，是一种黄酮类化合物，具体属于黄烷酮糖苷（图5-37），例如，柚皮苷和新橙皮苷，它们很苦，在没成熟的柚子的白色内皮中含量非常高。并不是所有的黄酮类化合物都具有苦味，有些黄酮类化合物非常苦，有些则不苦。例如，新橙皮糖，是一种二糖，其结构为鼠李糖(1→2)葡萄糖，芸香糖也是二糖，结构为鼠李糖(1→6)葡萄糖。具有苦味的新橙皮苷的R被芸香糖取代之后，称为橙皮苷，具有甜味。新橙皮苷二氢查尔酮也非常甜，目前作为一种低能量甜味剂在饮料、糖果等食品中使用。

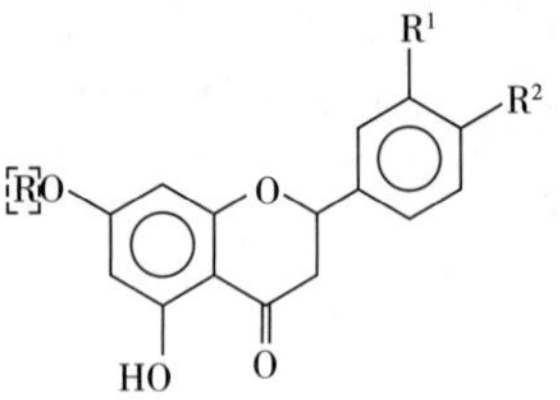

柚皮苷（Naringin）：R = neohesperidosyl，R^1=H，R^2=OH
新橙皮苷（Neohesperidin）：R=neohesperidosyl，R^1= OH，R^2=OMe

图5-37　黄烷酮糖苷

②苦杏仁苷：苦杏仁的苦味来源是苦杏仁苷。不只杏仁苦，有一些桃、李、苹果、梨等蔷薇科果实，它们的果核种仁都有苦味，因为其中含有苦杏仁苷。苦杏仁苷的结构如图5-38所示，Ph是苯环。从结构图上可以看到苦杏仁苷含有一个氰基，R一般为龙胆二糖，龙胆二糖的结构为D-葡萄糖(1→6)D葡萄糖。苦杏仁苷很苦，但没有毒性。苦杏仁吃多了会中毒，是因为苦杏仁苷在β-葡萄糖苷酶代谢分解后，产生氢氰酸，氢氰酸属于剧毒类。

③硫代葡萄糖苷：十字花科包括卷心菜、白菜、萝卜、甘蓝等蔬菜，其中含有芥子油苷（图5-39），微苦，是一种硫代葡萄糖，仅在十字花科植物里发现。芥子油苷是一种天然杀虫剂，对于很多昆虫来说是有毒的。其高浓度有毒，但适量是可以提高人体免疫能力的，属于一种药用成分，在十字花科蔬菜里含量丰富。适当食用富含芥子油苷的食物，对于预防消化道和呼吸道疾病十分有效。

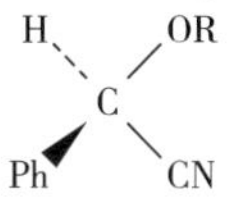

图5－38　苦杏仁苷 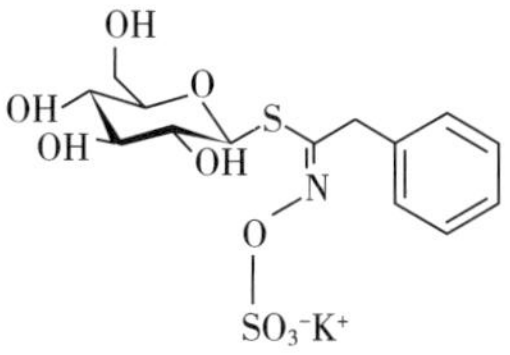　　　　图5－39　芥子油苷

（4）无机盐类　无机盐水中的无机盐的存在会引起水强烈的苦味。食品中与苦味相关的盐主要有镁盐和钙盐。这两种离子对人体的咸味和苦味味觉受体具有协同刺激作用。对食品的滋味进行重组模拟研究时，必须对相关无机盐离子进行定量，而镁离子和钙离子是除钠离子和钾离子外最重要的两种离子。这两种离子在消除实验中通常被认为是苦味相关化合物，钙离子的滋味阈值为6200μmol/L，镁离子的滋味阈值为6400μmol/L。

（5）苦味氨基酸　许多疏水氨基酸具有苦味，包括芳香族氨基酸、碱性氨基酸和支链氨基酸：L－组氨酸、L－缬氨酸、L－异亮氨酸、L－亮氨酸、L－赖氨酸、L－苯丙氨酸、L－酪氨酸、L－精氨酸。这些氨基酸的滋味阈值见表5－17。氨基酸对于食品风味具有的重要贡献不仅体现在其本身所呈现的滋味上，还体现在这些氨基酸是许多风味物质的重要前体物质。

表5－17　　食品中苦味氨基酸及其苦味阈值

氨基酸	苦味阈值/（μmol/L）	氨基酸	苦味阈值/（μmol/L）
L－组氨酸	45000	L－赖氨酸	80000
L－缬氨酸	21000	L－苯丙氨酸	58000
L－异亮氨酸	11000	L－酪氨酸	5000
L－亮氨酸	12000	L－精氨酸	75000

（6）苦味肽　多肽是没有滋味的，而许多寡肽会呈现苦味，这是由于许多苦味肽都具有很强的疏水性末端引起的。许多研究表明蛋白不完全水解物如大豆水解蛋白、鸡肉水解蛋白等的强烈苦味的来源就是大量苦味肽的生成。蛋白质在发酵的过程中也会降解为苦味肽。苦味肽的种类有很多，已经陆续从多种食品中鉴定出苦味肽是其重要的苦味活性化合物。这些食品多为发酵产品和蛋白水解液，如味增、酱油、鱼酱、豆豉、日本木鱼、干酪、日本清酒、酪蛋白水解渣产物及大豆蛋白水解液。牛乳中所具有的苦味肽会使牛乳有一种异味。大豆球蛋白11S分子质量在0.36～2.10ku的水解物具有苦味。酪蛋白水解物中的Gly－Pro－Phe－Pro－Val－lle、Phe－Phe－Val－Ala－Pro－Phe－Pro－Glu－Val－Phe－Gly－Val－Lys和Phe－Ala－Leu－Pro－Glu－Tyr－Leu－Lys被明确鉴定出具有苦味。在对高达（Gouda）干酪滋味重组物进行构建时，多种由酪蛋白水解产生的苦味肽的滋味活性被明确。

肽的苦味与其结构有着密切的关系。许多研究表明多肽氨基端或羧基端为亮氨酸的肽更可能呈现苦味。而末端为疏水性氨基酸被认为是苦味肽所具有的特征结构。但是，疏水性氨基酸的种类和数量并不和所构成多肽的苦味有线性关系。肽的苦味属性比单独的氨基酸的苦味要强。将等量组成苦味肽的氨基酸溶于水中的苦味强度要弱于整条肽的苦味强度。更有趣的是，许多苦味氨基酸如亮氨酸与苦味肽在苦味方面还呈现出协同的趋势。有关苦味肽对人体苦味受体的作用的研究发现，苦味肽所呈现的苦味是通过刺激人体滋味感官细胞（TRCs）的受体 G－蛋白实现的。

（7）黄烷－3－醇类　黄烷醇（flavanols）是天然植物化合物中的一种重要的苦味物质，结构基础如图5－40 所示，存在于可可、茶、红酒、水果和蔬菜中，它是长久以来被知晓的一类苦味物质。常见的黄烷－3－醇类有儿茶素、表儿茶素、原花青素等。食品中黄烷－3－醇类的定量分析常采用高效液相色谱法，根据其在 280nm 下具有紫外特征吸收进行检测。儿茶素是一类典型的黄烷－3－醇衍生物。在水溶液中，儿茶素的滋味阈值为 410μmol/L。原花青素是有着特殊结构的生物类黄酮，是黄烷－3－醇聚合体，广泛存在于各种植物中。在结构上原花青素是由不同数量的儿茶素（catechin）或表儿茶素（epicatechin）结合而成。最简单的原花青素是儿茶素、表儿茶素、儿茶素与表儿茶素形成的二聚体，此外还有三聚体、四聚体等。研究发现，原花青素对食品的苦味和涩味具有重要的贡献。如在红酒中，存在有大量的可以引起其苦涩味的原花青素类物质。经感官鉴评，原花青素的滋味阈值为190～500μmol/L。

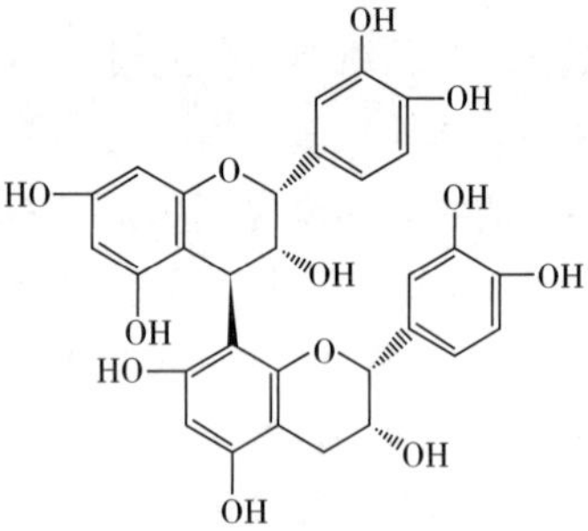

图5－40　黄烷－3－醇基本结构（1）和原花青素 B_2 结构（2）

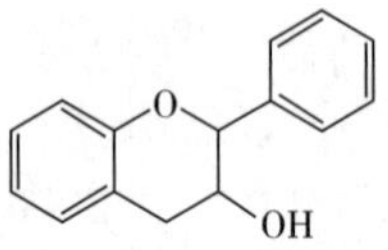

2. 示例

（1）利用感官组学对高达干酪中关键苦味物质的分析

①背景介绍：高达干酪深受世界各地消费者的喜爱，它是用牛乳制成的，经过培养和加热，直到凝乳与乳清分离。凝乳被压入圆形模具中几个小时，使干酪保持传统的形状。然后，将干酪浸泡在盐水中，这样干酪就有了外皮并改善了滋味。通常高达干酪要经过 6～44 周的成熟才能食用。众所周知，根据成熟程度的不同，干酪会产生一种独特的苦味，当苦味强度较低时，这种苦味是可被接受的，当苦味太强烈时，会成为一种风味缺陷。尽管在过去的 30 年里发表的多项研究已经对干酪中的气味活性关键挥发性成分进行了识别和量化，但对非挥发性味觉化合物的认识仍然相当零散。虽然已有大量文献研究了酸味的乳酸，咸味的氯化钠，甜味、鲜味或苦味的游离氨基酸，以及苦味肽的各种结构，它们是构成传统的就有典型滋味的干酪的主要滋味化合物，但是其中关于苦味分子的研究结论在某种程度上是矛盾的。大量关于切达（cheddar）干酪、高达干酪、卡蒙贝尔（Camembert）干酪以及拉古萨诺（Ragusano）干酪中苦味物质的研究结果表明了肽类是干酪苦味的主要来源。苦味的形成是由于酪蛋白水解增加或在干酪成熟过程中肽类的降解不足而积累的苦味肽。但有时，一些优质的风味优良的干酪中存在一种温和的、吸引人的苦味，也是由于肽类的存在导致，关于这一点的相关研究非常缺乏。所以，关于苦味肽类在干酪中的滋味贡献目前是不清楚的。近年来，感官组学（sensomics）在绘制整个滋味代谢组、识别和分析新鲜和加工食品中最强烈的滋

味活性化合物方面得到了广泛的应用，且取得了良好的结果。这种方法已成功地确定了烤麦芽中的关键香气物质、牛肉清汤中的一种滋味增强剂、茶和可可中苦味和涩味的关键呈味物质。因此，采用感官组学的方法，研究高达干酪中的苦味物质，利用感官评价，定向进行馏分分离和鉴定，明确最强烈的苦味代谢物，并确定苦味物质的识别阈值，具有重要意义。

②方法：在标准条件下成熟了44周的高达干酪样品是从荷兰食品工厂中获得的，该样品存在中等苦味，新鲜切下（100g），并密封在充入氮气的包装中，保存在 -20℃条件下待用。

将60g的高达干酪样品用菜刀切成小块，加入去离子水（240mL）于离心烧杯中，匀浆5min。然后在4℃条件下，10000r/min离心20min。样品的三个部分被分别分离：上层的固体脂肪层，含有干酪水溶物的液体部分（pH 5.7），以及蛋白质层。用去离子水（240mL）再次分离和提取蛋白质层和脂肪层。将含有干酪水溶物的水层混合在一起（这一部分简称为WSE）。然后，通过加入甲酸（1%，体积分数，在水中），将WSE溶液的pH调至4.6，使可溶酪蛋白沉淀。然后在4℃，10000r/min离心20min，并过滤。取上清，并进行冷冻干燥后，得到酪蛋白的水溶性提取物（CPWSE），将其保存在 -20℃，待进一步分析。

凝胶渗透色谱（GPC）。将1.0g的CPWSE冻干样品溶于10mL的水中，用甲酸水溶液（1%）调pH 4.0，过滤后使用装有Sephadex G15的XK 50/100玻璃色谱柱进行凝胶渗透。使用UV - Vis检测器，在220nm进行检测，得到7个馏分（Ⅰ ~ Ⅶ），将其分别冷冻干燥后，保存在 -20℃。

高效液相色谱。使用Prominence - type HPLC，配备有Sedex 75 ELSD检测器。将冻干的馏分溶解于三氟乙酸水溶液中（0.1%），用0.45μm滤膜过滤后进样。色谱柱为RP - 18 Microsorb 100 - 5（250mm ×4.6mm，5μm），流动相为0.1%三氟乙酸水溶液和含0.1%三氟乙酸的乙腈，在等梯度下进行洗脱，流速为1.0mL/min。

制备型液相色谱。制备型高效液相色谱系统配备有S 1122型泵、Rh 7125i型Rheodyne进样器、ERC - 3215α型溶剂脱气器、馏分收集器，以及Sedex 85型带喷雾器的ELSD。

超滤。将300mg的GPC馏分Ⅱ溶解在20mL水中，使用Vivacell 70型气压过滤装置和聚醚砜膜（分子质量5ku截止），运行氮气压力为0.5MPa。高分子质量的馏分（ >5ku）留在水中，重复超滤两次，以全面去除低分子质量化合物。

感官评价。样品在感官评价之前，使用旋蒸和冷冻干燥去除有机试剂和水，重新溶于水中，感官评价小组由11个感官评价人员构成，均受过感官培训。

滋味稀释分析。冻干后的GPC馏分用水溶解，用1%的甲酸水溶液调至pH 5.7。这些原液按照1∶2的比例用水进行逐步稀释，将这一系列稀释液体随机呈现给感官小组人员进行感官评价。用水作为空白对照，感官评价人员判断稀释溶液与水之间的感官差异。当感觉不到差异时的前一个稀释倍数被称为滋味稀释因子。

滋味阈值。11个感官评价人员采用三角试验进行感官评价，阈值取三次测定结果的平均值。

③结果与讨论：利用凝胶渗透色谱，对高达干酪的水溶液进行分析。共得到7个馏分，对每个馏分进行收集、浓缩、冻干，然后对每一个馏分进行滋味稀释分析。从图5 -41可知，馏分Ⅱ和馏分Ⅲ具有苦味，馏分Ⅱ除了具有苦味，还具有一定的酸味。馏分Ⅲ除了苦味，还具有鲜味和咸味。馏分Ⅰ、Ⅵ和Ⅶ完全没有滋味。其他馏分没有苦味。

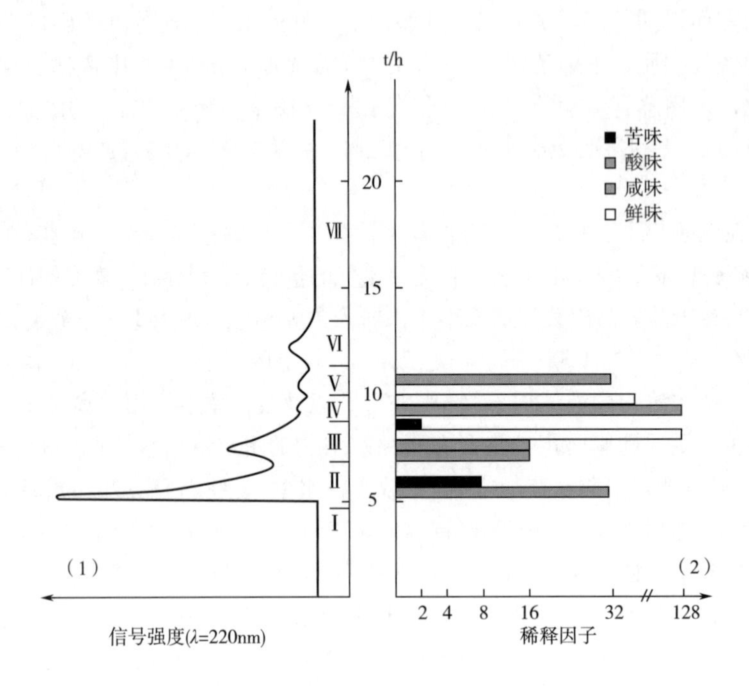

图5-41 高达干酪水溶液的GPC色谱图和TD因子

利用超滤，将馏分Ⅱ进一步分为两部分，高分子质量部分（>5ku）和低分子质量部分（<5ku），感官评价之后发现具有苦味的是低分子质量部分。使用HPLC对低分子质量部分进行进一步的分析。HPLC共得到6个峰，感官评价之后发现苦味最强烈的是馏分2和馏分5。对馏分2和馏分5进行再次分析，结果如图5-42所示。馏分2可被分为9个组分，馏分5也可被分为9个组分。使用LC-MS/MS对其中呈苦味的馏分进行结构鉴定，并进行定量分析。其感官特性及阈值见表5-18。最终，从高达干酪中共鉴定出16个肽段，其中12个肽段表现出苦味，其浓度在0.05~6.0mmol/L。

表5-18 高达干酪水溶液中苦味组分的感官评定及滋味阈值

苦味肽序列	序列对比	Q值	苦味阈值/(mmol/L)	苦味描述/感知位置
SITRINK	β-CN(22-28)	1234	>6.0	
DIKQM	α_{S1}-CN(56-60)	1242	6.0	后舌根
LPQE	α_{S1}-CN(11-14)	1373	6.0	后舌根
EIVPN	α_{S1}-CN(70-74)/ α_{S1}-CN (110-114)	1564	0.43	后舌根，持续久
GPVRGPFP	β-CN(198-206)	1616	1.18	舌头前端，类似Mg_2SO_4
SLVYPFPGPIHNS	β-CN(57-69)	1618	0.06	后舌根
YPFPGPIHNS	β-CN(60-69)	1688	0.05	类似咖啡因

续表

苦味肽序列	序列对比	Q 值	苦味阈值/(mmol/L)	苦味描述/感知位置
VRGPFP	β - CN(200 - 206)	1718	0.42	舌头前端，类似 Mg_2SO_4
IVPN	α_{S1} - CN(71 - 74) α_{S1} - CN(111 - 114)	1818	>4.0	
YPFPGPIHN	β - CN(60 - 68)	1871	0.1	类似咖啡因
IPPLTQTPVVVPP	β - CN(74 - 86)	1872	>6.0	
YPFPGPIPNS		1900	0.33	类似咖啡因
LVYPFPGPIHN	β - CN(58 - 68)	1905	0.08	类似咖啡因，微类似于水杨苷
VYPFPGPIPN	β - CN - A^2(59 - 68)	2065	0.17	类似咖啡因，微类似于水杨苷
YPFPGPIPN	β - CN - A^2(60 - 68)	2107	0.23	类似咖啡因
MI	α_{S1} - CN(135 - 136)	2135	0.42	后舌根
IPPL	β - CN(73 - 76)	2658	>6.0	
LPPL	β - CN(135 - 138)	2520	>6.0	类似咖啡因
YQQPVLGPVRGPFPIIV	β - CN(193 - 209)	1762	0.18	

（2）杭白芷中关键苦味物质的感官导向鉴定

①背景介绍：杭白芷是一种著名的多年生草本植物，它的根可以被用作治疗感冒和牙痛等疾病，是一种传统药物，也可被用作香气增强剂。在日常烹饪过程中，杭白芷被用作一种香辛料，主要用途是增强香气和掩盖异味。例如，白芷经常被添加到鱼汤中以去除鱼腥味；在烤羊肉时，可以加入杭白芷去除生羊肉的气味，提高肉的香气；在火锅底料中，杭白芷是不可缺少的一种重要的香辛料。尽管杭白芷有很多好处，但是有时在烹饪中它会带来一种苦味，这种苦味会产生一种不愉快的感觉。目前，杭白芷中的苦味从何而来尚不清楚。白芷根中的主要成分是香豆素，但没有相关研究证明香豆素是否具有苦味。因此，针对杭白芷在烹饪过程中产生的苦味，采用煮、炸和煎后再炸三种常见烹饪工艺制备苦味样品。采用仪器分析和感官评价相结合的方法对主要苦味成分进行分析和鉴定，并对该香料在使用过程中所采取的去除苦味的方法进行了探讨。

②方法：将干燥的杭白芝切片，磨成粉末，根据日常烹饪过程中白芷的常规应用，通过水煮（模拟炖煮）、油炸（模拟烹饪中的油炒）、油炸后水煮（模拟火锅底料的处理过程）三种处理方式处理白芷，来获取苦味样品。

HPLC - DAD 分析。采用 Agilent 1200 HPLC - DAD，色谱柱为 Zorbax SB - C_{18}（4.6mm × 150mm，5μm），调整优化流动相和洗脱梯度对杭白芷样品的化学成分进行检测。流动相由甲醇（流动相 A）和含 1% 甲酸的超纯水（流动相 B）组成，进样体积为 10μL。洗脱梯度为：

对于水煮白芷和油炸后水煮的白芷样品 0 ~ 20min，5% ~ 25% A；20 ~ 45min，25% ~

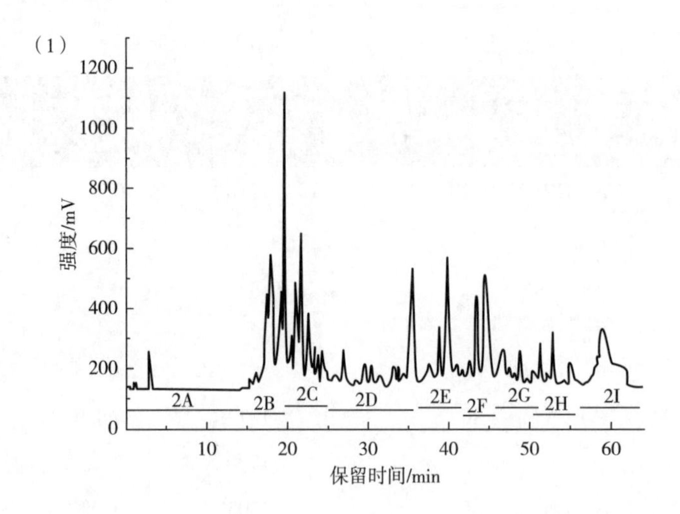

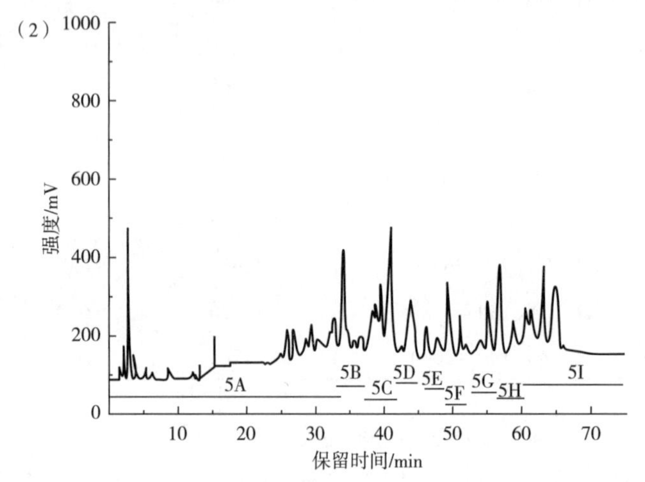

图5－42　高达干酪水溶液的馏分2和馏分5的HPLC分析图谱

64% A；45～50min，64%～5% A。

对于油炸白芷0～17min，5%～15% 溶剂A；17～25min，15%～23% A；25～30min，23%～53% A；30～63min，53%～80% A；63%～65min，80%～5% 溶剂A。

制备型液相色谱。在HPLC－DAD分析方法的基础上，采用制备型高效液相色谱（Agilent 1200），通过色谱峰信息收集三种样品中的各个成分，使用Zorbax SB－C_{18}半制备型色谱柱（21.2mm×250mm，7μm）。流动相包括甲醇（流动相A）和超纯水（流动相B）。进样体积为5mL。柱温为25℃，流速为18mL/min，在310nm处检测。

感官评价。对制备型液相色谱收集到的馏分进行旋蒸和冻干处理后，对每个馏分进行感官评价。感官评估小组由14名训练有素的评估人员（6名男性，8名女性）组成。感官评估小组的所有成员都没有任何类型的味觉障碍或相关历史。为了增强感官评估小组成员对五种基本味觉的感知，采用三角测试来评价含有以下标准化合物的溶液：酸味，乳酸（20mmol/L）；甜味，蔗糖（50mmol/L）；苦味，奎宁硫酸盐（0.05mmol/L）；咸味，NaCl（12mmol/L）；鲜味，谷氨酸钠（8mmol/L）。苦味的感官评价采用0～3分制，0分为感知不到苦味，3分为非常强烈的苦味。感官评估人员取1mL样本，将其转移到舌头的苦味感知区（舌根处）以感知苦味的程度。样品在口内停留时间为 10 s，之后吐出。每次感官评估后，用清水漱口，直到没有苦味残留。每个样品之间休息 1min 以确保感官恢复。计算所有小组成员的平均值。

③结果与讨论：采用 HPLC - DAD、pre - HPLC 对杭白芝三种样品（水煮、油炸、油炸后水煮）中的苦味物质进行分析，从中得到 6 种苦味物质，均为香豆素类化合物，经质谱鉴定后，它们是水合氧化前胡素、佛手柑内酯、花椒毒酚、欧前胡素、异回芹内酯、氧化欧前胡素。滋味稀释分析结果表明，水合氧化前胡素对杭白芷苦味的影响最大，其次是花椒毒酚。

五、 鲜味物质的分析

1. 鲜味物质简介

（1）鲜味氨基酸及其盐　在游离氨基酸中，呈酸性的氨基酸添加到食品中却呈现出典型的美妙滋味，这种滋味被人们称之为“鲜味”。谷氨酸盐是最主要的鲜味活性化合物，在鱼汁、海鲜、干酪、肉汤、蘑菇等鲜味食物中均有大量发现，经过感官组学实验，验证其为关键性鲜味化合物。有报道称，从红番茄提取物中去除谷氨酸，只会呈现出单一的青番茄的滋味（水果味），可见其重要性。谷氨酸及其盐类不仅能增加鲜味，还能提高食物整体的偏好和特色，可以赋予食物连续性、复杂性、丰满和柔和感。除了谷氨酸及其盐，天冬氨酸也是一种直接呈现鲜味的氨基酸。很多左旋氨基酸都会呈现出鲜味，但是这种鲜感往往伴随着其他味感如甜感和酸感共同出现，协同其他鲜味化合物，对鲜味有增强作用，如天冬氨酸、甲硫氨酸、丝氨酸、丙氨酸、撷氨酸、组氨酸、脯氨酸、胧氨酸、甲硫氨酸、酪氨酸协同形成了越南鱼酱独特的鲜味口感。丙氨酸、甘氨酸和苏氨酸（甜）、天冬氨酸和谷氨酸（鲜味）协同会有蘑菇的鲜美滋味。而且，甜味氨基酸可以与谷氨酸有增效作用。主要鲜味氨基酸 L - 谷氨酸、L - 谷氨酰胺、L - 天冬氨酸、L - 天冬酰胺的滋味阈值分别为 1200mol/L、50000mol/L、20000mol/L 和 50000mol/L。

（2）琥珀酸及其盐　琥珀酸盐以琥珀酸钠为代表，又称干贝素，具有贝类风味的特点，作为增鲜剂，可以和谷氨酸钠一起以一定的比例合用使它更能起到美味的作用，在用于调味效果的同时，还能缓和其他调味料的刺激（如盐味），从而产生好的口感。

2. 鲜味物质的分析

食品中存在一些呈味核苷酸，它们主要是以 5′ - 肌苷酸（IMP）和 5′ - 鸟苷酸（GMP）二钠盐为代表的核苷酸类。这些呈味核苷酸具有增鲜作用，而且对动物性食品的滋味也有一定影响。呈味核苷酸对不良滋味有冲淡作用，对良好滋味有增强作用。此外，呈味核苷酸还具有与谷氨酸单钠盐（味精）一同对食品鲜味发挥协同作用。目前，国内外测定呈味核苷酸的方法有离子色谱法、反相高效液相色谱法等。在这些方法中，使用最多的还是反相高效液相色谱法。研究对象主要集中在各种肉类（如鱼、虾、猪肉、鸡肉等）、蘑菇、酱油等。反相高效液相色谱具有快速，操作简便的优点。目前，采用反相高效液相色谱法测定呈味核苷酸的文献报道较多，但色谱条件基本都不尽相同。针对不同的分析对象，对样品的前处理方法也不同。

自然界中氨基酸有 D 型和 L 型，食物中的氨基酸大多为 L 型氨基酸。但 D 型氨基酸也同样具有滋味特征。食品的总体滋味特征，不同自由氨基酸混合物后的滋味也得到了广泛的研究。有研究得出植物滋味提取液中均存在 1 ~2 种氨基酸对该植物的滋味有绝对贡献；而牛肉滋味提取液的游离氨基酸分布比较均匀，不存在任何一种氨基酸对牛肉滋味有特别的贡献。因此，尽管游离氨基酸对食品滋味有特定的贡献，但是食品的滋味还与其他影响因素有关，如游离氨基酸占总滋味物的含量、滋味肽的滋味特征、阈值、含量等。对于这些指标的测定需要有效的氨基酸检测技术。目前，氨基酸的检测技术主要包括柱后衍生高效阳离子交换色谱法、柱前衍生反相高效液相色谱法、高效阴离子交换色谱积分脉冲安培检测法等。这些方法各具特点，对于氨基酸的检测具有较好的效果。常见的氨基酸检测技术有：

（1）柱后衍生高效阳离子交换色谱法　柱后衍生高效阳离子交换色谱法是利用氨基酸在酸性条件下形成阳离子而在阳离子交换柱中分离，分离后的氨基酸用茚三酮衍生、紫外可见光度检测器检测。大多数氨基酸在紫外可见光区无吸收，因此必须将其衍生，转化为具有紫外可见吸收或能产生荧光的物质才能检测。茚三酮是最常用的柱后衍生化试剂。该检测技术被认为是氨基酸分析测定的标准方法（AOAC 采用的氨基酸分析标准方法）。这种方法的优点是准确、可靠、重现性好，能测定大量氨基酸及其同系物。方法的不足是灵敏度不高，只可对 100pmol 以上的氨基酸进行准确分析，而且需要双波长检测，在 440nm 处检测脯氨酸，在 570nm 处检测其他氨基酸。为了提高分析灵敏度，用荧光胺代替茚三酮作柱后衍生试剂，采用荧光检测，可检测更低浓度的氨基酸。荧光胺与氨反应的灵敏度比茚三酮与氨反应的灵敏度大约提高了 3 个数量级。但荧光胺不能直接与脯氨酸反应，需通过氧化打开脯氨酸的咪唑环才能衍生。氨基酸自动分析仪在 20 世纪 60 年代初问世，它的原理就是采用阳离子交换色谱分离、柱后茚三酮衍生光度检测技术。该设备中氨基酸的分离不仅受离子交换树脂的型号、交联度和粒度的影响，还受柱温、洗脱缓冲液的阳离子类型、pH、离子强度、淋洗梯度、流速以及其中有机溶剂含量的影响。目前，氨基酸自动分析仪已实现了程控自动化和数据处理电脑化，分析时间已缩短至 1 h 以内。

（2）柱前衍生反相高效液相色谱法　近年来，柱前衍生反相高效液相色谱法（RP - HPLC）分析氨基酸得到了迅速发展。RP - HPLC 分析方法更加灵敏、快速。RP - HPLC 要求将氨基酸在柱前转化为适于反相色谱分离并能被灵敏检测的衍生物。柱前衍生的关键在于衍生试剂的选择。选择衍生试剂的标准是能与各氨基酸定量反应，每种氨基酸只生成一种化合物且产物有一定的稳定性，不产生或易于排除干扰物。比较常用的柱前衍生剂有邻苯二甲醛（OPA）、异硫氰酸苯酯（PITC）、氯甲酸芴甲酯（FMOC - Cl）和丹酰氯（Dansy - Cl）等。高效阴离子交换色谱一积分脉冲安培法可用于蛋白质水解液、食品、饲料等样品中氨基酸的测定。其应用范围较广，目前应用该方法分析检测氨基酸的报道也较多。

肽是食品中的重要的呈味物质和风味前体，这类物质也越来越成为风味化学工作者关注的物质。利用分子感官科学，多种肽被鉴定具有滋味活性。在已经被鉴定的滋味活性化合物中，寡肽有着典型的增鲜和浓厚味的作用，尤其是末端为 γ - 谷氨酸的寡肽。如菜豆中的 γ - 谷氨酰肽可以提高鲜感和复杂口感；高达干酪中的 γ - L - 谷氨酰二肽可以加强成熟的干酪的满口感和复杂的口味连续性；焦谷氨酰二肽对面筋水解蛋白具有增鲜作用；鱼酱中的 γ - Glu - Val - Gly 尤其能对甜咸鲜味感有较大提升浓厚味作用；发酵鱼酱中的精氨酰二肽能提升其咸感；肌肽和鹅肌肽对日本传统干青鱼的浓厚味滋味有着关键作用；β - 丙氨酰二肽可以赋予鸡汤独特的浓厚和白汤滋味。正因为肽的重要滋味活性作用，肽的定量手段也就非常重要。在食品样品中，蛋白类具有复杂及难以检测的特点。对于食品中蛋白类物质的检测手段通常有两种：分子质量分布定量检测和目标肽的定量检测。

（1）针对蛋白质类物质分子质量分布定量检测常用的方法有排阻凝胶色谱法。制备型凝胶技术为滋味化合物的分子质量分离提供了良好的途径。而凝胶技术作为一种分析手段，还广泛用于食品中蛋白类的定量检测中。分析型凝胶色谱也是一种高效液相色谱，可以将样品按照分子质量从大到小分为若干峰。应用已知分子质量的标准品制作分子质量标准曲线，根据实际样品的峰面积可以对不同样品的分子质量分布进行相对定量。国家标准中如《大豆肽粉》（GB/T 22492—2008）中多肽的检测即应用了这种方法。

（2）针对目标肽定量检测常用的方法有 LC－MS/MS。肽类通常因性质相似而集中在一起，很难单独采用色谱的方法一次将其完全分离。而质谱技术特别是二级质谱的应用为从复杂滋味提取物中定量目标肽提供了支持。

思考题

1. 食品中的滋味化合物一般如何进行提取？
2. 食品中的滋味化合物分析常用到哪些仪器设备？
3. 如何对食品中的滋味活性成分进行研究？

参考文献

［1］李迎楠，刘文营，张顺亮，成晓瑜．色谱纯化和质谱分析法研究牛骨源咸味肽［J］．肉类研究，2016，30（03）：25－28.

［2］刘金龙，孙东发，周光来，刘成丽．绞股蓝甜味物质分离鉴定研究［J］．食品科学，2007，28（10）：480－484.

［3］张祥民编著．现代色谱分析（第一版）［M］．上海：复旦大学出版社，2006.

［4］Alim A，Song H，Raza A，Hua J. Identification of bitter constituents in milk－based infant formula with hydrolysed milk protein through a sensory－guided technique［J］. *International Dairy Journal*，2020，110：104803.

［5］Alim A，Yang C，Song H，Liu Y，Zou T，Zhang Y，Zhang S. The behavior of umami components in thermally treated yeast extract［J］. *Food Research International*，2019，120：534－543.

［6］Andreas GD，Thomas H. Bitter－tasting and kokumi－enhancing molecules in thermally bitter－tasting and kokumi－enhancing molecules in thermally processed avocado（*Persea americana mill.*）［J］. *Journal of Agricultural and Food Chemistry*，2010，28：12906－12915.

［7］Ball GFM. The application of HPLC to the determination of low molecular weight sugars and polyhydric alcohols in foods：A review［J］. *Food Chemistry*，1990，35（2）：117－152.

［8］Cerny C，Grosch W. Evaluation of potent odorants in roasted beef by aroma extract dilution analysis［J］. *Zeitschrift für Lebensmittel－Untersuchung und－Forschung*，1992，194（4）：322－325.

［9］Dawid C，Hofmann T. Structural and sensory characterization of bitter tasting steroidal saponins from asparagus spears（*Asparagus officinalis* L.）［J］. *Journal of Agricultural & Food Chemistry*，2012，60：11889－11900.

[10] Dawid C, Henze A, Frank O, Glabasnia A, Rupp M, Büning K, Orlikowski D, Bader M, Hofmann T. Structural and sensory characterization of key pungent and tingling compounds from black pepper (*Piper nigrum* L.)[J]. *Journal of Agricultural and Food Chemistry*, 2012, 60: 2884 - 2895.

[11] Cámara MM, Díez C, Torija M E. Free sugars determination by HPLC in pineapple products [J]. *Zeitschrift für Lebensmittel - Untersuchung und Forschung*, 1996, 202 (3): 233 - 237.

[12] Engel E, Lombardot JB, Garem A. Fractionation of the water - soluble extract of a cheese made from goats' milk by filtration methods: behaviour of fat and volatile compounds [J]. *International Dairy Journal*, 2002, 12 (7): 609 - 619.

[13] Fickert B, Schieberle P. Identification of the key odorants in barley malt (Caramalt) using GC/MS techniques and odour dilution analyses [J]. *Die Nahrung*, 1998, 42 (06): 371.

[14] Frank O, Ottinger H, Hofmann T. Characterization of an intense bitter - tasting 1H, 4H - quinolizinium - 7 - olate by application of the taste dilution analysis, a novel bioassay for the screening and identification of taste - active compounds in foods [J]. *Journal of Agricultural and Food Chemistry*, 2001, 49, 231 - 238.

[15] Frank O, Jezussek M, Hofmann T. Sensory activity, chemical structure, and synthesis of Maillard generated bitter - tasting 1 - oxo - 2,3 - dihydro - 1*H* - indolizinium - 6 - olates [J]. *Journal of Agricultural and Food Chemistry*, 2003, 51: 2693 - 2699.

[16] Hillmann H, Hofmann T. Quantitation of key tastants and re - engineering the taste of parmesan cheese [J]. *Journal of Agricultural and Food Chemistry*, 2016, 64: 1794 - 1805.

[17] Hashizume K, Ito T, Igarashi S. Quantitation using a stable isotope dilution assay (SIDA) and thresholds of taste - active pyroglutamyl decapeptide ethyl esters (PGDPEs) in sake [J]. *Bioscience, Biotechnology, and Biochemistry*, 2017, 81: 426 - 430.

[18] Hofmann T, Schieberle P. Evaluation of the key odorants in a thermally treated solution of ribose and cysteine by aroma extract dilution techniques [J]. *Journal of Agricultural and Food Chemistry*, 1995, 43 (8): 2187 - 2194.

[19] Hofmann T, Schieberle P. Identification of potent aroma compounds in thermally treated mixtures of glucose/cysteine and rhamnose/cysteine using aroma extract dilution techniques [J]. *Journal of Agricultural & Food Chemistry*, 1997, 45 (3): 898 - 906.

[20] Hofmann T, Schieberle P. Flavor contribution and formation of the intense roast - smelling odorants 2 - Propionyl - 1 - pyrroline and 2 - Propionyltetrahydropyridine in Maillard - type reactions [J]. *Journal of Agricultural and Food Chemistry*, 1998, 46: 2721 - 2726.

[21] Kong Y, Zhang LL, Zhao J, Zhang YY, Sun BG, Chen HT. Isolation and identification of the umami peptides from shiitake mushroom by consecutive chromatography and LC - Q - TOF - MS [J]. *Food Research International*, 2019, 121: 463 - 470.

[22] Niu Y, Zhang X, Xiao Z. Characterization of taste - active compounds of various cherry wines and their correlation with sensory attributes [J]. *Journal of Chromatography B: Analytical Technologies in the Biomedical and Life Sciences*, 2012, 902 (none): 55 - 60.

[23] Ottinger H, Hofmann T. Identification of the taste enhancer alapyridaine in beef broth and

evaluation of its sensory impact by taste reconstitution experiments [J]. *Journal of Agricultural and Food Chemistry*, 2003, 51: 6791 - 6796.

[24] Pickrahn S, Sebald K, Hofmann T. Application of 2D - HPLC/taste dilution analysis on taste compounds in aniseed (*Pimpinella anisum* L.) [J]. *Journal of Agricultural and Food Chemistry*, 2014, 62: 9239 - 9245.

[25] Schmiech L, Uemura D, Hofmann T. Reinvestigation of the bitter compounds in carrots (*Daucus carota* L.) by using a molecular sensory science approach [J]. *Journal of Agricultural and Food Chemistry*, 2008, 56: 10252 - 10260.

[26] StarkT, JustusH, Hofmann T. Quantitative analysis of N - phenylpropenoyl - L - amino acids in roasted coffee and cocoa powder by means of a stable isotope dilution assay [J]. *Journal of Agricultural and Food Chemistry*, 2006, 54: 2859 - 2867.

[27] Scharbert S, Hofmann T. Molecular definition of black tea taste by means of quantitative studies, taste reconstitution, and omission experiments [J]. *Journal of Agricultural and Food Chemistry*, 2005, 53: 5377 - 5384.

[28] Schieberle P, Grosch W. Potent odorants of the wheat bread crumb Differences to the crust and effect of a longer dough fermentation [J]. *Zeitschrift für Lebensmittel - Untersuchung und Forschung*, 1991, 192 (2): 130 - 135.

[29] Toelstede S, Hofmann T. Sensomics mapping and identification of the key bitter metabolites in Gouda cheese [J]. *Journal of Agricultural and Food Chemistry*, 2008, 56: 2795 - 2804.

[30] Xu X, You M, Song H, Gong L, Pan W. Investigation of umami and kokumi taste - active components in bovine bone marrow extract produced during enzymatic hydrolysis and Maillard reaction [J]. *International Journal of Food Science & Technology*, 2018, 53: 2465 - 2481.

[31] Yu M, Li T, Raza A, Wang L, Song H, Zhang Y, Li L, Hua Y. Sensory - guided identification of bitter compounds in Hangbaizhi (*Angelica dahurica*) [J]. *Food Research International*, 2020, 129: 108880.

[32] Yu H, Zhang Y, Zhao J, Tian H. Taste characteristics of Chinese bayberry juice characterized by sensory evaluation, chromatography analysis, and an electronic tongue [J]. *Journal of Food Science & Technology*, 2018, 55: 1624 - 1631.

[33] Zhang L, Peterson DG. Identification of a novel umami compound in potatoes and potato chips [J]. *Food chemistry*, 2018, 240: 1219 - 1226.

[34] Zhuang M, Lin L, Zhao M, Dong Y, Sun - Waterhouse D, Chen H, Qiu C, Su G. Sequence, taste and umami - enhancing effect of the peptides separated from soy sauce [J]. *Food chemistry*, 2016, 206: 174 - 181.

CHAPTER 6

第六章 分子感官科学与风味

学习目的与要求

1. 理解分子感官科学的含义。
2. 熟悉分子感官科学的应用。
3. 掌握利用分子感官科学分析风味化合物的方法。

食品讲究色香味形，香气、滋味是食品重要的品质指标。对于食品中香气和滋味的研究曾经一直是一个难题。一个是因为香气物质和滋味物质在食品中所占的比例很低，难以实现准确地定性和定量；另一个是因为没有合适的仪器和手段能够准确地将人所感知到的香气和滋味描述出来。仪器分析可以检测到所有的挥发性成分和非挥发性成分，但如何从这些成分中筛选出具有呈味效应的成分，单用仪器分析做不到。食品感官分析是以人的感觉为基础，通过感官评价食品的各种属性后，再经统计分析而获得客观结果的试验方法，是食品科学领域的一个重要分支，简易可行。这种方法可以准确地描述食品的呈味特性，但并不知晓是哪些分子导致了这样的结果，因而无法了解蕴藏在食品风味背后深刻的化学本质。我们知道，物质决定存在，嗅觉、味觉的感知正是由于气味物质和滋味物质分别与鼻腔黏膜细胞蛋白受体、舌头味蕾上的味觉受体发生作用，通过一系列的神经传递，最后经大脑加工得出的信号。因此，风味化合物分子的结构与功能对嗅觉及味觉至关重要。只有准确地鉴定风味化合物分子，才能够揭示食品香气和滋味的本质。

2006 年，德国慕尼黑理工大学分子感官科学实验室的风味化学家 Peter Schieberle 教授首次提出了“分子感官科学（molecular sensory science）”的概念，它的核心内容是在分子水平上定性、定量和描述风味，对食品的风味进行全面深入的剖析。应用分子感官科学技术进行了一系列高水平的研究，成功地揭示了多种食品的关键香气活性化合物和关键滋味活性化合物。早期由于仪器检测水平有限、感官鉴评手段的不全面等因素，分子感官科学的实现面临着很大的困难。随着技术的发展和研究水平的不断深入，食品中风味分子的全面分析逐渐得以实现。经过多年发展，分子感官科学目前已成为食品风味分析中顶级的系统应用技术。

第一节　分子感官科学的概述

一、分子感官科学的起源

食品中存在多种挥发性成分和非挥发性成分，但其中只有少数分子对食品的风味起着重要的作用。“分子感官科学”这一概念诞生于对香气活性化合物的研究中。人类鼻腔中的气味受体对有机挥发性化合物表现出相当大的选择性和高度不同的敏感性，因此，对气味阈值进行评估是从大量的无气味或气味不活跃的挥发性化合物中筛选出芳香化合物的一个很好的工具。气相色谱 - 嗅闻技术（gas chromatography - olfactometry，GC - O）可以实现化合物的“气味阈值排序”。通过使用 GC - O 技术分析经过连续稀释的香气提取液，即香气化合物稀释分析（aroma extract dilution analysis，AEDA），就可以得到香气化合物的阈值，从而实现从复杂的挥发性混合物中锁定气味活性化合物。只有当特定挥发性化合物的浓度超过其气味阈值时，这种化合物才会与人类的气味受体相互作用，从而将信号传递到大脑中产生相应的气味印象。然而，已有的方法存在一个问题，就是定量数据是通过 GC - FID 测量获得的，没有使用内标，或者对整个挥发物只使用一个内标，也没有进行基于定量数据结果进行香气重组实验，以验证香气化合物定量结果的准确性。只有通过对关键香气化合物的“自然”浓度进行全面的感官评估，即所谓的香气重组（aroma recombination），才能解决人类气味受体掩蔽或增强效应所带来的挑战。由此，提出了“分子感官科学（molecular sensory science）”的研究方法，也称为“感官组学（sensomics）”。以香气分析为例，该方法包含 3 个基本步骤：①GC - O、AEDA 的应用；②基于稳定同位素稀释分析的准确定量；③香气重组。通过这种研究方法，可以将食品中引起人类嗅觉感知的正确的香气分子准确识别出来，从分子层面揭示食品特征气味的化学本质。分子感官科学自提出后就成为一个研究香气活性成分很有价值的工具，它明确了虽然单一的关键气味闻起来不像食物本身，但一个独特的香气混合物可以完美地匹配整个食物的香气。随后，国际上呈现出了感官科学快速向分子感官科学发展的趋势。德国慕尼黑理工大学的风味化学家 Peter Schieberle 教授运用此概念先后成功地剖析了可可粉、日本龟甲万酱油、杏等食品中的关键香气化合物，为产品在生产储藏过程中的质量控制提供了科学依据。随后，食品科学家应用反相液相色谱（RP - HPLC）、液相色谱 - 串联质谱（HPLC - MS/MS）、核磁共振（NMR）等技术，结合感官评定，对样品中的滋味活性化合物进行准确的定性定量分析，探索了一些食品中苦味、酸味、鲜味、浓厚味等分子基础，也将滋味研究推向了分子层面。

二、分子感官科学的定义

分子感官科学，是分析化学、感官鉴评科学等多学科交叉的系统科学，通过仪器分析和感官评价相结合，系统地对食品风味进行定性、定量分析，找到决定食品风味的关键分子，从分子水平上描述风味的一门科学。它的核心内容是在分子水平上定性、定量和描述风味，精确构建食品的风味重组物。这种“重组物”是指将最为重要的风味化合物以精确的浓度添加重组来构建与原样品几乎相同的风味。采用分子感官科学，最后可以实现用少数的风味分子精确地构建出食品的风味重组物。

食品中的风味化合物，尤其是重要的关键性风味化合物，通常只是食品所含成分中极少的一部分。对食品风味研究人员而言，只有这极少部分的物质才是令人感兴趣的，是值得去鉴定、描述的。例如，研究人员已从可可中鉴定了 >550 种挥发性成分，包括醛类、酯类、吡嗪类等，但是并不知道对可可的香气起关键作用的成分是哪些。在应用分子感官科学的分析方法之后，通过香气稀释分析、精确定量以及香气重组，风味化学家从可可粉中明确了 24 种关键香气活性化合物（表 6 - 1）。滋味化合物与香气化合物类似，对食品滋味具有贡献的化合物占整个化合物数量的比例是非常小的。近年来，肽类被广泛鉴定为对食品的鲜味和浓厚味具有重要的影响，多种肽类，尤其是谷氨酰寡肽，被鉴定为食品浓厚味的关键滋味活性化合物。研究人员还发现，即使是同一种分子，其旋光性、官能团连接位置的变化也会对该分子的滋味活性产生很大的影响。例如，同一种谷氨酰寡肽分子，只有 γ - L - 谷氨酰寡肽对浓厚味有着关键的作用，而 α 结构的谷氨酰寡肽对浓厚味所起的作用却很小（表 6 - 2）。在构建高达干酪的重组物时，去掉 α - L - 谷氨酰寡肽，浓厚味几乎未发生变化，去掉 γ - L - 谷氨酰寡肽后，浓厚味的感官评价得分从 3. 8 降为 2. 3。

值得一提的是，大部分风味化合物在食品中的含量及其感官作用阈值都很低，但却对食品的品质具有非常重要的作用。例如，气味化合物（E）- β - 大马烯酮，在蜂蜜中的浓度只有 6μg/L，但其嗅觉阈值仅为 0. 01μg/L，使其对蜂蜜的整体气味具有非常重要的贡献；滋味活性物质中，表儿茶素在 800μmol/L 的浓度下对烤可可粉提取液的苦味具有重要作用。而且，风味物质之间有着很强的相互作用，各个物质相互协同、拮抗、变调构建了食品复杂的风味特征。

表 6 - 1　　可可粉中关键香气化合物的气味阈值和气味活度值（OAV）

香气化合物	气味阈值/（μg/kg）	OAV
乙酸	124	2680
3 - 甲基丁醛	13	1980
3 - 甲基丁酸	22	390
苯乙醛	22	300
2 - 甲基丁醛	140	102
3 - 羟基 - 4,5 - 二甲基 - 2(5*H*) - 呋喃酮	0. 2	75
2 - 乙酰 - 1 - 吡咯啉	0. 1	59
4 - 羟基 - 4,5 - 二甲基 - 3(2*H*) - 呋喃酮	25	25
苯乙酸	360	21
5 - 甲基 - 2,3 - 二乙基吡嗪	0. 5	16
甲基丙酸	190	15
3,5 - 二甲基 - 2 - 乙基吡嗪	2. 2	14
2 - 甲氧基苯酚	16	14
2 - 异丁基 - 3 - 甲氧基吡嗪	0. 8	12

续表

香气化合物	气味阈值/（μg/kg）	OAV
2-甲基丁酸	203	8.7
3-甲基吲哚	16	3.5
苯乙醇	211	2.8
二甲基三硫醚	2.5	2.8
丁酸	135	2.4
芳樟醇	37	2.0
4-甲基苯酚	68	1.8
2-乙酸苯乙酯	233	1.3
3,6-二甲基-2-乙基吡嗪	57	1.2
2-甲基-3-(甲基二巯基)呋喃	0.4	1.2

表6-2　高达干酪中γ-L-谷氨酰寡肽和α-L-谷氨酰寡肽对浓厚味和咸味的影响

将以下化合物从重组物中去除	感官评分变化
γ-L-谷氨酰寡肽和α-L-谷氨酰寡肽	浓厚味:3.8→2.0 鲜味:2.0→1.7
α-L-谷氨酰寡肽	浓厚味:3.8→3.6 鲜味:2.0→1.8
γ-L-谷氨酰寡肽	浓厚味:3.8→2.3 鲜味:2.0→1.8

三、分子感官科学的实现技术

要实现在分子水平上定性、定量和描述风味，唯一可行的手段就是将仪器分析的方法与人类对物质风味的感知结合起来。这也是应用分子感官科学的概念来分析食品，对食品感官品质进行分析和评价的突出特点。目前，分子感官科学的概念已经有一套相对成熟的实现方法。应用仪器和人体感官结合对关键的风味化合物进行鉴定、定量后，按照各个风味化合物在食品中“自然”的浓度进行重组，构建风味模型重组物，进行消除实验，按照一定顺序对风味化合物进行一一排除，经过严密的感官鉴评实验对该化合物对整体风味的轮廓的影响进行评价。经过多轮实验后，以最少数量的化合物、最精准的含量对原食品的风味轮廓进行重构，达到透彻分析食品风味化合物组成的目的。

分子感官科学的广泛应用离不开各种分析、分离、检测技术的存在和发展，在过去的几十年，多种分离分析技术在食品风味物质鉴定中得到了发展和应用。例如，挥发性化合物的分离技术：同时蒸馏萃取（SDE）、溶剂辅助风味蒸发（SAFE）、搅拌棒吸附萃取（SBSE）、固相微萃取（SPME）；不挥发性化合物的分离技术：超滤（UF）、凝胶过滤色谱（GFC）、高效液相色谱（HPLC）、亲水作用色谱（HILIC）等。仪器分析技术为风味活性化合物的痕量检测和定量提供了可能，例如，气相色谱 - 质谱联用（GC - MS）、液相色谱 - 质谱联用（LC - MS）等，还有气相色谱 - 嗅闻（GC - O）技术，是人 - 机结合鉴定风味化合物的典型技术的发明，其发明是将风味化合物的感官评定介入仪器分析的里程碑。还有多种检测技术，例如，紫外光谱（UV）、红外光谱（IR）、核磁共振（NMR）等，为复杂非挥发性化合物的结构鉴定提供了有力的手段。这些技术可以有效地对食品中的挥发性/非挥发性物质进行定性及定量分析。

在色谱技术中，常用的定量分析方法有内标法和外标法。前者可以对所测定的化合物进行半定量分析，操作方便；后者可以相对精确定量，但操作烦琐。为了对风味活性化合物进行精确定量，在内标法和外标法的基础上发明了一种被称为稳定同位素稀释分析（SIDA）的技术。这是应用稳定同位素进行化学分析的一种方法，该方法所使用的内标物是用稳定同位素标记的化合物。当使用分辨率足够高的质谱时，可以辨别出样品中的化合物和稳定同位素标记的内标，它们在质谱上呈现为两个峰。稳定同位素标记的内标物与样品同时洗脱出来，不会受到分离条件、检测器条件的影响。因此同时洗脱出的稳定同位素标记的标准品可以更好地模拟样品的实际情况。结合质谱技术，可以实现对风味化合物，尤其是容易在配备、提取、进样等前处理过程中发生损失的挥发性气味活性化合物进行精确定量。在此基础上，风味化学家又发明了碳水化合物模块标签标记法（CAMOLA），对参与风味化合物合成的潜在化合物的碳骨架进行同位素标记，这种方法已经成为研究风味化合物形成途径的重要技术手段。有关分子感官科学涉及的分离分析技术和手段的归纳见表 6 - 3。

表 6 - 3 分子感官科学中的部分分离提取、分析和检测技术

	香气化合物	滋味化合物
分离提取技术	同时蒸馏提取（SDE）	水提、醇提
	溶剂辅助风味蒸发（SAFE）	连续溶剂提取
	固相微萃取（SPME）	超声
	动态顶空萃取（DHS）	
	搅拌棒萃取（SBSE）	
分析技术	气相色谱（GC）	液相色谱（HPLC）
	气相色谱 - 质谱（GC - MS）	液相色谱 - 质谱（HPLC - MS）
	气相色谱 - 嗅闻（GC - O）	制备型液相色谱（pre - HPLC）
	二维气相色谱（GC × GC - MS）	
	离子迁移谱（IMS）	
检测技术	质谱（MS）	质谱（MS）
	核磁共振波谱（NMR）	核磁共振波谱（NMR）
		二极管阵列检测器（DAD）
		蒸发光散射检测器（ELSD）

四、 分子感官科学的意义

物质决定存在，风味化合物分子是构成食品风味的基础，在分子水平上解释、预测和开

发感官现象，可以使嗅觉和味觉实现像视觉、听觉一样被描述、预测。在早期由于仪器检测水平有限，感官鉴评手段不全面，完全阐明一种食品中风味化合物与其感官知觉的关系面临着很大的困难。随着技术的发展和研究水平的不断深入，在对一种食品中风味轮廓进行描述后，通过物质的鉴定都可以找到其风味属性归属，从而对香精模拟、食品品质改良领域提供了重要的数据和理论支持。分子感官科学的最大意义是，在分子水平研究食品的风味，使得风味由一种"混沌理论"变为一种清晰的可认知的科学理论。应用分子感官科学，使得系统地研究食品感官的品质内涵、理化测定技术、工艺形成、消费嗜好等食品科学和消费科学等基本问题成为可能。如对食品关键性气味化合物的鉴定和模拟，可以更高效和逼真地进行香精开发；对食品加工中气味化合物含量变化的研究，可以对食品配方、加工工艺、货架期进行定向改进；对食品中滋味化合物的鉴定，可以协助开发更健康、有效的调味料、增鲜剂等。总之，分子感官科学的概念在食品工业中的应用对新产品开发、工艺优化、市场预测具有重大的推动意义。

第二节　分子感官科学的应用

一、分子感官科学在香气活性化合物鉴定中的应用

1. 应用分子感官科学对新鲜杏中的关键性香气成分进行鉴定

利用GC－O、AEDA、GC－MS技术对新鲜杏中气味活性最强的化合物进行定位和表征。通过稳定同位素稀释分析（SIDA）对关键气味进行定量，并计算其OAVs。根据FD因子及OAV值（OAV>1），明确了18种关键香气化合物（表6－4）。最后，根据杏中出现的每种香气化合物的浓度制备香气重组物，并进行感官评价，所获得的新鲜杏气味重组物与新鲜杏本身的气味轮廓十分接近（图6－1），实现了用少数关键气味物就能够很好地模拟出原样品的香气特征，从分子层面上揭示了新鲜杏的气味的化学本质。

表6－4　新鲜杏中关键香气化合物的气味阈值和气味活度值（OAV）

香气化合物	气味阈值/（μg/L）	OAV
β－紫罗酮	0.2	308
(*Z*)－1,5－辛二烯－3－酮	0.0012	250
γ－癸内酯	2.6	196
(*E*,*Z*)－2,6－壬二烯醛	0.03	190
芳樟醇	0.6	155
乙醛	25	142
γ－十二内酯	2.0	91
乙酸己酯	2.0	57
1－辛烯－3－酮	0.04	55

续表

香气化合物	气味阈值/(μg/L)	OAV
(Z)-己烯醛	0.25	41
3-甲基-2,4-壬二酮	0.01	30
己醛	10	15
香叶醇	3.2	11
(E)-4,5-环氧-(E)-2-癸烯醛	0.12	10
δ-癸内酯	51	4.8
(E)-β-大马酮	0.43	1.6
γ-辛内酯	24	1.1
(E)-2-壬烯醛	0.69	1.0

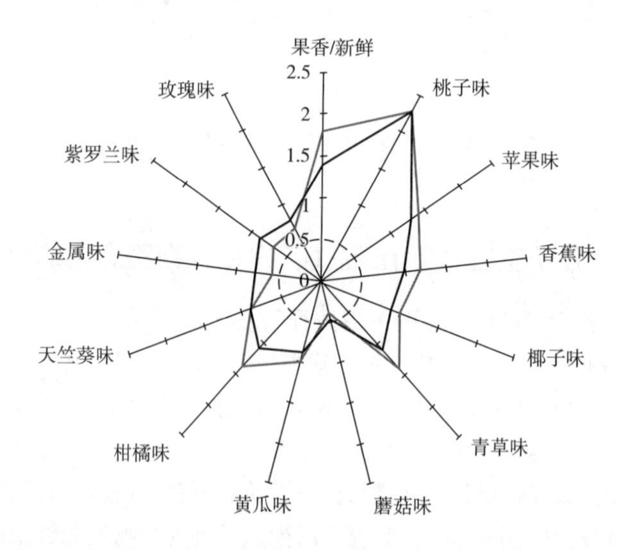

图6-1 新鲜杏子的香气轮廓图（黑色）和香气重组（灰色）

2. 应用分子感官科学对日本龟甲万酱油中的关键性香气成分进行鉴定

应用AEDA技术从日本龟甲万酱油中分析鉴定了30个气味活性化合物，它们的FD因子范围是8~4096。其中，2-苯基乙醇的FD因子最高，为4096，之后是3-甲硫基丙醛，两个异构体4-羟基-5-乙基-2-甲基3(2H)-呋喃酮和4-羟基-2-乙基-5-甲基-3(2H)-呋喃酮(4-HEMF),4-羟基-2,5-二甲基-3(2H)-呋喃酮(4-HDF),3-羟基-4,5-二甲基-2(5H)-呋喃酮,它们的FD因子均为1024。利用稳定同位素稀释分析对这30个气味成分进行定量分析，并根据浓度除以水中的阈值计算香气活度值（OAV）。结果显示，3-甲基丁醛（麦芽味）、3-羟基-4,5-二甲基-2(5H)-呋喃酮（调料味）、4-HEMF（焦糖味）、2-甲基丁醛（麦芽味）、3-甲硫基丙醛（煮马铃薯味）、乙醇（酒精味）、2-乙基丙酸乙酯（水果味）的OAV值最高（>200）。使用OAV值最高的前13种香气化合物，根据它们的定量结果，在水基质中构建香气重组模型，结果显示酱油气味重组物与酱油本身的气味轮廓十分接近（图6-2）。

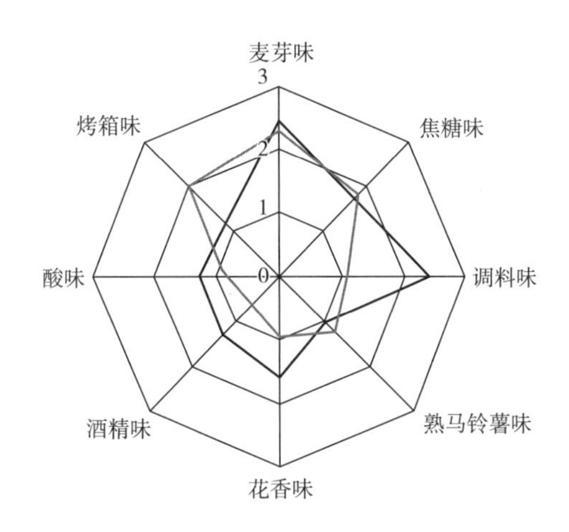

图6-2　日本龟甲万酱油的香气轮廓图（黑色）和香气重组（灰色）

3. 应用感官组学对椒盐脆饼中的关键香气化合物进行表征

椒盐脆饼（图6-3）是一种烘焙的零食点心，在德国南部、奥地利、瑞士以及美国很受欢迎。除了典型的扭结形状外，椒盐脆饼呈现出统一的棕色，并散发出独特的香气，这与其他的烘焙点心明显不同。这种香气的差异主要是由于椒盐脆饼在制作时，其面团要经过碱液处理，以及在烘烤前撒上粗盐造成的。为了明确椒盐脆饼的关键香气活性化合物，采用GC-O、AEDA、GC-MS技术，从椒盐脆饼中鉴定了28种香气化合物（图6-4）。其中，4-羟基-2,5-二甲基-3(2*H*)呋喃酮(4-HDF，焦糖味）的FD因子最高，为4096，其次是2-乙酰-1-吡咯啉（2-ACPY，烤香味、爆米花味)，其FD因子为512。采用SIDA对28种香气化合物进行定量分析，并对OAV值进行计算，结果表明2-ACPY，4-HDF和苯乙酸对椒盐脆饼的香气贡献度最高。椒盐脆饼中Strecker醛、2-甲基丁醛、3-甲基丁醛和脂质降解产物(*E*)-2-壬烯醛的较低的气味活性以及吡嗪类化合物的缺乏是造成椒盐脆皮与其他烘焙点心香气不同的主要原因。将OAV>1的所有22个关键香气化合物按照定量结果溶解至乙醇中，再将乙醇溶液加入到无味淀粉中，然后进行感官评价。如图6-5所示，在椒盐脆饼原样品和香气重组模型中，爆米花味和脂肪味均是最强烈的气味，其次是黄油味、焦糖味和汗味。令人惊讶的是，尽管苯乙酸的OAV值很高，但这种类似蜂蜜的气味被认为是相当弱的。总的来说，在重组过程中，所有六种气味的品质都比在椒盐脆饼皮中感知到的稍弱。一种可能的解释是，淀粉与椒盐卷饼基质不完全匹配，因此导致了不同的气味释放。此外，椒盐脆饼表面的棕色成分（黑素）可能会对气味的释放或结合产生影响。

图6-3　椒盐脆饼

4. 应用分子感官科学对意大利生榛子和烤榛子酱中的关键香气成分进行鉴定

采用GC-O和AEDA，从意大利榛子中鉴定了19种香气活性化合物，并通过稳定同位

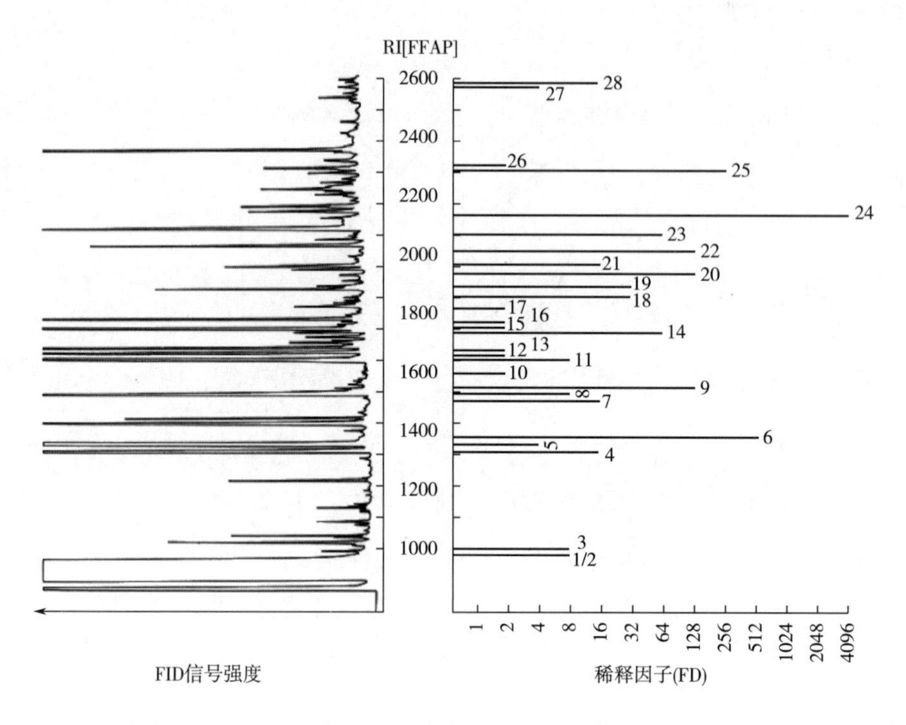

图6-4 椒盐脆饼香气提取物的GC图和FD因子

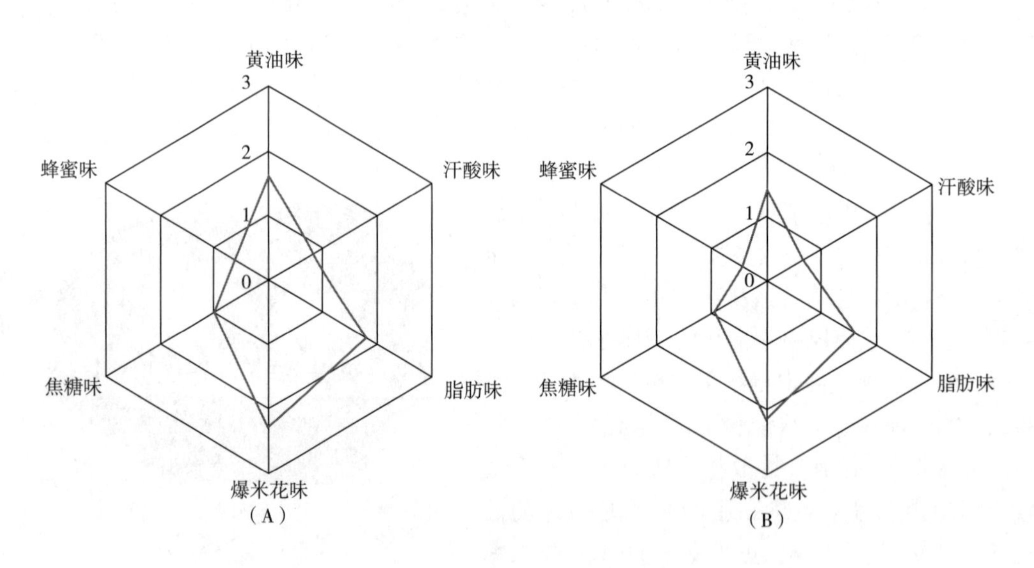

图6-5 椒盐脆饼的香气轮廓（A）和香气重组（B）

素稀释法进行定量分析。基于气味阈值的气味活度值（OAV）计算表明，芳樟醇、5-甲基-4-庚烷酮、2-甲氧基-3,5-二甲基吡嗪和4-甲基苯酚的OAV值最高。使用葵花籽油作为香气重组模型的基质，将13种OAVs大于1的香气化合物以定量出来的自然浓度进行重组。香气重组结果与榛子原样品具有很好的相似性（图6-6）。

同样，对烤榛子酱进行香气稀释分析，之后采用SIDA对烤榛子酱中25种最具气味活性的化合物进行定量分析，发现与榛子比，烤榛子酱中大多数气味活性物质的浓度发生了明显的变化，在烤榛子酱中还有新的具有烤香味的气味活性物质的形成。OAV 值最高的是 3 - 甲基丁醇（麦芽味）、2,3 - 戊二酮（黄油味）、2 - 乙酰 - 1 - 吡咯啉（爆米花味）和(*Z*) - 2 - 壬烯醛（脂肪味），其次是二甲基三硫醚、2 - 糠硫醇、2,3 - 丁二酮和4 - 羟基 - 2,5 - 二甲基 - 3(2*H*) - 呋喃酮。使用 OAV 大于 1 的 19 个香气化合物构建香气重组模型，与原烤榛子的香气具有良好的相似性（图 6 - 7）。

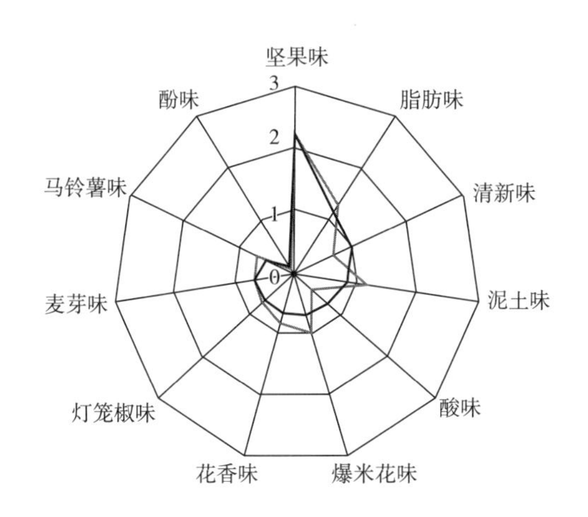

图 6 - 6 意大利榛子的香气轮廓（黑色）和香气重组（灰色）

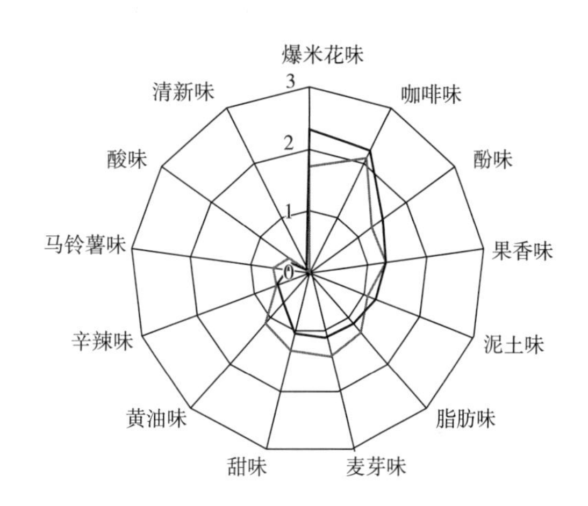

图 6 - 7 烤榛子酱的香气轮廓（黑色）和香气重组（灰色）

二、 分子感官科学在异味鉴定中的应用

1. 应用感官组学对蒸馏处理的菜籽油中的鱼腥味的鉴定

经过蒸馏处理和精制的菜籽油由于其气味强度低、价格低廉和易于作为原料（如蛋黄酱）而深受欢迎。通过蒸馏处理，不仅可以去除挥发性物质，如气味或游离脂肪酸，还可以去除与毒物有关的化合物，如杀虫剂或重金属。因此，通过蒸馏处理的菜籽油不易氧化，保质期更长。然而，在蒸馏处理过程中菜籽油容易产生鱼腥味，这可能会造成相当大的经济损失，并失去消费者的接受度。应用感官组学对两种蒸汽处理的菜籽油进行分析，一种会产生鱼腥味（OF），另一种会产生所需的香气属性（PC）。通过香气提取液稀释分析筛选出最重要的香气化合物，使用气相色谱 - 质谱（GC - MS）进行香气化合物鉴定，使用稳定同位素稀释分析（SIDA）进行定量。只有五种化合物的浓度相差系数≥5。另外，三甲胺具有强烈的鱼腥味，最初被气相色谱法忽略，仅存在于 OF 中，最终通过离子交换色谱和 SPME - GC - MS对其进行了表征。在数据验证方面，使用所有 OAVs≥1 的气味化合物进行重组实验，GS 和 OF 之间以及它们对应的重组物达到了极好的一致性（图 6 - 8 和图 6 - 9），确认了三甲胺是鱼腥味的主要来源。

2. 应用感官组学对深度水解牛乳蛋白婴幼儿配方乳粉中异味成分的鉴定

婴儿配方乳粉主要以牛乳或羊乳为原料，添加适量的辅料。目前，人们正在广泛研究婴儿配方乳粉中的营养成分，以提高婴儿配方乳粉的质量，使其能够模仿人类母乳。含有深度水解牛乳蛋白（IF - DHMP）的婴儿配方乳粉是专为对牛乳蛋白过敏的婴儿设计的。这种过敏反应的来源主要是牛乳中的大分子蛋白，可导致呕吐和腹泻，而深度水解可以在不影响产品安全的情况下解决过敏这一问题。除了安全和营养外，风味是另一个需要考虑的重要参数。研究表明在胎儿时期嗅觉和味觉受体已经很活跃。然而，深度水解往往具有令人不快的滋味，这限制了深度水解在婴儿配方乳粉中的使用。因此用感官导向分析方法鉴定了 IF - DHMP 中的异味化合物。在异味（OF）样品、阳性对照（PC）样品和加速氧化（AO）样品中，共鉴定出 56 种香气活性化合物。香气提取物稀释分析（AEDA）结果表明，美拉德反应生成的蛋氨酸是 OF 中最重要的成分，其稀释因子最高。香气重组、缺失和强化实验表明（图 6 - 10），戊醛、甲硫基丙醛、(*E*) - 2 - 壬烯醛、3 - 甲基丁醛、(*E*) - 2 - 癸烯醛、壬醛、(*E*,*E*)2,4 - 癸二烯醛、1 - 戊烯 - 3 - 酮、1 - 辛烯 - 3 - 酮、(*E*,*E*) 2,4 - 壬二烯醛是异味的主要来源。样品中的异味是由于加工过程中的蛋白质分解、美拉德反应或脂质氧化引起的，而不是由于储存过程中的脂质氧化引起的。

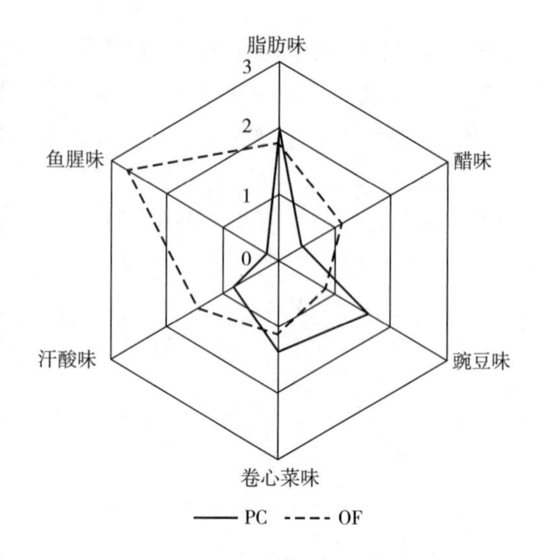

图 6 - 8　两种菜籽油的香气轮廓图

PC—正常菜籽油　OF—具有鱼腥味的菜籽油

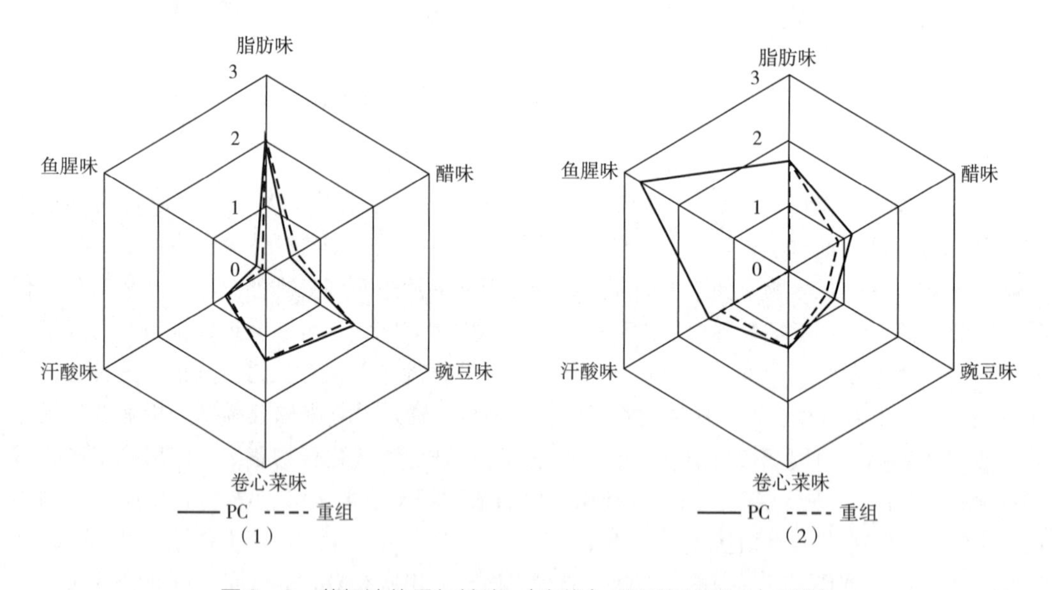

图 6 - 9　菜籽油的香气轮廓（实线）和香气重组（虚线）

3. 应用感官组学对热灭菌后荔枝果汁中异味成分的鉴定

荔枝（*Litchi chinensis* Sonn.）原产于中国南方，在泰国、中国、印度、越南、缅甸等国家均是一种重要的热带和亚热带经济水果。荔枝在世界范围内广受欢迎，主要是因为它令人愉悦的香气和营养品质。荔枝特有的滋味通常被描述为蜂蜜、玫瑰花香和柑橘果味。将荔枝榨成果汁，荔枝汁经高温灭菌后，主要香气成分减少，产生了明显的类似于煮熟蔬菜的异

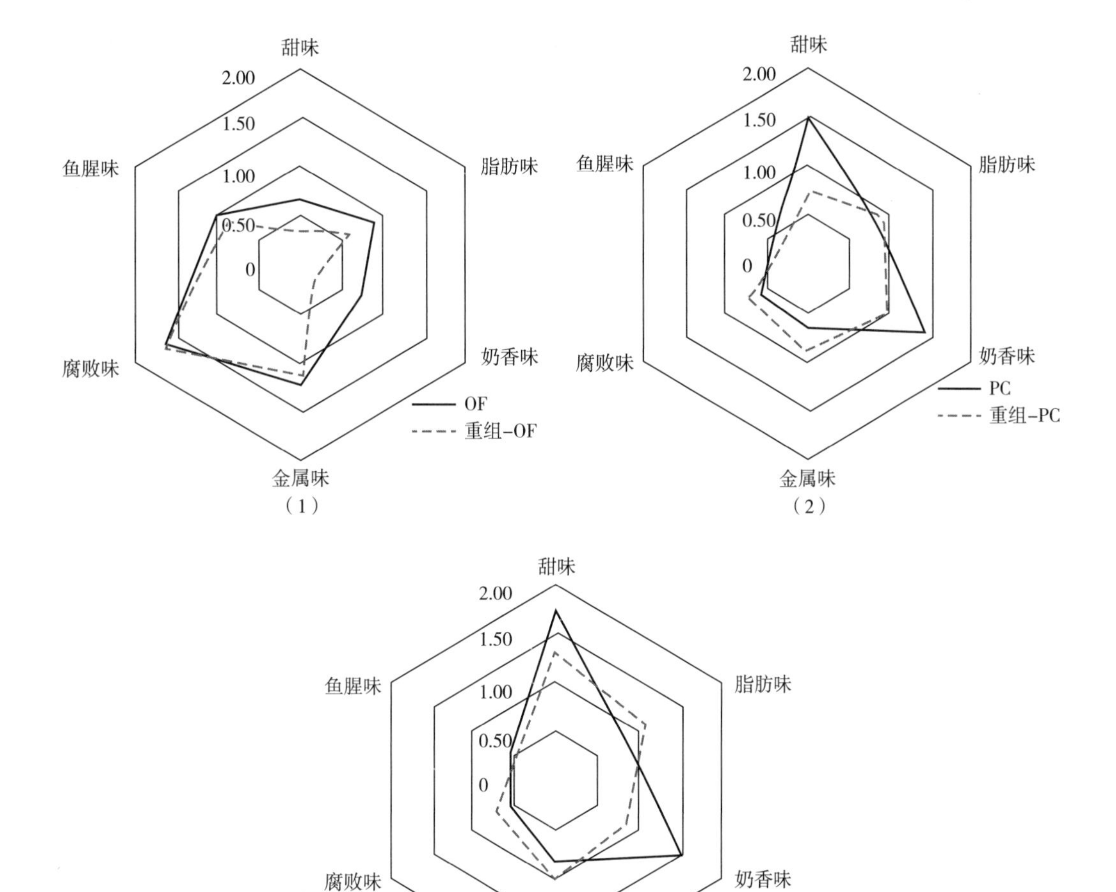

图6－10　深度水解牛奶蛋白的婴幼儿配方乳粉的香气轮廓（实线）和香气重组（虚线）

（1）有异味的乳粉　（2）对照　（3）加速氧化的乳粉

味。采用分子感官科学的方法对热灭菌荔枝汁（HLJ）中的蒸煮不良风味进行研究。通过仪器分析和感官评价，将HLJ与新鲜荔枝汁（FLJ）对不良风味、煮熟的卷心菜味、马铃薯味、洋葱味、大蒜味，进行了比较。对FLJ和HLJ进行香气提取物稀释分析、气味活性值（OAVs）定量分析和计算（图6－11和图6－12）。结果表明，与FLJ相比，15个化合物的含量有所增加，其中二甲基硫醚（DMS）、甲硫醚、二甲基二硫醚（DMDS）、二甲基三硫醚（DMTS）和2,4－二硫戊烷呈现煮熟的卷心菜/马铃薯、大蒜/洋葱和硫磺味。

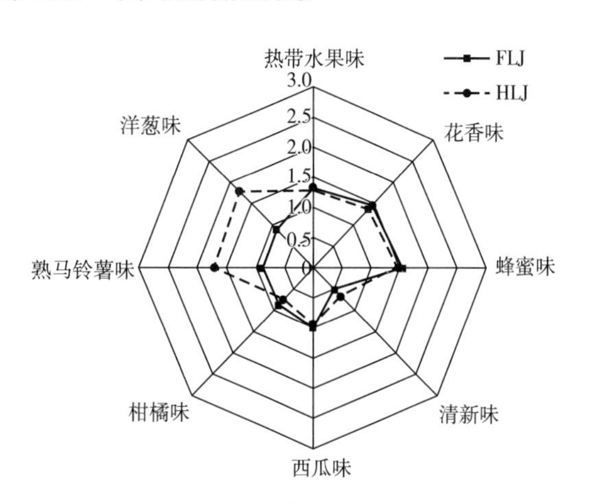

图6－11　两种荔枝汁的香气轮廓

FLJ—新鲜荔枝汁　HLJ—热灭菌的荔枝汁

消除实验（omission experiment）证明，DMS、3-甲硫基丙醛、DMTS、DMDS、3-甲基丁烯醛和2,4-二硫戊烷对HLJ整体香气有显著的负向影响。

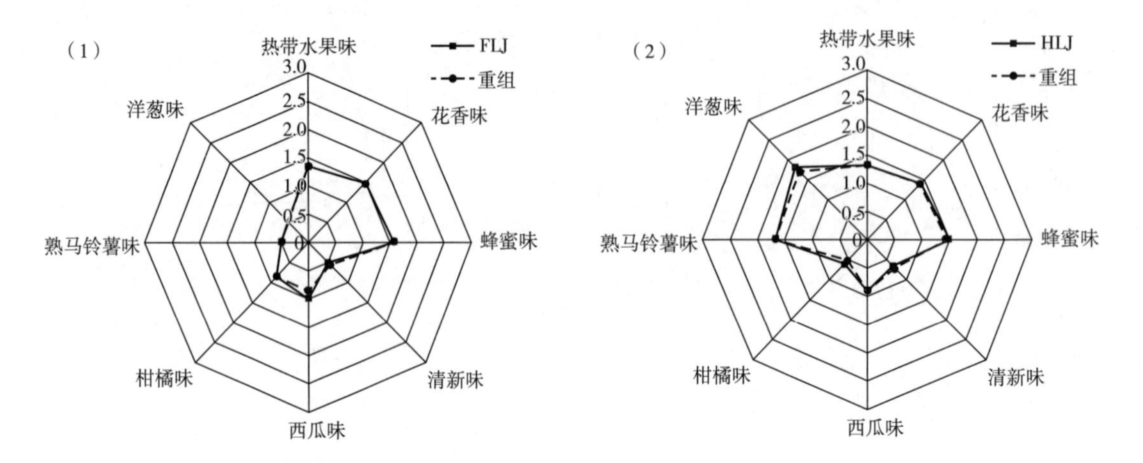

图6-12 新鲜荔枝汁（1）和热灭菌的荔枝汁（2）的香气轮廓和香气重组

三、分子感官科学在滋味活性化合物鉴定中的应用

1. 应用感官组学分析巴萨米克醋中的滋味成分以及探索新型甜味味觉调节器5-乙酰氧基甲基-2-呋喃醛（5Acetoxymethyl-2-furaldehyde）。

巴萨米克醋是意大利的传统食品，是以葡萄为原料酿造的醋。由于其令人垂涎欲滴和高度吸引人的香气，以及良好平衡的酸甜口味和持久的口感，传统的巴萨米克醋（TBV）被认为是顶级美食的关键食材，深受世界各地消费者的喜爱。通过对传统巴萨米克醋进行感官评价和仪器分析，确定了具有甜苦味的两个己糖乙酯，6-O-乙酰基-α/β-D-葡萄糖（吡喃型）和1-O-乙酰基-β-D-果糖（吡喃型）以及之前未知的一种甜味调节剂5-a乙酸基甲酯-2-糠醛。滋味重组实验证明，5-a乙酸基甲酯-2-糠醛对巴萨米克醋典型持久的甜味有主要贡献。

2. 高达干酪中浓厚味物质及苦味肽

采用凝胶渗透色谱（GPC）、液相色谱-串联质谱（HPLC-MS/MS）技术，结合感官评定手段，对成熟期为44周的高达干酪中的水溶性物质进行了研究。结果表明，其中所含的γ-谷氨酸的二肽（如γ-Glu-Glu、γ-Glu-Gly、γ-Glu-Gln、γ-Glu-Met、γ-Glu-Leu和γ-Glu-His）是首次鉴定出的关键浓厚味（kokumi）物质。

Hofmann等应用感官组学的概念对高达干酪的风味进行了深入研究。他们运用凝胶过滤色谱、超滤、制备型液相色谱、液相色谱-飞行时间质谱和液相色谱-串联质谱对高达干酪水溶性提取物中的苦味成分进行了鉴定，16种苦味肽被鉴定出来，分别是衍生自β-酪蛋白C端β-CN（57~69）的6个肽，以及衍生自β-酪蛋白C端β-CN（198~206）的2个肽，还有衍生自β-酪蛋白其他区域的肽，如β-CN（22-28）、β-CN（74-77）、β-CN（74-86）、β-CN（135~138）。其中12个肽具有较强的苦味，其觉察阈值在0.05~6mmol/L范围内。

思考题

1. 分子感官科学的定义是什么？
2. 分子感官科学在食品气味的研究中如何应用？
3. 分子感官科学在食品滋味的研究中如何应用？

参考文献

[1] An K, Liu H, Fu M, Qian MC, YuY, Wu J, Xiao G, Xu Y. Identification of the cooked off – flavor in heat – sterilized lychee (*Litchi chinensis* Sonn.) juice by means of molecular sensory science [J]. *Food chemistry*, 2019, 301: 125282.

[2] Burdack – Freitag A, Schieberle P. Characterization of the key odorants in raw Italian hazelnuts (*Corylus avellana* L. var. Tonda Romana) and roasted hazelnut paste by means of molecular sensory science [J]. *Journal of Agricultural and Food Chemistry*, 2012, 60: 5057 – 5064.

[3] Frauendorfer F, Schieberle P. Identification of the key aroma compounds in cocoa powder based on molecular sensory correlations. *Journal of Agricultural and Food Chemistry*, 2006, 54: 5521 – 5529.

[4] Greger V, Schieberle P. Characterization of the key aroma compounds in apricots (*Prunus armeniaca*) by application of the molecular sensory science concept [J]. *Journal of Agricultural and Food Chemistry*, 2007, 55: 5221 – 5228.

[5] Hillmann H, Mattes J, Brockhoff A, Dunkel A, Meyerhof W, Hofmann T. Sensomics analysis of taste compounds in balsamic vinegar and discovery of 5 – acetoxymethyl – 2 – furaldehyde as a novel sweet taste modulator [J]. *Journal of Agricultural and Food Chemistry*, 2012, 60: 9974 – 9990.

[6] Matheis K, Granvogl M. Unraveling of the fishy off – flavor in steam – treated rapeseed oil using the sensomics concept [J]. *Journal of Agricultural and Food Chemistry*, 2019, 67: 1484 – 1494.

[7] Steinhaus P, Schieberle P. Characterization of the key aroma compounds in soy sauce using approaches of molecular sensory science. *Journal of Agricultural and Food Chemistry*, 2007, 55: 6262 – 6269.

[8] Schoenauer S, Schieberle P. Characterization of the key aroma compounds in the crust of soft pretzels by application of the sensomics concept [J]. *Journal of Agricultural and Food Chemistry*, 2019, 67: 7110 – 7119.

[9] Toelstede S, Dunkel A, Hofmann T. A series of kokumi peptides impart the long – lasting mouthfulness of matured Gouda cheese [J]. *Journal of Agricultural and Food Chemistry*, 2009, 57: 1440 – 1448.

[10] Toelstede S, Hofmann T. Sensomics mapping and identification of the key bitter metabolites in Gouda cheese [J]. *Journal of Agricultural and Food Chemistry*, 2008, 56: 2795 – 2804.

[11] Toelstede S, Hofmann T. Quantitative studies and taste re – engineering experiments to-

ward the decoding of the nonvolatile sensometabolome of Gouda cheese [J]. *Journal of Agricultural and Food Chemistry*, 2008, 56: 5299 - 5307.

[12] Yang P, Liu C, Song H, Wang L, Wang X, Hua J. Sensory - directed flavor analysis of off - flavor compounds in infant formula with deeply hydrolyzed milk protein and their possible sources [J]. *LWT - Food Science and Technology*, 2020, 119: 108861.

第七章

CHAPTER 7

食品中的气味成分

学习目的与要求

1. 了解水果、蔬菜、乳制品、肉制品及茶叶的主要气味特征。
2. 了解影响食物气味特征形成的主要因素及重要气味成分的生成过程。

第一节　水果的气味成分

水果和蔬菜是当代人日常饮食的重要组成部分。果蔬食材含有大量的水分（80% ~ 90%）和糖类物质（3% ~20%），并且在大多数品种中，低蛋白（1% ~5%）和低脂肪含量（0.1% ~0.5%）也是其显著的特点。另外，水果和蔬菜为我们提供了膳食纤维、矿物质和维生素以及大量有益人体健康的化学物质。研究表明水果和蔬菜的大量食用可以显著降低慢性疾病的症状与发病。因此，世界卫生组织建议每天食用400g 水果和蔬菜。

除了有益健康外，美好而特殊的风味也是人们热衷于水果与蔬菜的重要原因之一。果蔬中阈值较低的化合物是使它们具有强烈气味的原因。各种气味活性化合物是水果和蔬菜呈现出多种风味特征的主要原因。长久以来，水果和蔬菜中独特而多样的风味特征一直是众多研究人员的关注焦点。有几种挥发性化合物被认为是影响果蔬风味特性的重要物质：对于水果来讲是萜烯类化合物（terpenoids）、羰基化合物（carbonyl）、醇类、酯类和挥发性有机酸；而含硫氨基酸、脂肪酸、芥子油苷（gucosinolates）、萜类化合物和酚类化合物则是蔬菜风味的重要组成成分。此外，人们通过研究发现水果和蔬菜中的香气化合物以包含、吸附和吸收的形式结合在基质中。香气物质与基质的结合是通过共价键（包括氢键，疏水键和物理键合等）进行的。大多数芳香化合物通过糖苷键与基质成分（碳水化合物、蛋白质和脂肪）结合。因此，酶和机械相互作用会影响香气化合物的释放。香气化合物与基质中其他成分之间发生的物理化学相互作用会影响加工过程中香气化合物的释放效果。鉴定并分离果蔬中香气化合物及其相关的基质结合物对于发现和理解与果蔬风味释放有关的现象至关重要。研究并调整果蔬原料的加工过程及方法，可以使其风味释放及感官效果达到最佳效果。因此，人们一直都在关注着与新鲜以及加工水果和蔬菜中香气和滋味物质相关的内容，并致力于阐明这些风味物质的生成与释放机制。而对影响风味物质生成、释放和风味结合机制及其影响因素的研究和发现将使我们对果蔬风味的形成、变化更为深刻，同时也使加工工艺更为合理。本节将针对一些具体水果食物的气味成分进行介绍。

一、 水果气味成分概述

水果因其特殊的风味，一直是风味化学研究的重要领域之一。天然水果的风味很复杂，一般会通过气相色谱－嗅闻法（gas chromatography－olfactometry，GC－O）和/或气相色谱－质谱联用方法（GC－MS）来完成对风味物质的分析工作。尽管如此，许多具有水果风味特征的化学成分及其组成仍然是未知的。水果风味成分的浓度通常低于 mg/kg（新鲜水果）水平等级，单一组分的浓度可能会在（μg/kg）～（mg/kg）变化，这种浓度变化能够使人们对水果的风味感觉发生明显的变化。

水果的一个特点是其风味会随着果实的生长成熟，贮藏及消费发生明显变化。水果风味成分的生成是与水果成熟期的新陈代谢变化密切相连的。一些水果在成熟期和衰老期表现出一种过渡的形态。在这些水果中，呼吸作用的增加是乙烯自动催化诱导的，并伴随肉眼可见的形态变化。非成熟期水果（如菠萝）在成熟过程中表现出二氧化碳产物的减少或轻微的增加，并且它们并不受外界环境中乙烯浓度的影响。水果在细胞组织破损、分解后，风味会快速变化（例如，苹果或苹果汁）。这些变化可以经由以下反应而发生：①不饱和脂肪酸经脂肪氧合酶作用而降解，导致芳香族 C_6 或 C_9 风味成分在短时间内分解消失；②羧基酯酶催化加速分解，导致具有水果气味特征的成分损失；③单烯及其前体的修饰作用会使化合物的特征结构发生重组并产生新的物质；④从活性前体物质转化而来的芳香酸酯的生物合成作用。根据植物学分类和消费习惯，本节将按照仁果、核果、浆果进行介绍，之后再补充柑橘、小浆果、西瓜以及菌类的专题介绍。现将水果风味中的部分化合物汇总见表 7－1，方便读者查阅，其中部分化合物的结构式总结见图 7－1。

表 7－1 具有水果风味特征的部分化合物

化合物	CAS 号	水果
2－甲基丁酸乙酯	7542－79－1	苹果
β－大马烯酮	23696－85－7	苹果
乙酸异戊酯	123－92－2	香蕉
4－甲氧基－4－甲基丁硫醇	94087－83－9	黑加仑
2－丁烯酸异丁酯	589－66－2	蓝莓
苯甲醛	100－52－7	樱桃
甲基苯甲醛	1334－78－7	樱桃
邻氨基苯甲酸甲酯	134－20－3	葡萄
庚酸乙酯	106－30－9	葡萄
4－巯基－4－甲基－2－戊酮	19872－52－7	葡萄

续表

化合物	CAS 号	水果
诺卡酮	4674 -50 -5	葡萄柚
1 - 对 - 烯薄荷烯 -8 - 硫醇	71159 -90 -5	葡萄柚
柠檬醛[橙花醛 + 香叶醛]	5392 -40 -5	柠檬，酸橙
α - 萜烯醇	98 -55 -5	酸橙
2,6 - 二甲基 -5 - 庚醛	106—72 -9	甜瓜
顺 -6 - 壬烯醛	2277 -19 -2	甜瓜
β - 甜橙醛	8028 -48 -6	橙
辛醛	124 -13 -0	橙
癸醛	112 -31 -2	橙
N - 甲基邻氨基苯甲酸甲酯	85 -91 -6	橙，柑橘
百里酚	89 -83 -8	橙子，柑橘
3 - 甲硫基 -1 - 己醇	5155 -66 -9	百香果
2 - 甲基 -4 - 丙基 -1,3 - 氧噻烷	67715 -80 -4	百香果
γ - 十一内酯	104 -67 -6	桃
6 - 苯基 -2H - 吡喃酮	27593 -23 -3	桃
顺,反 -2,4 - 癸二烯酸乙酯	3025 -30 -7	梨
己酸烯丙酯	123 -68 -2	菠萝
3 -(甲硫基)丙酸乙酯	13327 -56 -5	菠萝
3 - 环己烯基丙酸烯丙酯	2705 -87 -5	菠萝
4 -(对 - 羟基苯基) -2 - 丁酮	5471 -51 -2	树莓
反 - α - 紫罗酮	127 -41 -3	树莓
3 - 甲基 -3 - 苯基缩水甘油酸乙酯	77 -83 -8	草莓
呋喃酮	3658 -77 -3	草莓
顺,顺 -3,6 - 壬二烯醇	53046 -97 -2	西瓜

二、 仁果的气味成分

1. 苹果的气味成分

苹果在全世界被广泛种植，因而苹果风味是最常见的水果风味之一。研究表明，有相当数量的挥发性化合物被认为是苹果香气特征的原因物质，其中包括反 -2 - 己烯醛、2 - 甲基丁酸乙酯、丁酸乙酯、反 -2 己烯醇、乙酸己酯、丁酸己酯、己酸己酯、己醛、丁醇、己醇、反（顺）-3 - 己烯醛、反 -2 - 乙酸己烯酯、顺 -3 - 己烯醇、β - 大马烯酮、己酸乙酯、2 - 甲基丁酸丙酯等。GC - O 结果表明，2 - 甲基丁酸乙酯、己醛和反 -2 - 己烯醛是苹果香气浓缩物中最重要的气味活性化合物。有人调查了 15 种果汁的气味成分，发现丁醇和己醇的气味特征强度与反 -2 - 己烯醇、乙酸己酯和反 -2 - 己烯酸乙酯的浓度呈正相关。在苹果

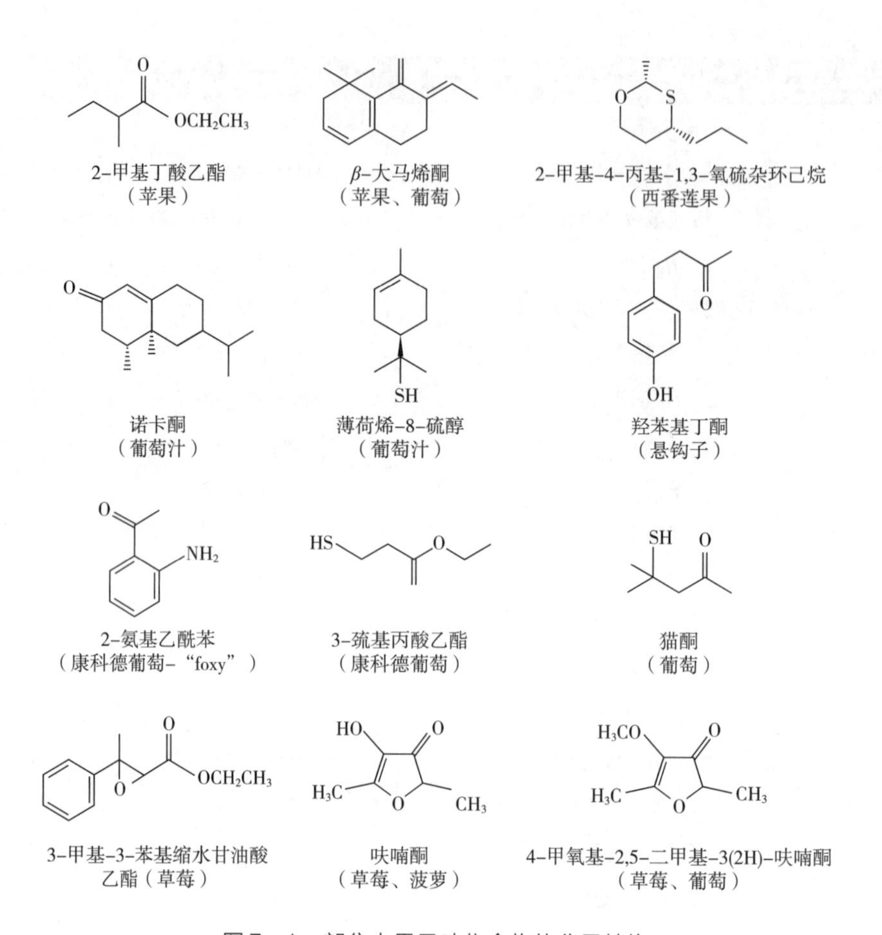

图 7 -1　部分水果风味化合物的分子结构

风味的模拟实验中，人们发现苹果汁的模拟风味样品对真实苹果风味的再现度与反 -2 - 己烯醇和反 -2 - 己烯醇的浓度呈现高度相关性（0.94）。另外，有研究表明 β - 大马烯酮、三羧基酯等化合物被发现具有强烈的苹果风味特征。在红元帅品种的苹果提取物中，β - 大马烯酮、三羧酸酯与 2 - 甲基丁酸乙酯、2 - 甲基丁酸丙酯、己酸乙酯、乙酸己酯等化合物的平均气味活性值大于 100。2 - 甲基丁酸乙酯、β - 大马酮和己醛的混合效果对元帅苹果（Delicious apple）的特征香气是重要的，而这些化合物的浓度会随着苹果的成熟度和季节而变化。β - 大马烯酮是一种不寻常的强势香气化合物，在水中的阈值为 2pg/g，也通常存在于天然葡萄和番茄风味中。

GC - O 技术在许多研究中被证明是非常有用的技术手段。然而，即便科研人员使用最先进的分析仪器，不同研究报告之间对于苹果中气味贡献度较高的化合物的结论也不尽相同。这可以归结于不同的苹果品种、每个研究团队使用的定性、定量分析方法以及感官评价方法的不同。另外，苹果中的挥发性气味成分与其他非挥发性物质、基质之间存在的协同作用也是需要考虑的。

在苹果风味物质的生成研究方面，使用标记底物的研究被用于己烯醇和己醛的形成研究中。早在 1971 年，有研究证明了苹果表皮组织在风味形成中的重要作用。基于这个想法，其他研究团队尝试用苹果加工的副产物来制备苹果风味物质。苹果植物组织中的风味物质生成率在假设的前体物质的存在下增加。几种反应途径的作用被包括在这些培养实验中：脂肪酸的β－氧化导致的碳链缩短作用、羰基还原及2－酮基酸的脱羧作用、酯类的形成（表7－2）。

表7－2　苹果组织中生成的挥发性化合物

底物	产物	组织
乙酸丁酯	丁醇	果皮
丁醇	丁基酯	果皮
C_4～C_{12}羧酸	醇	细胞实质
C_4，C_6羧酸	酯	表皮
C_4～C_{12}羧酸	2－烯酮	表皮
丙酸	丙基酯，丙酸	果肉
C_3～C_6乙醛 C_2～C_6羧酸	醇和酯	果肉
C_1～C_6醇 2－氧基戊酸	酯	果皮和果肉
C_2～C_8醇 甲酯 C_2～C_4羧酸	酯、乙醛	果肉

2. 梨的气味成分

早期关于梨风味的研究多集中在具有较强气味特征的巴梨。巴梨的风味成分主体是酯类，包含了多种不饱和C_2～C_{18}脂肪酸及其甲酯、乙酯、丙酯、丁酯和己酯。反，顺－2，4－癸二烯酸的甲酯到己酯都是其特征气味化合物，其他的酯类如乙酸己酯，对梨的风味也有贡献。GC－O研究表明：梨风味的感觉来自于乙酸己酯、癸二烯酸甲酯、癸二烯酸乙酯、反－2－辛烯酸乙酯和顺－4－癸烯酸乙酯，而浓烈的水果气味特征则来自乙酸丁酯和丁酸乙酯。梨中的气味成分浓度与水果的成熟度呈现明显的相关关系。在成熟水果（平均浓度）中主要的化合物是乙酸丁酯（8mg/kg）、乙酸己酯（16mg/kg）、法呢烯（2mg/kg）、3－羟基辛酸乙酯（3mg/kg）、顺－4－癸烯酸乙酯（2mg/kg）、反，顺－2，4－癸二烯酸乙酯（15mg/kg）和顺，顺－5，8－十四烯酸乙酯（3mg/kg）。研究表明，存在于梨果实外表皮组织中的气味化合物大约是其他部位中的3倍。另外，果皮的风味抽提物中油酸甲酯、亚油酸甲酯和亚麻酸甲酯的浓度分别是在果肉中的57倍、32倍和5倍。

基于化学结构、双键结合的部位，不饱和酯类物质可以作为化合物β－氧化后再次酯化的中间产物。在现有的研究中，不能排除梨风味物质中存在高效脂肪氧合酶的脂肪酸降解产物。在梨的线粒体中有必需脂肪酸的存在，因而有人推测酯类物质是在线粒体中形成的。梨培育的比较性研究显示了巴梨挥发性风味成分的特别效果。在果实的采后成熟过程中，乙醛和乙醇对水果的感官质量起了增强作用，虽然没有使用气相色谱测量确认，但是通过储藏可以促使底物通过新陈代谢变为挥发性气味活性物质的现象在感官上较为明显。后熟期的新陈代谢导致了乙酯产量明显减少，而这导致了水果质量的下降。

三、核果的气味成分

1. 杏的气味成分

杏的气味活性物质中酯类物质较少，主要为单萜、脂肪族羧酸、芳香族羧酸、芳樟醇氧化物、γ-内酯和δ-内酯等化合物。在对美国 Blenheim 品种的研究中发现，香叶醇、月桂烯和其他萜类可能不是杏气味特征的原始组成成分，而是在提取和分离样品中气味活性成分的过程中衍生变化出来的化合物。

在研究对比法国品种 Rouge du Roussillon 的新鲜、冷冻和加工果浆时，挥发性化合物的提取分离是在抑制酶活性的条件下进行的。在已被确认的化合物中，芳樟醇、松油烯-4-醇、α-松油醇、苯甲醛和2-苯丙醇被认为是杏的重要气味活性物质。内酯类化合物被认为是杏风味的基调物质，熟杏的滋味是基于β-大马烯酮以及芳樟醇氧化物等化合物的浓度变化呈现出来的整体效果。

通过6种法国品种的对比研究，在得到的82种化合物中，有58种是第一次在水果中被检测出来。而6种杏都具有各自独特的风味特征，其中品种 Precoce de tyrinthe 在春季结果，气味特征不是很明显，挥发性关键化合物的浓度最低。分析显示，Palsteyn 的水果气味是由于芳樟醇（3mg/kg）和其他烯醇类物质的高浓度所致。在 Moniqui 中发现高浓度的β-紫罗酮（1mg/kg）和γ-癸内酯（37mg/kg）是花香特征的原因物质。Rouge du Roussillon 带着令人愉快的风味特征，其气味物质中包含多种酯类、C_6化合物、苯甲醛、松油醇、链烷烃内酯和类胡萝卜素降解产物。Polonais 的草本植物气味特征是由高浓度的C_6化合物来呈现的。

2. 桃的气味成分

在桃的气味活性化合物中，γ-癸内酯被认为是一种重要的特征气味化合物。γ-癸内酯具有典型的桃样的气味、其在果肉中的浓度较高，且高于在水中的识别阈值11μg/kg。另外，有相关研究表明，不同种类的桃间感官风味的差异是由3-甲基丁酸乙酯、香芹薄荷烯醇、α-松油醇和芳樟醇等化合物的相对浓度不同而所造成的。以γ-癸内酯呈现“桃样”的基本气味前提下，其他低沸点的化合物则呈现出类似水果或者类似植物类的气味特征。有研究者对桃罐头的风味进行了研究，罐装之后，主要化合物如γ-癸内酯、δ-癸内酯及戊基-α-吡喃酮的浓度基本保持不变，但烯醇浓度却增加了。糠醛和萘相应地与“过熟”桃的气味特征有联系。

利用动态顶空进样方法得到的气相色谱结果中，乙酸乙酯、乙酸-顺-3-己烯酯、辛酸甲酯和辛酸乙酯是主要的气味贡献成分。而其他的重要气味活性成分有芳樟醇、γ-辛内酯、γ-癸内酯，δ-癸内酯以及γ-十二内酯等。一个十分有趣的结果，δ-癸内酯和δ-十二内酯的（*S*）形态化合物具有较为强烈的类似桃或者杏样香气，而从油桃分离出来的癸内酯几乎全部为（*R*）构型的化合物。

3. 李的气味成分

有研究报道从 Victoria 李的果汁中分离鉴定出73种气味活性物质。GC-O 分析确认了苯甲醛、芳樟醇、壬酸乙酯、肉桂酸甲酯和γ-癸内酯是赋予李风味特征的气味活性化合物。将这一结果应用到4种李品种的分析中，由感官评价小组成员用感官分辨的似李的特征的得分作对比。这5种化合物浓度的百分比只近似地与感官分数有联系。根据其他研究的结果，李风味的贡献物可能是壬醛、酯类、β-紫罗酮和脂肪酸。六碳醇和乙醛再一次在李的产物

（如果汁）中被发现。β - 大马烯酮、呋喃、芳香醇、乙醛、烯醇，还有肉桂酸乙酯，这些化合物浓度的增加趋势在煮熟或干燥的李的萃取物中被发现。另外，乙酸酯和 γ - 内酯对于Santa Rosa李（*Prunus salicina*）的风味具有较为重要的贡献作用，而茴香酸乙酯对于李的贡献度仍然不清楚。对新鲜或解冻的李进行分析，可以得到较为重要的气味活性化合物是乙酸和乙酯、辛酸丙酯、2 - 甲基丁酸已酯和2 - 甲基萘。

四、 浆果的气味成分

1. 香蕉的气味成分

在已经分离鉴定出来的约350种香蕉的气味化合物中，超过半数的物质在1969年前后被鉴定出来，其中酯类、醇类和羰基化合物的浓度比例约为95:4:1。主要的化合物是3 - 甲基丁酸乙酯、3 - 甲基丁酸丁酯、3 - 甲基丁酸，3 - 甲基丁酯，2 - 甲基丙酸乙酯、丁酸乙酯、2 - 戊酸乙酯和4 - 庚烯 - 2 - 酸乙酯。但是随着仪器分析技术不断进步的今天，人们开始对香蕉的风味成分进行更为复杂而精细的研究。

①关键气味活性化合物：3 - 甲基丁酸的乙酯、丁酯等化合物由于其浓郁的水果特征，长期以来被认为是香蕉的重要气味成分。这些酯类化合物可以模拟出大约50%的香蕉风味，因此形成了香蕉感官风味的"底香"。已公布的数据和GC - O分析显示，高浓度的乙酯和丁酯使酯类物质的气味特征更为突出。2 - 甲基丙醇、3 - 甲基丁醇和戊酸醚呈现出较为重要的发霉的和辛辣的气味。而水果味 - 脂肪味和外来水果的气味特征归因于2 - 庚酮、3 - 庚酮、顺 - 4 - 庚烯 - 2 - 醇及其乙酯和丁酯。

成熟香蕉中不含有壬二烯醛、2 - 辛烯酸甲酯等挥发性化合物，而这些物质都被用于在组合风味中加入并实现清新 - 树木的气味。有趣的是，顺 - 4 - 辛醇到目前为止没有在其他的水果中被发现，它被描述为油状水果味 - 油味，在低浓度时呈现出类似香蕉的风味特征。这些新确认的活性气味化合物有一个共同点，即它们都具有200～300μg/kg的浓度以及顺 - 4的分子结构。

有研究调查了食物中手性气味化合物的光学纯度，发现水果中的2 - 戊酸和2 - 庚酸的乙酯、丁酯和已酯几乎都为（*S*）结构。与相反的（*R*）结构比较，正是这些（*S*）分子构型的酯呈现出水果味、清新酯味的气味特征。因此，不仅是大小和形状，手性结构也能影响化合物的感官特点。人们不得不在一些香蕉和其他水果香气的酯类的几何学上花费更多的注意力。

②风味的生物合成：风味化合物在香蕉达到成熟顶点后的变化发展也是人们所关注的内容。为了研究香蕉中许多挥发性物质的生物合成机制，人们使用放射性同位素标记的亮氨酸、苯丙氨酸、缬氨酸、乙酸酯、丁酸酯、己酸酯、辛酸酯、癸酸酯、亚油酸、亚麻酸、咖啡酸等物质进行风味物质生成途径的研究。其中醇、酸、酯、羰基化合物的生成和通过氨基酸、乙酰基、莽草酸路径产生的酚等众多物质的生成过程都被显示出来，这些研究报道是我们现在对于香蕉和其他水果风味新陈代谢机制理解的基础。

2. 葡萄的气味成分

葡萄是世界上产量最大的水果品种，其年产量大约为 7×10^{10} kg，占世界水果总产量的25%左右。然而只有约10%的葡萄被用于新鲜水果消费（鲜食），剩下的部分则用于饮料（酒、果汁等）（85%）和葡萄干（5%）的生产。出于对发酵作用和葡萄酒饮料生产的重视，关于葡萄的研究自古就是学术界的研究热点。

①挥发性组分：有研究报告从7种葡萄及其加工产品中分离鉴定出225种挥发性化合物。在这些化合物中，烃、酸和醇类化合物为主要物质，浓度很小的酯类物质则少量才存在。高浓度的萜类物质及其大量的同系物是麝香葡萄品种“花香”气味特征的原因物质。芳樟醇、香叶醇、橙花醇和芳樟醇的氧化物是重要的挥发性物质。根据葡萄生长和样品处理方法的不同，超过30种不同的单萜在葡萄及葡萄产物中被发现。在麝香葡萄中单萜类化合物的浓度总和达到约6mg/kg，约占所有挥发性物质的33%。

②气味化合物的生成：研究表明，游离的单萜醇直接呈现出类似葡萄的风味，但相关的萜醇糖苷和类萜多醇则占水果总单萜成分的75%~80%。对比麝香葡萄和非麝香葡萄品种，发现与糖苷结合的单萜不仅存在于葡萄的表皮中，它们也以相似的比率存在于果浆和果汁中。一些单萜二醇已被证实以游离态和结合态两种形式存在于葡萄酒中作为其他成分的前体物质。游离单萜物质的浓度通常被用于区分葡萄品种，并且可以转化为不具有气味特征的其他产物。例如，芳樟醇能够糖化为双糖和葡萄糖衍生物。另外，一些活性多醇的产生能够分解产生出令人愉快且强烈的挥发性物质，如芳樟醇和香叶醇比某些单萜氧化物甚至单萜糖苷更有水果风味。类萜多醇和类萜糖苷可以作为葡萄加工过程中挥发性风味成分的前体物质。向葡萄汁中加入糖苷酶使糖苷分解，得到的葡萄汁风味更好、质量更高。然而，葡萄糖苷酶的使用受不稳定的糖苷配基基团，pH、葡萄糖浓度以及乙醇条件的影响。

③其他葡萄品种：美国康可葡萄（Concord）独特的风味，与浓度为305mg/kg的氨基苯甲酸甲酯有关。而3-巯基丙酸则是康可葡萄的另外一种特征香气化合物，在接近其阈值0.2mg/kg的水溶液中呈现出类似新鲜葡萄的水果风味。另外，高浓度的β-大马烯酮也被认为是一种较为重要的气味成分。美国肉豆蔻酒葡萄的风味，归因于3-甲基丁醇、己醇、苯甲醛、2-苯乙醇及其衍生物的存在。

康可葡萄中的2-氨基乙酰苯酮和2,5-二甲基-4-甲氧基-3(2*H*)-呋喃酮分别具有明显的“狐狸气味”和“糖果样”气味。这与用酿酒葡萄品种酿制的餐桌葡萄酒的风味有很大的不同，其中的庚酸乙酯具有类似于康涅克的气味。如前所述，4-巯基-4-甲基-2-戊酮是苏维翁葡萄（Sauvignon）的特征风味化合物之一。

3. 甜瓜的气味成分

甜瓜的挥发性成分在多种提取方法的使用下被仔细研究过。由真空蒸馏得到的浓缩物包含大量的C_9醇和乙醛，还有少量的酯、β-紫罗酮和苯甲醛。在冷藏水果中，顺-6-壬烯醛（似甜瓜的，水中阈值为0.02μg/kg，果肉中浓度0.9μg/kg）和顺,顺-3,6-壬二烯醛（似西瓜的，水中阈值为10μg/kg，果肉中浓度200μg/kg）被认为是较为重要的气味物质。顶空进样、低温蒸馏/萃取法制备的气味提取物中没有检测到C_9的化合物，而酯类，如2-甲基丁酸甲酯、2-甲基丁酸乙酯和乙酸2-甲基丁酯的浓度都很高。结果显示，这些酯类物质对强烈水果风味的贡献度很高，而像顺-6-壬烯醛、二甲基二硫醚则呈现出典型的甜瓜风味特征。在水果成熟期，乙酯的形成速度逐渐加快，而乙酸浓度则迅速地增加至一个稳定值。乙烯（100mg/kg）促进了挥发性酯类物质的形成并改变了它们在成熟期的浓度比例。氨基酸可能是这些酯类物质的前体物质；稳定同位素标记化合物的示踪结果显示，异亮氨酸分布到甜瓜果肉组织产生的酯类物质的支链烷烃及乙酰基部分。

4. 小浆果的气味成分

这里我们着重介绍草莓，覆盆子和黑莓三种小浆果的风味物质。水果风味化学的早期研究大部分集中于分离鉴定各种具有商业价值水果的特征风味成分。因此，目前对水果香精的研究通常集中在少数几种水果。在水果风味研究中固相微萃取法（SPME）是最常用的方法之一。这种方法具有很多有点，例如，不使用溶剂，没有溶剂峰则可以避免掩盖样品的低分子物质峰；操纵简单且易于自动化，有很多致力于优化此方法以进行风味分析的研究。尽管SPME在风味分析中的应用非常广泛，但该方法仍具有许多研究人员似乎忽略了的许多弱点。例如多次使用后萃取头的劣化（大约100次使用之后）可能会导致对化合物的吸附性能变化或纤维断裂，并且SPME的萃取涂层吸附样品的体积非常有限等，这些问题都限制了该技术的使用范围。另外，如果将纤维萃取头放在含脂肪的样品中，脂质可能会在样品加热保温过程中分解并产生小分子挥发性物质，这些热分解产物被吸收并产生假象分析结果。这些局限性导致人们开始使用其他的样品制备方法，例如，固相萃取（SPE）或搅拌棒吸附萃取（SBSE），这样可以提高回收率，减少分析结果的误差。

①草莓的气味成分：在小浆果中草莓是最受关注的。关于草莓的许多初期工作都集中在确定草莓的特征气味成分方面。草莓中已有超过360种挥发性成分被分离鉴定出来。在这些成分中，研究人员认为有15个主要的风味贡献物质，包括酯（丁酸乙酯和丁酸甲酯，2-甲基丁酸乙酯和2-甲基丁酸甲酯，3-甲基丁酸乙酯和3-甲基丙酸乙酯和2-甲基丙酸乙酯，这些酯类都呈现水果风味），醛[顺-3-己酮(清新气味)]，酸[乙酸、丁酸、2-和3-甲基丁酸(汗臭气味)]，二酮[2,3-丁二酮(黄油气味)]和两个呋喃酮[2,5-二甲基-4-羟基-3(2*H*)-呋喃酮、2,5-二甲基-4-甲氧基-3(2*H*)-呋喃酮(焦糖气味)]类化合物。2,5-二甲基-4-羟基-3(2*H*)-呋喃酮(Furaneol)和2,5-二甲基-4-甲氧基-3(2*H*)-呋喃酮(Mesifuran)，在不同浓度时，Furaneol可显示出不同的风味特点，如在低浓度时可呈现菠萝或麝香葡萄的风味，在较高浓度时可表现出焦糖风味。Mesifuran具有雪梨酒样的香气，是雪梨酒和法国白葡萄酒气味特征的化合物之一。草莓风味中其他的特征气味化合物还有肉桂酸甲酯和3-甲基-3-苯基缩水甘油酸乙酯等。虽然有可能仍然需要做进一步的工作来识别和测定这些草莓的特征风味物质，但是该领域的相关研究依然不是很多。

当前对草莓味的研究集中在遗传因子与风味成分的生成关系上，或改变能影响植物中风味成分生成的外部因素。这些研究都是想阐明草莓的风味物质到底是如何形成的，或者旨在改善草莓的风味。与许多其他新鲜水果/浆果相似，草莓通常是为了提高产量，抗病性，延长货架期而进行育种。野草莓可能保质期为一到两天，而开发的栽培品种能保持理想的外观1周或更长时间。延长保质期和保持良好的质地风味质量一直是需要解决的巨大矛盾。现在的草莓又大又红：它们很漂亮，但质地却像苹果，其滋味与传统种类相去甚远。不幸的是，对于种植者而言，风味并不是优先被考虑的。

如前所述，酯，羰基，酸和呋喃酮类物质被认为是草莓风味的关键成分。因此，初期研究大多集中于与这些关键风味物质形成有关的基因问题。有研究认为基因决定了草莓醇基辅酶A转移酶（SAAT）的生成，而这种酶决定了草莓中酯类物质的形成。后来，Aharoni等鉴定出草莓的相关基因产负责生成了各种萜烯酶。

影响草莓味的外部因素中，温度升高、光照和环境对风味物质形成的影响已经被报道过。在不同的昼/夜温度模式（25℃/25℃，25℃/15℃，25℃/10℃和25℃/5℃）下监控选定的挥发物和非挥发物（糖、酸和花青素）。极端的昼夜温差（如25℃/25℃和25℃/5℃）对气味物质的形成产生了负面影响。实验中昼夜温差在10~15℃条件下（如25℃/15℃和25℃/10℃）果实中挥发物含量的增加模式与自然生长情况更为接近。在25℃/10℃的昼夜温度条件下草莓中气味成分的生成浓度将达到最大化。

Perez 和 Sanz 报告了在富氧条件下储存草莓的保质期和品质的相关研究成果。他们指出在低温（0~2℃）和较高的二氧化碳含量（15%~20%）可使果实变硬，腐烂较少。但是，水果的气味变得无法接受。果实容易积聚乙醛、乙醇，通过无氧呼吸途径形成乙酸乙酯。基于富氧存储的研究，作者认为高氧/高二氧化碳的混合环境可能更适合草莓的存放。不幸的是，这些环境还导致了异味的形成，实际上，似乎符合条件下的果实存放效果要比任何一种单一环境储存的效果都差。Watson 等研究了生长期间照明（更准确地说是阴影）对草莓风味的影响。这个研究很有趣，作者采用了一种快速的方法（大气压电离质量光谱法）获得大量有关挥发物的数据（13 种关键挥发物）进行统计处理。这项工作提供一些为何草莓的风味差异如此之大的原因。结果发现人们可以在聚乙烯薄膜覆盖下以减少10%光照的条件种植草莓，或可以在减少30%以上照明的玻璃温室中种植。从1周前开始的2周内，遮光处理为0，25%或47%到第一次成熟。收成日期为浆果成熟后的12d。研究发现收获日期对果实中挥发性和非挥发性化合物两者都有非常重要的影响挥。遮荫对果实中己醛、丁酸乙酯和丁酸甲酯在收获时的浓度有明显的影响。通常，阴影级别越高，果实中挥发和非挥发性物质的浓度越低。

②黑莓的气味成分：多年来，黑莓一直受到关注。最早开展黑莓风味化学研究工作的是俄勒冈州的一些风味化学家。截至20世纪90年代中期，有147种挥发性成分已经被分离鉴定。但几乎没有做任何工作来确定哪种化合物是较为重要的特征物质。Turemis 团队和 Qian 团队都致力于鉴定黑莓中的特征化合物。Turemis 团队报道5-羟甲基糠醛为主要的黑莓样芳香族化合物。而 Qian 团队关于黑莓的气味活性物质的报道更为广泛。Qian 团队的研究是因为消费者更喜欢带刺的 Marion 品种黑莓（*Rubus* spp. *hyb*）的风味，而不是无刺常绿（*Rubus laciniatus Willd*）品种。荆棘的浆果在种植和收成方面存在问题，因此开始进行相关研究黑莓风味特征使浆果基因组成最终育成具有 Marion 风味的无刺黑莓品种。

Klesk 和 Qian 使用了动态顶空方法（Tenax 柱捕集）进行气味成分的提取，然后再通过分析来确定重要的黑莓特征风味成分。他们在黑莓中新发现了22种化合物并用这些物质来区分两种有无刺的黑莓品种。结果发现，黑莓的特征气味并不是由某一种单一化合物来呈现的。随后又使用了SAFE方法来提取气味成分，这一次他们又发现了27种新的化合物。他们惊奇地发现，原来两种黑莓的气味成分几乎相同，只是每种化合物的浓度比例不同罢了。

③覆盆子的气味成分：覆盆子的风味化学物质已被研究多年。已鉴别出超过235种气味成分，并且关于果实的成熟度等和众多问题都被广泛地研究过。Klesk 等使用 SAFE 萃取制备气味浓缩物，再用 GC-MS 和 GC-O（AEDA）方法来比较产自俄勒冈州和华盛顿的 Meeker 覆盆子的风味特征。结果表明在整个果实生长过程中挥发性成分种类相似，但每种化合物的浓度不尽相同。这一结果与以前的研究结果相一致。Malowicki 等使用 SBSE 提取样品中的挥发性成分，经 GC-MS 鉴定和定量 Chilliwack，Tulameen，Willamette，Yellow Meeker 和 Meeker 覆盆子中的特征气味成分。该方法对于大多数化合物的定量精度为1μg/kg。但是对覆盆子酮和姜油酮的回收率是很低的。定量结果表明，不同种类的化合物之间浓度存在较大的差

异，特别是β－紫罗酮、α－紫罗酮、香叶醇、芳樟醇和顺－3－己烯醇的浓度均相差很大。另外，研究表明产地和品种都会影响覆盆子果实中芳樟醇异构体的比例。

五、 柑橘类水果及其果汁的气味成分

美洲是世界上柑橘类水果及其加工产品的重要产地。每年仅有大约四成的柑橘类水果被消费者直接食用，而剩下的大部分产品都用于制造食品深加工产品。通过对柑橘类水果风味的研究，能够探明其主要风味成分及其风味特点形成的原因，进而利用这些知识生产出高附加值的深加工产品，可以使消费者的生活更加丰富多彩。

1. 橙的气味成分

橙风味广泛应用于饮料以及日化香料类产品的生产，深受消费者喜爱和欢迎。因此人们关注于橙的风味特征，并就此课题进行了大量的研究工作。到目前为止，研究认为并没有单独的一种或几种化合物能够代表橙的主要气味特征。橙的主体气味特征是由多种挥发性化合物在一定的浓度平衡条件下混合后形成的综合效果。橙的主要气味化合物大致为烯醛类、酯类和醇类化合物（表7－3）。

表7－3 橙气味特征中重要的挥发性化合物

化合物	在水中的香味阈值/（mg/kg）	在橙汁中的浓度/（mg/kg）	
		新鲜	加工
醛、烯类			
柠檬烯	0.21	1，4，18，80	135～180
月桂烯	0.042	0.05，0.07，2	2.6
α－蒎烯	1.0	0.02，0.09	0.38
乙醛	0.022	3～7	1.2，3.3
反－2－戊烯醛	0.15	<0.01	0.0075
辛醛	0.0005	<0.01，0.1，0.3	0.88
壬醛	0.0043	<0.01，0.04	0.09
癸醛	0.0032	0.01，0.015	0.84
柠檬醛	0.041	0.05，0.3	0.48
甜橙醛	0.0038	—	0.11
酯类			
乙酸乙酯	3.0	0.4	0.2
丙酸乙酯	0.005	0.1	—
丁酸甲酯	0.059	0.1	0.16
丁酸乙酯	0.00013	0.08，0.3，1.4	0.4
2－甲基丁酸乙酯	0.0001	<0.01，0.1	—
3－羟基苯乙酸乙酯	—	0.5，0.14，1.0	0.13

续表

化合物	在水中的香味阈值/（mg/kg）	在橙汁中的浓度/（mg/kg）	
		新鲜	加工
醇类			
乙醇	53	380	260
反-2-己烯-1-醇	—	<0.01	—
反-3-己烯-1-醇	0.070	<0.01，0.05，0.5	0.02
芳樟醇	0.0038	0.15，0.74~2.34	0.6
α-松油醇	0.3	0.09，0.9~1.1	0.1~0.8

（1）烯类　柠檬烯是橙风味产品中重要的风味组成部分。在橙汁中其浓度是严格控制和必须检测的主要指标之一。一般情况下，橙果皮油中含有大约95%的柠檬烯，因而柠檬烯的浓度为135~180mg/kg。另外，受化学结构的影响柠檬烯是十分不稳定的化合物，较易发生变化从而失去橙风味的特点。

橙精油中较为重要的风味物质为柠檬烯和月桂烯。其中柠檬烯的浓度在150mg/kg以下时，其对橙的风味特征为正面的积极作用，当浓度超出这一范围之后，柠檬烯会对橙风味产生负面影响，可能会使消费者产生苦味和灼烧的感觉。另外，有研究表明月桂烯对橙的风味主要起负面作用。当其浓度低于10mg/kg时，月桂烯有一种“柑橘般的”香气和“甜香脂的草药”味，而当浓度较高时则具有“辛辣味”和“苦味”，因此一般在调配橙风味的时候，月桂烯的使用浓度应低于10mg/kg。α-蒎烯是另一种对橙风味具有积极作用的化合物，与柠檬烯、月桂烯一样，它在橙汁中的浓度也取决于果皮油在果汁中比例。

（2）醛类　在新鲜橙中乙醛是较为重要的挥发性化合物，它的浓度为3~7mg/kg。在生产橙汁的时候它可能分解从而损失，因而在果汁加工中可以添加水溶性的外源添加剂来提升它的浓度。在高品质橙汁中，当乙醛浓度达到3mg/kg水平时其对风味的贡献程度较高。另外，乙醛的存在还有利于产品的储藏和保鲜。天然橙中橙花醛和香叶醛这两种同分异构体的比例大约为4∶6，它们拥有几乎完全相同的气味特征。研究认为，在高品质的橙汁中，橙花醛和香叶醛这两种柠檬醛的浓度达到0.78mg/kg以上时这些物质的贡献度较高，是橙风味特征的重要组成要素。而用于配制橙风味的香精时，其浓度为400mg/kg甚至更高。

在橙特征风味中具有贡献作用的重要直链醛类化合物是辛醛、壬醛和癸醛。将这三种化合物与别的化合物混合，从而呈现出橙风味。其中每一种醛的浓度都会影响到橙风味的特征效果。这三种化合物的一般浓度比例为辛醛∶壬醛∶癸醛=76∶13∶910。实验表明，辛醛的风味效果最强，壬醛的效果次之，而癸醛对橙特征风味的呈现起负面作用。

甜橙醛是一种倍半萜类醛，它在橙皮油中以两种同分异构体α-甜橙醛和β-甜橙醛的形式存在，两种同分异构体的比例为2∶1。这两种同分异构体在成熟的橙子中有非常相似的气味特征。从橙油中分离得到的甜橙醛混合物非常不稳定，因而仅能进行有限的气味评价实验。一般认为甜橙醛对橙风味特征的形成起积极作用（表7-4）。

表7－4　橙汁风味中重要的易挥发化合物

化合物	橙汁中的浓度/（mg/kg）	化合物	橙汁中的浓度/（mg/kg）
乙醛	3	壬醛	0.01
柠檬醛	0.78	辛醛	0.06
丁酸乙酯	0.4	α－蒎烯	1.6
柠檬烯	190		

（3）酯类　橙汁中的酯类物质中较为重要的是丁酸乙酯。丁酸乙酯具有令人愉快的水果香气，它在橙汁中的阈值是其在水中阈值的500～10000倍。经测算，它在橙汁中的气味阈值为0.2mg/kg，是水中阈值的1000倍。因此，0.4mg/kg的丁酸乙酯是新鲜橙风味特征形成的重要组成化合物。2－甲基丁酸乙酯、丙酸乙酯和丁酸甲酯均具有令人愉悦的水果香气，它们在新鲜橙中的阈值一般都高于水中阈值。乙酸乙酯是一种在新鲜橙中较为重要的酯类，但它在水中香气阈值较低，可能不会对橙风味的呈现起直接作用，然而在某些香料中，此化合物可以用来呈现柑橘的气味特征。

（4）醇类　在新鲜橙以及橙汁中鉴定出大量的挥发性醇类化合物，其中仅有少数几种醇类物质被认为对橙子特征风味的形成具有积极的贡献作用。乙醇是一种易挥发的化合物，大量存在于新鲜橙汁中。乙醇被用于制作食品香精香料的基本溶剂载体，也被用于促使别的化合物呈现气味特征而不呈现醇类气味特征的背景物质。反－2－已烯醇和反－3－已烯醇对呈现水果风味起重要作用。其中反－2－已烯醇有甜味，通常被用在橙汁中保持橙风味整体香气的稳定性。反－3－已烯醇在用于合成香料时的使用浓度大致为1～5mg/kg，其阈值是在水中阈值的14～71倍。0.84mg/kg的芳樟醇通过与其他挥发性组分的协同作用对橙风味的呈现起积极的贡献作用。研究表明，它在橙汁中的气味阈值为7.6mg/kg，一般认为它的最大值不会超过23mg/kg；α－松油醇在橙汁中的气味阈值为2.5mg/kg，它的最大值不会超过12.5mg/kg。一般认为，α－松油醇对橙风味的形成起负面作用。然而，α－松油醇常用于合成橙、柠檬和白柠檬类香料添加剂，此时该化合物的浓度一般控制在5～40mg/kg范围内。

2. 橘子的气味成分

与橙风味相似，橘子的气味特征也是许多挥发性化合物按一定浓度比例混合后的结果。新鲜的橘子味美香甜，榨汁后风味容易发生变化。尤其是在加工和储藏过程中较易出现不良风味。

表7－5所示为对橘子气味特征具有贡献作用的部分化合物，同时也列出了它们在水中和在橘子精油中的阈值。邻甲氨基苯甲酸甲酯和百里酚历来都被认为是橘子气味特征的主要原因物质，它们被广泛用于配制橘子风味的香精香料。其中前者的使用浓度控制在4～20mg/kg范围内，后者的使用浓度基本要大于2mg/kg。研究表明这两种化合物具有明显不同的气味特征，橘油中除了这两种化合物之外还有许多其他重要的风味化合物。研究人员认为在橘子精油中邻甲氨基苯甲酸甲酯的阈值是其在果汁中的5倍，这个现象对于配制橘子风味的添加剂再现橘子风味是非常重要的。另有研究表明β－蒎烯和γ－松油醇是橘子精油气味特征的重要组成物质。额外添加了β－蒎烯和γ－松油醇的精油样品会产生一种柔和的类似橘汁的气味特征。因此这四种化合物对于呈现全面而饱满的橘子气味特征是必不可少的。

表 7－5　　橘风味中重要的挥发性组分

化合物	香味阈值/（mg/kg）		果汁/（mg/kg）	
	水中	丹吉尔果汁中	丹吉尔	西西里岛橘
邻甲氨基苯甲酸甲酯	0.02	0.016	0.086	0.78
百里酚	1.70	147	0.026	0.22
β－蒎烯	0.14	—	0.020	2.2
γ－松油醇	—	—	2.1	17
癸醛	0.84	—	0.36	0.05
辛醛	0.88	—	0.36	0.05
α－甜橙醛	0.11	—	0.24	—
乙醇	53.0	—	5.2	—
乙醛	0.022	—	0.55	—

3. 柚子的气味成分

与香甜且容易变化的橙子和桔子风味相比，柚子的风味在经受加工和储藏后可以实现基本保持不变。这在某种程度上是因为其具有的苦味和高酸度特点。因此即使柚子风味发生一些细小的变化，消费者也很难发现其气味特征的变化。

柚子中含有两种较为重要的气味物质，分别是诺卡酮和 1－对－薄荷烯－8－硫醇。诺卡酮是一种倍半萜，在水中的气味阈值为 0.8mg/kg，在柚汁中的香气阈值为 6mg/kg。当诺卡酮的浓度在 3～50mg/kg 内变化时，其对柚子的气味特征具有较大的贡献度。人工合成的诺卡酮食品香料添加剂广泛用于各种水果风味的饮料加工中。有研究人员为了评估两种柚子精油质量的高低进行了一系列的实验。其中两种样品中的诺卡酮的含量分别为 0.02% 和 0.83%。当把它们都加到柚子果汁中时无法通过气味特征判断两种果汁的不同。而当把诺卡酮添加到低诺卡酮的精油样品中使其浓度为 0.83% 时，这两种样品的气味则变得可以区分。另一方面，葡萄柚果汁的新鲜气味特征归因于 1－对－薄荷烯－8－硫醇。此化合物和它的异构体 2,8－环硫－顺－对－薄荷烷能够从柚汁中分离出来。研究发现 1－对－薄荷烯－8－硫醇在水中的阈值是现有报道所有物质中最低的，与 2,8－环硫－顺－对－薄荷烷相比，后者的阈值约是前者的 10^{-5} 倍（约 9μg/kg）。

有人研究了柚子果汁中的 32 种已知组分并检测了它们在水中的识别阈值、在柚子果汁中的识别阈值和它们在柚子气味特种中的相对贡献。柚子果汁气味特征中较为重要的化合物如表 7－6 所示。表中列出了各种化合物在水中的气味阈值和在柚子果汁中的气味阈值，并列出了各种物质对于柚子风味特征形成的相对贡献度。结果显示诺卡酮、柠檬烯、癸醛、丁酸甲酯和乙酸乙酯对柚子果汁的贡献度最大。而另外两种化合物，乙酸乙酯和乙醛则表现出相对较高的气味贡献度，因而它们也是柚子气味特征形成的重要组成部分。另外，α－松油醇、顺式和反式环氧二聚水苦樟醇对柚香的形成起负面作用。

表 7-6 柚子果汁中重要的挥发性气味成分

化合物	水中阈值/(mg/kg)	柚汁浓度/(mg/kg)	相对贡献度
柠檬烯	0.23	86	376
乙醛	0.0087	1.45	167
癸醛	0.0049	0.49	100
诺卡酮	0.8	6	8
乙酸乙酯	0.0085	16.2	1906
丁酸甲酯	0.051	4.2	278
乙酸乙酯	0.0011	10	9091
1-对-薄荷烯-8-硫醇	1×10^{-7}	2×10^{-5}	—

4. 柠檬的气味成分

柠檬果皮精油广泛应用于食品加工和日化用品中，主要作为基本的香气添加剂使用，以提供柠檬的气味特征。柠檬精油的品质主要取决于醛类物质的浓度，一般主要测定柠檬醛浓度。如前所述柠檬醛是橙花醛和香叶醛这两种同分异构体的混合物，它们几乎决定了柠檬的气味特征。因此柠檬精油中其他的成分仅是修饰由柠檬醛形成的基本香气。高品质柠檬精油中柠檬醛的最佳浓度约为2%。对19种商业柠檬精油进行分析和感官评价，人们发现柠檬精油的气味品质主要由α-蒎烯、α-松油醇、香叶醇、醋酸香叶醇、橙花醇乙酸酯、佛手柑醇、石竹烯和浓度相对较低的柠檬烯（2%）决定（表7-7）。

研究表明柠檬果汁和柠檬精油在气味特征方面存在着明显的不同。研究人员将10g新鲜柠檬果汁浓缩（来自2550kg的柠檬）进行分析，检测到300多种化合物，发现决定香气品质的是萜醚和倍半萜醇。

表 7-7 柠檬气味特征的挥发性化合物

橙花醛	α-比萨波醇
香叶醛	香芹基乙醚
α-蒎烯	8-对-伞花基乙醚
α-松油醇	小茴香基乙醚
香叶醇	芳樟基乙醚
乙酸香叶酯	月桂基乙醚
橙花醇乙酸酯	α-松油基乙醚
佛手柑醇	表茉莉花酸甲酯
石竹烯	

人们检测了四种倍半萜醇，但仅有α-比萨醇被认为对柠檬气味特征的产生具有积极作用。将新鲜柠檬果皮的浓缩液和柠檬果皮精油进行比较，可以发现它们有较大差别。果皮精油中有较多的α-蒎烯和β-蒎烯，而14%的果汁浓缩液的气味特征物质主要由以上提及的乙醚类和倍半萜醇类再加上几种别的化合物构成，而这些在柠檬果皮精油中均未被发现。另外，表茉莉花酸甲酯是研究人员在去皮柠檬中发现的，在成熟的柠檬中它的香气尤为强烈。

5. 金橘的气味成分

相对于其他柑橘类水果而言，金橘是形状较小的一个品种。因为金橘在市场上的占有份额较小，因而它不像其他的柑橘类水果被广泛地关注和深入的研究。实验表明，金橘果汁的pH约为2.6，总酸度4%～4.5%，总糖量8.5%～10.5%。研究人员列出了去皮金橘精油的140种挥发性成分，但未能把它们各自对金橘风味产生的贡献度进行比较（表7-8）。研究人员分析了去皮金橘精油经浓缩后的主要成分，柠檬烯占总量的92.7%，萜类物质所占份额与其在橘子精油和柚子精油中相同。与柑橘精油相比金橘精油中的醛类物质的浓度较低而醇和酯类物质的浓度较高。香芹酮，橙花醛、香叶醛、香茅醛以及倍半萜烃类化合物被认为是产生金橘风味的影响因素。

表7-8　去皮金橘精油的几种气味成分

柠檬烯	香叶醛
月桂烯	香茅醛
α-蒎烯	倍半萜类
香芹酮	

研究发现少数挥发性含硫化合物对柑橘果汁的风味形成起重要作用，前面我们已经讨论过柚子中1-对-薄荷烯-8-硫醇的存在可能对新鲜柑橘果汁的气味和苦味有重要作用。在少数样品中，还发现了甲硫醇、二甲基硫醚。目前新鲜柑橘果汁中的浓烈香气和不良风味化合物仍没有被发现，寻找具有相关贡献度气味化合物的问题仍有待解决。

六、瓠果（西瓜）的气味成分

西瓜在植物学上属于葫芦科西瓜属西瓜种，一年生蔓性草本植物。西瓜生产在世界园艺业中占有重要地位，种植面积和产量在世界十大水果中仅次于葡萄、香蕉、柑橘和苹果，居第5位。西瓜的季节性很强，上市期主要集中在6月下旬至8月上旬，且西瓜不便于长途运输，往往出现旺季供过于求，淡季有求难觅的现象。西瓜多汁，贮藏中容易出现过熟、倒瓤。并且由于西瓜的最适宜贮藏温度为4～10℃，所以低温贮藏很容易引起低温伤害。近年来，随着人们消费观念的变化和发展，西瓜的加工产品越来越受到人们的欢迎，西瓜的综合加工产品的种类和品质不断提升。但是由于西瓜属于热敏性水果，目前的果汁加工大多采用热杀菌的方式，这样会导致西瓜汁中营养物质的极大损失，严重影响西瓜汁的风味。所以到目前为止，西瓜在国际市场上都没有成为果汁工业化生产的主要原料。

风味是西瓜的重要品质指标，通常认为西瓜风味的形成是酶促反应过程，果肉一旦接触到氧气，立刻通过酶促反应形成风味化合物。葫芦科植物（如西瓜、黄瓜、甜瓜等）风味物质的形成机制是相似的，均是由其中的亚油酸或亚麻酸经氧化分解形成。C_6或C_{13}的氢过氧化物是亚油酸和亚麻酸自动氧化的第一个产物，它对果汁的风味不会产生影响。但氢过氧化物很不稳定，很快会在氢过氧化物裂解酶的作用下裂解生成大量的C_6和C_9的醛类、酮类、醇类以及其他一些碳氢化合物。这些化合物的阈值极低，通常约为十亿分之一（μg/kg）级别，但对果实的整体风味起着决定作用。如在亚油酸途径中，氢过氧化物在裂解酶的作用下生成顺-3-壬烯醛；其在氧化酶的作用下可以生成顺-3-壬烯醇，在异构酶和氧化酶的作用下分别生成反-2-壬烯醛和反-2-壬烯醇。而亚麻酸途径中，氢过氧化物裂解生成顺，顺-3,6-壬二烯醛和羰基酸类化合物，其在异构酶的作用下生成反，顺-2,6-壬二烯醛；另外，顺，顺-3,6-壬二烯醛和反，顺-2,6-壬二烯醛可以在氧化酶的作用下生成顺，顺-3,6-壬二烯醇和反，顺-2,6-壬二烯醇。这些烯醇和烯醛类化合物都是葫芦科植物的典型风味物质，对西瓜等水果风味的形成起到重要的作用。

关于西瓜风味最早的报道是 Kemp 等从西瓜中分离出高浓度的顺，顺-3,6-壬二烯醇，通常被描述为具有“西瓜”或“西瓜皮”味，认为它是西瓜的主要呈味物质。Kemp 又从西瓜中分离出 18 种风味化合物，其中包括 10 种 C_9脂肪族醇和醛类化合物。Yajima 等从西瓜中分离出 52 种化合物，含量最高的是顺-3-壬烯醇和顺，顺-3,6-壬二烯醇。该研究认为 C_9醇和醛类（如 1-壬烯醇、顺-3-壬烯醇、顺-6-壬烯醇、顺，顺-3,6-壬二烯醇、反，顺-2,6-壬烯醇、壬烯醛、顺-3-壬烯醛、顺，顺-3,6-壬二烯醛、反，顺-2,6-壬二烯醛）是西瓜中最重要的呈味化合物。Pino 等对西瓜中的风味化合物进行研究，认为饱和或不饱和 C_9 直链的醛和醇是西瓜中最重要的风味化合物，包括顺-2-壬烯醛、反-2-壬烯醛、反，顺-2,6-壬二烯醛、顺，顺-2,6-壬二烯醛、壬烯醇、顺-3-壬烯醇、反-6-壬烯醇、反，顺-3,6-壬二烯醇、反，反-3,6-壬二烯醇和顺，顺-3,6-壬二烯醇。Beaulieu 和 Lea 从 5 个品种无籽西瓜中鉴定出 59 种风味化合物（包括 12 种以前未报道过的化合物）。同样认为 C_9醛和醇是最主要的化合物，其中己醛、6-甲基-5-庚烯-2-酮、反-2-辛烯醛、4-壬烯醛、顺-6-壬烯醛、壬烯醛、顺-3-壬烯醇、反，顺-2,6-壬二烯醛、顺，顺-3,6-壬二烯醇、反-2-壬烯醛和 1-壬烯醇这 11 种化合物占总挥发性成分含量的 77.3%～81.6%。

国内关于西瓜汁的研究开始于 20 世纪 90 年代，相关研究在探讨其生产工艺的同时，已关注到风味保持的重要性。张中义等报道西瓜汁在 pH 4.2 条件下，经 80℃、3min 热处理可以使酶完全失活。并且灭酶前的脱气处理和灭酶后的脱臭处理，可消除西瓜汁加工中的煮熟味。利用灭酶的加热处理，使西瓜汁中易沉淀物沉淀，清滤后可完全消除沉淀，得到稳定性较好的西瓜澄清汁。赵全等采用微波快速灭菌，二次真空脱气和 β-环糊精分子包埋几种工艺相结合的方法可以去除因热灭菌产生的煮熟气味，并且由于茁-环糊精和黄原胶的作用使得西瓜汁的番茄红色素得到较好的保留，西瓜汁溶液稳定，可以达到较好的色泽效果。葛英亮等研究采用新式的杀菌工艺，用低压低温杀菌（65℃、0.095MPa、沸腾状态 7min）氮气回充的方式对纯天然西瓜汁进行杀菌处理，经过处理的西瓜汁在少氧的状态下进行杀菌，不仅极大地使维生素和其他有益成分得以保留，保证很好的色泽，而且达到了很好的杀菌效果。在杀菌过程中原有加热杀菌工艺中不可避免的加热煮熟气味得到很好的避免和去除，西瓜汁原有风味得到很好的保持。

近年来，西瓜汁复合饮料的研制也成为西瓜汁生产的另一个热点。王辰等开发了西瓜番茄苦瓜复合汁饮料。该饮料采用西瓜、番茄、苦瓜制汁，经过复配能达到营养和功效互补的效果，在 3 种单汁比例为 4∶2∶1 时获得最好口感。适当添加维生素 C 可补充加工和贮存过程中损失的维生素 C。添加少量蜂蜜、食盐和黄原胶保持复合汁的良好口感和稳定性。孟宪锋等研制了西瓜番茄复合汁饮料。这种饮料集中了两种水果中丰富的番茄红素，可以降低癌症的发病率，具有很好的保健功能。徐柳柳采用植物乳杆菌和嗜酸乳杆菌对黑美人和麒麟西瓜汁进行发酵，在两种西瓜汁中嗜酸乳杆菌的产酸能力都强于植物乳杆菌，还原糖含量呈先快后慢的速度降低，植物乳杆菌体系中氨基酸态氮含量高于嗜酸乳杆菌，并且顺－3－壬烯－1－醇是发酵汁香气主要贡献者。

国外关于西瓜汁的研究较国内早，开始于20世纪80年代初。侧重于西瓜汁的感官、品质特性及非热加工对其品质和风味影响方面的研究。Huor等对不同西瓜汁比例的混合果汁饮料进行了感官评价。使用冷冻浓缩西瓜汁、菠萝汁、橙汁、糖和柠檬酸调配成含有100%，50%，20%和10%果汁的饮料。含有10%果汁的饮料的糖酸比分别为15∶1和25∶1，而其他果汁含量的饮料的糖酸比为15∶1。采用混合响应面法、实验室感官评价以及小范围消费测试对各种浓缩汁的比例进行优化。结果表明含有80% 西瓜汁的饮料具有最佳的接受度。Silva和Chamul认为西瓜汁的产率根据品种的不同在42%～50%。将西瓜汁在76.6℃，17s灭菌后在2℃下贮存3个月。灭菌后的西瓜汁比原汁略有变黑，但是更红，同时在贮藏后色度下降。对新鲜和贮藏后的灭菌汁进行感官评价，结果与原汁相比，在颜色、表观性状和甜度上没有显著性差异，说明灭菌后没有颜色的损失，没有分层，没有发生焦糖化反应。灭菌汁在风味上好于原汁，因为原汁中会有“青草味”。Aganovic等考察了高压脉冲电场和超高压处理后西瓜汁在贮藏过程中风味的变化，经处理后的样品的风味成分比未处理样品含量高，并且风味成分以C_6和C_9的羰基类化合物为主，可能由于脂肪酸的氧化分解；贮藏第12d出现的低浓度化合物如香叶基丙酮来源于番茄红素的降解。

第二节　蘑菇的气味成分

这里我们介绍各种蘑菇的风味化学物质，包括各种挥发性物质在蘑菇中的分离，在加工及保存过程中挥发性化合物的形成及感官特性等内容。

有研究关注于非挥发性含氮物质。研究结果显示在干牛肝菌中，高浓度的碱性氨基酸是主要的菌类风味贡献物质。Altamura等与Agariqus campestris合作报告了关于分离和鉴定了一系列新型游离氨基酸的研究，他们认为这些物质对新鲜蘑菇的特色风味起到贡献作用，尤其是在加热处理这些样品时所呈现出来的气味特征。另外，蘑菇含有比较高的游离谷氨酸浓度和大量具有潜在反应活性的碳水化合物，同时蘑菇中的其他成分也可能具有影响热处理过程中产生独特风味的能力。另一个可能的前体风味化合物是那些不饱和脂肪酸，尤其是在干蘑菇中这一可能性更为突出。Take和Otsuka通过研究认为，对于干蘑菇来讲，鸟苷酸是最主要的风味化合物。另外，安本等认为酶促反应生成的产物对风味形成可能起到重要作用。有许多研究将重点放在蘑菇中典型的挥发性成分物质。就大多数食品而言，感官特性很少归因于某一种特定的化合物或一类化合物。但是在这个结论存在明显的争议，事实是引起蘑菇味的化合物可以确定为某些特定的化合物。

一、蘑菇的典型风味成分

典型的蘑菇气味特征是否存在于蘑菇的某些特定的部位是我们想知道的一个问题。Bernhard和Simone就这个问题对常见的野生蘑菇进行了研究。他们仔细地将蘑菇分成盖，柄，褶等部位，并对这些部位的蘑菇气味特征强度进行感官评价。结果显示在菌盖和柄之间的气味强度并不存在统计学上的明显差异。然而，当对比菌柄和菌褶时，他们观察到了气味强度的显著差异。因此，至少对于野生蘑菇而言，蘑菇的不同部位确实能够显示出明显的气味强度差异。

到目前为止，共有约150种不同的挥发性化合物从各种蘑菇种类中鉴定出来。这些化合物中有一些重要的物质是需要我们在今后的研究中给予关注。通常认为一系列包含八个碳的化合物是导致蘑菇味的主要挥发物。其中包括1-辛醇，3-辛醇，3-辛酮，1-辛烯-3-醇，2-辛烯-1-醇和1-辛烯-3-酮。村桥等分离了松茸口蘑的关键气味特征成分并将这种物质命名为松茸醇。后来该化合物被鉴定为1-辛烯-3-醇。从那以后，1-辛烯-3-醇也陆续在其他菌类或者食物中找到。

Honkanen 和 Moisio 的研究显示，这种化合物是三叶草的叶子与花朵的主要挥发性成分，并且认为它可以作为1-辛烯-3-酮的前体物，而后者被认为是乳制品中造成金属异味的原因物质。对于乳制品，有研究显示蘑菇异味是由产品中的脂质氧化产生的。这一结论在 Thomas Hofmann 的研究中也得以证实，他在研究中发现许多脂质在氧化过程中都生成了1-辛烯-3-醇。另外，1-辛烯-3-醇分别在黑加仑、蔓越莓和马铃薯中被检测到。

研究认为，1-辛烯-3-醇是蘑菇风味的主要特征挥发物。它在很多菌类中的含量都很高，例如，在双孢蘑菇中为78%，在鸡油菌中占挥发性成分含量为66%，牛肝菌49%等。Dijkstra 的研究发现在14种蘑菇中1-辛烯-3-醇的浓度可以低于0.02μg/kg，也可以达到190μg/kg 左右。Waowicz 和 Kaminski 在可食芽孢杆菌中发现1-辛烯-3-醇的浓度为82%。在香菇中，一种分子式为$C_2H_4S_5$的环状含硫化合物被确认为主要的风味成分。托马斯在研究干燥蘑菇中发现了一系列吡嗪化合物。由于这些化合物的独特气味特征，它们可能对干燥蘑菇的特色风味起到重要作用。

二、 加工处理对蘑菇风味物质的影响

新鲜蘑菇含有众多的风味化合物，因此任何形式的加工处理都会使其整体风味发生显著的变化。由于新鲜蘑菇水分含量很高，因此干燥或脱水一直以来都是保存蘑菇的最佳方法。Sulkowsaka 等评估了使用双孢曲霉对各种干燥方法进行了效果评价与对比，包括空气、冷冻干燥、喷雾干燥等。结果表明几乎所有干燥方法都会造成约90%的1-辛烯-3-醇损失。这一现象也在其他关于蘑菇干燥的研究中得以证实。另外，在 Thomas Hofmann 的研究中发现，内酯、吡咯、吡嗪等物质只有在干燥后的蘑菇中才能检测到，而新鲜的蘑菇中并不含有这些物质。

烹饪也会使蘑菇的风味产生巨大的变化。例如，Card 和 Avisse 研究了双孢蘑菇在烹饪前后的变化发现在烹饪后的蘑菇中羰基化合物的浓度有所上升。Picardi 和 Issenberg 也使用双孢蘑菇比较了原料中和烹饪3h后蘑菇中的风味物质。结果显示烹饪前后风味物质的区别主要体现在1-辛烯-3-酮的生成方面。在研究中，1-辛烯-3-酮在生蘑菇中没有检测到，但煮沸后15min生成，并在30min后达到最大浓度。因此，他们推测生蘑菇和熟蘑菇之间的风味差异可能是1-辛烯-3-酮的不同浓度造成的。

和田等研究表明含硫的环状香菇素化合物在水中的气味阈值为0.27~0.53mg/L，而在植物油中的阈值为12.5~25mg/L。Ney 和 Freytag 评估了一系列通式为R—CH—(OH)CH═CH_2化合物的气味特性，R 为从甲基到戊基不等的基团。他们只发现1-辛烯-3-醇和1-庚烯-3-醇具

有典型的蘑菇香气。另外，3－辛醇具有微弱的蘑菇气味，而1－辛醇，2－辛醇或1－庚醇则没有任何类似蘑菇的气味特征。因此蘑菇气味的特征可能与双键的不饱和结构以及3取代位的羟基基团有直接的关系。

研究人员利用感觉评价来评估不同种类的香菇风味差异性。例如，与姬松茸相比双孢蘑菇具有更为强烈的蘑菇风味。这一结果与双孢蘑菇中较高的Ⅰ－辛烯－3－醇的结果相一致。甚至，感官评价员还能够根据气味特征的不同来区分不同时间收获的干蘑菇年份。

Cronin和Ward的研究表明蘑菇中风味化合物的浓度会明显影响最终的整体气味特征。在水中浓度为10mg/L时，1－辛烯－3－醇呈现出明显的生蘑菇以及微弱的金属气味；而当浓度为1mg/L时，它只表现出微弱的蘑菇状气味，并且此时其气味阈值为0.1mg/L。如果是l－辛烯－3－酮的话，浓度为10mg/L时呈现出难闻的真菌气味且有强烈的金属气味，而在1mg/L的情况下，则变成了新鲜蘑菇气味和较弱的金属气味，而该化合物的气味阈值约为0.01mg/L。另外，在实验中，人们嗅闻到了明显的蘑菇特征气味，但是在气相色谱图上并没有检测到相应的物质峰，这说明应该还存在着某些还未被分离鉴定出的蘑菇特征气味的化合物。

第三节　蔬菜的气味成分

一、植物气味特征概述

人们对食物的感官印象是一个复杂的体系，包括味觉和气味，以及伴随视觉和听觉的质感印象。蔬菜中的各种气味活性化合物产生的气味特征，是我们区别不同产品之间的重要标志。经过学术界多年的研究，已经从蔬菜中分离和鉴别出了大量的挥发性物质。蔬菜的风味化学也逐渐引起了人们的高度关注。虽然已经分离鉴别了多种挥发性气味物质，但在阐述其生成的途径和确定单一组分对特征风味的相关贡献这两方面的工作做得还很少。本节将介绍一些蔬菜的风味特征成分以及相关的生成机制。

二、水果和蔬菜中气味物质的区别

植物在成熟和成熟过程中形成的化合物被称为主要风味化合物，而次要风味化合物是由于组织破坏而形成的。通常情况下，植物组织在破裂前后的风味特征会明显不同。主要代谢产物是在植物的合成代谢和/或分解代谢过程中形成，主要覆盖脂肪酸、氨基酸、酚类化合物和萜烯的衍生物。而次生代谢产物是在组织破裂期间或之后形成的产物，这其中还包括一些非挥发性的前体化合物通过氧化反应和/或酶催化反应生成的物质，包括来自脂质的代谢物、氨基酸、萜类化合物、酚类以及芥子油苷等。

蔬菜与水果中的风味成分在生理机制上有很大的不同。水果的风味成分是在一个与呼吸作用密切相关、短暂的成熟期内于细胞组织中生成的。而大多数的蔬菜，完整组织细胞内含有大量的非挥发性前体物质，当蔬菜的植物组织经过加工处理使植物组织破裂时，这些前体物质被释放出来，在酶的作用下发生变化，从而产生各种各样的挥发性气味成分。例如，黄瓜味，新鲜而没有破损的黄瓜通常不会显示出明显的气味，而当黄瓜去皮或切碎时，则会形成众所周知黄瓜特有的风味。这一特征风味主要是由通过脂氧化酶路径生成的脂质氧化产物反，顺-2,6-壬二烯醛来体现的。典型的水果风味物质包括酯类、醇类、酸类、内酯类、羰基化合物和萜烯类，而典型蔬菜中的挥发性物质则大多为含氮、含硫以及羰基化合物。

三、 蔬菜中挥发性气味成分的生成

蔬菜风味中常见的非挥发性前体物质有硫烷基、硫烯基半胱氨酸及其相应的氧化物。这些物质是形成包括大蒜、韭菜、洋葱等葱属植物特有气味特征的前体物质。当葱属植物细胞破裂时，硫烷基或硫烯基半胱氨酸的硫氧化物（R═甲基、1-丙烯基、2-丙烯基或正丙基）在蒜氨酸酶的作用下分解为次磺酸（RSOH），进而聚合生成硫代次磺酸酯［RS（O）SR］。而这一物质正是新切下的葱属植物所散发气味的主要成分。这些不稳定的活性硫代次磺酸酯经加热可转化为二硫醚和多硫醚（RS_nR）。因此，对它们进行分析一般需要低温等条件，如低温萃取。研究表明每克新鲜大蒜中含有2.8mg下列硫代次磺酸酯：2-丙烯-1-次磺酸-2-硫丙烯基酯［72.2%，蒜素，$CH_2═CHCH_2S(O)SCH_2CH═CH_2$］、甲烷次磺酸-2-硫丙烯基酯［16.2%，$CH_2═CHCH_2SS(O)SCH_3$］、2-丙烯-1-次磺酸硫甲基酯［6.3%，$CH_2═CHCH_2S(O)SCH_3$］、2-丙烯-1-次磺酸-反，顺-1-硫丙烯基酯［2.5%，$CH_2═CHC_2S(O)SCH=CHCH_3$］。因反、顺异构体相互之间不断快速转变，所测为总含量、甲烷次磺酸硫甲基酯［1.9%，$CH_3S(O)SCH_3$］和反-1-丙烯-1-次磺酸-2-硫丙烯基酯［1.2%，$CH_2═CHCH_2SS(O)CH═CHCH_3$］。蒜素是新切大蒜气味的主要原因物质。

四、 蔬菜中由脂肪酸代谢产生的气味物质

挥发性代谢产物，例如源自非挥发性脂肪酸前体物质的饱和脂肪族或不饱和醇、醛、酮、酸、酯或内酯等化合物对大多数的蔬菜风味都非常重要。他们基本上是通过两个代谢途径形成：①β-氧化；②脂肪氧合酶（lipoxygenase，LOX）途径。一般认为β-氧化是完整水果中主要风味物质形成的基本代谢途径，而LOX途径优先发生在细胞组织破裂并暴露在有氧环境中的破损果实。最近，有研究认为，随着水果的成熟，即使在完整的水果中LOX途径也可能变得重要。但是，尚不清楚果实成熟过程中细胞膜通透性的增加是否会导致游离脂肪酸的利用率变高或LOX途径发生概率的变高导致挥发性化合物经代谢生成量变多。因此，通过LOX代谢途径生成的挥发性化合物可能已经对植物果实的风味产生影响。β-氧化被认为是水果和蔬菜中的直链脂肪酸的主要代谢途径。这一氧化反应通常发生在过氧化物酶体中，但其反应机制仍未完全研究清楚。

现在，由于没有关于果蔬中β-氧化过程的研究报道，因此对于这一反应的知识主要基于模型研究。此外，Baker等在自己的研究中详细讨论了β-氧化与氨基酸代谢以及植物激素生成有着密切关系。Baker、Pérez和Sanz等提出了β-氧化反应历程的详细假设过程。在β-氧化反应中脂肪酸的酰基辅酶A衍生物会逐步降解，其结果是每一个反应周期中脂肪酸链都会缩短两个碳原子。重复此循环，直到化合物被完全分解。这一反应过程涉及了多种酶系的共同参与作用。辅酶烟酰胺腺嘌呤二核苷酸和黄素腺嘌呤二核苷酸是两次

氢化反应所必需的，而乙酰辅酶A则贯穿了几乎每个反应步骤。受众多反应因素的影响，碳链的断裂反应可以在反应循环的任意过程中停止，导致中等链长的代谢产物离开β－氧化循环的过程。这些代谢物可能会在其他各种酶催化下进一步反应，最终形成各种蔬菜中的风味化合物，例如，饱和或不饱和酯、内酯、甲基酮、醇和酸。在这些反应中涉及的酶包括酰基辅酶A氧化酶、烯酰基辅酶A水合酶、3－羟基酰基辅酶A脱氢酶或3－酮酰基－CoA－硫解酶等。

LOX途径是饱和或不饱和C_6和C_9醛的主要生成路径。反－2－己烯醛的生成就是最典型的例子之一。这种化合物具有强烈的清爽气息，类似绿色苹果气味的感官特性，是许多水果和蔬菜的重要风味贡献化合物。LOX途径已广为人知。LOX途径中挥发性产物的前体物质主要是非挥发性具有顺，顺－1,4－戊二烯部分的C_{18}多不饱和脂肪酸，例如，亚油酸和亚麻酸。在酶促氧化发生之前，在酰基水解酶的作用下，甘油三酯、磷脂或糖被分解释放出脂肪酸。通常，游离脂肪酸在LOX作用下被氧化为C_9－，C_{10}－或C_{13}－氢过氧化物。脂肪酸被氧化的位置取决于植物特有的LOX。随后，氢过氧化物在氢过氧化物裂解酶的作用下主要被分解为C_6－，C_9－和C_{10}－醛。当形成C_{13}－氢过氧亚麻酸时，所得醛为顺－3－己烯醛（图7－2），这是反－2－己烯醛的异构体化合物。但是目前还不完全清楚这种异构化是基于化学反应还是酶催化反应发生的。酒精脱氢酶（alcohol dehydrogenase，ADH）可以将醛还原为相应的醇类化合物。作为后续反应，来自LOX途径的醇可以作为酯酶AAT的底物进行酯化反应。C_6－醇可以被乙酰基－CoA部分酯化并最终形成己基，反－2－己烯基和顺－3－己烯基酯在许多水果和蔬菜中都被检测到。

亚油酸在脂肪氧合酶途径下生成挥发性物质的过程与图7－2所示大体一致。根据基质的特性，氢过氧化物裂解酶可以分为3类：C_9－裂解酶、C_{13}－裂解酶和随机裂解酶。例如，

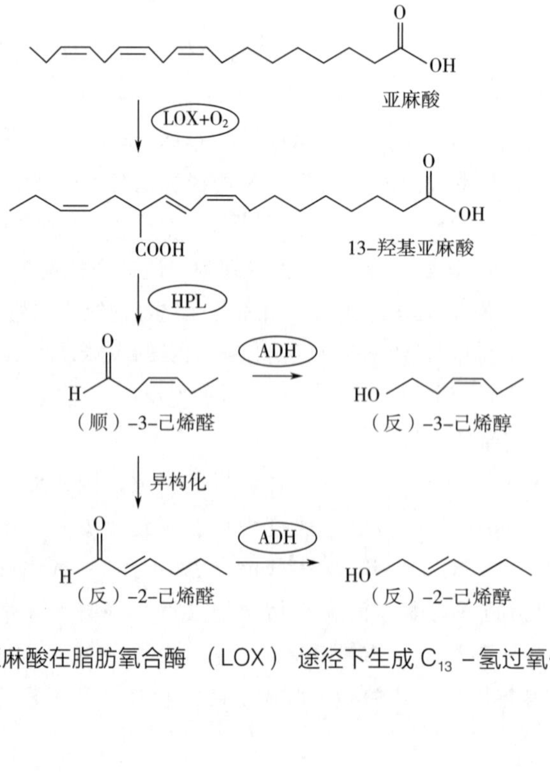

图7－2　亚麻酸在脂肪氧合酶（LOX）途径下生成C_{13}－氢过氧化物的过程

在番茄中，脂肪氧合酶优先作用形成 C_9 - 氢过氧化物，而氢过氧化物裂解酶只裂解 C_{13} - 氢过氧化物的六碳醛，如己醛。己醛是番茄风味的关键成分。九碳链的羰基化合物是黄瓜风味的重要的组成部分。顺 -3 - 壬烯醛快速异构化变为反 -2 - 壬烯醛，而后者是黄瓜风味的重要贡献物质。

亚麻酸的脂肪氧合酶反应过程同样生成 C_9 - 和 C_{13} - 氢过氧化物。顺，顺 -3,6 - 壬二烯醛呈现出类似甜瓜的气味，其可以转变为反，顺 -2,6 - 壬二烯醛。反，顺 -2,6 - 壬二烯醛、反 -2 - 壬烯醛、己醛和反 -2 - 己烯醛被认定为黄瓜风味中具有重要影响的贡献物质。有研究报告测定了黄瓜风味成分中 C_9 和 C_6 化合物之比为 90∶10。黄瓜中含有九个碳的醛的重要性近来被广泛认同。反，顺 -2,6 - 壬二烯醛是黄瓜风味的主要贡献者。C_{13} - 氢过氧化物转变为反 -3 - 己烯醛和反 -2 - 己烯醛，这两种醛都是新鲜番茄风味的重要贡献化合物。

五、 氨基酸途径生成的气味物质

几种氨基酸例如丙氨酸、亮氨酸、异亮氨酸、苯丙氨酸和天冬氨酸，作为水果或蔬菜中主要风味化合物的直接非挥发性前体物质起着十分重要的作用。此外，如菊科或十字花科蔬菜中的含硫氨基酸也可以作为次级风味成分的前体物质。在后一种情况下，酶降解非挥发性含硫的前体需要在植物组织破坏后才能形成次级风味成分化合物。

氨基酸的直接代谢途径生成了脂肪族、芳香族醇，醛、酮、酸和酯类化合物。这些化合物可能会显著影响水果或蔬菜的气味特征，即使所形成化合物的化学结构及物质种类高度依赖于游离氨基酸。最近十年来许多的研究是使用番茄作为基质进行的，结果表明一个物种内游离氨基酸的种类和浓度取决于植物成熟程度和生长过程中的外部条件，例如，肥料的成分或温室中的条件。在完好水果的氨基酸代谢过程中，由氨基转移酶催化的氨基酸脱氨基是最终生成相应 α - 酮酸的第一步。之后在脱羧酶的作用下脱羧最终生成少一个碳的醛。随后发生数个反应，例如，在 ADH 或相应的酸存在下，醛在氧化酶的作用下会生成相应的醇。当亮氨酸为前体游离氨基酸时，会生成 3 - 甲基丁醇和 3 - 甲基丁酸（图 7 -3）。而异亮氨酸则会生成 2 - 甲基丁醇和 2 - 甲基丁酸。

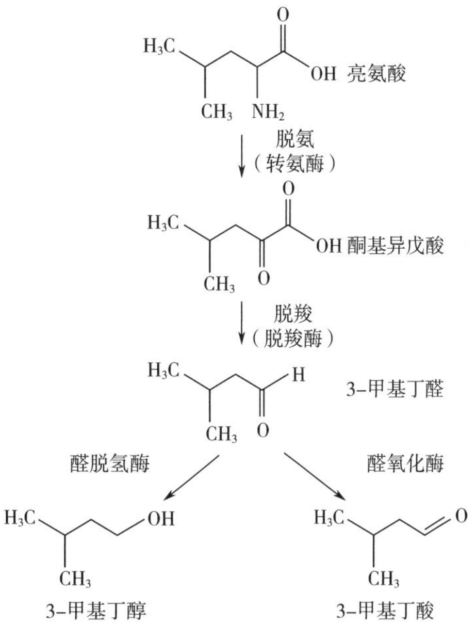

图 7 -3 亮氨酸的氨基酸降解途径

支链酸可以进一步与醇化，酯化后生成相应的酯。通过草酸代谢途径生成的芳香族氨基酸，例如苯丙氨酸和酪氨酸，可以成为形成水果风味成分的前体物质，而肉桂酸和对香豆酸则可能是中间体产物。肉桂酸酯化生成肉桂酸乙酯，不仅在肉桂皮中被发现，还有酸樱桃、小红莓、菠萝和草莓中也发现了这一化合物。肉桂酸的进一步酶促转化最终生成丁香酚或甲氧基丁香酚等化合物，这些化合物不仅在肉桂皮或肉豆蔻中存在，在许多浆果和柑橘类水果的皮中也可以被检测出来。Thomas Hofmann 等发表了一篇研究，结果表明包括丁香酚、异丁香酚或查维醇等几种苯基丙烯芳香化合物的生物合成对野草莓的风味形成具有重要意义，但对于种植草莓则意义不大。在这项研究工作中，利用代谢工程使种植草莓中酚类化合物的生物合成量增加，结果显示种植草莓中的野草莓风味得到了部分恢复。

含硫氨基酸是葱属植物组织破裂时是风味成分的非挥发性前体物质。独特的大蒜风味是由许多含硫挥发性化合物形成的。非挥发性和没有气味的(+)-*S*-烷(烯)基半胱氨酸亚砜位于植物的细胞质中。当植物细胞受到破坏时，仅存在于完整植物液泡中的蒜氨酸酶被释放出来，并将(+)-*S*-烷(烯)基半胱氨酸亚砜催化，从而生成丙酮酸、氨和许多亚硫酸。亚磺酸具有很高反应活性，会进一步反应形成硫代硫酸盐，而硫代硫酸盐本身也不稳定，会重排形成二硫醚和硫代磺酸盐。硫代磺酸盐通过进一步反应释放生成的二氧化硫以及相应的单硫醚，二硫醚将重新排列为单硫醚和多硫醚。在不同的葱属植物种类以及外部条件下，最终的风味特征是由多种含硫化合物混合体现出来的，包括二烯丙基、甲基烯丙基和二乙基单、二、三、四、五、六硫醚，乙烯基二噻烯以及反-和顺-阿霍烯。

除了大蒜之外，韭菜和洋葱的独特风味也来源于(+)-*S*-烷(烯)基半胱氨酸亚砜的代谢产物，该代谢途径的另一个有趣的反应产物是硫丙醛-*S*-氧化物，这是洋葱释放出来具有催泪作用的化合物。硫代丙醛-*S*-氧化物是由反-丙烯-1-半胱氨酸亚砜在裂解后通过酶催化合成酶的催化作用立即形成的。

六、 碳水化合物途径生成的气味物质

碳水化合物是水果和蔬菜的主要成分。但是，只有两类直接源自碳水化合物的挥发性气味物质：①萜类化合物；②呋喃酮类化合物。

1. 萜类气味化合物的形成

萜烯类物质涵盖了许多食品中已发现的大量化合物。从这个庞大的群体中，约有30000~50000种不同的化合物，在水果和蔬菜中的风味成分主要是一些单萜和倍半萜类化合物。单萜，更具体地说是含氧单萜烯类化合物是许多柑橘类水果风味的原因物质。

萜烯生物合成的基础是异戊二烯单元，它是萜烯类化合物分类的依据。通常，萜烯根据它们包含的异戊二烯单元数来进行分类。单萜由两个异戊二烯单元组成共由10个碳原子构成。倍半萜含有三个异戊二烯单元（15个碳原子），二萜含有四个异戊二烯单元（20个碳原子），依此类推。正如刚才提到的，单萜和倍半萜可能是气味活性物质，并且能够对水果和蔬菜的风味产生重要的影响。具有高聚合度异戊二烯单元的萜烯在植物系统中会起到其他相关作用，这可能包括抵御自然侵害的媒介，植物与外界环境进行信息交流的媒介，植物激素以及实现许多其他生物学功能等。

萜烯可以通过甲羟戊酸（mevalonic acid，MVA）途径或2-C-甲基-D-赤藓糖-4-磷酸（MEP）途径生成。乙酰辅酶A（acetyl coenzyme A）（MVA）途径或丙酮酸（MEP）途径是萜烯生物合成的起点。MVA途径发生在细胞的细胞质中，通常被认为会生成倍半萜和三萜的前体物质，而MEP途径主要在质体中发生并转运提供能够产生单萜，二萜和三萜的前体化合物（图7-4）在这两种途径中，焦磷酸异戊烯基（IPP）均是萜烯类物质生物合成的关键组成部分，这一结构可以异构化为二甲基烯丙基焦磷酸（DMAPP）。

后续步骤涉及IPP/DMAPP单元的组合，从而生成单萜生物合成的基础物质香叶基二磷

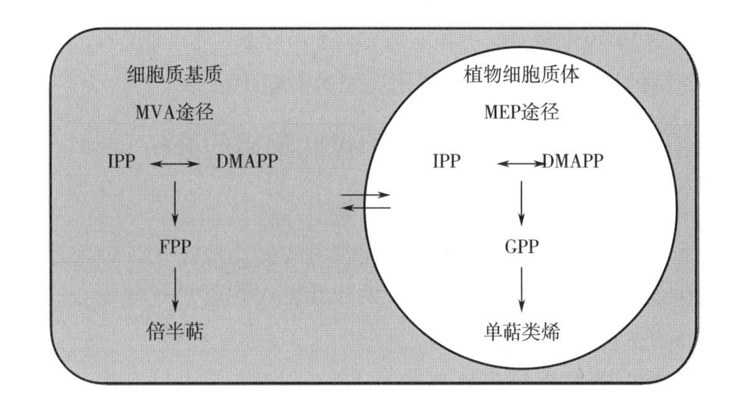

图7－4　单萜和倍半萜化合物在细胞质体中的形成途径

酸酯（GPP）以及作为倍半萜生物合成的基础物质法呢基二磷酸酯（FPP）。GPP 和 FPP 形成之后是一系列反应，包括水解，环化，离子化，异构化，氧化还原或氢化物转移，所有反应最终促使萜类化合物家族的许多物质得以形成，而这些化合物对许多水果和蔬菜的风味形成具有重要影响。

所有这些反应步骤都是在大量被称为“萜烯酶”的酶催化下发生进行的。即使所有的萜类化合物化合物都以 IPP/DMAPP 作为前体化合物，萜烯家族化合物的多样性以及各种产物都是由数量庞大的酶进行催化生成。有的萜烯合酶只能催化生成一种特定的萜烯，但是也有许多其他萜烯合酶能够催化生成具有高区域选择性和立体构型选择性的复杂混合物。

单萜和倍半萜的生物合成在完好水果或蔬菜的细胞质和质体中发生。植物组织的细胞破裂通常不会立即明显改变原有的风味特征，除非发生萜烯的氧化，或者糖苷键合萜烯的酶促反应。

一些不规则的萜烯（类异戊二烯化合物）的生成可能无法用 MVA 或 MEP 途径进行解释。例如6－甲基－5－庚烯－2－酮、乙酸香叶酯、α－和β－紫罗酮以及β－大马烯酮。这些化合物主要是类胡萝卜素化合物的降解产物。类胡萝卜素本身是四萜化合物。像单萜一样，这类物质通过 MEP 途径在质体中代谢合成。类似于不规则萜烯类化合物在葡萄酒香气中的影响，即使这类化合物是许多水果和蔬菜风味形成的重要组成成分，还是有大量的研究在研究葡萄酒中这类物质的风味贡献及其生成途径。不规则萜烯类化合物是植物组织细胞破裂或者果实衰老过程中通过类胡萝卜素的氧化分解而形成的，例如在过氧化物酶或 LOX 等氧化酶的作用下生成。类萜烯化合物，如6－甲基－5－庚－2－酮或香叶基丙酮是无环类胡萝卜素（例如，番茄红素或二十碳四烯）的降解产物，而α－和β－紫罗酮和β－大马烯酮则源自环状类胡萝卜素（例如，α－和β－胡萝卜素）。

2. 呋喃酮的形成

直接由碳水化合物生成的第二类气味化合物是呋喃酮类化合物，例如2,5－二甲基－4－羟基－3(2H)－呋喃酮（DMHF）和2,5－二甲基－4－甲氧基－3(2H)－呋喃酮。从化学角度看，呋喃酮类化合物是很有趣的，因为它们可以通过多种形成途径生成。呋喃酮类化合物可以在美拉德反应过程中生成，也可以在微生物发酵过程中以及通过例如草莓或菠萝等植物的代谢途径生成。而在草莓等水果中 DMHF 被认为是关键的香气化合物。在水果中对草莓中呋喃酮类化合物的生成进行了深入的研究，D－1,6－二磷酸果糖被认为是这类化合物的天然前体物质。在消去磷酸基和水后，生成4－羟基－5－甲基－2－亚甲基－3(2*H*)－呋喃酮，这一物质成为FaQR酶的底物并被进一步催化还原为DMHF。

七、 蔬菜及蔬菜制品中风味物质的分析实例

1. 固相微萃取法测量新鲜黄瓜中的风味化合物

新鲜黄瓜的风味物质一般是在植物组织破损时由酶促反应在几秒钟内形成的。这种在植物组织破损后快速生成风味化合物的现象在水果和蔬菜中很常见，包括杏、番茄、甜椒、草莓和葱属植物，例如，大蒜、洋葱和韭菜。

分离鉴定打碎的黄瓜植物组织中挥发性化合物的结果显示反，顺－2,6－壬二烯醛和反－2－壬烯醛是主要的风味成分。放射性标记研究证明黄瓜中的壬烯醛是亚油酸的分解产物，而己烯醛和壬二烯醛由亚麻酸形成。Schieberle等用香气稀释分析法发现反，顺－2,6－壬二烯醛是新鲜黄瓜中最重要的气味化合物。其次重要的气味化合物是反－2－壬烯醛，其影响力仅具有反，顺－2,6－壬二烯醛影响力的1.6%。

反，顺－2,6－壬二烯醛和反－2－壬烯醛生成后会以气体状态释放到空气中。这种情况就造成了人们在分析这些物质时进行物质提取的困难，因为方法不当会改变它们原有的浓度比例关系。目前还没有一种比较便捷而可靠的分析技术能够准确测量黄瓜组织生成这些关键风味化合物的浓度。吹扫－捕集采样后进行气相色谱（GC）可以对这些化合物进行分析。但是，该方法的分析时间相对较长，黄瓜组织中渗出的植物汁液使这些化合物在测定中无法具有良好的重现性。因此，很难评估不同黄瓜品种或不同尺寸大小的黄瓜生成风味成分或确定样品处理方法对风味物质损失的影响。

固相微萃取（SPME）法可以快速对水溶液体系样品中的挥发物采样并进行的GC分析。在这里我们介绍使用SPME法对黄瓜组织生成关键风味化合物反，顺－2,6－壬二醛和反－2－壬二醛的测定结果。

图7－5所示为分析黄瓜样品GC－FID的色谱图，其中反，顺－2,6－壬二烯醛和反－2－壬烯醛的保留时间分别为8.31min和8.59min。辛醛和癸醛作为候选内部标准物质的保留时间分别为3.85min和10.59min。选择癸醛作为最终使用的内标物质是因为它与辛醛相比具有更小的峰面积相对标准偏差。

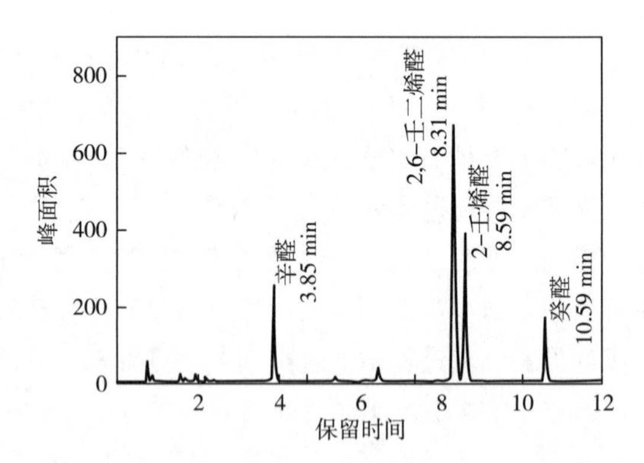

图7－5 使用SPME方法获得的GC－FID图谱

黄瓜组织中清新风味挥发物的生成过程是一个反，顺－2,6－壬二烯醛和反－2－壬烯醛浓度变化的动态过程。因此，对于这些化合物的分析方法就要求能在短时间内进行取样并完成分析过程。基于分析反，顺－2,6－壬二烯醛和反－2－壬烯醛在黄瓜组织中生成量的需要，需要将黄瓜组织进行均匀混合，使目标化合物能在萃取头上被充足吸附并使整个样品的分析时间在满足要求的前提下保持最短。

研究人员至少需要 3min 混合时间制作均匀的黄瓜浆液样品。图 7 - 6 所示为两种目标化合物和内标癸醛的峰面积随着采样时间 3 ~ 7min 时变化的趋势。尽管变化不是非常大，但是目标化合物的峰面积随着采样时间的增长而呈现出显著性（$p < 0.005$）增大。这种现象是因为随着采样时间的延长，植物组织中在持续生成目标化合物。另外，内标物质癸醛的峰面积却出现了随采样时间略微减小的趋势。最终，因为反，顺 - 2,6 - 壬二烯醛和反 - 2 - 壬烯醛在萃取头中的吸附量并不会随着采样时间的延长而大大增加，实验中决定采样时间为 4mim。

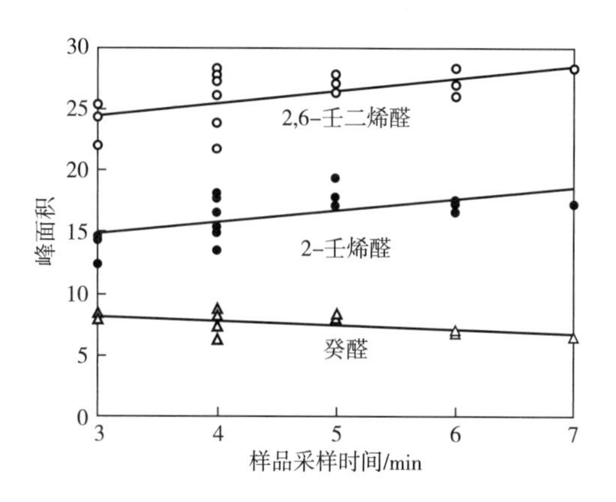

图 7 - 6 SPME 采样时间对内标及目标化合物峰面积的影响

Fleming 等发现在黄瓜组织进行匀浆混合之前如果对其进行加热处理，则可以显著减少样品匀浆时生成的羰基化合物。另外，人们还发现如果将黄瓜加热到 70℃或更高，则会导致在样品中无法检测到反，顺 - 2,6 - 壬二烯醛和反 - 2 - 壬烯醛。因此，加热黄瓜组织到 80℃以决定是否可以将这一温度作为向黄瓜中添加已知浓度的目标化合物用于校准其生成量的最高温度。图 7 - 7 所示为使用 SPME 法对加热黄瓜组织中测定反，顺 - 2,6 - 壬二烯醛和反 - 2 - 壬烯醛生成浓度的标准定量曲线。当化合物被添加到未加热的黄瓜中时，其峰面积也会成比例的增加，制作的标准曲线斜率与加热黄瓜样品中的斜率没有显著性差异。

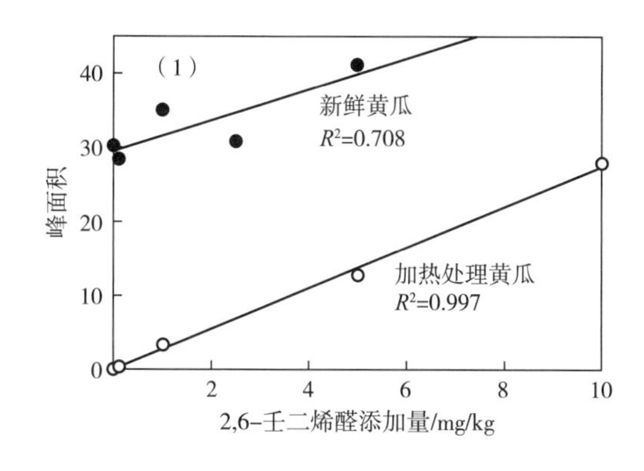

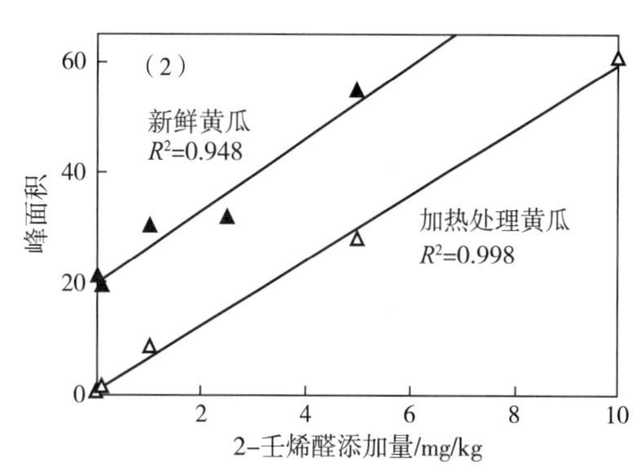

图 7 - 7 加热处理黄瓜、新鲜黄瓜中反，顺 - 2,6 - 壬二烯醛与反 - 2 - 壬烯醛的标准定量曲线

黄瓜的外果皮组织中脂肪氧合酶的活性约为其他部位活性的 2 倍。因此，如果外果皮组织的比例在黄瓜样品因黄瓜大小或剥皮的情况下，可能会影响关键风味化合物的生成。因此为了评估不同比例的果皮组织对反，顺 - 2,6 - 壬二烯醛和反 - 2 - 壬烯醛生成的影响，将需要加热到 80℃进行酶灭活的果皮数量增加到 500g。图 7 - 8 所示为 200g 果皮组织中反，顺 - 2,6 - 壬二烯醛和反 - 2 - 壬烯醛的浓度。这两种物质和内标的色谱峰面积随着外果皮组织的添加量增加而减小。这个结果表明这些化合物在黄瓜中的浓度以及生成量会因为黄瓜尺寸差异、果皮厚度以及脂肪氧合酶的差异而有所不同。

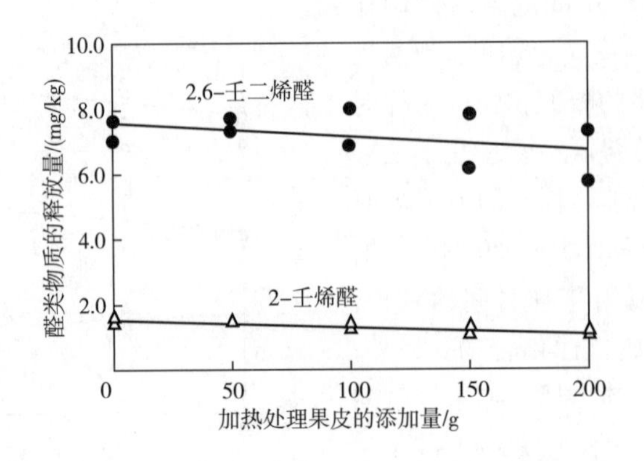

图7-8 加热处理果皮对醛类物质释放的影响

分析多批黄瓜得到反，顺-2,6-壬二烯醛和反-2-壬烯醛的浓度大致为10mg/kg和3mg/kg（表7-9）。其中反，顺-2,6-壬二烯醛的浓度比其他研究人员通过吹扫-捕集法测定新鲜黄瓜样品中测定的大约3mg/kg反，顺-2,6-壬二烯醛浓度要高。这有可能是因为两次研究中对黄瓜组织的匀浆时间有较大差异，导致黄瓜植物组织破裂程度不一致，导致了反，顺-2,6-壬二烯醛生成量的不同。

人们进一步用SPME法测定评估了黄瓜组织中反，顺-2,6-壬二烯醛和反-2-壬烯醛的生成能力，其结果如图7-9所示。黄瓜组织在水浴中加热20min或加热15s以杀死表面微生物。从图7-9可看出黄瓜组织在30~80℃的加热温度变化区间内，反，顺-2,6-壬二烯醛和反-2-壬烯醛的相对浓度变化几乎保持了高度的一致性。这说明尽管反，顺-2,6-壬二烯醛和反-2-壬烯醛分别是不同的脂肪酸的分解产物，但它们是在相同的酶系统催化生成的。这一结果说明黄瓜果皮组织中包含的氢过氧化物裂解酶在分解亚麻酸与亚油酸中9-氢过氧化物的能力比13-氢过氧化物更加高效。当加热温度升高至70℃或80℃时无法在样品中检测到这两种化合物。这说明加热导致的脂肪氧合酶失活使黄瓜中这两种重要的风味物质无法顺利生成。

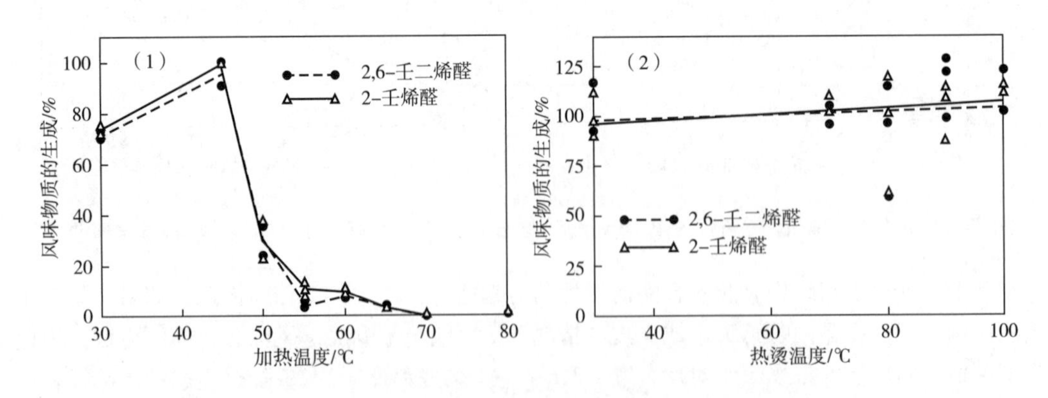

图7-9 加热处理对黄瓜中关键风味物质生成的影响

（1）加热20min （2）加热15s

黄瓜的短时热烫处理（15s）可以减少新鲜黄瓜上的微生物数量。黄瓜皮中脂肪氧合酶的活性比其他部位约高两倍左右，因此短暂的热烫处理可以使果皮中的脂肪氧合酶失活，从而减少黄瓜组织破裂时反，顺 -2,6-壬二烯醛和反-2-壬烯醛的生成，从而减弱清新风味的强度。图 7-9（2）所示的结果表明，即使短时间暴露在沸水中也不会导致黄瓜组织中反，顺-2,6-壬二烯醛和反-2-壬烯醛的生成能力受到影响。

表 7-9　新鲜黄瓜组织中反，顺-2,6-壬二烯醛和反 2-壬烯醛生成浓度的重现性

化合物	浓度/(mg/kg)	均方根差浓度/(mg/kg)	标准偏差/%
反，顺-2,6-壬二烯醛	10.6	1.1	10.4
反-2-壬烯醛	3.0	0.3	10.0

2. 芥末与山葵中的气味物质

芥末与山葵之间的最大区别在于山葵具有较强的清香。图 7-10 所示为山葵与芥末中的风味成分。其中，二者都含有的主要气味成分是硫氰酸烯丙酯，这种化合物有很强的刺激性气味。可以发现，山葵中含有较高浓度的异硫氰酸烯酯，而芥末中含有较高浓度的异硫氰酸芳香酯。研究人员还观察到，异硫氰酸烯酯具有一种清爽的刺激性气味，而异硫氰酸芳香酯

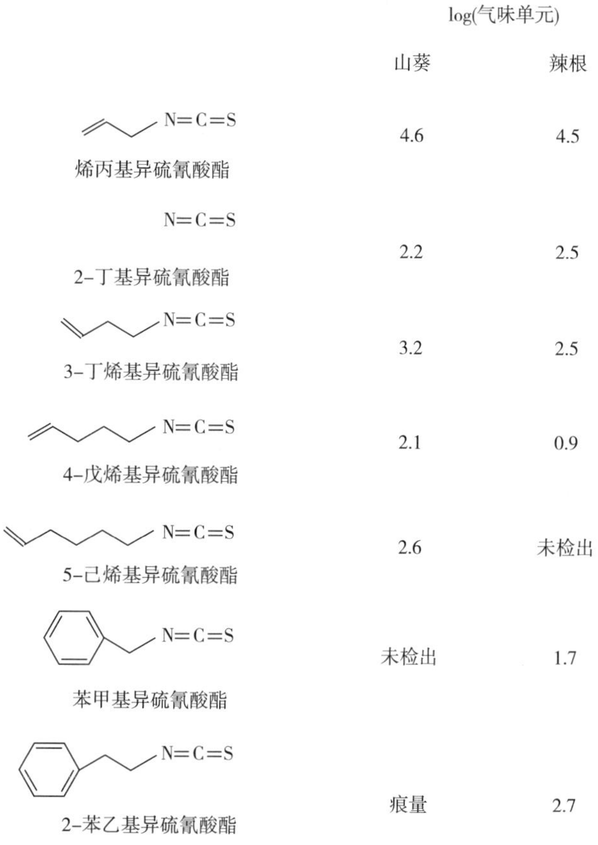

	log(气味单元) 山葵	辣根
烯丙基异硫氰酸酯	4.6	4.5
2-丁基异硫氰酸酯	2.2	2.5
3-丁烯基异硫氰酸酯	3.2	2.5
4-戊烯基异硫氰酸酯	2.1	0.9
5-己烯基异硫氰酸酯	2.6	未检出
苯甲基异硫氰酸酯	未检出	1.7
2-苯乙基异硫氰酸酯	痕量	2.7

图 7-10　山葵与芥末中的气味成分

则呈现出类似红萝卜的刺激性气味。因此，山葵和芥末风味的不同可能是因为所含异硫氰酸烯酯和异硫氰酸芳香酯浓度的不同。而且，山葵中还含有6-甲硫基异硫氰酸己酯，形成了山葵特有的风味特点。

3. 卷心菜、西蓝花、菜花、秋葵、大头菜中的气味物质

最近，研究人员证实了异硫氰酸烯丙酯对生卷心菜风味的重要性，并发现异硫氰酸烯丙酯具有一种强烈的、刺激性的、类似芥末和山葵的气味，而1-氰基-2,3-环硫丙烷具有轻微令人不悦的硫磺或类似芥末的气味。虽然这两种化合物都以较高浓度存在于新鲜捣碎的生卷心菜叶（尤其是菜心）中，却只有异硫氰酸烯丙酯对风味有较大的贡献，原因是1-氰基-2,3-环硫丙烷的气味阈值很高，为180mg/kg

甲硫醚是煮熟西蓝花、卷心菜、菜花和秋葵风味的主要化合物。它在熟菜花中浓度约为5mg/kg，但因其气味阈值为较低的0.33μg/kg，其气味贡献度较高。熟菜花风味的其他主要成分还包括异硫氰酸3-甲硫基丙酯（占挥发性油的16%，气味阈值5μg/kg）、壬醛（11%，气味阈值1μg/kg）、3-甲硫基氰化丙烷（7%，气味阈值82μg/kg）和顺-3-己烯醇（4%，气味阈值70μg/kg）。熟卷心菜的主要组分有异硫氰酸3-烯丁酯（30%）、异硫氰酸2-苯乙酯（19%，气味阈值6μg/kg）、3-苯基氰化乙烷（10%，气味阈值15μg/kg）、异硫氰酸烯丙酯（10%，气味阈值375μg/kg）、异硫氰酸3-甲硫基丙酯（7%，气味阈值5μg/kg）、异硫氰酸3-甲硫基丁酯（3%，气味阈值3.4μg/kg）和反，反-2,4-庚二烯醛（3%，气味阈值137μg/kg）。熟西蓝花中浓度较高的化合物是4-甲硫基氰化丁烷（20%）、异硫氰酸4-甲硫基丁酯（14%）、2-苯基氰化乙烷（13%）、壬醛（8%）、异硫氰酸2-苯乙酯（3%）和反，反-2,4-庚二烯醛（3%）。甲硫醚（占挥发性物质总量的3.8%）很可能是造成秋葵类似蔬菜气味的原因。在熟秋葵中总共发现了107种化合物，其中主要成分是2-甲氧基-4-乙烯苯酚（9.3%），它可能是阿魏酸受热脱羧生成的主要产物。

萜烯代表着最丰富的一类物质（占挥发性物质的26.9%），人们认为是这类物质使熟秋葵呈现出轻微的花香。另外在熟秋葵中发现了18种吡咯。虽然在熟芦笋中发现过2-乙酰吡咯、2-乙基-*N*-甲酰吡咯和*N*-甲酰吡咯-2-羧醛，但吡咯类化合物在蔬菜中是不多见的。搅拌或振荡秋葵种子，会使种子表面的一种特殊细胞释放出一种独特的气味。这种释放出来的挥发性物质可用乙烷萃取和水蒸气蒸馏分离得到精油（EO，产量约为种子质量的0.06%）。精油具有一种类似橘子的香气及柠檬醛的淡淡气味。在精油中共发现72种化合物，其中包括40种酯类和24种倍半萜烯及其衍生物。在脂肪族酯类物质中2-甲基丁酸2-甲基丁酯（49.6%）为主要成分。这些丰富的酯类化合物中有很多都含有2-甲基丁基结构，包括2-甲基丁酸戊酯（1.8%）、2-甲丁酸己酯（2.3%）、己酸2-甲基丁酯（3.9%）、2-甲基丁酸庚酯（4.0%）、庚酸2-甲基丁酯（11.0%）和辛酸2-甲基丁酯（1.7%）。精油样本包含有较少的脂肪族酯类（55%），但它们仍呈现出较强的气味特征。2-甲基丁酸，2-甲基丁酯仍然是挥发性物质的主要组分，其含量为32%。主要的倍半萜烯烃类包括吉玛烯D（11.9%）、α-葎草烯（1.9%）、α-可巴烯（1.7%）、γ-荜澄茄烯（1.5%）和β-石竹烯（0.8%）。其余的倍半萜烯类及其衍生物有反-6,7-二氢法呢醇（1.5%）（又称金合欢醇）、乙酸反-6,7-二氢法呢酯（1.9%）、乙酸-顺，反-法呢酯（0.3%）、丙酸二氢法呢酯（3.6%）、丙酸-反，反-法呢酯（0.4%）和戊酸二氢法呢酯（0.2%）。另外，

在煮熟的绿色大头菜中，主要的风味成分是含氮和含硫的化合物，其中高浓度的挥发性成分有：5－(甲硫基)戊氰腈（61.4mg/kg）、二甲基三硫醚（47.5mg/kg）、4－(甲硫基)丁腈（27.6mg/kg）、二甲基二硫醚（11.21mg/kg）和异硫氰酸4－(甲硫基)丁酯（6.08mg/kg）。

4. 菊苣中的气味物质

对菊苣的分析显示其含有119种挥发性物质，其中包括43种羰基化合物、29种醇类、30种烷烃、4种酯类和13种其他组分。菊苣中所有挥发性成分的浓度约为110mg/kg，其中六碳醛约占70%，包括己醛（>1mg/kg）和反－2－己烯醛（>1mg/kg），它们呈现出强烈的清香气味。另外还有大量的五碳和六碳醇类，如1－己醇（0.25～1mg/kg）、顺－3－己烯醇、反－2－己烯醇（0.25～1mg/kg）、顺－2－己烯醇（0.25～1mg/kg）、顺－2－戊烯醇（0.05～0.25mg/kg）和1－戊烯－3－醇（0.05～0.25mg/kg），这些醇类可能是醇脱氢酶作用于相应的羰基化合物而形成的。β－紫罗酮的高气味单元值（7000～35000）表明此化合物可能是菊苣花香的主要贡献物质。用SDE法得到的鸦葱提取液具有类似甜玉米的、甘甜的、芳香的、奶油样的、似硫磺、又有点像谷类的、发霉的、泥土的气味。其中共鉴定出114种化合物，包括脂肪酸和脂肪族的烃类，如十六烷酸（22.1%）、十六碳－9,12－二烯酸（即亚油酸，3.0%）、辛烷（7.5%）和己烷（4.8%）等。另外，还发现了3种邻羟甲基苯甲酸内酯：3－丁基六氢邻羟甲基苯甲酸内酯和3－丁基－3a,4,5,6－四氢邻羟甲基苯甲酸内酯的顺式、反式异构体（即顺式、反式瑟丹内酯），这些化合物原本是同某些伞状植物相关联的，它们是芹菜和肥根芹菜的特征性气味组分。

5. 香菜中的气味物质

可以通过香气提取物稀释分析（AEDA）、顶空－气相色谱－嗅闻法（HS－GC－O）和气味活性物质的定量，来评估两种香菜品种—“Hamburger Schnitt”（HS）和“Mooskrause”（MK）中挥发性物质的感官贡献度。用HS－GC－O可以筛分这两种香菜品种中的高挥发性气味活性物质。对于这两个样品，顺－3－己烯醛、甲硫醇、月桂烯和肉豆蔻醚都在香菜风味中扮演着重要的角色。而中高沸点的挥发性物质用AEDA可以筛分出。跟以前用AEDA来评估气味活性物质的研究所不同的是，在研究中用饱和$CaCl_2$水溶液代替甲醇来抑制酶的活性。在这些稀释实验的基础上，根据定量及气味单元值的计算，从两个品种中选出了17种物质。结果如表7－10所示，对－薄荷－1,3,8－三烯（萜烯的、类似香菜的气味）、月桂烯（金属的、草本的气味）、3－甲氧基－2－仲丁基吡嗪（发霉的、泥土的气味）、肉豆蔻（辛辣的气味）、反,反－2,4－癸二烯醛（脂肪的气味）、顺－6－癸烯醛（清新的、类似黄瓜的气味）和（萜烯的气味）由于具有较高的气味单元值，这些化合物都是香菜风味的重要贡献成分。根据从HS品种中得到的数据资料按固定比例把香菜风味中各组分混合成气味重组模型。由于这个模型的气味与HS品种非常接近，因此可以认为对－薄荷－1,3,8－三烯、月桂烯、3－甲氧基－2－仲丁基吡嗪、肉豆蔻是香菜的关键气味特征化合物成分。当香菜组织遭到破坏，其风味会发生快速变化，5min后，对－薄荷－1,3,8－三烯的浓度会降至原来的40%，萜烯的类似香菜的气味会减弱；而清爽的、似水果气味会加强，这是因为5min后生成了顺－己－3－烯醛、顺－己－3－烯醇和乙酸顺－己－3－烯酯，它们的浓度增长因子分别为7、39和190。

表 7-10 Hamburger Schnitt （HS） 和 Mooskrause （MK） 中的关键气味成分

有味物质	气味阈值①/（μg/kg）	气味单元值	
		HS	MK
p-薄荷-1,3,8-三烯	15	26219	3757
顺-癸-6-烯醛	0.34	17347	8712
β-水芹烯	36	5672	5129
反，反-2,4-癸二烯醛	0.2	5290	4265
3-甲氧基-2-仲丁基吡嗪	0.003	2567	3333
肉豆蔻醚	30	1927	5940
甲硫醇	0.2	1300	875
月桂烯	14	1284	1719
顺-1,5-辛二烯-3-酮	0.0012	833	750
顺-3-己烯醛	0.25	800	992
3-甲氧基-2-异丙基吡嗪	0.004	350	450
4-甲基-1-异丙烯基苯	85	187	85
1-辛烯-3-酮	0.05	60	170
对-甲基苯乙酮	24	26	5
乙酸顺-3-己烯酯	8	21	7
顺-3-己烯醇	39	11	10

①水中的气味阈值。

6. 芹菜气味成分的研究

1963 年 Gold 等对芹菜茎中的挥发性成分进行了首次详细研究，他们报告了四种特有的痕量支链亚烷基萘的存在，它们被认为是芹菜的典型风味成分。Wilson 发表了一系列论文，显示芹菜精油中存在萜烯和倍半萜烯、醇类和羰基化合物。拥有芹菜特征香气的化合物被鉴定为 *β*-瑟林烯和邻羟甲基苯甲酸内酯类化合物，例如 3*n*-丁基六氢邻苯二甲酸酯、3*n*-丁基邻苯二甲酸酯、瑟丹酸内酯、川芎内酯酚、丁烯基苯酞和蒿本内酯。

有关芹菜风味的文献中邻羟甲基苯甲酸内酯类化合物的鉴定和定量是很困难的。Gold 等的早期工作在芹菜中发现了微量的瑟丹酮酸酐和其他几种邻羟甲基苯甲酸内酯类化合物。人们在芹菜油研究中分离出了两种主要的邻羟甲基苯甲酸内酯类化合物，即 3*n*-丁基邻苯二甲酸酯和 3*n*-丁基-4,5-二氢邻苯二甲酸酯 （sedanenolide）。他们认为 sedanenolide 是文献报道的瑟丹酮酸酐。芹菜挥发物中 3*n*-丁基邻苯二甲酸酯的四氢和二氢衍生物 sedanenolide 和 sedanolide 的早期鉴定也不明确。这可能是由于这两种化合物在填充气相色谱柱上极难分辨。最近，Uhlig 等 （1987） 报道了用高效液相色谱分离这些物质。MacLeod 等首次在毛细管柱上分离这两种化合物。人们比较了芹菜和块根芹的挥发性成分后发现在 GC 分析过程中，芹菜和块根芹中类似芹菜的气味与 16 种邻羟甲基苯甲酸内酯类化合物的每一种都有关。我们在这里将介绍利用气相色谱-质谱联用技术分析芹菜风味化合物的一些内容。

（1） 实验方法——糖苷结合和游离挥发化合物的分离　将新鲜的芹菜 （*Apium graveolens*

L.）洗净，切成1.25cm见方的小块。经过高剪切搅拌机打碎样品并过滤后得到新鲜澄清的汁液。通过固相萃取法提取其中的挥发性香气化合物。以化学方式结合成糖苷的挥发性芳香化合物用甲醇洗脱并浓缩后，用氮气进一步浓缩至干燥。然后将干燥的材料溶解在100mL 0.2mol/L柠檬酸－磷酸缓冲液（pH＝5）中。对有机溶剂萃取物，用无水硫酸钠干燥，并在氮气流下浓缩至0.5mL得到游离部分。将溶解在缓冲液中的糖苷结合的挥发性化合物在37℃下用杏仁*D*－葡萄糖苷酶（60mg，5.3U/mg）水解48h。用二氯甲烷萃取释放的糖苷配基，并将萃取液用无水硫酸钠干燥，并用氮气浓缩至0.2mL。

（2）结果与讨论　从新鲜芹菜中分离出的挥发性化合物见表7－11。通过计算内标物与目标化合物的面积比来进行定量。在样品中鉴定出34种化合物中包括一些新鉴定出的化合物。包括苯酚、3－蒈烯、樟脑、顺－马鞭烯酮、补骨脂素、东莨菪内酯、花椒毒素、4－甲氧基补骨脂素、亚油酸和4,9－甲氧基补骨脂素。在本研究中，样品制备完全在室温下进行，挥发物通过吸附色谱法与直接溶剂萃取法分离，这使得从新鲜芹菜中鉴别出一些新的挥发性化合物成为可能。本研究通过与蒿本内酯的质谱数据比较，初步鉴定出糖苷结合部分中含量最多的化合物为支链烷基取代邻羟甲基苯甲酸内酯（图7－11）。

如表7－11所示，与以前的研究相比，大多数邻羟甲基苯甲酸内酯类化合物被鉴定出来，邻羟甲基苯甲酸内酯类化合物是游离和糖苷结合部分最丰富的成分，分别占总分离物的81.02%和36.8%。除了较低浓度的芹菜素，定量分析结果与Uhlig等HPLC的分析结果一致。发现了川芎内酯酚和瑟丹酸内酯是主要成分。显然，邻羟甲基苯甲酸内酯类化合物可以以羟基酸的形式存在，能够与糖发生化学键合。当糖残基通过酶或化学方式释放时，糖苷配基将脱水并环化形成相关的内酯。

表7－11　新鲜芹菜中的挥发性成分

化合物	游离部浓度/（mg/L）	结合部浓度/（mg/L）
3－己烯	0.862	
己醇	0.116	
α－蒎烯	t	
β－蒎烯	0.015	
2－戊基呋喃	0.035	
苯酚		0.477
月桂烯	t	
对异丙基苯	0.023	
柠檬烯	0.271	
3－蒈烯	T	
γ－萜烯	0.027	
樟脑	0.013	
戊苯	0.014	
4－松油醇		0.379

续表

化合物	游离部浓度/（mg/L）	结合部浓度/（mg/L）
α－松油醇	t	
二氢香芹酮	t	
顺－马鞭酮	0.023	
反式香苇醇	0.032	1.669
β－石竹丁烯	0.044	
α－芹子烯	0.021	
丁基苯酞	0.867	5.319
丁烯基苯酞	0.182	
川芎内酯酚	2.179	2.232
蒿本内酯	t	
9－甲氧基补骨脂素	0.057	
4－甲氧基补骨脂素	0.020	
亚油酸	1.775	
4,9－甲氧基补骨脂素	0.244	

注：t 表示痕量。

据报道芹菜的香气与邻羟甲基苯甲酸内酯类化合物单体和总含量有显著的相关性。Mookherjee 和 Wilson 团队在烟草中报道了两种有趣的辛内酯，它们具有很强的芹菜味。但至今尚未在芹菜中鉴定出这两种内酯。将这两种化合物的结构与邻羟甲基苯甲酸内酯类化合物的结构进行比较（图 7－11 和图 7－12），可以清楚地看出两者的相似性。它们都具有带有 C－3,4,5－三取代构型的五元内酯环。在 C_3 位置，分子被长烷基链取代，该长烷基链在 C_3 和 C_1 之间的位置可以是饱和或不饱和的。游离馏分中相关邻羟甲基苯甲酸内酯类化合物的浓度比结合馏分中的浓度高 100 倍。这些结果表明，仅小部分的邻羟甲基苯甲酸内酯以糖苷结合形式存在。

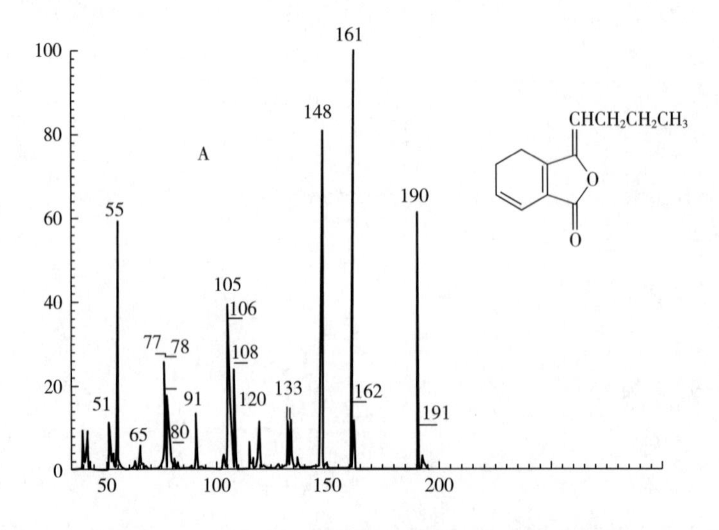

图 7－11　芹菜中邻羟甲基苯甲酸内酯的质谱图

图7－12 烟草中发现的辛内酯结构式

八、小结

香气化合物的生物合成及其对水果与蔬菜风味的影响是一个十分复杂的问题。在大多数植物中系统中，多达数百种挥发性气味化合物是通过不同的生物代谢合成途径形成的。在很多情况下，我们在本节所描述的化合物生成路径可能会发生交叉产生相互的各种影响。因此，我们在考虑植物种气味活性物质的生成时往往不会单独考虑某一种独立的生成路径。水果或蔬菜气味特征的形成受到许多因素的影响。需要注意的是，不同种类植物的不同酶系统决定了将会有哪些气味化合物最终生成。另外，非挥发性前体化合物可能是影响最终气味活性物质生成的第二大影响因素。水果或蔬菜的成熟度会影响细胞组织膜的通透性。因此，植物的成熟度是风味形成的关键影响因素。诸如气体调控存储或在存储设施中使用成熟阻滞剂等技术措施不仅延长了水果和蔬菜的存储时间。还会再减缓和阻止成熟过程的同时减少植物种非挥发性前体物质的浓度，最终有可能会导致产品的风味变差。植物生长过程中普遍存在的外部条件，例如气候条件、在温室中或露天场所的生长、施肥的种类等，也可能影响前体化合物的浓度，而这些最终都将对水果和蔬菜的气味特征形成产生影响。

目前，在植物中仅有少数的几个酶系统被完全的研究并认知清楚。随着分析技术的进步，更为先进的分析技术和仪器被用于植物酶系统的研究，这最终将会使人们更好地了解水果或蔬菜中的气味成分的生物合成过程。未来研究将对风味成分的生物合成提供新的见解，从而进一步了解其代谢途径。这些技术和研究发展的结果，会使对水果或蔬菜风味的研究应用将不仅局限于植物的育种。蛋白质组学和相关酶系统的阐明将进一步为植物系统的“风味导向”基因改造提供指导意见。如前所述有关酶系统的知识涉及允许通过下调和/或过度表达强度来改变风味内源或外源基因的表达结果，从而希望能改善了产品的最终风味特征。

第四节 乳制品的气味成分

一、牛乳中风味化合物的来源

1. 乳脂肪及其相关的风味化合物

乳脂肪是乳制品风味与不良风味的重要来源。

乳脂肪中的饱和脂肪酸在氧化和水解反应的作用下分解为低级脂肪酸，例如，乙酸、丁酸、己酸；而不饱和脂肪酸的分解产物大致可以分为三类，第一类是醛类化合物，第二类是内酯类化合物，例如，γ－/δ－内酯，第三类是酮酸或甲基酮类化合物，例如，2－戊酮、2－庚酮。具体为：

（1）肪酸（主要是偶数的 $C_4 \sim C_{18}$）是由微生物尤其是嗜冷微生物分泌出的脂肪酶水解乳中的甘油三酯而致。

（2）2 – 烷基酮（奇数的 $C_3 \sim C_{15}$）是由 β – 酮酸的受热脱羧作用产生的。

（3）γ – 内酯和 δ – 内酯（主要是偶数的 $C_6 \sim C_{16}$）是由相应的 4 – 和 5 – 羟基酸受热后的分子内酯化生成。

（4）不饱和脂肪酸的自动氧化产生了氢过氧化物，氢过氧化物随后又经过氧化产生醛、酮，这些化合物阈值较低，赋予了乳制品独特的风味。

2. 乳蛋白质、乳糖及硫胺素相关的风味化合物

蛋白质和乳糖是乳制品中经微生物发酵及化合反应作用产生的风味化合物的重要源泉。乳糖或柠檬酸产生的乳酸、乙酸、乙醛、丁二酮、乙偶姻等，再与乙醇作用形成酯类化合物，例如，丁酸乙酯、已酸乙酯等。蛋白质或氨基酸产生的风味物质，例如，苯乙酸会变化为苯乙醛，亮氨酸会降解生成 3 – 甲基丁醛，甲硫氨酸降解为 3 – 甲硫基丙醛，色氨酸会变化为吲哚；而含硫化合物，例如，半胱氨酸、甲硫氨酸会降解生成 3 – 甲硫基丙醛、二甲基二硫醚等物质；糖类物质会发生焦糖化反应，生成如 2 – 乙酰基呋喃、呋喃酮、麦芽酚的风味化合物。另外还有以下的其他反应：

（1）硫化合物　如硫化氢、二甲基硫醚、二甲基二硫醚、甲硫醇等可以由 β – 乳球蛋白和脂肪球膜物质形成。而甲硫醇、二甲基二硫醚和 3 – 甲硫基丙醛是乳原料经光照后产生不良风味的主要原因物质。

（2）杂环化合物　如吡嗪、吡咯、吡啶、噻唑、呋喃和麦芽酚是乳原料中美拉德反应产生的典型风味成分物质。

（3）苦味肽　由乳中的蛋白酶或微生物蛋白酶水解乳蛋白质生成，尤其是耐热微生物蛋白酶会给乳品加工后的风味带来较大的问题。

（4）硫胺素（维生素 B_1）　经过光化学降解，再与硫化氢反应可以产生阈值极低（4×10^{-7}mg/kg）的类似橡胶气味或煮牛乳气味的化合物。

二、吹扫捕集法与固相微萃取法测定牛乳中挥发性成分

为了深入了解牛乳的风味成分，人们进行了深入的研究。有很多研究作者通过应用不同的风味物质提取技术对牛乳中的风味成分进行了研究。其中，牛乳的挥发性化合物在生产过程中的热处理阶段及其保质期内会发生较为显著的变化。真空蒸馏法、溶剂萃取法、吹扫 – 捕集（P&T）法以及最近广泛使用的固相微萃取（SPME）法是分离提取牛牛乳中挥发性气味物质时使用最多的几种方法。这些技术的开发旨在减少分析时间与样品处理时间，最终达到减少风味物质的二次生成，使分析结果更加贴近并还原牛乳真实的气味特征。P&T 和 SPME 都是顶空分析法的一种，尽管只有前者仅允许进行气味物质的动态分离提取。

人们已经使用 P&T 对牛乳的风味物质进行了一些探索性研究。而也有研究人员使用 SPME 法分析了牛乳中的挥发性化合物，并将其分析结果与 P&T 法分析的结果进行了对比。与 PT 法相比，SPME 方法在检测牛乳中由脂肪氧化生成的异味成分方面更为精准，同时 SPME 法的实验成本更加低廉，并且较少受到后生物（指在气味成分提取分离过程中由人为操作引起风味成分的变化。通常这些后生物成分并不存在于原始样品中）的影响也更小。另

一方面，也有研究者利用SPME法分析了牛乳，风味调整乳品和泉水中的风味成分，证实了这种方法在分析样品中乙醛物质时的高效性。

研究人员在使用P&T技术于SPME方法分析饮用牛乳的挥发性气味成分过程中发现可以利用这一技术区分不同加热工艺处理的牛乳饮品。我们在这里将这一研究成果的内容进行简要的介绍，同时对比这两种分析方法的性价比与对样品风味特征的分析能力，并进一步讨论是否可以通过某些特征化合物的浓度来区分不同加热处理后牛乳的风味特征。

1. 牛乳样品

研究人员在在市场上收集了不同工厂生产的38份全脂牛乳样品。这些样品属于根据热处理工艺的程度不同分为四个类别："高度巴氏杀菌"（8个样品）、"轻度巴氏杀菌"（9个样品）、超高温瞬时灭菌（UHT，16个样品）和"瓶内灭菌"牛乳（5个样品）。

根据意大利国标，不同灭菌程度的饮用牛乳定义如下：

"高度巴氏杀菌"牛乳仅需进行一次巴氏灭菌处理（至少71.7℃持续15 s），并且可溶性乳清蛋白质浓度>15.5%（以总蛋白质含量表示），并且对过氧化物酶呈阳性反应。这种牛乳应该可以在1~6℃的温度下保存不超过4d。

"轻度巴氏杀菌"牛乳仅需进行一次巴氏灭菌处理，并且可溶性乳清蛋白浓度>14%（以总蛋白质含量表示）并对过氧化物酶呈阳性反应。这类牛乳应该可以在1~6℃的温度保存不超过4d。

"UHT"牛乳经过超高温处理（至少135℃持续1s），然后无菌包装。室温下保质期不超过90d。

"瓶内灭菌"牛乳包装后进行高温灭菌处理（120℃持续30min）。室温下保质期不超过180d。

通过SPME分析了35份牛乳样品，其中3份样品进行PT方法分析（一个轻度巴氏杀菌乳，一个UHT乳和一个瓶装灭菌乳）。巴氏杀菌样品在货架期截止日前两天时进行分析，UHT样品和瓶内灭菌样品在货架期截止日前70d和150d时进行分析。在分析之前，巴氏灭菌样品储存在4℃，UHT和瓶内灭菌样品则在室温下保存。

2. 吹扫–捕集法在分析中的有效性

研究人员使用吹扫–捕集法分析了三个牛乳样品（P1、U1和S1），其结果见表7–12。表7–12所示为三种牛乳中挥发性气味活性物质浓度的平均值和分析数据的标准差（SD）。表7–12中同时列出了每种物质在前期研究中的参考浓度。值得的注意的是，使用吹扫–捕集法测定的各物质浓度与前期研究中的报告浓度基本一致。图7–13所示为在前期实验中用吹扫–捕集法分析不同牛乳样品数据的PCA分析结果。结果显示前期研究的结果与本次实验结果具有良好的再现性。

3. 固相微萃取法的分析结果

为了找到使用SPME技术提取分离牛乳中的挥发性气味化合物的最佳分析条件，人们进行了一些预实验用来讨论萃取方法。最终使用的条件是：选择15g牛乳样品，30min的提取时间。1mL丁酸甲酯（0.5μg/L）水溶液作为内标添加到牛乳样品中。这一添加量与使用吹扫–捕集法提取分离样品中气味成分时的使用量相一致。

表 7-12　　吹扫捕集法对牛乳中挥发性化合物的定量　　单位：μg/kg

化合物	巴氏灭菌乳（P）			超高温瞬时灭菌乳（UHT）			瓶内灭菌乳（S）		
	预实验值	标准误差	P1	预实验值	标准误差	U1	预实验值	标准误差	S1
丙酮	166.9	80.3	158.9	35.9	13.9	30.2	224.6	35.9	227.8
2-丁酮	81.9	38.1	29.2	8.2	2.7	5.8	84.4	19.5	64.4
3-甲基丁醛	0.0	0.0	0.0	0.5	0.4	0.2	0.9	0.5	1.4
2-戊酮	3.1	1.7	0.5	3.9	1.5	4.8	48.1	4.3	35.4
戊醛	1.8	0.3	1.4	2.3	1.9	1.0	4.8	3.3	1.7
二甲基二硫醚	0.0	0.0	0.0	1.5	1.2	0.3	1.5	1.1	0.4
甲苯	2.9	1.1	4.1	3.4	2.5	2.4	8.6	4.3	7.9
己醛	3.8	0.8	3.2	2.6	0.6	2.7	3.6	0.7	3.5
2-庚酮	2.6	1.1	2.7	9.1	1.2	10.5	64.5	9.1	52.0
庚醛	2.4	1.6	1.7	2.1	1.0	1.9	2.5	1.1	2.4
柠檬烯	4.1	3.7	1.6	6.6	4.6	14.0	3.3	3.7	4.7

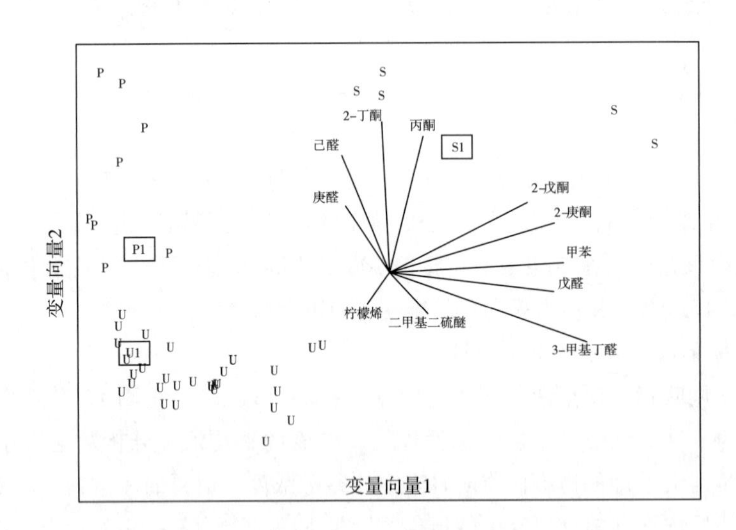

图 7-13　通过 PT 测定 46 种牛乳样品中 11 种挥发性化合物（变量）的 PCA 统计结果

P、U、S：巴氏杀菌，UHT 和瓶装灭菌牛乳。

图 7-14 所示为巴氏灭菌乳、UHT 乳和瓶内灭菌乳的 GC-MS 的总离子流图。人们发现这三种样品的分析结果显示出较大的差异性。共有 11 种挥发性出化合物被鉴定出来（有关化合物见表 7-13），并且大多数是酮类化合物。在这些化合物中，那些具有较高分子质量（例如，2-戊酮至 2-十一烷酮）的物质的浓度显示出伴随着热处理条件的剧烈程度增强而增加的趋势。而酮类化合物的这种变化趋势也在其他研究人员的报告中得到了证实。

表 7－13　　固相微萃取法对牛乳中挥发性化合物的定量　　单位：μg/kg

化合物	巴氏灭菌乳（16）[①]		超高温瞬时灭菌乳（15）		瓶内灭菌乳（4）	
	浓度	标准误差	浓度	标准误差	浓度	标准误差
二甲基硫醚	1.2	0.7	0.0	0.0	3.3	3.0
丙酮	33.8	10.0	20.2	15.6	55.0	17.3
四氢呋喃	3.9	1.5	1.6	2.4	2.2	1.6
2－丁酮	13.9	13.5	5.7	7.0	13.8	3.3
2－戊酮	0.0	0.0	9.4	6.7	44.5	10.4
甲苯	0.0	0.0	0.0	0.0	3.7	2.0
2－己酮	0.0	0.0	0.0	0.0	6.4	4.4
2－庚酮	10.4	8.3	67.5	50.7	253.0	57.6
2－壬酮	2.5	0.4	16.7	12.9	62.6	16.6
苯甲醛	0.0	0.0	0.2	0.6	4.9	1.4
2－十一烷酮	0.0	0.0	4.0	3.0	16.3	3.5

①代表该组样品的数量。

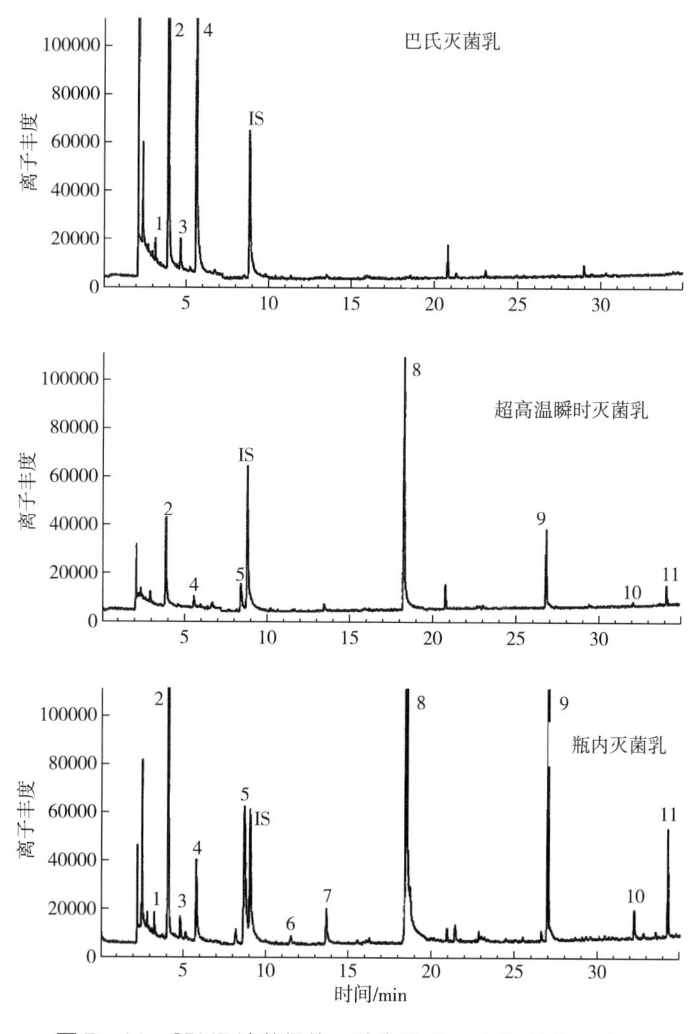

图 7－14　SPME 法获得的三种牛乳 GC－MS 总离子流图

研究人员对使用SPME获得的定量结果进行PCA分析。应当留意的是，这些定量数据的计算是没有使用任何校正因子得到的；因此，虽然这些数据并不能精准反映出每种化合物的确切浓度，但它们可以用来在样品间做适合的内部特征比较。

图7-15所示为35个牛乳样品（分析对象）和9种化合物（变量）的第一和第二主成分（说明了总方差的81%）分布情况。由于在巴氏杀菌和UHT乳中没有检测到甲苯和2-己酮，因此这两种化合物被排除用于统计的数据集之外。沿着第一个主成分的横轴，可以发现在UHT（U）乳和瓶内灭菌乳（S）之间发现较大的分离度。这种分离主要是由于在此特征向量上具有较大贡献度的变量（例如，2-戊酮、2-庚酮、2-壬酮和2-十一烷酮）。超高温灭菌乳（UHT）和巴氏灭菌乳（P和HP）之间的分离来自第一和第二主成分向量中变量的贡献度。这表明变量在第二个特征向量（丙酮和2-丁酮）上的贡献度在区分样品的热处理程度上也具有较大的影响度。另外，在“高度巴氏灭菌乳”（HP）和“轻度巴氏灭菌乳”（P）之间并没有检测到显著性差异。

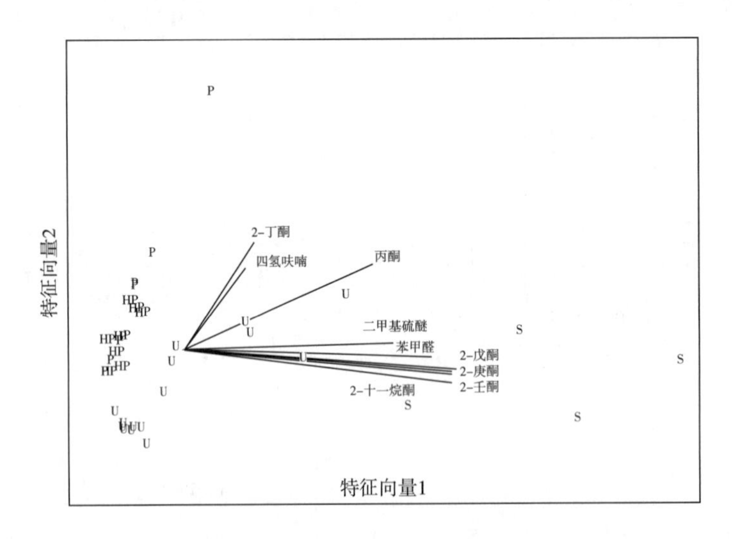

图7-15 SPME测定35种牛乳中9种挥发性化合物（变量）的PCA结果

P、U、S：巴氏杀菌，UHT和瓶装灭菌牛乳。

超高温灭菌乳和瓶内灭菌乳样品在SPME方法下显示出比PT法的结果更为离散的结果（PT法的PCA结果见图7-13）。造成这种差异的主要原因可能是牛乳样品本身的原因。在本次实验工作中，研究人员选用了与前期实验不同的牛乳样品，与之前的样品相比，本次研究中的样品来自不同的工厂（即不同的工艺流程，特别是原料的质量和来源不同）。

表7-13所示为SPME法得到的定量数据。仅在检测出该化合物的样品中计算该化合物的浓度数值及其数据测定的标准误差。比较SPME法与PT法的定量数据可以发现，巴氏杀菌乳中的定量值普遍显示出更小的敏感度（表7-12和表7-13）。图7-16所示为瓶内灭菌乳中通过SPME法和PT法测得的酮类化合物的平均浓度。值得注意的是这两种方法对于挥发性化合物的回收率均取决于化合物的分子质量。吹扫-捕集法被证明能够更好提取分子质量较小的化合物（例如，丙酮和2-丁酮）。相反，SPME技术通过使用三相涂层（二乙烯基苯、碳分子筛、聚二甲基硅氧烷）萃取头和极性毛细管柱搭配的方法，可实现对具有较多碳原子个数化合物的更好提取与分析（2-庚酮、2-壬酮和2-十一烷酮）。两种技术方法对2-戊酮的回

收率较为相似。人们同时还发现两种方法对于巴氏灭菌乳和超高温灭菌乳的分析结果较为类似。

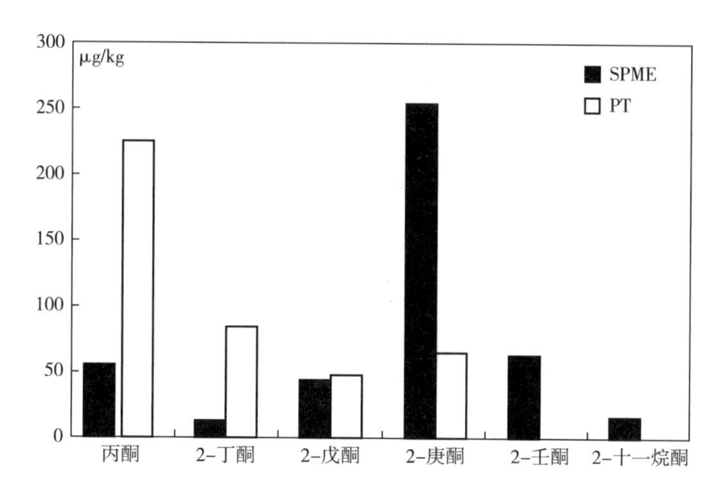

图7－16　PT和SPME对瓶内灭菌乳中的酮类物质浓度测定值的比较

SPME对于样品成分检测的稳定性还通过对同一个牛乳样品的六次重复试验进行了验证（表7－14）。结果显示SPME技术的平均误差率为5%～31%；该结果与吹扫－捕集法的误差率大致相同。这一结论在Marsili和Elmore等研究牛乳和可乐风味饮料中挥发性化合物的结论相一致。

表7－14　　SPME法对同一个瓶内灭菌乳样品的六次测定值

化合物	浓度/（μg/kg）	标准误差	CV%（误差率）
二甲基硫醚	7.7	2.4	31.3
丙酮	43.8	6.9	15.7
四氢呋喃	3.4	0.5	14.9
2－丁酮	13.8	1.4	9.9
2－戊酮	39.7	2.4	6.1
甲苯	6.1	0.5	8.4
2－己酮	7.9	0.4	5.4
2－庚酮	272.4	25.0	9.2
2－壬酮	67.8	11.4	16.7
苯甲醛	3.9	1.1	28.9
2－十一烷酮	17.4	3.4	19.3

4.2－庚酮作为不同热处理工艺标记物的适用性

在两种方法检测到的所有挥发性化合物中，甲基酮的浓度似乎与饮用牛乳的热处理工艺程度呈现出较高的相关性。人们对这些化合物的浓度进行初步比较后发现可以选择2－庚酮作为区分不同加热工艺程度的参数化合物。该化合物是由牛乳腺中八个碳原子的β－酮酸经过脱羧代谢的天然产物。表7－15所示为由PT和SPME测定的样品中2－庚酮的浓度范围。该化合物的浓度范围根据三种不同的加热处理工艺条件呈现出较好的区分度。

表7－15　　2－庚酮在三种灭菌乳中的浓度　　单位：μg/kg

测定方法	巴氏灭菌乳			超高温瞬时灭菌乳			瓶内灭菌乳		
	样品个数	最小值	最大值	样品个数	最小值	最大值	样品个数	最小值	最大值
PT	9	1.4	5.0	31	6.4	11.7	6	52.0	80.7
SPME	16	0.0	16.3	15	28.7	169.0	4	203.5	325.8

测定方法	最小值－CV%①	最大值＋CV%	最小值－CV%	最大值＋CV%	最小值－CV%	最大值＋CV%
PT	1.3	5.5	5.8	12.9	46.8	88.7
SPME	0.0	17.8	26.1	184.2	185.2	358.4

①误差率（CV%）＝10.0（吹扫－捕集法）；CV%＝9.2（固相微萃取法）。

如上所述，SPME法和PT法因为对牛乳中风味化合物的提取和回收率不同及其特点，从而使不同热处理工艺的牛乳能够在风味化合物的特征上得以区分。通过比较2－庚酮与内标化合物的峰面积计算得到的该物质浓度，似乎可以作为区分不同热处理工艺牛乳风味的标志。因此，对该化合物以及其他甲基酮化合物在牛乳中实际浓度的测定需要使用FID以及MS检测器共同精准实施。

三、发酵乳制品的风味成分

发酵乳制品包括酪乳和酸乳，其风味是由乳糖、乳脂肪和乳蛋白通过微生物发酵或酶促反应产生的。例如，发酵乳制品风味是由乳酸乳球菌和明串珠菌的混合菌种的发酵所致。微生物将乳中的柠檬酸盐转化为丁二酮，这个化合物是新鲜酪乳中甜奶油气味的主要原因物质。表7－16为新鲜甜稀奶油酪乳（fresh sweet cream buttermilk）和放置一段时间的酸稀奶油酪乳（stored sour cream buttermilk）中的强势气味物。酸乳风味受醛的影响较大。有研究认为，2,3－丁二酮、2,3－戊二酮、二甲基硫醚和苯甲醛为酸乳中较为重要的气味化合物。

表7－16　　新鲜酪乳和放置酪乳中的主要气味物

化合物	风味稀释因子		气味描述
	新鲜酪乳	放置酪乳	
δ－癸内酯	64	512	椰子样、甜的
反，顺－2,6－壬二烯醇	ND	256	金属味
反－4,5－环氧－反－2－癸烯醛	ND	256	金属味
未知物质	16	128	山羊味
3－甲基吲哚	ND	128	樟脑球气味
香兰素	16	128	香草味

续表

化合物	风味稀释因子		气味描述
	新鲜酪乳	放置酪乳	
γ-癸内酯	64	ND	椰子样、甜的
γ-壬内酯	ND	64	甜的
γ-辛内酯	32	64	椰子样、甜的
δ-辛内酯	32	n. d	椰子样、甜的
反-2-十一烯醛	ND	64	清新、脂肪味
3-甲硫基丙醛	ND	64	熟马铃薯味
2,3-丁二酮	8	ND	甜奶油味

注：ND 表示未检出。

四、 干酪风味

干酪的许多挥发性化合物源于酪蛋白的降解；而脂肪的酶水解，在卡蒙贝尔（Camembert）干酪及罗克福（Roquefert）干酪的成熟过程中会生成短链脂肪酸，从而对干酪的整体风味特征产生影响；乳糖发酵会生成例如乳酸、丁二酮及丙酸等风味化合物（图 7-17）。

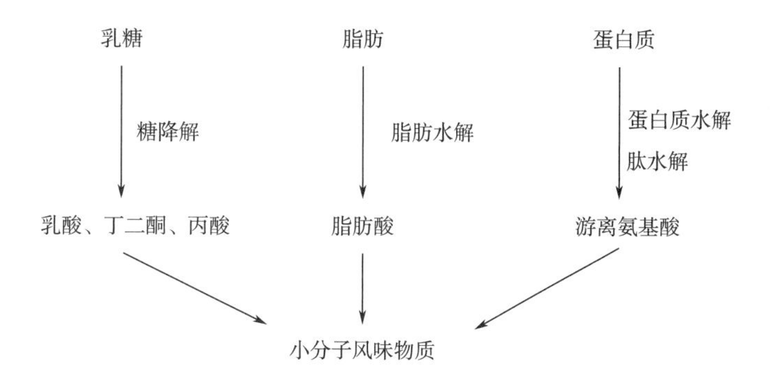

图 7-17 干酪中风味物质的形成

蛋白酶和肽酶在干酪的成熟过程起了重要作用，蛋白质的水解使短肽和游离氨基酸增加，肽会增加干酪的苦味，游离氨基酸则直接形成了干酪滋味的基本形态。另一方面，游离氨基酸通过氨基酸转化酶转化为挥发性气味化合物，这一过程是在干酪发酵过程中缓慢发生的，直接影响到干酪气味特征的形成。但是，到目前为止有关氨基酸转化酶的性质尚未完全清楚。表面成熟的干酪中的非发酵微生物，如短杆菌和假单孢菌、蓝纹（Blue）干酪中的青霉等对氨基酸的降解规律已经被初步研究。例如，对硬质干酪如高达（Gouda）干酪而言，嗜温乳球菌的酶对氨基酸的分解直接形成了最终产品的气味特征。在干酪制作中，添加乳脂乳球菌（*Lactococcus lactis* subsp. *cremoris*）的粗酶提取物，会使甲硫氨酸及亮氨酸降解。甲硫氨酸的降解产物是干酪风味的重要组成部分，它们在许多种类的干酪如帕尔玛（Parmesan）干酪、切达（Cheddar）干酪及高达干酪中都被鉴定出。

1. 蛋白质水解

干酪中的蛋白质水解（proteolysis）主要由凝乳酶和蛋白酶共同作用引起。蛋白酶使蛋白质分解生成大量的肽，这些干酪中的可溶性含氮成分进一步降解成小肽和游离氨基酸，成为干酪中的氨基酸态氮（AN）成分。蛋白酶和肽酶的活性取决于生产干酪所用微生物的种类，其中使用较为广泛的是嗜热乳酸菌，因其能加速干酪的成熟并能够显著改善干酪的风味品质。

关于与风味形成相关的酶系研究，过去的研究焦点集中在干酪风味形成过程种酪蛋白降解为肽（苦味）及氨基酸的作用上。在干酪风味特征方面，基于乳品的感官评定和化学分析，各种挥发性化合物，如脂肪酸、酯、醛、醇、酮和含硫化合物被鉴定为干酪及其他乳制品的气味和滋味的重要成分。干酪中的大多数挥发性风味成分在产品成熟过程中生成，基于气－质联用分析的结果，这些化合物很可能是由乳糖、酪蛋白和脂肪形成的。在高达干酪和切达奶干酪中，酪蛋白的蛋白质水解对风味的充分形成是必需的，这意味着蛋白质水解和肽水解所产生的氨基酸在干酪成熟过程中转变成挥发性风味化合物。最近，酶催化氨基酸降解形成挥发性风味成分的作用被研究所揭示。奶干酪的水溶性组分（water－soluble fractions）中含有奶干酪特征的滋味成分，基于这一事实，研究人员用乳酸乳球菌（*Lactococcus lactis*）的细胞的提取物和氨基酸进行混合，模拟出了干酪风味；体系中几种氨基酸尤其是蛋氨酸对奶干酪风味的形成特别重要。结果表明发酵微生物具有利用氨基酸生成干酪风味的能力。

酶催化甲硫氨酸降解形成干酪风味物质的途径有两个：一个是半胱－蛋氨酸β－裂解酶对甲硫氨酸直接的脱甲硫基化作用，此酶在干酪发酵模拟体系中的活性较高，甲硫氨酸可以同时发生脱氨基和脱甲硫基反应，形成甲硫醇；甲硫醇是阈值较低的风味化合物，并且随后转变为其他的含硫化合物，如二甲基硫醚及二甲基二硫醚。第二条途径是一个包含至少两阶段的转化过程，第一阶段是转氨基，形成4－甲硫基－2－氧丁酸（4－methylthio－2－oxobutyric acid）；第二阶段是脱羧反应，生成3－甲硫基丙醛（methional），3－甲硫基丙醛随后转变为甲硫醇。

2. 干酪中的挥发性成分

干酪的气味特征是人们对不同类别的大量物质感知的综合结果。软质干酪风味中涉及的挥发性化合物引起了人们的极大关注。然而，与使用霉菌成熟的干酪相比，关于软质涂抹成熟干酪中挥发性化合物的研究工作较少。我们接下来将主要讨论影响软质干酪风味的主要成分，如表面熟化干酪，卡蒙贝尔干酪和蓝纹干酪。讨论不同干酪中风味物质的感官性质和数量。

干酪成熟是一个包括酶催化反应的复杂过程，这些反应会使不同品种的干酪风味和质构发生典型的变化。酶催化反应过程会产生相当数量的化合物，由于它们的存在、浓度和比例各不相同，因此这些化合物通常会呈现出不同干酪的风味特征。研究表明，只有低分子质量的化合物才能显著改善软质或硬质干酪的风味。

大多数关于软干酪挥发性成分的研究都集中在霉菌成熟的干酪上，如卡蒙贝尔干酪、布里干酪或蓝纹干酪。对表面成熟干酪气味成分的研究较少。成熟时，蓝纹干酪的特点是在整个干酪块内有蓝色或绿蓝相间的网络纹路，而卡蒙贝尔干酪上覆盖着一层薄薄的白色霉菌。干酪内部或表面的霉菌赋予了这些干酪独特的外观，而高度的微生物代谢活动则产生了独特的气味和滋味。表面成熟的干酪，也被称为软质干酪，表面有酵母和细菌生长，而这些微生物有助于形成独特的干酪风味。

传统的软质干酪有一种独特的气味特征，经过训练的人员可以察觉出这些特征的不同，进而了解所遇到的干酪中具有哪些主要风味化合物的感官特性（气味特征和识别阈值）。对大多数软质干酪的研究集中在挥发性脂肪酸，它们是挥发性组分中浓度最高的一类化合物。事实上，脂肪分解在软质干酪中尤其重要，如卡蒙贝尔干酪和蓝纹干酪，其中游离脂肪酸可以达到总脂肪酸含量的10%。脂肪分解是由体细胞和微生物（特别是霉菌）的脂肪酶活性引起的。蓝纹干酪中因为干酪基质中存在大量霉菌，因此霉菌脂肪酶与脂肪的接触较多。这就解释了为什么蓝纹干酪中的挥发性脂肪酸浓度总是高于霉菌表面成熟的干酪（表7－17）。

表7－17　干酪中的有机酸类风味物质

化合物	风味特征	识别阈值/（mg/L）	干酪种类
乙酸	醋，刺鼻	22① －7②	卡蒙贝尔
		54①/100①	芒斯特
		5②	芒斯特
		0.145③	庞利维
丙酸	醋，刺鼻	40.3①	卡蒙贝尔
			芒斯特
			利瓦若
			庞利维
2－甲基丙酸	甜的，苹果状的，酸败的，黄油	5.3①	卡蒙贝尔
		0.0195③	芒斯特
			利瓦若
			庞利维
丁酸	酸败，干酪味，腐烂，汗味	6.2① －0.66②	卡蒙贝尔
		6.8① －0.6② －25④	芒斯特
		3②⑤	利瓦若
		1.1①/0.3－0.48①	庞利维
2－甲基丁酸	果味，酸味，汗味	1.6－3.2①	罗马杜
3－甲基丁酸	腐烂的水果，温和的，汗味	0.07－1①	卡蒙贝尔
		0.13－0.14①	芒斯特
		0.75① －0.00245③	利瓦若
			庞利维
戊酸	乳酪状的，汗味，酸败的，蜡质的	1.1－6.5①/1.4①	卡蒙贝尔
			罗马杜
4－甲基戊酸	刺鼻，干酪状的	0.61①	芒斯特
			利瓦若

续表

化合物	风味特征	识别阈值/(mg/L)	干酪种类
己酸	刺鼻，蓝纹干酪，酸味	15①	卡蒙贝尔
		5.4①-2.5②-14④	芒斯特
辛酸	山羊，蜡质，肥皂味，发霉，酸败，果味	5.8①-350②	卡蒙贝尔
		10②⑤	布里
癸酸	酸败，脂肪的	3.5①-200②	卡蒙贝尔
		200②/5②⑤	布里
十一烷酸	油性，甜味，蜡质	0.1①	卡蒙贝尔
十二烷酸（月桂酸）	脂肪的	700②	卡蒙贝尔/布里
十四烷酸	蜡质，油性	5000②	卡蒙贝尔/布里
		10①	林堡

①~⑥表示嗅觉或味觉阈值水平定义为超过一半的评价员可以正确识别出该化合物的最稀浓度。①在水中；②在油中或黄油中；③在空气中；④在牛乳中；⑤滋味阈值；⑥丙酸+2-甲基丙酸。

（1）甲基酮　由霉菌制作的半干酪如蓝纹干酪中，2-庚酮是重要的特征性气味化合物，而由霉菌成熟的软质干酪中，2-壬酮则是主要的挥发性化合物。甲基酮一般由霉菌，如洛克菲特青霉的参与下生成，洛克菲特青霉通过β-酮基乙酰辅酶A将饱和脂肪酸氧化成β-酮酸，β-酮酸然后在脱羧酶的作用下脱羧变为甲基酮，甲基酮再还原为烷基醇，这也是蓝纹干酪的重要风味物质，气味与甲基酮相似，但比其香韵更浓郁。表面熟化干酪的特征性风味物质是由青霉和利用乳酸盐的酵母的综合作用的结果，它们促使干酪的pH增加，提供了对嗜冷细菌生长有利的环境条件。1-辛烯-3-醇赋予了卡蒙贝尔干酪典型的蘑菇风味，掩盖了蓝纹干酪中甲基酮的部分风味。1,5-辛二醇、1,5-辛二酮、3-辛醇、3-辛酮（均为绿色植物样气味）、8-壬烯-2-酮（蓝纹干酪样气味）、2-甲基异龙脑（methyliso-borneol）（霉味）、2-甲氧基-3-异丙基吡嗪（土味、生马铃薯味）是卡蒙贝尔干酪及布里干酪浓重土味的原因物质。C_8化合物是亚油酸和亚麻酸在脂肪氧合酶（lipoxygenase）作用下降解生成的物质。在格鲁耶尔干酪表面微生物的作用下生成了甲基酮类化合物，如2-庚酮、2-壬酮、苯乙酮，酮醇类化合物，如乙偶姻、3-甲基-3-丁醇-2-酮、3-戊醇-2-酮、2-戊醇-3-酮、2-戊醇-4-酮等。甲基酮也是帕尔玛干酪的主要风味成分。

（2）脂肪酸　脂肪酸是乳脂肪的水解产物。Ney报道了酮酸的存在几乎与切达干酪、埃曼塔尔干酪、蓝纹干酪、太尔西特干酪、芳提娜干酪、曼彻格干酪、帕尔玛干酪、高达干酪、波罗夫洛干酪和卡蒙贝尔干酪中的每一种氨基酸都有关。根据Ney和Wirotama的研究，α-酮基-3-异己酸和α-酮基-甲基戊酸都具有强烈的干酪风味。Tanaka和Odata也报道了α-酮基-3-异己酸有干酪样的风味。这些酸的浓度及其贡献度在不同的干酪品种中呈现一定的差别。

在大多数软质干酪中都检测到了各种挥发性脂肪酸（多达12个碳原子）（表7-17）。每种酸的浓度在不同的干酪中各不同，有时甚至在相同的干酪品种中也有很大的差异。这种差异可能源于使用不同的提取方法来分析干酪中的挥发性化合物。一般来说，芒斯特干酪的醋酸、丙酸、2-甲基丙酸、丁酸、3-甲基丁酸和4-甲基戊酸的浓度高于其他软质干酪。然而，有研究表明，这些短链脂肪酸是卡蒙贝尔干酪中最重要的有机酸物质（4-甲基戊酸除外）。蓝纹干酪含有较高浓度的 C_6 ~ C_{12} 偶数脂肪酸（表7-17）。与典型山羊干酪风味相关的4-甲基和4-乙基戊酸在用牛乳制成的软干酪中没有被检测到。尽管不同脂肪酸的气味阈值在15000~0.00245mg/L（表7-17），大多数短链和中链脂肪酸（4~12个碳原子）的气味阈值小于5mg/L。此外，每种化合物都有独特的气味特征。因此，当它们大量存在时，它们可能与干酪的气味特征有关。另外，干酪的pH会影响挥发性脂肪酸分子的浓度。只有质子化形式的脂肪酸具有气味活性，并且有助于成熟干酪的风味形成。它们主要对应于干酪脂肪相中溶解的酸。在挥发性脂肪酸中，乙酸、丁酸、3-甲基丁酸和辛酸是卡蒙贝尔干酪最重要的气味成分。在含有丁酸和不同中性化合物混合物的干酪基质中检测到类似于卡蒙贝尔干酪风味的结果已经表明了丁酸对卡蒙贝尔干酪风味的重要性。蓝纹干酪同时表现出强烈的山羊味、肥皂味和酸味特征，这是由高浓度的 C_4 ~ C_{12} 偶数有机酸物质所呈现的特征。另一方面，长链脂肪酸（含有12个碳原子以上）的识别阈值很高，即使在一些干酪中检测到很高的浓度值，它们在干酪风味中也可能只起到很小的作用。

此外，脂肪酸在软质干酪气味中的重要性，不只是它们自身的气味特征，而且还可以通过作为甲基酮、醇、内酯和酯等风味物质的前体物质来体现出来。其他酸，如苯甲酸、羟基苯甲酸、苯乙酸、羟基苯乙酸、羟基苯丙酸等的存在，都会引起人们的关注。这些化合物偶尔在软质干酪中被报道，特别是在卡蒙贝尔干酪和蓝纹干酪中，但是这些化合物很少被测定浓度，它们在干酪风味中的作用还没有被明确讨论清楚。

在蛋白质深度水解的干酪中，氨基酸会降解为一些有机酸，如利瓦诺干酪和庞利维干酪中的2-甲基丁酸、3-甲基丁酸可能分别来源于亮氨酸和异亮氨酸。3-甲基戊酸的来源尚不明确，可能是微生物代谢的产物。2-甲基丁酸、3-甲基丁酸的识别阈值分别为3.2mg/kg、0.07mg/kg，它们在干酪中呈汗味特征。尽管Ha和Lindsay在美国切达干酪中检测出15.4mg/kg的2-甲基丁酸、在美国切达干酪中检测出2.36mg/kg的3-甲基丁酸，但是这2种酸在其他的干酪中并不常见。3-甲基戊酸的识别阈值为0.15mg/kg，具有绵羊样或湿松林样的气味。Ney认为异丁酸、异戊酸、异己酸、甲硫醇和硫化氢是太福特干酪风味的关键化合物。Lamparsky和Klimes也报道了切达干酪中2-羟基-3-甲基丁酸、2-羟基-4-甲基丁酸、2-羟基-3-甲基戊酸、2-羟基己酸的存在，并提出这些酸是氨基酸酶降解的产物。Barlow等发现当丁酸和己酸浓度增加时，切达干酪的气味特征强度呈现先增加后下降的特点。当丁酸和己酸浓度分别为45~50mg/kg和20~25mg/kg时，切达干酪的风味最佳。Perret根据棕榈酸的浓度计算了切达干酪脂肪降解的程度，发现品质较好的干酪中脂肪水解的程度大致为：开始小于0.52%、20个月时1.6%，脂肪水解程度高于这个比例，便会出现不良风味（off-flavors）。Perret将低分子质量的脂肪酸加到切达干酪中并使之成熟一段时间后发现脂肪降解的程度比常规成熟的干酪的大得多。

Ha和Lindsay研究了支链脂肪酸对牛乳、绵羊乳和山羊乳干酪的风味影响。他们发现切达干酪中的游离2-乙基丁酸、2-乙基己酸、2-乙基戊酸和4-甲基辛酸的浓度分别为

1.58mg/kg、0.08mg/kg、0.05mg/kg、0.11mg/kg。因为2－乙基丁酸、2－乙基己酸和4－甲基辛酸的识别阈值分别为5.7mg/kg、82.4mg/kg和0.6mg/kg，这些游离支链脂肪酸对切达干酪的风味没有显著的贡献度。但是，支链脂肪酸在山羊乳及绵羊乳干酪的风味特征中起重要作用。他们还发现山羊乳干酪中具有强烈山羊味的4－乙基辛酸的浓度为10～50μg/kg（识别阈值为6μg/kg），4－甲基辛酸的浓度为20～260μg/kg，其浓度在100μg/kg以下时呈羊肉气味特征，与4－乙基辛酸混合则呈现出山羊气味特征。其他支链或正构脂肪酸的存在，赋予了绵羊乳或山羊乳干酪浓重的山羊羊肉风味特征。

（3）醇类化合物　一般来说，一级醇，主要是3－甲基－1－丁醇和苯乙醇，是软质干酪中的主要酒精化合物（表7－18）。然而，这些化合物并不是这种类型的干酪所特有的。3－甲基－1－丁醇在卡蒙贝尔干酪和蓝纹干酪中浓度较高，而苯乙醇在卡蒙贝尔干酪中含量丰富（表7－18）。这些化合物分别带有类似麦芽气味和花香气味特征。苯乙醇是7日龄卡蒙贝尔干酪中发现的主要挥发性化合物之一。它的最大浓度在成熟的第一周后达到，然后下降。在成熟干酪中发现的苯乙醇浓度稍低，但符合最敏感的识别阈值。因此，这种化合物可能会产生一些专家小组成员在传统卡蒙贝尔干酪中检测到的花香。相比之下，在蓝纹干酪中从未发现过苯乙醇。

除庞利维干酪中的2－丁醇外，表面改性干酪中未发现过大量的仲醇（表7－18）。在霉菌成熟的干酪中，主要的仲醇是2－庚醇和2－壬醇（表7－18）。Dumont等根据Groux和Moinas的方法，在成熟的卡蒙贝尔干酪中分离出戊烷－2－醇，而这种化合物只在新制作的干酪中被大量检测到。1－辛烯－3－醇仅在卡蒙贝尔和布里干酪样品中大量存在（表7－18）。1－辛烯－3－醇以其蘑菇气味特征和较低的识别阈值显示出其特有的风味，并且1－辛烯－3－酮可能会增强这种醇类化合物的气味强度。Moinas等将5～10mg/L的1－辛烯－3－醇添加到中性干酪基料中获得了接近成熟的卡蒙贝尔干酪的气味特征。然而，当1－辛烯－3－醇的浓度过高时，其气味特征就会令人产生不悦感。

（4）酚类化合物　Ramshaw对牛乳及干酪（切达干酪、高达干酪、罗克福干酪、卡蒙贝尔干酪、弗里堡干酪和表面成熟利瓦诺干酪）中酚、甲酚和乙基酚的存在和风味质量进行了综述。酚类物质的感官检出极限为1mg/kg或更低，风味强度的顺序为甲酚＞乙基酚≫酚，介质对风味强度影响程度依次是水＞类脂物＞干酪。酚类物质的浓度在其识别阈值左右时对干酪的风味有益，当浓度增大时则呈现出不愉快的气味，其感官特点从尖锐的、药味的变化为甜味、芳香气味再变化为烟味、焦煳味、不愉快气味和羊圈气味特征。酚类化合物在乳品中以葡糖苷酸或硫酸盐的形式存在，可以在牛乳β－葡糖苷酸酶或苯基酯化酶的作用下生成。切达干酪中的酚、甲酚和乙基酚的浓度在20μg/kg时呈现较为良好的气味特征，但它们的浓度增大时，甲酚和乙基酚会呈现出“牛圈气味”的不良风味特征。Ha和Lindsay发现绵羊乳干酪含有相当量的乙基酚和甲酚（甲酚29mg/kg，*p*－甲酚66mg/kg，*o*－甲酚21μg/kg，*m*－甲酚29μg/kg，3，4－二甲酚26μg/kg），这些酚类物质对这种干酪贡献了绵羊特征的气味。4－甲基辛酸和4－乙基辛酸以及*m*－甲酚、*p*－甲酚、3，4－二甲基酚构成了绵羊乳罗马诺干酪的绵羊气味特征。酚和甲酚（*o*－甲酚、*m*－甲酚和*p*－甲酚）贡献了烟熏气味的特征，而在波罗夫洛干酪中，这些化合物则呈现出强烈的药品气味。

表7－18　干酪中的醇类风味物质

化合物	风味特征	识别阈值/（mg/L）	干酪种类
甲醇			庞利维
乙醇	酒精味，温和的		卡蒙贝尔
			利瓦若
丙醇	酒精味，甜的		卡蒙贝尔
			马鲁瓦耶
丁醇	甜的，果味的	0.5	卡蒙贝尔
		3.5	庞利维
戊醇		4	庞利维
			蓝纹
己醇		2.5	卡蒙贝尔
			利瓦若
庚醇	芳香的，油性，厚重的，像木头味的	2.4/20	卡蒙贝尔
			弗里堡
辛醇	脂肪的，蜡质，柑橘	0.11/0.19	弗里堡
2－丙醇	略带奶油味		庞利维
2－丁醇		1.7	利瓦若
2－戊醇	淡绿色，杂醇油		卡蒙贝尔
			布里
2－己醇			卡蒙贝尔
2－庚醇	泥土味，油腻，有点甜的		卡蒙贝尔
			布里
2－壬醇	脂肪，甜瓜，淡绿色		卡蒙贝尔
			布里
2－十一醇			卡蒙贝尔
			布里
1－辛烯－3－醇	蘑菇	0.01/0.001	卡蒙贝尔
		0.048/0.034	布里
1，5－辛二烯－3－醇			卡蒙贝尔
3－甲基－2－环己烯醇			卡蒙贝尔
2－甲基丙醇	酒精味，有穿透力		卡蒙贝尔
2－甲基丁醇		0.115	弗里堡
			古贡佐拉
3－甲基丁醇	果味，酒精味	3.2－4.75	卡蒙贝尔
		4.75	布里

续表

化合物	风味特征	识别阈值/（mg/L）	干酪种类
3-甲基戊醇	刺鼻，酒		埃波斯
苯甲醇			马鲁瓦耶
2-苯乙醇	玫瑰香，花香	7.6/9.1	卡蒙贝尔
2-苯基-乙烷-2-醇			马鲁瓦耶

（5）含硫化合物　呈现腐烂白菜气味的甲硫醇是表面成熟干酪的特征风味成分，也是哥瑞诺干酪具有不愉快气味的原因物质之一。Dimos 等对全脂与低脂切达干酪的挥发性成分进行了比较，结果显示干酪中甲硫醇的浓度与风味特征品质高度相关，低脂切达干酪风味的缺陷可以归因于甲硫醇的浓度过低。Manning 和 Moore、Green 和 Manning 的研究使甲硫醇在切达干酪和斯提尔顿干酪中的重要性得到广泛认同，研究认为甲硫醇是甲硫氨酸在干酪低的氧化还原电势（-200～-150mV）条件下由纯化学反应降解生成的。Bruinenburg 认为甲硫醇是在甲硫氨酸酶作用下生成的，而这种酶存在于多种乳酸菌中。负的氧化还原电势对挥发性巯基化合物的生成是充分不必要条件。甲硫醇存在于卡蒙贝尔干酪中，与2,4-二噻戊烷、3,4-二噻己烷、2,4,5-三噻己烷以及3-甲硫基-2,4-二噻戊烷一起使完全成熟的干酪呈现出类似大蒜的风味。二甲基硫醚存在于许多种干酪中，硫化氢被认为是切达干酪风味的重要贡献成分。干酪中的蛋白质、谷胱甘肽以及辅酶 A 中的巯基与分解它们的酶物质都来自于牛乳及凝乳酶，它们之间的相互作用与产物的浓度平衡对干酪的风味形成是十分重要的。甲基硫酯（CH_3S—COR）在林堡干酪的挥发物中被发现，这种物质呈现出类似熟菜花的风味。Cuer 将甲基硫丙酯的气味特征描述为类似干酪气味。

甲硫醇及4-羟基-2,5-二甲基-3(2*H*)-呋喃酮（Furaneol）、5-乙基-4-羟基-2-二甲基-3(2*H*)-呋喃酮是埃曼塔尔干酪风味的重要组成成分，它们很可能是这种干酪甜味特征的原因物质之一。在切达干酪和卡蒙贝尔干酪中还检测到了具有生马铃薯气味的3-甲硫基丙醇（蛋氨醇）。3-甲硫基乙酯在帕尔玛干酪的浓度很低，属于痕量范围。Gallois 和 Langlois 研究了法国蓝纹干酪的挥发性物质成分，结果表明高浓度的甲硫醇、二甲基硫醚（奶牛气味）和二甲基二硫醚（白菜气味）使科斯蓝纹干酪、罗克福干酪和奥弗涅蓝纹干酪具有较为明显的气味特征差别。Sloot 和 Harkes 从高达干酪的挥发物中鉴定出2,4-二噻戊烷，其气味识别阈值在油中为3μg/kg，在水中为0.3μg/kg。Von Eckert 合成了 *N*,*N*-二甲基-2 甲基氨基-4-甲硫基-1 丁醇，发现这种化合物具有强烈的卡蒙贝尔干酪气味，但这种化合物在干酪中并没有被检测出来；而具有干酪气味的二甲基巯基苯乙酮也未在干酪中被检测到。

棒状细菌，特别是短杆细菌，被认为是干酪中含硫化合物的主要生产者。这解释了为什么在白色霉菌干酪和软质干酪中会形成大量的含硫化物（表7-19），因为在这些地方，棒状细菌在表面大量繁殖生长。

甲硫醇似乎是软质白色霉菌干酪特有的风味物质之一。在卡蒙贝尔干酪中，硫化氢和二甲基二硫醚的生成量很低，但成熟3周后，甲硫醇的生成量达到0.542mg/kg。这些含硫化合物会呈现出大蒜气味，这在成熟的传统卡蒙贝尔干酪风味中可以明显检测到。在后来关于霉菌成熟干酪的研究中，仅检测到微量的含硫化物（表7-19）。这被认为是由于它们具有较高的挥发性。杜蒙等在鉴定卡蒙贝尔干酪气味特征的成分工作中，从具有大蒜气味特征的干酪提取物中检测到几种含硫化合物。他们鉴定出2,4,4-二硫戊烷、2,4,5-三硫己烷和3-甲硫基-2,4-二硫戊烷可能来源于甲硫醇。最近，在卡蒙贝尔干酪中检测到了大量的甲酸、二甲基硫醚和甲硫醇。在布里干酪中，只有当棒状细菌在干酪表面显著生长时，才能在成熟的干酪中检测到二甲基二硫醚和二甲基三硫醚。在蓝纹干酪香气的研究中，含硫化合物的报道并不多见。然而，Gallois 和 Langlois 在奥弗涅蓝纹干酪中检测到了大量的含硫化合物，特别是二甲基硫醚和二甲基二硫醚。

挥发性含硫化合物对表面成熟干酪的风味呈现出重要的影响。这些化合物的气味特征促使人们关注林堡干酪和特超普斯特干酪的气味特征已经有很长时间了。有研究报告了在这些干酪中鉴定出甲硫醇和硫化氢，并提出证据表明甲硫醇是导致干酪通常伴随着强烈腐烂气味特征的主要贡献化合物。在林堡干酪中发现了大量的二甲基二硫醚。杜蒙等使用的高真空蒸馏方法提取了这些干酪的气味浓缩物，但是这种提取方法不可能会检测到具有高挥发性的甲硫醇，但他们在朗戈瑞斯干酪、埃波斯干酪中检测到甲硫醇的乙酯化合物。干酪中发现的含硫化合物被描述为具有强烈的大蒜和完全成熟的干酪气味（表7-19）。此外，它们的气味识别阈值很低，因此它们很可能促进了表面成熟干酪和软质干酪的最终气味特征的形成。

表7-19　　干酪中含硫的风味物质

化合物	风味特征	识别阈值/mg/L	干酪种类
3-甲硫醇			卡蒙贝尔
甲硫醇	煮白菜	2/0.06	卡蒙贝尔
硫化氢			卡蒙贝尔
二甲基二硫醚	菜花，大蒜，熟干酪	120	卡蒙贝尔
		12	布里
二甲基硫醚	煮白菜，硫磺	9~170	卡蒙贝尔
二甲基三硫醚	蒜味，肉味，有穿透力	2.5/0.1	卡蒙贝尔
二甲基四硫醚			林保
甲乙基二硫醚			卡蒙贝尔
2,4-二硫醚戊烷	大蒜	60	卡蒙贝尔
3-甲硫基丙醛	水煮马铃薯	0.2	卡蒙贝尔
3-甲硫基-2,4-二硫戊烷			卡蒙贝尔
乙酸甲硫醇酯	熟菜花	5	庞利维
硫代丙酸甲酯	干酪味	100	弗里堡
苯并噻唑	喹啉，似橡胶的	0.08	卡蒙贝尔
甲硫苯并噻唑			庞利维
甲基甲烷硫磺酸盐			庞利维
噻吩-2-醛			卡蒙贝尔

（6）萜类　弗里堡干酪在其成熟过程中是由一圈云杉木环绕着，故其中的萜类化合物浓

度较高。Dumont 等从这种干酪中分离鉴定出 12 种萜类化合物，主要是松油醇、异龙脑和芳樟醇。Bosset 等对在阿尔卑斯山牧场成熟的 14 种瑞士干酪，如格鲁耶尔干酪和以提瓦干酪进行了研究，与 Dumont 和 Adda 对法国的格鲁耶尔干酪的研究情况相似，即阿尔卑斯山干酪比低海拔地区生产的干酪中的萜类化合物浓度更高。与低海拔生产的干酪相比，阿尔卑斯山干酪中的柠檬烯浓度高 3 倍，橙花醇的浓度高 4 倍；蒎烯的浓度是橙花醇的 1.3 倍，而在低海拔生产的干酪中则没有检测出蒎烯物质。这一结果对干酪生产商是重要的，他们想按照给葡萄酒冠名的做法，以产地名称冠名这种干酪产品。Guichard 对格鲁耶尔干酪进行了研究，结果表明一种 C16 不饱和烃、倍半萜烯、β - 石竹烯及一种分子质量为 206 的未知倍半萜烯是夏季生产干酪中最主要的特征风味成分，另外莰烯、伞花烃、柠檬烯、葎草烯也被鉴定出。

西班牙北部山区 Asturias 出产的工匠干酪风味强烈，深受消费者喜爱。这些产品均含有 α - 蒎烯、γ 松油烯、1,8 - 桉树脑。加莫内多干酪是一种由牛乳、山羊乳及绵羊乳混合制成的半干酪，有绿 - 蓝色的纹理，加盐、烟熏后用蕨类植物的叶子包起来。卡伯瑞勒斯干酪是由牛乳制成的半干酪，有蓝色纹理，加盐后用核桃叶包起来。Penamellera 干酪是一种由牛乳、山羊乳及绵羊乳混合制成的白色加盐半干酪。Los Beyos 干酪是一种由牛乳制成的白色加盐半干烟熏干酪。上述干酪中含有较多的游离脂肪酸、甲基酮及 2 - 烷基醇。

（7）α - 二羰基化合物及相关化合物　丁二酮是成熟干酪中理想的风味成分之一，但对干酪最终风味似乎没有明显的影响，因为切达干酪需要经过 6 个月的成熟期才能形成良好的整体风味，而丁二酮在这一漫长的过程中大多数早已挥发殆尽。α - 二羰基化合物、α - 酮基丙醛和丙酮醛尽管自身没有明显的风味特征，但会显著影响干酪整体风味特征的形成。由多种微生物产生的丙酮醛使干酪呈现强烈的整体风味，但也与低脂干酪中的类似肉的风味特征有关。通常基于 α - 二羰基化合物生成及最终产品的风味特点来选择发酵微生物种类，但因为伴有芳环氨基酸的降解，有未知的风味化合物形成，最终的产品并不会都呈现出理想的干酪风味。Griffith 和 Hammond 研究了氨基酸与丙酮醛、α - 酮基丙醛、二羟丙酮和乙醛的生成途径，发现这些反应中重要的氨基酸为缬氨酸、亮氨酸、异亮氨酸、蛋氨酸、半胱氨酸、苯丙氨酸、脯氨酸和赖氨酸，所有这些氨基酸都产生相应的 Strecker 醛。另外，丙酮醛与苯丙氨酸反应生成苯甲醛及苯乙酮；丙酮醛与蛋氨酸的反应生成二甲基二硫醚及二甲基三硫醚；丙酮醛与半胱氨酸的反应生成 2 - 乙酰基噻唑；赖氨酸与二羟丙酮生成烷基吡嗪；脯氨酸及赖氨酸与羰基化合物生成 2 - 乙酰基吡咯啉；丙酮醛生成 2,5 - 二甲基 - 4 - 羟基 - 3(2H) 呋喃酮；脯氨酸与乙醛生成 2 - 甲基苯甲醛；赖氨酸与羰基化合物生成戊内酯。尽管这些在模拟体系中发生的反应并不代表干酪中真实发生的情况，但这些小分子化合物确实呈现出瑞士干酪/干酪微生物酵种水溶性提取物的风味特点。

（8）酮类化合物　到目前为止，甲基酮是霉菌成熟干酪挥发性组分中含量最丰富的中性化合物，特别是卡蒙贝尔干酪和蓝纹干酪（表 7 - 20）。然而，后者比卡蒙贝尔干酪含有更多的酮类化合物。在卡蒙贝尔干酪和蓝纹干酪中鉴定出的羰基化合物种类繁多，而只有高浓度 2 - 庚酮和 1 - 壬烯 - 2 - 酮在布里干酪中被检测到。软质干酪中发现的甲基酮类化合物通常存在于霉菌成熟的干酪中（表 7 - 20）。然而，软质干酪中的甲基酮浓度较低。Tuckey 等发现，林堡干酪中发现的酮类化合物在成熟过程中浓度没有明显地增加。正如 Groux 和 Moinas 在弗里堡干酪中发现的结果那样，表面成熟干酪的风味特征与这些化合物无关。然而，在软质干酪弗里堡和马鲁瓦耶品种中含有高浓度的几种羰基化合物（表7-20）。

法国卡蒙贝尔干酪所含的所有酮类化合物的浓度均高于日本、丹麦或美国卡蒙贝尔干酪。在表面霉菌成熟的干酪中，酮类化合物在成熟的第一周就可以被检测到，根据Dolezalek和Brabcova的研究，在完全成熟的干酪中没有检测到酮类化合物。这一结果与Moinas等的发现一致，其中2-丁酮和2-戊酮只在刚制作的卡蒙贝尔干酪中被发现，它们的浓度在成熟过程中下降到无法检测到的水平。Dumont等报告说，除2-丁酮外，具有偶数碳个数的甲基酮化合物在卡蒙贝尔干酪中从未大量生成过，除非在完全成熟的干酪中；相反，2-壬酮、2-庚酮和2-十一酮的浓度在卡蒙贝尔干酪成熟期间稳步增加。Dartey和Kinsella观察到，蓝纹干酪中甲基酮化合物的浓度在成熟后的第70d增加，然后下降。关于不饱和酮类化合物，有时在完全成熟的卡蒙贝尔干酪中检测到大量的1-壬烯-2-酮和1-十一烯-2-酮（表7-20）。

最近，在卡蒙贝尔干酪中首次报道了1-辛烯-3-酮的存在，研究人员认为1-辛烯-3-酮是白霉成熟干酪中最重要的风味成分之一。他们还认为，2,3-丁二酮会导致卡蒙贝尔干酪中的黄油气味特征。在霉菌成熟干酪中已鉴定出微量的丙酮、甲基糠醛酮和苯乙酮（表7-20）。然而，当这些化合物被添加到中性干酪基料中时，丙基苯酮和甲基糠醛酮并不是卡蒙贝尔干酪风味中的关键化合物。另外，在不同的软质干酪中发现了大量的苯乙酮，如马鲁瓦耶干酪和弗里堡干酪中（表7-20）的这种化合物可能对这些类型的干酪的花香特征具有贡献度。

霉菌成熟干酪的特征是蘑菇味、霉味和水果气味。而这些风味特点与各种酮类化合物有关，如2-戊酮、2-庚酮、2-辛酮、2-壬酮、德坎-2-酮、3-辛酮和1-辛烯-3-酮（表7-20）。由于它们典型的气味和较低的气味识别阈值，以及它们在干酪中的浓度，酮和甲基酮类化合物被认为是表面霉菌成熟的干酪和蓝纹干酪中非常重要的风味化合物。两种主要的甲基酮，2-庚酮和2-壬酮，被认为是决定霉菌成熟干酪风味的最具代表性的中性化合物。干酪中甲基酮类化合物的生成与霉菌的酶活性有关。

表7-20 干酪中的酮类风味物质

化合物	风味特征	识别阈值/（mg/L）	干酪种类
丙酮	轻盈，有力量的，果味	125	卡蒙贝尔
			弗里堡
			蓝纹
2-丙酮	丙酮		蓝纹
2-丁酮	丙酮，乙醚	30	卡蒙贝尔
		61	马鲁瓦耶
			利瓦若
2-戊酮	果味，丙酮，甜的，轻盈	22/1.5	卡蒙贝尔
		61	马鲁瓦耶
		0.5	庞利维
2-已酮	花香，果味	4.7	卡蒙贝尔

续表

化合物	风味特征	识别阈值/（mg/L）	干酪种类
			弗里堡
2－庚酮	蓝纹干酪，洛克福干酪	1.3	卡蒙贝尔
		15	卡蒙贝尔
		0.7	布里
		3/0.14	马鲁瓦耶
2－辛酮	果味，发霉味，花香味，绿色，草本的	0.23	卡蒙贝尔
		0.15－1	布里
		2.5－3.4	庞利维
		0.05	林堡
2－壬酮	果味，发霉味，花香味	1.7	卡蒙贝尔
		7.7	卡蒙贝尔
		7.7/0.2	布里
2－癸酮	果味，发霉味	0.11	卡蒙贝尔
		0.19	庞利维
		9.3－11	蓝纹
2－十一酮	花香味，玫瑰，鸢尾，草本的	5.4/0.007	卡蒙贝尔
		100/3.4	卡蒙贝尔
			布里
2－十二酮			卡蒙贝尔
2－十三酮	果味，绿色，微辣	182	卡蒙贝尔
			布里
2－十五酮			林堡
			蓝纹
3－戊酮			弗里堡
3－辛酮	蘑菇，果味，辛辣	0.05	卡蒙贝尔
		0.028	布里
3－甲基－2－戊酮			卡蒙贝尔
4－甲基－2－戊酮	果味的，轻盈		卡蒙贝尔
2－甲基－3－己酮			卡蒙贝尔
1－羟基－2－丙酮			庞利维
5－庚烯－2－酮			蓝纹
4－甲基－3－戊烯－2－酮	刺鼻，蔬菜蘑菇		庞利维
1－辛烯－3－酮	天竺葵叶，土壤	0.01	卡蒙贝尔

续表

化合物	风味特征	识别阈值/（mg/L）	干酪种类
1,5-二辛烯-3-酮		0.001（μg/L）	卡蒙贝尔
1-壬烯-2-酮			卡蒙贝尔
2-十一酮			卡蒙贝尔
乙酰甲基甲醇	黄油	1	卡蒙贝尔
2,3-丁二酮		0.032-0.055	林堡
苯乙酮	橙花，花香，甜的	0.065	卡蒙贝尔
			马鲁瓦耶
			林堡
甲基糠醛酮			卡蒙贝尔
苯丙酮			卡蒙贝尔

（9）酯类　酯类是干酪挥发物中的常见成分，呈现出水果气味。在切达干酪中，酯类化合物被视为干酪的负面风味成分。Imhof 和 Bosset 在瑞士干酪中发现了 14 种不同的干酪中均含有不同浓度的酯类化合物。而在帕尔玛干酪中酯类化合物是其整体风味的重要成分之一，其中浓度较高的是丁酸乙酯、己酸乙酯、乙酸乙酯、辛酸乙酯、癸酸乙酯和己酸甲酯。

表 7-21 所示为每一种软质干酪中都检测出了各种酯类化合物。例如，Gallois 和 Langlois 在蓝纹干酪检测到的酯类化合物占总香气化合物的 6%～15%。大多数酯类化合物都有花香或者水果气味特征，这些化合物可以通过将脂肪酸所呈现的辛辣气味和苦味降到最低来增加食物的整体气味品质。特别是，苯乙酸乙酯赋予了卡蒙贝尔干酪的花香。在成熟 7d 后，苯乙酸乙酯是卡蒙贝尔干酪中的主要风味化合物，其次是苯乙醇。这种酯的浓度（4.6mg/kg）超过了甲基酮及其相应的仲醇类化合物的浓度；成熟 30d 后，尽管苯乙醇不再是干酪中的主要挥发性化合物，但仍存在相当大量的苯乙醇（约 1mg/L）。苯乙酸乙酯/2-壬酮的浓度比率随着干酪的成熟而降低。Moinas 等发现了卡蒙贝尔干酪提取物中微量的肉桂酸甲酯，并在与 2-庚酮、2-庚醇、1-壬烯-2-酮、1-辛烯-3-醇、2-壬醇、苯酚和丁酸混合时，验证了这种化合物带对干酪整体风味特点形成的关键作用。Dumont 等怀疑这些结果的真实性，因为到目前为止卡蒙贝尔干酪中再也没有发现过肉桂酸甲酯。

表 7-21　干酪中的酯类风味物质

化合物	风味特征	识别阈值/（mg/L）	干酪种类
丁酸甲酯		0.043/0.059	古贡佐拉
		4.68μg/L	Trappist
己酸甲酯	菠萝，轻盈		Trappist
辛酸甲酯	绿色，果味		庞利维
癸酸甲酯	油性，酒状，果味		卡蒙贝尔
			庞利维
			蓝纹

续表

化合物	风味特征	识别阈值/（mg/L）	干酪种类
十四酸甲酯	脂肪的		弗里堡
			蓝纹
十六酸甲酯		>2	弗里堡
			蓝纹
肉桂酸甲酯	果味		卡蒙贝尔
甲酸乙酯	轻盈，刺鼻		林堡
乙酸乙酯	溶剂，菠萝，果味	6.6/22	卡蒙贝尔
		4.7	马鲁瓦耶
		5/0.263	利瓦若
丙酸乙酯	菠萝，甜的，溶剂	0.0099	卡蒙贝尔
		0.0049	庞利维
丁酸乙酯	菠萝，甜味，香蕉，芳香	0.00013	卡蒙贝尔
		0.45	布里
		0.015/0.6	朗戈瑞斯
		0.016	埃波斯
己酸乙酯	菠萝，香蕉，苹果，有力量的	0.85	卡蒙贝尔
			布里
辛酸乙酯	杏，酒，花香		卡蒙贝尔
			布里
			蓝纹
癸酸乙酯	果味，葡萄味		卡蒙贝尔
			布里
十二酸乙酯	果味，花香		卡蒙贝尔
			蓝纹
十四酸乙酯	温和的，蜡质，肥皂味		弗里堡
			蓝纹
3-甲基丁酸乙酯			埃波斯
			蓝纹
乙酸丙酯	有力量的，芹菜，菠萝，香蕉，汗味		庞利维
丁酸丙酯			卡蒙贝尔
甲酸丁酯	梅		庞利维
乙酸丁酯	菠萝	0.066/0.195	卡蒙贝尔
乙酸戊酯	轻盈，果味		庞利维
甲酸异戊酯	梅		庞利维

续表

化合物	风味特征	识别阈值/(mg/L)	干酪种类
乙酸异戊酯	梨，香蕉，苹果、溶剂		卡蒙贝尔
			弗里堡
丙酸异戊酯	杏，菠萝		卡蒙贝尔
丁酸异戊酯	杏，菠萝		卡蒙贝尔
邻苯二甲酸二乙酯			利瓦若
邻苯二甲酸二甲酯			利瓦若
2-苯乙酸乙酯	花香，玫瑰香	19.8/18.5	卡蒙贝尔
		0.137	
			蓝纹
2-苯乙酸丙酯	花香，果味	18/16.8	卡蒙贝尔
2-苯乙酸丁酯	花香，玫瑰香，蜂蜜		卡蒙贝尔
			蓝纹

(10) 胺、氨基化合物及其他含氮化合物　Golovnya 等用色谱法从乳酸乳杆菌（*Lactobacillus lactis*）发酵的干酪中分离鉴定出了 21 种胺（包括伯胺、仲胺和叔胺）；从查纳赫盐渍干酪、罗西斯基干酪和荷兰干酪中分离鉴定出了 27 种胺，从查纳赫盐渍干酪中分离鉴定出了 35 种含氮化合物，在切达干酪中鉴定出 14 种胺（伯胺和仲胺），从德国蓝纹干酪中鉴定出 8 种胺。Ney 报道了切达干酪、埃曼塔尔干酪、埃德皮尔兹酪及曼彻格干酪中乙酰胺、丙酰胺、丁酰胺、异丁酰胺、异戊酰胺的存在。Liardon 等从瑞士格鲁耶尔干酪的外层（包括菌斑）中分离鉴定出了 2,5-二甲基吡嗪、2,6-二甲基吡嗪、乙基吡嗪、2,3-二甲基吡嗪、三甲基吡嗪和四甲基吡嗪以及 10 种其他含氮化合物，它们可能是由菌斑中的微生物作用形成的。吡啶、吡嗪、2,3-二甲基吡嗪、2,6-二甲基吡嗪、3,5(或 6)-二甲基-2-乙基吡嗪、5-甲基-2,3-二乙基吡嗪等从帕尔玛干酪中被分离鉴定出；6 种烷基吡嗪从瑞士埃曼塔尔干酪中被分离鉴定出，含有它的干酪部分具有烧马铃薯味。

(11) 内酯类　内酯普遍存在于乳脂肪中，因而所有干酪中都会有内酯类化合物的出现。甘甜风味的 γ-十二内酯和 γ-6-十二烯内酯在用谷物喂养的奶牛生产的乳原料制成的干酪中的浓度比用草料喂养奶牛的乳原料制作的干酪中的浓度高得多，这也揭示了欧洲干酪比澳大利亚、新西兰干酪呈现出更为香甜特征的可能原因。软质干酪中存在不同的 γ-内酯和 δ-内酯，特别是卡蒙贝尔干酪中的 δ-癸内酯，在干酪最终风味特征中可能起到重要作用，因为它们有强烈的水果香气和较低的识别阈值。内酯含量可能与巴氏杀菌牛乳的使用有关，因为用加热牛乳制成的蓝纹干酪已被证明可以提高其内酯的浓度水平。

(12) 其他类化合物　软质干酪中还检测到其他种类的挥发性化合物（表 7-22）。在卡蒙贝尔干酪中经常检测到微量的吲哚、苯酚及其衍生化合物 2-乙酰基吡咯啉、碳氢化合物如庚烷、壬烷、癸烷、环己烷和苯系物，以及氯化物化合物如甲苯、苯、萘、二氯苯和氯仿到目前为止，这些化合物在蓝纹干酪中很少被鉴定出来，它们在霉菌成熟干酪风味中的重要性还没有被确认过。关于表面成熟类型的干酪主要检测到的化合物包括苯酚和吲哚。苯酚和吲哚的混合物稀释后有类似辛辣甜蜜的花香气味。

软质干酪还含有各种醛类（表7－22）。在这些化合物中，3－甲基丁醛在卡蒙贝尔和蓝纹干酪中的浓度超过各自的识别阈值，属于干酪中最具气味贡献度的化合物。3－甲基丁醛被描述为具有绿色和麦芽的气味。弗里堡干酪最显著的特点是含有高浓度的萜类化合物（柠檬烯、月桂烯、β－蒎烯、芳樟醇、异龙脑等）。这是在分析干酪表面过程中得到的结论。

各类干酪中的重要气味成分见表7－23。

表7－22 干酪中的其他类型风味物质

化合物	风味特征	识别阈值/(mg/L)	干酪种类
吲哚	难闻的，腐烂的，粪便的，苍白的，发霉的	0.14/0.02	卡蒙贝尔
			利瓦若
			庞利维
苯酚	药片气味	10/0.25	卡蒙贝尔
		0.15	布里
		0.047	马鲁瓦耶
对乙基苯酚	酚醛树脂，刺鼻		卡蒙贝尔
对甲酚	药片气味，重的	0.002/0.055	卡蒙贝尔
		0.3	利瓦若
		0.001	庞利维
		0.002	林堡
γ－壬内酯	椰子，杏仁，茴香，甘草	0.065/2.4	卡蒙贝尔
γ－十内酯	果味，桃味	1/0.011－0.09	蓝纹
γ－十二内酯	脂肪的，桃味，黄油，麝香	0.007/1	林堡
			蓝纹
6－十二烯－γ－内酯	绿色，果味，椰子		卡蒙贝尔
σ－辛内酯			卡蒙贝尔
σ－十内酯	像奶油的，椰子，桃，牛乳	0.14/1.4	卡蒙贝尔
		0.1－0.16	林堡
		1/0.4	弗里堡
σ－十二内酯	果味，椰子，桃，梨，黄油	0.1－9.8	卡蒙贝尔
		95/10	弗里堡
σ－十四内酯		500/50	蓝纹
乙醛	轻盈，刺鼻，绿色	1.3/0.11	卡蒙贝尔
		0.22μg/L	Trappist
			古贡佐拉
丁醛		0.0159/0.2	古贡佐拉
2－甲基丁醛			卡蒙贝尔

续表

化合物	风味特征	识别阈值/(mg/L)	干酪种类
3－甲基丁醛	绿色，麦芽味	0.013	卡蒙贝尔 古贡佐拉 蓝纹
2－甲基丙醛	绿色，麦芽味		古贡佐拉 卡蒙贝尔
己醛	绿色，青草，有穿透力，有力量的	0.0045－0.016 0.00366	卡蒙贝尔 蓝纹
庚醛	油性，重的，木质，甜的，有穿透力	0.002/0.031	卡蒙贝尔
壬醛	花香，柑橘，橘子，玫瑰，脂肪，蜡质	0.001/0.0025	卡蒙贝尔
苯甲醛	苦杏仁、芳香、甜	0.35/0.003 0.0417	卡蒙贝尔 弗里堡 庞利维
苯乙醛		0.004	卡蒙贝尔 蓝纹

表7－23 各种干酪中重要的风味化合物

干酪	风味化合物
切达	甲硫醇
卡蒙贝尔	2－壬酮、1－辛烯－3－醇、N－异丁基乙酰胺、2－苯乙醇、乙酸－β－苯乙酯、2－庚醇、2－壬醇、NH_3、异戊酸、异丁酸、羟基苯甲酸、羟基苯乙酸
埃曼塔尔	3－甲硫基丙醛、4－羟基－2,5－二甲基－3(2*H*)－呋喃酮、5－乙基－4－羟基－2－甲基－3(2*H*)－呋喃酮
罗马诺	丁酸、己酸和辛酸
帕尔玛	丁酸、己酸、辛酸、丁酸乙酯、己酸乙酯、乙酸乙酯、辛酸乙酯、癸酸乙酯、己酸甲酯
波罗夫洛	丁酸、己酸和辛酸
山羊乳	4－甲基辛酸和4－乙基辛酸
绵羊乳罗马诺	4－甲基辛酸、4－乙基辛酸、*p*－甲酚、*m*－甲酚、3，4－二甲基苯酚
林堡	甲硫醇、硫代乙酸甲酯
表面成熟	甲硫酯（methyl thioesters）
庞利维	异丁基乙酰胺、苯酚、异丁酸、3－甲基戊酸、异戊酸、2－庚酮、2－壬酮、苯乙酮、2－苯乙醇、吲哚
弗里堡	苯乙酮、酚、二甲基二硫醚、吲哚、松油醇、异龙脑、芳樟醇

续表

干酪	风味化合物
罗克福	1-辛烯-3-醇、甲基酮
利瓦诺	酚、*m*-甲酚、*p*-甲酚、二甲基二硫醚、异丁酸、3-甲基异戊酸、异戊酸、苯甲酸、苯乙酸、乙酸苯乙酯、吲哚
芒斯特	二甲基二硫醚、异丁酸、3-甲基异戊酸、异戊酸、苯甲酸、苯乙酸
特拉普派	硫化氢、甲硫醇
蓝纹干酪	2-庚酮、2-壬酮、$C_{4,6,8,10,12}$酸甲酯、$C_{1,2,4,6,8,10}$酸甲酯
布里	异丁酸、异戊酸、甲基酮、含硫化合物、1-辛烯-3-醇
东广场	异丁酸、异戊酸、3-甲基异戊酸
埃波斯	2-苯乙醇
马鲁瓦耶	2-苯乙醇、壬酮-2、苯乙酮、酚、吲哚
朗戈瑞斯	2-苯乙醇、二甲基二硫醚、苯乙烯、吲哚
水牛乳马苏里拉	1-辛烯-3-醇、壬醛、吲哚
牛乳马苏里拉	异丁酸乙酯、3-甲基丁酸乙酯

五、 小结

1. 乳制品中的重要风味化合物如表7-24所示。

表7-24　　乳制品中的重要风味化合物

产品	化合物
牛乳	1-辛烯-3-酮
	1-壬烯-3-酮
	二甲基亚砜/二甲基硫醚
	己醛
	壬醛
干酪	δ-癸内酯
	3-甲硫基丙醛
	3-甲基吲哚
	甲基酮（蓝纹干酪）
	丙酸（瑞士干酪）
	4-羟基-2,5-二甲基-3(2*H*)-呋喃酮、4-羟基-2-甲基-5-乙基-3(2*H*)-呋喃酮（瑞士干酪、切达干酪）
	丁酸（切达干酪）
	2,3-丁二酮（切达干酪）
	异戊醛（卡蒙贝尔干酪）

续表

产品	化合物
	1-辛烯-3-醇/1-辛烯-3-酮
酸乳	2,3-丁二酮
	乙醛
	己酸
	二甲基硫醚
	2,3-戊二酮
奶油	δ-癸内酯
	1-己烯-3-酮
	δ-十二碳内酯
	1-辛烯-3-酮
	4-羟基-2,5-二甲基-3(2*H*)-呋喃酮
酪乳	γ-癸内酯、δ-癸内酯
	γ-辛内酯、δ-辛酯
	香兰素

2. 结论

通过对软质干酪香气成分的详细分析，可以鉴定出几种化合物。为了确定最有效的气味，现代文献提供了专门的感官技术，例如与芳香化合物的气相色谱分离和稀释制度相结合的感官嗅觉技术以及将选定的单一成分添加到中性测试干酪基料中进行感官品尝技术。因此，我们可以认为目前认定的最重要的挥发性气味化合物是软质成熟干酪特有风味的部分主要原因。

研究结果表明，2-庚酮和2-壬酮和相应的仲醇是蓝纹干酪风味的主要贡献成分。短链和中链脂肪酸是这些干酪中的第二种重要的风味化合物。从 C_3 ~ C_{15} 的奇数碳链甲基酮的同系物是白色霉菌成熟干酪香气中最重要的一系列气味化合物。1-辛烯-3-醇、苯乙醇和苯乙酸乙酯在卡蒙贝尔干酪中的浓度高低也很重要。这些分子与硫化物、1-辛烯-3-酮、可能还有内酯（如δ-癸内酯）一起被认为是卡蒙贝尔干酪的主要气味特征物质。软质干酪中最重要的气味成分并没有被完全地鉴别出来。然而，硫化物，特别是甲硫醇、硫化氢和二甲基二硫醚，是造成这种干酪呈现出浓郁大蒜或腐烂气味特征的原因。短链脂肪酸、苯酚和吲哚在干酪风味中也可能是重要的风味成分，尽管它们从未被清楚地阐述过风味贡献作用。

总而言之，软质干酪的风味特征是多种化合物的复杂混合结果。干酪风味的理解和控制仍然有很多问题没有解决，因为风味化合物的作用和呈现效果取决于它们在食品中脂肪、蛋白质和水相之间的相对分布情况。

第五节　肉类的气味成分

一、肉类的风味前体物质

大部分的生肉是不具有特殊气味特征的，但肉原料在加热后会产生典型的烤肉、煮肉香气，这是肉原料中的风味前体物质在加热条件下变化生成具有特殊气味的挥发性化合物所呈现出的综合效果。小分子水溶性化合物和脂类物质是肉原料中最主要的风味前体物质。

1. 小分子水溶性化合物

（1）氨基酸和肽类　在肉的成熟过程中，肉原料中的内源蛋白酶水解肉蛋白质产生肽和游离氨基酸；在肉加热过程中，由于温度增高，蛋白质和多肽的水解程度会增高，从而产生更多的游离氨基酸。有研究报道，鲜牛肉提取物在加热时呈现出肉香气味物质的氨基酸成分为：组氨酸、谷氨酸、β-丙氨酸、天冬氨酸、甘氨酸、α-丙氨酸、精氨酸、丝氨酸、酪氨酸、亮氨酸、1-甲基组氨酸、色氨酸、苏氨酸、赖氨酸、缬氨酸、异亮氨酸、苯丙氨酸、脯氨酸、α-氨基丁酸、蛋氨酸和鸟氨酸。

（2）糖类　核糖、阿拉伯糖、木糖、葡萄糖、果糖、蔗糖等化合物是肉香气味的有效前体物质。与氨基酸进行美拉德反应产生肉香气味特征的效果强度大致为核糖 > 阿拉伯糖 > 木糖 > 葡萄糖 > 果糖 > 蔗糖；戊糖 > 己糖。

（3）核苷酸类　杂环中 6 位上含氧的嘌呤核苷酸 5′-磷酸盐，包括 5′-肌苷磷酸盐（IMP）和 5′-鸟苷磷酸盐（GMP）。

（4）硫胺素（维生素 B_1）　维生素 B_1 分子内含有一个噻吩基，受热后会产生噻吩及一系列含氮或含硫化合物，其中许多化合物具有肉香的气味特征。硫胺素热降解产物中的许多化合物与美拉德反应形成的化合物相同，如 2-甲基-3-呋喃硫醇，其气味识别阈值是迄今为止已知化合物中最低的，对鸡肉和牛肉的肉香气贡献较大。

2. 脂类物质

脂类物质的降解产生一系列挥发性化合物，主要是饱和脂肪酸和不饱和脂肪酸的氧化和降解，主要生成的是过氧化氢类挥发性物质，它再通过和一个含有烷氧基的自由基中间体反应后降解为一系列挥发性气味化合物。这一过程可以生成许多脂肪烃、醇、醛、酮、酸、内酯和 2-烷基呋喃类的物质。

二、肉类气味特征的形成

能够产生具有肉风味挥发性气味成分的反应有以下 5 种。

1. 氨基酸和多肽的热降解反应

氨基酸和多肽的热降解反应需要较高的温度，发生反应时氨基酸会发生脱氨、脱羧，形成醛、烃、胺等小分子产物。有实验研究认为此反应只有在温度高于 125℃ 时才可能发生。

2. 糖降解反应

在较高温度且无水条件下，糖类物质会发生焦糖化反应。其中戊糖可以生成糠醛，已糖可以生成羟甲基糠醛。进一步加热，便会产生具有芳香气味的呋喃类衍生化合物、羰基化合物、醇类、脂肪烃和芳香烃类化合物。肉原料中的核苷酸，如肌苷单磷酸盐加热后产生5-磷酸核糖，其经过脱磷酸、脱水反应后可以形成5-甲基-4-羟基-呋喃酮。羟甲基呋喃酮类化合物很容易与硫化氢反应，产生非常强烈的类似肉香的气味特征化合物。

3. 硫胺素（维生素 B_1）降解

硫胺素的热降解产物主要是呋喃、呋喃硫醇、噻吩、噻唑和脂肪族含硫化合物等。硫胺素热降解后，产生的一些噻吩类化合物，如2-甲基-2,3-二羟基-3(或4)-噻吩硫醇、2-甲基-4,5-二羟基-3(或4)-噻吩硫醇都具有类似煮牛肉或烤牛肉的气味特征。

4. 脂类物质的降解

在加热肉原料的时候，挥发性气味特征的重要来源之一是脂类物质中不饱和酰基链的氧化产物。不饱和脂肪酸，如油酸、亚油酸和花生四烯酸中的双键，在加热过程中发生氧化反应，生成过氧化物，继而进一步分解为识别阈值较低的酮、醛、酸等挥发性羰基化合物。另外，羟基脂肪酸水解生成的羟基酸经过加热脱水、环化生成具有肉香气味特征的内酯化合物。

5. 美拉德反应

还原糖与氨基酸之间的美拉德反应，是生成具有肉香气味化合物的最主要的途径之一。美拉德反应为非酶褐变反应，是食品加热产生风味物质最重要的途径之一。食品中的游离氨基酸与还原糖是美拉德反应的主要反应物。关于美拉德反应的阐述详见第三章第一节，鉴于美拉德反应在肉味成分生成中的重要作用，我们将单独进行简单描述以利于本章内容的展开。

三、 美拉德反应中产生的肉味化合物

1. 概述

美拉德反应是使食品获得理想风味的重要途径之一。该反应起始于羰基还原糖和氨基化合物的缩合，随后发生缩合产物的分解，从而得到一系列不同的氧化产物，如胺、氨基酸、醛、硫化氢和氨等物质。食品在加工时，美拉德反应最终会使食品变成褐色并生成许多重要的气味化合物，如呋喃、吡嗪、吡咯、噁唑、噻吩、噻唑和其他杂环化合物。美拉德反应对食品的重要性不仅限于颜色和气味的产生；随着反应进行，氨基酸的消耗减少使食物的营养价值降低，还可能产生有毒物质，如咪唑。伴随着分析技术的进步，美拉德反应作为产生食物特殊香气的研究一直是科技界的热门话题。

Hodge 于 1953 年解释了包括美拉德反应在内的一系列复杂反应；时至今日，他的论点仍是对这一反应基本特征理解的基础。对应于香气的形成过程，美拉德反应可分为 3 个阶段。第一阶段为葡基胺的生成和分子结构的重排；第二阶段为重排产物发生脱氧从而生成呋喃衍生物、还原酮和其他羰基化合物；最终阶段包括从这些呋喃和羰基中间产物到芳香化合物的生成，这一过程通常通过羰基化合物与其他中间产物（如氨基化合物或氨基酸降解产物）发生反应而实现。起始和中间阶段反应的机制经过众多学者的不懈努力已经得到很多得以证实的观点，但最终阶段的反应机制过于复杂，至今尚未有所明确的研究报告。

由美拉德反应生成的芳香化合物的大致分类：

由研究者将在美拉德反应中生成的挥发性气味成分分为 3 组。这提供了一种方便的方法

去推测在食品中由美拉德反应生成的挥发性化合物的前体物质组成。

（1）糖脱氢/裂解产物　呋喃类、吡喃酮、环式烯、羰基化合物、酸。

（2）一般的氨基酸降解产物　醛、含硫化合物（如硫化氢、甲硫醇）、含氮化合物（如氨、胺）。

（3）由前两组物质相互作用产生的挥发性物质　吡咯、噻唑、吡啶、噻吩、吡嗪、二硫杂烷、三硫杂烷、咪唑、二噻嗪、三噻嗪、吡唑、呋喃硫醇、3－羟基丁醇缩合物等。

第一组包括由 *N*－糖基化合物裂解而生成的化合物。这些化合物中的许多都拥有能形成食物特殊香气的能力，但同时它们又是许多其他化合物的中间产物；第二组包括简单的醛、硫化氢或氨基化合物，这些物质是氨基酸和二羰基化合物发生 Strecker 降解的产物。

所有这些美拉德反应产物均能发生更进一步的反应，美拉德反应的产物（如糠醛、呋喃酮和二羰基化合物）与其他活泼物质（如胺、氨基酸、硫化氢、硫醇、胺、乙醛和其他醛）再次发生反应，这些附加的反应将生成美拉德反应芳香产物分类中最后一组中的许多重要气味物质。

2. 美拉德反应的各阶段

美拉德反应包括 3 个阶段：初始阶段、中期阶段和最终阶段，详见第三章第一节。

3. Strecker 降解

Strecker 降解反应是与美拉德反应中最重要的相关反应，其包括在二羰基化合物存在下 α－氨基酸的氧化脱氨和脱羧。这将生成比反应物氨基酸少一个碳原子的醛和一个 α－氨基酮。这些氨基酮是生成各种杂环化合物，如吡嗪、噁唑和噻唑的重要中间产物。脯氨酸、羟基脯氨酸与其他氨基酸不同，它们在吡咯环上有 β－氨基；因此，与二羰基化合物反应时，它们不生成氨基酮和 Strecker 醛。但是，含氮杂环化合物可以生成 1－二氢化吡咯、吡咯烷、1－乙酮基－2－二氢化吡咯和 2－乙酮基四氢吡咯烷。

含硫氨基酸是含硫杂环化合物的重要前体物质，半胱氨酸经 Strecker 降解生成 H_2S、氨、巯基乙醛和 α－氨基酮，这些化合物是产生香气很强物质的中间物质，在肉香气中起重要作用，故半胱氨酸在肉香气形成中很重要。图 7－18 所示为具有肉味特征的一些硫醇、硫醚及二硫醚，如 2－甲基－3－呋喃硫醇、2－甲基－3－甲基硫呋喃、双－(2－甲基－3－呋喃基)二硫醚、2－糠基－2－甲基－3－呋喃基二硫醚。图 7－19 所示为由半胱氨酸的 Strecker 降解产物乙醛、H_2S 和半胱胺形成的风味物质。

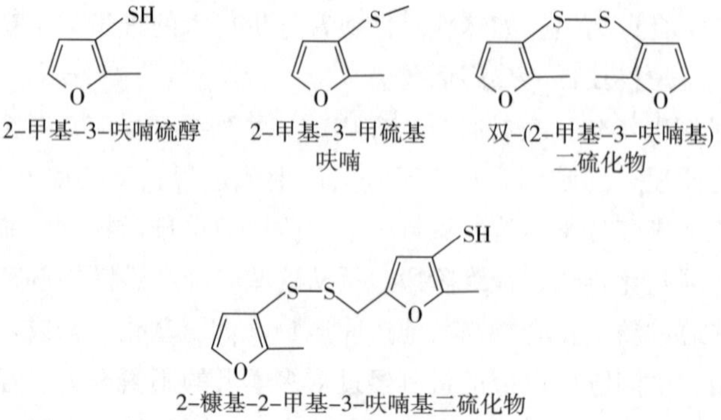

图 7－18　具有肉香味的典型含硫化合物

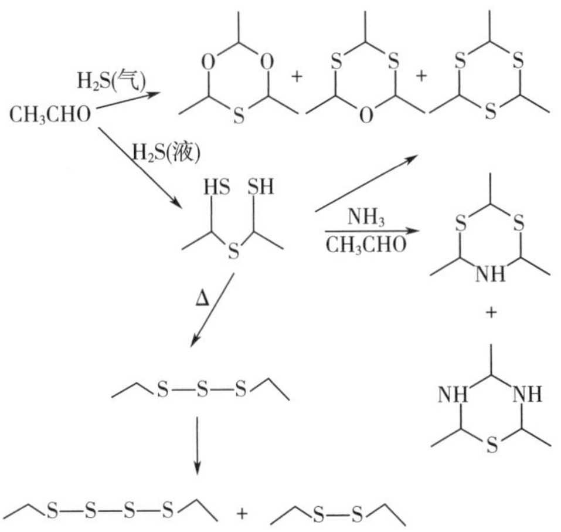

图7－19　由半胱氨酸形成的风味物质

4. 影响美拉德反应的因素

绝大多数关于影响美拉德反应的因素都与反应体系最终颜色的变化或诸如氨基酸等营养物质的消耗损失有关，对最终气味特征形成的各种因素进行的系统研究并不多。但仍有研究人员系统地研究了美拉德反应因素与气味特征形成之间的关系。这些因素包括时间、温度、水分活度、pH 以及反应底物成分及组成等。

关于美拉反应中气味特征的形成，大部分的研究都是针对一种单一的氨基酸与还原糖或糖的降解产物组成的模拟系统展开的。在很多情况下，反应是在水溶液中进行。即便在这样"简单"的系统中，挥发性产物的数量还是非常庞大的。对结果的分析与讨论只能限于推定的气味形成机制和感官评价的结果，而对美拉德反应中气味化合物的生成过程缺乏有力的证据。在模拟研究中得到情况很可能适用于其他的食物加工系统。把氨基酸与糖的混合物冷却保存能显示美拉德反应逐渐变色的过程。反应随温度上升迅速加快。香气和褐色深浅随着加热时温度的上升而逐渐形成。一般认为，在低温情况下，反应进行得比较缓慢，与脱水过程有关的烧烤食物的外表面褐色和特殊香气的生成可以作为一个例子用于说明温度对于美拉德反应的重要性。人们认为在水分活度在 0.65～0.75 时，美拉德反应能达到最大的反应速度。有研究人员在脱脂牛乳中对吡嗪的生成做动态研究时发现，当水分活度大约为 0.75 时，吡嗪的生成速度达最大值。但其他研究表明，在其他种类挥发物中，水分活度对反应速度上升或下降的影响取决于每种化合物的生成是否需要水的参与。

众所周知，当 pH 大于 7.0 时，美拉德反应颜色生成得很快。因为在低 pH 时，由于氨基的反转而使美拉德反应中间产物变得不活泼，类黑精（色素）无法大量生成；随着 pH 的增大，吡嗪在反应系统中的生成速度加快。当 pH 小于 5.0 时，吡嗪则无法生成。

美拉德反应中 Amadori 产物的裂解依赖于 pH：在低 pH 下，Amadori 产物 1,2－烯醇化反应易于进行。但 2,3－烯醇化反应则易于在高 pH 下发生。这可能会使挥发性产物和颜色生成的速度和机制略有不同。因此，在研究 pH 对美拉德反应影响的模拟系统中，在反应过程中维持稳定的 pH 是非常重要的。在包含半胱氨酸和核糖的模拟系统中，当 pH 在 4.5～6.5 的范围内，pH 的微小变化会对挥发性产物的性质和浓度造成明显的影响。被认为在肉味的形成中起重要作用的呋喃硫醇和二硫醚容易在低 pH 下生成，但吡嗪只能在 pH 大于 5.0 时才能生成。

美拉德反应生成肉香气的影响因素可以总结为：

（1）温度　温度升高有助于反应进行，产生更多的香气物质；温度不同，产生的香气也不同。

（2）水分活度　最佳水分活度为0.65～0.75；水分活度小于0.30或大于0.75，美拉德反应都会变得十分缓慢。

（3）pH　美拉德反应颜色形成的pH大于7.0，吡嗪形成的pH大于5.0，加热产生肉香气的pH在5.0～5.5最为显著。

（4）底物成分及组成　氨基酸和还原糖的种类不同，生成的小分子气味特征化合物也不同。如葡萄糖与不同氨基酸一同加热会产生的不同气味特征的产物。

5. 脂质与美拉德反应的相互作用

除美拉德反应外，另一种在加热的食物中形成香气的重要反应是脂质参与的反应。它们经过热解放出许多挥发性物质，包括乙醛、乙醇和脂肪酸烷基链经氧化生成的酮糖。这些物质相当活泼，在加热食物时，可以经过进一步反应与美拉德反应的中间产物相互作用。在一项对在加热食物中脂质对增加香气的作用的验证实验中发现，磷脂在这一过程中起重要作用。当用已烷除去精肉中的肌间和肌内的三磷酸甘油酯时，煮后的香气与没处理过的肉香气没有显著性差异。但是，当再用极性溶剂提取所有的脂质（磷脂和三磷酸甘油酯）后再进行对比，发现最终的香气有明显的差异，原来的肉味被一种烤肉或饼干的气味所代替。对比这些经不同方法处理后肉风味的差异可知控制因素和用已烷提取的处理方法有相同的结果，这些都受到脂肪醛和乙醇的影响。除去磷脂和除去甘油酯会生成完全不同的挥发性产物。脂质的氧化产物没有了，但同时增加了大量的吡嗪。这意味着在一般的肉中，脂质或它们的降解产物通过参与美拉德反应，对杂环化合物的形成起抑制作用。

脱脂肉发生美拉德反应后，其挥发性产物的种类与浓度锐减的结果使人们对加热氨基酸和糖生成挥发性产物时磷酸的影响开始进行调查，包括半胱氨酸在内的许多种氨基酸被用于实验。因为核糖在肉味形成中的作用已被确认，所以核糖被选为还原糖底物，其浓度与它们在肉中的浓度大致相同。反应在磷酸盐缓冲水溶液（pH 5.6）中于140℃的封闭试管中进行。这一反应检验了磷脂对反应发生时挥发性产物生成的影响。在没有脂质的情况下，反应得到包括糠醛、烷基吡嗪、吡咯、呋喃酮的混合挥发性产物；而含有半胱氨酸的反应得到的挥发性产物由含硫杂环化合物决定，特别是噻吩类、噻吩并噻吩、二硫代环己醇、二硫羟环己醇、三硫杂烷，还有2－甲基－3－呋喃硫醇和2－甲基－3－噻吩硫醇等物质。

磷脂存在时，这些化合物中的很多种成分的生成量减少了。这符合磷脂对美拉德反应中生成杂环化合物的数量起抑制作用的观察结论。含有磷脂的反应混合物可以生成许多从脂降解得到的挥发性产物，如烃、烷基呋喃、饱和/不饱和醇、醛和烯酮，反应产物还包括几种脂质或其降解产物与美拉德反应中间产物反应得到的混合物。含有半胱氨酸、核糖和磷脂的反应体系中，产物中含量最多的是2－戊基吡啶、2－戊基噻吩、2－已基噻吩和2－戊基－(2*H*)－噻吩，同时也发现少量的其他产物，如含有4～8个碳的正烷基取代的2－烷基噻吩、2－(1－已烯基)－噻吩、1－庚烷硫醇和1－辛烷硫醇。所有这些化合物大概是由脂质裂解产物与从半胱氨酸生成的硫化氢或氨发生反应生成的，2,4－癸二烯醛、2－戊基吡啶、2－已基噻吩和2－戊基－(2*H*)－噻喃是多不饱和脂肪酸的主要氧化产物。

与三磷酸甘油酯相比，磷脂的特殊作用也得到了证明，含有高度对称不饱和脂肪酸结构的磷脂，特别是含有三个或更多双键的化合物，如花生四烯酸（20：4）。在加热时不饱和键发生断裂，生成可以与美拉德反应产物进一步反应的物质。肉中的三磷酸甘油酯只含有一个轻微对称的多不饱和脂肪酸，这或许可以对脱脂肉的实验结论进行解释，说明磷脂在肉味产生中的重要作用。半胱氨酸和核糖的混合物与不同的脂类物质混合［如三磷酸甘油酯（BTG）、牛肉磷脂（BPL）、鸡蛋的磷脂酰胆碱（PC）、磷脂酰乙醇胺（PE）］，无脂添加的反应混合物会生成如硫磺味、橡胶味的气味。但当加入牛肉磷脂后，反应体系的气味特征变得浓烈且硫磺味减轻。同样，PC 或 PE 的添加使反应体系的肉味减少。加入 PE，的混合物则能产生更强的肉味。脂质物质与反应混合物的差异在于挥发性产物生成的机制不同。所有的磷脂都能生成 2 - 戊基吡啶、2 - 戊基噻喃和 2 - 烷基噻吩，但浓度差别较大。在含有三磷酸甘油酯的系统中只找到痕量的该类化合物。通常情况下，BTG 对美拉德反应生成的挥发性产物有一定的影响，但这不如磷脂的影响强烈。

四、 肉类原料的特征气味成分

1. 牛肉的气味成分

对牛肉的气味分析研究报告，最早始见于 20 世纪 60 年代。其研究报告列举了煮牛肉中的一些羰基化合物、醇、酸、烃、酯、硫醇、硫醚和氨等气味成分。Chang 等在研究中从 2 个具有煮牛肉气味特征的组分中分离出 2,4,5 - 三甲基 - 3 - 噁唑啉和 3,5 - 二甲基 - 1,2,4 - 三硫杂烷，并首次认为这两个化合物是煮牛肉风味特征的重要化合物，但在同一实验室的后续研究中，这两种化合物的有机合成实验证明两者都不具有煮牛肉的气味。Persson 和 von Sydow 在实验中再次证实三硫杂烷可能并不是重要的牛肉气味化合物，而 Brinkman 等则证明了三硫杂烷化合物可能是在牛肉气味成分的提取分离步骤中形成的。后者从牛肉汤风味分离物中也鉴定出 5,6 - 二氢 - 2,4,6 - 三甲基 - 1,3,5 - 二噻嗪（噻啶）。表 7 - 25 对熟牛肉中的香气化合物进行了分类总结。

表 7 - 25 熟牛肉中的香气化合物的分类总结

化合物分类	已报道的化合物数目	化合物分类	已报道的化合物数目
脂肪族		**杂环化合物**	
烃	103	内酯	38
醇	70	呋喃及其衍生物	44
醛	55	噻吩及其衍生物	40
酮	49	吡咯及其衍生物	20
羧酸	24	吡啶及其衍生物	21
酯	56	吡嗪及其衍生物	54
醚	7	噁唑、噁唑啉	13
胺	20	噻唑、噻唑啉	29
脂环族		其他含硫杂环化合物	13
烃	44	苯类化合物	80
醇	3	非杂环含硫化合物	72
酮	18	其他化合物	7

德国的Grosch团队应用GC－O、AEDA、GC－MS技术，对煮牛肉的气味化合物进行了研究，结果显示36种化合物的气味贡献度可能较高（表7－26）。

表7－26 煮牛肉中的气味化合物

风味稀释因子	香气化合物	气味性质
512	2－甲基－3－呋喃硫醇	肉味、甜的、硫味
	3－甲硫基丙醛	熟马铃薯味
	反－2－壬烯醛	动物脂味、脂肪味
	反,反－2,4－癸二烯醛	脂肪味、炸马铃薯味
	β－紫罗酮	紫罗兰味
	双(2－甲基－3－呋喃基)二硫醚	肉味
256	2－乙酰基－1－吡咯啉	烧烤味、甜的
	1－辛烯－3－酮	蘑菇味
	苯乙醛	蜂蜜味、甜味
128	2－乙酰基噻唑	烧烤味
	反，反－2,4－壬二烯醛	脂肪味
64	2－辛酮	水果味、霉味
	反－2－辛烯醛	水果味、脂肪味、动物脂味
	2－癸酮	霉味、水果味
	未知	硫味、洋葱味
	2－十二酮	霉味、水果味
32	反－2－庚烯醛	脂肪味、动物脂味
	顺－1,5－辛二烯－3－酮	天竺葵味、金属味
	苯并噻唑	吡啶、金属味
16	己醛	清新
	反－2－己烯醛	清新
	2－庚酮	水果味、霉味
	庚醛	清新、油脂味
	二甲基三硫醚	白菜味、硫味
	苯硫醇	硫味
	反,顺－2,6－壬二烯醛	黄瓜味
	2－十一酮	动物脂味、水果味
	2－十三酮	酸败味、水果味、动物油脂味
8	1－辛烯－3－醇	蘑菇味
	2－壬酮	水果味、霉味
	壬醛	动物脂味、清新
	5－甲基噻吩基－2－羧醛	霉菌味、硫味
	3－乙酰基－2,5－二甲基噻吩	硫味
	2,4－壬二烯醛	脂肪味
4	2－甲基－3－(甲硫基)呋喃	硫味
	2－乙酰基噻吩	硫味、甜味

对煮牛肉气味关键化合物的进一步研究揭示出其他几种较为重要的化合物。例如，Tonsbeek 团队通过研究找到了两种呋喃酮，即具有烤菊苣气味的 4 - 羟基 - 5 - 甲基 - 3(2*H*) - 呋喃酮及其具有焦糖气味的 2,5 - 二甲基同系物。后来 Tonsbeek 等从 225 kg 的牛肉中分离出 2 - 乙酰基 - 2 - 噻唑啉，这种化合物具有强烈的新鲜烤面包皮的气味特征。Brinkman 等从牛肉汤的顶空挥发物中鉴定出一种新的联硫基半缩醛，1 - (甲硫基)乙硫醇。它具有强烈的新鲜洋葱气味。Hirai 等在煮牛肉分离物中鉴定出噻吩 - 2 - 缩醛。但这些化合物没有一个被证明对煮牛肉的气味特征具有明显的贡献度。

经 100℃以上加热处理的牛肉食品（如罐头牛肉、高压煮牛肉、炸牛肉、烤牛肉）中的挥发性化合物呈现出一定的相似性结果，并且烤牛肉香韵特征经常被认为是烷基吡嗪类化合物的呈现效果，尽管吡嗪类化合物极少具有肉味特征，但它们通常被认为具有烧烤、坚果、生青、和土味特征。烷基吡嗪类化合物具有非常强烈且类似爆米花气味特征的烤香特点。当与噻唑啉和/或环已烯酮共同存在时赋予食品烧烤或烧焦气味特征。二环吡嗪具有烤、炙、烧焦和类似动物的气味特征。

另外，研究人员将煮牛肉香气与烤牛肉香气进行对比分析得到吡嗪并不是牛肉风味中唯一的主要气味贡献物质的结论。其他种类化合物的贡献也很重要。例如，Liebich 等发现羰基化合物，包括 3 - 甲基丁醛也对烤牛肉风味的形成做出了一定的贡献。Self 等和 Hodge 等已报道许多醛能够贡献“褐变的”、烧烤和烘烤香气特征。Persson 和 von Sydow 的研究结果显示，一些羰基和含硫化合物是牛肉罐头中不良风味（主要体现为金属风味）的原因物质；Mussinan 和 Katz 等在肉味加热模型系统释放出的强烈烤牛肉香气中分离鉴定出几种硫醚和噻吩；Wilson 等在高温高压烹煮牛肉的香气中，鉴定出众多含硫化合物，如噻吩、噻唑、三巯基乙醛和三巯基丙酮等；Persson 和 von Sydow 等认为牛肉罐头的烧焦香气成分中包含 3 - 甲基 - 1 - 丁醛；MacLeod 和 Coppock 的研究表明，羰基化合物（特别是 3 - 甲基丁醛、吡咯、吡啶）在烤牛肉香气可能是重要的风味物质，并且尝试性地推测苯类和呋喃类化合物可能与烹煮牛肉的香气特征有关。吡咯已报道存在于几种烘烤食品中，如咖啡、花生、可可和烟草，其中报道最多的是 2 - 甲酰吡咯和 2 - 乙酰吡咯。Chang 和 Peterson 等认为这两种吡咯与苯基噻唑（具有喹啉、加热橡胶样气味）可能导致了牛肉罐头中类似金属风味的不良特征。

Chang 和 Peterson 等认为羰基化合物与脂肪烃、芳香烃（包括烷基苯）、饱和醇、酯和醚不是肉风味的主要原因物质。其中关于否认羰基化合物的证据是，在其对精炼动物油脂的氧化降解产物研究中，没有检测到类似于肉味的气味特征。尽管在脱脂牛肉烹煮时产生的牛肉风味成分中检测到几种羰基化合物，但它们中没有任何一个化合物单独能够呈现出牛肉的气味特征。丁二酮和乙偶姻是很多食品中常见的气味成分，它们同样被认为在烹煮肉中贡献了奶油气味特征。似乎许多由脂肪氧化产生的羰基化合物不是肉味的主要贡献物质，而醛类（如 Strecker 醛）和酮类化合物可能产生于美拉德反应并且贡献了烤牛肉的风味特征。基于烷基苯的 GC - O 实验结果，Min 等认为这些化合物尽管在烹煮牛肉脂肪的气味特征形成中起到重要作用，但在烤瘦牛肉风味特征中几乎不起作用。

Chang 和 Peterson 等推测内酯类、呋喃类或羟基呋喃类、无环含硫化合物及含硫、氮和氧的杂环化合物等是肉香气味的重要贡献物质。然而能够证明这个推测的直接证据并不存在。内酯类化合物已在烤牛肉的肉汁和煮牛肉香气中被鉴定出（表 7 - 26），而且许多具有强烈的椰子样气味。不饱和内酯类化合物以其能够增加休闲食品的深油炸风味特征而被广泛应用。羰基化合物的气味贡献度可能不是最主要的，但其确实能够贡献一些类似于烤牛肉风味的效果。Schutte 等通过研究认为羰基化合物、杂环化合物、含硫化合物、含氮化合物和一些酚类化合物在肉香气中是最重要的风味物质。最近，Min 等检测到在烤牛肉香气成分的酸性组分具有微弱的、使人不愉快的、酸的气味特征；而碱性组分则具有类似泥土、坚果和烧烤气味特征；仅有中性组分具有愉快的牛肉样香气特征。在这一组分中烃类、烷基苯类和羰基化合物被认为比内酯类、呋喃类和含硫化合物的贡献度低。碱性组分中可能贡献烤牛肉香气特征有吡嗪、噁唑和噻唑类化合物。

硫醇化合物被认为具有肉味特征，如 3 - 巯基 - 2 - 甲基 - 2,3 - 二氢噻吩（甜的、烤肉味）、4 - 巯基 - 2 - 甲基 - 4,5 - 二氢噻吩（烤肉味）、3 - 巯基 - 2 - 甲基 - 4,5 - 二氢噻吩（肉味）、3 - 巯基 - 2 - 甲基噻吩（烤肉味）、2 - 乙基苯硫醇（烧焦、肉样味）、2 - 甲基 - 3 - 呋喃硫醇（烤肉味）、吡嗪甲硫醇（烤肉味）、4 - 巯基 - 2 - 甲基呋喃（生青、肉味）、3 - 巯基 - 2 - 甲基 - 4,5 - 二氢呋喃（烤肉味）、4 - 巯基 - 5 - 甲基 - 3 - 氧代四氢呋喃（肉味）和 4 - 巯基 - 3 - 氧代四氢呋喃（生青、肉味）。但这些化合物中没有一个在烹煮牛肉的香气中被分离鉴定出来。

虽然二甲基硫醚和甲醛具有使食品呈现出不愉快气味的能力，但它们还具有使气味化合物的气味特征产生消杀或协同效应从而使风味感官性能更为显著的能力，因此它们也被认为是非常有效的风味特征修饰剂。脂肪族的二硫醚和三硫醚由于其较低的气味识别阈值，因此在食品中可能是重要的风味成分。二甲基三硫醚在 10μg/kg 的低浓度水平时就能对烤鸡腿的整体气味特征产生贡献。

煮牛肉香气成分中的各种杂环化合物被认为是烧烤味中较为重要的成分。通常它们具有较高的气味强度，且以痕量浓度存在以至于在之前的 20 年间并没有未被发现。几种杂环化合物已被从产生于非酶褐变反应的“褐色的”香气中分离鉴定，这些化合物在低浓度时主要呈现出焦糖样、甜的、水果、坚果和烧焦气味特征，而在较高浓度时则呈现出具有刺激性的烧焦气味特征。分子结构与气味特征的关联是明显的，这些加热食品香料中的许多是具有烷基取代的五元或六元环，如 4 - 羟基 - 5 - 甲基 - 3(*2H*) - 呋喃酮和麦芽酚，它们具有明显的焦糖样气味特征。4 - 羟基 - 5 - 甲基 - 3(*2H*) - 呋喃酮还呈现出烤菊苣根气味特征，而其 2,5 - 二甲基同系物具有明显的菠萝气味特征。若这些呋喃酮的酸性氢原子被烷基取代（即烷氧基衍生物）或羟基丢失，则焦糖样气味消失。因为具有相同的分子结构特征，这两种呋喃酮和麦芽酚的五碳同系物都具有焦糖样气味特征。在这些化合物中，环戊烯（2 - 羟基 - 3 - 甲基 - 2 - 环戊烯 - 1 - 酮，cyclotene）是著名的美拉德反应产物，但在煮牛肉风味成分中还未被鉴定出来。4 - 羟基 - 5 - 甲基 - 3(*2H*) - 呋喃酮与硫化氢反应作为前体物质，可能也生成了具有牛肉香气的产物。这一反应的混合产物具有烤肉气味，并含有上文提及的硫醇，但到目前为止还没有一种化合物从煮牛肉中分离鉴定出来。

噻吩也被认为在几种食品（如肉、咖啡和炸洋葱）中贡献烧烤香韵。4,5 - 二氢 - 3(*2H*) - 噻吩酮及其甲基同系物，这两种最近在煮牛肉中鉴定出的化合物已被描述为分别具有洋葱/大蒜和生青、烧焦的咖啡样气味，4 - 羟基 - 2,5 - 二甲基 - 2,3 - 二氢噻吩 - 3 - 酮已被描述为具有烧烤和烧焦肉香气。

几种噁唑、噁唑啉、噻唑和噻唑啉化合物已被描述为坚果味；涉及噁唑和噁唑啉的其他气味描述经常是甜的、生青、木头般的、霉味的和蔬菜样等词汇。但是一些噻唑和乙基噻唑具有肉的气味，如2,4-二甲基噻唑、2,4-二甲基-5-乙基噻唑、三甲基噻唑啉、2,5-二甲基-4-乙酰基噻唑和2,4-二甲基-5-乙酰噻唑等。前3种已在煮牛肉香气中被鉴定出。噻唑和噻唑啉与噁唑和噁唑啉相比还具有较低的气味识别阈值，因此是烤肉香气的更重要的贡献物质。2-乙酰基噻唑具有谷物样、爆玉米花气味，而2-乙酰基噻唑啉具有面包样气味特征。Pittet 和 Hruza 等的研究显示当取代基邻近于环上的氮时，在噻唑与相应的吡嗪和吡啶之间有相当的气味相似性。例如，2-乙酰基噻唑和吡啶通常是生青和蔬菜样气味的；相等的吡嗪则具有相似的但更强烈坚果味。通常5位取代基噻唑更具硫磺味和烧烤味，一些具有肉味。

2. 猪肉的气味特征成分

通过应用香气提取物稀释分析（AEDA），人们鉴定出3-巯基-2-甲基戊-1-醇、3-甲硫基丙醛、反，反-2,4-癸二烯醛、3-羟基-4,5-二甲基-2(5*H*)-呋喃酮、香兰素、反，反-2,4-壬二烯醛和反-2-十一烯醛为新鲜煮牛肉和炖猪肉中具有高风味稀释（FD）因子的关键化合物。在确定的38种香气化合物中，反-2-十一碳烯醛首次在牛肉和猪肉以及四种用于制作猪肉，牛肉的蔬菜（胡萝卜、芹菜根、韭菜、洋葱）中鉴定出来。此外，12-甲基十三醛仅在炖牛肉蔬菜肉汁（BVG）中被检测为关键的气味物质，而反，顺-2,4-癸二烯醛仅在炖猪肉蔬菜肉汁（PVG）中具有高FD因子。

由于肉汁基质主要由含有2%脂肪的水，气味成分的挥发性可能会受到这一基质的影响。虽然人们对加工牛肉和猪肉的香气成分进行过深入研究，但当人们用蔬菜和牛肉或猪肉一起烹饪时，并没有对肉汤的香气成分会如何变化并进行过研究。因此，我们将在这里简单介绍日常生活中猪肉、牛肉与蔬菜烹饪时发生的风味变化。

（1）定量分析　到目前为止，人们通过AEDA及其后的方法分别在BVG和PVG中鉴定了52与53种气味活性化合物。为了获得有关这些气味活性化合物更多详细的信息，研究人员按照FD因子的高低顺序选择了具有高FD因子的38种气味化合物，对其使用稳定同位素稀释法进行定量分析（表7-27）。

表7-27　炖牛肉蔬菜汁（BVG）和炖猪肉蔬菜汁（PVG）中38种气味物质的含量

气味	浓度/（μg/kg）	
	BVG	PVG
乙酸	234600	224700
4-羟基-2,5-二甲基-3(2*H*)-呋喃酮	4990	3680
丁酸	3780	3950
反,反-2,4-癸二烯醛	516	275
12-甲基十三醛	360	$<0.09^{b}$
反-2-十一碳烯醛	323	101
戊酸	292	124
己醛	112	36
反-2-癸烯醛	100	45
2-甲基丁酸	34	21

续表

气味	浓度/（μg /kg）	
	BVG	PVG
3－甲基丁酸	61	47
3－(甲硫基)丙醛	60	47
4－乙烯基－2－甲氧基苯酚	48	64
香兰素	39	25
辛醛	36	14
苯乙酸	33	53
苯乙醇	27	27
反－2－壬烯醛	27	15
顺－6－十二碳烯－γ－内酯	27	13
3－巯基－2－甲基戊醇	7.7	7.5
反，顺－2,6－壬二烯醛	5.7	2.8
3－羟基－4,5－二甲基－2(5*H*)－呋喃酮	5.5	3.4
γ－壬内酯	5.2	2.7
反，反－2,4－壬二烯醛	5.1	3.6
γ－辛内酯	2.3	1.1
1－辛烯－3－酮	2.0	1.4
β－紫罗酮	1.9	1.1
δ－辛内酯	1.1	0.90
2－乙酰基－1－吡咯啉	0.67	0.58
二甲基三硫醚	0.67	0.25
4－甲基苯酚	0.39	0.81
3－甲基吲哚	0.28	0.31
反，顺－2,4－癸二烯醛	0.18	39
β－大马烯酮	0.16	0.16
3－甲氧基2－仲丁基吡嗪	0.09	0.16
3－乙基苯酚	0.06	0.07
2－异丙基－3－甲氧基吡嗪	0.06	0.07
双(2－甲基－3－呋喃基)二硫醚	<0.02	<0.02

该测定法的结果显示在新鲜制备的肉汁中乙酸是迄今为止两种肉汤中浓度最高的气味活性物质，BVG 中的含量为 235mg/kg，PVG 中的含量为 225mg/kg。两个肉汁中在 mg/kg 浓度水平内的其他气味化合物是焦糖气味的 4－羟基－2,5－二甲基－3(2*H*)－呋喃酮（BVG 中为 5mg/kg，BVG 中为 3.7mg/kg PVG）和酸味的丁酸（BVG 和在 PVG 中为 3.9mg/kg）。

另外，某些化合物在两种肉汁中的浓度很低，仅有痕量（<1μg/kg），例如 2－乙酰基－1－

吡咯啉，二甲基三硫醚，4－甲基苯酚，3－甲基吲哚，β－大马烯酮，2－（仲丁基）－3－甲氧基吡嗪，3－乙基苯酚，和3－甲氧基－2－异丙基吡嗪。而具有肉香气味的双（2－甲基－3－呋喃基）二硫醚的含量则低于它在两种肉汁中的检测极限。

可以确定的是，牛脂味的12－甲基十三醛在两种肉汤中的浓度具有显著的差异性。其中在BVG中的浓度为360μg/kg，但不能在PVG样品中检测到该种物质（<0.09μg/kg）。而PVG中反，顺－2,4－癸二烯醛（油炸，脂肪）的浓度则比BVG中的浓度高了200倍。而金属气味化合物在两种肉汤中的浓度差异则并不明显，例如反－2－十一碳烯，BVG（323μg/kg）中的含量高于PVG中的含量（101μg/kg）；对于脂肪、绿色气味的反－2－癸烯醛，与PVG相比，BVG中的浓度（100μg/kg）也更高（45μg/kg）。

（2）OAV的计算　为了明确38种关键气味化合物在两种肉汤中的气味贡献度，研究人员根据每个化合物在水中的气味阈值分别计算了它们的OAV（表7－28）。结果显示所有化合物中具有最高的OAV值的是洋葱味、类似肉汁味的3－巯基2－甲基戊－1－醇（BVG中为4800，PVG中为4700），其次是脂肪味、油炸气味的反，反－2,4－癸二烯醛（在BVG中为2600，在PVG中为1400）（图7－20）。此外，OAV值100以上的化合物还有2,6－壬二烯醛，反－2－癸烯醛和反－2－十一烯醛，这些化合物分别具有黄瓜样气味，脂肪样气味和类似肥皂金属的气味特征（图7－20）。而3－羟基－4,5－二甲基－2(5*H*)－呋喃酮、1－辛烯－3－酮、3－甲硫基丙醛二甲基三硫醚，反－2－壬烯醛、4－羟基－2,5－二甲基－3(2*H*)－呋喃酮，3－甲氧基－2－仲丁基吡嗪和反，反－2,4－壬二烯醛的OAV在10～100（表7－28）。

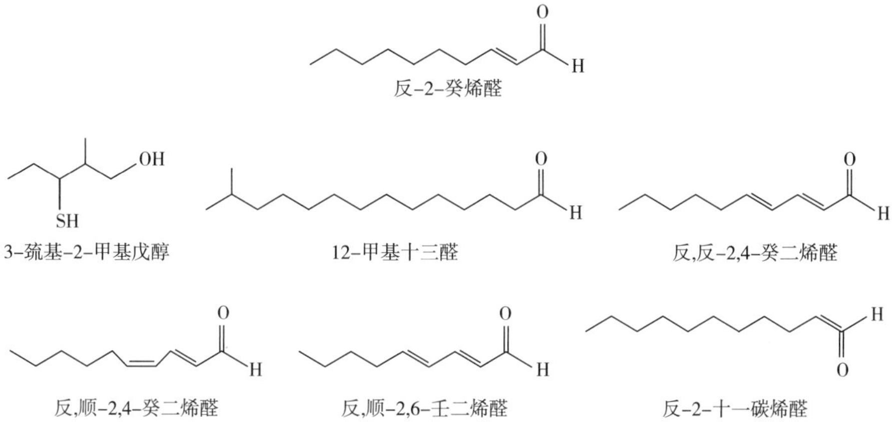

反-2-癸烯醛

3-巯基-2-甲基戊醇　12-甲基十三醛　反,反-2,4-癸二烯醛

反,顺-2,4-癸二烯醛　反,顺-2,6-壬二烯醛　反-2-十一碳烯醛

图7－20　牛肉和猪肉汤汁中OAV较高的化合物

表7－28　炖牛肉蔬菜汁（BVG）和炖猪肉蔬菜汁（PVG）中38种气味物质的气味活性值和嗅觉阈值

气味	嗅觉阈值/（μg/L在水中）	气味活性值（OVA）	
		BVG	PVG
3－巯基－2－甲基戊醇	0.0016	4800	4700
12－甲基十三醛	0.1	3600	<1

续表

气味	嗅觉阈值 /（μg /L 在水中）	气味活性值（OVA）	
		BVG	PVG
反，反-2,4-癸二烯醛	0.2	2600	1400
反，顺-2,6-壬二烯醛	0.02	285	140
反-2-癸烯醛	0.4	250	105
反-2-十一碳烯醛	1.4	230	72
3-羟基-4,5-二甲基-2(5*H*)-呋喃酮	0.08	69	43
1-辛烯-3-酮	0.036	56	39
3-甲硫基丙醛	1.4	43	34
二甲基三硫醚	0.016	42	16
反-2-壬烯醛	0.69	39	22
4-羟基-2,5-二甲基-3(2*H*)-呋喃酮	160	31	23
3-甲氧基-2-（仲丁基）吡嗪	0.003	30	53
反，反-2,4-壬二烯醛	0.19	27	19
己醛	10	11	4
β-紫罗酮	0.20	10	6
2-乙酰基-1-吡咯啉	0.1	7	6
苯乙醛	4.0	7	7
反，顺-2,4-癸二烯醛	0.03	6	1300
辛醛	6.9	5	2
2-异丙基-3-甲氧基吡嗪	0.013	5	5
4-乙烯基-2-甲氧基苯酚	19	3	3
顺-6-十二碳烯-γ-内酯	13	2	1
乙酸	180000	1	1
3-乙基苯酚	0.05	1	1
苯乙酸	12000	<1	<1
香兰素	210	<1	<1
2-甲基丁酸	5800	<1	<1
3-甲基丁酸	1200	<1	<1
丁酸	7700	<1	<1
戊酸	17000	<1	<1
δ-辛内酯	400	<1	<1
γ-壬内酯	27	<1	<1

续表

气味	嗅觉阈值 /（μg/L在水中）	气味活性值（OVA）	
		BVG	PVG
γ-辛内酯	24	<1	<1
β-大马烯酮	0.43	<1	<1
4-甲基苯酚	1.0	<1	<1
3-甲基吲哚	0.41	<1	<1
双(2-甲基-3-呋喃基)二硫醚	0.0008	<39	<26

相比之下，有两种化合物的OAV值显示出明显的差异性：牛油气味的12-甲基十三醛的OAV在BVG中达到3600，而在PVG中的OAV则小于1；脂肪气味的反,顺-2,4-癸二烯醛在PVG中的OAV为1300，而BVG中的OAV为6。这些结果表明12-甲基十三醛对用牛肉制成的肉汁的整体气味贡献了牛油味。另一方面，反，顺-2,4-癸二烯醛则在用猪肉煮熟的汤汁中具有较高的贡献度。

BVG和BVG中分别由26种和25种化合物的浓度高于其气味阈值，因此这些化合物对于这两个肉类蔬菜肉汁的气味特征具有明显的贡献。相比之下，有12种化合物的浓度因为未能超过在水中的气味阈值，因此它们对肉汤的气味特征没有显著的影响。这些化合物是苯乙酸、香兰素、2-和3-甲基丁酸、丁酸、戊酸、δ-和γ-辛内酯，γ-壬内酯、β-大马烯酮，4-甲基苯酚和3-甲基吲哚。

（3）香气重组实验　研究人员为了确认关键气味成分的贡献程度对两种肉汁的风味进行了气味重组。两种肉汤的重组模型是在含水基质（含2%葵花籽油）中制备的，并且添加所有38种关键气味成分。

在两个独立的感官评价中，评价员分别评价了气味重组模型与真实肉汤的气味，从而确认模型与肉汤的风味相似程度。在牛肉汤汁的重组模型中，该模型的香气包含所有以牛肉蔬菜肉汁中通过分析确认的气味成分。此外，香气轮廓图显示肉汁和重组物都具有相同的脂肪味、焦糖状，辣味，烤味和牛油气味的强度值（图7-21）。仅在肉味强度方面肉汤之中的强度得分比模型溶液略高。

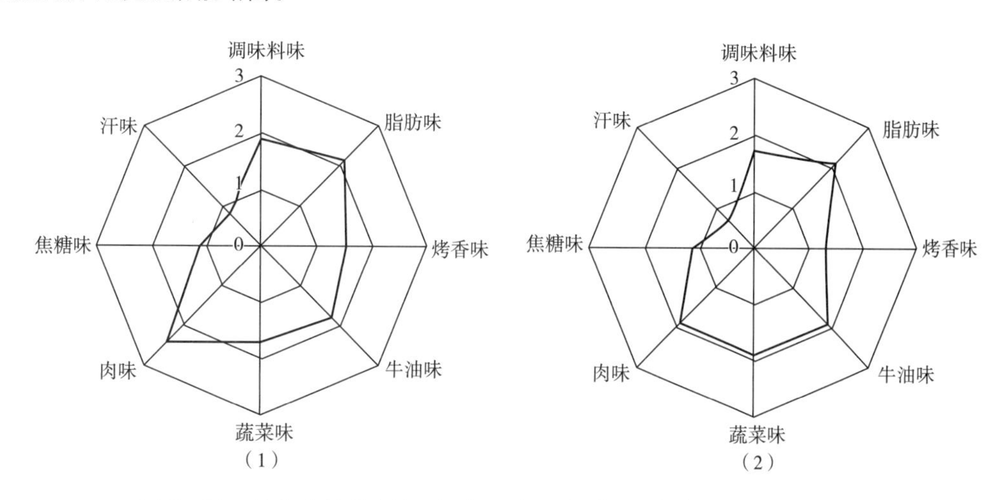

图7-21　炖牛肉蔬菜肉汁（1）和其香气模型（2）的气味轮廓比较

PVG 与其重组溶液的感官评价的结果见图 7 - 22。其中，肉味、辣和烤香在肉汁中的得分比重组模型中的要大，而脂肪味和蔬菜气味的强度则偏小。但是重组模型溶液的整体香气被判定为与 PVG 相似。

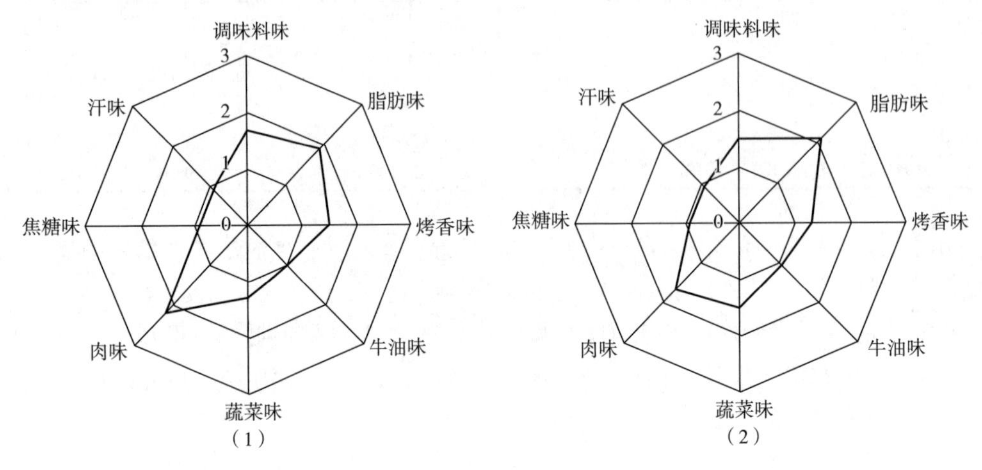

图 7 -22　炖猪肉蔬菜肉汁（1）和其香气模型（2）的气味轮廓比较

人们的研究清楚地表明，由蔬菜中生成的 3 - 巯基 - 2 - 甲基戊 - 1 - 醇对肉汤汁整体风味的形成影响较大。如果使用牛肉制作肉汤，则 12 - 甲基三苯甲醛的牛油香气肯定会使肉汁香气更浓。研究证明支链醛是由存在于牛肉中的缩醛磷脂（醚磷脂）生成，而这一物质不存在于猪肉脂肪中。许多的香气化合物都是美拉德反应的产物，例如，2 - 乙酰基 - 1 - 吡咯啉，3 - 甲硫基丙醛或 4 - 羟基 - 2,5 - 二甲基 - 3(2*H*) - 呋喃酮，这些物质显示非常低的 OAV，并且人们并未发现烷基吡嗪是关键气味成分。两种肉汁的制作都会导致肉中脂质的氧化，因此脂肪气味的香气具有较大的影响，如反，反 - 和反，顺 - 2,4 - 癸二烯醛、反 - 2 - 癸烯醛或反 - 2 - 十一烯醛。

3. 鸡肉的气味物质

人们通过感官评价结合仪器分析的方法来识别和确认烹调鸡肉的风味及其重要的风味前体物质。在众多的风味前体物质中硫胺素、5′ - 肌苷酸、核糖、5 - 磷酸核糖、葡萄糖和 6 - 磷酸葡萄糖被认为是对鸡肉的气味特征具有较大贡献作用。

当这些物质的浓度（外源添加或天然浓度）仅升高 2 ~ 4 倍的时候就能明显地在感官上增加鸡肉的特定风味属性。气相色谱 - 气味评估（GC - O）和气相色谱质量分析（GC - MS）挥发性气味化合物的结果显示核糖可以显著增强鸡肉的风味特征。由外源性核糖添加而引起的气味变化可能是由于某些化合物浓度的增加，例如，2 - 呋喃甲硫醇，2 - 甲基 - 3 - 呋喃硫醇和 3 - 甲硫基丙醛。

烹饪过程中生肉的天然成分之间会发生各种复杂的反应而产生熟肉的风味。这些发生复杂反应的成分包括还原糖、磷酸化糖、氨基酸、硫胺素和脂类物质。肉在烹饪过程中产生数百种挥发性化合物，但仅有很少一部分化合物能够产生熟肉的风味效果，是关键的风味物质。通过研究，人们已经找到了一些鸡肉中重要的风味化合物并且对它们的生成机制进行了探讨。

许多风味化合物具有两种或更多种形成机制。例如，呋喃硫醇，这是一种在大多数肉类风味中都十分重要的化合物，它可以由半胱氨酸与核糖反应，半胱氨酸和肌苷酸（IMP）反应或硫胺素的降解生成。但是，在熟鸡肉风味的生成过程中，这三种反应的生成机制的哪一种更为重要的问题一直都是困扰人们的问题，目前仍然不是十分清楚。

相比之下，羊肉、牛肉和猪肉中的重要风味前体物质已经通过监测挥发性化合物的生成和在生肉中添加前体物质进行烹饪后的感官评价得以确认，而鸡肉中重要的风味前体物质则一直都没有被研究得十分透彻。有些研究表明，当糖与核苷酸的外源添加量（例如，天然浓度的2倍或4倍）很少的时候就足以增加熟肉中的肉味和烤香气味。这里简单介绍几个实验用来说明鸡肉风味的主要成分及其生成机制。

实验1：风味前体物质对鸡肉中不同感官属性的影响。

表7-29所示为天然鸡肉中煮熟气味的17个气味特征的平均感官评价得分。而添加了风味前体物质的煮熟鸡肉中的各项风味特征得分则有了显著增强，例如添加了硫胺素后烤香风味强度，添加了硫胺素，半胱氨酸和核糖后整体的鸡肉风味强度，添加了核糖后坚果类、木香风味的强度。另外核糖的添加降低了熟鸡肉中的腐臭气味和血腥气味强度。

表7-29 风味前体物质对熟鸡肉17种气味特征的影响[①]（实验1）

气味描述	前体物质的添加量/（mg/100g）								显著水平
	无添加	IMP 400mg	核糖 150mg	硫胺素 340mg	葡萄糖 180mg	G6P 300mg	半胱氨酸 120mg	半胱氨酸+核糖 120mg+150mg	
强度	53.4[②]	54.4	58.6	61.0	52.9	54.2	57.0	57.3	NS[③]
烤香	30.6ab	31.2ab	36.7bc	38.0c	33.6abc	30.4ab	28.1a	35.2bc	**
鸡肉味	29.9ab	31.7ab	31.1ab	39.4c	29.3ab	28.2a	35.0bc	39.6c	***
血腥味	29.8bc	26.9abc	22.0a	29.7bc	27.32bc	27.6abc	32.9c	26.5ab	**
蔬菜/汤味	28.7bc	24.2ab	25.2ab	32.4c	23.5ab	22.5a	28.4abc	29.2bc	**
美味的	30.8ab	28.8ab	32.0ab	34.1b	29.2ab	27.8a	27.6a	34.7b	*
油状/脂肪味	29.4	28.6	23.9	25.8	27.7	29.2	26.2	25.7	NS
腐臭味	22.9bc	19.2ab	16.3a	20.1ab	20.1ab	21.0ab	27.6c	20.4ab	**
黄油味	22.6	24.2	23.6	22.8	21.0	21.7	20.7	22.7	NS
咸味	25.6a	30.1a	28.9a	31.7a	26.5a	26.7a	27.6a	45.5b	**
甜味	21.3	25.3	21.8	24.6	23.4	24.7	21.3	21.9	NS
酸味	17.2a	15.6a	14.8a	19.0a	18.3a	16.3a	24.9b	19.6a	***
鱼腥味	15.0	14.2	13.6	15.7	17.4	14.9	16.1	17.0	NS
泥土味	25.6	23.7	28.8	22.6	24.2	24.5	21.4	22.6	NS
坚果味	23.0a	24.5a	31.2b	24.0a	24.9a	23.0a	20.1a	21.9a	***
木头味	19.9a	22.5a	30.0b	21.4a	24.6ab	23.2a	20.3a	20.7a	**
化学试剂味	16.6	19.5	17.9	16.1	16.4	18.3	18.5	20.7	NS

①相同上标的数值间没有显著性差异。

②代表由5名评价员进行8次重复评估的平均值。

③NS，没有显著性差异。

*，** 表示具有显著性差异。

实验2：低浓度添加风味前体物质对鸡肉整体风味的影响。

向鸡肉中添加与其等量的风味前体物质后，风味属性的强度变化结果见表 7 - 30。有 3 种前体物质的添加组合导致了鸡肉风味强度的明显变化，分别是只添加核糖，核糖与半胱氨酸的组合以及只添加肌苷酸（IMP）的情况。

表 7 - 30　风味前体物添加前后鸡胸肉中风味特征的对比结果（实验 2）

前体物质	每 100g 肉中的添加量/mg[①]	添加倍数	气味			
			鸡肉味	肉味	烤香味	异味
IMP	75	1	16 : 14[②]	15 : 15	18 : 12	10 : 20
IMP	150	2	14 : 16	15 : 15	12 : 18	09 : 21[③]
核糖	50	2	08 : 22	14 : 16	11 : 19	15 : 15
核糖	100	4	11 : 19	12 : 18	08 : 22	20 : 10
核糖	100	4	10 : 20	08 : 22	10 : 20	19 : 11
半胱氨酸	50	70	16 : 14	15 : 15	11 : 19	16 : 14
核糖 + 半胱氨酸	100 + 50	4 + 70	11 : 19	12 : 18	08 : 22	20 : 10
R5P	56	4	11 : 19	11 : 19	12 : 18	13 : 17
R5P	100	7	14 : 16	13 : 17	15 : 15	18 : 12
葡萄糖	80	2	16 : 14	10 : 20	16 : 14	14 : 16
G6P	100	5	15 : 15	16 : 14	17 : 13	19 : 11
硫胺素	0. 50	2	17 : 13	12 : 18	12 : 18	15 : 15
硫胺素	0. 90	4. 5	15 : 15	11 : 19	19 : 11	15 : 15
硫胺素[④]	100	450	11 : 19	09 : 21	10 : 20	16 : 11

①在 10mL 蒸馏水中的 100g 肉末中加入毫克化合物。

②30 名感官评价员中认为该样品具有该种气味属性的人数对比。临界值为 21（$p<0.05$）、23（$p<0.01$）和 25（$p<0.001$）。

③重要结果以粗体显示。

④感官评价员对“腐臭味”进行评分而不是“异味”。

实验 3：限定风味前体物质的添加对鸡肉风味的影响。

以实验 2 为基础进一步进行比较测试，针对添加食品级风味前体物质的影响结果如表 7 - 31所示。当核糖的添加量是鸡肉中浓度的 3 ~ 4 倍时，导致了鸡肉烤香风味显著增强，并且使不良的异味强度减弱。

表 7 - 31　风味前体物添加前后鸡胸肉中风味特征的对比结果（实验 3）

前体物质	每 100g 肉中的添加量/mg[①]	添加倍数	气味			
			鸡肉味	肉味	烤香味	异味
核糖	100	4	18 : 12[②]	12 : 18	09 : 21[③]	22 : 08
葡萄糖	100	2. 5	14 : 16	14 : 16	16 : 14	13 : 17
IMP	190	2. 5	18 : 12	14 : 16	18 : 12	18 : 12

①在 10mL 蒸馏水中的 100g 肉末中加入毫克化合物。

②30 名感官评价员中认为该样品具有该种气味属性的人数对比。临界值为 21（$p<0.05$）、23（$p<0.01$）和 25（$p<0.001$）。

③重要结果以黑体加粗显示。

实验 4：不同浓度的核糖与磷酸核糖对鸡胸肉风味的影响。

表 7－32 的结果显示，不同的鸡肉中核糖浓度存在天然差异，而具有高浓度核糖的鸡肉在烹饪后会产生更为强烈的鸡肉风味。但是这种差异性在鸡胸肉中并不明显，也就是说高核糖浓度的鸡胸肉与平均水平浓度的鸡胸肉在烹饪后在烤香方面的气味强度并不存在明显差异性。

表 7－32 不同糖与磷酸糖浓度对鸡胸肉风味的比较结果

低：高	浓度（低）			浓度（高）			比率（高/低）			低 vs 高
鸡肉	R[①]	RP[②]	R + RP	R	RP	R + RP	R	RP	R + RP	对比
G vs J[③]	10.8	26.0	36.8	29.4	26.3	55.7	2.7	1.0	1.5	02：08
A vs D	7.1	13.0	20.1	22.5	13.5	36.0	3.2	1.0	1.8	05：05
C vs I	12.2	18.8	31.0	31.9	20.3	52.3	2.6	1.1	1.7	02：08
										总计：09：21[④]
低：高	浓度（中）			浓度（高）			比率（高/中）			中 vs 高
鸡肉	R[①]	RP[②]	R + RP	R	RP	R + RP	R	RP	R + RP	对比
L vs K	12.6	6.9	19.5	26.0	14.1	40.1	2.1	2.0	2.1	06：04
H vs E	15.1	28.5	43.6	30.4	20.0	50.4	2.0	0.7	1.2	05：05
F vs B	19.4	3.0	22.4	18.8	19.5	38.3	1.0	6.5	1.7	07：03

①核糖。

②磷酸核糖。

③A－L：鸡肉中核糖浓度分为低，中或高的样品。

④30 名感官评价员中认为该样品具有鸡肉烤香气味属性的人数比例，比值为低/高，或中/高，临界值为 21（$p<0.05$）、23（$p<0.01$）和 25（$p<0.001$）。

实验 5 和实验 6：风味前体物质对挥发性风味成分的影响。

表 7－33 所示为核糖或 5－磷酸－D－核糖二钠盐（R5P）添加有无情况下鸡胸肉风味强度的变化。

表 7－33 添加糖前后鸡胸肉中的 GC－O 结果

LRI[①]	气味属性[②]	化合物	定性方法[③]	气味强度得分[④]		
				无添加	核糖	R5P
798	脂肪味，腐烂的肉味	己醛＋未知	MS＋LRI＋O	0.7	0.5	2.0
817	金属味，辛辣味	未知		1.7	2.1	1.4
852	陈旧的啤酒	未知		1.8	0.9	1.3
881	鸡肉，咸味	2－甲基－3－呋喃硫醇	SIM＋LRI＋O	2.8	3.1	3.5
904	咸的马铃薯	三甲硫基丙醛	MS＋LRI＋O	0.2	0.8	1.4
907	烤香，咸的	2－糠硫醇	SIM＋LRI＋O	0.3	2.1	1.2
967	金属的，天竺葵	二甲基三硫醚＋2－庚醛[⑤]	MS＋LRI＋O	2.2	2.2	2.7
1076	蘑菇味	1－辛烯－3－酮[⑤]	MS＋LRI＋O	1.5	0.8	1.5

续表

LRI[①]	气味属性[②]	化合物	定性方法[③]	气味强度得分[④]		
				无添加	核糖	R5P
1172	鸡肉味，烤香味	2-甲基-3-呋喃硫醚[⑤]	LRI+O	1.4	0.6	2.4
1217	金属味	癸醛	MS+LRI+O	1.4	0.6	2.4
1762	烂蔬菜味	未知		1.2	0.7	0.4

①LRI，保留指数（CPSIL8CB 色谱柱）。

②四个经验丰富的实验员中至少有两人使用 GC-O 检测并检测到的气味。

③化合物的鉴定方法。其中 MS 表示质谱，SIM 表示选择离子模式，LRI 表示气相保留指数，O 表示嗅闻。

④气味强度的平均值。

⑤表明是推测的化合物。

在这一系列的实验中，人们测试了美拉德和与鸡肉风味形成相关的成分及其贡献程度。在表 7-34 中，风味前体物质的添加量基于鸡肉中各物质的浓度而决定的。利用鸡肉中各成分的分析数据来进行感官评价实验。实验 2 的目的在于寻找一个对鸡肉风味具有显著影响能力的前体物质范围，并且要求其添加量与鸡肉中相应物质的原始浓度相同。添加的前体物质浓度一般控制为其在鸡肉中浓度的 2~5 倍，而这一浓度值比实验 1 中使用的数值低很多。后续实验关注于那些能够在接近生鸡肉中自然浓度的添加量下使鸡肉风味产生最大变化的前体物质。

表 7-34　　　　用于实验 1~实验 3 中的化合物及其浓度

化合物	天然浓度[①]/（mg/100g）	样品中的分析浓度[②]/（mg/100g）	实验 1（每 100g 肉中添加量/mg）[③]	实验 2（每 100g 肉中添加量/mg）	实验 3（每 100g 肉中添加量/mg）
IMP	330	75	400	75，150	190
核糖	1~14	25	150	50，100	100
R5P		14		56，100	
半胱氨酸	28	0.03	125	50	
半胱氨酸+核糖	28+14	0.03+25	125+150	50+100	
葡萄糖	188	40	180	80	100
G6P		17	300	100	
硫胺素	0.15	0.2	340	100，0.5	

①文献中的化合物天然浓度。

②实验中研究人员测定的实际样品中的浓度。

③10mL 溶液中每 100g 肉中添加的化合物质量。

风味前体物质对鸡肉的风味的影响。

（1）硫胺素　硫胺素已被证明是多种含硫化合物的重要前体物质。例如 5-羟基-3-巯基-2-戊酮，这一物质是生成许多具有强烈风味特征的硫醇物质的一种中间体，例如

2-甲基-4,5-二氢-3-呋喃硫醇，2-甲基-3-呋喃硫醇和巯基酮类化合物。在实验1中，添加硫胺素导致了烤香和鸡肉的气味显著增强。但是，该实验中添加的硫胺素浓度（340mg/100g），非常高，其浓度是鸡胸肉中硫胺素浓度的1500倍（表7-34）。这证实了在至少添加100mg/100g（450倍）硫胺素的情况下生鸡肉的肉味得到了显著增强（表7-30）。相反，当仅添加鸡肉中硫胺素自然浓度的2倍和4.5倍对应浓度分别为0.50mg/100g和0.90mg/100g（实验2）的时候，硫胺素的添加并未能使鸡肉的风味得到显著增强（表7-30）。因此，硫胺素只有在足够高的浓度条件下才是烤香味和肉味的有效风味前体物质，而在较低浓度下（小于鸡肉中天然浓度2倍）则对熟鸡肉风味不会产生显著的影响。

这一现象对于牛肉风味的产生同样适用。当硫胺素的添加浓度是牛肉中自然浓度的4倍以下时，其对熟牛肉风味的影响同样很微弱。此外，Grosch等研究了硫胺素与半胱氨酸在2-甲基-3-呋喃硫醇生成过程中的作用。结果显示，因为在肉中以磷酸盐形式存在的天然硫胺素的浓度很低（0.03mol/L），所以硫胺素在2-甲基-3-呋喃硫醇的形成过程中起到的作用非常微弱。研究表明硫胺素的分解受pH，加热时间和水分活度，以及在加工或烹饪过程中这些条件的综合变化影响，而这些条件变化都可能会影响硫胺素对肉风味的贡献。

（2）肌苷酸（IMP）　当IMP的添加量为天然鸡肉中该物质浓度的5倍时，通过感官评价并没有发现鸡肉风味出现明显的变化（表7-29）。同样，表7-30中的数据也显示当添加量为2~3倍时，IMP的添加也不会导致烤香、肉味或鸡肉气味发生明显变化。但是，当添加浓度为2倍时，数据显示鸡肉中的异味强度明显增强了（表7-30）；感官评价员的评论显示，这种增强的风味体验更倾向于被解释为对控制而不是特定的某种异味。分析不同的鸡肉商品显示IMP的浓度差异可以达到2倍。因此，这种由于IMP天然浓度差异造成的鸡肉最终风味差异的可能性较小。

IMP在鸡肉风味形成中的作用似乎与该物质在红肉风味中的作用不同。Mottram和Madruga的研究显示IMP（自然浓度的10倍）的添加显著增强了熟牛肉的肉香气。而还有研究发现，当添加浓度为2倍（170mg/100g）时，IMP则会导致猪肉中的肉香气显著增强，而这种现象牛肉中则不会发生。人们在猪肉和鸡肉中添加同样剂量IMP的风味效果截然不同。因此这种风味前体物质对于这两种肉风味的影响机制可能并不一致。

尽管IMP可以通过与半胱氨酸或H_2S在pH 5.6的水相模型系统中的反应成为2-甲基-3-呋喃硫醇、硫醇酮以及其他含硫风味化合物的前体物质。但是IMP的水解反应并不会很容易发生，因此IMP并不会轻易地与半胱氨酸发生反应。

（3）葡萄糖　添加鸡肉中天然葡萄糖浓度的2~4倍的该物质都不会对鸡肉的气味属性不会产生显著影响。这一结果在猪肉、牛肉中同样适用。当葡萄糖浓度提升至4倍以上时才会影响肉味或烤香气味的强度。当低于这一浓度倍数的时候，葡萄糖的添加不会对肉风味产生显著的影响。

（4）6-磷酸-D-葡萄糖二钠盐水合物（G6P）　当以300mg/100g添加时，G6P导致了鸡肉中蔬菜汤气味的显著下降，但不影响烤香或熟鸡肉的香气的强度（表7-29）。后续研究表明，在鸡肉中磷酸葡萄糖的平均含量仅为16.9mg/100g，不同鸡肉之间的浓度差异最大为2倍。大约五倍天然浓度的添加（100mg/100g）与无添加鸡肉的风味并没有显著的变化（表7-30）。因此G6P应该对鸡肉风味的影响较小。相比之下，研究显示G6P的添加会显著增强牛肉和猪肉的烤香风味。但是，这一风味增强是在高浓度G6P添加的条件下实现的，添加浓度分别为600mg/100g和300mg/100g。而牛肉中的天然磷酸葡萄糖浓度也高于鸡肉，其浓度约为80mg/100g。G6P参与风味形成的机制反应尚未完全阐明，但可以推测其机制大致遵循van den Ouweland和Peer，以及Mottram和Nobrega提出的关于R5P参与风味形成的机制。但是G6P也可以通过戊糖磷酸途径产生其他糖磷酸酯。

（5）核糖　长期以来，核糖都被认为是重要的肉香气前体物质。浓度较高的核糖（150mg/100g）会显著增强鸡肉的坚果和木质气味，减少腐臭和血腥味（表7－29）。后续分析表明鸡胸肉中核糖的天然浓度仅为24.7mg/100g。向鸡肉中添加50mg/100g或100mg/100g的核酸会显著增强鸡肉中肉味、烤香气味的同时会显著减少异味（表7－30）。因此，核糖的添加量为鸡肉中天然浓度的2～4倍的时候，其对鸡肉风味的提升具有明显的积极作用。

在关于红肉的研究中也发现了相似的结果。在煮熟的牛肉和猪肉中，当核糖添加量为600mg/100g和1200mg/100g时，肉味和烤香味会得到显著增强；而当核酸的添加浓度为接近牛肉中天然浓度时（127mg/100g），虽然呈现出风味的增强趋势，单在肉味或烤香风味方面并不会出现显著的增强。在羊肉中添加木糖会增强羊肉的甜、肉味的香气以及熟羊肉风味的强度，而能够产生这种效果的最低木糖添加浓度是500mg/100g。因此，足以产生对煮熟鸡肉风味影响的核糖添加浓度比红肉要低。

在肉中添加前体物质可提供指示它们对风味形成的影响，但是不可能将这些物质添加进它们本身存在的生肉中。因此，人们设计了实验想要确认核糖浓度不同的鸡胸肉和大腿肉风味的不同。12只鸡（编号A～L）分为高（6只），中（3只）或低（3只）核糖浓度。感官评价的结果显示30名小组成员中有21名认为核糖浓度高的样品具有更强烈的烤鸡肉风味（表7－32）。但是在中核糖浓度与高核糖浓度的鸡肉对比实验中并未观察到相同的结果。高低核糖浓度鸡肉间的核糖浓度比例较大约是2.8倍，而这个比例在高剂量与中剂量组中只有1.6倍。这也许表明若要使鸡肉中的烤肉味产生强度差异所需要的最小核糖浓度差；这种浓度差异似乎约为三倍左右。这与实验2的发现一致（表7－30），其结果表明以2～4倍的自然浓度会增强肉类相应的气味特征。

（6）5－磷酸－D－核糖二钠盐（R5P）　当以56mg/100g和100mg/100g（大约为鸡肉中自然浓度的4～6倍），R5P不会引起任何的气味变化（表7－30）。在实验4（表7－32）中，核糖磷酸以及核糖的浓度分别进行了高、中和低浓度组的对比。结果表明，高与低的核糖浓度肉中的核糖磷酸浓度几乎相同，而第二组（中高浓度剂量组）磷酸核糖浓度差异较大（但并没有导致风味效果差异）。这样的数据结果间接证明了在这两种物质中，核糖而不是R5P对于形成鸡肉风味化合物的形成起到了重要影响作用。

这些结果与牛肉风味以及某些模拟体系实验的结果有些不同。Mottram和Nobrega报告了添加了R5P的反应体系比添加核糖的体系中生成了更多的挥发性化合物（例如，巯基酮及其二硫醚）使用包含半胱氨酸和核糖或R5P的模型系统。R5P被认为是呋喃和噻吩硫醇的前体物质，其通过核糖磷酸的去磷酸化和脱水，形成与硫化氢较容易发生反应的中间体4－羟基－5－甲基－3(2*H*)－呋喃酮。当以自然浓度的30倍添加到牛肉中时，R5P会导致呋喃硫醇和二硫醚浓度的显著上升。而熟牛肉的感官评价则显示核糖和R5P的添加均使牛肉中的烤香气味得到增强。

（7）半胱氨酸　半胱氨酸是氨基酸中较难被定量分析的一种物质，分析结果表明肉中游离半胱氨酸的浓度极低（<0.1mg/100g）。远高于肉中天然浓度（120mg/100g，表7－29）

的添加导致血腥和酸味的增强，而较低的浓度（0.7mg/100g，表7－30）的添加量则不会在感官属性产生实质的变化。相反，当与核糖一同添加使用时，鸡肉味、咸味以及烤香味都会得到显著增强（表7－29和表7－30）。这些结果显示限制这些气味增强的关键因素是核糖而不是半胱氨酸。因此，尽管半胱氨酸对于形成含硫挥发性化合物至关重要，但是这里给出的结果表明其肉中的半胱氨酸天然浓度足以产生肉香风味中的含硫挥发性化合物。

生肉中游离半胱氨酸的低浓度与相对高浓度的核糖表明，半胱氨酸并核糖通过美拉德反应生成重要风味物质的先决条件。生肉中其他具有较高浓度的氨基酸可能发挥了这一条件作用，而半胱氨酸以其蛋白质形式作为H_2S的主要来源物质。Mecchi等的早期工作认为以蛋白质形式存在的半胱氨酸是熟肉中H_2S的主要来源物质。

（8）风味前体物质的添加对鸡肉风味形成的整体影响　为了确认以上感官评价的结果是否可以用挥发性化合物进行解释，人们使用GC－O进行了关键气味挥发物的分析。烹饪生肉过程中生成的气味成分结果在表7－33中进行了总结。静态顶空的样品收集方法用于GC－O分析，这可以更为忠实地还原感官评价员感知到的气味效果。动态顶空法用于GC－MS的分析。通过GC－O检测到的主要气味（表7－33）包括烤香，咸味，鸡肉味和金属味。添加核糖或R5P后强度增加的气味属性包括咸味、马铃薯味、烤香味和咸味。这些气味是由3－甲硫基丙醛和2－呋喃甲硫醇引起的。由2－甲基－3－呋喃硫醇和2－甲基－3－甲基二硫呋喃呈现出的烤肉香气仅有微弱的增加。2－甲基－3－呋喃硫醇和2－呋喃甲硫醇通过SIM模式进行的定量分析结果显示，这两种化合物的实际生成量受还原糖添加量的影响。

4. 羊肉的气味成分

（1）羊肉风味概述　羊肉具有独特的风味，与其他的红肉种类截然不同。尽管风味是羊肉受欢迎程度的基础，但它也可能会阻碍消费者的接受程度。缺乏对羊肉风味本身的了解可能会成为一些消费者的障碍。而不良饲料引起的风味变化也会损害消费者对于羊肉的接受性。在气候不确定性和不可预测的降雨模式的背景下，畜牧业正在寻找并转向传统放牧牧场系统的替代品。从历史上看，牧草一直是全世界主要的羊肉生产饲料系统。正是由于这个原因人们一直关注羊肉的“田园风味”。与牧场相关的风味可能被消费者接受为“正常”风味并习惯于牧场饲养生产出来的羊肉；但是，这些风味可能对谷物喂养和其他饲料系统生产的肉类消费者不熟悉。在过去的几十年中，人们研究了不同饲料对羊肉品质的影响，揭示了不同饲草对羊肉风味的影响是不同的。尽管进行了大量研究，但对于哪种挥发性成分对于理想的羊肉香气至关重要以及与其他红肉（例如牛肉）的区别，尚未达成共识。相反，很少有工作专门针对羊肉风味的非挥发性成分。饲料会影响肉中肌内脂肪的含量及其脂肪酸组成，这直接影响肉的多汁性，质地，风味以及食用过程中的风味体验。饲料的效果远非简单，需要一种涵盖所有输入变量的综合方法，以更好地了解饲料和相关系统对羊肉风味的影响。接下来，我们来一起讨论有关羊肉风味的一些内容。

从历史上看，羊肉风味的焦点一直集中在熟肉的香气上，尤其是与“羊肉”和“牧草”风味有关。“羊肉”风味与动物的年龄有关，更常见于与年长动物的熟肉有关，而“牧草”风味与饲喂动物的牧场饮食有关。但是，这些并不是存在于羊肉中的唯一特征性风味特征。例如，已发现芸苔作为原料使消费者认为不可接受的煮熟的羊肉有异味，尽管微生物变质较少，但也会变质在未煮熟的羊肉中引入“马铃薯”香气。

（2）牧草成分及其对羊肉风味的影响　绵羊的生长、肌肉和脂肪的增大与蓄积需要由饲料提供足够的营养成分才能实现。而绵羊对于饲料的主要需求是能够提供足够的能量，饲料的能量值可以用每千克干物质代谢能量的兆焦耳数（ME）来计算。牧草的营养价值以及品质通常可以用 ME 和粗蛋白（CP）含量来进行评价与衡量。除了这些基本的评价指标与测量值之外，还可以使用水溶性碳水化合物（WSC）来更精确地描述及评价牧草的养分利用率。

羊羔在生长过程中需要的所有蛋白质的养分通常是由从瘤胃到小肠的消化系统进行提供。以每天增重 0.2kg 的羔羊生长速度为例，通常推荐的合理 ME 和蛋白质摄入量分别为每天 12.5MJ 和 13%（以粗蛋白计算）。而牧草中这些养分的含量存在天然的差异，并不会刚好满足推荐的数值浓度。因此，在新鲜牧草无法满足羔羊生长需求的时候，干草或谷物将用作绵羊饲料的必要补充品。此外，当饲料中的蛋白质含量无法满足需求的时候，例如作为干旱季节的热带或亚热带牧场或夏季的地中海型牧场中的牧草，可以向此饲料中补充其他蛋白质或非蛋白质氮（NPN）来源，以弥补这一营养上的不足。

牧草因为不同季节、年份和肥料使用情况，以及牧草的品种和物种的关系，在碳水化合物、芥子油苷和粗蛋白的含量的使用利用率方面呈现出不同的特点。例如，在三叶草（*Trifolium subterranean*）中，粗蛋白含量可能在 17% ~30% 变化，而对于多年生黑麦草（*Lolium perenne*），不同季节甚至不同年份之间的蛋白含量可能在 5% ~19% 变化。另一个例子是在新西兰，与夏季相比，在凉爽的月份当地牧草中的总氮浓度更高，而干物质、NDF 和可溶性有机物的浓度变化也很明显。牧草成分含量的这种变化会显著影响羔羊的肌肉、脂肪和糖类物质的积累，也会影响动物对营养物质的吸收。很明显，牧草组成的这种变化很可能有助于肌肉组织中的风味化合物的生成与累积。显而易见的是，随着羊肉生产及加工系统变得更加复杂，更加注重以更好的产品质量满足消费者的需求，仅通过 ME 和 CP 含量描述牧草品质将很可能变得无法满足对肉品风味质量的需求。

在羊羔宰杀之前，草料会通过 ME 和 CP 的浓度、与动物肌肉和脂肪沉积遗传趋势的相互作用从而影响羊羔的肌肉发育，体脂肪和肌内脂肪（IMF）含量。羊肉中的 IMF 含量能够使消费者对羊肉总体风味的喜好度产生积极的提升影响。相对于形成较早的其他脂肪形式（例如，皮下脂肪和肠系膜脂肪），IMF 的形成比较缓慢，成形也较晚。因此，在成品羔羊肉中，IMF 的浓度水平通常为 1% ~9%，与较高浓度水平的 IMF 相比，IMF 脂肪水平低于 3% ~5% 的情况被认为会对消费者的羊肉风味可接受性产生负面影响。

牧草的脂肪酸成分主要是亚麻酸，它是 $n-3$ 多不饱和脂肪酸（PUFA）家族的母体分子，由于其对健康和营养的整体积极贡献而备受关注。长链（LC）PUFA 可以由亚麻酸在绵羊的脂肪代谢过程中生成。与谷物浓缩物相比，使用牧草作为羊羔的饲料可增加羊肉中 PUFA 的含量。与牧草不同的是，谷物中主要的脂肪酸是亚油酸，而这种脂肪酸是 $n-6$ PUFA 家族的母体分子。但是，后一组的这种 $n-6$ PUFA 并不能在风味效果方面起到良好作用，因为当饲料中 PUFA 的 $n-6:n-3$ 比例较高时，$n-6$ PUFA 就会抵消 $n-3$ LC PUFA 在风味效果方面的积极贡献。$n-3$ 和 $n-6$ PUFA 分别是饲喂牧草和谷物羊肉的重要气味成分，因为这两种化合物会显著影响最终食用羊肉产品在消费者中的受欢迎程度以及消费者的喜好、对产品的认可度等。

（3）含硫化合物对羊肉风味的影响　羊肉气味特征中的含硫化合物受到特别关注。羊毛富含胱氨酸，Cramer 等认为这可能是硫积累的唯一途径，在脂肪组织中尤其明显；未知途径的硫元素积累可能提供了产生羊肉香气的前体物质，这些物质使羊肉的气味特征与其他肉类不尽相同。

煮肉时，含硫气味化合物主要来自含硫氨基酸的降解。肉香气中最多的硫化物是硫化氢（Nixon 等）。硫化氢具有较为独特的气味特征，并且还是其他气味化合物的前体物质。Kunsman 和 Riley 发现，新鲜的牛肉和羊肉中的贮备脂肪组织比瘦肉组织能产生更多的硫化氢。这一结果是在 Cramer 提出的羊身上积累了硫元素的基础上得出的。

考虑到瘦肉比脂肪含更多的蛋白质（氨基酸），但蒸煮脂肪却比煮瘦肉产生更多的硫化氢，这一结果令人意外。研究人员用 Pepper 和 Pearson 介绍的烹煮工艺重新研究了煮羊肉产生硫化氢的相对速率，发现无论羊的性别和年龄如何，新鲜瘦肉产生的硫化氢都比新鲜脂肪产生的要多。尽管他们用不同的烹煮方法，实验结果都明显与 Kunsman 和 Riley 的结论相反。而且，Ockerman 等认为生长于热带地区的山羊膻味没有绵羊的浓烈。不过，Kunsman 和 Riley 观察到羊肉比牛肉产生更多的硫化氢这一结论可能是正确的。

文献经常提到瘦羊肉中半胱氨酸/胱氨酸含量较高（Baines 和 Mlotkiewicz），且认为这是硫化氢产生的基本原因。然而，牛肉和羊肉的氨基酸组成数据（Paul 和 Southgate；Chrystall 和 West）表明两种肉品中的蛋氨酸和半胱氨酸含量没有显著差别。很明显，这些数据并未指出蛋白质中每种氨基酸游离或聚合的比例。由于游离氨基酸可能更易于发生反应，所以，游离和聚合的比例不同可以影响煮肉气味特征的形成。游离氨基酸组成的唯一可用的资料是由 Macy 等发表的，他们发现瘦猪肉、牛肉和羊肉游离氨基酸的组成相似。

在羊肉中促使硫化氢生成的一种含硫的前体物质是谷胱甘肽，它比聚合在蛋白质中的含硫氨基酸产生硫化氢的速度快（Cramer）。Macy 等发现在瘦羊肉的水抽提物中存在谷胱甘肽，但在瘦牛肉和猪肉的水抽提物中却不含有这种化合物。然而，由于谷胱甘肽是游离基清除体系中的基本组成部分，如哺乳动物细胞一样普遍（Munday 和 Winterbourn），因此，在鲜牛肉和猪肉中不可能缺乏这一物质。

Schutte 阐述了硫胺素降解产物是如何产生肉香气的过程。每 100g 瘦羊肉含约 0.14mg 硫胺素，是牛肉的（0.07mg/100g）两倍；而猪肉中这一浓度则更高，达到 0.89mg/100g（Paul 和 Southgate）。尽管牛肉和羊肉中硫胺素的浓度比起各自的蛋氨酸和半胱氨酸总浓度（分别约为 500mg/100g 和 250mg/100g）来讲微不足道，但硫胺素的降解产物在肉的气味特征形成方面起了非常重要的作用。然而，由于羊肉中硫胺素浓度较小，其主要降解产物似乎不太可能会影响羊肉气味特征的形成。

总而言之，资料表明瘦牛肉和羊肉的硫含量基本相同。硫元素的不同分布是足够改变硫化物降解路径的，尤其是当其他反应物、前体物质或衍生物的浓度随肉种类不同而变化时更是如此。在 Mabrouk，Baines 和 Mlotkiewicz 及 Crawer 等写的论述中讨论了硫化氢和甲硫醇参加的反应，这些反应生成了许多环状和脂肪族硫化物。（甲硫醇是蛋氨酸 Strecker 降解产物。）至于反应是如何发生的，Baines 和 Mlotkiewicz 认为不管是简单的还是复杂的硫化物均能保留在脂肪组织中，在那里它们与脂类氧化产物发生反应生成了许多复杂的硫化物。许多含硫挥发性物质都具有较低的气味识别阈值，只要很低的浓度就可有效地增加羊肉的气味和滋味强度。气味前体物质，如脂类氧化产物等，其浓度随肉的种类而异。这使得一些含硫气味化合物只在煮羊肉中被检测到，而在其他煮肉中并未检测出来。Nixon 等鉴定出了许多只在羊肉气味中存在的硫化物，虽然无证据表明这些硫化物对羊肉气味的贡献程度。

（4）饲料对熟羊肉中挥发性化合物的影响　表 7－35 所示为文献报道的在谷物和牧场系

统中生产熟羊肉的主要挥发性成分的差异。对于牧场系统，萜烯和二萜类化合物（熟肉中存在的挥发性化合物）是来源于饲料中的成分。另外，Young 等注意到 2,3 - 辛二酮是在牧场饲喂羊的熟肉中发现的一种常见的挥发性化合物，而这一物质也成为牧场饲养的极佳指标。Priolo 等的最近的研究也证实了这一结论，2,3 - 辛二酮是牧草饲养认证的适当生物标记。

表 7 - 35　　牧草与谷物饲料羊肉中气味物质的对比

化合物	检出部位	化合物	检出部位
牧草饲料的羊肉		3 - 甲基吲哚	脂肪，肉
双萜类	脂肪	酚类	脂肪，肉
2,3 - 辛二酮	脂肪	甲苯	脂肪
3 - 羟基 - 2 - 辛酮	脂肪	γ - 内酯	脂肪
δ - 内酯	脂肪	十一醛	脂肪
长链烷烃	脂肪	**谷物饲料羊肉**	
C_7 醛	脂肪	支链和直链脂肪酸	脂肪
倍半萜	脂肪	4 - 庚酮，2 - 辛酮	脂肪，肉
己酸	肌肉	3 - 羟基 - 2 - 丁酮	肌肉
BCFA	脂肪	烷烃、酮类、Strecker 醛	肌肉

较高的 γ - 内酯浓度与绵羊的谷物饲喂方式有关。谷物中的游离脂肪酸可能是这些化合物的前体物质，因为研究工作者已经提出了以油酸为前体物质在牛羊体内生物合成 γ - 十二内酯的机制。据报道，在牧场饲养的动物的肉以及牧场饲养的牛的乳汁中，δ - 内酯含量很高。

饲料还涉及短链支链脂肪酸（BCFA）的形成，这被认为是煮熟羊肉中“羊肉”香气的主要来源。最著名的 BCFA 是 4 - 甲基辛酸（MOA），4 - 乙基辛酸（EOA）和 4 - 甲基壬酸（MNA）酸。谷物饲养的动物中这些化合物的浓度很高。这归因于与牧场的牧草相比，谷物饲料中碳水化合物在动物体内的利用率更高。根据这一结果可以认为，以谷物为主的饲料会增加熟肉的“羊肉”风味。此外，与饲喂谷物的动物相比，在饲喂牧草（天然牧场）的动物中，据报道存在更高水平的 BCFA（MOA，EOA 和 MNA）。但是，其原因尚不清楚。

饲喂系统对 3 - 甲基吲哚的生成也会产生影响。3 - 甲基吲哚和 4 - 甲基苯酚被认为是牧草羊熟肉中明显的“牧草”香气的主要挥发性成分。与谷物和浓缩饲料相比牧草中蛋白质与易发酵碳水化合物的比例很高，来自牧场的蛋白质在瘤胃中更易于消化。此外，瘤胃中饲料蛋白质会大量降解为氨基酸，这使得肽和氨基酸的利用率更高，而不会也不可能完全被微生物利用，因为碳水化合物代谢释放出的能量不足支撑这一过程。

L - 色氨酸的厌氧代谢在瘤胃中形成了 3 - 甲基吲哚。郁郁葱葱的牧场是较易降解的蛋白质的丰富来源，也是色氨酸的潜在来源之一。瘤胃中还会形成吲哚（一种相关的代谢产物），并且与 3 - 甲基吲哚一起呈现出类似粪便的气味。色氨酸通过瘤胃细菌和原生动物在三步过程中转化为 3 - 甲基吲哚［图 7 - 23（1）］。最初，色氨酸被脱氨基形成吲哚丙酮酸，其经由中间体吲哚乙酸经历两个连续的脱羧步骤以形成 3 - 甲基吲哚。通常，3 - 甲基吲哚在从肠道释放到血液中后会被肝脏代谢。但是，当其浓度过量时，一些化合物可以逃脱肝脏的新陈代谢并被重新释放回血液中，从而沉积到脂肪组织中。3－甲基吲哚和吲哚这两种化合物都是亲脂性的，因此会在脂肪组织中积聚。研究人员还发现诸如卢塞恩或三叶草之类的高蛋白饲料物质会导致3－甲基吲哚和吲哚在绵羊瘤胃中出现积累现象。如果是牛，吸收可能发生在瘤胃，而对于猪（单胃），3－甲基吲哚的吸收沿结肠发生，然后转移至肝脏以及血液。瘤胃细菌还可以将酪氨酸转化为4－甲基苯酚。酪氨酸经过连续的氨基转移和脱羧步骤生成中间体对羟基苯乙酸，然后进一步的脱羧形成4－甲基苯酚［图7－23（2）］，然后可以被血液供应吸收并运输，从而沉积到脂肪组织中。牧场饲料中化学成分的季节性变化也会影响与“牧场”风味相关的化合物的生成。冬季牧场中饲料的总氮含量较高，这意味着在羊肉中与之对应的“风味”相关化合物的浓度也可能会较高。总而言之，牧草成分的季节性变化表明，羊肉风味的季节性成分可能存在整体不同。

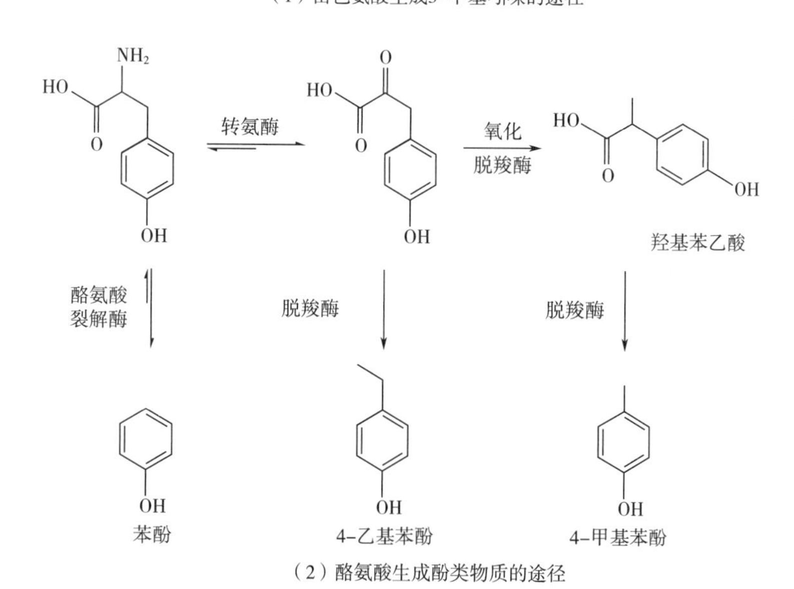

图7－23　3－甲基吲哚（1）与酚类物质（2）的生成途径

（5）饲料系统对羔羊风味的综合影响　饲料影响最终羔羊风味的机制复杂而多样。以最简单的形式，饲料可能会通过将特定的植物来源化合物直接转移到肉中从而影响羊肉的最终风味。例如，叶绿醇、植物烯、萜烯和倍半萜（均来自牧场）一旦进入羊肉便可能会在肌肉组织中积累，如果这些化合物的浓度足够高，它们可以直接影响最终的羊肉风味，或者它们可以在加热过程中生成新的风味活性化合物。

饲料会影响肉的成分和脂肪酸组成的分布。在烹饪过程中，大量的氧化反应会生成很多脂质来源的气味活性化合物。这些氧化反应过程受最初的脂肪酸类型（不饱和模式），肉品pH，抗氧化状态（α-生育酚和肌肽的存在等）以及血红素和非血红素铁存在的影响。由烹饪加热温度引起的氧化反应下，不同的脂肪酸会产生各类不同的气味活性成分。饲料引起的初始脂肪酸分布的显著变化会显著影响这些物质分解产生气味活性物质的类型和数量。尽管可能没有代表饲料特异性风味特征的挥发性物质存在，在羊肉中香气化合物的组成没有差异而相对比例发生变化，或其中几种挥发性香气物质的浓度变高的时候，也可能导致最终熟羊肉呈现出明显感官特征差异。

特定的饲料可能会影响肌内饱和与不饱和脂质的最终含量与分布，除了对质地的影响外，增加的肉类脂肪含量还可以作为亲脂性挥发性化合物的储存空间，而这种作用直接影响了食用加工过程中风味物质的释放速率和程度。尽管没有在肉类系统中得到过充分证明，但脂肪的存在已显示出可以减轻乳状液中挥发物释放的能力，与吞咽前相比这种性质与能力增加了肉品在吞咽后的释放风味物质的相对浓度。

要了解饲料和牧场对羊肉气味成分的影响与风味差异，客观地了解“特征”或标准羊肉风味所需的基本成分将很有帮助。羊肉中的非挥发性和挥发性成分与人类化学感应受体（包括味觉和嗅觉受体细胞以及其他感应网络）的相互作用带来了综合的风味感知。肉质成分、多汁性、咀嚼性、肌肉结构与分解，均可以直接影响或减弱羊肉的总体风味效果。肌肉结构中脂肪的总体含量和肌内分布也可能在释放和感知风味化合物的方式中发挥重要作用。挥发性化合物的分离提取和定量工作可能不会很容易，但与非挥发性组分的测定略显简单。没有任何一种分析技术可以完全分离并定量肉类风味中的非挥发性成分（游离氨基酸、呈味核苷酸、肽、脂肪、游离脂肪酸、钠离子等）。需要多种分析方法来全面揭示非挥发性成分。

（6）煮熟羊肉香气GC-O测定分析　GC-O的目的是区分从色谱柱分离的挥发性成分是否具有气味活性，并识别各个挥发物相对的气味强度或影响值，然后找到可能具有重要意义的挥发性化合物。在任何有关气味特征的研究中，分析结果中发现的气味化合物的有效性将在很大程度上取决于处理样品时所采用的提取方法，当然还取决于饮食史，动物的年龄，所使用的烹饪方法以及其他因素。常见的挥发性物质的提取方法包括高真空蒸馏、使用Tenax的吹扫-捕集法、固相微萃取以及通过固相萃取进行动态顶空萃取并随后进行溶剂洗脱，所有这些方法均已在表征肉类风味的研究中得到应用。

每种提取方法都会得到不同的样品与分析结果。类似地，结果也可能取决于所使用的嗅觉测定法，例如稀释法或直接强度法等。直接强度GC-O方法是使用气味强度感官等级标尺（例如，100mm尺度的线性等级评分）对每个气味成分的相对强度进行评分排序；通常，使用一组评估员来实施这类实验操作。当然，也可以使用洗脱方法，在此过程中，将香气提取物进行连续稀释并且每一次稀释都要经过嗅闻评估。经过大量稀释后可以检测到的气味具有较高的风味稀释值（FD因子），通常FD因子数值较高的化合物对香气的贡献较大或对气味的影响更大。

GC-O可以识别出具有气味活性或与气味感觉相关性的化合物成分，从而在一定程度上减少数据的处理工作量。在实践中，气味活性挥发性化合物的数量总是大大少于GC-MS鉴定出的挥发性物质的总量。例如，Elmore 等在煮熟的羊肉样品的顶部空间中检测到 180 种以上的挥发物。其中，超过 60 种是含硫化合物。在另一项研究中，人们则检测到了 70 多种硫挥发物。但是，尽管有这些成分的总数令人印象深刻，但 GC－O 实验表明，其中只有少数几种化合物可能与肉风味的特征呈现相关性，包括甲硫醇、2－甲基噻吩、2－甲基－3－呋喃硫醇、二甲基三硫醚、甲硫醇和 2－乙酰基－2－噻唑啉等化合物。在最近的文献中，很少有关于羊肉的 GC－O 研究文献。在一项香气提取物稀释分析（AEDA）研究中（通过稀释确定每种风味成分的重要性），熟羊肉的风味成分中，FD 因子超过 128 的只有 15 种化合物（主要是醛），这一结果表明了这些风味成分的重要性。即使是关于牛肉香气成分的研究，也很少有全面的 GC－O 研究发表。AEDA 在烤牛肉提取物中鉴定出 25 种气味活性化合物，在炖牛肉汁中鉴定出 16 种气味，在牛肉肉汁中通过 AEDA 鉴定出 48 种，Resconi 等使用顶空挥发物提取方法报告了 40 多种。

尽管进行了大量的 GC－O 研究，但对于哪个挥发性成分对于产生羊（肉）香气至关重要，目前尚无共识。由于提取方法和嗅觉测量方法都有无法突破的局限性和测定方面的系统偏差，并且进行 GC－O 实验十分耗时，因此，采用一种合理的方法来总结和建立现有的公开信息将是有用的。在概念上与随机试验数据的分析相似，研究人员在此基础上提出了“统合风味图”的概念，它基于已发布的 GC－O 数据来获得任何目标食品的通用或基准香气的模式。在这种情况下，特别是研究羊肉风味成分较为适用。在理解羔羊肉和其他红肉（如牛肉）在香气上的本质区别时使用这种方法将显得更加合理。当发布有关羔羊香气的新 GC－O 数据时，可以将它们添加到现有知识体系中。随着研究人员积极地确定并确认现有化合物在羊肉风味中的作用，我们越能确定它们在统合风味图中的重要性，其对肉品整体风味的影响就越大，从而被认为是羊肉风味的核心成分。相反，对于仅在特定研究中描述的化合物，我们可以假定挥发物是失误检出，被错误识别，或者根据其 FD 因子或强度，认为这个成分是饲料中的特定化合物。在后一种情况下，可以采用逆向工程方法来确定在饲料中是否含有这一成分的前体化合物。

根据羊肉香气成分的统合分析，识别出羊肉基础香气中排名前 15 位的化合物依次降序排列为 4－乙基辛酸（羊肉状气味）、1－辛烯－3－酮（蘑菇、泥土样气味）、反，反－2,4－癸二烯（脂肪、油炸样气味）、顺－2－壬烯（类似塑料气味）、2－乙酰基－1－吡咯啉（爆米花气味）、呋喃酮（焦糖风味）、顺－2－庚醛（炸鱼气味）、蛋氨酸（熟蔬菜，马铃薯样气味），5－甲基－2,3－二乙基吡嗪（烤坚果气味）、二甲基三硫醚（硫磺气味）、反－2－壬醛（纸板，木材样气味）、癸醛/反，反－2,4－庚二烯醛（烤肉，马铃薯样气味）、4－甲基苯酚（动物样气味）、辛醛（柠檬，花香气味）和反－2－辛烯醛（草样气味）。牛肉中化合物的相对影响和重要性顺序与这些成分在羊肉风味中的重要性排序则完全不同。例如，牛肉风味中不存在 4－乙基辛酸；而呋喃酮、甲磺酸、丁酸和 2－乙酰基－2－噻唑啉在牛肉风味中的相对重要性较高，而 4－甲基苯酚的相对重要性较低。在这些化合物中，4－甲基苯酚是由牧场或饲料中存在的酪氨酸形成。这一物质的重要性取决于动物是主要以牧场喂养还是以谷物喂养，该化合物对最终肉品的风味贡献度呈现出不同情况。例如，澳大利亚的牛肉和羊肉主要是牧草，而美国的牛肉产量主要来源于饲养场的饲料使用。因此，饲喂系统的差异可能是造成肉品最终的统合风味图差异的原因之一。如前所述，在饲料中使用的高蛋白牧场饲料的羊肉中酪氨酸含量通常很高。因此，该化合物在羊肉中具有更大的香气活性是合乎逻辑的。

由脂肪衍生的挥发性风味成分在羊肉统合风味图中的相对重要性也较高，这显示出了羊肉和牛肉在气味特征方面的区别。羊肉统合风味图中的重要气味化合物是美拉德反应或氨基酸的Strecker降解产物。例如，甲硫醇、二甲基三硫醚和甲硫氨酸衍生自蛋氨酸，2-乙酰基吡咯啉衍生自脯氨酸，2-甲基-3-呋喃硫醇和2-乙酰基-2-噻唑啉衍生自半胱氨酸和核糖。这些化合物均由不挥发或半挥发的前体物质生成，这些前体物质通过热处理而发生降解变化，而不是直接转移到肉中。饲料会直接影响游离氨基酸和脂肪酸的分布（通常是美拉德反应和/或Strecker降解的前体物质）增强了这些挥发物的形成。羊肉中许多风味贡献度较低的挥发性化合物都是由不饱和脂肪的氧化或氨基酸的降解生成的。众所周知，BCFAs主要存在于羊肉的脂肪中，并且随着动物年龄的增长而增加。显然，需要针对羊肉进行更细致的GC-O研究，尤其是阐明BCFAs在瘦羊肉风味中的作用。这些研究将使人们更好地理解优质羊肉风味的挥发性特征以及饲料变化对肉风味的影响。

（7）香气释放　风味及与之相应的知觉具有时间效应，这一效果受食品成分、结构及其在口腔加工过程的影响。这一现象适用于非挥发性（例如，盐、氨基酸）和挥发性化合物。因此，挥发性风味物质从食物基质释放的时间，速度和浓度是食物感官特性的固有性质之一。例如，脂肪的存在对挥发物的释放具有十分重大的影响。其他食物成分，如蛋白质、多肽、碳水化合物和唾液成分也显示出影响风味成分释放的作用。肉主要是由蛋白质（16%～22%）、水（75%）和脂肪（3%～7%）组成。肌肉的独特结构增加了影响风味成分释放另一种复杂因素，其中包括肌肉纤维、脂肪球、细胞内和细胞间水等独特的风味传递过程。在口腔加工（咀嚼）过程中，肌肉纤维和结缔组织的分解以及随后的风味释放是肉类食品呈现出独特感官特征的原因之一。有研究证明了骨骼肌二肽（肌肽）和肌浆蛋白（例如，肌红蛋白）具有与挥发性风味成分相互作用并影响其释放的能力。脂肪具有充当挥发性化合物溶剂的性质及作用，人们还研究了这些化合物在肉制品中的释放情况。

人们通过GC-O方法测定了脂肪含量不同（5%、12%和30%脂肪）的法兰克福香肠种风味成分的释放过程。在低脂法兰克福香肠中，某些萜烯、倍半萜烯和酚的挥发量比全脂法兰克福香肠显著增加，并且低脂肪使香肠呈现出更为强烈的烟熏和辛辣气味。在另一项研究中，低脂博洛尼亚香肠的蘑菇香气强度更高，而高脂变种的多汁感明显更高，且持续时间更长。较高的脂肪含量可以减少挥发性风味成分的释放，但是达到口中最大浓度的时间（t_{max}）不会受到影响。针对肉类食物在口腔中咀嚼的进一步体内研究的目的是需要了解对人们对肉食品风味的知觉及其在变化发展。动物饲料的变化会影响肉品中脂肪物质的种类，数量和动物肌肉（即IMF）中的脂肪分布，而这些都被认为是具有影响最终肉风味和感官品质的因素。在一项比较高和低IMF含量的猪里脊肉研究中，高IMF样品的顶部空间中由脂质氧化生成的挥发性化合物的浓度明显较高，例如，己醛、辛醛、反，反-2,4-庚二烯醛和反-2-癸烯醛，以及氨基酸生成的二甲基硫醚、3-甲基丁醛或苯乙醛等。

（8）肉滋味化合物　之前很少有报道描述羊肉以及其他肉中存在的滋味化合物的研究。但是，随着研究人员对该领域兴趣的增加，这种情况正在改变。过去，研究人员已经确定了数百种挥发性气味化合物，但很少关注非挥发性风味化合物，而这些化合物对整个肉食品风味的具有相当的贡献。然而，在过去的十年中，食品提取物的感官定向分离涉及膜分离和各种液相色谱法，除此之外感官分析等其他技术已经可以识别食品中具有滋味活性的分子物质。在诸如肉类的食品系统中，通常很难研究从基质中分离得到的滋味化合物，因为这忽略了挥发性香气化合物以及基质本身对食物风味做出的贡献及其对滋味和/或香气的竞争/协同作用。另外，由于与气味化合物的研究相比，直到最近该领域的研究才有所发展，因此缺乏描述羊肉中存在的滋味化合物的文献。

有许多种类的化合物可能会是肉类和相关产品呈现滋味特征的原因。研究人员较为关注的有：①有机酸（例如，乳酸和琥珀酸）；②源自以脂质物质为前体物质的小分子化合物（例如，短链酸）；③糖（例如葡萄糖和果糖）；④由肌肉蛋白质酶促水解产生的肽和游离氨基酸的等合物；⑤核苷酸和⑥美拉德反应产物。人们已经广泛认识到在这些物质中低分子质量的水溶性化合物（即糖、氨基酸和其他含氮成分）非常重要，因为①基础味觉属性（甜、酸、咸、苦和鲜味）/复杂的滋味，例如口感和口感增强，以及②熟肉的特征香气（肉味）的前体物质。饲料因素，动物品种，种类和加工条件等生产因素也会影响反刍动物肉中的风味化合物及其前体物质的浓度（例如，脂肪酸组成、抗氧化剂含量和水溶性风味前体物质等）。

表7－36所示为相关化合物及其对肉制滋味的贡献程度。乳酸是肉中糖原的厌氧代谢生成的主要有机酸，会使肉品的pH降低。它的产生和随之而来的pH下降在很大程度上取决于肌肉类型以及屠宰时的糖原浓度。其他酸（例如，乙酸、丙酸和C_4～C_{10}的其他有机酸类物质）也会增加酸味/油腻味，但它们的主要作用是增加肉香气特征。短链脂肪酸的风味强度不仅取决于浓度，还取决于这些化合物在水相和脂肪相间的分布情况、中性pH、某些阳离子（例如，Na^+和Ca^{2+}）的存在以及蛋白质降解产物等。pH对短链脂肪酸的风味影响很大，因为在肉的pH（约5.7）下，相当一部分的游离脂肪酸以非挥发性盐的形式结合在一起，从而降低了这些物质对风味的影响。据报道，其他有机酸（如乙酸、丙酸、乳酸、琥珀酸和谷氨酸），无论是游离形式还是结合成铵盐、钠盐、钾盐、镁盐和钙盐，以及相应的氯化物和磷酸盐，都会产生滋味如肉中的酸味、甜味和咸味。

表7－36 羊肉中的滋味物质

化合物	风味特征
有机酸/盐类	
乳酸，乙酸	酸味
C_4～C_{10}的短链脂肪酸	酸味，肥皂味
丙酸	酸味，鲜味
琥珀酸	鲜味
丙酸镁/钠	甜味
糖/还原糖	
葡萄糖/6－磷酸葡萄糖	甜味
果糖/6－磷酸果糖	甜味
甘露糖/核糖	甜味
L－氨基酸	
Gly，Ala，Ser，Thr	甜味
Glu，Asp，Gln，Asn	酸味，鲜味
His	酸味

续表

化合物	风味特征
Pro，Lys	甜味，苦味
Leu，Val，Ile，Arg，Phe，Tyr，Trp	苦味
Met	肉味，硫磺味，微甜
Cys	硫磺味
Lys，Arg	咸味增强
肽类	
2－12 个氨基酸的疏水肽	苦味
β－丙氨酰－L－组氨酸（肌肽）	pH＜5.7：酸味；pH 6.8～7.6：强烈的甜味
β－丙氨酰甘氨酸	酸味/微涩，肉味
β－丙氨酰－N－甲基－L－组氨酸	酸味/微涩，肉味
γ－谷氨酰二肽和三肽	酸味，咸味，金属味
精氨酸二肽（Arg－Pro，Arg－Ala，Ala－Arg，Arg－Gly，Arg－Ser，Arg－Val，Val－Arg 和 Arg－Met）	咸味
核苷酸	
5′－AMP，5′－IMP，5′－GMP，5′－CMP	肉汤味
其他含氮化合物	
肌酸，肌酸酐，次黄嘌呤	苦味
硫胺素	肉汤味

注：AMP 表示 5′－腺苷酸；CMP 表示 5′－胞苷酸；GMP 表示 5′－鸟苷酸；IMP 表示 5′－肌苷酸。

在热处理前后，已在牛肉、羊肉和猪肉肌肉中检测并定量了糖类物质（如葡萄糖、果糖、甘露糖和核糖），在上述糖类物质中，核糖是热稳定性最差的糖，果糖的热稳定性则最好。水溶性牛肉提取物中还存在糖磷酸酯、6－磷酸葡萄糖和 6－磷酸果糖。糖磷酸酯有助于增加肉中的甜味，也被认为是美拉德反应中重要的肉香气挥发性化合物的前体物质。

在储存/老化过程中，羊肉中的蛋白质可以被天然蛋白水解酶（主要是组织蛋白酶和钙蛋白酶）水解，从而生成各种不同分子质量/链长和游离氨基酸的肽段。这些具有中等或小分子质量的物质对于肉品风味的具体影响作用尚不清楚，但人们普遍认为它们有助于肉风味的呈现效果。肌肉蛋白质的蛋白水解还对肉的质地特性产生影响；另外，肉的保水能力以及被释放的气味/滋味成分也产生重要影响。肉中生成的绝大多数肽本身没有特征性的滋味，但多肽与其他化合物（例如，Glu 和 5′－核苷酸）结合后可增强基本味觉强度。已鉴定出许多特定的肽具有一些滋味，其中包括苦味、牛肉味/肉味/肉汤味、咸味、酸味和鲜味。

氨基酸还为肉类提供了独特的滋味效果。L－氨基酸是蛋白质的组成成分，其滋味品质取决于侧链的分子结构。相比之下，通过细菌降解或代谢生成的大多数 D－氨基酸主要呈现甜味，其滋味品质在很大程度上不受侧链分子结构的影响。鲜味的强度会通过鲜味氨基酸（例如，Asp、Glu）和鲜味核苷酸的协同效应而得到增强。鲜味的重要性质是其具有增强风味的能力。这个关键性质一般可用于食品中减盐风味的实现。在牛肉汁中，鉴定出 47 种具有滋味活性的化合物，但在经过严格训练的感官评估小组评价后，评选出 17 种对整体滋味效果具有较高贡献度的低分子质量化合物。这些化合物包括有机酸（乳酸和琥珀酸）、氨基酸（Ala、Glu、Asp 和 Cys）、二肽（肌肽）、5′-核苷酸（AMP、CMP、GMP 和 IMP），含 N 的碱（肌酸酐、肌酸和次黄嘌呤）以及钠，钾，镁，氯化物和磷酸盐。两种 5′-核苷酸与氨基酸（Glu 和 Asp）的组合效果使肉汁呈现出的肉汤/鲜味的滋味属性，而有机酸（乳酸和琥珀酸）和盐（钠、钾、镁、氯化物和磷酸盐）也会有助于肉汁呈现咸、酸和鲜味。5′-核苷酸化合物（AMP、CMP、GMP 和 IMP）存在于许多咸味食品中，例如，肉、鱼、海鲜和蘑菇。

低分子质量的肽已经被广泛研究并显示出具有多种滋味属性以及其他复杂的风味感觉。例如，据报道环状二肽有助于苦味效果的呈现，而 γ-谷氨酰二肽则有助于多种滋味（酸，肉汤和微酸，咸和金属味）的效果呈现。其他肽化合物会使食品的滋味呈现出较为复杂的味觉呈现效果。γ-谷氨酰胺肽可增强浓厚的口感，可带来饱满感，浓密感和持久的味觉效果；β-丙氨酰二肽可带来适度的酸涩味和酸味，并具有鸡汤的白肉特性；精氨酸肽和精氨酰肽可调节咸味的强度。如上所述，现有的所有研究工作都在致力于阐明滋味活性化合物对加热后羊肉整体风味的作用和影响，但总体来讲相对于有关由熟食中产生的香气化合物的研究而言，滋味方面的研究数量和取得的成果相对较少。除了饲料系统对化合物的影响之外，还需要进一步的研究工作来分析烹饪肉品中存在哪些滋味化合物，并阐明这些化合物对整体风味的贡献度。

（9）间接的风味影响　有关饲料方面的任何变化都将影响羊肉蛋白质或脂肪物质的抗氧化性能，从理论上讲这些变化会影响羊肉的最终风味特性。肌肽是羊骨骼肌中最丰富的二肽，具有抗氧化活性。富含组氨酸的化合物可减少脂质氧化，并最大限度地减少具有气味活性的醛类化合物和其他美拉德反应挥发物的生成。这种化合物对加热过程中吡嗪化合物的生成也具有积极影响作用，而吡嗪类化合物则被认为是对肉味香气具有重要贡献的物质。β-丙氨酸和组氨酸含量高的饲料可以增加肉原料中肌肽含量和肉的抗氧化能力，从理论上减少烹饪过程中由脂质生成的挥发性化合物。特定金属离子（例如，铜和铁）的存在会促进油脂氧化的速度，从而导致挥发性香气产物的增加。饲料的差异性还会体现在其他因素方面，而这些因素都会影响肉制品的最终的整体风味特征。例如，在相同条件下冷藏保存 7d 后，与使用牧草喂养动物的肉相比，使用浓缩饲料喂养的动物肉中的脂肪更加容易氧化分解。维生素 E 是羊不可缺少的维生素，这种维生素是促进动物的生长、繁殖和保持机体组织完整性所必需的，但是它不能由瘤胃或动物自身通过代谢合成。绿色草料和其他多叶植物都富含维生素 E，新鲜草料中的维生素 E 含量比某些谷物中高 5～10 倍。但由于饲料的加工过程会导致维生素 E 大量流失，因此草料的新鲜度至关重要。Sante-Lhoutellier 等已经研究了饲料（以及维生素 E）对羊肉脂质氧化的影响。他们的研究认为，与使用浓缩饲料喂养的动物肉相比，牧草饲喂的羊肉脂肪物质在抗氧化性方面显示出更加稳定的能力，他们认为肉中脂质的氧化稳定性差异是由牧场中的维生素 E 浓度高于浓缩饲料中的维生素 E 的浓度造成的。

饲料也可以影响羊肉中水溶性风味化合物前体物质的浓度。人们在牛肉中观察到了这一现象，与使用浓缩饲料喂养的牛肉相比，牧草饲喂的牛肉中游离氨基酸的含量明显增高，而浓缩饲料喂养动物肉中的还原糖含量则较高。在羊肉中也发现了类似的水溶性前体化合物，因此羊肉也可能会出现这种情况，羊肉的脂肪酸组成也可以通过饲料组成来改变。

（10）羊肉风味与肉品质量和遗传学的关系　暗切肉是在世界畜牧业中普遍存在的一种肉质量缺陷，在某些国家这一现象被称为暗、硬和干（DFD）。暗切肉具有较为温和的风味，这可能是由于肉中葡萄糖含量不足且最终 pH 发生异常变动有关。暗切是由于屠宰时动物肌肉的糖原水平过低，这直接影响动物胴体的最终 pH。重要的是，动物的宰前营养情况会影响宰杀时肌肉的糖原水平。一般的经验法则是，如果绵羊以 100g/d 的速度增加体重，则宰杀时的肌肉糖原水平将足以防止发生暗切现象。在澳大利亚和新西兰的肉品生产中占主导地位的绵羊品种更容易出现暗切现象，因此尽管不同品种的羊存在较大差异，但建议其宰前体重增加速度为每天 150g。

大理石花纹是对一块肉的品质进行评分的重要视觉判断标准，其定义了肉中可见的脂肪斑点，而肌内脂肪（IMF）是一种化学测量脂肪含量（包括膜脂）的方法指标，在一般情况下这些术语通常可以互换使用。大理石花纹一词起源于牛肉生产行业，这一概念在对肉的嫩度，理想的风味和多汁性进行评价时较为成功。但是与牛肉中类似的 IMF 水平相比，羊肉几乎没有可见的大理石花纹。

人们通过测量研究了 IMF 指标对羊肉的嫩度（剪切力）的影响，并且发现更高的 IMF 数值通常意味着肉质更加软嫩。羊肉中 IMF 的含量 2% ~18%，有研究已经证明肉内脂肪含量会影响消费者对羊肉风味的接受度。IMF 越高，羊肉的风味就越容易被接受。羊肉的肉间脂肪含量水平与品种遗传、羊群数量及其他主要影响因素都是人们关注的内容。但是，迄今为止尚无有关羊肉滋味或气味遗传性的可靠研究成果。人们经过研究发现，羊肉中不论是肉质还是脂肪含量的改变导致在嫩度（蛋白质水解、结缔组织）或多汁/风味（可能是通过对 IMF 的影响）的变化是不能为消费者所接受的。因此，考虑来自不同遗传品种的羊肉风味变化的可接受性问题。

除了有关滋味或气味的遗传性数据的可用性低之外，关于已知与羊肉风味有关的相关化合物（例如，BCFA、4 - 甲基苯酚和 3 - 甲基吲哚）的遗传性的数据也很少。确实存在一些关于品种对 BCFA（MOA 和 MNA）水平影响的证据，其中与其他基因型相比，在从 Poll Dorset × Merino 动物身上采集的皮下脂肪中发现了这些化合物的含量更高。此外，通过感官评价得到从不同品种的熟羊肉的风味差异较大。

（11）消费者对羊肉和羊肉产品的看法　世界上许多国家都在生产羊肉，以供国内消费或出口到海外市场。因此可以假设，在所有这些国家中，相当一部分本地消费者已经习惯并接受本地生产的羊肉风味是“正常的”，无论是作为原始肉块烹制或食用，还是用作其原料都是如此。

加工食品的羊肉来源通常是年龄较大的羊个体，通常是最为便宜的年龄较大的成年羊的肉。在这些食品的加工过程中，通常将肉切碎从而消除由肌肉和动物年龄引起的韧性问题。但是，老龄羊肉的风味更浓烈。由于消费者对风味强烈的羊肉的负面看法，人们并不习惯于将羊肉添加到肉制品中。例如，用羊肉制成的主流香肠通常被贴上“牛肉味香肠”的标签，以此避免引起消费者的误解。这也是为什么市场上从未见过或很少见到“羊肉味香肠”的原因。

Lim 在新西兰的一项研究中调查了一些消费者对老龄羊肉的厌恶情况，其在一项大型农业展览会上进行的此项调查，有 400 位受访者参加。男女比例为 1.6∶1，年龄分布广泛。大多数受访者属于欧洲居民。在不消耗肉制品或不吃肉的前提下，要求他们对 7 种肉的滋味，品质和健康状况进行评分（图 7 - 24）。这些属性中只有第一个具有客观基础，但是所有受访者对这三个属性进行了评分而未加评论。从左到右的顺序选票上的物种的羔羊，猪和羊肉间隔良好，但在图 7 – 24 中给出了便于比较的羔羊、猪和成年羊肉的结果。

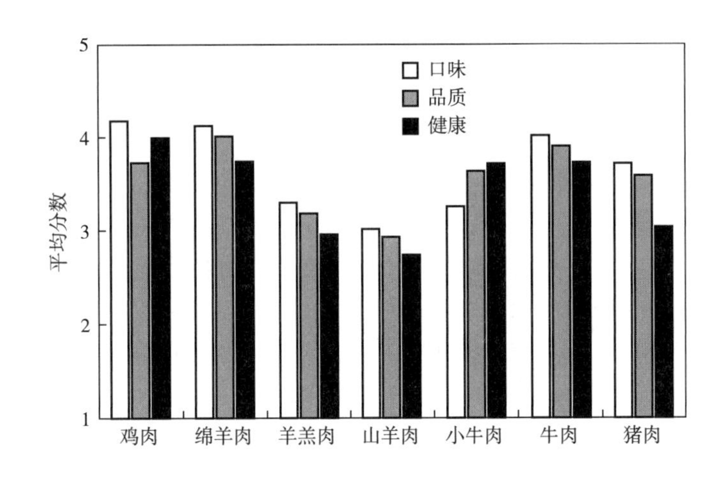

图 7 –24　消费者对不同肉的看法

分数 1 为低，5 为高。数据是对 400 位消费者问卷的调查统计。

嫩羊肉和牛肉的平均得分相似，但猪和成年羊肉的评分则明显较低。对羊肉味的风味评分可能是基于现实的口感风味效果，其可能是基于对羊肉嫩度的判断；但是对于猪肉来说，可能更多的是基于印象中对于猪肉的风味印象来评分。这是因为羊肉的客观食用品质属性对于羔羊（大约 1 岁）和小猪（1 ~ 2 岁）来讲非常相似。除了小牛肉/牛肉的区别，图 7 – 24 中没有其他类型的肉名称取决于年龄。

毫无疑问，世界范围内的人们对羊肉的喜好各不相同。大洋洲的羊肉消费量比日本高一百倍，这一结论可以从产品消费习惯上得到证实。Prescott 等用含有零、低和高浓度的 BCFA 和 3 – 甲基吲哚（粪臭素）混合物制作的谷物饲料来以模拟牧场上饲养羊肉的九种风味组合，这是新西兰消费者通常可在市场上购买到的典型羊肉。这些组合肉品的风味被日本和新西兰女性消费者称为“碎肉”。对于日本消费者，随着 BCFA 浓度的增加，其对肉品的风味接受程度呈线性下降趋势。同样，新西兰消费者最喜欢添加 BCFA 浓度较低的产品，这证实了饮食习惯以及肉制品消费的惯性效果。粪臭素浓度高低与肉制品风味的喜好度关系结果则更为复杂，但不论是新西兰还是日本消费者均显示出最不喜欢高浓度的结果。

相反，如果将男性消费者的回答结果一同考虑，则结果又会产生一些变化。Young 等评估了亚硝酸盐/盐腌羊肉香肠的风味，在香肠中添加糖用来生成美拉德反应产物来掩盖人们对于羊肉风味的感知。木糖的添加是最有效的，但更有趣的是性别对风味识别的影响。实验中对木糖添加样品的错误识别人数最多，在错误识别的人群中男性比女性多。根据对挥发性脂肪酸的认知以及研究，在错误识别中出现性别差异的原因可能是女性对这些可能是汗液成分的脂肪酸敏感性更高。

女性对挥发性脂肪酸（包括支链脂肪酸）更敏感的观点在山羊酸乳的一项研究中得到了证实。山羊脂肪中含有羊脂肪中存在的 BCFA，与其他（游离）氨基酸一起可以通过与环糊精形成包合物从而使其大部分不挥发，例如，与牛乳和酸乳中的液体形成环糊精。与男性相比，β 环糊精在掩盖酸乳中的“山羊乳”风味方面对于女性来讲效果不大。

鉴于一部分消费者对羊肉风味接受程度较低的事实，无论是由于固有的“天然”羊肉风味的存在，还是由于存在导致“肉类”变质的BCFA，克服羊肉类产品的负面风味影响仍然是一项挑战。为了克服羊肉风味的负面效果，用草药和香料掩盖羊肉味是一种良好的途径方法。每种烹饪传统上有明确定义的“风味原则”，可用于加工烹饪适合无特定风味习惯消费者的肉类产品。Prescott 等证实了这一概念和方法的重要性，他比较了新加坡华裔女性和欧洲裔新西兰女性对羔羊肉风味的反应。羊肉经过调味以体现中国特色。尽管新加坡人少吃羊肉，但他们喜欢用中国香料调味的羊肉远远超过了新西兰人对同一种调味羊肉的喜欢程度。

Lu 等通过向牛肉中掺入高浓度的支链脂肪酸和粪臭素（统称为绵羊味）的方法扩展了Prescott 等的工作。在这项研究种肉料被用于葡萄糖发酵的香肠中，研究人员用亚硝酸盐腌制和加香料（迷迭香与大蒜提取物）等八种可能的组合方法比较了羊肉的风味特点。无论添加或不添加羊肉风味物质，不同方法处理的香肠之间的喜好差异都不受影响（受访者不喜欢羊肉风味）。但是，不同组合的肉品处理方式和调味剂的使用几乎完全抵消了添加羊肉风味的负面影响。因此，绵羊和田园风味应该更容易被无固定风味饮食习惯的消费者所接受。

鉴于强烈的羊肉风味可以通过多种处理方法进行掩盖，因此从消费者接受程度方面来讲，羊肉原料的肉制品食物不存在什么风味方面的障碍。对于那些习惯了或者能够接受羊肉风味的消费者来说，用较低成本的羊肉生产食物只剩下一个可能性，那就是食物肉原料的名称，即猪肉原料或者羊肉原料。

总之，在过去，人们已经对煮熟的羊肉中存在“羊肉”和“牧草”风味给予了相当大的关注。考虑到这些因素可能会影响消费者对肉类产品的接受程度，这是可以理解的。但是，畜牧动物的饲料系统会影响最终熟制产品的整体风味。这一结论的典型例子就是使用饲料用油菜（芸薹属植物）来饲养绵羊后羊肉的风味效果。很少有工作论述饲料系统或任何其他生产因素对羊肉风味可能产生的积极影响。因此，由于它对最终产品的风味产生了广泛的影响，从概无影响到令人反感，并且在单宁浓缩的情况下，减少了牧草感，因此很难对饲料系统对于肉制品最终风味的影响进行概括和详尽的阐述。显然，需要做进一步的工作来阐明不同牧场饲料系统对羊肉风味影响多样性的原因。

实际上，饲料系统与肉品最终风味之间的总体关系可能要比我们以上讨论内容复杂得多。食品中的风味是香气与滋味的结合，在过去的50 年中，大量研究工作致力于表征羊肉的香气成分。时至今日，人们已经发现有15 种重要的挥发性气味化合物导致羊肉香气。相比之下，由于缺乏对滋味方面的研究，人们对滋味如何影响羊肉风味（以及一般而言对肉类和相关产品的风味）的了解还很少。特别是关于羊肉中的非挥发性风味化合物以及这些成分在羊肉总体风味中的作用了解甚少。这体现出现有知识的不完善，需要进一步研究才能更好地理解肉类食物风味特征的形成过程，才能更全面地了解饲料系统对肉制品整体风味的影响，结合具体羊肉方面的知识才能更全面的了解的羊肉的风味特征。

此外，还需要进一步考虑饲料系统对肉品中其他成分的影响。例如，需要进行研究 IMF 对挥发性化合物生成的影响及其对这些化合物在口腔中释放的时间和滋味呈现的影响。饲料成分会影响肉料中脂肪酸的组成或蛋白质的氧化性能，一旦肉料被煮熟这些因素都可能会对肉的整体风味产生影响。同样，如前所述需要进一步研究以确定诸如 BCFA 之类的化合物对瘦羊肉风味的作用。关于饲料和相关饲喂系统以及其他生产因素对羊肉风味的影响，仍然需要进行更为深入的研究与阐述。

五、　食物中复杂反应体系美拉德反应生成肉味化合物的研究

熟肉的香气是烹饪过程中由挥发性复杂混合物产生的综合效果，其中含硫化合物被认为是具有非常重要贡献作用的物质。在烹饪过程中，这些含硫化合物主要是由还原糖和半胱氨酸之间的美拉德反应生成的。核糖是一种肉中存在的较为重要的糖类物质。因此，核糖和半胱氨酸被认为是产生肉香气化合物的重要前体物质。但核糖的角色经常被其异构体木糖所代替。已经有众多的研究对核糖和半胱氨酸的反应体系进行阐述，用以研究肉风味的产生。其中 2 - 甲基 - 3 - 呋喃硫醇（MFT）和 2 - 糠硫醇（FFT）是核糖和半胱氨酸热反应体系中生成的最重要的风味化合物。同时这两种化合物也在熟肉中被发现并且是肉香气重要的贡献物质。

挥发性含硫化合物很可能是硫化氢与羰基化合物的反应产物。硫化氢可以由半胱氨酸的水解或在二羰基化合物存在下由半胱氨酸的 Strecker 的降解生成。羰基和二羰基化合物主要来自于美拉德反应中还原糖的分解。对于戊糖来讲，有两个重要的反应中间体是 4 - 羟基 - 5 - 甲基 - 3(2*H*) - 呋喃酮（也称为正呋喃酮）和 2 - 糠醛。美拉德反应的第一步中通过 1,2 - 烯醇化或 2,3 - 烯醇化（图 7 - 25）会生成一个 Amadori 产物。对于戊糖，1,2 - 烯醇化

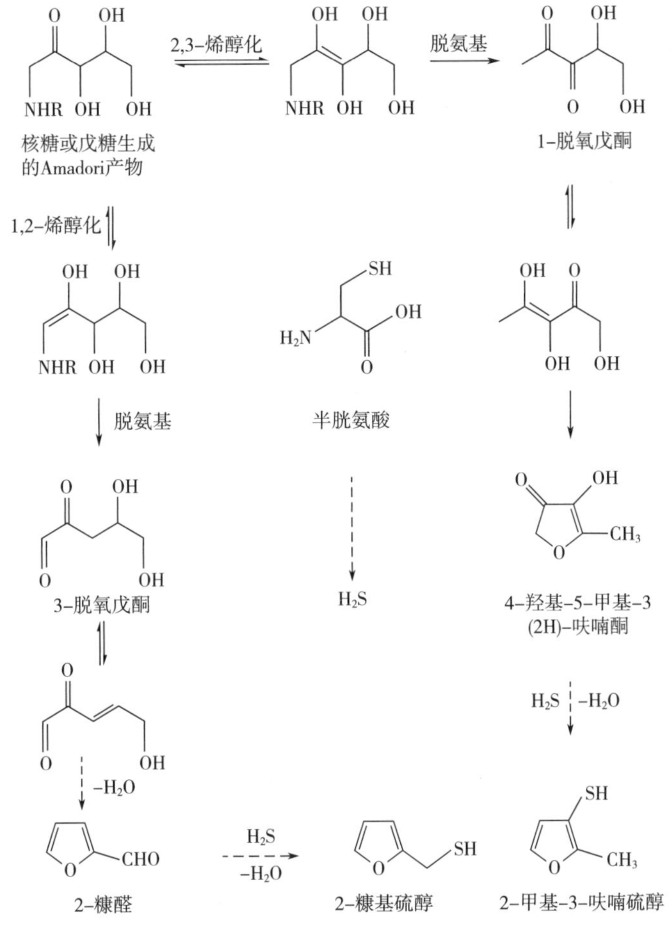

图 7 - 25　美拉德反应过程中经由 2 - 糠醛与 4 - 羟基 - 5 - 甲基 - 3(2*H*) - 呋喃酮生成 2 - 糠硫醇与 2 - 甲基 - 3 - 呋喃硫醇的过程

途径会通过3－脱氧戊酮生成2－糠醛，而2,3－烯醇化则生成1－脱氧戊酮和4－羟基－5－甲基－3(2*H*)－呋喃酮。2－糠醛和硫化氢的反应模型显示糠醛是生成FFT的重要前体物质。而4－羟基－5－甲基－3(2*H*)－呋喃酮与半胱氨酸或硫化氢的反应体系则显示该中间体对生成MFT至关重要。

肉味化合物的研究是一个广阔的研究领域并且已经进行了许多研究。但是，到目前为止的知识主要建立在简单的模型系统中（一种糖和一种氨基酸），而实际发生在食物中的情况则明显更为复杂。因此，我们在这里将介绍一些复杂的美拉德反应模型中的肉味物质生成情况。模型中的反应物的选择将基于其产生肉味和/或肉味中间体的能力，如木糖、半胱氨酸、5－酮葡萄糖酸、甘氨酸和谷氨酸。

1. 模型样品的制备

反应体系为焦磷酸缓冲液于100℃的油浴中加热（50mL，0.2mol/L，pH 6）。木糖和半胱氨酸是体系中两个主要产生肉味的前体物质，它们的最小浓度设定为0.05%。体系中其他反应物的浓度设定则基于它们在食品中的平均浓度，如葡萄糖、甘氨酸和谷氨酸。除此之外，还分别对木糖、5－酮葡萄糖酸进行了实验研究。

2. 实验设计定义

为了研究复杂的反应模型体系（包含一种以上的糖和氨基酸）研究人员使用统计实验设计方法。表7－37所示为整个实验包括七个变量实验计划。6种反应物均采用了两水平的添加剂量（不存在/存在或浓度的低与高）；反应时间分为3种；恒定的pH 6和100℃的反应温度。使用了具有32个实验组合的D最优阶乘设计实验方案。从理论上讲，这种设计可以估算成分的主要作用和反应时间，以及2个实验因素的交互作用和反应时间的二次效应。将设计进一步分为8个样品的4个实验区块以适合样品的制备和数据检测。

表7－37 影响美拉德反应体系生成肉味化合物的因素及其浓度

	化合物	低水平	高水平
因素	D－木糖/%	0.05	3
	D－葡萄糖/%	0	3.6
	5－酮葡萄糖酸/%	0	3.0
	L－半胱氨酸/%	0.05	0.75
	L－甘氨酸/%	0	1.5
	L－谷氨酸/%	0	1.5
	时间/h	0	3.0
浓度	2－甲基－3－呋喃硫醇/(mg/L)	0	348.4
	2－糠硫醇/(mg/L)	0	352.4
	菊苣酮/(mg/L)	0	10003.1
	5－HMF/(mg/L)	0	1.6
	2－糠醛/(mg/L)	0	8.9
	HDMF/(mg/L)	0	42.3

注：5－HMF表示5－羟甲基糠醛；菊苣酮表示4－羟基－5－甲基－3(2*H*)－呋喃酮；HDMF表示4－羟基－2,5－二甲基－3(2*H*)－呋喃酮。

3. 通过回归分析建模

使用普通最小二乘法分析每个反应样品的结果。对于每个样品均进行回归模型分析。它包括每个因素的主要影响，时间的二次影响以及两因素之间的双向相互作用。未发现重大影响或无贡献的影响因素将会被删除，从而建立起新的简化模型。由于异方差性，因此对对数转换后的数据进行了分析。空白值被最低的测量值代替。每个实验点的平均值被用作回应。在 $\alpha = 0.05$ 时认为影响因素显著。建模结果的数据包括每种化合物的显著性影响及其相对重要性。积极作用或相互作用（两个成分之间的协同作用）用正号(+)表示，而负面的消极效果或相互作用（成分之间的竞争作用）用负号(-)表示。标志的数量表示效果的强度（例如＋＋＋表示强烈的正面影响，而＋表示较弱）。使用 R 平方统计量和均方根误差（RMSE）来指示模型的质量。R^2 表示模型反映出的信息比例。它取 0～1 的值，1 代表完美的契合。RMSE 给出了数据测量的平均误差。

4. 含硫化合物的定量

2－甲基－3－呋喃硫醇（MFT）和糠硫醇（FFT）的定量会非常困难，因为它们的分子结构很不稳定，极易氧化成二硫醚。迄今为止，大多数研究都使用有机溶剂提取法对它们进行研究。为了更好地进行分析，人们开发了使用 1,4－二硫代赤藓糖醇（DDT）的衍生化技术，可以定量具有不同成分食物基质中的目标硫醇。使用稳定同位素标记内标法对 MFT 和 FFT 进行定量分析。样品在 60℃下预热 2min，然后用二氯甲烷萃取。100μm PDMS 萃取头在 60℃，搅拌 250min 条件下持续萃取 30min。

美拉德反应复杂模型系统生成肉类风味的能力在烹饪条件下进行了研究。类似于木糖的分解（图 7－25），葡萄糖的降解途径将通过 1,2－烯醇化形成 5－羟甲基糠醛和通过 2,3－烯醇化形成呋喃醇。5－酮葡糖酸替代肉中的戊糖参与反应将会主要生成呋喃酮。下面我们先通过了解关键的非牛肉风味中间体之后，再探讨形成 2－糠硫醇和 2－甲基－3－呋喃硫醇的过程。

5. 美拉德反应与 C_6糖有关的关键非硫化合物的形成

5－HMF 和呋喃酚是美拉德反应中涉及已糖降解的两个重要中间体，例如葡萄糖。模型反应的结果分别进行了总结。

即使是 C_6化合物，5－HMF 的形成也很明显取决于木糖的反应。特别是木糖和谷氨酸之间的反应在 5－HMF 生成过程中较为重要（表 7－38）。在 5－HMF 形成中甘氨酸并没有起到显著的促进作用。但是反应结果显示葡萄糖和甘氨酸的存在会起到负面影响，这表明这些可能不是 5－HMF 形成的有效前体物质。并且半胱氨酸对 5－HMF 的形成具有明显的负面影响。关于呋喃醇的生成过程，甘氨酸的存在以及反应时间都显示出明显的积极促进作用（表 7－39）。从实验结果看，呋喃酚在葡萄糖和木糖反应体系中都被检测到，并且甘氨酸的存在会促进这一反应的进行（图 7－26）。在木糖和葡萄糖之间的反应结果显示这两种物质存在反应竞争的相互作用，表明当两种糖同时存在时在反应混合物中，它们竞争形成呋喃酚（表 7－39）。

表 7－38 影响 5－HMF 生成的主要因素

木糖	葡萄糖	半胱氨酸	木糖＋半胱氨酸	葡萄糖＋甘氨酸	半胱氨酸＋谷氨酸	R^2	RMSE
＋＋＋	＋＋	－－－	＋＋	－	－	0.86	0.11

注：RMSE 表示均方根误差；（＋）表示积极作用或相互作用（两个组成部分之间的协同作用）；（－）表示负面影响或相互作用（组件之间的竞争）。记号个数代表影响的强弱。

表 7－39　影响 HDMF 生成的主要因素

木糖	时间	木糖＋葡萄糖	R^2	RMSE
+	+ +	-	0.82	0.78

注：RMSE 表示均方根误差；（+）表示积极作用或相互作用（两个组成部分之间的协同作用）；（-）表示负面影响或相互作用（组件之间的竞争）。记号个数代表影响的强弱。

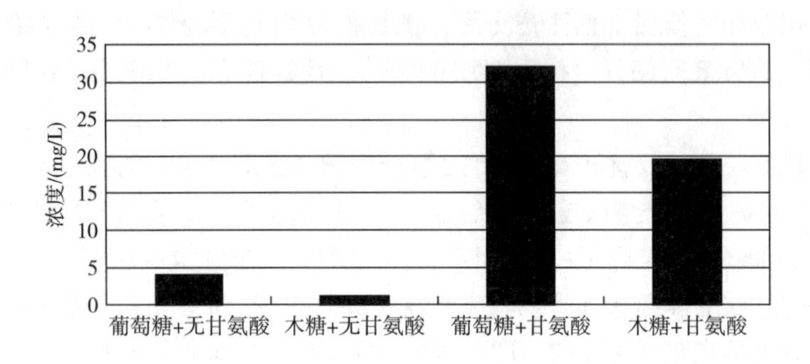

图 7－26　HDMF 在还原糖和氨基酸混合物中的形成浓度

在 100℃、pH 6.0、加热 3h，反应物浓度 20mmol/100mL。

木糖是 C_5 糖，但是为了生成 C_6 中间体，例如 5－HMF 和呋喃酚，则需要额外的碳源反应物。其两条可能的路线是通过切割碳水化合物骨架后的重排产物以及氨基酸反应的降解产物。使用标签技术进行研究表明，氨基酸实际上可以通过 Strecker 降解参与到从戊糖到呋喃酮的生成过程中。在甘氨酸的存在下，呋喃醇显示为由木糖形成，其中 C_5 结构保持完好无损，而 C_1 单元来自甘氨酸 Strecker 降解生成甲醛。这种生成途径完全符合一系列的实验结果，其中 5－HMF 和呋喃酚的形成分别与木糖和谷氨酸，木糖和甘氨酸的反应相对应。

4－羟基－5－甲基－3(2*H*)－呋喃酮（正呋喃醇）和 2－糠醛是戊糖通过美拉德反应产生肉味的重要中间体。它们的体系反应结果分别见表 7－40 和表 7－41。

表 7－40　影响菊苣酮生成的主要因素

木糖	5－酮葡萄糖酸	甘氨酸	时间	木糖＋5－酮葡萄糖酸	半胱氨酸＋谷氨酸	R^2	RMSE
++	++	++	++	-	-	0.85	0.42

注：RMSE 表示均方根误差；（+）表示积极作用或相互作用（两个组成部分之间的协同作用）；（-）表示负面影响或相互作用（组件之间的竞争）。记号个数代表影响的强弱。

表 7－41　影响 2－糠醛生成的主要因素

木糖	5－酮葡萄糖酸	甘氨酸	半胱氨酸	时间	葡萄糖＋5－酮葡萄糖酸	R^2	RMSE
+++	++	-	---	++	+	0.79	0.43

注：RMSE 表示均方根误差；（+）表示积极作用或相互作用（两个组成部分之间的协同作用）；（-）表示负面影响或相互作用（组件之间的竞争）。记号个数代表影响的强弱。

图 7－25 显示木糖显然与呋喃酮和 2－糠醛的形成有关。但是，葡萄糖对这两种化合物的形成则没有明显影响。另外，在葡萄糖反应混合物中［即无 5－酮基－葡萄糖酸（KGA），木糖含量为 0.05%］正呋喃醇和 2－糠醛的生成量都非常低。己糖和戊糖作为前体物质在形成呋喃酮以及 2－糠醛能力差异性方面报道由来已久。KGA 在正呋喃酮生成方面具有明显的积极促进作用。如反应结果所示，KGA 完全可以替代戊糖在呋喃酮生成过程中的作用。但是，木糖和 KGA 之间会出现消极的交互反应影响。当反应混合物中存在木糖时，KGA 对呋喃酮形成的影响降低了（图 7－27）。甘氨酸和半胱氨酸都对 2－糠醛的形成显示出明显的负面影响。而葡萄糖存在时，甘氨酸则对 2－糠醛的生成显示出积极影响。没有任何合理的反应途径和机制可以解释这一反应结果，因此还需要进一步研究用以探明原因。

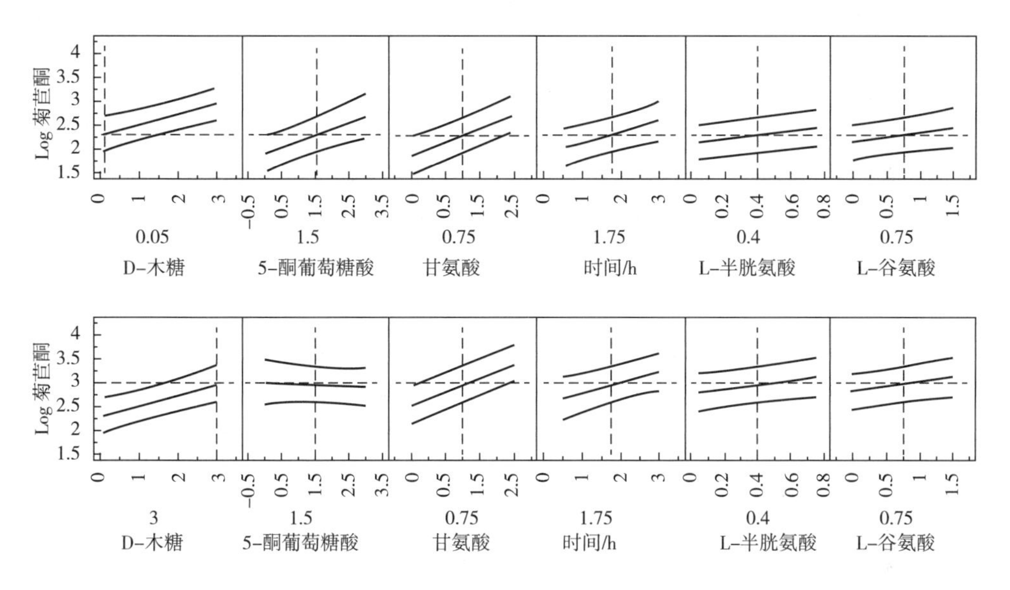

图 7－27 菊苣酮生成过程中木糖和 5－酮葡萄糖酸之间的相互作用

在木糖水平低（0.05%）时，5－酮葡萄糖酸呈现存进作用，而在木糖高水平（3%）时，5－酮葡萄糖酸的作用消失。

6. 关键非硫肉味化合物的形成

正如预期的那样，两种 C_5 的关键非硫化合物，正呋喃醇和 2－糠醛主要在木糖和 KGA 的反应体系中生成。结果显示葡萄糖对于这两种物质的形成没有明显影响。另一方面，木糖似乎参与了 C_6 关键非硫化合物呋喃酮和 5－HMF 的生成过程。根据反应结果并参考已有的文献报道，其潜在机制似乎暗示着与氨基酸的 Strecker 醛发生反应。此外，糖和与糖相关的化合物（例如，KGA）并没有显示出存在促进反应发生的协同作用。木糖和 KGA 参与了正呋喃醇的形成，而葡萄糖和木糖则参与呋喃酮的形成。

关于氨基酸对反应机制的影响方面，当木糖存在时，谷氨酸似乎参与了 5－HMF 的形成。然而，就其本身而言，没有观察到其对非硫化合物形成产生重大的影响。相反，甘氨酸对呋喃醇和正呋喃醇的形成都具有积极的作用。此外，半胱氨酸在 5－HMF 和 2－糠醛的形成中显示出明显影响作用，即使是负作用也是如此。这些结果似乎表明半胱氨酸可以通过 1,2－烯醇化步骤抑制糖降解，而甘氨酸主要通过 2,3－烯醇化步骤促进糖的降解。

7. 关键含硫肉味化合物的形成

2－甲基－3－呋喃硫醇（MFT）和2－糠硫醇（FFT）是非常重要的肉气化合物。反应结果分别见表7－42和表7－43。

表7－42　影响2－甲基－3－呋喃硫醇生成的主要因素

半胱氨酸	甘氨酸	时间	木糖＋5－酮葡萄糖酸	木糖＋甘氨酸	半胱氨酸＋甘氨酸	R^2	RMSE
＋＋	＋＋	＋＋	－	－	＋	0.82	0.52

注：RMSE表示均方根误差；（＋）表示积极作用或相互作用（两个组成部分之间的协同作用）；（－）表示负面影响或相互作用（组件之间的竞争）。记号个数代表影响的强弱。

表7－43　影响2－糠硫醇生成的主要因素

木糖	半胱氨酸	甘氨酸	时间	木糖＋甘氨酸	半胱氨酸＋甘氨酸	R^2	RMSE
＋＋	＋＋	＋＋	－	＋	＋	0.82	0.52

注：RMSE表示均方根误差；（＋）表示积极作用或相互作用（两个组成部分之间的协同作用）；（－）表示负面影响或相互作用（组件之间的竞争）。记号个数代表影响的强弱。

半胱氨酸对MFT和FFT的形成均显示出明显的积极作用。当然，这是预料之中的，因为它是唯一与提供硫原子的反应物质。但是，半胱氨酸和甘氨酸之间也存在明显的正相互作用。甘氨酸的存在极大地促进了MFT的生成。这些结果证实了甘氨酸也对正呋喃醇的形成具有积极作用（表7－40）。这两个氨基酸似乎相辅相成。据文献记载，以戊糖出发形成MFT的过程中经由正呋喃烷醇作为中间体。基于反应结果的假设是甘氨酸通过2,3－烯醇化反应增强了正呋喃醇的形成，然后与半胱氨酸产生的巯基基团反应从而生成MFT。这是初步的假设，需要进一步研究确认这个假设的正确性。与甘氨酸相反，谷氨酸对MFT的形成并不具有明显影响。实验结果显示半胱氨酸和谷氨酸对正呋喃醇的生成具有相互竞争反应的影响（表7－40），而这些则表明MFT生成反应机制在这两种物质存在情况下可能会发生变化。而这种变化可能会对反应体系的最终感官效果产生影响。

关于FFT的形成，木糖具有明显的积极作用，而葡萄糖的影响则很小。在MFT生成过程中也观察到相同现象。这证实了对2－糠醛和正呋喃醇的形成己糖和戊糖之间确实存在差异性。葡萄糖对呋喃酮和5－HMF的生成具有明显的影响作用。这两种物质分别是己糖通过2,3－烯醇化和1,2－烯醇化的降解产物。这些关键中间体在MFT或FFT形成过程中的作用似乎与模型反应体系的设计无关，而这一现象与其他研究人员的结果相一致。当然还有研究人员用不同的酸碱度条件研究半胱氨酸的反应结果。在pH 5.1时，反应产物为4－羟基－3(2*H*)－噻吩和1,2,4－三硫杂环戊烷的二甲基衍生物，而当pH升至7.1时，吡嗪则成为主要的反应产物。

所有反应体系均显示出中等至合理的拟合度，其中R^2值在0.8～0.9变化。协同效应和竞争效应可以通过美拉德反应产生肉味风味物质的过程中得到很好的展示。对MFT的生成过程而言，糖类物质之间显示出反应竞争的关系，而半胱氨酸和甘氨酸则显示出明显的协同作用。在形成HMF和呋喃醇的过程中，木糖和谷氨酸、甘氨酸之间显示出积极的促进协同关系，同时也显示出美拉德反应中 Strecker 降解的重要性。到目前为止，人们的研究旨在针对某些具体的重要风味化合物的形成筛选实验条件，阐明影响该化合物形成的因素以及可能存在的因素间的相互作用。但是，这些发现将需要在后续实验中进一步验证。

第六节　茶叶的气味成分

一、茶叶香气概述

茶是中国传统特色饮品，深受人们喜爱。根据《茶叶分类》（GB/T 30766—2014）规定，中国茶主要分为六大基本茶类和再加工茶类，六大基本茶类根据加工工艺和产品特性的不同分为绿茶、白茶、黄茶、红茶、乌龙茶（即青茶）和黑茶，再加工茶主要分为花茶、紧压茶、袋泡茶和粉茶。其他国家的划分标准略有不同，如日本一般分为不发酵茶、半发酵茶、全发酵茶和后发酵茶，西方国家主要分为红茶、绿茶和乌龙茶。茶叶在冲泡之后形成茶汤，香气是茶叶的特征品质之一。《茶叶感官审评方法》（GB/T 23776—2018）中规定，茶叶香气评分系数高达 25% ~35%，因此茶叶香气的优劣是茶叶品质中的最关键指标之一。其中甲级茶叶的香气描述性特征如表 7 -44 所示。品质优异的茶叶以纯正、高爽的茶香为主，还可能具有花香、果香、甜香、清香等特征香气，而青草味、焦味等气味一般为异味，但在特定茶类中为特征香气。

表 7 -44　《茶叶感官审评方法》（GB/T 23776—2018）甲级茶叶的香气描述性特征

茶叶分类	具体分类	茶叶香气描述性特征
基本茶类	绿茶	高爽、栗香、嫩香、花香
	工夫红茶	嫩香、嫩甜香、花果香
	红碎茶	高爽、高鲜、纯正、嫩茶香
	乌龙茶	品种特征或地域特征明显、花香、花果香浓郁、香气优雅纯正
	黑茶	香气纯正、无杂气味、香高爽
	白茶	嫩香或清香、毫香显
	黄茶	嫩香或嫩栗香、有甜香
再加工茶类	花茶	鲜灵、浓郁、纯正、持久
	紧压茶	香气纯正、高爽、无异杂气体
	袋泡茶	高鲜、纯正、有嫩茶香
	粉茶	嫩香、嫩栗香、清高、花香

尽管茶叶香气的优劣可以通过评茶员对茶叶审评来实现，但随着分析化学、风味化学等学科的融入，以及分析检测、感官评价技术的发展，茶叶香气的研究重点转向具体的香气成分组成。茶香是由不同浓度的多种香气化合物组合而成，通过鼻腔黏膜中上皮细胞的感知受体感知得到。因此，对于茶叶香气成分的性质、组成、形成机制和影响因素是茶香研究的主

要内容。

二、 茶叶香气成分的性质

茶叶香气由多种化合物组成，常温下一般为无色或微黄色的油状液体，易溶于有机溶剂，不易溶于水。各个化合物具有其独特的性质，在不同茶叶中的含量和贡献度各不相同。总的来说，茶叶中的香气成分具有以下性质：

（1）含量少　相比于茶叶中的其他成分，茶叶中香气成分的含量很少，一般占茶叶干物质量的0.02%。在不同茶类中香气成分的含量存在一定差异，通常在绿茶中占0.02%~0.05%，红茶中占0.01%~0.03%，在鲜叶中含量更少，一般低于0.02%。

（2）种类多　茶鲜叶中的香气化合物种类不多，约为100种，但加工后的茶叶香气化合物数量显著增加，目前发现并鉴定的香气化合物700余种。其中红茶中的香气化合物种类最多，500种以上，而绿茶种类适中，300余种，乌龙茶种类较少，100余种。

（3）易挥发　茶叶中的香气成分在常压下沸点范围在70~300℃，大部分极易挥发。根据沸点的不同，香气化合物可分为超低沸点（<100℃）、低沸点（100~180℃）、中沸点（180~230℃）、高沸点（>230℃）四类。由于不同香气化合物沸点的不同，释放速度存在一定差异。

（4）重要性大　虽然茶叶中的香气成分含量很少，但通过一定方法对其提取之后，茶的剩余部分便会失去茶味。因此，茶叶中的香气成分对茶叶风味品质的形成具有重要作用。

（5）不稳定性　茶叶中的大部分香气化合物对光、热、氧极敏感，易转化为其他物质或引起氧化加成作用，从而失去香气，甚至产生异味。

三、 茶叶香气成分的种类

茶叶中的香气化合物种类很多，从结构上分为烃类、醇类、醛类、酮类、酸类、酯类、内酯类、酚类、杂环类等。这些香气化合物有些是在食品中普遍存在的，有些是茶叶特有的，有些是某类或某种茶特有的，他们具有各自独特的香气类型。

1. 烃类化合物

茶叶中的烃类化合物主要包括烷烃类、烯烃类、芳香烃类，代表性的烃类化合物及其沸点、香气类型和所属茶类如表7-45所示。

表7-45　茶叶中代表性的烃类化合物及其沸点、香气类型和所属茶类

类别	沸点	代表性化合物	香气类型	代表性茶类
烷烃类	超低沸点	己烷	无香气	成品茶
烯烃类	低沸点	α-蒎烯	松木香	红茶、黑茶
		β月桂烯	香脂香	红茶、黑茶
		α-法呢烯	花香、香脂香	红茶、乌龙茶、茉莉花茶
		罗勒烯	青草香、花香	红茶、乌龙茶
		柠檬烯	橘子香、柠檬香	红茶、绿茶、黑茶

续表

类别	沸点	代表性化合物	香气类型	代表性茶类
	中沸点	萜品油烯	菠萝香、树脂香	锡兰等红茶，黑茶
	高沸点	β－石竹烯	木香、辛香	绿茶、乌龙茶、黑茶
芳香烃类	中沸点	萘	烟焦味、樟脑味	成品茶

注：超低沸点为<100℃、低沸点为100～180℃、中沸点为180～230℃、高沸点为>230℃；表7－46～表7－54表注同表7－45。

（1）烷烃类 烷烃类化合物的化学式是 C_nH_{2n+2}，茶叶中的烷烃类化合物多为 C_6～C_{20}，但由于分子中不存在发香基团，无明显香气特征，虽然在茶叶中含量较高，但对茶叶香气品质无明显作用。

（2）烯烃类 茶叶中的烯烃类化合物主要是萜烯，其香气令人愉悦，并且具有较低的气味阈值。萜烯类化合物的化学式是异戊二烯的整数倍，即（C_5H_8）$_n$。在茶叶中，萜烯类化合物以单萜类（$n=2$）和倍半萜类（$n=3$）居多，其中单萜类虽然种类较少，但含量相对较高。烯烃类化合物的沸点随分子质量和双键数量的增加而增加，大多带有甜香、花香和木香，手性碳结构可能使香型和气味阈值发生改变。

（3）芳香烃类 茶叶中的芳香烃类化合物主要以苯环或萘环为基本结构，对茶叶香气的贡献很小。

2. 醇类化合物

茶中的醇类化合物主要包括脂肪醇类、芳香醇类、萜烯醇类，代表性的醇类化合物及其沸点、香气类型和所属茶类如表7－46所示。

表7－46 茶叶中代表性的醇类化合物及其沸点、香气类型和所属茶类

类别	沸点	代表性化合物	香气类型	代表性茶类
脂肪醇类	低沸点	青叶醇	高浓度青草味，低浓度清香	鲜叶
		反－青叶醇	清香	绿茶
		己醇	清香	鲜叶、成品茶
		庚醇	脂肪味、清香	绿茶
		1－辛烯－3－醇	蘑菇香、花香	黑、乌龙茶
	中沸点	辛醇	脂蜡香、柑橘香	鲜叶、成品茶
		壬醇	脂肪味、玫瑰香	红茶、绿茶、黑茶
萜烯醇类	中沸点	芳樟醇	木香、花香、甜香	大叶种红茶、白茶、其他成品茶
		香叶醇	玫瑰香、蔷薇香	中小叶种红茶、绿茶、其他成品茶
		橙花醇	玫瑰香、甜橙香	茶花
		香茅醇	玫瑰香	玫瑰花茶

续表

类别	沸点	代表性化合物	香气类型	代表性茶类
		萜品醇	紫丁香香	黑茶
	高沸点	橙花叔醇	花香、甜香、木香、果香	乌龙茶、花香型绿茶
		雪松醇	柏木香	肯尼亚红茶、绿茶、黑茶
芳香醇类	中沸点	苯甲醇	苹果香、甜香、玫瑰香	鲜叶、成品茶
		苯乙醇	玫瑰香	鲜叶、白茶等
		苯丙醇	弱水仙花香	绿茶

（1）脂肪醇类　脂肪醇类化合物一般以戊醇和己醇为基本结构单元，沸点较低，易挥发。脂肪醇类化合物在茶鲜叶中含量较高，其中顺 -3 - 己烯醇（即青叶醇）含量最高，占鲜叶挥发性总成分的60%，酶或热可使其挥发并异构化为反 -3 - 己烯醇（即反 - 青叶醇），青草气转变为清香，因此是新茶的代表性成分。此外，低碳原子的饱和脂肪醇、不饱和烯醇也是茶叶香气的重要组成部分。

（2）萜烯醇类　萜烯醇类化合物是一种具有异戊二烯基本结构单元的含氧衍生物，沸点较高，具有花香、果香和甜香，对茶香贡献较大。芳樟醇、香叶醇、橙花醇、香茅醇四个单萜烯醇的结构相似，酶或热可引起异构化反应，其中香叶醇和橙花醇为顺反异构体。芳樟醇存在 *R* 型和 *S* 型两种对应异构体，*R* 型气味阈值低于 *S* 型，除大叶种红茶和印尼白茶以外 *S* 型均占主导。橙花叔醇作为典型的倍半萜烯醇在乌龙茶中含量很高，与乌龙茶香气品质直接相关，具有 4 个对映异构体，表现出不同的香气特征。此外，茶叶中还有较多的五元环呋喃型芳樟醇氧化物和六元环吡喃型芳樟醇氧化物，有 8 个对映异构体，香气以木香为主，还具有花香、甜香、青叶香、奶油香等，多以糖苷结合态存在于鲜叶和成品茶当中。

（3）芳香醇类　芳香醇类化合物沸点较高，具有花香或果香，较重要的有苯甲醇、苯乙醇、苯丙醇等。

3. 醛类化合物

茶中的醛类化合物主要包括脂肪醛类、芳香醛类、萜烯醛类，代表性的醛类化合物及其沸点、香气类型和所属茶类如表 7 -47 所示。

表 7 -47　　茶叶中代表性的醛类化合物及其沸点、香气类型和所属茶类

类别	沸点	代表性化合物	香气类型	代表性茶类
脂肪醛类	超低沸点	乙醛	高浓度刺鼻，低浓度愉悦	红茶
		反，反 -2,4 - 庚二烯醛	脂肪味	红茶、绿茶
	低沸点	戊醛	麦芽香、巧克力香	红茶
		己醛	青草味	鲜叶、成品茶
		庚醛	青草味、脂肪味	绿茶
		辛醛	柑橘香、脂肪味	红茶
		顺 - 青叶醛	青草味	鲜叶
		反 - 青叶醛	高浓度青草味，低浓度水果香	红茶、白茶、绿茶、鲜叶

续表

类别	沸点	代表性化合物	香气类型	代表性茶类
	中沸点	壬醛	玫瑰香、柑橘香、油脂味	绿茶、红茶
		癸醛	甜香、柑橘香、花香、脂蜡味	绿茶
	高沸点	十二醛	花香	乌龙茶
萜烯醛类	中沸点	橙花醛	青柠檬、柑橘香	红茶
		香叶醛	甜柠檬、柑橘香	红茶
		香茅醛	草本香、柑橘香	红茶
芳香醛类	低沸点	苯甲醛	杏仁香	茶花、鲜叶、黑茶、白茶、红茶
	中沸点	苯乙醛	玫瑰香、甜香	乌龙茶、红茶、黑茶、白茶
	高沸点	肉桂醛	肉桂香	黑茶

（1）脂肪醛类　脂肪醛类化合物的化学式为 RCHO，低级脂肪醛有刺激性气味，刺激性程度随分子质量的增加而减弱，C_8 以上有较愉悦的香气。茶叶中常见的脂肪醛为 $C_2 \sim C_{10}$，均为液体，其中乙醛为低沸点液体。脂肪醛气味阈值很低，对茶叶香气贡献很大。

（2）萜烯醛类　萜烯醛类是具有异戊二烯结构单元的醛类衍生物。橙花醛（即顺－柠檬醛）和香叶醛（即反－柠檬醛）互为顺反异构体。香茅醛为单萜醛，存在 *R* 型和 *S* 型，在弱酸环境下可生成薄荷醇。

（3）芳香醛类　芳香醛类化合物以苯甲醛、苯乙醛为主，苯甲醛易被氧化成苯甲酸，苯乙醛气味阈值较低，对花香贡献较大。

4. 酮类化合物

茶中的酮类化合物主要包括链状脂肪酮类、环状脂肪酮类、芳香酮类，代表性的酮类化合物及其沸点、香气类型和所属茶类如表 7－48 所示。

表 7－48　　茶叶中代表性的酮类化合物及其沸点、香气类型和所属茶类

类别	沸点	代表性化合物	香气类型	代表性茶类
链状脂肪酮类	高沸点	香叶基丙酮	果香、木香、蜡味	成品茶
环状脂肪酮类	低沸点	茶螺烯酮	果实香、干果香、豆香	成品茶
	高沸点	α－紫罗酮	紫罗兰香、木香、甜花香	红茶
		β－紫罗酮	紫罗兰香、木香	绿茶、红茶、黑茶
		β－大马酮	玫瑰香、苹果香	绿茶、红茶、乌龙茶
		茉莉酮	茉莉花香	茉莉花茶、鲜叶、乌龙茶、绿茶
芳香酮类	中沸点	苯乙酮	花香、杏仁香、甜香	茶花、煎茶、成品茶

（1）链状脂肪酮类　茶叶中常见的链状脂肪酮类化合物有丙酮、香叶基丙酮、2－丁酮、辛酮、6－甲基－5－庚烯－2－酮等。

（2）环状脂肪酮类　环状脂肪酮类化合物在茶叶中较为重要，常见的有茶螺烯酮、α－紫罗酮、β－紫罗酮、β－大马酮、茉莉酮等。α－紫罗酮分 S 型和 R 型，S 型为木香，R 型为紫罗兰香，R 型气味阈值较 S 型更低，其消旋体为甜花香。β－紫罗酮气味阈值非常低。茶螺烯酮也存在顺反异构体。

（3）芳香酮类　茶叶中常见的芳香酮类化合物有苯乙酮等。

5. 酸类化合物

茶中的酸类化合物主要包括脂肪酸类和芳香酸类，代表性的酸类化合物及其沸点、香气类型和所属茶类如表 7－49 所示。

表 7－49　茶叶中代表性的酸类化合物及其沸点、香气类型和所属茶类

类别	沸点	代表性化合物	香气类型	代表性茶类
脂肪酸类	低沸点	乙酸	刺激性气味	鲜叶、红茶
		丙酸	刺激性气味	鲜叶、红茶、绿茶
		异戊酸	刺激性气味	鲜叶、绿茶、锡兰红茶
		丁酸	高浓度腐臭味，低浓度花香	绿茶、红茶、黑茶、鲜叶
		异丁酸	刺激性气味	鲜叶、红茶
	中沸点	反－2－己烯酸	果香、甜香、草本味	锡兰红茶
芳香酸类	高沸点	苯甲酸	几乎无香气	锡兰红茶

（1）脂肪酸类　脂肪酸类化合物分为饱和脂肪酸和不饱和脂肪酸，多为油脂味和腐臭味，气味阈值较高，因此对茶叶香气影响较小。

（2）芳香酸类　芳香有机酸分为一元羧酸、二元羧酸和多元羧酸，由于沸点较高，因此对茶叶香气贡献不大，在茶叶中多为滋味化合物，如水杨酸、咖啡酸、绿原酸等。

6. 酯类化合物

茶中的酯类化合物主要包括萜烯酯类和芳香酯类，代表性的酯类化合物及其沸点、香气类型和所属茶类如表 7－50 所示。

表 7－50　茶叶中代表性的酯类化合物及其沸点、香气类型和所属茶类

类别	沸点	代表性化合物	香气类型	代表性茶类
萜烯酯类	低沸点	乙酸橙花酯	玫瑰香	绿茶
		乙酸叶醇酯	香蕉香、花香	绿茶、红茶、黑茶、茉莉花茶
		己酸叶醇酯	梨香	绿茶

续表

类别	沸点	代表性化合物	香气类型	代表性茶类
		顺-3-己烯醇甲酸酯	青草味	白茶
	中沸点	乙酸芳樟酯	青柠檬香、花香	红茶、乌龙茶、绿茶
	高沸点	乙酸香叶酯	香柠檬香、苹果香	绿茶、红茶
芳香酯类	低沸点	邻氨基苯甲酸甲酯	甜橙花香、葡萄香	茉莉花茶、柚子花茶
		茉莉酸甲酯	茉莉花香	鲜叶、绿茶、乌龙茶
	中沸点	水杨酸甲酯	冬青油香、薄荷香	鲜叶、锡兰红茶、绿茶、乌龙茶
	高沸点	苯乙酸苯甲酯	蜂蜜香	红茶

（1）萜烯酯类　萜烯酯类化合物对茶香品质很重要，一般由羧酸与萜烯醇形成，呈现具有令人愉快的花香或果香。羧酸部分多为乙酸，还存在其他饱和脂肪酸和不饱和脂肪酸。

（2）芳香酯类　芳香酯类化合物对茶香品质也很重要，一般由羧酸与芳香醇形成，呈现具有令人愉快的花香或果香。羧酸部分以乙酸和芳香酸为主。茉莉酸甲酯存在4种对映异构体，呈现强度不同的茉莉花香。

7. 内酯类化合物

茶叶中有很多γ-和δ-内酯化合物，主要来源于茶叶加工过程中羟基羧酸的脱水以及胡萝卜素的降解，代表性的内酯类化合物及其沸点、香气类型和所属茶类如表7-51所示。γ-和δ-内酯化合物的基本化学骨架为被取代了的呋喃酮和吡喃酮，具有旋光性。

表7-51　茶叶中代表性的内酯类化合物及其沸点、香气类型和所属茶类

沸点	代表性化合物	香气类型	代表性茶类
中沸点	γ-己内酯	甜椰子香、奶油香、木香	白茶
高沸点	γ-辛内酯	杏仁香、甜脂香、椰子香	锡兰红茶
	二氢猕猴桃内酯	甜桃香	绿茶、红茶、其他成品茶
	茉莉内酯	茉莉花香、果香、奶油香	乌龙茶、茉莉花茶、锡兰红茶
	香豆素	甘草香、香豆香	绿茶、锡兰等红茶、乌龙茶

8. 酚类化合物

茶叶中的酚类化合物主要是苯酚及其衍生物，代表性的酚类化合物及其沸点、香气类型和所属茶类如表7-52所示。

表 7－52　　茶叶中代表性的酚类化合物及其沸点、香气类型和所属茶类

沸点	代表性化合物	香气类型	代表性茶类
中沸点	4－乙基苯酚	木香	乌龙茶、黑茶
高沸点	4－乙基愈创木酚	辛香料味、草药味	绿茶、黑茶、红茶
	丁香酚	丁香香	绿茶、红茶
	百里香酚	百里香香	绿茶

9. 杂环类化合物

茶叶中的杂环类化合物一般由高温的美拉德反应产生，如呋喃、吡喃、噻吩、噁唑、噻唑、吡咯、吡啶、吡嗪、喹啉，一般具有烘烤香，有的还具有甜香、焦糖香、花香以及其他特殊香气。代表性的杂环类化合物及其沸点、香气类型和所属茶类如表 7－53 所示。

表 7－53　　茶叶中代表性的杂环类化合物及其沸点、香气类型和所属茶类

类别	沸点	代表性化合物	香气类型	代表性茶类
杂氧类				
呋喃类	超低沸点	2－乙基呋喃	烟熏味、咖啡香、甜香	红茶
	低沸点	糠醛	烤香、焦糖香	绿茶
吡喃类	中沸点	麦芽酚	甜香、焦糖香	绿茶
含硫				
噻吩类	中沸点	2－戊基噻吩	肉香	乌龙茶
噁唑类	超低沸点	噁唑	甜香	黑茶
噻唑类	低沸点	2，5－二甲基噻唑	烘烤香、坚果香	红茶
	高沸点	苯并噻唑	咖啡香	绿茶、红茶
含氮				
吡咯类	中沸点	2－甲酰基吡咯	甜香、烟味	绿茶、红茶
	高沸点	吲哚	高浓度粪臭味，低浓度花香	绿茶、红茶、乌龙茶、黑茶
吡啶类	超低沸点	吡啶	鱼味、酸臭味	鲜叶、绿茶
吡嗪类	低沸点	2，5－二甲基吡嗪	烤香、马铃薯香、坚果香	红茶、绿茶
红茶	喹啉类	低沸点	喹啉	烟草味、橡胶味

10. 其他化合物

除了上述化合物以外，茶叶中还包括醚类、腈类、胺类、硫醚类等化合物。茶叶中超低沸点的二甲硫具有清香，在煎茶、蒸青绿茶、红茶中出现，一般为蛋氨酸 Strecker 降解产物。绿茶中还存在茴香醚等特殊香气的醚类化合物。

综上所述，茶叶中各类型代表性香气化合物的结构式如图 7－28 所示。

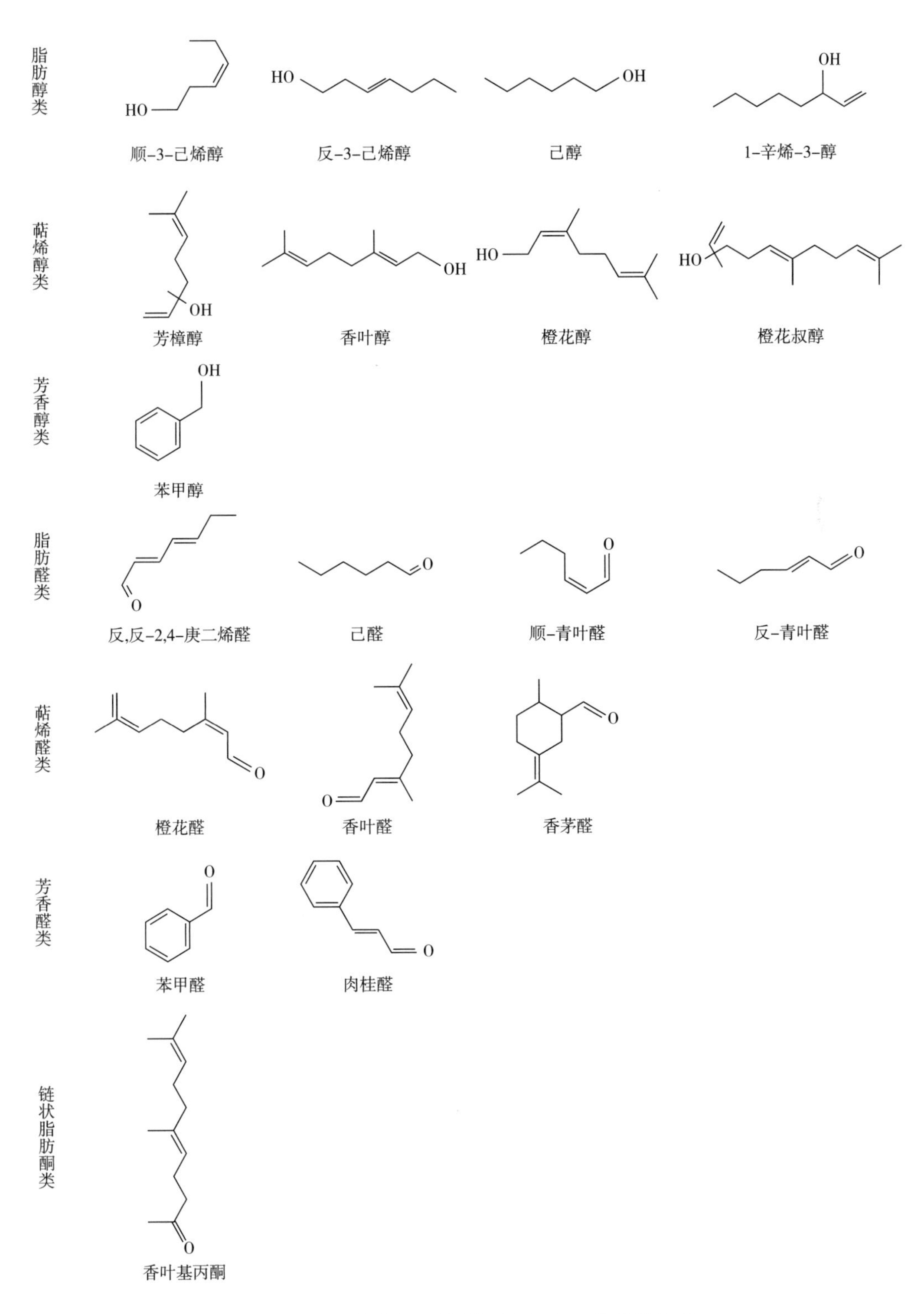

图7－28　茶叶中各类型代表香气化合物的结构式

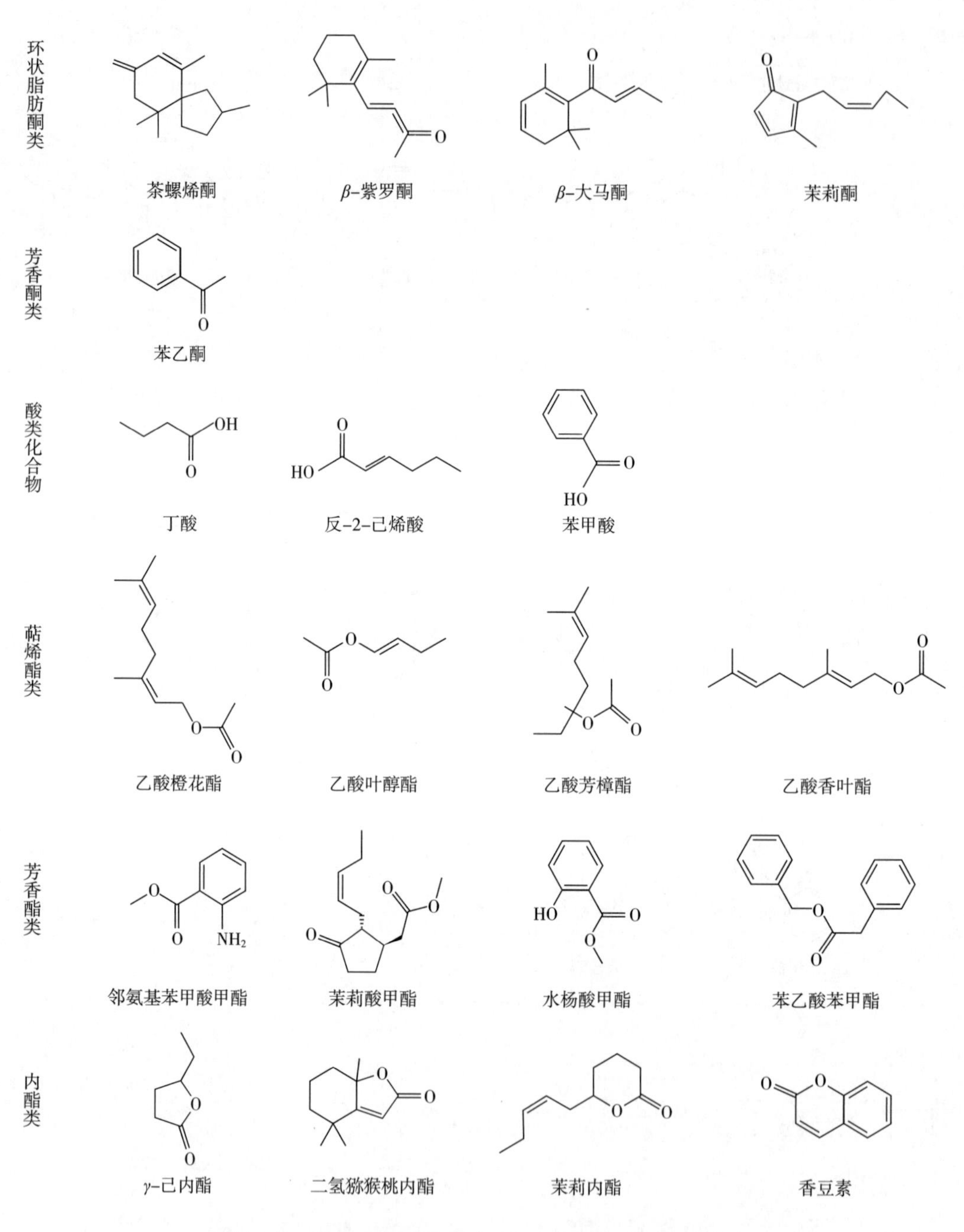

图7-28 茶叶中各类型代表香气化合物的结构式（续）

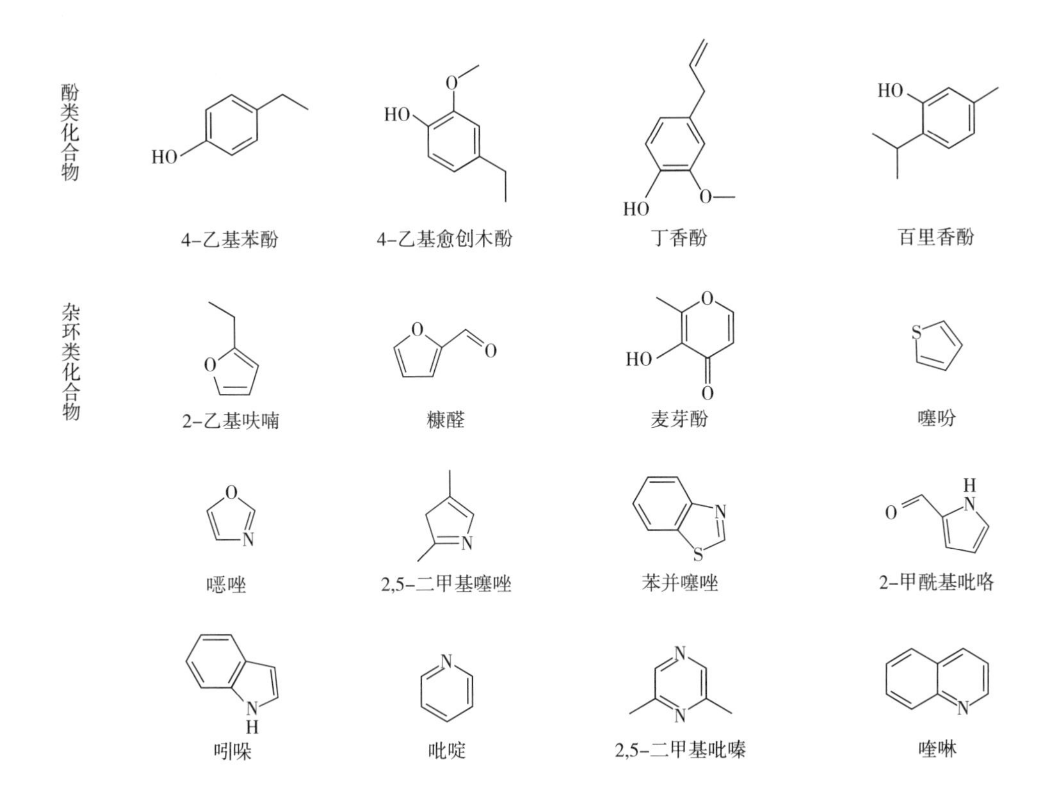

图7－28　茶叶中各类型代表香气化合物的结构式（续）

四、茶叶香气成分的形成机制

茶叶中的挥发性化合物可通过多种途径形成，根据来源不同，可分为四个途径：以类胡萝卜素为前体、以脂质为前体、以糖苷为前体以及通过美拉德反应产生的香气化合物。

1. 茶叶中以类胡萝卜素为前体的香气成分

类胡萝卜素，包括β－胡萝卜素、叶黄素、玉米黄素、新叶黄素、叶黄素和番茄红素，对茶叶香气化合物的产生具有重要影响。茶叶中以类胡萝卜素为前体的香气成分主要为酮类，C_{13}类胡萝卜素代表性的衍生物有：β－紫罗酮、β－大马酮、茶香螺酮及其氧化物等。

茶叶中类胡萝卜素的降解主要有两条途径：一是酶促氧化降解，二是非酶促氧化。在发酵过程中，类胡萝卜素被加双氧酶裂解，形成初级氧化产物，接着被酶促转化为香气前体物，最后通过酸水解释放出挥发性成分。酶促氧化顺序为β－胡萝卜素 > 玉米黄素 > 叶黄素。代表性的β－大马酮由新叶黄素酶促氧化产生，是红茶的代表性香气，而β－紫罗酮来自于β－胡萝卜素在发酵中的酶促反应，或绿茶加工过程中的热降解。

类胡萝卜素的非酶促氧化包括光致氧化（如日光萎凋和晒干）、自动氧化以及热降解（如蒸、炒、摇和干燥）。例如，β－胡萝卜素在紫外线下光致氧化产生5,6－环氧－β－紫罗酮、3,3－二甲基－2,7－辛二酮、2,6,6－三甲基－2－羟基环己烷、二氢猕猴桃内酯和β－紫罗酮。

2. 茶叶中以脂质为前体的香气成分

茶鲜叶中的 $C_6 \sim C_{10}$不饱和脂类成分主要包括糖脂类化合物、中性脂类化合物和磷脂类化合物，其中糖脂类化合物主要为亚麻酸，中性酯类化合物包括亚油酸、肉豆蔻酸、月桂酸、硬脂酸、棕榈酸和油酸等。不饱和脂类化合物的降解产物主要影响茶叶的清香和青草气。

茶叶中的脂质氧化主要有两个途径：一是由自由基引发的氧化反应，如自动氧化、光致氧化和热致氧化，氧化速率随脂质不饱和程度的增加而增加；二是由脂氧合酶介导的脂质氧化，也是影响茶的风味的主要途径。第二条途径中，α－亚麻酸和亚油酸先被脂氧合酶氧化为氢过氧化物，再被氢过氧化物裂合酶裂解产生 C_6脂肪类香气化合物，如顺－3－己烯醛和正己醛，最后这些醛类被乙醇脱氢酶降解或被异构化为醛类和醇类，如顺－3－己烯醇、反－2－己烯醛、反－2－己烯醇。

此外，亚油酸可产生1－辛烯－3－酮和1－辛烯－3－醇，α－亚麻酸可产生顺式和反式的1－戊烯－3－酮和1－戊烯－3－醇，油酸和棕榈酸可产生壬醛、壬醇、庚醛和庚醇。脂质降解也能产生环状芳香类化合物，如茉莉酸甲酯、顺－茉莉酮和茉莉内酯，其中α－亚麻酸产生的茉莉酸甲酯是乌龙茶中的代表性香气成分。

3. 茶叶中以糖苷为前体的香气成分

茶鲜叶中的香气化合物作为苷元以糖苷结合态的形式存在。茶叶生长及加工过程中，由于机械损伤、虫食、病毒侵染、失水等因素，茶叶细胞区室化功能被破坏，内源及外源糖苷酶的分布和活性发生变化，将糖苷键水解，使香气化合物释放出来，形成茶的特征香气。此外，加工过程中糖苷结合态的香气化合物也会发生非酶促水解反应。

茶叶中的糖苷主要有樱草糖苷、葡萄糖苷、苦杏仁苷、大野豌豆苷、阿拉伯糖苷，其中以双糖苷类的β－樱草糖苷和单糖苷类的β－葡萄糖苷为主。以糖苷为前体的香气化合物一般具有浓而优雅的花香、甜香及木香，代表性的有芳樟醇、香叶醇、橙花叔醇、紫罗酮。在红茶中，芳樟醇和香叶醇一般以自由态的形式存在，而芳樟醇氧化物则以樱草糖苷结合态的形式存在。樱草糖苷在鲜叶中含量很高，而在成品红茶中几乎没有，葡萄糖苷在加工前后则无显著变化。一些非醇类挥发性芳香类成分，如苯甲醛、香豆素和β－大马酮也以糖苷结合态的形式出现，然而释放香气化合物的过程更为复杂。人工光源如280～320nm的UVB可激活樱草糖苷酶和葡萄糖苷酶的活性，从而释放出糖苷结合态中的香气化合物，此外温度和pH也会影响糖苷的水解。

4. 茶叶中经美拉德反应生成的香气成分

高温条件下，茶叶中的氨基酸和还原糖会发生美拉德反应，除了生成类黑素以外，还产生具有焦香、甜香的吡嗪类、吡咯类、呋喃类、糠醛类等化合物。茶叶中的美拉德反应产物分为三类：Strecker降解产物、含硫化合物、吡咯衍生物。

（1）Strecker降解产物　在发酵、蒸青、炒青等阶段，茶中氨基酸和还原糖通过Strecker降解或者氧化产生Strecker醛。理论上所有氨基酸都应该有其对应的Strecker醛，但目前为止，仅Gly、Val、Leu、Phe、Ile、和Met鉴定出其对应的Strecker醛，即甲醛、乙醛、异丁醛、异戊醛、苯乙醛、2－甲基丁醛和3－甲硫基丙醛，其他氨基酸未找到对应的Strecker醛。茶氨酸作为茶叶中特殊的游离氨基酸，是否存在还原糖，产生的香气化合物差异较大。此外对于乌龙茶来说，储存时间越长，氧化程度越大，香气越强，其中的吡啶及其衍生物被认为是 Strecker 降解的产物。

（2）硫化物　甲硫氨酸对茶叶中含硫化合物的生成起着重要的作用，其对应的 Strecker 降解产物 3－甲硫基丙醛是甲硫醇的前体物，而甲硫醇又是许多硫醚类化合物的重要前体物，如二甲基二硫醚和二甲基三硫醚，前者是通过 3－甲硫基丙醛氧化成砜、砜再分解获得，在红茶中有腐烂气味，后者机制与前者相似，在红茶和绿茶中具有大蒜气味。

（3）吡咯类衍生物　吡咯类衍生物是茶汤中烤香、爆米花香及坚果香的主要来源，并且大量存在于乌龙茶中，其中吡嗪类是红茶和乌龙茶中的重要组成。烤香的代表有 2－乙酰基－2－噻唑啉，爆米花香的代表是 2－乙酰基－1－吡咯啉。红茶和绿茶中的吲哚是由色氨酸氧化而产生。

五、 茶叶香气成分的影响因素

茶叶中香气化合物的形成与很多阶段有关，主要包括种植、加工、冲泡三个阶段，而茶叶中的香气化合物在这三个阶段可能是共有的，也可能是独具的。不同茶类的香气差异还受茶树品种、采收季节、地形地势、加工工艺等因素的影响。因此，造就了不同茶丰富多样的香气特征。

1. 品种对茶叶香气的影响

茶树分乔木型、小乔木型、灌木型，根据叶面大小分为特大叶种、大叶种、中叶种、小叶种，国家级品种达 130 余种，省级品种达 120 余种，不同品种对茶叶特别是名优茶的品质影响很大，为不同茶类提供了丰富的选择空间。

（1）绿茶　龙井的春季绿色芽叶是紫色芽叶挥发油含量的两倍，制成的烘青茶香气更持久，且具有不同的香型。龙井中醇类和酯类化合物最多，主要香气成分包括 β－紫罗酮、2－甲基丙醛、2－甲基丁醛、癸醛、己醛、2－甲硫基丙醛、3－乙基－2,5－二甲基吡嗪、芳樟醇、萜品醇和香叶醇，此外庚酸、壬酸对龙井品质有重要影响。黄山种的黄山毛峰和信阳种的信阳毛尖中醇类化合物最多，如香叶醇、苯乙醇，α－紫罗酮和顺－茉莉酮含量也较高。洞庭种的碧螺春具有清香甘甜的香气，因其低沸点的烯醇类含量高。日本的绿茶品种中，Sayamakaori 比 Yabukita 含有更多的橙花叔醇、顺－茉莉酮和吲哚，和更少的芳樟醇。

（2）红茶　红茶的香气形成相对复杂，其中醛类、酸类和酯类最为重要。芳樟醇和香叶醇的含量和茶树品种的关系密切，其中大叶种如滇红、英红、桂红、阿萨姆种中的芳樟醇含量高、香叶醇含量较低，小叶种如祁门种中芳樟醇含量较低、香叶醇含量较高，祁门种的香叶醇含量是普通种的数十倍。阿萨姆变种制作的红茶和其与中国变种杂交品种制作的红茶相比，芳樟醇及其氧化物和水杨酸甲酯含量更高，香叶醇和 2－苯基乙醇含量更低。

（3）乌龙茶　不同品种的乌龙茶呈现不同气味特征，其中主要的特征香气成分有香叶醇、芳樟醇及其氧化物和橙花叔醇，所表现出来的品系（种）稳定性和差异性形成乌龙茶品种的香型。闽北的武夷岩茶的主要香气成分是醇类，其次是含氮化合物、酯类、醛类、杂氧化合物、酸类和含硫化合物，其中肉桂的主要关键香气成分为橙花叔醇、吲哚、植醇、芳樟醇及其氧化物。闽南的铁观音和黄金桂的共有关键香气成分为己酸－顺－3－己烯酯和 α－法尼烯，此外铁观音的芳樟醇和水杨酸甲酯含量较高，黄金桂的芳樟醇氧化物含量较高。广东的凤凰单丛的主要成分是芳樟醇和橙花叔醇，在不同品种的凤凰单丛中有所差异，此外芝兰香型的异丁香酚、黄栀香型的 α－杜松醇、蜜兰香型的 β－紫罗酮和石竹烯都对凤凰单丛的特征香型有重要的贡献作用。台湾的金萱（即台茶12号）的关键呈香成分为吲哚，制作的包种茶具有奶香，其关键香气成分为十一酸乙酯与丁酰乳酸丁酯。

2. 季节对茶叶香气的影响

茶叶的香气随春、夏、秋、冬四季采摘的变化有着显著区别。季节对茶叶的影响一方面反映在鲜叶的嫩度（反之是成熟度）及其内含物的含量方面，嫩叶中香气成分含量较多，随着鲜叶的粗老逐渐减少。春茶鲜叶香气成分含量较多，是夏茶鲜叶的两倍左右。与嫩度呈正相关的醇类化合物有：芳樟醇、香叶醇、苯乙醇。另一方面随着活动积温的不同，茶树的生长周期和季节有很大关系，当春季连续5天平均温度达到8～10℃时茶树才开始发芽，最适生长温度为18～25℃。

（1）茶叶　茶鲜叶中含有大量不饱和脂肪醇，主要为青叶醇及其前体青叶醛，青叶醇在春茶中含量较高，是新茶香代表性化合物之一，随绿茶等级从高到低含量递减。萜烯醇类化合物在春茶鲜叶中的含量一般大于夏季，如芳樟醇和香叶醇在春茶中含量最高，夏茶中含量最低；在茶树体内主要以糖苷形式存在，采摘后经糖苷酶水解呈游离态，在新梢各部位的含量由芽、第一叶、第二叶、第三叶、茎依次递减。糖苷酶活性随春、夏、秋季节变化依次减弱。

春季过后，鲜叶逐渐成熟，一般较成熟的鲜叶中香气前体物质丰富，醚浸出物、类胡萝卜素类和萜烯糖苷含量较高，可用来制作乌龙茶、黑茶、白茶中的贡眉和寿眉、黄茶中的黄大茶等茶类。夏茶中，红茶一般要求茶多酚含量高，所以很多红茶产区选择用初夏的鲜叶制作红茶，具有浓甜香。乌龙茶中的东方美人（即白毫乌龙）需要小绿叶咬食才能出现蜜香，而小绿叶蝉在夏季炎热时才比较多，所以东方美人一般产于夏季品质最好。根据“春水秋茶”的说法，秋茶虽然滋味较淡，但香气丰富。乌龙茶中的雪片产于冬天，滋味清淡，但香气浓郁而柔和，醇类化合物总量显著高于其他品种，是冬茶的代表。

（2）香花　对于窨花茶来说，鲜花的采摘季节至关重要。代表性的茉莉花茶以鲜灵度为主要香气评价指标。茉莉花采摘时间非常关键，一般选择伏花，也就是在7～8月中午最热的时候采摘。成熟的茉莉花苞不断开放，在糖苷酶的作用下，释放大量酯类和醇类，花香由清香变为浓郁，其主要香气成分为香叶醇、乙酸－顺－3－己烯酯、邻氨基苯甲酸甲酯、苯甲醇、芳樟醇、吲哚、萜品醇等。

3. 地域对茶叶香气的影响

茶树的种植地域对茶叶的内含物和香气有很大的影响，即使是同一个茶树品种在不同地形、海拔、土壤、气候种植，品质仍会有差别。

（1）海拔　高海拔茶园具有低温、高湿、多云雾的气候特征。高山茶主要分布在海拔400～1000m范围内，其中在800～900m范围且昼夜温差大者品质最好，代表性的高山茶香气成分为己醇、苯甲醛、辛烯醛、α－雪松醇。海拔高度对品质的影响，体现在气温，气温随海拔高度的增加而降低，海拔每升高100m，年平均气温降低0.5℃，昼夜温差也随海拔的升高而增加，一些清香型的香气成分更易形成，故有“高山出好茶”之说。

（2）纬度　纬度不同伴随日照、气温、降水量的差异，对茶树化合物的代谢有很大影响，我国纬度从最北的北纬38°山东半岛，到最南的北纬18°海南，跨度很大。低纬度地区温度高、光照强，茶多酚含量较高，氮化合物含量较少，高纬度地区反之，因此一般低纬度茶树适合制红茶，高纬度茶树适合制绿茶。

（3）生态环境　独特的生态环境影响茶叶香气，如安吉白茶与竹子间种从而具有竹子香，洞庭碧螺春与果树间种从而具有花果香。栽培条件也可以改变茶叶中酶活性等因素，从而影响结合态特别是醇类结合态香气转化为游离态香气，施有机肥和大棚覆盖有利于增强 β - 葡萄糖苷酶活性，提高鲜叶中游离态和结合态醇类香气的含量。此外，在较优生态环境中种植的茶树，茶叶中的醇类、酮类、酚类香气成分种类较多，而杂环类、酯类香气成分种类较少。

东方美人在茶鲜叶生长过程中，茶园中的小绿叶蝉咬食茶鲜叶，唾液促使茶树启动防御系统，从而使芳香醇和茶多酚的含量增加。同时茶树因抵抗逆境分泌释放出萜烯二醇类化合物，吸引小绿叶蝉的天敌肉食性蜘蛛和寄生性蜂来捕食。茶叶通过加工产生了富含萜烯醇及芳香醇的天然蜜香。采摘时期越晚，干茶的蜜香越显著。

4. 加工工艺对茶叶香气的影响

基本茶类分六大类，其初加工基本工艺流程如图 7 - 29 所示。有些工艺是某类茶特有的，有些工艺是几类茶共有的，每个工艺都对茶叶香气的产生和变化有很大影响。

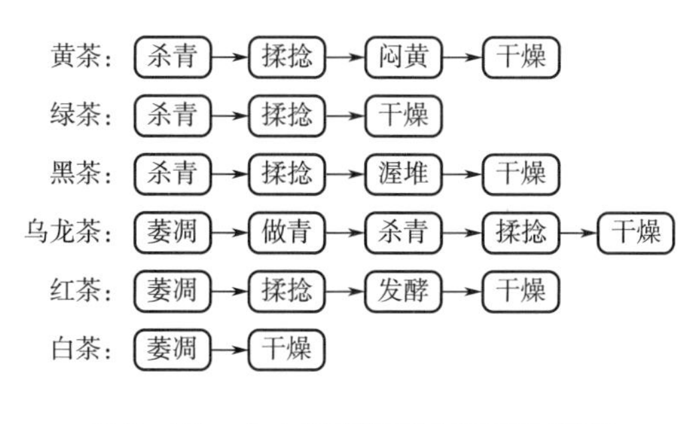

图 7 - 29　六大茶类的基本工艺流程图

（1）杀青　绿茶、白茶、黑茶的一般起始于杀青工艺。杀青前适当摊放，提高鲜叶的失水程度，对青叶醇等成分的形成有很大的促进作用。杀青一方面使低沸点的青草气成分挥发，使高沸点的香气成分显露出来，如青草气的顺 - 己烯醇发生异构作用，形成具有清香的反 - 己烯醇；另一方面通过酶促作用、热裂解作用、酯化作用使香气化合物从含量到种类显著增加。杀青前期，酶促作用和氧化裂解作用占主导，类胡萝卜素和亚麻酸氧化降解产生紫罗酮系化合物和 C_6 的醇类、醛类、酸类化合物；糖苷酶使萜烯类糖配体游离出萜烯类化合物；此外苯甲醇、苯乙醇、二氢猕猴桃内酯、己酸己烯酯等增加。杀青后期酶失活，因此非酶促的氧化裂解作用增强，糖胺化合物降解成含氮和含氧杂环类化合物，如吡嗪类、吡咯类和糠醛类等化合物；此外还生成醛类和酯类化合物。对于绿茶来说，不同杀青方式配合不同的干燥方式使得香气不同：炒青绿茶中中低沸点的青叶醇、青叶醛、己醛、壬醛微量存在，主要成分为芳樟醇、香叶醇、橙花醇、萜品醇、α - 杜松醇等；烘青绿茶以高沸点挥发性化合物为主，如石竹烯、雪松烯、杜松烯、二氢猕猴桃内酯；蒸青绿茶杀青时间短，因此低沸点香气化合物含量较高，青草气明显，主要香气成分有清香的顺 - 3 - 己烯醇、己酸 - 顺 - 3 - 己烯酯，而丁酸 - 3 - 己烯酯、辛酸 - 3 - 己烯酯、4 - 氨基 - 3 - 甲基酚为蒸青绿茶特有。

（2）萎凋　红茶、乌龙茶、白茶一般起始于萎凋工艺，温度、湿度和时间对茶叶香气有重要的影响。萎凋激发酶的活性，醇类、醛类、酮类的含量显著增加，如青叶醇、芳樟醇及其氧化物、香叶醇、十六酸和邻苯二甲酸二丁酯、苯乙醇，而酯类、烃类、含氮化合物、杂氧化合物的含量显著降低。萎凋前期，鲜叶水分蒸发，使茶叶中内含物浓度增大，酶的活性增强，淀粉和蛋白质水解为单糖、氨基酸、多酚类化合物发生酶性氧化缩合，为茶叶香气的形成提供前体物。萎凋后期，酶的活性逐渐降低，酶促氧化逐渐被非酶促氧化所代替，多酚类化合物与氨基酸、氨基酸与糖互相作用形成香气化合物。红茶的重度萎凋会产生更多的总挥发性化合物，但萜烯醇类化合物显著减少，使得萜烯醇类与非萜烯醇类化合物比值显著降低，所以重度萎凋对红茶风味品质不利。

（3）揉捻　加工过程中的机械损伤引起细胞壁破碎，糖苷类香气前体物质经过揉捻逐渐水解，为茶叶香气特别是花蜜香打下基础。乌龙茶包揉工艺造成茶叶芳樟醇及其氧化产物、2,4－己二烯醛正辛醇、二乙基三硫醚、2,6－二叔丁基对甲基苯酚、2－烯丙基－5－丁基氢醌等化合物增加，壬醛、2－己基辛醇、2,6－二叔丁基苯醌、萘类以及大部分烷烃类化合物都减少。白茶适度揉捻对醛类、杂氧类和酸类化合物的积累有利，尤其是酸类化合物，同时促进了酮类、内酯类和吡咯类等化合物的转化。

（4）发酵　发酵主要是茶叶细胞中氧化酶引起的褐变反应。红茶发酵过程中，酶促反应剧烈，香叶醇、芳樟醇含量大量增加，发酵中达到最高，苯甲醇、苯乙醇也大量增加，而酸类、酯类、酚类等芳香化合物的含量逐渐减少，使发酵叶青草气消失，产生花香、果香、甜香，对红茶香型品质风味起着重要作用。香气形成与转化主要是氨基酸、类胡萝卜素、不饱和脂肪酸和部分以糖苷形式存在的结合态香气化合物的氧化或水解反应。

（5）做青　做青是乌龙茶加工的独特工艺，特征香气化学成分的含量和比例反映了乌龙茶香气的香型、香气的高低和持久度。做青过程中，嫩茎中的内含物随水分输送至叶细胞，促进香气的形成。吲哚、橙花叔醇、苯乙醛、芳樟醇、法尼烯等香气化合物常作为乌龙茶做青品质控制的化学指标。做青有利于糖苷水解物等高沸点成分的增加，脂质降解产物和偶联氧化产物的减少。轻度和中度做青乌龙茶中检测出较多的吲哚、α－法呢烯和茉莉内脂，而在重度做青乌龙茶中检出较多的酯、酮和醛类化合物。静置发酵过程中，适度的氧化抑制了脂质降解产物以及低沸点醛类、酮类、酸类、酯类的积累，经过逸散之后，茶青气不显而花香浓郁。适时并筛调节叶堆的温湿度，促进了香气化合物的形成和青气的消失。

（6）闷黄　闷黄是黄茶加工的独特工艺。黄茶的品质特征为黄汤黄叶，黄茶加工从杀青到干燥都在为黄变创造湿热条件，但黄变最主要发生在闷黄阶段。闷黄过程中，水分缓慢蒸发，湿热作用使多糖水解为单糖、蛋白质水解为氨基酸，可进一步转化为香气成分。此外，微生物特别是酵母、黑曲霉、根霉大量产生，产生胞外酶，如酵母产生脂肪酶、蔗糖酶、乳糖酶，根霉产生淀粉酶，黑曲霉产生蛋白酶和果胶酶，将大分子的化合物分解，产生小分子的糖类、氨基酸、有机酸、醛类等化合物，为干燥过程形成香气打下基础。

（7）渥堆　渥堆是黑茶加工的独特工艺，将大量晒青黑毛茶堆积在一起，内含物通过湿热作用、微生物（如霉菌、细菌、酵母）作用，经过酶促氧化等变化，产生黑茶的特征气味。渥堆过程中形成了大量芳香化合物，如1,2,3－三甲氧基苯、1,2－二甲氧基苯。此外，常规渥堆的黑毛茶中萜烯醇类、芳樟醇、酚类的含量较高，无菌渥堆的黑毛茶中醛酮类较多，如脂质自动氧化降解产生的2,4,－庚二烯醛、1－戊烯－3－醇等，但由于两种化合物具有油臭味和粗老气，因此无菌渥堆的毛茶香气相对粗涩，常规渥堆的香气更加醇和。

（8）干燥　高温可排除多余水分，使低沸点的青草气成分继续挥发，还抑制酶的氧化作用，使内含物进一步转化。红茶和乌龙茶烘干一般选择分段式：初烘温度较低，低沸点的脂肪醇类和脂肪醛类化合物（苯甲醛、反－2－己烯醛、芳樟醇等）保留，中高沸点的萜烯醇类和芳香醇类化合物积累；复烘温度较高，醇类、酯类、烃类和酸类化合物其含量均达到最高。白茶烘干时氨基酸在热作用下氧化脱氨形成芳香醛，此外显著提高了烃类、酯类、酮类化合物的含量，降低了醇类、硫类等化合物的含量。黑茶的不同干燥方式产生的香气成分有显著差别，晒干黑茶的酯类和酮类含量较高，如二氢猕猴桃内酯、α－紫罗酮、β－紫罗酮，但萜烯、醇类含量较低，而烘干黑茶的醇类含量更高，如环氧芳樟醇、萜品醇，普洱茶以晒干为首选。

六大类茶在初加工完成后，还会进行精加工过程，一些茶类的香气物质在精加工过程中也会发生变化。精加工过程中的焙火是武夷岩茶、浓香型铁观音、凤凰单丛等乌龙茶的提香精制工艺，不同品种的乌龙茶制作的精制茶香气成分差异较大，总的来说随着焙火程度的增加，醇类含量降低，酯类和酮类含量增加，具有烘烤香或焦糖香的1－乙基吡咯含量增加，2－乙酰基呋喃、2,5－二甲基吡嗪、2－乙基－5－甲基吡嗪、苯乙腈等化合物先增加后减少。精加工过程中的发花是茯砖茶的独特精制工艺，黑毛茶压制成砖后，通过一定的温度和湿度促使冠突散囊菌生长繁殖，产生金色斌囊壳（即金花），其数量和质量常作为茯砖茶品质的评判标准。

思考题

1. 水果与蔬菜中主要气味物质分别有哪些?
2. 亚麻酸和亚油酸分别生成了哪些重要的气味物质?
3. 乳制品中主要风味物质主要由哪些途径生成?
4. 肉风味物质的六种生成途径分别是什么，分别会生成哪些具有代表性的肉味物质?
5. 茶叶中主要的香气化合物有哪些?

参考文献

［1］葛晓杰，苏祝成，狄德荣，文冬华，林杰．基于顶空固相微萃取/气质联用的红茶特征香型呈香活性成分研究［J］．食品工业科技，2016，37（23）：304－310.

［2］顾谦，陆锦时，叶宝存．茶叶化学［M］．（第一版）．合肥：中国科学技术大学出版社，2018.

［3］蓝大诚．识茶风味［M］．（第一版）．北京：中国轻工业出版社，2019.

［4］乔如颖，郑新强，李清声，梁月荣．茶叶挥发性香气化合物研究进展［J］．茶叶，2016，42（3）：135－142.

［5］刘野，宋焕禄，张雨，邹婷婷，王丽金，杨潇．西瓜汁品质及风味研究进展［J］．食品科学技术学报，2017，35（6）：10－16.

［6］施莉婷，江和源，张建勇，王伟伟，苏威．茶叶香气成分及其检测技术研究进展［J］．食品工业科技，2018，39（12）：347－351.

［7］施梦南，龚淑英．茶叶香气研究进展［J］．茶叶，2012，38（1）：19－23.

[8] 宛晓春．茶叶生物化学 [M]．(第三版)．北京：中国农业出版社，2003.

[9] 王力，林智，吕海鹏，谭俊峰，郭丽．茶叶香气影响因子的研究进展 [J]．食品科学，2010，31 (15)：293 - 298.

[10] 王梦琪，朱荫，张悦，施江，林智，吕海鹏．茶叶挥发性成分中关键呈香成分研究进展 [J]．食品科学，2019，40 (23)：341 - 349.

[11] 王鹏杰，张丹丹，邱晓红，杨国一，王文震，叶乃兴．基于 GC - MS 和电子鼻技术的武夷岩茶香气分析 [J]．福建茶叶，2017，39 (1)：16 - 18.

[12] 王赞，郭雅玲．做青工艺对乌龙茶特征香气成分影响的研究进展 [J]．食品安全质量检测学报，2017，8 (5)：1603 - 1609.

[13] 吴函殷，刘晓辉，罗龙新，何群仙．12 种单丛茶香气成分研究 [J]．食品工业科技，2019，40 (19)：234 - 239.

[14] 项丽慧，林清霞，余文权，陈林，王振康．茶叶中糖苷类香气前体物质研究进展 [J]．茶叶学报，2017，58 (3)：133 - 138.

[15] 辛董董，张浩，李红波，莫海珍．不同茶类挥发性成分中主要呈香成分研究进展 [J]．河南科技学院学报 (自然科学版)，2019，47 (6)：21 - 28.

[16] 叶士敏．茶学与茶科学 [M]．(第一版)．北京：电子工业出版社，2018.

[17] 张超，卢艳，李冀新，黄卫宁，陈正行．茶叶香气成分以及香气形成的机制研究进展 [J]．福建茶叶，2005 (3)：17 - 19.

[18] 张娇，梁壮仙，张拓，李宗琼，朱静静，张鹏程，肖文军．黄茶加工中主要品质成分的动态变化 [J]．食品科学，2019，40 (16)：200 - 205.

[19] 张丽，张蕾，罗理勇，潘从飞，曾亮．焙火工艺对武夷岩茶挥发性组分和品质的影响 [J]．食品与发酵工业，2017，43 (7)：186 - 193.

[20] 张娅楠，欧伊伶，覃丽，缪有成，萧力争．红茶中香气物质的形成及工艺对其影响的研究进展 [J]．食品工业科技，2019，40 (11)：351 - 357.

[21] 张正竹，施兆鹏，宛晓春．萜类物质与茶叶香气 (综述) [J]．安徽农业大学学报，2000 (1)：53 - 56.

[22] Allani M，Farmer LJ. Precursors of chicken flavor. II. Identification of key flavor precursors using sensory methods [J]. *Journal of Agricultural and Food Chemistry*. 2005，53，6455 - 6462.

[23] Buttery RG，Ling LC. Additional studies on flavor components of corn tortilla Chips [J]. *Journal of Agricultural and Food Chemistry*，1998，46，2764 - 2769.

[24] Cheryl P，McFeeters RF，Fleming HP. Solid - phase microextraction (SPME) technique for measurement of generation of fresh cucumber flavor compounds [J]. *Journal of Agricultural and Food Chemistry*，2001，49：4203 - 4207.

[25] Christlbauer M，Schieberle P. Evaluation of the key aroma compounds in beef and pork vegetable gravies a la chef by stable isotope dilution assays and aroma recombination experiments [J]. *Journal of Agricultural and Food Chemistry*. 2011，59，13122 - 13130.

[26] Contarini G，Povolo，M. Volatile fraction of milk：comparison between purge and trap and solid phase microextraction techniques [J]. *Journal of Agricultural and Food Chemistry*. 2002，50，7350 - 7355.

[27] Feng ZH, Li M, Li YF, Wan XC, Yang XG. Characterization of the orchid - like aroma contributors in selected premium tea leaves [J] . *Food Research International*, 2020, 129: 8.

[28] Feng ZH, Li YF, Li M, Wang YJ, Zhang L, Wan XC, Yang XG. Tea aroma formation from six model manufacturing processes [J] . *Food Chemistry*, 2019, 285: 347 - 354.

[29] Ho CT, Zheng X, Li SM. Tea aroma formation [J] . *Food science and human wellness*, 2015, 4 (1): 9 - 27.

[30] Maga JA. Mushroom flavor [J] . *Journal of Agricultural and Food Chemistry*. 1981, 29, 1 - 4.

[31] Martins SIFS, Leussink A, Rosing EAE, et al. Meat flavor generation in complex maillardmodel systems [J] . *ACS Symposium Series*, 2010, 1042: 71 - 83.

[32] Qian MC, Rimando AM. [ACS Symposium Series] Flavor and Health Benefits of Small Fruits Volume 1035 || *Flavor of Small Fruits*. 2010, 10.1021/bk - 2010 - 1035: 3 - 11.

[33] Sable S, Cottenceau, G. Current knowledge of soft cheeses flavor and related compounds [J] . *Journal of Agricultural and Food Chemistry*. 1999, 47, 4825 - 4836.

[34] Sanderson GW, Graham HN. Formation of black tea aroma [J] . *Journal of Agricultural and Food Chemistry*, 1973, 21 (4): 576 - 585.

[35] Siegmund B. Biogenesis of aroma compounds: flavour formation in fruits and vegetables [J] . *Flavour Development Analysis and Perception in Food and Beverages*, 2014: 409 - 417.

[36] Tang J, Zhang YG, Hartman TG, Rosen RT, Ho CT. Free and glycosidically bound volatile compounds in fresh celery (*Apium graveolens* L.) [J] . *Journal of Agricultural and Food Chemistry*, 1990, 38: 1937 - 1940.

[37] Watkins PJ, Frank D, Singh TK, Young OA, Warner RD. Sheepmeat flavor and the effect of different feeding systems: A Review [J] . *Journal of Agricultural and Food Chemistry*. 2013, 61, 3561 - 3579.

[38] Yang ZY, Baldermann S, Watanabe N. Recent studies of the volatile compounds in tea [J] . *Food Research International*, 2013, 53 (2): 585 - 599.

第八章

CHAPTER 8

食品中的滋味成分

学习目的与要求

1. 了解常见食品的主要滋味成分。
2. 明确滋味与滋味成分之间的关系。

食品的滋味是除香气外构成食品风味的另一个重要方面，是指食品中可溶性成分溶于唾液或食品溶液后，刺激舌头上的味蕾，经过味觉神经纤维送到大脑的味觉中枢，再经过大脑分析所产生的味觉，包括酸、甜、苦、咸、鲜五种基本味觉。每种基本味觉均与食品中所含相应的化学呈味物质有关，我们所感受到的不同食品的复杂滋味都是由这五种基本味觉复合构成。各个食品都有其特征的滋味，构成了不同食品重要的风味品质属性，如多数水果呈现出酸、甜或酸甜复合滋味，一些蔬菜（如卷心菜、白萝卜等）会略带苦味，菌类呈现出明显的鲜味等，这与其中所含不同的滋味成分有着直接的关系。本章将对几种典型食品中的滋味成分进行详细说明。

第一节　果蔬食品的滋味成分

一、 苹果的滋味成分

苹果在全世界各个温带地区广泛栽培，其甜味和酸味是影响消费者偏好的重要感官属性。甜味主要与果实中的可溶性糖有关，酸味是由果实中所含的各种有机酸造成的。苹果果实中的可溶性糖主要有果糖、蔗糖、葡萄糖和山梨醇，在成熟的苹果果实中果糖含量相对最高。苹果果实中的有机酸主要有苹果酸、琥珀酸、草酸、酒石酸、乙酸、柠檬酸等，其中苹果酸含量相对最高。

1. 不同品种苹果中的甜味成分和酸味成分

不同品种的苹果所含可溶性糖和有机酸的含量存在差异，这导致了不同品种苹果果实的滋味口感不同。表 8－1 所示为不同品种苹果果实中可溶性糖种类和含量的差异，所有品种中均含有果糖、葡萄糖、蔗糖和山梨醇，且果糖含量均较高，山梨醇含量均较低。根据文献报道，将蔗糖的甜度值定为1，果糖的甜度值是1.75，葡萄糖的甜度值为0.7，山梨醇的甜度值为0.4，所以果糖的甜度值在这四种可溶性糖中最高，其含量最高决定了苹果最终甜味的呈现。不同品种苹果果实之间可溶性糖和总糖含量差异较大，其中品种“嘎啦”所含果糖含量（69.736mg/g）在表格所列的品种中最高，其总糖含量为151.990mg/g，也为最高。从表 8－2 可以看出，不同苹果果实中有机酸种类和含量差异较大。品种“澳引”的总酸含量最高，为16.661mg/g，而“嘎啦”“瑞阳”“甘红”“八月富士”等果实的总酸含量较低，“世界 1 号”总酸含量最低（2.457mg/g）。苹果酸含量占总酸含量比例最大，乙酸占比最小。

表 8－1　　不同品种苹果果实中可溶性糖种类和总糖含量

品种	果糖/（mg/g）	葡萄糖/（mg/g）	蔗糖/（mg/g）	山梨醇/（mg/g）	总糖/（mg/g）
金冠	63.449±5.719^{b}	30.453±1.247^{a}	21.048±1.335^{i}	21.154±0.140^{a}	137.174
秦脆	45.928±1.706^{e}	4.724±0.199^{jk}	43.467±2.393^{d}	3.913±0.117^{mno}	99.348
静宁 1 号	50.939±1.312^{d}	9.670±0.492^{fg}	33.076±0.801^{g}	8.745±0.333^{e}	103.652
澳引	62.929±1.941^{b}	14.939±0.525^{de}	59.973±1.751^{a}	11.266±0.180^{b}	150.607
烟富 1 号	40.226±0.354^{fg}	7.542±0.221^{hi}	21.790±2.579^{i}	6.380±0.288^{ij}	94.607
嘎啦	69.736±1.938^{a}	13.114±0.431^{e}	60.135±2.718^{a}	7.441±0.621^{gh}	151.99
寒富	63.637±1.688^{b}	21.318±0.941^{c}	27.601±0.406^{h}	11.832±0.331^{b}	126.706
艾威	56.270±2.612^{c}	5.167±0.449^{jk}	54.960±2.801^{b}	4.568±0.340^{klm}	121.025
八月富士	53.571±0.521^{cd}	13.999±0.681^{de}	11.954±0.885^{kl}	3.403±0.158^{nopq}	100.02
皮诺瓦	63.517±2.723^{b}	31.807±1.244^{a}	33.149±2.314^{g}	4.801±0.780^{k}	134.458
富士冠军	62.898±1.282^{b}	15.134±0.535^{de}	37.372±3.317^{f}	8.161±0.310^{ef}	123.687
阿斯	61.115±2.576^{b}	13.089±0.344^{e}	48.256±0.865^{c}	9.610±0.101^{d}	133.194
瑞雪	61.554±0.629^{b}	7.641±0.548^{hi}	49.264±3.153^{c}	6.869±0.646^{hi}	125.154
艾达红	45.758±0.477^{e}	4.695±0.250^{jk}	11.739±3.829^{kl}	3.240±0.423^{opq}	84.915
甘红	45.590±0.428^{e}	7.426±0.138^{hi}	15.348±3.451^{jk}	3.591±0.418^{nopq}	95.473
乔华	50.498±0.663^{d}	5.623±2.162^{ij}	8.107±2.692^{lmn}	2.946±0.481^{qr}	89.255
烟富 3 号	45.531±0.165^{e}	4.745±0.813^{jk}	7.551±2.197^{mn}	3.176±0.689^{pq}	84.348
陆奥	55.885±6.453^{c}	10.438±1.402^{f}	43.345±1.444^{d}	8.013±0.506^{fg}	118.06
美味	46.169±2.631^{e}	26.175±2.492^{b}	42.590±2.443^{d}	4.703±0.247^{kl}	119.363
富士美满	50.191±2.068^{d}	13.330±0.945^{e}	39.503±2.055^{def}	10.551±0.438^{c}	115.751
瑞雪	43.826±3.331^{ef}	13.789±2.800^{e}	41.378±1.602^{de}	6.895±0.081^{hi}	107.035
成纪 1 号	45.062±0.458^{e}	4.744±0.222^{jk}	5.349±2.000^{n}	3.210±0.405^{opq}	87.05
乔纳金	50.177±0.571^{d}	6.340±0.314^{hij}	41.303±0.802^{de}	4.591±0.144^{klm}	104.269
宫崎短富	51.839±2.900^{d}	15.922±0.757^{d}	21.946±1.250^{i}	4.037±0.532^{lmn}	95.642
世界 1 号	67.491±2.365^{a}	6.706±0.253^{hij}	37.829±1.329^{ef}	3.814±0.073^{nop}	117.577
烟富 6 号	46.169±0.255^{ef}	13.094±2.144^{e}	28.986±3.156^{h}	4.734±0.441^{kl}	93.249
爵士	38.393±0.323^{g}	3.173±0.241^{k}	16.991±2.210^{j}	2.423±0.174^{rs}	82.721
蜜脆	50.920±0.435^{d}	5.381±1.037^{j}	9.898±1.608^{lm}	2.949±0.207^{qr}	85.03
2001 富士	55.763±0.224^{c}	6.393±0.341^{hij}	8.781±1.021^{lmn}	6.038±0.241^{j}	84.607
无锈金矮生	43.898±0.839^{ef}	7.957±0.401^{gh}	7.451±1.039^{mn}	2.092±0.214^{s}	86.438

注：同列数据后不同小写字母表示差异显著（$p<0.05$）。

表 8－2 不同品种苹果果实中有机酸含量

品种	草酸/（mg/g）	奎宁酸/（mg/g）	柠檬酸/（mg/g）	苹果酸/（mg/g）	乙酸/（mg/g）	酒石酸/（mg/g）	总酸/（mg/g）
金冠	0.007 ± 0.005^{f}	0.169 ± 0.069^{ghi}	0.022 ± 0.013^{efg}	1.174 ± 0.108^{k}	—	0.004 ± 0.001^{s}	4.69
秦脆	0.015 ± 0.013^{bcdef}	0.055 ± 0.011^{i}	0.046 ± 0.008^{bc}	5.737 ± 0.534^{bcd}	0.046 ± 0.005^{cd}	0.023 ± 0.005^{lmno}	8.085
静宁 1 号	0.012 ± 0.009^{bcdef}	0.158 ± 0.028^{ghi}	0.032 ± 0.008^{cdef}	2.068 ± 0.441^{ij}	0.051 ± 0.009^{cd}	0.013 ± 0.002^{opqrs}	9.335
澳引	0.009 ± 0.006^{ef}	0.189 ± 0.029^{ghi}	0.041 ± 0.009^{bcd}	5.360 ± 0.299^{cde}	0.070 ± 0.004^{a}	0.035 ± 0.008^{hijk}	16.661
烟富 1 号	0.015 ± 0.014^{bcdef}	0.472 ± 0.131^{de}	0.015 ± 0.016^{fg}	4.660 ± 0.415^{efg}	0.054 ± 0.010^{bc}	0.032 ± 0.003^{ijkl}	6.298
嘎啦	0.022 ± 0.010^{abcdef}	0.308 ± 0.081^{efgh}	0.009 ± 0.020^{g}	4.400 ± 0.409^{fg}	0.013 ± 0.003^{ij}	0.075 ± 0.015^{bc}	5.985
寒富	0.018 ± 0.011^{bcdef}	0.551 ± 0.061^{cd}	0.026 ± 0.004^{defg}	8.109 ± 0.105^{a}	0.010 ± 0.001^{ij}	0.068 ± 0.007^{cd}	8.514
艾威	0.029 ± 0.010^{abcde}	0.797 ± 0.198^{ab}	0.011 ± 0.004^{g}	4.807 ± 0.740^{efg}	—	0.043 ± 0.010^{gh}	6.789
八月富士	0.017 ± 0.009^{bcdef}	0.686 ± 0.136^{bc}	0.046 ± 0.025^{bc}	4.602 ± 0.391^{efg}	—	0.077 ± 0.005^{abc}	5.619
皮诺瓦	0.031 ± 0.012^{ab}	0.284 ± 0.005^{fgh}	0.079 ± 0.009^{a}	6.503 ± 0.134^{b}	0.019 ± 0.005^{ghi}	0.082 ± 0.003^{ab}	7.325
富士冠军	0.030 ± 0.011^{abcd}	0.578 ± 0.149^{cd}	0.038 ± 0.023^{bcde}	6.239 ± 0.626^{b}	—	0.064 ± 0.005^{de}	7.325
阿斯	0.031 ± 0.011^{abc}	0.570 ± 0.026^{cd}	0.044 ± 0.026^{bc}	4.443 ± 0.249^{fg}	—	0.070 ± 0.006^{cd}	6.033
瑞雪	0.010 ± 0.004^{def}	0.601 ± 0.053^{cd}	0.044 ± 0.026^{bc}	6.144 ± 0.462^{bc}	0.015 ± 0.001^{hij}	0.087 ± 0.005^{a}	6.834
艾达红	0.031 ± 0.009^{abc}	0.891 ± 0.210^{a}	0.039 ± 0.013^{bcde}	4.021 ± 0.704^{g}	—	0.044 ± 0.002^{gh}	6.343
甘红	0.027 ± 0.011^{abcdef}	0.705 ± 0.114^{bc}	0.021 ± 0.006^{efg}	4.335 ± 0.147^{fg}	—	0.039 ± 0.006^{hi}	5.834
乔华	0.039 ± 0.009^{a}	0.923 ± 0.156^{a}	0.052 ± 0.009^{b}	5.086 ± 0.688^{def}	—	0.052 ± 0.011^{fg}	7.817
烟富 3 号	0.010 ± 0.004^{def}	0.272 ± 0.016^{fgh}	0.010 ± 0.001^{g}	2.583 ± 0.187^{hij}	—	0.021 ± 0.007^{lmnop}	7.504
陆奥	0.013 ± 0.009^{bcdef}	0.051 ± 0.002^{i}	0.009 ± 0.016^{g}	2.524 ± 0.481^{hij}	—	0.036 ± 0.006^{hij}	7.147

美味	0. 013 ±0. 007^{bcdef}	0. 159 ±0. 016^{ghi}	0. 014 ±0. 024^{g}	2. 216 ±0. 333^{hij}	0. 017 ±0. 003^{hij}	0. 057 ±0. 010^{ef}	4. 869
富士美满	0. 011 ±0. 005^{cdef}	0. 168 ±0. 009^{ghi}	0. 013 ±0. 009^{g}	2. 154 ±0. 325^{hij}	0. 006 ±0. 002^{j}	0. 024 ±0. 003^{klmno}	4. 824
瑞雪	0. 011 ±0. 011^{cdef}	0. 159 ±0. 009^{ghi}	0. 011 ±0. 001^{g}	1. 885 ±0. 578^{jk}	0. 028 ±0. 002^{fg}	0. 035 ±0. 003^{hijk}	5. 851
成纪 1 号	0. 012 ±0. 009^{bcdef}	0. 325 ±0. 077^{efg}	0. 051 ±0. 031^{b}	2. 754 ±0. 808^{hij}	—	0. 025 ±0. 005^{klmn}	7. 727
乔纳金	0. 016 ±0. 009^{bcdef}	0. 121 ±0. 048^{hi}	0. 013 ±0. 010^{g}	4. 206 ±0. 206^{fg}	0. 049 ±0. 002^{cd}	0. 053 ±0. 004^{fg}	6. 7
宫崎短富	0. 017 ±0. 016^{bcdef}	0. 477 ±0. 213^{de}	0. 031 ±0. 014^{cdef}	2. 850 ±0. 673^{hi}	0. 024 ±0. 002^{fgh}	0. 010 ±0. 004^{qrs}	5. 315
世界 1 号	0. 020 ±0. 013^{abcdef}	0. 226 ±0. 050^{fghi}	0. 010 ±0. 023^{g}	1. 917 ±0. 682^{jk}	0. 006 ±0. 001^{j}	0. 024 ±0. 003^{klmno}	2. 457
烟富 6 号	0. 017 ±0. 007^{bcdef}	0. 410 ±0. 054^{def}	0. 013 ±0. 002^{g}	2. 522 ±0. 078^{hij}	0. 041 ±0. 016^{de}	0. 010 ±0. 002^{rs}	4. 69
爵士	0. 023 ±0. 014^{abcdef}	0. 349 ±0. 195^{efg}	0. 012 ±0. 028^{g}	2. 573 ±0. 258^{hij}	0. 049 ±0. 002^{cd}	0. 015 ±0. 002^{nopqr}	6. 164
蜜脆	0. 019 ±0. 014^{bcdef}	0. 231 ±0. 036^{fghi}	0. 033 ±0. 018^{cde}	3. 038 ±0. 347^{h}	0. 034 ±0. 005^{ef}	0. 011 ±0. 003^{pqrs}	5. 583
2001 富士	0. 026 ±0. 010^{abcdef}	0. 537 ±0. 090^{cd}	0. 023 ±0. 012^{efg}	4. 163 ±0. 915^{g}	0. 045 ±0. 006^{cd}	0. 021 ±0. 002^{mnopq}	6. 477
无锈金矮生	0. 011 ±0. 008^{cdef}	0. 064 ±0. 009^{i}	0. 044 ±0. 065^{bc}	2. 626 ±0. 403^{hij}	0. 061 ±0. 009^{ab}	0. 027 ±0. 003^{jklm}	6. 655

注：同列数据后不同小写字母表示差异显著（$p < 0.05$）。

2. 同一品种不同产地苹果中的甜味成分和酸味成分

研究发现同一品种苹果在不同产地所含可溶性糖和有机酸的含量也存在差异（表 8 - 3 和表 8 - 4）。在对比分析 12 个不同产地的“富士”苹果果实中可溶性糖和有机酸含量后，发现可溶性糖种类相同，均含有果糖、蔗糖、葡萄糖和山梨醇，但可溶性糖含量差异较大。延安和盐源产地的“富士”所含的总糖含量最高，天水产地的“富士”的总糖含量最低。有机酸在 12 个产地“富士”苹果果实中种类存在差异，安塞、铜川和延安等产地未测出酒石酸，三门峡、盐源和扶风等产地未测出乙酸。洛川、凤翔、铜川、静宁和烟台产地“富士”的总酸含量较高，扶风和天水产地的总酸含量较低。

表 8 - 3　　12 个不同产地“富士”苹果果实中可溶性糖含量

产地	果糖/（mg/g）	葡萄糖/（mg/g）	蔗糖/（mg/g）	总糖/（mg/g）
阿克苏	49.95 ± 1.26^{cde}	19.61 ± 3.65^{bcd}	28.21 ± 1.65^{a}	97.77 ± 15.63^{bc}
烟台	49.26 ± 5.17^{cde}	19.36 ± 0.89^{bcd}	24.65 ± 2.93^{ab}	93.27 ± 15.96^{bc}
凤翔	44.23 ± 4.61^{ef}	18.44 ± 2.89^{cde}	21.64 ± 2.60^{abc}	84.31 ± 14.06^{c}
安塞	49.91 ± 0.28^{cde}	23.14 ± 0.35^{ab}	18.04 ± 1.04^{bcd}	91.09 ± 17.12^{c}
延安	60.26 ± 3.45^{b}	24.85 ± 3.39^{a}	24.56 ± 1.55^{ab}	109.67 ± 20.53^{ab}
洛川	53.27 ± 4.34^{bcde}	16.05 ± 1.14^{de}	15.77 ± 3.43^{cde}	85.09 ± 21.57^{c}
静宁	58.34 ± 5.20^{bc}	22.94 ± 1.40^{ab}	16.14 ± 5.92^{cde}	97.42 ± 22.66^{bc}
铜川	52.41 ± 10.58^{bcde}	19.52 ± 4.93^{bcd}	19.05 ± 7.07^{bc}	90.98 ± 19.12^{c}
三门峡	57.24 ± 2.07^{bcd}	21.03 ± 1.80^{abc}	19.72 ± 1.78^{bc}	97.99 ± 21.29^{bc}
天水	47.55 ± 2.97^{de}	24.32 ± 0.77^{a}	11.84 ± 4.19^{de}	83.71 ± 18.12^{c}
扶风	52.50 ± 7.14^{bcde}	21.08 ± 1.22^{abc}	15.48 ± 5.55^{cde}	89.06 ± 19.95^{c}
盐源	69.38 ± 6.13^{a}	25.38 ± 4.11^{ab}	24.84 ± 4.11^{ab}	119.60 ± 25.56^{a}

注：同列数据后不同小写字母表示差异显著（$p < 0.05$）。

二、石榴的滋味成分

石榴果实在味觉上呈现出的“甜”和“酸”的特性主要取决于其中丰富的糖类和酸类成分。此外，高含量的多酚类化合物导致石榴具有一定的苦味。

1. 石榴中的甜味成分

石榴汁中的糖类物质主要包括葡萄糖和果糖，此外也含有少量的蔗糖、麦芽糖和阿拉伯糖等。有研究人员在西班牙石榴中检测到的糖类物质主要是果糖和葡萄糖，且其鲜重含量在 55 ~ 82mg/g，而蔗糖和麦芽糖的含量较少，其鲜重含量低于 0.5mg/g。果糖比蔗糖和葡萄糖更甜，因此，除了糖类的总含量之外，它们的相对比例也会影响石榴果实的总体甜味。目前评价的大多数石榴品种中葡萄糖与果糖的比例约为 1∶1。

表 8－4　　12 个不同产地“富士”苹果果实中有机酸含量（$n=3$）

产地	草酸	柠檬酸	酒石酸	苹果酸	琥珀酸	乙酸	总酸
阿克苏	0.017 ± 0.013^{bc}	0.087 ± 0.009^{a}	0.016 ± 0.008^{a}	3.984 ± 0.143^{abc}	0.236 ± 0.021^{a}	0.030 ± 0.007^{a}	4.371 ± 0.142^{abcd}
烟台	0.031 ± 0.006^{bc}	0.088 ± 0.006^{a}	—	4.229 ± 0.180^{ab}	0.159 ± 0.049^{bcde}	0.026 ± 0.005^{a}	4.532 ± 0.148^{abc}
凤翔	0.014 ± 0.006^{c}	0.084 ± 0.007^{a}	0.010 ± 0.003^{a}	4.422 ± 0.259^{bc}	0.134 ± 0.039^{cde}	—	4.663 ± 0.217^{ab}
安塞	0.035 ± 0.006^{b}	0.070 ± 0.019^{a}	—	3.881 ± 0.593^{abc}	0.137 ± 0.036^{cde}	—	4.123 ± 0.642^{bcd}
延安	0.025 ± 0.008^{a}	0.082 ± 0.025^{a}	—	3.959 ± 0.391^{abc}	0.113 ± 0.036^{cde}	—	4.180 ± 0.356^{bcd}
洛川	0.025 ± 0.009^{bc}	0.087 ± 0.008^{a}	0.013 ± 0.001^{a}	4.481 ± 0.141^{a}	0.172 ± 0.045^{de}	0.029 ± 0.015^{a}	4.807 ± 0.099^{a}
静宁	0.020 ± 0.006^{bc}	0.069 ± 0.020^{a}	—	4.150 ± 0.115^{ab}	0.175 ± 0.022^{abcd}	0.043 ± 0.048^{a}	4.458 ± 0.125^{abc}
铜川	0.022 ± 0.003^{bc}	0.062 ± 0.004^{a}	—	4.223 ± 0.205^{ab}	0.224 ± 0.019^{ab}	0.024 ± 0.006^{a}	4.555 ± 0.211^{abc}
三门峡	0.032 ± 0.003^{bc}	0.075 ± 0.011^{a}	0.005 ± 0.002^{a}	3.952 ± 0.357^{abc}	0.223 ± 0.083^{ab}	—	4.287 ± 0.287^{abcd}
天水	0.019 ± 0.005^{bc}	0.091 ± 0.004^{a}	—	3.849 ± 0.357^{bc}	0.092 ± 0.005^{c}	0.027 ± 0.002^{a}	4.078 ± 0.240^{cd}
扶风	0.031 ± 0.004^{bc}	0.083 ± 0.012^{a}	0.023 ± 0.050^{a}	3.447 ± 0.213^{c}	0.201 ± 0.042^{abc}	—	3.785 ± 0.215^{d}
盐源	0.027 ± 0.005^{bc}	0.061 ± 0.045^{a}	0.015 ± 0.002^{a}	4.007 ± 0.302^{ab}	0.091 ± 0.011^{c}	—	4.271 ± 0.338^{abcd}

注：同列数据后不同小写字母表示差异显著（$p<0.05$）。

2. 石榴中的酸味成分

石榴中的酸味物质主要是柠檬酸和苹果酸，以及少量的琥珀酸、草酸、酒石酸和抗坏血酸。在西班牙石榴汁中，酸味物质含量较高，其鲜重中柠檬酸的含量为23mg/g；而在低酸品种的石榴果汁中，柠檬酸和苹果酸的含量大致相等，分别为1.4mg/g和1.3mg/g。目前研究表明，柠檬酸是造成石榴果实呈酸味的最主要的酸味成分。

3. 石榴中的苦味成分

除了甜味和酸味之外，石榴还表现出“苦味”，这是由于多酚含量高造成的。苦味在石榴的可食部分，即石榴的假种皮中含量很低，但在果皮和心皮膜中含量较高，因此石榴汁工业化生产中机械压榨时容易出现严重的苦味问题。

4. 石榴中的涩味成分

另外，没有完全成熟的石榴还具有“涩味”，涩味是一种干燥、收敛的口感，单宁与唾液蛋白结合，导致它们沉淀或聚集，并引起口腔中粗糙的“砂纸”或干燥感。需要注意的是，涩味不属于滋味，但因涩味与滋味同时呈现，影响石榴的最终呈味，这里对石榴这一特殊的口感及引起这种口感的化学物质进行介绍。石榴的涩味是由石榴中所含的可水解单宁的引起的，引起涩味最主要的可水解单宁是安石榴苷（punicalagin）（图8-1），其次是少量的其他可水解单宁，如没食子酸（gallic acid，图8-2）、鞣花酸（ellagic acid，图8-3）等。在未成熟的石榴果实含有相对较高含量的可水解单宁，在果实成熟过程中，单宁水平和涩味降低。因此，涩味被视为是石榴的一个重要品质属性，涩味水平成为石榴在收获前判断成熟度的一个重要指标。

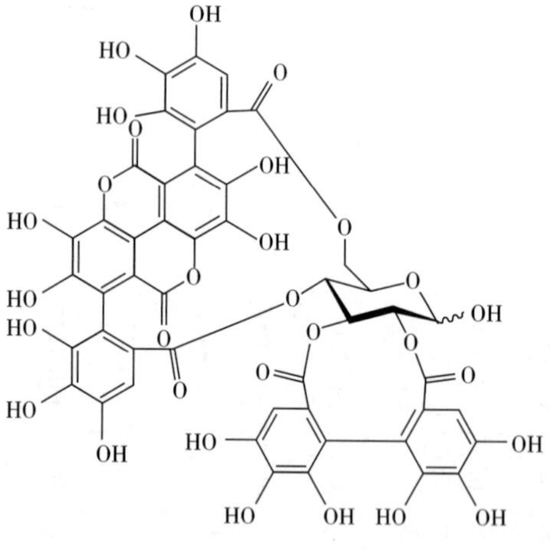

图8-1 石榴中的主要可水解单宁——安石榴苷（punicalagin）的结构

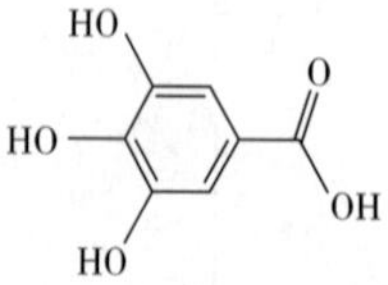

图8-2 石榴中没食子酸（gallic acid）的结构

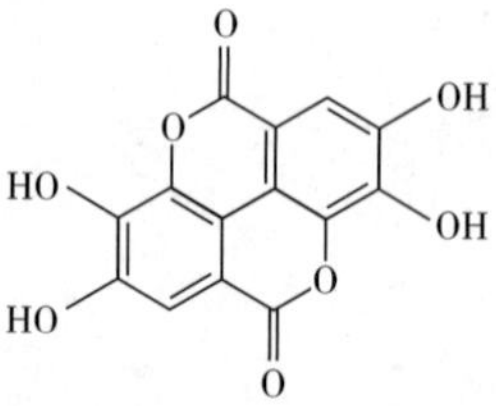

图8-3 石榴中鞣花酸（ellagic acid）的结构

三、 柑橘的滋味成分

柑橘类水果的主要口感特征是甜、酸和苦。对甜味的感知是由于葡萄糖、果糖和蔗糖的存在，而酸味是由于有机酸的存在，主要是柠檬酸，但也有少量其他类型的酸，如苹果酸和琥珀酸。苦味主要是由于具有苦味的类黄酮成分——柚皮苷（naringin）的存在导致的，该成分是葡萄柚的一个主要成分，对葡萄柚的风味具有重要贡献，但柚皮苷在橙子和柑橘中含量较低。橙子和柑橘中的另一个类黄酮成分——橙皮苷（hesperidin）的含量较高，橙皮苷没有滋味。另外，一些柑橘类水果，如脐橙和一些柑橘品种，可能会在制成果汁后产生苦味，这是由于果实中原本没有滋味的柠檬苦酸 A 环内酯（limonoic acid A - ring lactone）裂解产生了具有苦味的柠檬苦素类化合物（limonoids），主要有柠檬苦素（limonin）和诺米林（nomilin）。

四、 芸薹属蔬菜的滋味成分

芸薹属（*Brassica*）属于十字花科（*Brassicaceae*），该属包含许多日常生活中常见的蔬菜，如大白菜、卷心菜、芥菜、油菜、花椰菜、结球甘蓝等。这些蔬菜除了具有独特的香气外，其主要的感官感受是它们特有的辛辣苦味。决定芸薹属蔬菜辛辣苦味的主要因素是高含量的芥子油苷（glucosinolates）及其降解产物——异硫氰酸酯（isothiocyanates），这些物质具有抗癌特性，赋予了芸薹属蔬菜较高的营养价值，但另一方面，这些物质特殊的滋味成为一些消费者拒绝食用芸薹属蔬菜的主要原因。

1. 芥子油苷对芸薹属蔬菜滋味的影响

芥子油苷具有苦味。目前研究发现含有芥子油苷的芸薹属蔬菜有卷心菜、抱子甘蓝、羽衣甘蓝、芜菁甘蓝、菜花、西蓝花、大白菜、油菜、芥菜、辣根、山葵和水芹等。不同种类的芸薹属蔬菜所含的芥子油苷种类不同，表 8 - 5 所示为部分芸薹属蔬菜中所含的苦味芥子油苷。有研究人员对抱子甘蓝的苦味成分进行了分析，发现抱子甘蓝苦味的主要来源是黑芥子苷（sinigrin）和前告伊春苷（progoitrin）。如图 8 - 4 所示，抱子甘蓝的苦味与黑芥子苷和前告伊春苷含量总和呈正相关，随着黑芥子苷和前告伊春苷含量总和的增加，抱子甘蓝的苦味呈味更加强烈。Engel 等对不同品种菜花中的芥子油苷进行了定量分析，并将定量结果与菜花的苦味强度进行相关分析，结果表明，在 7 种被鉴定和量化的芥子油苷中，新葡萄糖芸薹苷和黑芥子苷对苦味的影响最大。

表 8 - 5　芸薹属蔬菜中所含的苦味芥子油苷

滋味化合物	呈味特性	来源
黑芥子苷（sinigrin）	苦	卷心菜、抱子甘蓝、菜花、芜菁甘蓝、花茎甘蓝、羽衣甘蓝、芥菜
前告伊春苷（progoitrin）	苦	抱子甘蓝、卷心菜、菜花、芜菁甘蓝、花茎甘蓝
芸薹葡糖硫苷（glucobrassicin）	苦	抱子甘蓝
新葡萄糖芸薹苷（neoglucobrassicin）	苦	熟的花椰菜

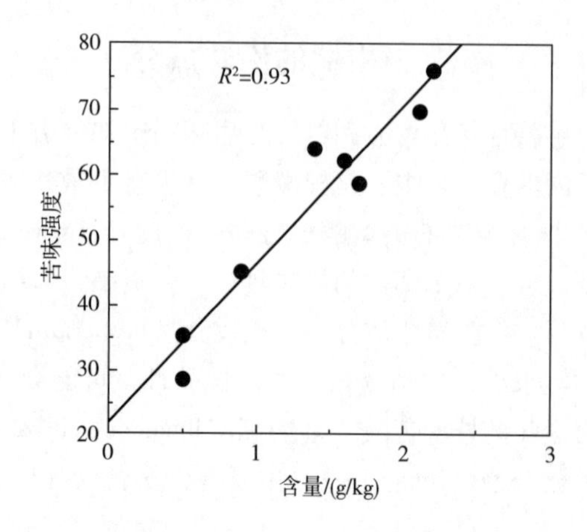

图8-4 抱子甘蓝苦味与黑芥子苷（sinigrin）和前告伊春苷（progoitrin）含量之和及其相互关系

2. 异硫氰酸酯对芸薹属蔬菜滋味的影响

异硫氰酸酯（isothiocyanates，ITCs）是芸薹属蔬菜中的芥子油苷在芥子酶（myrosinase）的作用下分解后形成的主要生物活性化合物（图8-5），对芸薹属蔬菜的辛辣苦味具有贡献。

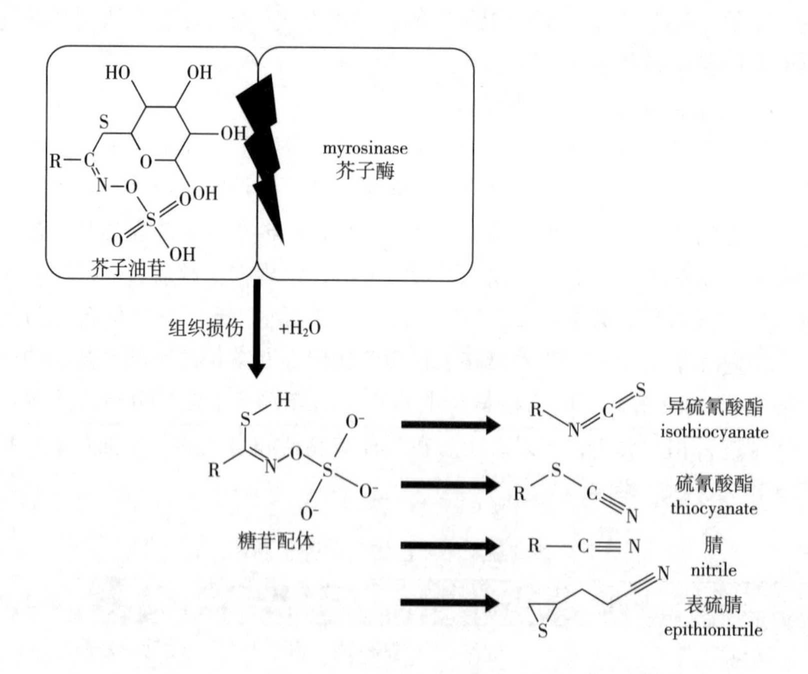

图8-5 芥子油苷在芥子酶作用下降解生成异硫氰酸酯

异硫氰酸烯丙酯（allyl isothiocyanate，AITC，又称为芥菜油）是最广泛存在的天然异硫氰酸酯，它是由多数芸薹属蔬菜中均含有的黑芥子苷（singirin）裂解产生，是造成西蓝花、抱子甘蓝、芥菜和辣根中辛辣滋味的主要原因。有研究发现，异硫氰酸酯中存在硫氰酸酯结构（N═C═S基团），该结构可以与苦味受体TRPV1相互作用，因此异硫氰酸酯被认为对芸薹属蔬菜的苦味也有贡献。同时，异硫氰酸酯也是一种挥发性化合物，所以也是芸薹属蔬菜特有香气的来源。因此，异硫氰酸酯对芸薹属蔬菜的味觉感知的影响可归因于其与苦味受体和气味受体的相互作用的复杂结果。

第二节 蘑菇的滋味成分

蘑菇（食用菌类）因其独特细腻的风味，长期以来一直被用作汤料和酱料的传统调味材料。食用蘑菇的滋味主要是由于一些小的水溶性物质的存在导致的，包括可溶性糖，游离氨基酸和5′-核苷酸。表8-6所示为我国市面上常见的5种蘑菇的滋味成分，包括茶树菇、鲍鱼菇、姬松茸、杏鲍菇和鸡腿菇。从表8-6中可以看到，在5种蘑菇中，海藻糖（12.23～301.63mg/g）和甘露醇（12.37～152.11mg/g）是主要的糖/多元醇。游离氨基酸含量在不同蘑菇中存在差异，含量4.09～22.73mg/g。5′-核苷酸含量在杏鲍菇中含量最低，为1.68mg/g，在鸡腿菇中含量最高，为3.79mg/g。鲍鱼菇中富马酸的含量（96.11mg/g）显著高于其他蘑菇，姬松茸中柠檬酸的含量（113.13mg/g）显著高于其他蘑菇。通过等鲜浓度（equivalent umami concentration，EUC）的计算，发现姬松茸、鸡腿菇和茶树菇具有相对较高的鲜味。

表8-6 五种食用蘑菇的可溶性糖、5′-核苷酸、有机酸、氨基酸的含量

化合物名称	茶树菇	鲍鱼菇	姬松茸	杏鲍菇	鸡腿菇
糖/多元醇					
海藻糖	157.8±4.9[c①]	124.9±9.41[d]	12.23±1.34[e]	301.63±10.44[a]	174.3±9.16[b]
甘露糖醇	12.37±0.49[d]	24.37±1.49[c]	152.11±11.84[a]	14.96±0.7[cd]	83.92±2.97[b]
阿拉伯糖醇	ND[②]	ND	ND	ND	ND
葡萄糖	0.25±0.01[c]	2.03±0.02[a]	0.17±0.01[d]	ND	0.34±0.03[b]
岩藻糖	ND	ND	ND	2.34±0.01[a]	ND
果糖	2.11±0.06[a]	0.57±0.02[c]	1.25±0.02[b]	ND	0.25±0.01[d]
甘露糖	ND	0.49±0.04[a]	0.11±0.01[c]	0.21±0.01[b]	ND
核糖	ND	0.12±0.01[a]	ND	0.07±0.01[b]	ND
总糖[③]	**170.42±1.80[c]**	**151.3±3.64[d]**	**164.51±4.40[c]**	**316.59±5.57[a]**	**258.56±4.05[b]**
5′-核苷酸[⑤]					
5′-AMP	0.16±0.03[d①]	0.70±0.07[a]	0.55±0.05[bc]	0.60±0.01[b]	0.52±0.03[c]
5′-CMP	1.23±0.12[b]	0.27±0.04[c]	1.24±0.13[b]	ND[②]	1.92±0.07[a]
5′-GMP	0.53±0.06[c]	0.61±0.11[bc]	1.37±0.08[a]	0.60±0.01[bc]	0.70±0.03[b]
5′-IMP	0.09±0.02[b]	0.03±0.01[d]	0.10±0.01[b]	0.18±0.02[a]	0.05±0.01[c]
5′-UMP	0.31±0.01[b]	0.23±0.03[c]	0.32±0.02[b]	0.30±0.01[b]	0.60±0.03[a]
5′-XMP	ND	0.03±0.01[a]	ND	ND	ND

续表

化合物名称	茶树菇	鲍鱼菇	姬松茸	杏鲍菇	鸡腿菇
风味 5′-核苷酸⑥	0.62 ±0.04^{c}	0.67 ±0.04^{c}	1.47 ±0.04^{a}	0.78 ±0.01^{b}	0.75 ±0.02^{b}
总核苷酸	**2.32 ±0.04^{c}**	**1.87 ±0.04^{d}**	**3.58 ±0.05^{b}**	**1.68 ±0.01^{e}**	**3.79 ±0.03^{a}**
有机酸					
酒石酸	ND	1.18 ±0.07②	64.52 ±0.57①	ND	ND
苹果酸	22.41 ±0.27①	ND	16.01 ±0.18^{c}	5.29 ±0.09^{d}	23.9 ±0.29①
抗坏血酸	0.93 ±0.04①	ND	ND	ND	2.09 ±0.08①
醋酸	5.94 ±0.06^{d}	ND	14.6 ±0.17①	18.26 ±0.14①	6.58 ±0.07^{c}
柠檬酸	22.2 ±0.29^{d}	22.13 ±0.22^{d}	113.13 ±1.52①	43.58 ±0.33^{c}	60 ±0.43①
富马酸	3.17 ±0.04^{c}	96.11 ±0.57①	2.87 ±0.07^{c}	1.56 ±0.05^{d}	5.4 ±0.10①
琥珀酸	4.77 ±0.06^{d}	0.89 ±0.03^{e}	26.68 ±0.27①	29.31 ±0.20①	15.4 ±0.13^{c}
总有机酸	**59.42 ±0.12^{e}**	**120.31 ±0.22①**	**237.81 ±0.47①**	**98 ±0.16^{d}**	**113.37 ±0.19^{c}**
苦味氨基酸					
L-缬氨酸④	0.38 ±0.01^{b}	0.10 ±0.01^{e}	0.49 ±0.02^{a}	0.14 ±0.01^{d}	0.30 ±0.02^{c}
L-甲硫氨酸④	0.31 ±0.01^{a}	0.02 ±0.01^{d}	0.21 ±0.01^{b}	0.07 ±0.01^{c}	0.05 ±0.01^{c}
L-亮氨酸④	0.21 ±0.01^{c}	0.08 ±0.01^{e}	1.07 ±0.03^{a}	0.23 ±0.01^{c}	0.40 ±0.02^{b}
L-苯丙氨酸④	2.08 ±0.03^{a}	0.89 ±0.03^{c}	0.70 ±0.02^{d}	1.12 ±0.03^{b}	0.48 ±0.03^{e}
L-组氨酸	0.72 ±0.02^{c}	0.04 ±0.01^{e}	3.24 ±0.05^{a}	0.61 ±0.02^{d}	0.90 ±0.03^{b}
L-精氨酸	0.55 ±0.02^{c}	0.05 ±0.01^{e}	1.61 ±0.02^{a}	0.36 ±0.01^{d}	0.97 ±0.03^{b}
L-色氨酸④	ND	ND	ND	ND	ND
L-异亮氨酸④	0.77 ±0.01^{a}	0.05 ±0.01^{e}	0.53 ±0.02^{b}	0.19 ±0.01^{d}	0.27 ±0.01^{c}
总苦味氨基酸	**5.01 ±0.02^{b}①**	**1.23 ±0.01^{e}**	**7.85 ±0.02^{a}**	**2.71 ±0.01^{d}**	**3.37 ±0.02^{c}**
鲜味氨基酸					
L-谷氨酸	2.70 ±0.03^{b}	0.67 ±0.02^{d}	2.09 ±0.09^{c}	0.51 ±0.02^{e}	3.97 ±0.11^{a}
L-天冬氨酸	0.93 ±0.03^{b}	0.30 ±0.01^{d}	0.88 ±0.04^{b}	0.57 ±0.03^{c}	1.02 ±0.07^{a}
总鲜味氨基酸	**3.62 ±0.03^{b}**	**0.97 ±0.02^{e}**	**2.97 ±0.07^{c}**	**1.08 ±0.02^{d}**	**4.99 ±0.09^{a}**
甜味氨基酸					
L-苏氨酸④	0.65 ±0.05^{a}	0.03 ±0.01^{e}	0.50 ±0.02^{b}	0.15 ±0.01^{d}	0.21 ±0.01^{c}
L-丝氨酸	0.45 ±0.03^{a}	0.11 ±0.01^{e}	0.37 ±0.02^{b}	0.15 ±0.01^{d}	0.21 ±0.01^{c}
甘氨酸	0.28 ±0.01^{b}	0.09 ±0.01^{d}	0.63 ±0.02^{a}	0.18 ±0.01^{c}	0.19 ±0.01^{c}
L-丙氨酸	1.50 ±0.02^{c}①	1.03 ±0.06^{d}	3.46 ±0.06^{a}	0.96 ±0.05^{d}	1.91 ±0.02^{b}
L-脯氨酸	0.98 ±0.02^{b}	0.40 ±0.02^{d}	2.05 ±0.05^{a}	0.26 ±0.02^{e}	0.83 ±0.02^{c}
总甜味氨基酸	**3.86 ±0.02^{b}**	**1.66 ±0.02^{d}**	**7.00 ±0.03^{a}**	**1.70 ±0.02^{d}**	**3.35 ±0.01^{c}**
无味氨基酸					
L-胱氨酸	0.18 ±0.01^{b}	0.05 ±0.01^{d}	0.26 ±0.01^{a}	0.05 ±0.01^{d}	0.13 ±0.01^{c}

续表

化合物名称	茶树菇	鲍鱼菇	姬松茸	杏鲍菇	鸡腿菇
L-酪氨酸	0.25±0.02[c]	0.11±0.01[e]	0.48±0.01[b]	0.16±0.01[d]	0.84±0.03[a]
L-赖氨酸④	0.29±0.02[c]	0.07±0.01[e]	4.16±0.06[a]	0.23±0.01[d]	0.90±0.01[b]
总无味氨基酸	**0.72±0.01[c]**	**0.24±0.01[e]**	**4.90±0.03[a]**	**0.44±0.01[d]**	**1.87±0.02[b]**

①平均值（mg/g 干重）为平均值±SD（$n=3$），同一行数据后的不同小写字母表示差异显著（$p<0.05$）。

②未检测到。

③海藻糖+甘露糖醇+阿拉伯糖醇+葡萄糖。

④必需氨基酸。

⑤5′-AMP：5-腺苷酸；5′-CMP：5′-胞苷酸；5′-GMP：5′-鸟苷酸；5′-IMP：5′-肌苷酸；5′-UMP：5′-尿苷酸；5′-XMP：5′-黄苷酸。

⑥风味5′-核苷酸：5′-GMP+5′-IMP+5′-XMP。

第三节　干酪的滋味成分

干酪（cheese），又称奶酪，是一种发酵的牛乳制品，其营养丰富，风味浓郁，成为非常受欢迎的乳制品。干酪具有非常复杂的风味体系，在过去的一个世纪中人们一直致力于探索干酪风味的信息。

1. 干酪中的酸味、鲜味和苦味成分

目前，对于干酪滋味成分的研究表明，干酪的酸味主要来自乳酸，咸味来自氯化钠，鲜味来自谷氨酸。其他有机酸、氨基酸和多肽也可能会带来酸味、鲜味、甜味或苦味。

有研究针对卡蒙贝尔干酪中的小分子滋味成分，包括氨基酸、氨、琥珀酸、乳酸，以及矿物质等，进行了分析，并计算了滋味活度值（taste activity values，TAV）。与气味活动值（odor activity values，OAV）的概念类似，TAV是滋味成分的浓度与滋味阈值的比值。通常认为，TAV值大于1，表明对呈味有贡献，滋味成分的TAVs越高，对食品的呈味贡献越大。从卡蒙贝尔干酪中分析鉴定的滋味成分及各自的TAV值如表8-7所示。在游离氨基酸中，谷氨酸的TAV值（在两个卡蒙贝尔干酪中分别为15和9）最大，其次是赖氨酸和酪氨酸。在生物胺类别中，尸胺（cadaverine）和腐胺（putrescine）的TAV值均较大，其中尸胺在pH 6.5时，在与卡蒙贝尔干酪样品Ⅰ中相同的浓度下，呈现明显的苦味。在矿物质离子中，钠盐和氯盐具有较高的TAV值，贡献咸味。琥珀酸的TAV值较高，而乳酸的TAV值较低，表明在卡蒙贝尔干酪中乳酸对呈味贡献相对较低。表8-8对卡蒙贝尔干酪中的滋味成分及滋味强度进行了总结。

另外，不同工艺和不同乳源的干酪具有不同的滋味成分。研究发现，从牛乳干酪中分离得到的滋味成分主要呈现咸味和酸味，而绵阳乳干酪则以鲜味为主，山羊乳干酪的滋味成分呈现出鲜味、涩味和苦味。

表 8 -7 卡蒙贝尔干酪样品 Ⅰ 和 Ⅱ 中低分子滋味成分的浓度和滋味活度值（TAV）

化合物	浓度[①]/（mmol/kg）		味觉阈值[②]/（mmol/kg）	TAV[③]	
	Ⅰ	Ⅱ		Ⅰ	Ⅱ
游离氨基酸					
天冬氨酸	3.96	2.67	20	0.20	0.13
苏氨酸	1.03	0.70	35	0.03	0.02
丝氨酸	3.39	2.07	25	0.14	0.08
谷氨酸	29.8	18.3	2	14.9	9.2
脯氨酸	30.6	20.5	25	1.22	0.82
甘氨酸	4.94	3.33	25	0.20	0.13
丙氨酸	11.4	7.03	12	0.95	0.59
缬氨酸	14.6	10.2	20	0.73	0.51
甲硫氨酸	4.68	2.93	5	0.94	0.59
异亮氨酸	8.09	5.58	10	0.81	0.56
亮氨酸	19.3	13.1	11	1.75	1.19
酪氨酸	5.81	4.23	4	1.45	1.06
苯丙氨酸	9.75	7.09	45	0.22	0.16
组氨酸	7.24	5.16	45	0.16	0.11
赖氨酸	3.33	1.78	80	0.19	0.22
精氨酸	0.76	0.89	4	0.19	0.22
生物胺/稀有氨基酸					
腐胺	1.44	1.44	0.1	14	14
尸胺	5.52	3.22	0.13	42	25
组胺	0.01	0.05	0.6	0.02	0.08
酪胺	1.22	1.35	0.4	3	3
瓜氨酸	0.65	0.36	0.8	0.8	0.4
鸟氨酸	7.29	3.70	0.2	36	19
矿物质					
钠	590	530	5[④]	118	106
钾	19	17	10[④]	1.9	1.7
钙	19	20	5[④]	3.8	4
镁	4.0	2.5	3[④]	1.3	0.8
磷酸盐	15	14	5[⑤]	3	2.8
氯化物	400	340	5[⑤]	80	68
其他物质					
琥珀酸	7.5	4.9	0.4	19	12

续表

化合物	浓度①/（mmol/kg）		味觉阈值② /（mmol/kg）	TAV③	
	Ⅰ	Ⅱ		Ⅰ	Ⅱ
乳酸	1.94	0.98	12	0.16	0.08
氨	37.1	26.3	5	7.4	5.2

①重复出现。

②根据 Warendorf et al.（1992），Wieser and Belitz（1975），Wieser et al.（1977）和 Warmke et al.（1996）水体识别阈值。

③TAV 的计算方法是将化合物的浓度除以它们在水中的味觉阈值。

④氯的阈值。

⑤钠盐阈值。

表 8－8　　卡蒙贝尔干酪中的滋味成分及其味觉特性

组别	化合物/离子①	味觉强度②
1	脯氨酸、丙氨酸、甘氨酸	甜味（2.0）
2	亮氨酸，异亮氨酸，酪氨酸，缬氨酸，苯丙氨酸，赖氨酸，精氨酸，	苦味（2.0）
3	乙酸，丁酸，3－甲基丁酸，辛酸，丁二酸，钠，钾，镁，氯，磷酸盐，氨	咸味（3.0），酸味（0.5）
4	谷氨酸	鲜味（3.0）
5	尸胺、鸟氨酸、瓜氨酸	苦味（2.5）.

①第 1 组、第 2 组、第 4 组、第 5 组：1L 自来水中化合物/离子浓度与 1kg 卡蒙贝尔干酪样品中化合物/离子浓度相等（表 5）；第 3 组化合物/离子的浓度降低到卡蒙贝尔干酪样品 1 的 1/3 时，加入几滴稀释的 NaOH 或 HCl 水调 pH 至 6.5。

②这种强度的评分是 0 分（没有）到 3 分（强）。小组成员获得的结果取平均值并四舍五入到 0.5 分。

2. 干酪中的浓厚味成分

在对高达干酪进行感官评价时，人们发现，与成熟 4 周的年轻的干酪相比，成熟 44 周的高达干酪表现出更明显的口感和持久的滋味复杂性。因此以两种成熟时间不同的高达干酪为材料，对其浓厚味成分进行分离分析，共鉴定发现了 8 个 α－L－谷氨酰基二肽和 10 个 γ－L－谷氨酰基二肽（表 8－9）。通过对各个 L－谷氨酰基二肽进行单体分离及感官评价，发现 8 个 α－L－谷氨酰基二肽均没有浓厚味，而 γ－L－谷氨酰基二肽被发现能增强成熟干酪的厚味感觉。在 γ－L－谷氨酰基二肽中，γ－Glu－Glu、γ－Glu－Gly、γ－Glu－Gln、γ－Glu－Met、γ－Glu－Leu、γ－Glu－His 等浓度在 4.11～17.66μmol/kg，是增强干酪口感和复杂口感连续性的关键厚味分子。

表 8－9　成熟 4 周 （GC4） 和 44 周 （GC44） 的高达干酪中浓厚味肽 （α－L－谷氨酰基二肽和 γ－L－谷氨酰基二肽） 的浓度及阈值浓度

多肽	浓度①/ （μmol/kg of dw）ᵃ		GC4/GC44 比值	TC （μmol/kg）
	GC4	GC44		
γ－Glu－Glu	0.19 (0.11②)	27.57 (17.66②)	145.1	5000③ 10000④
γ－Glu－Met	0.71 (0.41②)	20.27 (12.99②)	28.5	2500③
γ－Glu－His	0.26 (0.15②)	6.41 (4.11②)	24.7	2500③
γ－Glu－Gln	0.60 (0.34②)	13.85 (8.87②)	23.1	2500③
γ－Glu－Ala	0.17 (0.10②)	2.97 (1.90②)	17.5	900③
γ－Glu－Gly	3.32 (1.90②)	6.26 (4.01②)	1.9	1250③
γ－Glu－Leu	ND	7.10 (4.55②)		9400③
γ－Glu－Val	ND	2.62 (1.68②)		3300③
γ－Glu－Phe	ND	2.00 (1.28②)		2500③
γ－Glu－Tyr	ND	0.31 (0.20②)		2500③ 5000⑤
α－Glu－Gly	0.37 (0.21②)	2.92 (1.87②)	7.9	2500③
α－Glu－Thr	0.49 (0.28②)	3.22 (2.06②)	6.6	2500③
α－Glu－Val	0.72 (0.41②)	4.42 (2.82②)	6.1	5000③
α－Glu－Glu	10.93 (6.27②)	60.65 (38.85②)	5.5	2500④
α－Glu－Ala	0.64 (0.37②)	2.56 (1.64②)	4.0	10000③
α－Glu－Asp	4.86 (2.79②)	18.38 (11.77②)	3.8	1250③
α－Glu－Tyr	0.82 (0.47②)	1.22 (0.78②)	1.5	5000③,⑤
α－Glu－Trp	ND	0.12 (0.07②)	—	5000③,⑤

①浓度以干重为基础，ND 未被检测到。

②浓度以湿重为基础。

③非特异性，轻微涩味的口涂的阈值浓度。

④鲜味的阈值浓度。

⑤苦味的阈值浓度。

第四节　肉类的滋味成分

肉及肉制品是人类生活中非常重要的食物，不仅可以提供丰富的营养物质，同时其风味可口，深为人们喜爱。肉的风味包括气味和滋味两方面。生肉一般只有咸味、金属味和血腥味，但烹调加工之后，因发生美拉德反应、脂肪水解氧化、硫胺素降解等反应，肉风味变得浓厚丰富。食品风味研究工作者对肉风味进行了大量研究。不同种类、不同的加工工艺的肉会形成不同的风味。整体来看，肉的滋味主要来源于：核苷酸、氨基酸、酰胺、肽、有机酸、糖类、脂肪等。

表 8－10 所示为肉的主要滋味成分。甜味物质主要有葡萄糖、果糖、核糖等，其中葡萄糖和果糖是由糖酵解过程产生，核糖来源于核苷酸分解，不过因为肉中所含甜味物质含量不

高，因此对肉的滋味贡献不大。一系列无机盐，包括谷氨酸钠、天冬氨酸钠以及氯化钠等构成了肉的咸味。肉中的酸味物质有天冬氨酸、谷氨酸、组氨酸、天冬酰胺、琥珀酸、乳酸、二氢吡咯羧酸和磷酸。苦味来自于一些游离氨基酸和肽类，游离氨基酸的疏水性能越大则越苦，如亮氨酸、异亮氨酸、苯丙氨酸、酪氨酸等具有苦味，当构成肽的基团中含带有疏水性强的氨基酸时呈现苦味。肉中的鲜味呈味物质是谷氨酸钠盐、5′-核苷酸以及肽类。5′-肌苷酸（5′-IMP）是核苷酸的一种，一般是从三磷酸腺苷（ATP）分解经过一磷酸腺苷（AMP）衍生产生的，不仅具有鲜味，还具有增强其他基本味的作用。5′-鸟苷酸（5′-GMP）也被发现具有鲜味，在肉中的含量比5′-IMP少。此外，肉中越来越多的肽类被发现对鲜味有贡献，已鉴定的鲜味肽中以二肽和三肽含量较高，如DD、DE、ED、EE、EL、EK、ES、ET、LG、TE、ADA、AEA、DEL、EDF、EDV。Yamasaki和Maekawa最早用木瓜蛋白酶水解牛肉抽提物，发现了一种具有鲜味的辛肽，后被证明辛肽也存在于天然的、未经酶处理的牛肉中，因此这种具有鲜味的辛肽被命名为牛肉肽（beef meaty peptede，BMP）。EY、VE、PE和DGG是从火腿中鉴定得到的具有增强鲜味的肽。据报道，随着火腿老化时间的延长，二肽和三肽含量显著增加，成为火腿固定的风味贡献物质。表8-11所示为猪肉中鉴定的滋味肽类。其中，从煮熟的猪腰肉中发现，来源于肌钙蛋白T（troponin T）的肽APPPPAE-VHEV和APPPPAEVHEVHEEVH具有抑制酸味的作用，这些肽的存在可以使肉的滋味更加柔和。含有谷氨酸构成的寡肽ED、EE、ES、EGS和DES已被发现具有掩盖苦味的作用。

表8-10　肉的主要滋味成分

滋味	化合物
甜	葡萄糖、果糖、核糖、甘氨酸、丝氨酸、赖氨酸、脯氨酸、羟脯氨酸
咸	谷氨酸钠、天冬氨酸钠、氯化钠等无机盐
酸	天冬氨酸、谷氨酸、组氨酸、天冬酰胺、琥珀酸、乳酸、二氢吡咯羧酸、磷酸
苦	肌酸、肌苷酸、次黄嘌呤、鹅肌肽、肌肽、其他肽类、组氨酸、精氨酸、蛋氨酸、缬氨酸、亮氨酸、异亮氨酸、苯丙氨酸、色氨酸、酪氨酸
鲜	5′-IMP、5′-GMP、肽类、谷氨酸钠

表8-11　猪肉中鉴定的滋味肽类

滋味	肽类
甜	AA；AAA；AGA；AGG；EV；GAG；GGA
咸	DD；ED；DE；EE；EEE；EED；EDD；DED；EDE；DES
酸	AED；DD；DE；DV；DEE；DES；ED；EV；VD；VE
苦	AD；AF；APK；DA；DL；DV；DG；DLD；EE；EG；EL；EV；EI；EY；EF；EG；EGG；PP；PPP；PA；PL；PK；PF；PR；PGI；RP；RG；RF；RR；RPF；GR；GP；FG；GV；GRP；GY；GE；GL；GLG；GI；FV；FI；FP；FG；FF；FL；FPK；VA；VL；VY；VI；VE；VF；VG；VD；IV；LE；LD；LL；LI；LA；LG；LF；LV；LW；LLG；LGL；II；IG；IF；IL；ID；LW；WL；WP；RR；RG；KP；KG；KF；KPK；YG；YP；YF；YPF

续表

滋味	肽类
鲜	AE；AEA；ADA；DD；DA；DG；DE；DEL；VG；VGG；VE；VD；DED；DES；DEE；EDE；EDD；EEE；ES；EE；EEL；ET；EV；EA；EK；EY；EL；EG；EGS；ED；GDG；TE；QEEL；REK；LEQL；KG；SEE
抑制甜味	ED；EE
抑制酸味	APPPPAEVHEV；APPPPAEVHEVHEEVH
抑制苦味	ED；EE；ES；EGS；DES
增强咸味	AR；RP；RA；RG；RV；RS；VR；RM
增强鲜味	PE；DGG

不同畜禽种类肉的滋味均来源于肉的基本成分，包括蛋白质、核苷酸、无机盐等，呈现基本的肉味，因此对于滋味物质没有明显种类上的差异。在对牛肉、羊肉和猪肉的水提取物进行分析后发现，其中所含小分子物质非常相似，氨基酸、糖、核酸等物质在加热后的变化规律也相似，只是含量上存在差异。从图8-6、图8-7、图8-8可以看出用牛肉、猪肉和鸡肉所煮的汤中游离氨基酸、核苷酸、肽类含量的不同。鸡肉中谷氨酸的含量高于牛肉和

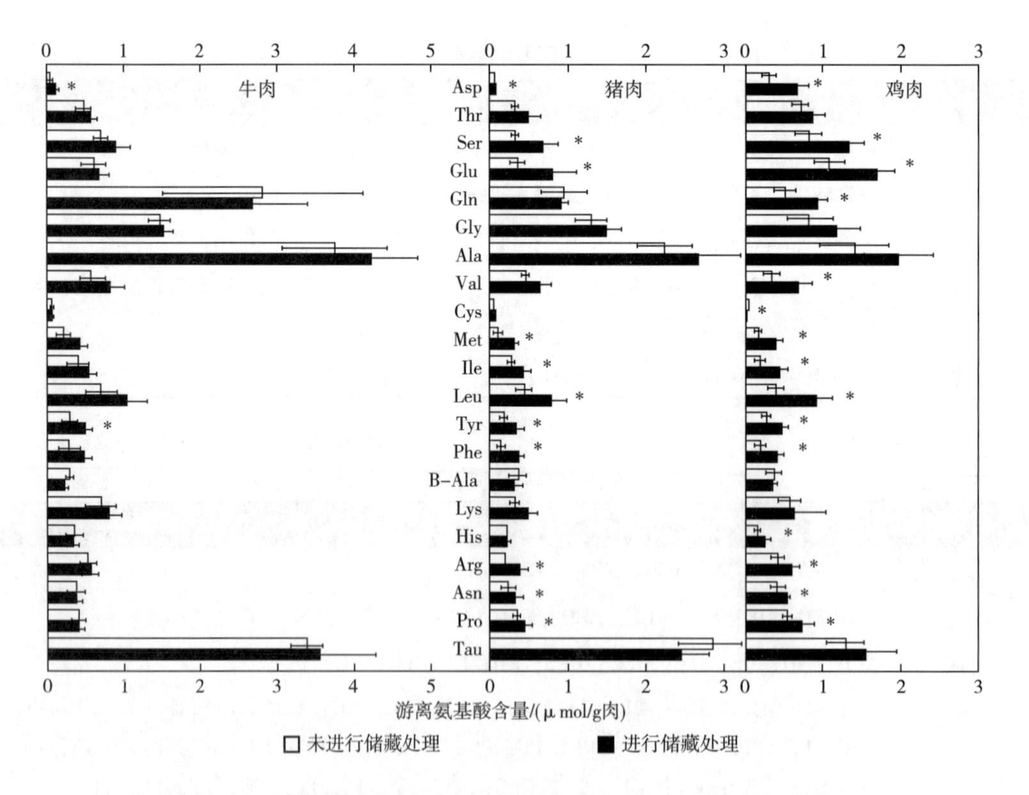

图8-6 未储藏和储藏后牛肉、猪肉和鸡肉热汤中游离氨基酸含量

* $p<0.05$ 差异显著。

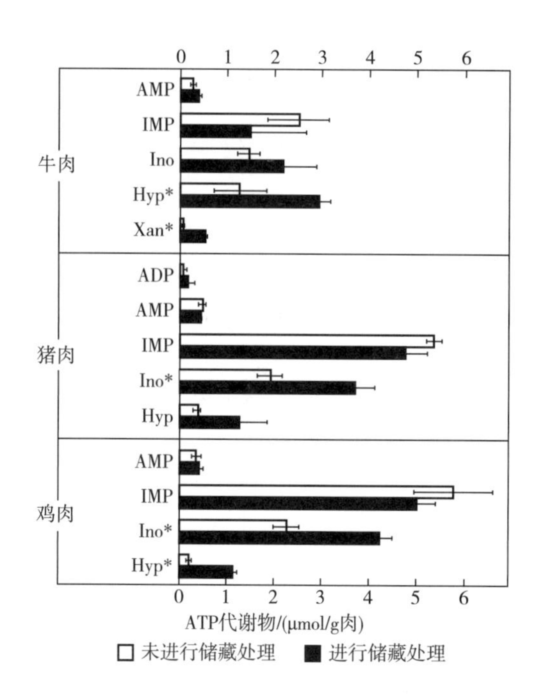

图8-7　未储藏和储藏后牛肉、猪肉和鸡肉热汤中 ATP 代谢物含量

* $p<0.05$ 差异显著。

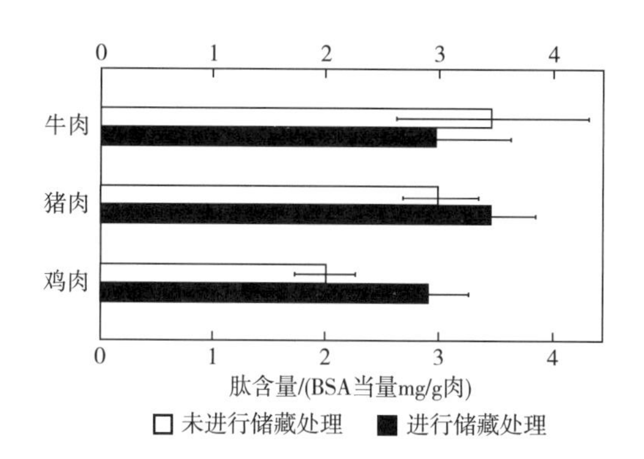

图8-8　未储藏和储藏后牛肉、猪肉和鸡肉热汤中肽含量

* $p<0.05$ 差异显著。

猪肉，IMP 含量也在鸡肉中最高，牛肉中最低，这可能是由于牛肉中氨肽酶（aminopeptidase）对谷氨酸-β-萘酰胺的水解活性比鸡肉中低导致的。因为谷氨酸和 IMP 是重要的鲜味物质，所以这是牛肉的鲜味强度更低的原因。另外，肽含量在鸡肉中低于牛肉和猪肉。在储藏过程中，牛肉、猪肉和鸡肉中的游离氨基酸整体呈增加的趋势，而牛肉中的增加程度最小，这导致储藏过程中牛肉没有显著的口味差别，而猪肉和鸡肉的口味差别较大。三种肉类储藏过程中 IMP 含量均降低，而肌苷（inosine）和次黄嘌呤（hypoxanthine）含量增加，这些变化将直接影响滋味的呈现。猪肉和鸡肉中肽含量在储藏后含量增加，在一定程度上影响滋味。

第五节　茶叶的滋味成分

茶是世界上最重要的非酒精饮料之一，具有丰富的香气和滋味。

茶的基本滋味有苦、涩和鲜。茶的苦味首先与茶中所含的咖啡碱、可可碱等生物碱有关。其次，广泛存在于茶中的黄烷-3-醇，如表没食子儿茶素（EGC）、表没食子儿茶素没食子酸酯（EGCG）等，以及黄烷-3-醇聚合物，如浓缩原花青素、可水解单宁等也导致了茶的苦味和涩味。黄酮醇苷是茶叶中一种重要的收敛性化合物，不同品种的茶叶存在不同的代谢差异和不同的黄酮醇苷含量，这是不同品种茶叶所适宜的加工类型不同的主要原因之一。茶中还含有一些酚酸对茶的涩味有贡献，如绿原酸、5-对香豆酰奎宁酸、5-咖啡酰奎宁酸和5-阿魏酰奎宁酸等，其含量受不同加工工艺的影响。绿茶茶汤具有一种清爽的特殊滋味，被描述为鲜味，引起这种鲜味的主要成分是茶氨酸。表8-12所示为茶叶中的主要滋味成分，其结构见图8-9。

表8-12　　茶叶中的主要滋味成分

味觉	化合物	阈值	参考文献
鲜味	L-茶氨酸	24.0mmol/L	Kaneko, Kumazawa, Masuda, Henze, & Hofmann (2006)
	琥珀酸	0.9mmol/L	
	没食子酸	0.2mmol/L	
	theogallin	0.09mmol/L	
涩味	表没食子儿茶素-3-没食子酸酯	190μmol/L	Scharbert, & Hofmann (2005)
	茶黄素	16μmol/L	
	儿茶酚	410μmol/L	
	茶黄素-3,3′-地瓜酸	13μmol/L	
	表儿茶素-3-没食子酸酯(ECG)	260μmol/L	
	茶黄素-3-没食子酸酯	15μmol/L	
	茶黄素-3′-高酸盐	15μmol/L	
	表没食子儿茶素(EGC)	520μmol/L	
	没食子儿茶素(GC)	540μmol/L	
	表儿茶素(EC)	930μmol/L	
	儿茶素-3-没食子酸酯(CG)	250μmol/L	
	没食子儿茶素-3-没食子酸酯(GCG)	390μmol/L	

续表

味觉	化合物	阈值	参考文献
	茶黄素酸	24μmol/L	
口干和粗糙的涩味	槲皮素-3-*O*-[R-L-鼠李糖基-(1→6)-β-D-葡萄糖苷]	0.00115μmol/L	
	坎菲罗-3-*O*-[R-L-拉姆诺吡烷-(1→6)-β-D-葡萄糖苷]	0.25μmol/L	
	槲皮素-3-*O*-β-D-半乳糖苷	0.43μmol/L	
	槲皮素-3-*O*-β-D-葡萄糖苷	0.65μmol/L	
	山柰酚-3-*O*-β-D-葡萄糖苷	0.67μmol/L	
	杨梅素-3-*O*-β-D-葡萄糖苷	2.10μmol/L	
	槲皮素-3-*O*-[β-D-葡萄糖基-(1→3)-O-R-L-鼠李糖基-(1→6)-*O*-β-D-半乳糖苷]	1.36μmol/L	
	杨梅素-3-*O*-β-D-半乳糖苷	2.70μmol/L	
	山柰酚-3-*O*-β-D-半乳糖苷	6.70μmol/L	
	山柰酚-3-*O*-[β-D-葡萄糖基-(1→3)-*O*-R-L-鼠李糖基-(1→6)-*O*-β-D-葡萄糖苷]	19.80μmol/L	
	奎西汀-3-*O*-[β-D-葡萄糖氨酸-(1→3)-*O*-R-L-拉姆诺苯胺-(1→6)-*O*-β-D-葡萄糖氨酸苷]	18.40μmol/L	
	芹菜素-8-C-[R-L-鼠李糖基-(1→2)-β-D-葡萄糖苷]	2.80μmol/L	
	myricetin-3-*O*-[R-L-rhamnopyranosyl-(1f→6)-β-D-glucopyranoside]	10.50μmol/L	
	山柰酚-3-*O*-[β-D-葡萄糖基-(1→3)-*O*-R-L-鼠李糖基-(1→6)-*O*-β-D-半乳糖苷]	5.80μmol/L	
苦味	咖啡因	500μmol/L	

一、 茶叶中的苦味

1. 黄烷-3-醇对茶苦味的影响

黄烷-3-醇类物质（flavan-3-ols），也被称为儿茶素类物质，含量一般占茶叶干重的

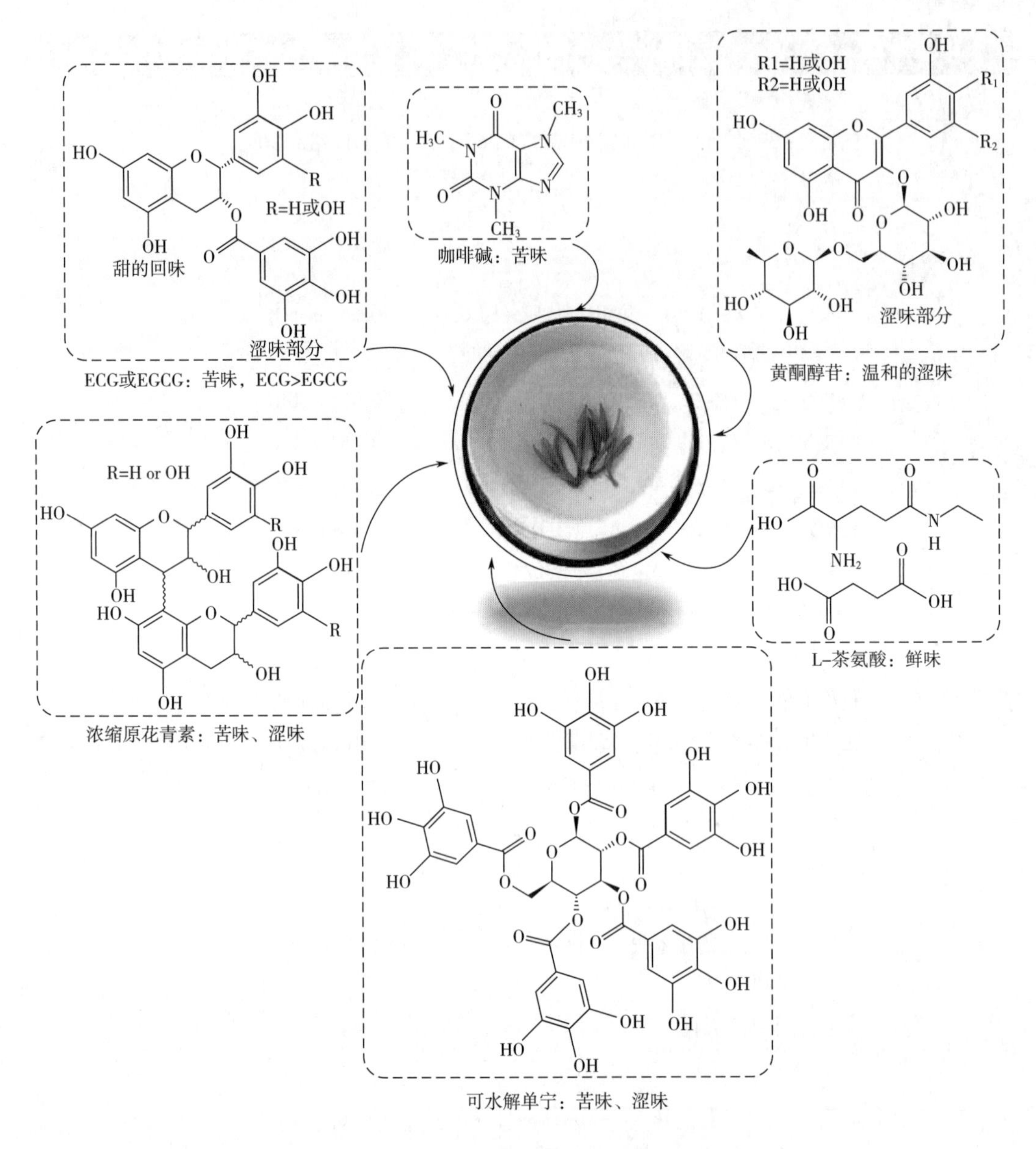

图8－9 茶叶中的主要滋味成分的结构

12%～24%，是各类茶叶中最主要的活性成分。目前在茶叶中已发现的黄烷－3－醇类物质有20多种，其中主要有4种，含量最高的是表没食子儿茶素没食子酸酯[(-)－epigallocatechin－3－gallate,EGCG]，其次是表没食子儿茶素[(-)－epigallocatechin,EGC]、表儿茶素[(-)－epicatechin,EC]和表儿茶素没食子酸酯[(-)－epicatechin,ECG]，其结构如图8－10所示。它们在加工过程中会进一步转化成茶红素和茶黄素，茶红素和茶黄素是影响红茶颜色和滋味的主要成分。表儿茶素及其没食子酸酯是茶（尤其是绿茶）的主要苦味化合物。研究发现绿茶茶汤中表没食子儿茶素没食子酸酯（EGCG）的含量与绿茶茶汤的苦味强度呈显著正相关。黄烷－3－醇的苦味强度，与它们的聚合度相关，也与其构型有关，例如，(-)(2*R*,3*R*)－表儿茶素可能比(+)(2*R*,3*S*)－儿茶素更苦。

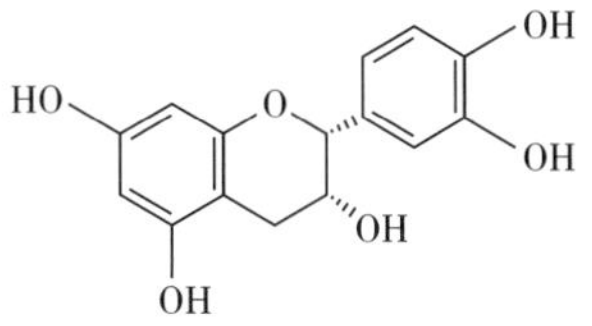

表儿茶素(EC) 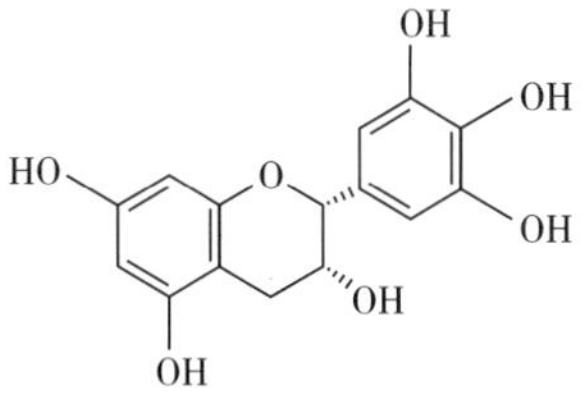　　表没食子儿茶素(EGC)

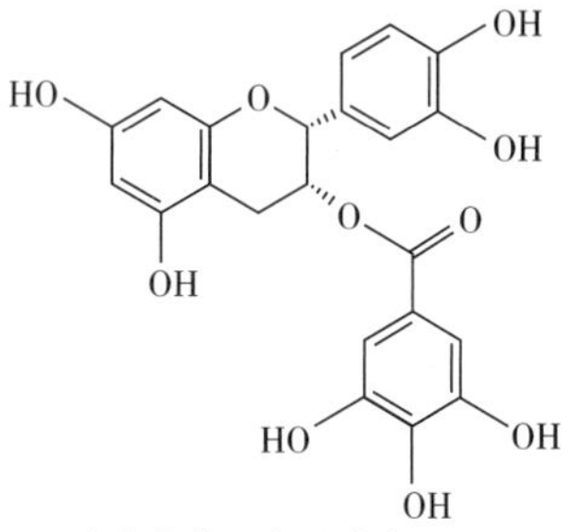

表儿茶素没食子酸酯(ECG) 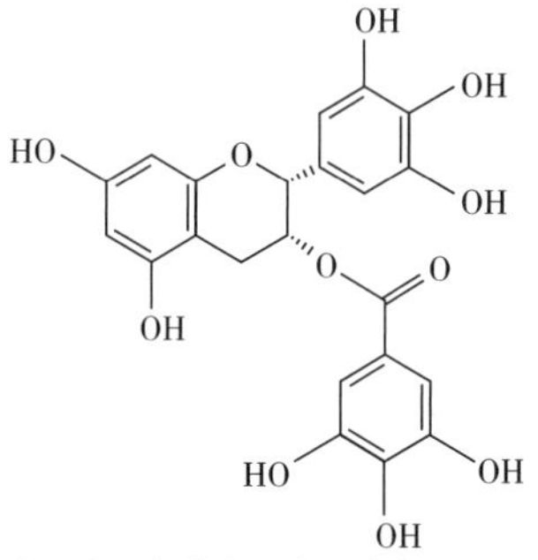　　表没食子儿茶素没食子酸酯(EGCG)

图8－10　茶叶中4种主要的黄烷－3－醇类物质的结构

2. 原花青素对茶苦味的影响

原花青素，又称缩合单宁，是黄烷－3－醇的低聚物或聚合物，包括(-)－表儿茶素和(+)－儿茶素，通过 $C_4 \rightarrow C_8$ 或 $C_4 \rightarrow C_6$ 键连接。原花青素的浓度、聚合度以及亚基组成都会影响苦味的程序，苦味随着聚合物链的延长而增加。有研究者通过体外活化苦味受体 TAS2R，来研究不同多酚类化合物的苦味强度，发现 hTAS2R5 对原花青素三聚体的响应浓度比 (-)－表儿茶素低100倍，表明了原花青素三聚体的苦味强于表儿茶素。

二、 茶叶中的涩味

涩味是一种复杂的感觉，它可以由一些物理效应引起，如摩擦力、干燥、拉扯、起皱等，也可以是三叉神经的生理反应引起的。涩味不是一种味觉，而是一种由触觉系统感知的质地特征。涩味可分为粗糙感、干燥感、丝绒感和起皱感。

到目前为止，涩味主要是通过感官小组鉴定和评估的，有一些描述性的感觉和数字阈值。典型的涩味化合物，如丹宁酸和生物碱，其结构中存在许多苯基和羟基，这些基团能够通过分子间作用力、疏水相互作用和氢键与唾液中富含脯氨酸的蛋白质结合，从而导致涩味，同时还能刺激唾液的分泌，补偿涩味成分所造成的口腔润滑受损。因此，对涩味的感知是一个涉及唾液、味觉和口腔感觉的动态机制。

在对茶的涩味成分研究中发现，茶多酚，特别是 EGCG，既产生了收敛的感觉，同时降低了口腔组织的润滑程度。没有没食子酰基化的儿茶素（如 EC）可以产生收敛的感觉，但不会影响口腔内部的润滑性能；茶中的黄酮醇苷也具有涩味，这种涩味也与 EGCG 不同，是一种天鹅绒般的柔和的涩味。因此，我们认为，涩味的感知至少可以分为两种类型，一种是典型的单宁酸，它可以破坏口腔黏膜或与唾液蛋白紧密结合，另一种是不依赖唾液的物理变化产生涩味，如EC和一些黄酮类苷类，其具有涩味，但几乎不影响口腔表面黏膜。

三、 茶叶中的鲜味

氨基酸是茶汤鲜味的主要贡献者，目前从茶叶中已鉴定出26种氨基酸（包括6种非蛋白氨基酸，均为L构型）。其中，L－茶氨酸是茶特有的氨基酸，占总氨基酸的50%以上，被认为是茶叶鲜味的最主要来源。除了L－茶氨酸，茶中还含有具有鲜味的谷氨酸、天冬氨酸、谷氨酰胺、天冬酰胺等，另外，茶中的部分有机酸，如琥珀酸、没食子酸和3－邻－没食子酰奎尼酸也被认为是鲜味增强化合物。

四、 茶叶中的甜味和回甘

目前，对茶汤中的甜味的研究相对较少，主要是因为甜味不是茶的典型滋味。茶的甜味主要取决于茶叶中碳水化合物的浓度，如红茶中具有甜味的化合物有葡萄糖、蔗糖、果糖、L－丝氨酸、L－丙氨酸、甘氨酸、L－鸟氨酸、L－脯氨酸和L－苏氨酸等；绿茶和乌龙茶中也含有一些甜味氨基酸，如L－丙氨酸、L－甘氨酸、L－丝氨酸、L－脯氨酸和L－苏氨酸。然而，甜味化合物的浓度非常低，其剂量比阈值（dose－over－threshold，Dot）因子均低于0.1，因此茶中的甜味化合物对茶的最终呈味贡献较低。

在饮用某些茶时，在感受到苦或涩味之后，会有细微的甜味体现出来，经常会用“余味甜”或“回甘”来形容，有这一属性的茶被认为是品质好的象征。据报道，乌龙茶冲泡后的回甘与儿茶素的存在有关。通过用单宁酶水解绿茶中的没食子儿茶素，发现去掉没食子酰基化结构的儿茶素含量增加，同时绿茶冲泡后的甜味余强度显著增强。没食子酸钠和没食子酸也被发现是绿茶茶汤回甘的主要来源。

五、 不同加工工艺对茶叶滋味的影响

茶叶的不同加工工艺会影响茶叶的滋味，即使是相同的原材料，在使用不同工艺进行加工后也会呈现出不同的滋味或感官特性和强度。例如，未发酵或半发酵的茶通常含有较多的多酚物质，因此多呈现出苦味，但随着发酵的进行，苦味成分会发生转化，导致滋味会有一些细微的变化。儿茶素，特别是EGCG，是绿茶或其他半发酵茶的主要化合物，尝起来又苦又涩。这些化合物在发酵后被分解或氧化，产生少量的没食子酸，使得茶汤滋味变得醇和。

在茶叶的焙烤过程中，茶的滋味成分会发生变化，使得不同焙烤程度的茶呈现不同的滋味。在许多茶中含有羟基肉桂酰化合物，如绿原酸、咖啡酸等，它们易溶于水，具有一定的酸味和涩味，在茶冲泡中容易溶出，增加茶的酸度。但焙烤过程中，茶中绿原酸的含量显著降低，而内酯含量增加，在一定程度上降低茶的酸涩口感。

思考题

1. 水果中主要酸味物质和甜味物质分别有哪些?
2. 蘑菇中的主要滋味物质是什么?
3. 干酪中的主要呈味物质是什么?
4. 肉中的鲜味物质有哪些?
5. 茶中的主要滋味物质有哪些?

参考文献

[1] 冯娟,任小林,田建文. 不同产地富士苹果多酚、可溶性糖及有机酸的对比研究[J]. 食品科学,2013,34(24):125-130.

[2] 贺雅娟,马宗桓,韦霞霞,李玉梅,李彦彪,马维峰,丁孙磊,毛娟,陈佰鸿. 黄土高原旱塬区不同品种苹果果实糖及有机酸含量比较分析[J]. 食品工业科技,2021,1-16.

[3] 李建军,文杰. 肉滋味研究进展[J]. 食品科技,2001(5):27-28+42.

[4] 马艳丽,曹雁平,郑福平,王蓓. 干酪的风味组分研究进展,中国乳品工业,2013,41,36-39.

[5](加)夏海迪(ShahidiF.)著. 李洁,朱国斌译. 肉制品与水产品的风味[M]. 北京:中国轻工业出版社,2001.

[6] 夏延斌. 食品风味化学[M]. 北京:化学工业出版社,2008.

[7] 岳翠男,王治会,毛世红. 茶叶主要滋味物质研究进展[J]. 食品研究与开发,2017,38(1):219.

[8] Elena M, Mercedes R, Leocadio A, Rosina LF. Contribution of low molecular weight water soluble compounds to the taste of cheeses made of cows', ewes' and goats' milk [J]. *International Dairy Journal*, 1999, 9: 613-621.

[9] Fabroni S, Amenta M, Timpanaro N, Todaro A, Rapisarda P. Change in taste-altering non-volatile components of blood and common orange fruit during cold storage [J]. *Food Research International*, 2020, 131: 108916.

[10] Gerda U. Relations between cheese flavour and chemical composition [J]. *International Dairy Journal*, 1993, 3: 389-422.

[11] Harker FR, Marsh KB, Young H, Murray SH, Gunson FA, Walker SB. Sensory interpretation of instrumental measurements 2: sweet and acid taste of apple fruit [J]. *Postharvest Biology and Technology*, 2002, 24(3): 241-250.

[12] Hans EVD, Gert CVDK, GerritJVH, Natasja CMERR, Erik P, Bas G. The glucosinolates sinigrin and progoitrin are important determinants for taste preference and bitterness of Brussels sprouts [J]. *Journal of the Science of Food and Agriculture*, 1998, 78: 30-38.

[13] Kubíckovú J, Grosch W. Evaluation of flavour compounds of Camembert cheese [J].

International Dairy Journal, 1998, 8: 11 - 16.

[14] Kęska P, Stadnik J. Taste - active peptides and amino acids of pork meat as components of dry - cured meat products: an in - silico study [J] . Journal of Sensory Studies, 2017, 32: e12301.

[15] Kaneko S, Kumazawa K, Masuda H, Henze A, Hofmann T. Molecular and sensory studies on the umami taste of Japanese green tea [J] . Journal of Agricultural and Food Chemistry, 2006, 54: 2688 - 2694.

[16] Li W, Gu Z, Yang Y, Zhou S, Liu Y, Zhang J. Non - volatile taste components of several cultivated mushrooms [J] . Food chemistry, 2014, 143: 427 - 431.

[17] Mayuoni - Kirshinbaum L, Porat R. The flavor of pomegranate fruit: a review [J] . Journal of the Science of Food and Agriculture, 2014, 94: 21 - 27.

[18] Murtaza MA, Ur - Rehman S, Anjum FM, Huma N, Hafiz I. Cheddar cheese ripening and flavor characterization: a review [J] . Critical reviews in food science and nutrition, 2014, 54: 1309 - 1321.

[19] Nishimura T, Ra Rhue M, Okitani A, Kato H. Components contributing to the improvement of meat taste during storage [J] . Agricultural and Biological Chemistry, 1988, 52: 2323 - 2330.

[20] Pable M, Domingo M S, Francisco A. Organic acids and sugars compositon of harvested pomegranate fruits [J] . European Food Research and Technology, 2000, 211: 185 - 190.

[21] Qu W, Breksa IAP, Pan Z, Ma, H. Quantitative determination of major polyphenol constituents in pomegranate products [J] . Food chemistry, 2012, 132: 1585 - 1591.

[22] Scharbert S, Hofmann T. Molecular definition of black tea taste by means of quantitative studies, taste reconstitution, and omission experments [J] . Journal of Agricultural and Food Chemistry, 2005, 53: 5377 - 5384.

[23] Toelstede S, Dunkel A, Hofmann T. A series of kokumi peptides impart the long - lasting mouthfulness of matured Gouda cheese [J] . Journal of Agricultural and Food Chemistry, 2009, 57: 1440 - 1448.

[24] Tietel Z, Plotto A, Fallik E, Lewinsohn E, Porat R. Taste and aroma of fresh and stored mandarins [J] . Journal of the Science of Food and Agriculture, 2011, 91: 14 - 23.

[25] Wieczorek M N, Walczak M, Skrzypczak - Zielińska M, Jeleń H. H. Bitter taste of Brassica vegetables: The role of genetic factors, receptors, isothiocyanates, glucosinolates, and flavor context [J] . Critical reviews in food science and nutrition, 2018, 58: 3130 - 3140.

[26] Yamasaki Y, Maekawa K. A peptide with delicious taste [J] . Agricultural and Biological Chemistry, 1978, 42 (9): 1761 - 1765.

[27] Zhao X, Wei Y, Gong X, Xu H, Xin G. Evaluation of umami taste components of mushroom (Suillus granulatus) of different grades prepared by different drying methods [J] . Food Science and Human Wellness, 2020, 9: 192 - 198.

[28] Zhang L, Cao QQ, Granato D, Xu YQ, Ho CT. Association between chemistry and taste of tea: a review [J] . Trends in Food Science & Technology, 2020, 101: 139 - 149.

第九章 食品风味与人体健康

CHAPTER 9

学习目的与要求

1. 了解风味与饱腹感的关系。
2. 了解风味与三减（减糖、减盐、减油）的关系。

第一节　风味对饱腹感的影响

一、气味对饱腹感的影响

风味是口腔中产生的味觉、鼻腔中产生的嗅觉和三叉神经感觉的综合感官印象，主要包括食品的香气和滋味。风味物质大多为非营养性物质，不参与人体代谢。风味是构成食品质量的重要因素之一，在消费者选择食物上起着非常重要的作用。本节综述了香气对饱腹感和味觉影响的研究进展，介绍了香气技术应用中存在的问题及展望了在食品相关研究中的应用前景包括新型保健食品开发中的应用前景。

食品除了满足人类生存的需要，还应该使人们获得感官的愉悦和心理的享受。风味是构成食品美感的重要因素，颜色和香气是食品引起人们购买或消费的“第一印象”，美味则是保证一种食品能持久被特定人群接受的必要条件。因此，食品工艺学家和食品科学家把改进和提高食品的风味看作改善食品质量的重要措施之一。狭义的风味是指食物刺激人体感官而引起的化学感觉。人们摄入某种食品后产生的化学感觉，主要通过嗅觉和味觉感知，也包括产生的痛觉、触觉和对温度的感觉，这些感觉主要由三叉神经感知。食品风味主要包括食品的香气和滋味，风味物质大多为非营养性物质，不参与人体代谢，但是风味是构成食品质量的重要因素之一。

随着我国经济的高速发展，人民生活水平大幅度提高，饮食日益精细，营养失调和营养过剩而导致的相关疾病，如肥胖症和糖尿病等严重地影响了人类健康。众所周知，摄入过多的热量是导致肥胖的首要原因，所以减少食物能量摄入是控制体重的重要途径。提高食物饱腹感就可以有效地减少食物的摄入。传统调味方法讲求适口原则，长期的饮食习惯导致人们饮食形成嗜咸、嗜甜，而这些又恰恰与当今健康饮食理念相冲突。一方面，这类调味方法使消费者食盐、食糖摄取量偏高，容易导致高血压、高血糖等心脑血管疾病；另一方面，这些高渗成分的摄入高，也改变了人体体液的渗透压平衡，导致肾脏、血压等安全风险。食品口味的改变是健康饮食的要素之一，低盐、低糖的清淡饮食方式被现代医学广泛宣传，但清淡的口味对食物的可接受性有重要的影响；所以，基于健康饮食的目的，立足于清淡的饮食要求，探索科学、健康、可普遍接受的食物口味是现代食品工业的重要内容之一。

（1）香气的复杂性与特征气味化合物　食物中产生气味的芳香化合物具有种类繁多，相互影响，高挥发性和分子质量小等特性，并以较低水平存在于食物中，其中有些化合物嗅感效果显著。大多数食品的挥发性成分中都含有气味活性化合物，但是这些活性化合物中只有很少的化合物赋予了此类食物香气的特色。例如，熟肉中含有数百种气味活性化合物，其中一些气味活性化合物赋予了熟肉咸味、烤香或油炸气味，而这些气味是熟肉香气中重要的组成部分，但这些气味也存在于零食、薯条和坚果等食品中，并不属于熟肉的特有风味。其他一些气味活性物质的气味传递似乎与熟肉的芳香气味无关，例如，清香、玫瑰香、蘑菇味和棉花糖味。熟肉的挥发性成分中只有极少部分的化合物赋予了其特征的肉香气味，最常见的化合物就是2-甲基-3-呋喃硫醇和双-(2-甲基-3-呋喃基)二硫醚，这些物质被称为肉的特征气味化合物（character-impact compounds），因为如果没有这些物质的话，熟肉的气味会发生根本性的改变。当以一个或几个化合物来代表其特定食品的某种风味时，这一个或几个化合物便称为该食品的特征气味化合物或关键气味化合物。但是需要强调的是，不是所有的食物都含有特征气味化合物（character-impact compounds），众多芳香气味化合物的共同作用也可以产生该食物的特征气味。

（2）香气与鼻后刺激途径　嗅觉是挥发性物质刺激鼻腔的嗅觉神经而在中枢神经中引起的一种感觉。嗅闻包括香气分子到达嗅上皮的鼻前嗅闻（认为是从外界而来）和鼻后嗅闻（即从消化道反馈的气味）（图9-1）。嗅闻后经大脑反应，即大脑的神经激活感受到的食物气味信号，从而感知食物的香气。在咀嚼食物时，挥发性香气物质会从口腔中的食物释放出来，也就是说鼻前香气刺激是通过鼻子吸入香气物质引起的，所以被称为口鼻香气刺激途径（图9-2）。吞咽后，这些挥发性香气物质就从咽喉进入鼻腔，到达嗅上皮，与口鼻香气刺激途径相反，这一途径称之为鼻后香气刺激途径。

1. 鼻后刺激途径香气对饱腹感的影响

（1）香气与感官特异性饱腹感　食物的过度摄取，导致了过多能量的摄入，通过了解影响进食量的因素可以帮助找到控制过度饮食的方法。有一种观点已被广泛认可，那就是进食的感觉过程对饱腹感的产生起着重要作用，感觉过程能够影响饱腹感和进食量。饱腹感是一种吃饱的感觉，可以在下一次产生饥饿感前，防止进一步进食。香气在影响食欲和食物摄入中起到重要的作用。一方面，香气影响了食物的适口性，而适口性可以刺激饥饿感并增加食物摄入。另一方面，香气本身也可以是减少进食量的饱食提示，并通过心理和生理机制提示来影响下一餐的进食量。具体就是，鼻前气味的传递刺激了对含有这种香气的食物的特定食欲，鼻后气味的传递增加了饱食的感觉并减少了摄入量。

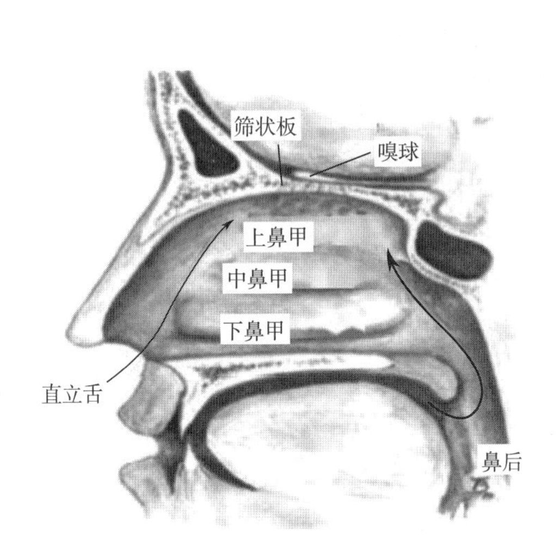

图9－1 鼻腔示意图

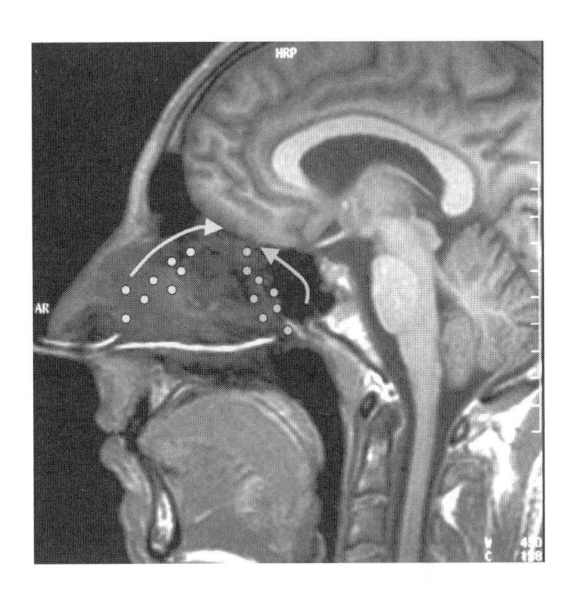

图9－2 鼻前嗅闻和鼻后嗅闻的核磁共振成像图像

感官暴露时间对进食量和主观饱腹感的影响称为感官特异性饱腹感（sensory－specific satiation，SSS）。感官特异性饱腹感是一种进食量减少，但却觉得既饱足又舒服的感觉。在进食时所咬下的一口食物，在嘴里随时间释放的香气浓度，称为香气释放曲线。咀嚼过程中的香气释放曲线不仅取决于食物的性质，如质地、温度和组成，还取决于用餐者的情况，如咀嚼行为、唾液分泌和鼻子的形态。因为芳香气味的摄入不会产生任何能量，利用芳香气味在饮食上抑制食物的摄入，可以起到减少能量摄入的作用。Ramaekers 等研究表明在食用番茄汤的同时，通过硅胶管向鼻腔中加入奶油香气（模仿鼻后香气传递），与没有奶油香气的情况相比，增加了饱食感。Rolls 等在三个时间点评估了密封容器中包含的各种不同食物的气味愉快度，这三个时间点分别是：基线、咀嚼其中一种食物后（但是未吞咽）、食用相同的食物直至饱腹后。结果显示，在简单咀嚼食物和食用食物后，愉悦度评级都会下降。当相同的时间量嗅闻来代替咀嚼时，后续实验显示了相同的模式。这些研究结果表明，SSS 不依赖于进入胃肠系统的食物，甚至可以纯粹的发现在嗅觉结构域中。

NIZO 食品研究使用最先进的嗅觉仪（图9－3）来探索香气在饱腹感机制中的作用，通过与其他刺激（如不同的成分，质构和滋味）区别开来管理香气，研究香气刺激对饱足感的相对重要性。Ruijschop 等研究使用香气作为触发因素产生或者增加饱腹感的可能性。采用大气压化学电离质谱法（APcI－MS）与嗅觉测量法结合的新颖方法，从消费者和食物产品的角度研究了不同香气情况对饱食的相对重要性（图9－4）。尽管鼻后的香气释放程度因不同的消费者具有主体特异性，但也可以以调整食品性质的方式进行，使其产生更高质量和强度的鼻后香气刺激。这反过来又引起了饱腹感的增强，最终可能有助于食物摄入量的下降。

（2）香气感官特异性饱腹感的影响因素　Ruijschop 等研究了香气组成的复杂性对感官特异性饱腹感和摄食量的影响。受试者食用2 种不同的草莓味酸乳制品（即测试组和安慰剂组）进行嗅觉仪辅助或自由采食实验设计。测试组产品是多元草莓香气，而安慰剂组产品用单一成分草莓香气。与安慰剂相比，通过嗅觉仪辅助设备表明，在多元草莓的香气刺激期间

图9－3　NIZO 食品研究使用的四通道嗅觉仪

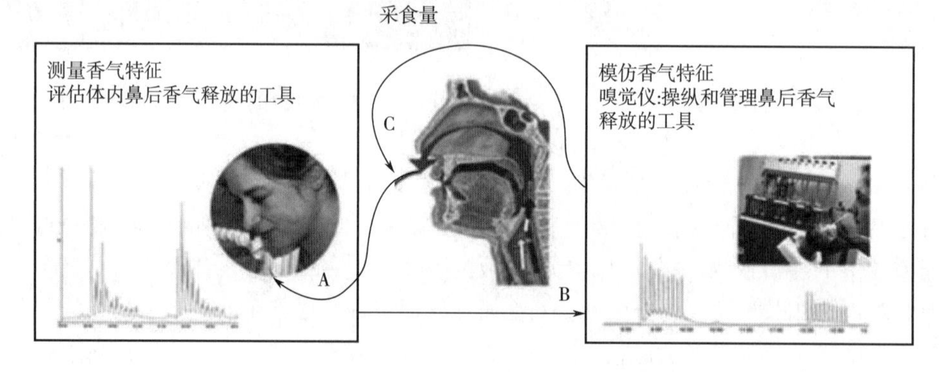

图9－4　使用 APcI－MS 技术测量香味的释放

受试者拥有更加显著的饱腹感。另外，在自由进食环境中，消耗多元草莓香气的酸乳制品的饱腹感显著增加了10～15min。除了食欲调节作用时间的差异，两个实验设置均证明了多元组分草莓香气，与单一组分草莓香气相比，能够增强饱腹感。

Ruijschop 等的其他研究还表明，在不同的实验设置中，直接测量输送的芳香气味对饱腹感的影响时，香气暴露时间的增加会增加主观饱食感，食物的摄取量会降低9%～20%。结果表明，通过调节香气浓度和香气暴露时间来改变鼻后香气释放程度，可以影响进食量。Ramaekers 等也研究食物的香气暴露时间和香气浓度对自由进食量和主观饱腹感的影响。每30s 让受试者摄入10g 无味汤底，闻到从一台嗅觉仪的鼻后管中导出的番茄汤香气。模拟一种好像真的喝到番茄汤的感觉。受试者每抿一口牛乳，给予3～18s 的香气暴露，对自由进食量和食欲曲线参数进行了测量。实验观察发现，在低浓度的条件下，总气味刺激可能太小，以至于香气散发时间不能发挥其对食物摄入量的影响。此外，只有在散发时间很长(18s以上）的情况下，香气浓度才会影响食物的摄入量。在香气暴露时间为18s 且香气浓度最高的条件下，受试者的进食量相比其他三组条件减少了9%。也就是说与在相同的汤中传递较短时间并且强度更小的番茄香气相比，传递了一个更长时间并且强度更大的番茄香气，会导致自由摄食量减少。

摄食期间鼻后香气释放的程度和食物的物理结构密切相关，即固体食物比液态食物产生的鼻后香气释放时间更长、更明显。Ruijschop 等研究不同物理结构的食物香气鼻后感觉的反馈与饱腹感的关系。研究的目的是调查当鼻后香气释放曲线与（软）固体食物的轮廓一致时，饮料是否变得更加有饱足感。结果对在感官刺激之前、过程中以及之后对食欲轮廓进行了测量。当受试者在进食软态或者固态食物，并被食物的香气所刺激时，他们感觉到有更加明显的饱腹感。例如，在甜草莓香气刺激后，希望吃甜食的欲望会明显降低，通过改变鼻后香气释放的程度可以增加饱腹感。

香气不仅独立地影响食欲和食物摄入，而且还可以和滋味组合协同作用影响。与营养相同但无风味的膳食相比，香草香气和阿斯巴甜在膳食中的组合降低了随后的饥饿感。最新研究用不同组合的草莓香气和滋味物质（蔗糖和柠檬酸）构建风味饮料模型。在饮用期间和饮用后对食欲进行评估，并且测量下一餐的食物摄入量。适当的滋味和香气模式结合在一起时，增加了感知的风味强度，并且比单独的滋味和香气的总和要多。结果表明，相比单独的香气或者滋味的情况，香气和滋味结合在一起时会产生更强的饱足和短期饱腹感。

2. 香气对味觉的影响

（1）气味和滋味的跨通道交互作用　从生理学上讲，味感与嗅感虽有严格区别，但由于咀嚼食物时产生的是气味与滋味相互混合而形成的复杂感觉。在进食的过程中，舌头上的味蕾和鼻内的嗅细胞一同将信号传送至脑内，整合后便成为人们的主观体验，所以食物风味的整体认知被认为是一个集成。

（2）香气对滋味接受度的影响　顺-3-己烯-1-醇，即叶醇，具有青香、药草香，一般存在于水果、蔬菜等。Jaeger 等针对青香、药草香（叶醇）做了相关研究，结果显示，叶醇浓度较低时具有较弱的气味，但却是一种令人愉悦的气味。当加入的叶醇浓度过高时，散发出令人不愉快的气味。叶醇有一个“中间”浓度的范围值，在这个范围内，敏感型的受试者通常无法接受这种浓度下叶醇的气味，而不敏感型受试者却可以接受这种浓度下叶醇的气味。在顺-3-己烯-1-醇存在下，气味敏锐性对食品可接受度有较小但是系统性的影响，还表明这个结果可以延伸到食品选择上。在饮食模式中存在相当大的个体变化，被分类为对顺-3-己烯-1-醇的气味敏感的人群，他们的趋势是更频繁地消耗温和的干酪，沙拉蔬菜和黄瓜。

苦味对消费者接受力和食品选择的影响已经研究了一段时间，如初榨橄榄油有少量或者中量的苦味，这种低量或中量的苦味更容易让消费者接受，但是非常苦的滋味却是被消费者拒绝的。橄榄油苦味的强度与酚类化合物的存在有关，酚类与橄榄油的感官和营养品质有关。Caporale 等主要研究的是模拟橄榄油中苦味和叶醇气味之间的滋味-气味相互关系。结果表明，叶醇气味对苦味有显著的积极影响，叶醇气味的存在增强了苦味感。研究叶醇香气影响初榨橄榄油苦味的程度，可能会影响制定优化初榨橄榄油感官特性的新策略。

在世界范围内，人口趋势是走向人口老龄化。据报道，味觉和嗅觉感知的损伤可以导致老年人食物摄入量的减少。Henry 等研究调查了天然食品香料对老年患者所食用的食物以及营养摄入的影响。连续五天（两个控制日和三个实验日）直接测量早餐，午餐和晚餐的食物摄取量。老年患者在食用含天然香料的食物后，增加了他们对食物和大量营养素的摄入。第3天的总食物、能量和脂肪摄入量显著增加。虽然营养摄入量仍然低于所需求的，但总能量和蛋白质摄入量分别增加了13%～26%和15%～28%。这项试点试验表明了天然食品香料在老年人食物和营养摄取中的作用。食品和营养摄入量是否会在没有任何干预措施的情况下增加，需要进一步研究天然食品香料对老年人食物和营养摄取量的长期影响。

（3）气味诱导的滋味增强　现有研究显示，气味剂和促味剂对滋味感觉有特定影响。闻到甜味或使用甜味相当的气味剂能够加重饮用溶液的甜味感觉，这就是气味诱导的滋味增强（odor－induced changes in taste perception，OICTP）。随后的研究表明，除甜味外，咸味也能发生特定的滋味－气味相互作用。近年来，与食盐相关的健康问题促进了对低盐食品的广泛研究，降低食品中的盐含量对其可接受性有重要的影响，目前有许多有关如何补偿食品中减少的咸味的研究。Nasri 等研究咸味相联系的香气，当鼻后感知到这类香气后，是否能增强含有低浓度氯化钠溶液的咸味。盐度的水平，即水溶液中氯化钠的浓度是否影响气味诱导的咸味增强（odour－induced saltiness enhancement，OISE）。结果表明，OISE 不仅取决于气味一致性，也取决于盐浓度（咸度）：当受试者同时感知到一致的沙丁鱼香气时，低盐度或中盐度溶液的咸度显著增加，OISE 对于高盐度的溶液则不再显著。Lawrence 等对水溶液中的气味－咸味相互作用进行了研究，研究小组成员对预期的食品咸味进行了评估。研究发现，预期的咸味程度与食品的实际盐含量有差异，于是研究香气食品水溶液（不论是否含盐）散发出的气味对气味诱导的咸味是否增强。结果显示，预期的风味能够通过气味诱导的滋味感觉变化来诱导并增强低盐溶液的咸味，选择适当的气味添加到食物中，可以用于补偿食品中减少的氯化钠，可以弥补盐还原食品的口感。Nasri 等的研究认为跨通道滋味－气味的相互作用可能是一种有效的策略，结合盐替代品的使用，以弥补钠含量减少的复杂食物系统的风味。

Syarifuddin 等通过干酪模型研究跨通道感官补偿，结果显示气味可以弥补健康食品中低盐、糖、油导致的滋味损失，让食物更吸引人。Godinot 等进行了包括无滋味香气物质在内的增强水溶液中的咸味和甜味的研究。这项研究得到的结论之一就是，这项研究中用到的一系列单因素刺激方法可以与 Lawrence 等研究中用到的方法相媲美。在有类似的气味和未经受训的受试者参与下，没有观察到咸味有明显的提高。相反，却观察到了甜味的明显提高。猜测在芳香气味的辅助下，甜味比咸味的强度更加容易加强。在比较这两项研究结果时，Lawrence 等的研究中盐的浓度为 0.020mg/kg，而 Godinot 等的研究中，水中的盐浓度为 0.034mg/kg。这一发现得出这两项研究中，气味引发滋味的增强是以盐浓度为基础的，也就是说，气味引发滋味的增强是依靠咸味的强弱。Djordjevic 等通过草莓气味和酱油气味作用于甜味和咸味的实验分析了气味诱导的滋味感觉的变化（OICTP）。研究发现了特定的滋味－气味相互作用：草莓气味加重甜味，酱油气味加重咸味。分别给予嗅觉刺激和味觉刺激后引发了这些相互作用。其次发现想象的气味也有类似的作用，但效果十分有限：想象的草莓气味加重水溶液的甜味感觉，想象的酱油气味加重淡盐水的咸味感觉。结论是，OICTP 是一种大脑中枢神经介导现象，想象的气味在一定程度上可以改变人对滋味浓度的感觉。

3. 结论与展望

香气与饱腹感、味觉的关系研究是很有前景和吸引力的，但目前此类研究还处于初始阶段。目前其应用还存在以下几方面不足：①影响饱腹感和味觉的因素较复杂，除香气外还有许多其他因素；②香气作用于饱腹感和味觉的原理还有许多需要研究的地方。

总之，风味是食品的质量要素之一，在消费者选择食物上起着非常重要的作用。香气是风味的重要组成部分，鼻后刺激途径香气浓度和香气散发时间的增加，可以提高感官特异性饱足感，而这种饱足感又会反过来增加主观饱食，可以减少随后对食物的摄取。另外有研究表明，香气的复杂性和滋味组合协同作用对饱食和饱腹感也有一定的影响。滋味是风味的另外一个重要组成部分，研究表明，预期的风味可以通过气味诱导的滋味感觉变化来诱导并改变食品的滋味强度，香气对滋味接受度也有影响。香气在饱食方面和味觉方面的作用可用于在不牺牲滋味和香气的前提下，制造出更健康的食物，包括有望应用于新型保健食品的开发。这种保健食品可能含有多种香气物质，能够诱导或增加饱腹感。例如，能够增加口腔运动量和咀嚼时间，使鼻后香气释放率更高的需要长时间咀嚼的食品。这些应用可以提高感官刺激质量或感官刺激程度，从而增强饱腹感，帮助人们减肥。预期的风味可以通过气味诱导的滋味感觉变化来诱导并改变食品的滋味强度。在食品中增加风味物质的浓度，如可以为老人提供更强烈的食品风味，以此补偿不灵敏的知觉，可以大大提高老年人摄取食品的享受度，适口性和可接受性，对其在食物的摄取方面有积极影响。总之，香气在饱腹感和味觉补偿方面的作用可用于开辟了一条全新的安全、可靠、自然的饮食方式。

二、 滋味对饱腹感的影响

鉴于全世界超重和肥胖人群患病率的上升，人们对日常饮食可以达到的饱足感/饱腹感程度愈加关注。个体在口腔中感知滋味的能力被认为是影响食物摄入的众多因素之一，因此滋味可能会影响食欲调节和能量摄入，在促进个体达到饱足感/饱腹感方面发挥了重要作用。食物引起的饱足感/饱腹感可能与几种基本味觉、味觉接触时间、不同人群和个体的认知等生理或心理因素有关。以下综述了味觉调节饱足感的机制，阐述了味觉和味觉感知是如何促使大脑发出饱足感/饱腹感信号的。同时，提出了味觉和饱腹感现存的问题并展望了相关研究在食品行业的应用前景，为从味觉角度开发和利用饱足感/饱腹感提供了科学依据和理论指导。

随着社会和经济的快速发展，人们的平均生活水平有了显著提高，饮食和热量摄入也发生了相应的变化。由营养不良和营养过剩引起的肥胖等相关疾病严重影响着人类健康。众所周知，摄入过多的能量是导致肥胖的主要原因，所以合理的能量摄入是控制体重的重要因素。感官特性可以刺激人们对食物产生特定的食欲，指导食物的早期摄入和消耗，并通过对食物喜好程度调节饮食行为。为了更好地减少能量摄入，食品科研人员正在探求一种既保证食物美味可口，又能增加饱腹感的健康科学的饮食方式。

口腔中的感觉不只包括舌头上的味蕾感受到的滋味，还包括三叉神经感受得到的刺激。如今，酸、甜、苦、咸、鲜五种滋味是人们广泛接受的五种滋味。味觉是一种化学感觉。当化学物质进入口腔，位于口腔表面味觉细胞中的味觉受体被激活，并向大脑皮层传递信号。当口腔中的化学物质浓度达到一定水平时，来自受体的信号就足够强烈，不仅能激活受体，而且能引起知觉。味觉不仅是一种感觉，也是一种趋利避害的信号。就像我们喜欢甜食是因为甜食能量高，喜欢新鲜的食物是因为它们富含氨基酸一样。

饱腹感是一种抑制食欲的状态，是饱足感过后更深层次的状态。饱足感是进食一定量的食物后，胃达到饱和而停止进食的状态。这种饱足感对大脑的刺激依赖于胃膨胀的体积，而不是营养元素。而饱腹感是指用餐后一段时间内也就是在两餐之间没有食欲或感到饥饿。它在很大程度上是由对胃肠道食物的反应和营养或生理状态的体液信号组合控制的。饱足感是指在进食过程中的状态，饱腹感是指在两餐之间的状态（图9－5）。饱足感并不会直接影响长期的饱腹感信号。感官特异性饱腹感是饱腹感的一种特殊的状态，它是指在食用某一种食物后，对这种食物的食欲相对降低，愉悦度相对减少，但对其他未食用过的食物没有这种感觉。感官特异性饱腹感对所食用食物的感官特性有直接的影响，它能帮助人们停止进食，并在饭后逐渐减少。综上所述，已食用的食物不仅可以在通过胃肠道达到饱足感/饱腹感，同时也可以通过感官刺激达到感官特异性饱腹感。

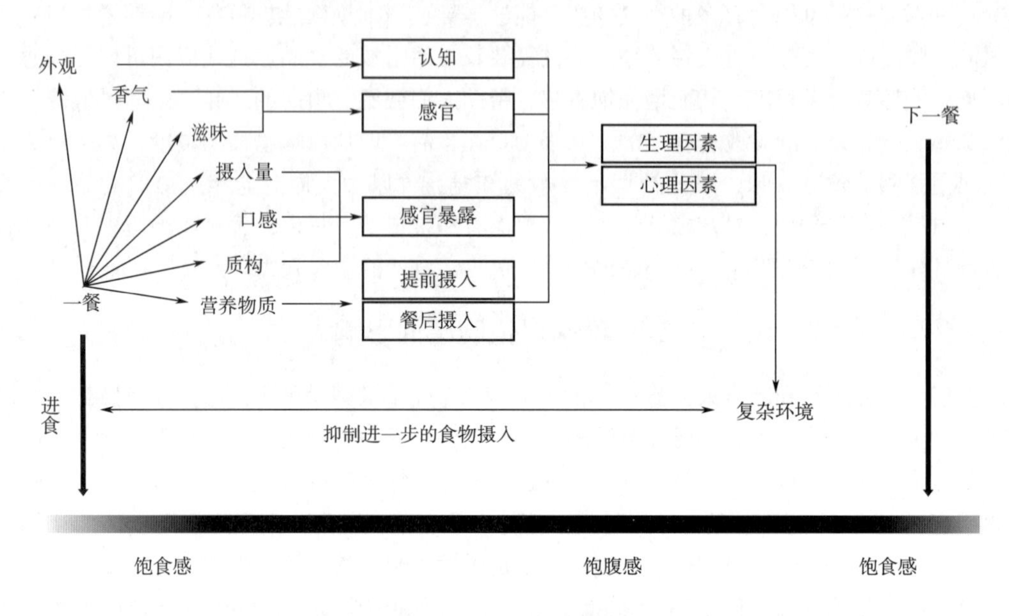

图9-5 饱腹感级联（灰色的深浅表示饱腹感程度的大小。）

当食物进入口腔时，它的滋味为我们提供了关于食物的重要信息，如营养质量和可接受性等。

1. 味觉和饱足感/饱腹感的调节

味觉是传统的视觉、听觉、味觉、嗅觉和触觉五感之一。味觉是指味觉刺激或配体与位于舌头、软腭和口咽部等组织表面的味觉受体细胞（taste receptor cell，TRC）上的受体进行相互作用，启动传递到大脑的传入信号，从而产生的感觉。不同的味觉是由不同的神经味觉系统抑制或兴奋引起的，其中酸、甜、苦、咸、鲜都是对味蕾细胞产生作用，而辣、涩、冷暖、灼烧等感觉都是由三叉神经引起的（图9-6）。人们的味觉处理是通过孤束核和初级味觉皮质来表现味觉输入的特性和强度。味觉信号传递给前脑进行食物滋味的感知，食物进入胃肠道后，身体这部分膨胀产生饱足感信号，传递到后脑的饱足感电路中从而使人们停止进食。不同的下丘脑神经元利用特定的神经肽和信号通路来刺激饥饿感或饱足感/饱腹感。有些肽和激素能够直接调节下丘脑细胞的活动（如葡萄糖、胰岛素和瘦素）。在吸收后期，食物代谢物促进脂肪组织和胰腺分泌脂肪激素。由脂肪组织分泌的瘦素和由胰腺分泌的胰岛素通过下丘脑回路抑制食欲，为能量平衡和体重提供长期、稳态的反馈调节（图9-6）。同时，人们对待食物的情感特征会在大脑中表达出来，通过认知和注意力的调节，产生新的饱足感信号。

2. 味觉与饱足感/饱腹感

味觉可以促进人们对某种食物的食欲，而味觉引起的饱腹感会影响继续或终止食物消耗的动机。Brondel 等研究发现加调味品后食物消耗量增加的机制至少部分与对给定食物的感官特异性饱腹感减弱有关。味觉也会影响食物的适口性，而适口性可以刺激饥饿感并增加食物

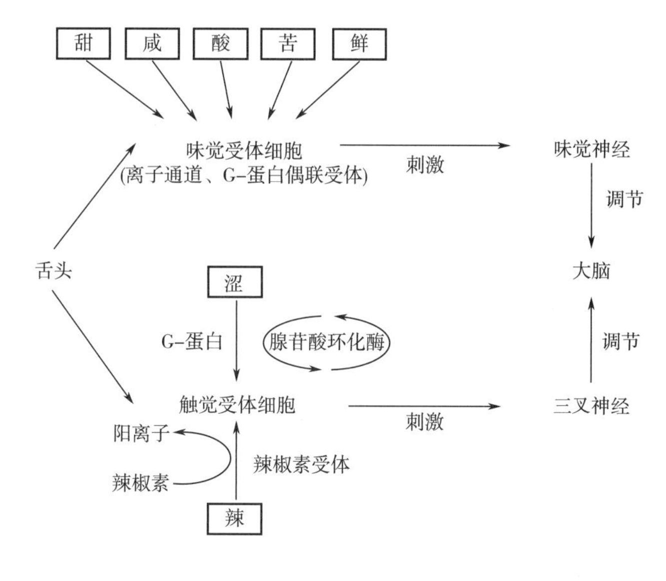

图9-6　味觉形成机制

基本滋味是由味蕾中的味觉受体细胞检测出来的，这些味觉受体细胞包括G-蛋白偶联受体（GPCRs）和离子通道。味觉神经接受到来自这些受体细胞的刺激，并将味觉信息传递给大脑。辣椒素通过瞬时受体电位阳离子通道，即辣椒素受体（TRPV1）通道激活三叉神经。涩感是由三叉神经通过激活G-蛋白和腺苷环化酶介导的。

资料来源：摘自参考文献［80］。

的摄入量。或者，味觉本身也可以是减少进食量的饱腹提示，即达到了其感官特异性饱腹感，并通过调节生理机制提示来影响下一餐的进食量。感官特异性饱腹感在短期内是稳定的，不受其他因素影响。感官特异性饱腹感是影响饱足感/饱腹感的关键因素，且在短期内也趋于稳定状态。

（1）甜味　甜味物质通常与能量有关，这些物质不仅包括营养型甜味剂还有非营养型甜味剂。所有甜味分子的检测和表达是由一个异二聚体受体组成的两个亚单位进行的，即T1R2和T1R3。并且所有包括营养型甜味剂和非营养型甜味剂的甜味分子都是通过激活这个单一受体来检测的。而且，T1R2/T1R3甜味受体还有一些信号转导分子已经被证明它们的表达不仅在口腔中，还在各种非味觉器官，包括胃肠道、胰腺、膀胱、脂肪组织和大脑。一旦甜味摄入后，舌尖的甜味受体细胞在口腔中表达（感知甜味的初始过程），同时，口腔内识别出的甜味信号机制也在胃肠道系统中起作用，促进分泌出肽酪氨酸等饱足激素，这些信号随后通过迷走神经传递到大脑，以协调饱腹感激素。

传统的碳水化合物甜味剂是一种营养型甜味剂。传统的碳水化合物甜味剂可以增加饱足感，但影响程度受个体差异的影响，如肥胖。传统的碳水化合物甜味剂主要包括单糖和低聚糖，以葡萄糖、蔗糖等为代表。葡萄糖的利用可以减少充足进食所带来的愉悦感，使人们停止进一步进食。Parnell等研究低果糖补充剂对超重和肥胖成人体重和饱腹感激素浓度的影响。研究发现，低果糖补充剂有可能促进体重减轻和改善超重成年人的葡萄糖调节，抑制胃饥饿素和增强肽YY（PYY），可能在一定程度上有助于减少能量摄入。此外，Kumar等发现与瘦的女性相比，只有肥胖女性的额盖不仅参与对食物的重新评价，而且也参与承认对同样食物的渴望。肥胖女性与苗条女性对甜味的偏好没有差异，但肥胖女性的饱足感较慢，进食时间较长以及摄入量较多，这可能与两类女性对甜味引起的适口性适应模式有关。另有研究表明，肥胖人群的味觉表征比瘦人下降得早。摄入甜食会导致纹状体释放多巴胺，多巴胺能回路系统的改变在食物奖励中起着至关重要的作用。肥胖人群随着年龄的增长，对甜食的偏好和纹状体 D2 受体（D2R）数量都会下降，但两者无关，这表明其他尚不清楚的机制也发挥了作用，而这些机制在肥胖状态中被破坏了。

非碳水化合物甜味剂能在短期内增加饱足感，但这种饱足感是否能长期存在还有待进一步探索。非碳水化合物甜味剂主要包括低能量或无能量的甜味剂，例如，阿斯巴甜、甜菊糖苷等。由于传统糖果的主要成分是碳水化合物，含有大量的能量。在进行甜味对饱足感/饱腹感的影响的相关实验时，可以选用非碳水化合物甜味剂代替传统的碳水化合物甜味剂，分离热量效应和甜味效果。Farhat 等研究探讨了与水和糖相比，甜菊糖苷是否会导致葡萄糖水平、食欲或食物摄入量的增加。30 名参与者参加了一项三臂交叉试验，他们在三天内分别接受水、糖（60g）和甜菊糖（1g）的预加量，然后吃一顿随意的比萨午餐。早餐是标准的，并在会每个测试日收集每天的饮食日记并测量餐后血糖。结果显示，与水相比，甜菊糖可降低预加载后的主观饥饿感和食欲，降低午餐前的视觉感官评分（visual analogue scale，VAS）（$p<0.05$），能量摄入无明显差异。而且，与水相比，糖和甜叶菊的饱腹感评分相似。

传统的碳水化合物甜味剂和非碳水化合物甜味剂对饱腹感的影响没有差异。Anton 等的研究也证明了这一点，他们探究了在 18 ~ 50 岁的 19 名健康瘦人（BMI = 20.0 ~ 24.9）和 12 名肥胖人士（BMI = 30.0 ~ 39.9）。研究了在午餐和晚餐前分别接受含有甜菊糖（290kcal）、阿斯巴甜（290kcal）或蔗糖（493kcal）的预负荷对摄入量和饱腹感的影响，结果发现在食用甜菊糖和阿斯巴甜预加载时，与摄入高热量蔗糖预加载时的饱腹感水平相似。

综上所述，甜味可以增加饱足感，与甜味物质的能量无关。为了保证充足的饱足感/饱腹感且有合理的能量摄入，食品生产过程中可以通过加入非碳水化合物甜味剂部分替代传统的碳水化合物甜味剂。不同人群可以根据个人身体状况，选择合适的食物，例如，超重的人可以考虑选择含有人造甜味剂而不是蔗糖的饮料来防止体重增加。而且，Mandel 等的两项研究发现饮用他们认为这是健康的高糖蛋白奶昔的参与者比饮用低糖蛋白奶昔的参与者会吃更多的零食。但当大家认为不受控制时，这种效果就会减弱。也就是说，对食物的认知心理可以影响人们的饮食行为，控制食物的摄入量，从而影响饱足感/饱腹感。

（2）咸味　呈咸味的主要成分是 NaCl。人体对 NaCl 的味觉激活受岛叶中部（双侧）、杏仁核右侧、海马体左侧、壳核右侧和尾状核（双侧）强度等级的调节。NaCl 浓度对中岛叶（双侧）、右杏仁核、右壳核的激活有调节作用。最近 Lee 等发现味觉信号在钠的食欲及其饱足感中起着核心作用，在老鼠身上识别了基因定义的神经回路，发现蓝斑前部分兴奋性神经元表达强啡肽原，这些神经元是钠摄入行为的关键神经基质。此外，逆行病毒追踪显示，感觉调节在一定程度上是由特定的 GABA（γ - 氨基丁酸）产生神经元介导的。这种抑制性神经群被钠的摄入激活，并向钠食欲神经元发送快速的抑制性信号。人体关于咸味调节饱足感的生理机制仍待研究，是否可以从动物扩展到人体还未可知。

咸味对食欲的影响不太适合实验研究，因为它与纯口味（甜的、酸的、盐的、苦的）相比没有那么具体的特性。所以目前没有单独针对咸味与饱足感/饱腹感之间关联的相关研究。而饮食中 85% 以上的能量来自甜味或咸味食物，分别占能量消耗的 47% 和 39%。大部分咸味对饱足感/饱腹感作用的研究是与研究甜味对饱足感/饱腹感的作用一起进行的，并且对甜、咸如何改善人们的食欲、摄入量、饱足感/饱腹感的效果进行了比较。可能是由于盐对前脑岛味觉激活的调节作用强于甜味，即随着 NaCl 浓度的增加，前脑岛的激活作用比蔗糖浓度的增加更强。目前有限的证据表明，甜食对食欲的抑制作用小于非甜食，而咸食对食物偏好或摄入量的调节作用强于甜食。甜味和咸味的分别摄入在 24h 内会影响后续进餐的食物选择，如在咸食后，甜食的摄取量高于咸食，反之。在年轻健康的成年人中，咸味似乎比甜味对随后的食物选择有更强的调节作用。

咸味和甜味对饱足感的影响是几乎没有差异的。Roose 等对 64 名健康、不吸烟、不受限制的参与者（18 名男性和 46 名女性），平均年龄（22.3 ± 2.4）岁，平均体重指数（21.6 ± 1.7）kg/m^2进行了研究。米饭被用作测试餐，对 3 个试验条件采用交叉设计，其中甜味和咸味进行比较。研究人员测量了他们在用餐期间的随机摄入量、进食速度、愉悦感和食欲的变化。具有甜味或咸味的同类食物，在适口性、质地、能量密度和大量营养成分上相似，对正常体重的年轻人的饱足感的影响没有不同。同时，Spetter 等使用一系列的 NaCl 和蔗糖溶液，确定了味觉激活与刺激强度同时变化的大脑区域。知觉强度和注意力高度相关，因此受其调节两个因素产生了相似的大脑区域。上述发现可以表明，咸味和甜味对调节饱足感强弱的作用机制也可能是相似的。

咸味和甜味对饱腹感强度的影响可能跟能量密度有关。能量密度越小，摄入量越少，饱腹感越强。Tey 等检验了能量密度和口感质量是否对能量摄入和餐后血糖反应有影响。使用预加载设计，参与者被要求饮用高能量密度（HED；约 0.50kcal/g）或低能量密度（LED；约 0.12kcal/g）；在上午 10 点左右，并在预加载后一个小时提供了临时午餐。参与者在离开研究地点后，记录了他们当天剩余时间的食物摄入量。测量了 32 例健康且瘦的男性（平均年龄 28.9 岁，平均 BMI = 22.1 kg/m^2）的能量补偿和餐后血糖反应。结果表明在能量补偿和餐后血糖反应中起重要作用的是能量密度而不是口感质量。与低能量密度预加载相比，高能量密度预加载可以抑制饥饿且促进饱腹感，减少了午餐的摄入量。也就是说，经常食用低能量密度的食物有可能减少总能量摄入，改善血糖控制。

总而言之，咸味对饱足感/饱腹感的作用及其机制需要大量的研究进一步探索。甜味与咸味具有相似的饱足感作用。由此，在适量食用的情况下，咸味和甜味对饱足感/饱腹感的影响可能有相类似的作用机制和作用效果。

（3）鲜味　鲜味主要由谷氨酸和一些核苷酸引起，通常被描述为可口开胃的滋味或肉味。谷氨酸的滋味与其他典型的味觉增强剂［甜（葡萄糖）、盐（NaCl）、苦（奎宁）和酸（HCl）］的味觉刺激不同。已有大量的研究证明，鲜味可以调节饱足感/饱腹感，但调节机制尚未阐述清楚。通过对猕猴皮层味觉区域的味觉反应神经元记录，鲜味对饱足感/饱腹感的调节可能是眼窝前额区（次生味觉区）的神经元作用，并且发现在食用味精后对感觉特异性饱腹感降低，但有假说认为鲜味的味觉调节作用要与相应的食物气味结合来实现的。

具有鲜味通常表明食物含有蛋白质和氨基酸。Masic 等探究了在味精汤 450g 预加载不同浓度（1% 味精添加或无味精添加）和营养含量（低能量控制或高能量碳水化合物或高能量蛋白质）对特定试验餐中的食欲和随意摄入量的影响。35 名低约束的男性志愿者食用为参与者设计的测试餐。结果发现，与味精 + 高能量碳水化合物相比，味精 + 高能量蛋白质条件下的能量补偿更强。在预加载摄食或摄食 45min 后，单在味精或宏量营养素条件下食欲评分没有明显差异。所以，鲜味单独食用时，食欲不会发生变化，对短期饱腹感也没有影响。鲜味与载体共同作用会改善能量补偿，尤其是蛋白质作为载体时。

鲜味和蛋白质共同作用是否可以调节饱腹感还存在争议。Luscombe - Marsh 等发现在高蛋白食物中添加味精不会影响饱腹感，并且可能会增加后续的能量摄入。Carter 等却发现在鸡汤中添加味精会增加女性对饱腹感的主观评分，提高下一餐的摄入量。此外，饱腹感的程度可能取决于味精的总剂量。还有两项研究表明在低能量预加载中添加味精/肌苷酸，可通过刺激摄食时的食欲并增加摄食后的饱腹感。鲜味既增强食欲，又增加饱腹感，但是长期摄入味精会降低食欲。而另一项 Anderson 的研究发现味精会降低年轻人的食欲，受试者仅饮用水（500mL），或胡萝卜汤（500g，添加或不添加味精 5g，1% 质量分数）或乳清蛋白强化胡萝卜汤（36g，添加或不添加味精 5 克，1% 质量分数）。结果表明，在胡萝卜汤中添加味精和蛋白质可以增加饱腹感，而添加味精会降低食欲。换言之，鲜味和蛋白质共同存在时，鲜味可以增强食欲，但是鲜味单独作用时，食欲反而会降低。

通过以上研究可以发现，鲜味依附于蛋白质上可以更好地发挥调节食欲和饱足感/饱腹感的作用。大量的研究表明，蛋白质可以增强饱腹感，并且可以称之为最佳的提供饱腹感的食物。但鲜味是否会增加饱足感/饱腹感仍需要进一步探讨，鲜味与长期饱腹感的联系也待被广泛研究。

（4）味觉感知与饱足感/饱腹感　滋味感官知觉是用于描述某种滋味可觉察阈值、灵敏度、滋味强度和认知的一种方式，是滋味直接影响饱足感/饱腹感的因素之一。一方面，味觉作用于口腔中受体细胞的刺激强弱和时间长短不一，导致受体在滋味的察觉以及对饱足感/饱腹感的调节机制都有可能存在差异或受到其他感觉的交叉影响。另一方面，从生理学上讲，味觉和嗅觉虽有严格区别，但咀嚼食物时产生的是气味与滋味相互混合而形成的复杂感觉。在进食的过程中，舌头上的味蕾和鼻内的嗅细胞一同将信号传送至脑内，整合后便成为人们的主观体验，所以食物风味的整体认知被认为是一个集成。因此，人们的滋味感觉经过感官暴露和气味方面的影响可能会发生些许变化，此时，大脑给予相应的回馈，以至于在神经系统中传递出不同的信号。

①感官暴露：口腔接触条件是影响饱足感/饱腹感强弱的因素之一。Smeets 等研究发现，当食用某种引起感官特异性饱腹感的食物时，会增加饱腹感；如果只是咀嚼该食物，则不会增加饱腹感。实验采用随机交叉设计，对受试者进行为期三天的试验研究；他们随机接受水、改良的假性饮食（modified sham feeding，MSF）或一顿饭。在午餐的每一道菜的开始和结束时，受试者使用视觉模拟量表评估食欲、味觉感知和味觉的愉悦程度。可以发现，当感官特异性饱腹感发生在饮食期间，它与饱腹感的增加以及饥饿和食欲的减少有关。在进行改良的假性饮食期间，感官特异性饱腹感不会增加饱腹感，也不会减少饥饿感，但食欲会降低。因此，滋味良好的食物只需要足够的感官暴露就可以达到感官特异性饱腹感，而饱足感/饱腹感还需要能量或者营养物质的补充。

食物摄入后，滋味对口腔的刺激强弱可能会向机体内的感应部位传递出不同的信号。味觉的感官暴露强度可能会通过改变适口性影响食物的摄入量，进而影响饱腹感。现有的关于味觉强度与饱足感/饱腹感关系的研究还不能对如何影响给出解释。但是，在理想的滋味浓度下呈现的感官暴露状态应该是最适口的，也是最能够使人们达到饱的状态。两项研究考察了盐浓度对番茄汤的摄取量的影响，其中一项研究表明高盐浓度和低盐浓度较理想盐浓度的愉悦感下降，但与盐浓度无关。也就是说，在理想盐浓度状态下，盐与咸味的受体恰好一一对应的结合时，可以使人们达到最佳的愉悦度。而另一项研究则发现在适口性保持不变的前提下，盐浓度会降低番茄汤的随意摄取量，并且汤的摄入量跟食用的先后顺序无关。此外，Boer 等和 Lasschuijt 等发现不同甜味强度对健康成年人的饱腹感没有显著差异。这可能是由于这个实验设置的甜味强度都超出了理想的糖浓度。感官暴露强度与饱足感/饱腹感的关系尚未阐明可能跟感官强度的互相影响有关。研究表明摄入高浓度的食物后，再去品尝低浓度的食物，会比直接品尝低浓度食物时感觉更淡。后续的相关实验设计时需考虑味觉相互作用：滋味对比效应、味觉疲劳效应、味觉消杀作用等，有助于更加明确味觉与饱足感/饱腹感的联系。

当食物在口腔中停留的时间越长，可以对口腔进行反复刺激，会帮助人们更好地感知食物的质地和滋味。食物的感官暴露时间是在食物质地方面影响饱足感的因素之一。感官暴露时间与食物的质地、进食方式以及进食速度等因素有关。食物咀嚼的过程增加了食物的感官暴露时间，咀嚼固体会比啜饮液体的感官暴露时间长，可能导致了固体食物比液体食物有较高的饱腹感。而且质地较为浓稠的物质更有助于饱腹感增加，但是反复摄入会降低这种饱腹感的作用。Bobillo 等研究表明正常和超重的受试者每天每小时嚼一次口香糖可以其减少饥饿感，且增加饱腹感。另外，Fiszman 等在口香糖与饱足感/饱腹感的关系的综述中也提到含有纤维的食物（质地紧密）难以在口中咀嚼，加长了感官暴露时间。而当人们采用小口啜饮时，既增加了单位时间的感官暴露，也可以降低食物的摄入量。与此同时，Weijzen 等研究发现只有在口腔感觉接触（大口啜饮）较低的情况下，含能量的甜饮料的摄入量才高于无能量的甜饮料。这可能是因为小口啜饮比大口啜饮能更好地让甜饮料提供的味觉刺激传递到脑神经，大脑及时地发出饱腹的信号，从而抑制了能量摄入。也有人提出饱腹感与进食速度，快的进食速度使食物的感官暴露时间缩短，可能会导致饱足感/饱腹感下降。

综上所述，味觉的感官暴露强度与感官特异性饱腹感的关系尚未清楚，推测在理想味觉浓度下，感官暴露强度所带来的感官刺激是最容易让人达到饱足感的。而饱足感的程度随着感官暴露时间的延长而加强。另外，有研究表明口腔感觉接触时间而不是味觉强度似乎是决定食物摄入量的主要因素。Lasschuijt 等对 58 名参与者［(23 ±9）岁，BMI（22 ±2）kg/m^2］进行了一项 22 阶乘随机交叉研究，让他们在 4 个疗程中食用 4 种等热量的、风味和适口性相匹配的凝胶模型食物中的一种，直到吃饱为止。提供的两种食品模型都显示出不同的质地（软或硬的质地，产生更短和更长的口服加工时间）和甜味水平（低或高强度）。结果发现质地对总摄取量有显著影响（$p < 0.001$），但甜味（$p = 0.33$）对总摄取量没有影响，软模食物比硬模食物摄取量高 29.2%。经适口性校正后，软硬模型食品的摄入量差异为 21.5%（$p < 0.001$）。所以感官暴露强度对饱足感是否有影响还需要大量的实验探索。

②香气对味觉的影响：行为方面，食物会从视觉、嗅觉、味觉、触觉、听觉等方面给人们带来不同的感受，感官对饱腹感的调节是一个复杂的过程。食品的风味主要包括食品的香气和滋味，是构成食品质量的重要因素之一。而风味刺激引起味觉和嗅觉系统的共同参与，舌尖的味蕾和鼻内的嗅细胞一同将信号传递至脑内。在饥饿和饱腹感的状态下，区分大脑中负责味觉处理的区域和负责嗅觉处理的区域是理解味觉感知区域以及生理条件对饮食行为影响的重要组成部分。

气味对滋味会产生诱导作用。Syarifuddin 等通过干酪模型研究跨通道感官补偿，结果显示气味可以弥补健康食品中低盐、低糖、低油导致的味觉损失，让食物更具吸引力。闻到某种滋味或使用某种滋味相当的气味剂能够加重饮用溶液的该滋味的感觉，这就是气味诱导的滋味增强（odor - induced changes in taste perception，OICTP）。并且想象的气味在一定程度上可以改变人对滋味浓度的感觉。Ramaekers 等的一项交叉研究中，61 名女性在 10min 内对含有天然香蕉、人工香蕉气味或水（无气味）的杯子进行嗅闻。在 10min 的主动嗅探过程中，使用 100mm 视觉模拟量表监测总体食欲和感官特异性食欲（sensory - specific appetite，SSA），然后随意摄入香蕉奶昔。结果发现主动嗅探时的 SSA 得分与被动嗅探时的 SSA 得分相同，这表明 SSA 与嗅探模式和接触时间无关。因此，气味的嗅探模式和接触时间不会对味觉的判断产生影响。气味诱导味觉产生的感官特异性饱腹感可能也与气味的嗅探模式和接触时间无关。

Yeomans 等第一次测试了嗅觉与嗅觉厚度和甜味的共同体验，是否会导致随后闻到这些气味时的饱腹感预期转移。80 名健康志愿者进行了愉悦感和感官特征气味的感知，在气味掩蔽前后分别对甜味（蔗糖）、浓稠感（卡拉胶）或甜度和浓稠感的组合进行感知。一种未经训练的气味作为对照，和参与者预期产品的滋味和气味是一样的。研究发现，与口腔中浓稠感和奶油味相结合的气味会增加预期的饱腹感。与饱腹感一致的感官特征可以转化为相关的气味，而这个过程与喜好的变化无关。换言之，由可以产生饱腹感的某种滋味转化而来的气味对该种滋味的预期饱腹感有增强作用。

大量的研究表明，食物的香气影响食物的饱足感/饱腹感。鼻前香气的传递刺激了对含有这种香气的食物的特定食欲，鼻后香气的传递增加了饱足感的感觉并减少了摄入量。根据之前的研究结果，味觉可以调节饱足感。在特定的气味下，特定的滋味是否或如何影响饱足感仍有待研究。据推测，当嗅觉与味觉相联系时，对饱足感的影响可能会成倍增加。本身具有饱腹感的气味可能也会增加食物预期的饱腹感。当嗅觉和味觉相互对比时，对饱足感的影响可能被消除。

总之，食物的滋味会通过口腔 - 肠 - 脑三者之间的调节机制影响饱足感/饱腹感。滋味作为风味的重要组成部分，在消费者选择食物上起着非常重要的作用。研究发现，不同的味觉和味觉感知对饱足感/饱腹感的影响是有差异的。味觉和饱足感/饱腹感的关系可以应用在不影响食品风味的基础上添加不同味觉的调味料，使得食物现有滋味较原始滋味更加美味诱人。关于味觉感知对饱足感/饱腹感的影响，可将其应用于多个方面。例如，设计具有咀嚼感的食物，增加感官暴露时间。味觉和嗅觉之间是可以相互影响的，并且可以通过添加气味成分对食物的滋味进行感官引导。由此，我们可以针对不同的风味开发其相应所需的可以调节饱腹感的食物，使人们的生活更加营养与健康，满足人们的不同需求。我们清楚地是感官特异性饱腹感并不能让我们减少对其他未食用食物的欲望，而饱足感/饱腹感可以。例如，肥胖的人通过食用饱腹感强的食物来减少摄入量，降低能量的摄入。如果可以掌握人体感官与饱足感/饱腹感的关系，那么就可以有针对性地设计出调节有助于饱足感/饱腹感的新型保健食品，甚至开发出一条对人体健康有益的独特的饮食方式，为合理规范饮食提供了指导。因此，根据食物的感官特性指导食物生产加工，有助于企业给消费者带来更丰富和满足的感官体验。

第二节　风味对减盐的影响

一、 大脑对咸味的感知

1. 减盐的必要性

世界卫生组织（WHO）2014 年统计发现，近十年来非传染性疾病（noncommunicable diseases，NCDs）已成为导致全世界高死亡率和高发病率的主要原因，引起了全球公共卫生系统的广泛关注。在非传染性疾病肆虐的当下，WHO 发起了《2013—2020 年预防和控制非传染性疾病全球行动计划》来指导解决目前面临的问题，该计划认为盐、脂肪和糖等营养素的过量摄入是几种慢性疾病（糖尿病、癌症、心血管疾病等）风险增加的主要原因，其目标是到 2025 年将慢性疾病死亡率相对降低 25%。在营养健康方面，减少钠盐摄取量可以降低胃癌、终末期肾病、左心室肥大、充血性心力衰竭和骨质疏松症等疾病的风险。其中，人体内钠离子通过尿液排到体外，每排泄 1g 钠离子同时耗损大约 26mg 钙离子，所以钠盐摄入量越大其钙的排出也越多，更易导致骨质疏松等疾病。在可归因死亡方面，高血压是非传染性疾病（特别是心血管疾病）流行的主要代谢危险因素，而钠对高血压的影响呈剂量依赖性，其过量摄入与高血压的发生密切相关，同时高盐饮食还可能通过诱导（T helper 17，TH17）细胞来促进自身免疫，这也是可能导致高血压的一个原因。并且高盐饮食可造成小鼠严重细菌感染，每天多摄入 6g 盐的志愿者有明显的免疫缺陷。如何找到增强 NaCl 减量增效的办法是目前全世界学术界关注的焦点，但也存在一定的难度和巨大的挑战。

在日常生活中，大多数工业化国家的居民，人均摄入盐量的 5% ~10% 来自天然食物，10% ~15% 来自不同形式（烹饪中或餐桌上）的人为添加，还有约 75% ~80% 来自加工食品，而加工肉制品又是加工食品的主要组成部分，同时预包装食品标签信息不明确也会导致大部分消费者在不完全知情下摄入过量盐。Antúnez 等通过对不同含盐量食物人们喜好程度进行研究，发现盐浓度显著影响消费者对面包样品的喜爱程度，并且不同盐含量的白米饭，消费群体的喜好性和耐盐性也有所不同。同时，食盐作为一种与社会经济地位无关的日常必需品，被大众以恒量消费食用，使得在食盐中强化营养添加剂作为减少发展中国家人民微量营养素缺乏的有效策略，如碘盐、钙盐等。

实施食品减盐计划所面临的主要挑战之一是人类对咸味的固有偏好。研究发现，人从婴儿时期就对高糖、高盐和低苦的样品更加喜爱，但咸度和喜好度之间的关系也会呈现出倒 U 型曲线，即有一个最佳的咸度，高于和低于这个盐添加量，总体感官喜好度都在下降。相比之下，咸味的独特之处在于，盐浓度的增加会从根本上把一种食欲刺激转变成强烈的厌恶感，由于高盐（>300mmol/L NaCl）通过激活酸和苦味感知细胞，激活了两种主要的厌恶味觉通路。所以，钠盐在人们的日常生活中必不可少，但于风味或人体健康而言都不宜大量摄入，钠盐减量增效的研究势在必行。

2. 咸味的感知

当食物进入口腔后，钠离子和氯离子被释放到嘴里，释放速率取决于食物的结构、组成、咀嚼程度和唾液等。舌头的背面有许多细小的舌乳头（蕈状和沟状），分布在不同的地方。舌乳头中大多包含有味蕾，每个味蕾含有 100 个左右味觉受体细胞，其中一些细胞能够在其顶端与唾液相互作用。唾液是由电解质、有机小分子、多肽和蛋白质组成的真正复杂的混合物，这些物质有助于唾液的缓冲作用，还有抗菌（如溶菌酶、过氧化物酶、分泌性免疫球蛋白 A 和组织蛋白）、抗氧化、保持口腔和胃肠道黏膜的完整性的重要作用。其中，唾液淀粉酶在食物消化过程中起关键作用；例如，唾液中 α - 淀粉酶引发早期的直链淀粉分解，与淀粉类食物中在口中的咸味感知增加有关。由于味觉分子需要在其激活味觉受体被唾液溶解，所以咀嚼时产生唾液的体积决定了目标组分的最终浓度。

NaCl 和其他化合物的味觉传导遍及口腔，包括舌头上的味觉乳头。钠离子的进入使得细胞内部相对于外部的膜电位升高，最终导致神经递质释放到外周神经上，并向大脑传递信号。生物体对盐的感知简单分为三个阶段（图 9 - 7），第一阶段：钠离子从食物基质中进入口腔；第二阶段：在口腔内释放钠；第三阶段：味觉受体细胞（taste receptor cells，TRCs）检测钠，并且食物基质都对钠的溶解与感知产生一定的影响。由于多种感官（滋味 - 滋味、滋味 - 气味）之间都存在交互作用，所以对于已探明的几种味觉特征需要进行综合论述。在目前五种被广泛认可的味觉感受中，甜味、酸味、苦味和鲜味是由单独的味觉受体细胞（TRCs）调节，每个 TRCs 都有一种单一的味觉识别模式，并连接起来引起典型的味觉感知。许多人对苦味和酸味感到厌恶，以酸味为例，酸味是由存在于酸味受体细胞中的 Otop1 质子通道介导，这些味觉细胞被选择性地连接到特定的神经元和大脑回路，从而人们对酸味刺激产生本能的厌恶反应，而甜味和鲜味有开胃的功效，通常对动物更有吸引力。同时，Mori 等提出鲜味大多是由于蛋白质的存在而产生的味觉，并且研究发现低浓度 NaCl 有甜味，高浓度氯化钠有酸味，可以说明滋味 - 滋味之间存在一定的关联，协同作用给研究提出了新的思路。

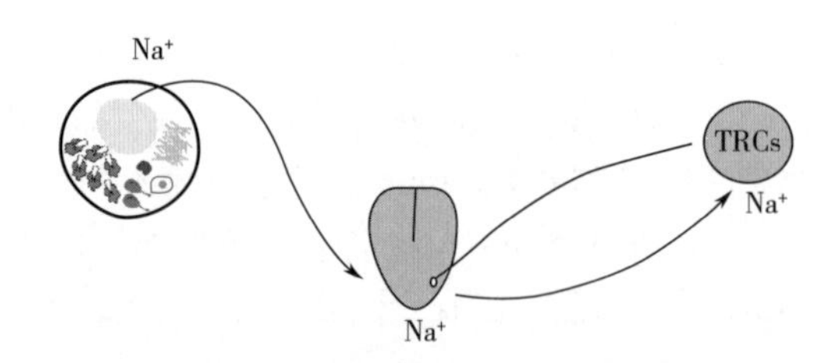

图 9 - 7　生物体对盐的三个阶段感知

人类和鼠类对咸味刺激的特异性感知是后天形成的，并且各个味觉感知存在一定的关联，尤其以鲜味对咸味的增强体现明显。哺乳动物滋味受体第一家族（taste receptor1，T1R）的 G - 蛋白偶联受体复合物为鲜味受体（T1R1/TIR3、T1R3）和甜味受体（T1R2/TIR3）。研究发现氨基酸和 5′- 核糖核苷酸是人类 T1R1/T1R3 的天然配体，而蛋氨酸作为一种常见的食品风味成分，是人 T1R1/T1R3 的正变构调制器（positive allosteric modulator，PAM），以及小鼠 T1R1/T1R3 的负变构调制器（negative allosteric modulator，NAM）。Damak 等提出鲜味是由 mGluR4t 介导的，味精 - 谷氨酸单钠盐（monosodium glutamate，MSG）和 L - 天冬氨酸可产生鲜味，并且因为 Na^+ 的存在所以味精同时存在咸味和鲜味。与此同时，还发现缺乏 T1R3 的小鼠对甜味和鲜味的行为和神经反应有所减弱但并没有消失，即与 T1R3 无关的甜味和鲜味反应受体和/或通路存在于味觉细胞中。咸味的感知会导致醛固酮水平升高，表明咸味感知涉及激素的细胞钠转运蛋白靶标之一。如图 9 -8 所示，实际上哺乳动物 Na^+ 特异性咸味受体是上皮细胞钠离子通道，而非特异性的咸味受体是非选择性阳离子通道 TRPV1 的一种味觉变体，大多数哺乳动物至少有一种阳离子非选择性的 Na^+ 受体，并且 ENaC 和 TRPV1t 在不同类型的味觉受体细胞中分别表达。目前，对于以咸味为代表的五大基本滋味的感知受体和传导机制有了部分了解但并未完全清楚，合理推断还存在其他感知咸味的方式。

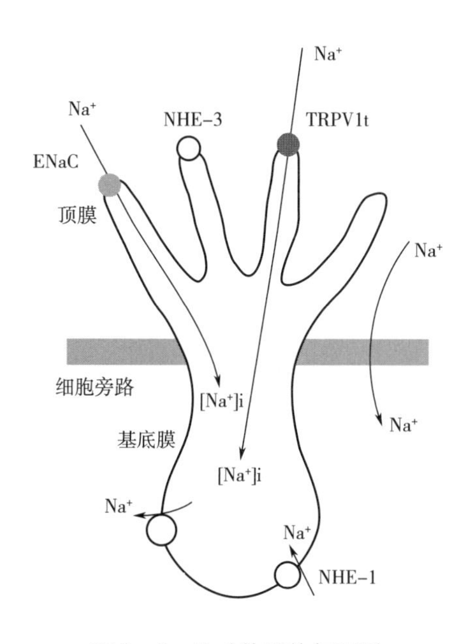

图 9 -8　Na^+ 的受体与识别

ENaC—阿米洛利 - 敏感 Na^+ 上皮通道　TRPV1t—香草类受体 1 的滋味变体

NHE - 1—基底外侧 Na^+ - H^+ 交换体 1　NHE - 3—顶端 Na^+ - H^+ 交换体 3

二、 减盐不减咸

1. 低钠盐的研究进展

按照《制盐工业术语》（GB/T 19420—2021）中定义，低钠盐是“以精制盐、粉碎洗涤盐、日晒盐等中的一种或几种为原料、为降低钠离子浓度而添加国家允许使用的食品添加剂（如氯化钾）经加工而成的食用盐产品”，其主要成分包括食用盐（NaCl）、食用氯化钾（KCl）、食用硫酸镁（$MgSO_4 \cdot 7H_2O$）等。国内外对低钠盐都有一定的研究，但国外的研究时间较早工作量较多且技术较为成熟。据报道，芬兰从 1978 年就开始生产低钠盐，而美国则是从 1982 年开始提高低钠盐和低钠食品。同时，芬兰也是第一个开始系统减盐行动的国家，从 1980 年起，一些公司开始使用降低了 Na^+ 含量的（钾盐及镁盐含量增加）矿物质盐 Pan salt 代替普通钠盐，其钠盐摄入量从 1979 年的 12g/d 降低到了 2002 年的 9g/d。

食品中盐含量降低对于食品品质、风味都有影响，如 Belz 等利用淀粉乳杆菌（*Lactobacillus amylovorus*）19280 和威氏菌（*Weisella cibaria*）MG1 改良低盐发酵面包的口感；Zhang 等将低盐与中盐、高盐品种的泡菜相比，低盐品种的成熟期较短且具有良好的微生物安全性；Pasqualone 等研究减盐对硬粒小麦面包品质和可接受性的影响，发现在不同盐浓度下人们的喜好程度不同，并在20g/kg时达到最高；Gao和Devanthi等减少酱油发酵时所用的盐但其咸度增强，Guénaëlle等减少和生面团中的盐分含量；Dixit等采用激光诱导击穿光谱法（laser induced breakdown spectroscopy，LIBS）检测和绘制食品中矿物质，并且对牛肉样品进行空间光谱采集。Kobayakawa等通过研究人类大脑的变化磁场响应不同浓度氯化钠，测量大脑皮质主要味觉区（primary gustatory area of the cerebral corte，PGA）的等效电流偶极子的大小和最短的延迟（equivalent current dipole，ECD），发现在整个NaCl浓度范围内，PGA中ECDs的平均大小随浓度的增加而增加。然而，ECD的最短潜伏期不随刺激浓度的变化而变化。由此可以看出，虽然NaCl的作用不能被完全替代，但添加少量即食物低盐的情况，可以被广泛接受及运用。

2. 低钠盐的制作

多种因素可直接或间接影响咸味感知，其中包括食物组成、结构、水分含量、脂肪含量等。弹性、涂层和颗粒度与钠释放时间和/或咸度参数相关。Lawrence等研究发现，咀嚼力越强、唾液流速越低的受试者，口腔中钠的释放速度越快且盐的浓度越高；Thomas等发现食物基质成分的变化会影响人们对香气和咸味的感知。Lima等研究发现，在高脂肪的食品体系下，咸味感知的不完全增强是由于基质黏度减缓了NaCl向受体的运输，商业奶精中的乳糖/葡萄糖浆也会抑制真实食物系统中的盐分感知。甜味可能有抑制咸味的作用，即乳糖/葡萄糖浆通过味觉相互作用来抑制咸味感知。目前，为了达到减盐不减咸的目的，各国研究人员提出了不同的解决方法，如添加增味剂［呈味氨基酸、核苷酸、谷氨酸钠、酵母抽提物（yeast extract，YE）、壳聚糖、水解植物蛋白（hydrolyzed vegetable protein，HVP）］、使用其他金属盐替代物（如KCl或者改良型KCl）、通过味觉对比增强氯化钠的味觉感知（空间分离不同浓度的氯化钠或使用粗粒或其他形态的氯化钠）以及气味－滋味交互作用等。

（1）钠盐中添加增味剂　为了达到钠盐减量增效的目的，增味剂（如氨基酸、味精或谷氨酸单钠盐、乳酸盐、YE、大豆蛋白水解物、糖、呈鲜/咸味肽等）在NaCl中的添加被广泛研究与使用。减少食盐中钠离子含量最常用的方法是在食用盐（NaCl）的基础上添加食用氯化钾（KCl）、食用氯化铵（NH_4Cl）、食用硫酸镁（$MgSO_4 \cdot 7H_2O$）或氯化镁（$MgCl_2 \cdot 6H_2O$）。但添加超过30% KCl食品可能有严重苦味及金属味，故研究人员开发出了诸多产品降低苦味，例如：将牛磺酸与核苷酸如5′－腺苷酸（AMP）结合在一起的苦味阻断剂，通过减少味觉细胞对苦味的感知，使得咸味和鲜味增加。

Alim和Raze等对于YE的气味（肉味）和滋味（鲜味和咸味）进行了深入研究，为酵母抽提物添加在食盐中有增咸增鲜的作用提供了理论基础；Inguglia等则明确了提出使用味精或酵母提取物等增味剂有减盐不减咸的效果；研究人员曾提出浓厚味（kokumi）的概念，浓厚味代表性化合物γ－谷氨酰－缬氨酰－甘氨酸，能增强低脂花生酱的风味浓郁程度、余味和油腻感，还能起到增强食物甜味、咸味、鲜味以及改善脂肪缺失的作用；鲜味物质可以减少食物中的钠摄入量，进而降低成年人患中风和冠心病的风险，已有52种鲜味肽被人熟知，包括24种二肽、16种三肽、5种八肽、2种五肽、2种六肽、1种四肽、1种七肽和1种十一肽；Schindler和Harth等发现L－精氨酰二肽有咸味增强的作用，并发现由Try－Ser二肽产生的溶菌酶水解产物在干酪基质和凝乳干酪中有很高的L－精氨酸二肽产量和显著的咸味增强作用；Seki等发现咸味肽鸟氨酰－β－丙氨酸（Ornithyl－β－alanine，OBA）在少量盐酸存在的条件下，即OBA·1.3HCl时呈现较强咸味；高压蒸煮产生的蘑菇肽（Ala－Ser－Asn－Met－Ser－Asp－

Leu、Tyr - Tyr - Gly - Ser - Asn - Ser - Ala 和 Leu - Gln - Pro - Leu - Asn - Ala - His）能保留和提高鲜味；李迎楠等通过色谱纯化和质谱分析法研究牛骨源咸味肽，并初步判定咸味肽的质荷比可能为679.5109和分子质量为849.38u。

对于L - 精氨酸的增咸原理，研究人员猜想可能是由于其影响离子通道的开放时间，但具体的生物化学机制并不明确；Uchida等发现添加海藻糖可有效地增强氯化钠的咸味及美味，并且不产生任何不良风味；Carmen发现咸味和鲜味是相辅相成的，同时发现具有冷却作用的化合物，如乳酸薄荷酯，可以在其浓度很低（低到没有观察到化合物的冷却作用）的情况下增强盐的咸味；Hsueh等证实几丁质纳米纤维（chitin nanofibers，CNFs）有提升NaCl咸度的作用，并采用超声法制备添加CNFs（平均直径为111.6nm），以增加罗非鱼鱼片的咸味感；Barbieri等在不影响感官参数的情况下，加入水溶性海藻提取物作为火腿调味料，使火腿的含盐量降低了1% ~1.2%且风味良好；Bader等研究发现，口服柠檬酸可使唾液中矿物质浓度（特别是钠离子浓度）显著增加，其他代谢物不受影响，进而提高咸味感知；同时也存在一个问题，即YE和HVP本身的含盐量可达40%，因此必须限制用量。

（2）气味 - 滋味交互作用　滋味、气味、颜色、质地、声音和刺激之间存在相互作用，是物理化学、生理和心理作用的结果。Spence等研究不同感官对我们感知食物风味的贡献，并更加深切地认识到听觉、视觉和触觉等多感官之间复杂的交互作用；同时，如图9 - 9所示，气味有正鼻途径（正交感神经传导）和鼻后途径（不同于正交感神经通路的感觉）两种呈现途径，而鼻后途径通常被认为是味觉并能改变味觉，所以气味诱导的咸味增强（odor - induced saltiness enhancement，OISE）是一种减少食物中NaCl含量的方法。香气（肉味、烤香味）和滋味之间的多感官相互作用可以用来弥补健康低盐食品的咸味感知，也可以改善钾基盐替代物的异味，并且香气成分和盐替代物的组合可以在保持原有滋味不变的情况下取代大量的NaCl。Araujo等研究发现滋味和气味刺激之间的相互作用可能是在人脑中实现；Chokumnoyporn等发现酱油的气味可以诱导和提高咸味的感知，在28.45ng/g（识别阈值）和122.71ng/g（差异阈值）下，酱油的气味在0.03mmol/L和20mmol/L NaCl溶液中可诱发及增强咸味感知（在没有酱油气味的情况下咸味无法被检测到），并将添加酱油风味的盐添加入油炸花生中，结果表明该风味物质的确有减盐但是保持咸度不变的功效；Linscott等提出气味增强的程度和滋味与气味的一致程度高度相关，而与滋味和气味之间的感知相似程度不相关；Ogasawara等用水蒸气蒸馏法从干鲣鱼中提取香气组分（dried bonito aroma fraction，DBAF），经GC - MS分析，DBAF中有含硫化合物、吡嗪类化合物、醇类化合物和酚类化合物，其特有风味可使咸味、鲜味增强，还能使干鲣鱼鼻后气味增强，改善少盐食物和蒸蛋的适口性，但热处理后的DBAF丢失了干燥的鲣鱼气味，对味觉没有显著影响；Nasri等在三元（气味 - 酸 - 盐）溶液中观察到最高的咸味增强效果，表明气味 - 滋味的交互作用是一种有效增强咸味的方法；Seo等通过核磁共振成像研究发现，与盐一致的气味会增加盐的咸味，气味和滋味一致性组合在与气味 - 滋味整合相关的大脑区域（如脑岛、岛盖部、前扣带脑皮质层和眼窝前额皮层）产生的神经元激活程度显著高于气味 - 滋味不一致性组合；Baten - burg等提出干酪风味和4,5 - 二甲基 - 3 - 羟基 - 2(5*H*) - 呋喃酮等风味物质添加到食品中，可有降低钠含量但咸味不变的效果；Lopez等研究发现蘑菇蛋白水解液和半胱氨酸热反应产生的气味可以增强咸味感知，其中关键香气化合物有2 - 糠硫醇、1 - (2 - 呋喃基)乙硫醇、3 - 硫基 - 2 - 戊酮、香豆素、吲哚、2 - 甲基 - 3 - (甲基二巯基)呋喃、对甲苯酚；Syarifuddin 等评估跨模式交互作用（气味 - 滋味 - 质构）对干酪类固体食品中盐和脂肪感知的影响，证实了沙丁鱼香气可以提升少盐食物中的咸味，但过程和机制复杂且尚不明确；Nasri 等发现并不是所有风味都对滋味有增强作用，如胡萝卜香气的增咸作用比沙丁鱼香气弱；Bader 等研究发现，虽然气味和滋味互相影响密切，其确切机制尚不清楚，但唾液蛋白组和代谢组的调节是口腔内一个主要的调节方式，可能在气味和味觉识别中发挥重要作用，并且气味 - 滋味交互作用可能在口腔和大脑中分别进行。

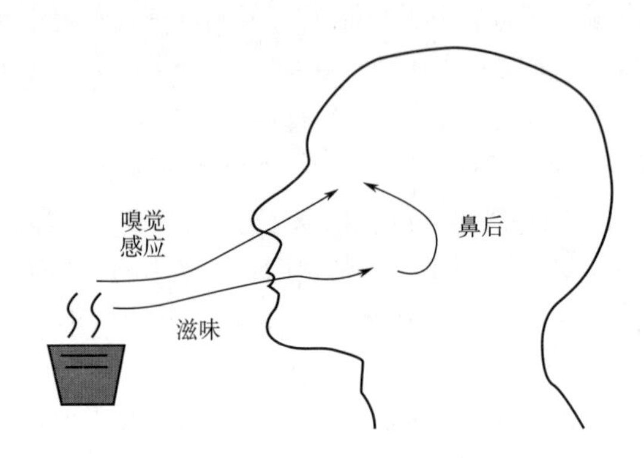

图 9 -9　鼻前嗅觉、鼻后嗅觉和味觉的关系

（3）钠盐不同的存在形式　人们食用谷物时，谷物食品表面的盐可以即时提供咸味，而内部的盐则在咀嚼时提供持续的咸味。Noort 等研究发现，盐在面包中不均匀分布可以使面包在咸度不变的情况下，盐含量减少 25%，还发现了在面包上形成"盐点"可以在保持咸度的同时减少 50% 的钠，但这种极端的产品并不受消费者的欢迎。食盐的不同晶体形态影响人对咸味的感知。Rios 等在不影响牛肉汉堡品质的前提下，通过添加微粉盐来降低钠含量优化钠离子向味蕾的输送，使其在不增加产品钠含量的情况下最大限度地刺激味觉受体。研究发现，颗粒尺寸较小或呈空心状的盐晶体溶解速度较快，在食物含盐量相同的情况下，人类的咸味感知更快。

钠盐被封装在 W1/O/W2 食品乳化液中，由淀粉颗粒进行外部稳定化，最终达到提高咸度的目的。食物在口腔的咀嚼过程中，唾液淀粉酶水解淀粉，使 O/W 乳状液不稳定，释放内部 W/O 相，随后钠进入口腔产生咸味。Chiu 等使用水凝胶中的空气包裹体可以提高整体的咸味感知，从而提高钠的传递速率，即减少 80% 的盐也可以提高咸味的感知；Suzuki 等发现随着油相的引入，系统对咸味的响应降低，但有可能因为在恒定的 NaCl 下，随着油含量的增加，乳化液中的 NaCl 含量被稀释，增加溶液体系中油的浓度，会增加 NaCl 和 KCl 的咸度以及 KCl 的苦味，但不会显著影响乳液中咖啡因的苦味。并且发现 20% ~40% 油溶液使得 KCl 和 NaCl 混合物咸味明显增强；Buyukkestelli 等发现与含盐量相同的对照组（油 - 水）相比，双乳液组有更咸的味觉感知（$p<0.001$）；Yucel 等发现在界面处具有蛋白质结构的乳化液体系具有更快的初始钠释放速率和水合作用，同时也具有更高的初始盐强度和更低的咸味回味，所以建议在乳化低水分粉末样品过程中，将界面结构蛋白的亲水链段暴露于乳状液中，以促进钠的水化和释放；双乳液（W/O/W）的制备中不同体积的内部水相，在评估系统保持相同的脂肪和钠的含量时，内部相浓度较高的乳液更咸。因此，双乳剂的结构差异可以在不改变咸味的情况下降低食物中钠的含量。钠盐的不同存在形式，对于其溶解速度和感

知强度都有较大的影响，对此还可进行深入研究，找出最优的方法。

（4）心理预期的影响　感知期望是基于先前的经验、记忆或产品的其他信息，对食物的感知进行心理预判。同一种产品中，对一种滋味的感知预期对随后实际的味觉感知会有一定的影响。我们的假设是，如果一种食品看起来与预期一样、闻起来一样且质地也和我们平时吃的一样，那么滋味上的细微变化就可能不会引起大家的关注。Dötsch 发现对咸味的偏好与环境高度相关，为了增加消费者对低盐汤的接受程度，有必要将所有消费者可购买的汤都降低其含盐量，这时可能需要政府部门采取一定的强制政策，比如国标的制定等；Delwiche 等认为由于低钠饮食引起的唾液钠减少，从而降低了对盐的觉察阈值；Zandstra 等提出减少钠盐摄取量，首先要改变消费者的意识，其次要行动起来，加快从“意识”到“行动”的减盐进程，关键的利益相关者需要承担责任，并就执行产品再造的行动达成一致。心理预期的影响可使人们在日常生活中不经意间减少钠盐的摄入，并且心理接受性更强，更有利于大面积普遍推广。

3. 结论

在《“健康中国 2030”规划纲要》《全民健康生活方式行动方案（2017—2025 年）》和世界卫生组织的指导下，提高人民健康水平势在必行。推行健康生活方式以预防心脑血管疾病等诸多慢性疾病，其中钠盐减量增效的研究是关键一步。目前食品工业普遍使用 KCl 等替代 NaCl，但存在不良风味并且特殊慢性疾病人群不适用。而钠盐中添加增味剂、气味 - 滋味交互作用、改变钠盐的存在形式和利用心理预期的影响等新型手段应被广泛研究，这些手段更为高效便捷并且健康。有理由相信，在世界卫生组织和各国政府的支持以及学术界的关注下，未来能生产一种新型钠盐减量增效的产品，其开发对于整个人类的健康有着十分重要的意义。

第三节　风味对减糖的影响

一、 甜味感知生理学及其在人体中的作用

在讨论降糖之前，对甜度感知有一个基本的了解是很重要的。人们认为，个人在口腔中检测或感知甜味的能力（甜味感知的初始过程）是影响食物接受度的许多因素之一，因此，滋味在调节食物接受度和/或能量摄入中起着重要作用。此外 Horio 等研究表明，口腔中识别的甜味信号机制也在胃肠（GI）系统中起作用，这可能影响饱腹感。因此，对整个消化道味觉接收的基本理解可能是理解能量摄入过量的原因的重要因素。

虽然人们普遍认为有一种甜味信号，但这种说法可能会产生误导，因为蔗糖的甜味和阿斯巴甜的甜味之间有明显的差异。蔗糖或阿斯巴甜或任何其他口味独特的味觉物质有四个维度：它们的质量、强度、时间和空间模式。质量是一个描述性名词，用来对滋味化合物引起的感觉进行分类；有五种主要的滋味质量描述：甜、酸、咸、苦和鲜味。味觉的质量是它唯一最重要的特征。强度是在给定时间由化合物引起的感觉的大小的量度，并通过改变化合物的浓度来修改。可以根据化合物的浓度绘制化合物的感知强度，以产生心理物理功能。化合

物的时间模式与强度的时间进程有关。最后，空间地形学涉及味觉在舌头和口腔上的位置。当我们想到糖和非营养甜味剂（NNS）的甜味时，允许辨别的维度是时间方面（基于时间）和可能存在的副作用方面（例如，阿斯巴甜的苦味）。大多数 NNS 葡萄酒都有一种挥之不去的甜味，有些还带有苦味和金属味，两者都有损碳水化合物甜味剂的单一甜味信号。这些方面有可能影响消费者的喜好，因为当糖减少或被 NNS 替代时，预期没有达到。

（1）味觉功能　人类经历五种基本味觉（甜、咸、苦、酸、鲜味）和一种不是传统味觉的额外味觉 - 脂肪味。从进化的角度来看，人们假设人类的味觉系统是消化系统的看门人，以确保我们摄入生存和功能所必需的营养物质，同时拒绝潜在的有害或有毒食物。Keast 和 Roper 研究表明，当口腔中特定化合物的浓度达到激活味觉受体的水平时，就能感受到对特定味觉的味觉感受。例如，当 1mmol/L 蔗糖溶解在水中时，个人可能会发现很难区分含蔗糖溶液和普通水。然而，随着蔗糖浓度的增加，分化成为可能。可以检测到差异的最低浓度水平称为蔗糖觉察阈值。在这个浓度水平下，个体不能准确地识别蔗糖溶液是甜的，只有当蔗糖的浓度进一步增加时，甜味质量才变得明显。确定甜度的最低浓度被称为蔗糖识别阈值。随着蔗糖逐渐添加超过这一点，感觉到的甜度将从弱到强不等，直到达到个人蔗糖的最终阈值，超过这一阈值，浓度的任何增加不再导致感觉到的甜度的相应增加。感知甜度高于阈值被定义为超阈值强度感知（ST）范围。

（2）甜味检测的外围机制　小岛康誉和中川等的研究表明，在口腔和胃肠道（GIT）中，甜味口腔味觉受体细胞（TRC）和胃肠道甜味 TRC 之间存在甜味检测的相似性。口腔和胃肠道中存在几乎相同的营养感应机制似乎是合理的，因为两者都是消化道的一部分，负责识别食物中的营养物质和非营养物质。此外，口腔和胃肠道都会启动适当的功能反应，如味觉（口腔）和激素释放（如饱腹激素）（胃肠道）。

（3）口腔中甜味的检测　被认为是甜味的化合物与甜味 TRC 结合，甜味 TRC 是两种G - 蛋白偶联受体的异二聚体（GPCR），T1R2 和 T1R3 导致细胞内信号元件被激活。一旦被糖或 NNS 激活，甜的 TRC 通过感觉传入纤维将信息传递到参与甜味加工的大脑区域。口服甜味信息也通过迷走神经发送到胃，以进行头期反应（即胃液分泌）。这一过程进一步启动了胃肠道的功能反应，如葡萄糖摄取和激素释放。

（4）胃肠道中的甜味检测　功能性甜味 TRC 的表达发生在肠内分泌细胞中和其他组织，如胰腺。在糖或 NNS 的刺激下，胃肠甜 TRC，消化和吸收过程中摄入的食物进一步协调肠道激素的分泌，包括 PYY，GLP - 1 和 GIP，进一步调节胰腺 b 细胞的胰岛素释放。这些胃肠激素与营养物质的代谢和饱腹感有关。两种类型的葡萄糖转运蛋白促进胃肠腔内的葡萄糖摄取：钠 - 葡萄糖转运蛋白 - 1（SGLT - 1）和葡萄糖转运蛋白 - 2（GLUT2）。

（5）非营养甜味剂及其在胃肠道中的作用　甜 TRC 可以结合不同结构的分子，包括高热量糖和一系列 NNS 糖。然而，NNS 在全球变暖中的代谢命运取决于每个 NNS 的化学结构。信号转导和下游作用，如由 NNS 激活的胃肠系统中的饱腹激素释放是有争议的。一些研究支持这样的假设，即 NNS 与肠内分泌细胞上的甜味 TRC 结合，导致与能量糖类似的下游作用，例如，人类的饱腹感激素分泌。然而，大多数体内研究未能证实这一点。

最近对 SGLT - 1 在培养的 L 细胞中的作用进行的研究表明，与 T1R2 - T1R3 二聚体相比，SGLT - 1 更多地参与了 GIT 中的糖感应。SGLT - 1 在葡萄糖体内平衡中具有重要作用，因为它是胃肠腔中膳食糖的主要转运体，并被 Reimann 等发现参与培养的小鼠 L 细胞中葡萄糖诱导的肠促胰岛素释放的机制。总的来说，研究表明，NNS从口腔中的甜味TRC产生味觉信号，但不刺激与饱腹感有关的肠道受体机制。这说明了糖和NNS之间的一个关键区别，即NNS可能没有提供与糖相关的积极反馈，因此可能没有对糖的长期接受。

(6) 甜味在大脑中的加工　口腔产生的味觉信号通过感觉传入纤维传递到大脑。味觉信息随后被传递到初级味觉皮层。初级味觉皮层中的神经元沿着多巴胺能中脑将信息传递给参与食物奖赏中枢处理的通路。中脑内的神经元随后通知其他大脑区域，这可能导致多巴胺的释放，多巴胺是一种经常与奖赏联系在一起的神经递质。大脑自主中枢也可以通过迷走神经传递和接收来自胃肠系统的信息，以与饱腹激素协调，为消化系统准备即将到来的富含糖的食物。

问题是，鉴于NNS能够激活口腔中的TRC，NNS是否能像影响大脑中热量糖一样影响中枢味觉和奖赏通路，或者NNS信号是否能与糖区分开。在Smeets等的一项研究中，20名健康男性在接受功能磁共振成像扫描时，被要求对用蔗糖或NNS甜化的溶液的满意度和甜度进行评级。研究发现，人类大脑对蔗糖和NNS有不同的反应，特别是在纹状体的激活方面(即纹状体，一个参与奖赏通路的大脑区域，与蔗糖相比，在摄入NNS甜溶液时没有被激活)。类似地，在Frank等的另一项研究中，研究人员发现，高热量糖和NNS都能激活大脑中的主要味觉通路，但只有高热量糖能够激活参与大脑奖励通路的大脑区域的显著反应。看来，至少在大脑层面上，NNS不会像糖一样带来同样的满足和快乐。从GIT来看，与同样含糖的甜食相比，NNS可能会增加食欲或减少饱腹感。支撑甜味感知的生物学是复杂的，还没有被完全理解。虽然糖和其他甜味剂在感知上有一些共性，但糖和NNS在体内的加工方式也有显著差异，这使得降糖成为问题，尤其是如果NNS没有完全激活奖励系统的话。

二、糖在食物中的作用

糖在为各种食品提供愉悦的感官体验方面发挥着重要作用。它最明显的功能是它给食物带来的甜味。甜味推动了许多食品类别的喜好，如乳制品、饮料、巧克力和饼干。糖传递的甜味也改善了产品的一般感官特性：它可以通过滋味相互作用抑制许多食物和饮料中的苦味、咸味和酸味。此外，糖还可以增强我们感受到的滋味的强度。研究表明，糖可以增加草莓风味溶液中草莓香气的强度，增加牛乳巧克力中香草和焦糖的风味，增加蓝莓汁和蔓越莓汁中的水果香气，并增加乳制品甜点中水果和叶子的香气范围。这种效应通常被解释为一致的香气-滋味相互作用的心理效应的结果，在某些情况下可以用物理化学效应来解释，据报道，蔗糖的存在会增加溶液中挥发物的释放。

三、降低蔗糖含量的多感官整合原则

不使用NNS也可以减少蔗糖。多感官整合原则的使用是一种有效的方法，其中增强其他感觉可以增强感知的甜味。

(1) 气味　Frank和Byram等研究表明，当气味(通过之前的接触)与甜味产品联系在一起时，会增加食物的甜味强度。受试者被要求对有和没有草莓气味的鲜奶油的甜味强度进行评分(测试了不同蔗糖水平的鲜奶油)，发现草莓气味增加了最大甜味强度和持续时间。受试者随后对有无花生酱气味的鲜奶油进行甜味评分(测试了相同系列不同蔗糖水平的鲜奶油)，发现甜味评分没有变化。最后，受试者对有和没有草莓气味的鲜奶油进行了咸度评分

（测试了不同氯化钠水平下的鲜奶油），发现咸度没有差异。Frank 等也用蔗糖溶液中的草莓香气重复了甜味增强的效果。Stevenson 等使用了具有更广泛气味的蔗糖溶液（15 种气味）。发现甜味食物香气（例如，焦糖、草莓）增强甜味强度，而非食物香气抑制甜味强度（例如，当归油）。

这种效应背后的机制被认为是通过学习和将甜味的感知与特定的产品联系起来而发生的，因为大脑中的味觉－嗅觉整合依赖于以前对味觉－嗅觉组合的经验。味觉物质和嗅觉物质都被证明会在大脑的某些区域产生重叠激活。对于不同的气味，使用与甜味相关的香气来增强甜味的程度会有所不同。Tournier 等证明，用苯甲醛调味的蛋羹甜点（杏仁香气）的甜味增强作用大于用己酸烯丙酯调味的蛋羹甜点（菠萝香气）。对于食品制造商来说，使用香料作为降糖工具是一种实用可行的选择，相对容易实现。然而，与 NNS 的方法相比，降低糖含量的幅度较小。这一领域的大多数研究都研究了甜味的增强，然而最近的一些研究也研究了降低糖含量以保持甜味水平。Alcaire 等证明，在不影响甜度的情况下，通过向无糖牛乳甜点中添加香草香精，蔗糖减少了 30% ~40%。

（2）色泽　在目前的文献中，颜色对甜度的影响尚不清楚。一些研究表明，特定的颜色或颜色的深浅会改变甜度，而其他研究报告没有显著影响。Johnson 和 Clydesdale 观察到深色蔗糖溶液的甜度比浅色蔗糖溶液的甜度高，而 Frank 等表明，红色对蔗糖溶液的甜度没有影响，Alley 等报告说，颜色（红色、蓝色、黄色、绿色和无色对照）对蔗糖溶液和含蔗糖的明胶凝胶的甜度没有显著影响。Lavin 和 Lawless 表明，在阿斯巴甜溶液中，与成人的浅红色相比，暗红色增加了甜味强度，但在儿童中没有看到相同的效果。在阿斯巴甜溶液中，与深绿色相比，浅绿色增加了成人的甜味等级，但同样，在儿童中没有看到相同的效果。Bayarri 等通过添加着色剂而不改变组合物的任何其他方面，研究了颜色对果汁甜味和风味感知的影响。颜色只影响橙汁的甜度，而影响猕猴桃、浆果或桃汁的甜度。

颜色变化导致的甜度增加很可能是先前产品体验的结果，就像香气增强甜度一样。Spence 等回顾了颜色对滋味和滋味感知的影响这一更广泛的问题，并得出结论，虽然颜色已被确凿地证明会影响滋味识别，但颜色对滋味强度和滋味强度的影响尚不明确。在食品工业中应用颜色来降低蔗糖含量是有限的，但是在特定的产品颜色组合中，它仍然可以有效地实现蔗糖的少量降低。

（3）其他　也可能存在其他途径来改变对产品的期望和关联，以改变甜味。Woods 等证明，甜味强度可以通过改变果汁甜味水平的描述（标签）来增加。作者表明，这种对期望的操纵直接影响了初级味觉皮层的激活。通过改变食品第一口的味觉体验，也可以修改后续口的味觉强度。LeBerrre 等在冰淇淋棒中显示了这种苦味效果，Dijksterhuis 等在三明治中显示了类似的咸味效果。

四、降低蔗糖含量的食物结构方法

食品结构领域的进步也提供了在不使用 NNS 的情况下降低食品中蔗糖含量的新方法。这些技术包括不均匀分布蔗糖、改变断裂力学和改变食物结构中的风味物质释放。

（1）味觉受体的不连续刺激（味觉不均匀性）　甜味增强的最新进展之一是基于味觉受体的不连续刺激。这项工作始于使用脉冲式输送增味溶液，通过小管直接进入口腔，其中促使刺激的“开－关”性质与以恒定速率输送相同量的增味剂相比，可提高味觉的强度。这项技术随后通过不均匀分配蔗糖应用于固体食物结构。大多数研究都是在琼脂和明胶复合凝胶中使用蔗糖进行的。由于固体食物结构中的颗粒在咀嚼过程中尺寸减小，当组成丸剂的颗粒混合并在口腔中移动时，它们会刺激味觉受体。当固体结构包含不均匀分布的蔗糖时，一些颗粒将包含非常高浓度的接触味觉受体的蔗糖，而一些接触味觉受体的颗粒将不包含任何蔗糖。与包含均匀分布的蔗糖的固体结构相比，这产生了甜味受体的不连续刺激，并增加了甜味的感知强度，其中甜味受体的刺激是连续的。这种效应背后的原理最初是通过提高甜度而不是降低糖分来保持甜度水平的。然而，Mosca 等表明，分布不均匀的 20% 还原糖凝胶的甜度水平与均匀对照相似。因此，使用这种技术，糖减少至少 20% 似乎是可行的，并且当引入甜味和香气的不连续刺激时，糖减少可能更高。

然而，这种技术在食品工业中的应用并不直接，因为在大规模生产的食品中实现口味的不均匀分布对于某些产品来说是困难的，并且对于一些制造商来说，可能需要在工艺重新设计方面进行大量投资。这项技术可能更容易应用于固体食品，而不是饮料或半固体。

（2）血清释放的修饰　另一种有可能增强甜味感觉和降低固体食品中蔗糖含量的技术是通过改变固体食品结构中释放的血清或液体。咀嚼过程中从结构中释放的含有溶解蔗糖的更大量的流体可以增加传递到甜味受体的蔗糖的量。Sala 等通过混合乳清蛋白分离物/结冷胶凝胶的开发证明了这一原理。这项工作涉及改变凝胶的组成，以开发具有非常相似的大变形结构特性但血清释放不同的结构。感官测试显示，血清的增加提高了甜度，其中 12% 血清释放的凝胶的甜度与仅显示 2% 血清释放但蔗糖浓度高 30% 的凝胶相同。

这种技术对于食品制造商来说也具有采用的潜力，并且通过对水胶体的操作，在具有高含水量的半固体食品中大规模实现这种技术可能相对容易。然而，改变血清释放可能会对口感和质地的可接受性产生负面影响。此外，应用还可能局限于含水量较低的干燥产品。

（3）断裂力学的改进（口腔加工过程中颗粒尺寸的减小）　咀嚼过程中改变颗粒分解的速度也会影响甜味的感知。Sala 和 Stieger 研究了改变含 6% 蔗糖（重量）的琼脂－明胶－油复合凝胶的断裂力学的影响。通过改变琼脂－明胶比例和改变凝胶中油滴的粒径来改变凝胶的断裂性能，这实现了断裂应变和杨氏模量的差异，从而导致咀嚼过程中不同的粒径减小速率（脆性的差异）。结果表明，最脆凝胶的最大甜度是最不脆凝胶的两倍，在不到一半的时间内达到最大甜度。然而，在最大强度后测得的甜度在凝胶结构之间没有差异。作者得出结论，由于不同结构之间表面积的产生不同，颗粒分解的速率影响蔗糖的释放速率。在蔗糖不均匀分布以提高甜度的凝胶系统中，Mosca 等发现断裂力学的修改对甜度有更显著的影响。咀嚼过程中，具有较低断裂应力和断裂应变的更脆凝胶的尺寸减小得更快，导致味觉受体更快的不连续刺激，从而增加了感知的甜味强度。

对食品制造商来说，通过改变配方或工艺来改变食品的断裂力学或脆性是一项相对简单的任务。然而，使用这种方法仅提高了最大甜度，并且通过这种方法对质地的可接受性的影响可能是显著的，使得这种方法不太可能被许多制造商采用。此外，使用这种技术的感官测试只检测了甜味的增强，使用断裂力学的变化来保持还原糖结构中的甜味水平尚未得到评估。

（4）黏性　虽然上面所述的利用食品结构的发展来提高甜度的潜力主要涉及固体食品，但也存在通过降低饮料和半固体产品的黏度或固体含量来提高甜度的能力。一般来说，饮料黏度的增加会降低糖溶液的甜度。这种效应已在各种水胶体中得到证实，如羧甲基纤维素、羟丙基甲基纤维素、瓜尔胶和卡拉胶。这种现象归因于食物系统中的水状胶体或其他固体减缓了蔗糖从食物或饮料向唾液中的传质，从而与味觉受体接触。

然而，通过改变饮料的口感，降低黏度可能再次对一些产品的消费者可接受性产生负面影响。因此，需要考虑在尽量减少甜味抑制的同时增加黏度的方法。仔细选择合适的亲水胶体可以实现这一点。Mälkki、Heiniö 和 Autio 观察到在蔗糖、果糖和阿斯巴甜溶液中加入燕麦胶、瓜尔豆胶和羧甲基纤维素后甜度降低，但也发现增稠剂的类型对甜度的影响大于黏度。Arancibia、Costell 和 Bayarri 表明，用相同的蔗糖含量和黏度配制的乳制品甜点，但用不同的增稠剂配制，可以产生不同的甜味强度。这种效应可能是由于不同的增稠剂影响蔗糖从食品中释放到唾液中的速度。据报道，与其他树胶相比，使用玉米淀粉作为增稠剂也限制了甜味的抑制。同样，这可能是由于影响蔗糖向味觉受体传递的树胶结构的差异，但也可能是由于在口中食用期间淀粉被 α-淀粉酶水解成糖的结果。Alcaire 等报告说，添加淀粉甚至可以增加香草牛乳甜点的甜度。

五、结论

健康机构和政府正呼吁减少食品和饮料中添加的糖，以应对将糖摄入与肥胖联系起来的流行病学证据。然而，人造食品中的还原糖并不像仅仅去除糖那么简单，因为糖在体内和食物中具有多种功能。糖通过与口腔和胃肠道味觉受体细胞上的 TIR2/T1R3 二聚体受体结合，在这些位置触发功能反应，并向大脑发出信号，从而在食物中传递甜味。此外，糖对质地和风味至关重要，因此在不影响感官知觉的情况下降低糖含量对食品制造商来说是一个技术难题。感官和消费者科学家有责任评估消费者对无糖食品的反应。在实验心理学和行为科学的基础上，可以通过各种不同的感官方法来评估降糖食品感官特性的变化。

糖替代品的使用，特别是 NNS 糖、糖醇和纤维是显著降低糖含量的最有效工具，然而复制蔗糖的特性是困难的，苦味和不同的时间特性是常见的问题，质地问题也是常见的。糖替代品对饱腹感的影响也不同于糖，糖可能会对产品的长期接受性产生负面影响。多感官整合原则，特别是香气的使用，可以在一定程度上降低糖含量，但是蔗糖的可能降低水平比糖替代品要小。食品结构领域的创新，虽然蔗糖的不均匀性、断裂力学的改变、血清释放和黏度为糖的减少提供了新的途径，但这种方法很难大规模实现，而且与糖的替代品相比，减少的幅度也相对较小。在实验室环境中，逐步减少糖分已被证明具有潜力，但是这种方法的长期有效性尚不清楚（即对重复接受或重复购买的影响）。此外，如果食品工业采用逐渐降低糖来调整可接受的消费者甜度水平的方法，所有其他降低糖的策略（保持产品的甜度水平）可能会与此相反。

食品行业正在认识到自己在降低糖含量方面的作用，许多公司都设定了降低某些产品类别的目标。降低食品和饮料中添加糖的整体方法可能是食品行业最有效的前进方向。一些降糖策略将适用于某些产品和消费群体，而不适用于其他产品和消费群体。然而，在不改变感官知觉的情况下大幅降低任何一种食物中的糖含量都是一项极具挑战性的技术任务。也许最好的方法是使用本文中概述的多种策略，在不损害消费者对高消费食品的接受度的情况下，少量减少糖分。在高消费产品中，即使相对少量的糖减少也会带来显著的人群健康益处。

第四节　风味对减油的影响

一、 油脂的特性

油脂是人类膳食中重要的营养素之一，也是身体主要的能量来源，它与我们的生活密不可分。其主要功能有以下几个方面：①为人体提供热量。油脂所产生的热量约为等量的蛋白质或碳水化合物的 2 倍多，它是膳食中热量的重要来源；②提供了人体必需而又无法自身合成的必需脂肪酸（如亚油酸、亚麻酸等）；③是脂溶性维生素（维生素 A、维生素 D、维生素 E、维生素 K 等）的重要来源，并促进它们的消化与吸收；④在食品制作过程中，也起着十分重要的作用。

二、 减油系统中口腔质地、 味道和香味的微观结构控制

与脂肪相关的感官知觉和消费者对食品的喜好通常与脂肪水平没有一对一的关系。这意味着脂肪参与了物理和/或感知机制，这些机制也可能受到独立于脂肪水平的参数的影响。需要控制这些参数，以补偿由于脂肪减少而产生的不良影响。为了以消费者可感知的方式实现后者，已经对口腔物理特性进行了识别、建模、测量和验证，这些特性主导了脂肪和脂肪替代系统的感官感知和偏好。人们发现，用蛋黄酱（尝起来是这样的）获得的感官反应要素与口腔崩解效率和粘度效应有关，面包上的涂抹与融化、水分释放、油质量运输和润滑有关。模型和机械理解允许根据物理产品特性预测感官和/或消费者反应，以及通过微观结构控制识别高级脂肪替代品。许多系统中脂肪水平和微观结构的变化也以一种组合的、同时的和不可分割的方式影响质地和滋味/香气。

脂肪含量降低的感官效果在许多常见的食品中发挥作用，如涂抹酱［低脂肪（40%）和极低脂肪（25%）］、奶油替代品、酱料/调料、冰淇淋和乳制品涂抹酱等。为了控制这些影响中与消费者相关的部分，已经提出了一个商业模型。在这个模型中，物理和化学产品属性（在第 1 级量化）与消费者选择（在第 5 级量化）通过识别和量化中间级别的相关关系和影响相关。我们开发了一种实现后者的方法：综合感官（或消费者）反应建模（ISRM）。在这一章中，这种方法及其结果将被描述和说明，使用的例子来自于对食物中脂肪减少的研究，集中在蛋黄酱和面包上的涂抹食品。

关于商业模式中不同层次的解释：

第 1 级属性是在口头处理之前量化的物理和化学产品属性。它们是成分（包括脂肪水平）、加工和储存条件的微观结构函数。

在第 2 级，研究第 1 级的这些物理和化学性质与第 3 级的感觉性质之间的关系机制：口腔物理水平。这里，像口腔变形性、颗粒大小、香气释放和咀嚼参数这样的特性被量化。

在第 3 级，感官特性被量化，通常是经过训练的感官小组的平均结果。

在第 4 级，对固定环境中的产品喜好进行量化，或者针对所有消费者的平均值，或者针对每部分消费者的平均值，甚至针对每个消费者。

在第5级，衡量重复的产品选择，这是最相关的业务参数。

微观结构控制从控制1级属性开始，在适当的条件下，还将控制业务模型中更高级别的属性。根据关键条件，控制可能扩展到2级、3级，或者理想情况下甚至扩展到5级。对这些关键条件的洞察源自ISRM方法的结果，因为它在数学等式中提供了感官属性或喜好的一整套物理/化学驱动因素，并且还识别了不太相关的影响。在商业模式的较高层次上，通过将较低层次上量化的效果与其他消费者影响参数（如环境、预期、成本和营销）相结合，可以获得额外的洞察力。最终，在第5级，给定市场主张的所有要素的相对重要性（主导地位）将共同定义微观结构控制的范围。

（1）生理可变性　很明显，口腔物理性质（2级）将是口腔前产品性质（1级）的函数。然而，必须认识到，口腔处理器的设置也将影响第二级特性：例如咀嚼和唾液产生速率、咀嚼次数、口腔变形力的大小和分布以及淀粉酶活性。由于在这些口腔环境中存在很大的个体差异，因此可以预期，即使提供给一组个体的食品在其物理和化学性质方面已经被很好地定义，在消费过程中形成的物理现实将在个体之间表现出相当大的可变性。这种源自单一食品的物理可变性可能导致感官测试中经常遇到的感官可变性。因此，需要一种统计方法来从与物理/化学产品特性相关的感官结果中得出科学相关的见解，并识别和验证微结构控制的选项。

（2）多模态交互　特别是在口腔物理学的水平上，食物微观结构在控制物理和化学实体（刺激）的口腔递送中起着至关重要的作用，这将触发口腔受体，使得质地和滋味/香气在消费个体的大脑中成为可感知的现实。在许多将物理特性与感官特性联系起来的研究中，遇到了多模态相互作用，如质地或颜色对滋味/香气感知的影响。这些相互作用的一部分将是口腔物理学的直接结果，并且可以通过在商业模式中的第二层操作的微观结构效应来控制。相互作用的另一部分（例如，颜色对质地或香气感知的影响）有一个在感官3级有效的心理关联基础，因此在更高的级别也有潜在的影响。在我们确定显微组织控制范围的研究中，也考虑了其中一些因素。

三、综合感官（或消费者）反应建模（ISRM）

在上述中介绍的这种方法，已经被用于识别支配消费者相关的减脂感官效果的物理特性。食用测试条件要么不包括咀嚼（如对涂抹酱、蛋黄酱、调料、酱和软质干酪的研究），要么包括咀嚼（如对肉类、谷类、蔬菜、硬质干酪、牛角面包、鱼手指和面包或烤面包上的涂抹酱的研究）。在这一章中，将给出不咀嚼蛋黄酱的以色列研究和包括咀嚼面包涂抹酱在内的ISRM研究的例子。

咀嚼可以表达脂肪在口腔过程中与感知相关的物理效应，这些效应是在不咀嚼时表达的物理效应之外的。这些影响可能发生在产品和消费者层面。在产品层面，可以举一个例子来说明断裂对面包片或面食的机械和润滑作用。这些效果可以通过涂在面包上的涂抹酱或与意大利面混合使用的调味汁中的脂肪含量来改善。例如，它们是与口腔乳化相关的作用的补充，该作用也在不咀嚼的情况下发生。在消费者层面，个别咀嚼特性会导致物理效应的变化，如剪切速率和变形力。根据定义，这些仅在咀嚼过程中起作用和相关，并且是在不咀嚼的情况下发生的与消费者相关的唾液流动的物理效应之外的。选择ISRM研究所需的物理方法时，需要仔细考虑消费者在日常实际使用我们的食物时所产生的物理效应。

ISRM 方法应用以下一般步骤：

（1）识别与消费者相关的脂肪替代的感官效果；

（2）对与进食过程中的口腔过程相关的食品物理进行定性分析；

（3）确定/定义可用于描述这些食品物理特性的物理食品属性；

（4）使用仪器方法和/或原理模型开发量化这些物理特性的方法；

（5）对各种相关产品进行物理、感官和（如有可能）偏好测量，使产品在物理和感官空间均匀分布；

（6）使用统计定量模型将测量的感官和/或偏好属性与测量的物理属性联系起来，从这一分析中得出那些对所研究的感官或偏好特性来说似乎是最主要的、操作上相关的和可预测的物理特性；

（7）微调并验证使用独立测量发现的模型。

四、结论

已经开发了一种方法，在商业模型的背景下，研究低脂肪产品的感官感知和消费者接受度。这种方法，综合感官（或消费者）反应建模（ISRM），提供了洞察条件下微观结构控制的消费者相关的感官知觉是可行的。它确定了感官知觉或消费者喜好的物理/化学驱动因素，并相对于感官知觉或喜好的其他实际影响，量化了这些驱动物理/化学特性的微观结构控制效果。该方法还为研究中支配感觉反应的口腔过程的机械理解提供了假说或支持性证据。

物理特性已经被识别、建模、测量和验证，这些物理特性支配着蛋黄酱和面包涂抹料中脂肪和脂肪替代系统的感官感知和喜好。研究发现，蛋黄酱（尝起来如此）的感官反应要素与口腔崩解效率和黏度效应有关，面包上的涂抹酱与融化、水分释放、油质量运输和润滑有关。

模型和机械理解允许根据物理产品特性预测感官和/或消费者反应，以及通过微观结构控制识别高级脂肪替代品。许多系统中脂肪水平和微观结构的变化以一种组合的、同时的和不可分割的方式影响质地和滋味/香气。

思考题

1. 什么是饱腹感？气味、滋味与饱腹感有何关系？

2. 什么是三减？风味与三减有何关系？

3. 简述增味剂（flavor enhancer）与减盐的关系？或者是如何从增味剂的角度做到“减盐不减咸”？

参考文献

［1］李迎楠，刘文营，张顺亮，等．牛骨咸味肽氨基酸分析及在模拟加工条件下功能稳定性分析［J］．肉类研究，2016，30（1）：11－14.

［2］李迎楠，刘文营，张顺亮，等．色谱纯化和质谱分析法研究牛骨源咸味肽［J］．肉类研究，2016，30（3）：25－28.

［3］刘贺，章启鹏，徐婧婷，等．减盐相关产品研究进展及开发现状［J］．中国调味品，2017，42（11）：175－180.

［4］田红玉，陈海涛，孙宝国．食品香料香精发展趋势［J］．食品科学技术学报，2018，36（2）：1－11.

［5］郑淑容．我国居民油脂摄入现状及对健康的影响［J］．中国食物与营养，2012，18（9）：84－88.

［6］Aburto N J，Ziolkovska A，Hooper L，et al. Effect of lower sodium intake on health：systematic review and meta－analyses［J］. *British Medical Journal*，2013，346：f1326.

［7］Albuquerque T G，Santos J，Silva M A，et al. An update on processed foods Relationship between salt，saturated and trans fatty acids contents［J］. *Food Chemistry*，2018（267）：2018.

［8］Alcaire，F.，L. Antúnez，L. Vidal，A. Giménez，and G. Ares. Aroma－related cross－modal interactions for sugar reduction in milk desserts：Influence on consumer perception［J］. *Food Research International*，2017，97：45－50.

［9］Alim A，Song HL，Liu Y，et al. Research of beef－meaty aroma compounds from yeast extract using carbon module labeling（CAMOLA）technique［J］. *LWT－Food Science and Technology*，2019，112：108239.

［10］Alim A，Yang C，Song HL，et al. The behavior of umami components in thermally treated yeast extract［J］. *Food Research International*，2019，120：534－543.

［11］Anderson GH，Fabek H，Akilen R，Chatterjee D and Kubant R. Acute effects of monosodium glutamate addition to whey protein on appetite，food intake，blood glucose，insulin and gut hormones in healthy young men［J］. *Appetite*，2018，120，92－99.

［12］Anton SD，Martin CK，Han H，Coulon S，Cefalu WT，Geiselman P and Williamson DA. Effects of stevia，aspartame，and sucrose on food intake，satiety，and postprandial glucose and insulin levels［J］. *Appetite*，2010，55，37－43.

［13］Antúnez L，Giménez A，Alcaire F，et al. Consumer perception of salt－reduced breads Comparison of single and two－bites evaluation［J］. *Food Research International*，2017，100：254－259.

［14］Antúnez L，Giménez A，Alcaire F，et al. Consumers heterogeneity towards salt reduction Insights from a case study［J］. *Food Research International*，2019，121：48－56.

［15］Appel L J，Anderson C A M. Compelling Evidence for Public Health Action to Reduce Salt Intake［J］. *The New England Journal of Medicine*，2010，7（362）：650－652.

［16］Arancibia，C.，E. Costell，and S. Bayarri. Impact of structural differences on perceived sweetness in semisolid dairy matrices［J］. *Journal of Texture Studies*，2013，44（5）：346－56.

［17］Bachmanov AA and Beauchamp GK. Taste receptor genes［J］. *Annual Review of Nutrition*，2007，27，389－414.

［18］Baldwin，E. A.，K. Goodner，and A. Plotto. Interaction of volatiles，sugars，and acids on perception of tomato aroma and flavor descriptors［J］. *Journal of Food Science*，2008，73（6）：S294－S307.

［19］Barbieri G，Barbieri G，Bergamaschi M，et al. Reduction of NaCl in cooked ham by modification of the cooking process and addition of seaweed extract（*Palmaria palmata*）［J］. *LWT－Food*

Science and Technology, 2016, 73: 700 - 706.

[20] Batenburg M, van der Velden R. Saltiness Enhancement by Savory Aroma Compounds [J]. *Journal of Food Science*, 2011, 76 (5): S280 - S288.

[21] Belc N, Smeu I, Macri A, et al. Reformulating foods to meet current scientific knowledge about salt, sugar and fats [J]. *Trends in Food Science & Technology*, 2019, 84: 25 - 28.

[22] Bellisle F and Drewnowski A. Intense sweeteners, energy intake and the control of body weight [J]. *European Journal of Clinical Nutrition*, 2007, 61, 691 - 700.

[23] Beulah P, Schönfeldt H C. The contribution of processed pork meat products to total salt intake in the diet [J]. *Food Chemistry*, 2016, 238: 139 - 145.

[24] Bezen, con, C., J. Le Coutre, and S. Damak. Taste - signaling proteins are coexpressed in solitary intestinal epithelial cells [J]. *Chemical Sense*, 2007, 32 (1): 41 - 49.

[25] Bobillo C, Finlayson G, Martinez A, Fischman D, Beneitez A, Ferrero AJ, Fernandez BE and Mayer MA. Short - term effects of a green coffee extract -, Garcinia c ambogia - and L - carnitine - containing chewing gum on snack intake and appetite regulation [J]. *European Journal of Nutrition*, 2018, 57, 607 - 615.

[26] Boer A, Boesveldt S and Lawlor JB. How sweetness intensity and thickness of an oral nutritional supplement affects intake and satiety [J]. *Food Quality and Preference*, 2019, 71, 406 - 414.

[27] Bolhuis DP, Lakemond CM, Wijk RA, Luning PA and Graaf C. Effect of salt intensity on adlibitum intake of tomato soup similar in palatability and on salt preference after consumption [J]. *Chemical Senses*, 2010, 35, 789 - 799.

[28] Bolhuis DP, Lakemond CM, Wijk RA, Luning PA and Graaf C. Effect of salt intensity in soup on ad libitum intake and on subsequent food choice [J]. *Appetite*, 2012, 58, 48 - 55.

[29] Brondel L, Romer M, Van Wymelbeke V, Pineau N, Jiang T, Hanus C and Rigaud D. Variety enhances food intake in humans: role of sensory - specific satiety [J]. *Physiology & Behavior*, 2009, 97, 44 - 51.

[30] Brunstrom JM, Brown S, Hinton EC, Rogers PJ and Fay SH. 'Expected satiety' changes hunger and fullness in the inter - meal interval [J]. *Appetite*, 2011, 56, 310 - 315.

[31] Burseg, K. M. M., S. Camacho, J. Knoop, and J. H. F. Bult. Sweet taste intensity is enhanced by temporal fluctuation of aroma and taste, and depends on phase shift [J]. *Physiology & Behavior*, 101 (5): 726 - 30.

[32] Busch J L H C, Yong F Y S, Goh S M. Sodium reduction: Optimizing product composition and structure towards increasing saltiness perception [J]. *Trends in Food Science & Technology*, 2013, 29 (1): 21 - 34.

[33] Buyukkestelli H I, El S N. Preparation and characterization of double emulsions for saltiness enhancement by inhomogeneous spatial distribution of sodium chloride [J]. *LWT - Food Science and Technology*, 2019, 101: 229 - 235.

[34] Campbell N R C, Johnson J A, Campbell T S. Sodium Consumption An Individual's Choice? [J]. *International Journal of Hypertension*, 2012, 2012: 1 - 6.

[35] Carter BE, Monsivais P, Perrigue MM and Drewnowski A. Supplementing chicken broth with monosodium glutamate reduces hunger and desire to snack but does not affect energy intake in women [J]. *British Journal of Nutrition*, 2011, 106, 1441 - 1448.

[36] Chandrashekar J, Kuhn C, Oka Y, et al. The cells and peripheral representation of sodium taste in mice [J]. *Nature*, 2010, 464 (7286): 297 - 301.

[37] Chiu N, Tarrega A, Parmenter C, et al. Optimisation of octinyl succinic anhydride starch stablised w1ow2 emulsions for oral destablisation of encapsulated salt and enhanced saltiness [J]. *Food Hydrocolloids*, 2017, 69: 450 - 458.

[38] Chiu N, Hewson L, Yang N, et al. Controlling salt and aroma perception through the inclusion of air fillers [J]. *LWT - Food Science and Technology*, 2015, 63: 65 - 70.

[39] Chokumnoyporn N, Sriwattana S, Phimolsiripol Y, et al. Soy sauce odour induces and enhances saltiness perception [J]. *International Journal of Food Science & Technology*, 2015, 50 (10): 2215 - 2221.

[40] Chokumnoyporn N, Sriwattana S, Prinyawiwatkul W. Saltiness enhancement of oil roasted peanuts induced by foam - mat salt and soy sauce odour [J]. *International Journal of Food Science & Technology*, 2016, 51 (4): 978 - 985.

[41] Delwiche, J. The impact of perceptual interactions on perceived flavor [J]. *Food Quality and Preference*, 2004, 15 (2): 137 - 46.

[42] de Almeida Paula D, de Oliveira E B, de Carvalho Teixeira A V N, et al. Double emulsions (WOW) physical characteristics and perceived intensity of salty taste [J]. *International Journal of Food Science and Technology*, 2018, 53: 475 - 483.

[43] DeSimone J A, Lyall V. Taste Receptors in the Gastrointestinal Tract Ⅲ. Salty and sour taste sensing of sodium and protons by the tongue [J]. *American Physiological Society*, 2019, 6 (291): G1005 - G1010.

[44] Devanthi P V P, Linforth R, El Kadri H, et al. Water - in - oil - in - water double emulsion for the delivery of starter cultures in reduced - salt moromi fermentation of soy sauce [J]. *Food Chemistry*, 2018, 257: 243 - 251.

[45] Dhillon J, Running CA, Tucker RM and Mattes RD. Effects of food form on appetite and energy balance [J]. *Food Quality and Preference*, 2016, 48, 368 - 375.

[46] Dijksterhuis G, Boucon C, Le Berre E. Increasing saltiness perception through perceptual constancy created by expectation [J]. *Food Quality and Preference*, 2014, 34: 24 - 28.

[47] Dijksterhuis, G., C. Boucon, and E. Le Berre. Increasing saltiness perception through perceptual constancy created by expectation [J]. *Food Quality and Preference*, 2014, 34: 24 - 28.

[48] Diler G, Le - Bail A, Chevallier S. Salt reduction in sheeted dough A successful technological approach [J]. *Food Research International*, 2016, 88: 10 - 15.

[49] DiMeglio DP and Mattes RD. Liquid versus solid carbohydrate: effects on food intake and body weight [J]. *International Journal of Obesity*, 2000, 24, 794 - 800.

[50] Dixit Y, Casado - Gavalda M P, Cama - Moncunill R, et al. Introduction to laser induced breakdown spectroscopy imaging in food Salt diffusion in meat [J]. *Journal of Food Engineer-*

ing, 2018, 216: 120 - 124.

[51] Djordjevic J, Zatorre RJ and Jones - Gotman M. Odor - induced changes in taste perception [J] . *Experimental Brain Research*, 2004, 159, 405 - 408.

[52] Dos Santos B A, Campagnol P C B, Morgano M A, et al. Monosodium glutamate, disodium inosinate, disodium guanylate, lysine and taurine improve the sensory quality of fermented cooked sausages with 50% and 75% replacement of NaCl with KCl [J] . *Meat Science*, 2014, 96 (1): 509 - 513.

[53] Dötsch M, Busch J, Batenburg M, et al. Strategies to Reduce Sodium Consumption A Food Industry Perspective [J] . *Critical Reviews in Food Science and Nutrition*, 2009, 10 (49): 841 - 851.

[54] Douglas SM, Byers AW, Leidy HJ. Habitual breakfast patterns do not influence appetite and satiety responses in normal vs. high - protein breakfasts in overweight adolescent girls [J] . *Nutrients*, 2019, 11.

[55] Downs S M, Christoforou A, Snowdon W, et al. Setting targets for salt levels in foods A five - step approach for low - and middle - income countries [J] . *Food Policy*, 2015, 55: 101 - 108.

[56] Farhat G, Berset V, Moore L. Effects of stevia extract on postprandial glucose response, satiety and energy intake: a three - arm crossover trial [J] . *Nutrients*, 2019, 11.

[57] Finlayson G, Bordes I, Griffioen - Roose S, Graaf C and Blundell JE. Susceptibility to overeating affects the impact of savory or sweet drinks on satiation, reward, and food intake in nonobese women [J] . *Journal of Nutrition*, 2012, 142, 125 - 130.

[58] Fiszman S and Varela P. The role of gums in satiety/satiation, a review [J] . *Food Hydrocolloids*, 2013, 32, 147 - 154.

[59] Fiszman S and Varela P. The satiating mechanisms of major food constituents - an aid to rational food design [J] . *Trends in Food Science & Technology*, 2013, 32, 43 - 50.

[60] Fogel A, Goh AT, Fries LR, Sadananthan SA, Velan SS, Michael N, Tint MT, Fortier MV, Chan MJ, Toh JY, Chong YS, Tan KH, Yap F, Shek LP, Meaney MJ, Broekman BFP, Lee YS, Godfrey KM, Chong MFF and Forde CG. Faster eating rates are associated with higher energy intakes during an ad libitum meal, higher BMI and greater adiposity among 4. 5 - year - old children: results from the Growing Up in Singapore Towards Healthy Outcomes (GUSTO) cohort [J] . *British Journal of Nutrition*, 2017, 117, 1042 - 1051.

[61] Forde CG. From perception to ingestion; the role of sensory properties in energy selection, eating behaviour and food intake [J] . *Food Quality and Preference*, 2018, 66, 171 - 177.

[62] Gębski J, Jezewska - Zychowicz M, Szlachciuk J, et al. Impact of nutritional claims on consumer preferences for bread with varied fiber and salt content [J] . *Food Quality & Preference*, 2019, 76: 91 - 99.

[63] Gao X, Zhang J, Liu E, et al. Enhancing the taste of raw soy sauce using low intensity ultrasound treatment during moromi fermentation [J] . *Food Chemistry*, 2019, 298: 124928.

[64] Gao X, Zhang J, Regenstein J M, et al. Characterization of taste and aroma compounds in Tianyou, a traditional fermented wheat flour condiment [J] . *Food Research International*, 2018,

106: 156 – 163.

[65] Giuseppe F, Karin H, Steven G S, et al. Dietary salt promotes cognitive impairment through tau phosphorylation [J]. *Nature*, 2020, 574: 686 – 706.

[66] Graaf C, Schreurs A and Blauw YH. Short – term effects of different amounts of sweet and nonsweet carbohydrates on satiety and energy intake [J]. *Physiology & Behavior*, 1993, 54, 833 – 843.

[67] Graaf C. Texture and satiation: the role of oro – sensory exposure time [J]. *Physiology & Behavior*, 2012, 107, 496 – 501.

[68] Griffioen – Roose C, Hogenkamp PS, Mars M, Finlayson G and Graaf C. Taste of a 24 – h diet and its effect on subsequent food preferences and satiety [J]. *Appetite*, 2012, 59, 1 – 8.

[69] Griffioen – Roose S, Finlayson G, Mars M, Blundell JE and Graaf C. Measuring food reward and the transfer effect of sensory specific satiety [J]. *Appetite*, 2010, 55, 648 – 655.

[70] Griffioen – Roose S, Mars M, GFinlayson, Blundell JE and Graaf C. Satiation due to equally palatable sweet and savory meals does not differ in normal weight young adults [J]. *Journal of Nutrition*, 2009, 139, 2093 – 2098.

[71] Haase L, Cerf – Ducastel B and Murphy C. Cortical activation in response to pure taste stimuli during the physiological states of hunger and satiety [J]. *Neuroimage*, 2009, 44, 1008 – 1021.

[72] Hardikar S, Wallroth R, Villringer A and Ohla K. Shorter – lived neural taste representations in obese compared to lean individuals [J]. *Scientific Reports*, 2018, 8, 11027.

[73] Havermans RC, Siep N and Jansen A. Sensory – specific satiety is impervious to the tasting of other foods with its assessment [J]. *Appetite*, 2010, 55, 196 – 200.

[74] Havermans RC. Stimulus specificity but no dishabituation of sensory – specific satiety [J]. *Appetite*, 2012, 58, 852 – 855.

[75] Houchins JA, Burgess JR, Campbell WW, Daniel JR, Ferruzzi MG, McCabe GP and Mattes RD. Beverage vs. solid fruits and vegetables: effects on energy intake and body weight [J]. *Obesity (Silver Spring)*, 2012, 20, 1844 – 1850.

[76] Hsueh C, Tsai M, Liu T. Enhancing saltiness perception using chitin nanofibers when curing tilapia fillets [J]. *LWT – Food Science and Technology*, 2017, 86: 93 – 98.

[77] Imada T, Hao SS, Torii K and Kimura E. Supplementing chicken broth with monosodium glutamate reduces energy intake from high fat and sweet snacks in middle – aged healthy women [J]. *Appetite*, 2014, 79, 158 – 165.

[78] Inguglia E S, Zhang Z, Tiwari B K, et al. Salt reduction strategies in processed meat products – A review [J]. *Trends in Food Science & Technology*, 2017, 59: 70 – 78.

[79] Jiang W, Tsai M, Liu T. Chitin nanofiber as a promising candidate for improved salty taste [J]. *LWT – Food Science and Technology*, 2017, 75: 65 – 71.

[80] Jiang Y, Gong NN and Matsunami H. Astringency: a more stringent definition [J]. *Chemical Senses*, 2014, 39, 467 – 469.

[81] Jingyuan T, Larsen DS, Ferguson LR and James BJ. The effect of textural complexity of solid foods on satiation [J]. *Physiology & Behavior*, 2016, 163, 17 – 24.

[82] Jobin K, Stumpf N E, Schwab S, et al. A high – salt diet compromises antibacterial neu-

trophil responses through hormonal perturbation [J] . *Science Translational Medicine*, 2020, 536 (12): 3850.

[83] Keast, R. S. , and J. Roper. A complex relationship among chemical concentration, detection threshold, and suprathreshold intensity of bitter compounds [J] . *Chemical Senses*, 2007, 32 (3): 245 - 253.

[84] Kojima, I. , and Y. Nakagawa. The role of the sweet taste receptor in enteroendocrine cells and pancreatic b - cells [J] . *Diabetes & Metabolism Journal*, 2011, 35 (5): 451 - 457.

[85] Kobayakawa T, Saito S, Gotow N, et al. Representation of Salty Taste Stimulus Concentrations in the Primary Gustatory Area in Humans [J] . *Chemosensory Perception*, 2008, 1 (4): 227 - 234.

[86] Kumar S, Grundeis F, Brand C, Hwang HJ, Mehnert J and Pleger B. Satiety - induced enhanced neuronal activity in the frontal operculum relates to the desire for food in the obese female brain [J] . *Experimental Brain Research*, 2018, 236, 2553 - 2562.

[87] Kuo W, Lee Y. Effect of Food Matrix on Saltiness Perception—Implications for Sodium Reduction [J] . *Comprehensive Reviews in Food Science and Food Safety*, 2014, 13 (5): 906 - 923.

[88] Laffitte A, Neiers F and Briand L. Functional roles of the sweet taste receptor in oral and extraoral tissues [J] . *Current Opinion in Clinical Nutrition and Metabolic Care*, 2014, 17, 379 - 385.

[89] Lasschuijt MP, Mars M, Stieger M, Miquel - Kergoat S, Graaf C and Smeets PAM. Comparison of oro - sensory exposure duration and intensity manipulations on satiation [J] . *Physiology & Behavior*, 2017, 176, 76 - 83.

[90] Lavin JH, French SJ and Read NW. The effect of sucrose - and aspartame - sweetened drinks on energy intake, hunger and food choice of female, moderately restrained eaters [J] . *International Journal of Obesity and Related Metabolic Disorders*, 1997, 21, 37 - 42.

[91] Lavin JH, French SJ, Ruxton CHS and Read NW. An investigation of the role of oro - sensory stimulation in sugar satiety [J] . *International Journal of Obesity*, 2002, 26, 384 - 388.

[92] Lawless HT, Horne J and Spiers W. Contrast and range effects for category, magnitude and labeled magnitude scales in judgements of sweetness intensity [J] . *Chemical Senses*, 2000, 25, 85 - 92.

[93] Lawrence G, Septier C, Achilleos C, et al. In Vivo Sodium Release and Saltiness Perception in Solid Lipoprotein Matrices. 2. Impact of Oral Parameters [J] . *Journal of Agricultural and Food Chemistry*, 2012, 60 (21): 5299 - 5306.

[94] Lawrence G, Buchin S, Achilleos C, et al. In Vivo Sodium Release and Saltiness Perception in Solid Lipoprotein Matrices. 1. Effect of Composition and Texture [J] . *Journal of Agricultural and Food Chemistry*, 2012, 60 (21): 5287 - 5298.

[95] Lawrence G, Salles C, Septier C, et al. Odour - taste interactions: A way to enhance saltiness in low - salt content solutions [J] . *Food Quality and Preference*, 2009, 20 (3): 241 - 248.

[96] Lee S, Augustine V, Zhao Y, Ebisu H, Ho B, Kong D and Oka Y. Chemosensory modulation of neural circuits for sodium appetite [J] . *Nature*, 2019, 568 (7750): 93 - 97.

[97] Leidy HJ, Apolzan JW, Mattes RD and Campbell WW. Food form and portion size affect

postprandial appetite sensations and hormonal responses in healthy, nonobese, older adults [J] . *Obesity (Silver Spring)*, 2010, 18, 293 - 299.

[98] Lethuaut, L., C. Brossard, A. Meynier, F. Rousseau, G. Llamas, B. Bousseau, and C. Genot. Sweetness and aroma perceptions in dairy desserts varying in sucrose and aroma levels and intextural agent [J] . *International Dairy Journal*, 2005, 15 (5): 485 - 93.

[99] Lima A, Dufauret M, Le Reverend B, et al. Deconstructing how the various components of emulsion creamers impact salt perception [J] . *Food Hydrocolloids*, 2018, 79: 310 - 318.

[100] Linscott T D, Lim J. Retronasal odor enhancement by salty and umami tastes [J] . *Food Quality and Preference*, 2016, 48: 1 - 10.

[101] Li T, Zhao M, Raza A, Guo JR, He TP, Zou TT, Song HL. The effect of taste and taste perception on satiation/satiety: a review [J] . *Food & Function*, 2020, 11, 2838 - 2847.

[102] LittleNA, Gregory SP and Robinson NP. Protein for satiety the direction is clear [J] . *Agro Food Industry Hi - Tech*, 2009, 20, 23 - 25.

[103] Lopez J, Kerley T, Jenkinson L, et al. Odorants from the Thermal Treatment of Hydrolyzed Mushroom Protein and Cysteine Enhance Saltiness Perception [J] . *Journal of Agricultural and Food Chemistry*, 2019, 67 (41): 11444 - 11453.

[104] Low YQ, Lacy K and Keast R. The role of sweet taste in satiation and satiety [J] . *Nutrients*, 2014, 6, 3431 - 3450.

[105] Luscombe - Marsh ND, Smeets AJ and Westerterp - Plantenga MS. The addition of monosodium glutamate and inosine monophosphate - 5 to high - protein meals: effects on satiety, and energy and macronutrient intakes [J] . *British Journal of Nutrition*, 2009, 102, 929 - 937.

[106] Mandel N and Brannon D. Sugar, perceived healthfulness, and satiety: When does a sugary preload lead people to eat more? [J] . *Appetite*, 2017, 114, 338 - 349.

[107] Manabe M. Saltiness Enhancement by the Characteristic Flavor of Dried Bonito Stock [J] . *Journal of Food Science*, 2008, 73 (6): S321 - S325.

[108] Manabe M, Ishizaki S, Yamagishi U, et al. Retronasal Odor of Dried Bonito Stock Induces Umami Taste and Improves the Palatability of Saltiness [J] . *Journal of Food Science*, 2014, 79 (9): S1769 - S1775.

[109] Masic U and Yeomans MR. Monosodium glutamate delivered in a protein - rich soup improves subsequent energy compensation [J] . *Journal of Nutrition*, 2014, 3, e15.

[110] McGee E J T, Sangakkara A R, Diosady L L. Double fortification of salt with folic acid and iodine [J] . *Journal of Food Engineering*, 2017, 198: 72 - 80.

[111] Medicine I O. *Dietary Reference Intakes for Water, Potassium, Sodium, Chloride, and Sulfate* [M] . The National Academies Press, 2005.

[112] Masic U and Yeomans MR. Umami flavor enhances appetite but also increases satiety [J] . *American Journal of Clinical Nurition*, 2014, 100, 532 - 538.

[113] McCrickerd K and Forde CG. Sensory influences on food intake control: moving beyond palatability [J] . *Obesity Reviews*, 2016, 17, 18 - 29.

[114] Merlino DJ, Blomain ES, Aing AS and Waldman SA. Gut - brain endocrine axes in weight

regulation and obesity pharmacotherapy [J] . *Journal of Clinical Medicine*, 2014, 3, 763 - 794.

[115] Mosca, A. C. , F. van de Velde, J. H. F. Bult, M. A. J. S. van Boekel, and M. Stieger. Taste enhancement in food gels: Effect of fracture proper - ties on oral breakdown, bolus formation and sweetness intensity [J] . *Food Hydrocolloids*, 2015, 43: 794 - 802.

[116] Mosca, A. C. , F. Velde v. d. , J. H. F. Bult, M. A. J. S. van Boekel, and M. Stieger. Enhancement of sweetness intensity in gels by inhomoge - neous distribution of sucrose [J] . *Food Quality and Preference*, 2010, 21 (7): 837 - 842.

[117] Mourao DM, Bressan J, Campbell WW and Mattes RD. Effects of food form on appetite and energy intake in lean and obese young adults [J] . *International Journal of Obesity*, 2007, 31, 1688 - 1695.

[118] Myers KP. Sensory - specific satiety is intact in rats made obese on a high - fat high - sugar choice diet [J] . *Appetite*, 2017, 112, 196 - 200.

[119] Nasri N, Septier C, Beno N, et al. Enhancing salty taste through odour - taste - taste interactions: Influence of odour intensity and salty tastants' nature [J] . *Food Quality and Preference*, 2013, 28 (1): 134 - 140.

[120] Nasri N, Beno N, Septier C, et al. Cross - modal interactions between taste and smell - Odour - induced saltiness enhancement depends on salt level [J] . *Food Quality and Preference*, 2011, 22: 678 - 682.

[121] Nelson, G. , M. A. Hoon, J. Chandrashekar, Y. Zhang, N. J. Ryba, and C. S. Zuker. Mammalian sweet taste receptors [J] . *Cell*, 2001, 106 (3): 381 - 390.

[122] Noel CA, Finlayson G and Dando R. Prolonged exposure to monosodium glutamate in healthy young adults decreases perceived umami taste and diminishes appetite for savory foods [J] . *Journal of Nutrition*, 2018, 148, 980 - 988.

[123] Ogasawara Y, Mochimaru S, Ueda R, et al. Preparation of an Aroma Fraction from Dried Bonito by Steam Distillation and Its Effect on Modification of Salty and Umami Taste Qualities [J] . *Journal of Food Science*, 2016, 81 (2): C308 - C316.

[124] Oka Y, Butnaru M, von Buchholtz L, et al. High salt recruits aversive taste pathways [J] . *Nature*, 2013, 494 (7438): 472 - 475.

[125] Olabi A and Lawless HT. Persistence of context effects after training and with intensity references [J] . *Journal of Food Science*, 2008, 73, S185 - 189.

[126] Parnell JA and Reimer RA. Weight loss during oligofructose supplementation is associated with decreased ghrelin and increased peptide YY in overweight and obese adults [J] . *American Journal of Clinical Nurition*, 2009, 89, 1751 - 1759.

[127] Pasqualone A, Caponio F, Pagani M A, et al. Effect of salt reduction on quality and acceptability of durum wheat bread [J] . *Food Chemistry*, 2019, 289: 575 - 581.

[128] Pepino MY and Mennella JA. Habituation to the pleasure elicited by sweetness in lean and obese women [J] . *Appetite*, 2012, 58, 800 - 805.

[129] Pepino MY, Eisenstein SA, Bischoff AN, Klein S, Moerlein SM, Perlmutter JS, Black KJ and Hershey T. Sweet dopamine: sucrose preferences relate differentially to striatal D2 re-

ceptor binding and age in obesity [J] . *Diabetes*, 2016, 65, 2618 –2623.

[130] Pfeiffer JC, Hort J. , Hollowood TA and Taylor AJ. Taste – aroma interactions in a ternary system: A model of fruitiness perception in sucrose/acid solutions [J] . *Attention*, *Perception*, & *Psychophysics*, 2006, 68 (2): 216 –27.

[131] Pineli, L. , L. A. D. Aguiar, A. Fiusa, R. B. D. A. Botelho, R. P. Zandonadi, and L. Melo. Sensory impact of lowering sugar content in orange nectars to design healthier, low – sugar industrialized beverages [J] . *Appetite*, 2016, 96: 239 –44.

[132] Quilaqueo M, Duizer L, Aguilera J M. The morphology of salt crystals affects the perception of saltiness [J] . *Food Research International*, 2015, 76: 675 –681.

[133] Raben A, Vasilaras TH, Moller AC and Astrup A. Sucrose compared with artificial sweeteners: different effects on ad libitum food intake and body weight after 10 wk of supplementation in overweight subjects [J] . *American Journal of Clinical Nurition*, 2002, 76, 721 –729.

[134] Ramaekers MG, Boesveldt S, Gort G, Lakemond CM, Boekel MA and Luning PA. Sensory – specific appetite is affected by actively smelled food odors and remains stable over time in normal – weight women [J] . *Journal of Nutrition*, 2014, 144, 1314 –1319.

[135] Ramaekers MG, Boesveldt S, Lakemond CM, Boekel MA and Luning PA. Odors: appetizing or satiating? Development of appetite during odor exposure over time [J] . *International Journal of Obesity*, 2014, 38, 650 –656.

[136] Ramaekers MG, Luning PA, Lakemond CM, Boekel MA, Gort G and Boesveldt S. Food preference and appetite after switching between sweet and savoury odours in women [J] . *PLoS One*, 2016, 11, e0146652.

[137] Rankin KM and Marks LE. Differential context effects in taste perception. *Chemical Senses*, 1991, 16, 617 –629.

[138] Raza A, Begum N, Song HL, et al. Optimization of Headspace Solid - Phase Microextraction (HS - SPME) Parameters for the Analysis of Pyrazines in Yeast Extract via Gas Chromatography Mass Spectrometry (GC –MS) [J] . *Journal of Food Science*, 2019, 84 (8): 2031 –2041.

[139] Renwick, A. G. , and S. V. Molinary. Sweet – taste receptors, low – energy sweeteners, glucose absorption and insulin release [J] . *British Journal of Nutrition*, 2010, 104 (10): 1415 – 1420.

[140] Rios – Mera J D, Saldaña E, Cruzado – Bravo M L M, et al. Reducing the sodium content without modifying the quality of beef burgers by adding micronized salt [J] . *Food Research International*, 2019, 121: 288 –295.

[141] Rolls ET. Taste and olfactory processing in the brain and its relation to the control of eating [J] . *Critical reviews in neurobiology*, 1997, 11, 263 –287.

[142] Rolls ET. Taste, olfactory and food texture reward processing in the brain and the control of appetite [J] . *Proceedings of the Nutrition Society*, 2012, 71, 488 –501.

[143] Rolls ET. Taste, olfactory and food texture reward processing in the brain and obesity [J] . *International Journal of Obesity*, 2011, 35, 550 –561.

[144] Rolls ET. The representation of umami taste in the taste cortex [J] . *Journal of Nutri-*

tion，2000，130，960S－965S.

［145］ Rui L. Brain regulation of energy balance and body weight ［J］. *Reviews in Endocrine & Metabolic Disorders*，2013，14，387－407.

［146］ Ruijschop RM and Burgering MJM. Aroma induced satiation－possibilities to manage weight through aromas in food products ［J］. *Agro Food Industry Hi－Tech*，2007，18，37－39.

［147］ Ruijschop RM，Boelrijk AE，Graaf C and Westerterp－Plantenga MS. Retronasal aroma release and satiation：a review ［J］. *Journal of Agricultural and Food Chemistry*，2009，57，9888－9894.

［148］ Ruyter JC，Katan MB，Kuijper LD，Liem DG and Olthof MR. The effect of sugar－free versus sugar－sweetened beverages on satiety，liking and wanting：an 18 month randomized double－blind trial in children ［J］. *PLoS One*，2013，8：e78039.

［149］ Sami Damak M R K Y，Varadarajan S Z P J. Detection of sweet and umami taste in the absence of taste receptor T1R3 ［J］. *Science*，2003，301 （5634）：850－853.

［150］ Sclafani，A. Sweet taste signaling in the gut ［J］. *Proceedings of the National Academy of Sciences*，2007，104 （38）：14887－88.

［151］ Schindler A，Dunkel A，Stähler F，et al. Discovery of Salt Taste Enhancing Arginyl Dipeptides in Protein Digests and Fermented Fish Sauces by Means of a Sensomics Approach ［J］. *Journal of Agricultural and Food Chemistry*，2011，59 （23）：12578－12588.

［152］ Schifferstein HN and Frijters JE. Contextual and sequential effects on judgments of sweetness intensity ［J］. *Perception & Psychophysics*，1992，52，243－255.

［153］ Seo H，Iannilli E，Hummel C，et al. A salty－congruent odor enhances saltiness：Functional magnetic resonance imaging study ［J］. *Human Brain Mapping*，2013，34 （1）：62－76.

［154］ Small，D. M.，J. Voss，Y. E. Mak，K. B. Simmons，T. Parrish，and D. Gitel－man. Experience－dependent neural integration of taste and smell in the human brain ［J］. *Journal of Neurophysiology*，2004，92 （3）：1892－903.

［155］ Smeets A and Westerterp－Plantenga MS. Oral exposure and sensory－specific satiety ［J］. *Physiology & Behavior*，2006，89，281－286.

［156］ Sofia C，Olívia P，Pedro M，et al. Salt content in pre－packaged foods available in Portuguese market ［J］. *Food Control*，2019，106：106670.

［157］ Sorensen LB，Moller P，Flint A，Martens M and Raben A. Effect of sensory perception of foods on appetite and food intake：a review of studies on humans ［J］. *International Journal of Obesity and Related Metabolic Disorders*，2003，27，1152－1166.

［158］ Spetter MS，Smeets PA，Graaf C and Viergever MA. Representation of sweet and salty taste intensity in the brain ［J］. *Chemical Senses*，2010，35，831－840.

［159］ Spence C. Multisensory Flavor Perception ［J］. *Cell*，2015，161 （1）：24－35.

［160］ Stähler F，Riedel K，Demgensky S，et al. A role of the epithelial sodium channel in human salt taste transduction ［J］. *Chemosensory Perception*，2008，1 （1）：78－90.

［161］ Suzuki A H，Zhong H，Lee J，et al. Effect of Lipid Content on Saltiness Perception A Psychophysical Study ［J］. *Journal of Sensory Studies*，2014，29：404－412.

［162］ Syarifuddin A，C. Septier C S，Thomas－Danguin T. Reducing salt and fat while maintaining taste An approach on a model food system [J]. *Food Quality and Preference*, 2016, 48: 59-69.

[163] Tahreem Israr A R M S. Salt reduction in baked products strategies and constraints [J]. *Trends in Food Science & Technology*, 2016, 51: 98-105.

[164] Talakoub O, Paiva RR, Milosevic M, Hoexter MQ, Franco R, Alho E, Navarro J, Pereira JF, Popovic JMR, Savage C, Lopes AC, Alvarenga P, Damiani D, Teixeira MJ, Miguel EC, Fonoff ET, Batistuzzo MC and Hamani C. Lateral hypothalamic activity indicates hunger and satiety states in humans [J]. *Annals of Clinical and Translational Neurology*, 2017, 4, 897-901.

[165] Takashi Seki Y K M T. Further Study on the Salty Peptide Ornithyl-/-alanine. Some Effects of pH and Additive Ions on the Saltiness [J]. *Journal of Agricultural And Food Chemistry*, 1990, 38 (1): 25-29.

[166] Tey SL, Salleh N, Henry CJ and Forde CG. Effects of consuming preloads with different energy density and taste quality on energy intake and postprandial blood glucose [J]. *Nutrients*, 2018, 10, 161.

[167] Toda Y, Nakagita T, Hirokawa T, et al. PositiveNegative Allosteric Modulation Switching in an Umami Taste Receptor (T1R1-T1R3) by a Natural Flavor Compound, Methional [J]. *Scientific Reports*, 2018, 8 (1): 11796.

[168] Thomas-Danguin T, Lawrence G, Emorine M, et al. Strategies To Enhance Saltiness in Food Involving Cross Modal Interactions [J]. *Nursing Standard*, 2013, 8 (28): 30.

[169] Weijzen PL, Smeets PA and Graaf C. Sip size of orangeade: effects on intake and sensory-specific satiation [J]. *British Journal of Nutrition*, 2009, 102, 1091-1097.

[170] Westerterp-Plantenga MS, Lemmens SG and Westerterp KR. Dietary protein-its role insatiety, energetics, weight loss and health [J]. *British Journal of Nutrition.*, 2012, 108 Suppl 2, S105-S112.

[171] Wilde PJ. Eating for life: designing foods for appetite control [J]. *Journal of diabetes science and technology*, 2009, 3, 366-370.

[172] Wilck N, Matus M G, Kearney S M, et al. Salt-responsive gut commensal modulates TH17 axis and disease [J]. *Nature*, 2017, 551 (7682): 585-589.

[173] Wooley OW, Wooley SC and Dunham RB. Can calories be perceived and do they affect hunger in obese and nonobese humans? [J]. *Journal of comparative and physiological psychology*, 1972, 80, 250-258.

[174] Wooley SC. Physiologic versus cognitive factors in short term food regulation in the obese and nonobese [J]. *Psychosomatic medicine*, 1972, 34, 62-68.

[175] Xu X, Xu R, Song Z, et al. Identification of umami-tasting peptides from *Volvariella volvacea* using ultra performance liquid chromatography quadrupole time-of-flight mass spectrometry and sensory-guided separation techniques [J]. *Journal of Chromatography A*, 2019, 1596: 96-103.

[176] Yeomans MR and Boakes S. That smells filling: effects of pairings of odours with sweetness and thickness on odour perception and expected satiety [J]. *Food Quality and Preference*, 2016, 54, 128-136.

［177］ Yeomans MR, McCrickerd K, Brunstrom JM and Chambers L. Effects of repeated consumption on sensory – enhanced satiety ［J］. *British Journal of Nutrition*, 2014, 111, 1137 – 1144.

［178］ Zandstra E H, Lion R, Newson R S. Salt reduction Moving from consumer awareness to action ［J］. *Food Quality and Preference*, 2016, 48: 376 – 381.

［179］ Zhang J, Jin H, Zhang W, et al. Sour Sensing from the Tongue to the Brain ［J］. *Cell*, 2019, 179 (2): 392 – 402.

［180］ Zhao G Q, Zhang Y, Hoon M A, et al. The Receptors for Mammalian Sweet and Umami Taste ［J］. *Cell*, 2003, 115 (3): 255 – 266.

第十章

CHAPTER 10

食品风味化学与分析实验

实验一　固相微萃取法提取/分离食品中的挥发性物质

一、目的与要求

固相微萃取（solid－phase microextraction，SPME）是近年来国际上兴起的一项试样分析前处理新技术。与其他的样品前处理技术相比，固相萃取是目前最好的试样前处理方法之一，具有操作简单方便、具有简单、费用少、易于自动化、分析时间短、样品需要量小、无须萃取溶剂、重现性好、特别适合现场分析等特点，其装置示意图如图10－1所示。

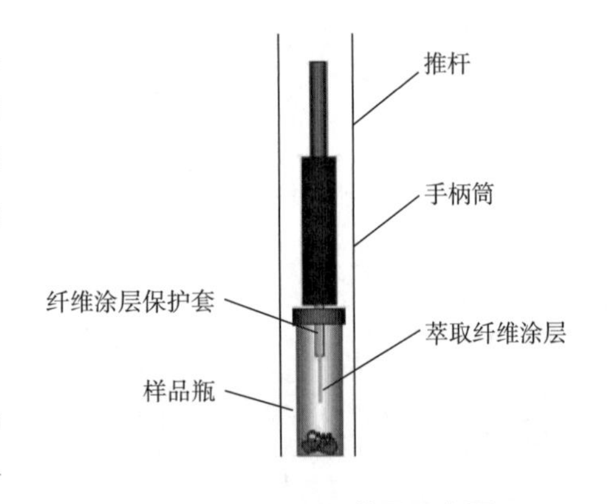

图10－1　SPME装置示意图

二、实验原理

SPME的方法原理是在密闭空间中，样品中的挥发性气味化合物在样品和其顶部空间进行分布，并在一定时间后达到浓度分布平衡。SPME法将探针上的吸附涂层置于样品的顶部空间吸附其中的挥发性化合物，经过一段时间后，使样品的挥发性化合物在顶部空间与液相涂层中重新达到浓度分配平衡，从而达到提取样品中挥发性化合物的目的。SPME法提取食品中挥发性物质的方法分为：取样、平衡、吸附、进样四个阶段。

三、实验仪器

固相微萃取针［手柄＋萃取头、萃取头一般为三相萃取头：二乙烯苯/碳分子筛/聚二甲基硅烷（DVB/CAR/PDMS）］，水浴锅，顶空瓶，电子天平。

四、 实验步骤

1. 取样

取一定量的样品于顶空瓶中（样品量一般不超过顶空瓶体积的1/3，以保证有充分空间挥发）。

根据实验要求和样品的状态（固体、液体、粉末、半固体流动态等）称取适量样品。样品置于顶空瓶后，加入已知浓度的内标，迅速旋紧瓶盖防止气味挥发。

2. 平衡

将样品放入水浴锅中平衡，平衡的温度和时间需根据样品进行优化，初次提取可选择40℃，平衡20min。温度过高可能会导致样品中气味化合物发生结构变化。

3. 吸附

在样品平衡好之后，将SPME装置插入样品瓶中，插好后下推萃取头使吸附涂层暴露在样品瓶的顶部空间吸附挥发性化合物。吸附时间同样需要优化，初次使用可以参考吸附时间30min。

需注意调节手柄上的刻度，使吸附头伸入顶部空间的正中间，初次使用可以参考下沉刻度为2.0。在萃取头插入样品瓶之前，应该在气相色谱（GC）的进样口高温老化萃取头，使萃取头上的吸附涂层中不含有其他杂质。

SPME萃取头在插拔和移动的过程中必须保证吸附涂层在金属保护套内，注意萃取头不要弯折。

4. 进样

样品完成吸附后，收回萃取头，将手柄拔出后直接插入GC进样口，加热解吸萃取头上的挥发性物质。在插入GC前注意调节手柄刻度，使萃取头在GC进样口的下沉距离符合分析要求，初次分析可参考调节刻度为3.8。

在萃取头推入进样口的同时按下GC的分析“开始运行”按键，启动分析程序。解吸5min后将萃取头收回手柄内，拔出手柄。

5. 气相色谱-嗅闻（GC-O）分析

GC分析程序启动的同时，嗅闻员开始进行样品嗅闻，并同步记录闻到的气味特征和保留时间。

6. 系列烷烃的保留时间测定

配制C_6～C_{20}的正构烷烃混合标准溶液，使用与样品相同的柱箱升温程序，来分析系列烷烃标准溶液，从而得到正构烷烃的标准保留时间，用于后续计算样品中各气味化合物的保留指数。

实验二　溶剂辅助风味蒸发法提取/分离食品中的挥发性物质

一、 目的与要求

1. 掌握溶剂辅助风味蒸发（SAFE）方法的原理、装置的安装与调试工作。
2. 掌握SAFE方法样品前处理的方法、使用SAFE进行样品蒸馏的方法。

二、 实验原理

溶剂辅助风味蒸发（SAFE）方法的原理是在高真空下，通过液体样品的升华，利用化合物沸点的不同将挥发性不同的化合物进行分离，从而得到高挥发性组分样品。因此，利用SAFE方法提取食品中挥发性物质的方法大致分为样品前处理、仪器装置准备、样品蒸发操作、样品操作后处理四个部分。本实验将按照顺序分别介绍实际操作过程中需要注意的问题和细节。另外，由于SAFE方法使用大量液氮进行冷却，因此在操作实验的时候，需要保持室内通风良好，维持一定的氮氧比例，有条件的实验室可以设置氧气浓度传感器，从而有效避免氮气过多而造成的局部缺氧现象。

三、 实验仪器

1. SAFE主体玻璃装置及配套玻璃器具。
2. 真空泵及配套卡锁装置。
3. 恒温循环水浴泵、恒温水浴锅、升降台、液氮罐。

四、 实验步骤

1. 样品前处理

通常来讲，食品的物理状态大致可分为固体、液体、半固体（如大酱等）。因此，我们需要根据研究对象的不同形态选择适当的样品前处理方法，从而有效地得到液态的气味成分浓缩物，之后再进行SAFE操作。

（1）固体样品　此类样品具有一定的外形结构，用液体有机试剂提取这类样品的气味成分时，通常需要对样品进行切割或者研碎。样品的气味化合物一般都具有易氧化、易分解等特点，在切割研碎样品时如果处理不当很容易使样品原有的气味成分发生变化，因此可使用液氮将少量样品冷冻后再敲碎研磨，之后再添加有机试剂进行萃取。

（2）液体样品　这类样品本身具有液体属性，可以直接添加有机试剂进行萃取。待有机相与无机相分层后用分液漏斗分离两者并回收有机相。需要注意的是，在研究如酒类，油类（如葡萄酒、白酒、花生油等）时，有机溶剂层与样品层可能互溶或者不易发生分层现象。遇到这种情况时，需要个案分析，选择适当的样品前处理方法，或者也可以尝试不经过溶剂萃取直接进行SAFE蒸馏的方法。

（3）半固体样品　如大酱、柔软的干酪等样品。可以向样品中添加一定量的蒸馏水，使样品的流动性增加，如果样品中含有一定的固体形态，如豆瓣等，可过滤样品后再向其中加入有机试剂进行提取。如果是水果，如苹果或者橘子，需要事先研碎样品，过滤后再进行有机试剂萃取。

经过前处理的样品，向其中添加无水硫酸钠进行脱水处理。考虑到样品蒸发操作的时长与样品量的关系，如果前处理后样品量较多，可以通过氮吹将气味化合物萃取液浓缩以减少样品量，这将极大缩短后续操作时间。

2. 仪器装置准备

这一过程可以分解为两部分进行操作，分别为玻璃仪器安装调试、真空泵连接抽真空调试。

（1）玻璃仪器安装调试　这一阶段的操作，主要以玻璃仪器的安装、循环水浴联通为主，如图 10－2 所示。将 SAFE 方法的主体玻璃仪器固定在铁架台上，并预留出蒸馏烧瓶的位置高度。将循环水浴的两根导管按照上进下出的顺序与主体玻璃仪器进行连接，旋紧仪器顶部的水浴盖子后，打开水浴循环泵，使玻璃仪器中间部位“人”字形腔体内充满循环水并保持循环水在 25～30℃不变。

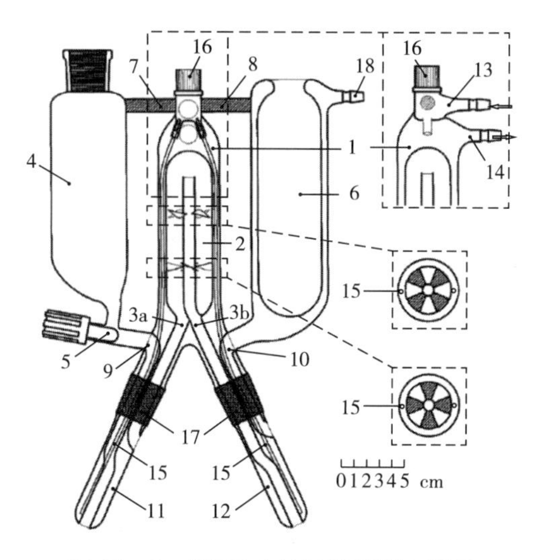

图 10－2　SAFE 主体玻璃仪器示意图

1—循环水浴瓶主体　2—主体蒸馏腔体　3—包括 a 与 b 两部分，样品蒸馏通道　4—样品仓
5—样品进样旋钮　6—液氮冷却室　7，8—仪器加固连接杆　9—进样管路
10—抽真空管路　11，12—人字形蒸馏瓶主体　13—循环水浴进水口　14—循环水浴出水口
15—主体蒸馏瓶格挡小脊，循环水浴内插管　16—循环水浴瓶盖　17—左右蒸馏烧瓶接口　18—真空泵接口

SAFE 主体玻璃装置的下部分别连接左右两个蒸馏烧瓶，如图 10－3 所示。其中左侧蒸馏烧瓶直径较大，为升华样品烧瓶；右侧蒸留烧瓶直径较小，为最终样品回收烧瓶。分别将两个蒸留烧瓶套入“人”字形主体仪器下部的套管内，在仪器接合口出，可点蘸少量蒸馏水涂抹从而使蒸馏烧瓶与主体仪器实现紧密接合，为后面抽真空创造良好的仪器内部环境。当然，玻璃仪器结合处也可以涂抹凡士林用来增加玻璃接口处的气密性，但需要注意凡士林用量不可过多，也不可剐蹭到蒸馏烧瓶内壁，否则样品将受到污染，使整个 SAFE 操作无意义化。检查两个蒸馏烧瓶与仪器接合面是否有异物夹杂，确认仪器连接状态完全正常后，在结合口外部安装固定卡具用以帮助固定蒸馏烧瓶位置。

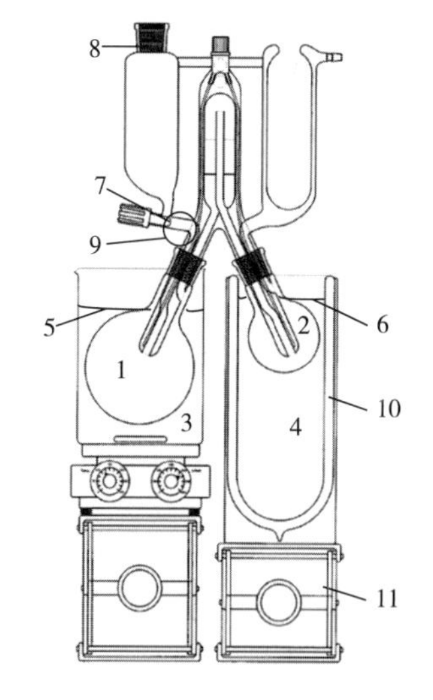

图 10－3　SAFE 仪器实验组装示意图

1—废液烧瓶　2—样品烧瓶　3—蒸馏水浴
4—样品冷却液氮　5—蒸馏水浴液面
6—冷却液氮液面　7—样品进样旋钮
8—样品仓瓶塞　9—进样蒸馏管路
10—液氮瓶　11—升降台

注意事项：

①循环水浴和蒸馏烧瓶的安装顺序：循环水浴开始的时间点与蒸馏烧瓶的安装可以改变前后顺序。即可以在安装完蒸馏烧瓶后再打开循环水泵，也可以先打开循环水泵

使主体仪器内部充满循环水之后再安装蒸馏烧瓶，其前后顺序并无规定的强制要求。

②循环水永不停止：一旦循环水泵开始工作，主体玻璃器具内充满循环水后，将不允许关闭循环水，直至整个 SAFE 实验操作完毕为止。

③循环水浴槽内的水量应充足：应保持水浴槽内有足够的水量并能够保证水温恒定不变。

（2）真空泵连接抽真空调试　将样品进样旋钮向内旋紧，保证主体仪器装置不漏气后，将真空泵与主体玻璃仪器右上方的真空管口连接并确认接口处的气密性良好（图 10－2）。真空泵根据厂家，型号的不同使用方法不尽相同，但在 SAFE 方法中对真空度有较高要求，因此在本实验中真空泵的使用方法只做一般性说明，不做详细解说。打开真空泵电源，使真空泵中的初级旋转油泵开始工作。此时主体玻璃仪器内的空气被排出，以经验推算，大约经过 40min，主体玻璃仪器内的真空度为 10^{-2}Pa 左右。之后，打开次级分子涡轮泵继续抽真空 20min 以上，最终使 SAFE 主体装置内部的真空度维持在 $10^{-4} \sim 10^{-5}$Pa。

真空度达到要求后，将左侧大直径蒸馏烧瓶置于不超过 40℃恒温水浴中，将右侧小直径蒸馏烧瓶置于小型杜瓦瓶中，并在杜瓦瓶下面放置升降台用来调节高度。

注意事项：

①图 10－3 中蒸馏烧瓶水浴温度与循环水浴温度：两个水浴温度应尽量保持相近的温度。可以根据样品调节水浴温度，但不宜过高。在仪器内部的高真空下，高挥发性气味化合物的沸点很低，在不超过 40℃水浴温度下可以使其完全挥发成气体，若温度过高恐造成化合物的变化和分解。

②真空度：整个 SAFE 方法的前提条件为高真空度。因此，只有装置达到要求的真空度，继续实验操作才有意义。如果发现真空泵长时间工作后，装置内部没有达到要求的真空度，则需要关闭真空泵，重新检查主体仪器的气密性，需要重新连接蒸馏烧瓶和真空管接口。

③循环水浴槽内的水量应充足：应保持水浴槽内有足够的水量并能够保证水温恒定不变。

④液氮的使用：主体玻璃仪器的右半部分在实际使用中是在液氮的冷却下保持低温状态。在初级真空泵达到粗抽真空的条件要求下，在次级分子涡轮泵启动之前，可以向玻璃仪器的右半边注入液氮使仪器处于冷却状态，液氮冷却状态可以缩短分子涡轮泵抽真空的耗费时间。

⑤左侧大尺寸蒸馏烧瓶水浴高度和右侧样品蒸留烧瓶中的液氮量：图 10－3 中左侧水浴高度以能够没过整个烧瓶达到烧瓶颈部为宜，如果受水浴锅物理尺寸限制无法到达烧瓶颈部，至少应没过整个烧瓶体积的 2/3 为宜；同样右侧杜瓦瓶中液氮的高度应该能够没过整个烧瓶到达其颈部为宜。

3. 样品蒸发操作

仪器装置的真空度达到要求后，继续进行样品蒸发操作，整个过程分为样品填充、蒸发、样品收尾三个部分。

（1）样品填充　首先，向左侧的样品仓内（图 10－2）添加少量样品萃取试剂，比如二氯甲烷或者乙醚等，添加量以能够填满整个样品仓底部为宜。然后缓慢转动样品进样旋钮，使萃取试剂通过旋钮与玻璃壁的缝隙缓慢流入高真空的仪器内部。溶剂流入速度大致为 1d/s。此时，因为仪器内部为高真空，且仪器左边部分为水浴 30℃ 加热环境，溶剂会在缝隙处瞬间升华为气体。因为溶剂体积在升华时瞬间膨胀，其与玻璃壁碰撞会发出轻微的“啪啪”声音。调整进样旋钮的速度，使这种“啪啪”声响维持在大约每秒一次。当进样速度调整完毕后，向样品仓内加入前处理得到的液态样品，添加完毕后用塞子将样品仓入口关闭。

（2）样品蒸发　最初填充的少量溶剂与样品混合后，随着时间的推移，样品在进样旋钮打开的缝隙中逐渐升华气化减少。因为升华反应需要吸收大量的热量，在样品蒸发的过程中，进样旋钮周围的玻璃器壁（图 10－3）会上冻结霜。此时需要实验操作人员手动沾取下方水浴的温水淋洒在上冻的部位，去除结冰，方便观察样品升华气化的速度。

整个样品蒸发过程较为缓慢，其速度大致为 1d/s。因为需要人为除霜，所以整个过程需要人员一直跟随，随时关注仪器的运行状况。

（3）样品收尾　当所有样品蒸发殆尽的时候，需要再次向样品仓（图 10－2）内添加少量的溶剂，其目的为稀释样品浓度，使尽可能多的样品气化。因为仪器在高真空环境下工作，不可能将进样旋钮完全放开使所有样品连同部分空气全部进入仪器内部。当添加的少量溶剂无法完全覆盖样品仓底部时，完全关闭进样旋钮，完成样品进样。

注意事项：

①液氮的及时补充：样品进行升华气化的初期，液氮的消耗会很迅速，需要时刻关注液氮在杜瓦瓶（图 10－3）以及右侧腔体（图 10－2）内的残余量，应及时补充液氮以保证右侧样品烧瓶（图 10－3）总能浸没在液氮中冷却，同时也应保证右侧连接真空管路的腔体内（图 10－2）随时维持 7 成的液氮冷却。当整个仪器右侧被冷却到一定低温后，液氮的消耗速度逐渐减缓，此时的主要精力应集中于进样旋钮的速度调节以及附近玻璃器具的冰冻融化问题等。

②进样速度与真空度维持：在样品蒸发过程中，由于进样旋钮打开一定的缝隙使样品进入主体仪器的真空环境中，其必然会造成真空度的损失，因此，真空泵的真空度数字会发生波动变化。如果进样量过大，会导致真空迅速丧失，此时应关闭进样旋钮，等待仪器中真空度的恢复，只有在要求的真空度下蒸发样品才符合要求。当进样旋钮打开的缝隙、真空度的丧失量与真空泵抽真空的速度达到平衡时，仪器内部的真空度会大致维持一个相对稳定的数值。所以，实验操作人员在某种程度上是在控制进样旋钮寻找最佳真空度平衡的过程，在这个过程中进行样品的蒸发升华。

③进样管路的脆弱性：图 10－2 中的进样管路是一段直径较细的玻璃管路。由于整个装置的气密性要求，进样旋钮被设计为带有密封橡胶圈结构，其与管路之间依靠紧密贴合维持气密性。当进样旋转的时候，由于橡胶圈与玻璃间的摩擦力较大，需要较大力气才能转动，而管路的直径较细，用力过大容易导致管路直接碎裂。再加上管路在不停地进行着结霜上冻与解冻，所以在转动进样旋钮时需要格外小心。

4. 样品操作后处理及仪器清洗

样品蒸发处理完毕后，关闭次级分子涡轮泵，待涡轮泵完全停止工作后，关闭初级旋转油泵。待真空泵完全停止工作后，缓慢松开真空泵与主体仪器连接的真空管线。松开真空管时应使管线与接口（图 10－2）打开微小缝隙，此时可以听到泻真空时空气流入主体仪器的“嗖嗖”声音。切忌突然完全开放真空连接口处的管线。待听不到泻真空时空气的“嗖嗖”

声音之后，开始完全开放并分离真空管线并使主体玻璃仪器与真空管线分离。

之后应调整升降台（图 10－3）高度，挪开杜瓦瓶，将右侧蒸馏后样品蒸馏烧瓶（图 10－3）完全暴露在空气中。退下蒸馏烧瓶连接口处的固定卡具，戴好防冻手套以防止冻伤。用力将右侧样品蒸馏烧瓶退下使之与主体玻璃仪器分离，之后用塞子将瓶口关闭，将仍处于冷冻状态的蒸馏烧瓶放置于通风橱内，等待其自然解冻。完全解冻后的样品用玻璃巴斯德吸管取出转移至样品瓶，如果样品量较多，可以考虑使用氮吹，适当浓缩体积后保存待用。

取下样品蒸馏烧瓶后，撤掉左侧水浴并退下左侧废液蒸馏烧瓶的连接口固定卡具，用力取下该烧瓶（图 10－3），使之与主体玻璃器具分离，将其置于水槽中浸没等待洗净。用小烧杯置于左侧“人”字形仪器出口处（图 10－2 底部开口处），完全打开进样旋钮，使其中残留的所有溶剂流出仪器，流入小烧杯中，并将其倒入废液桶。此时因为右侧液氮仓（图 10－2）中仍有液氮并未完全气化蒸发，需要放置主体玻璃仪器在铁架台上等待液氮完全蒸发并使玻璃仪器恢复室温。

待液氮仓中没有任何残留液氮，关停循环水浴，将主体仪器从铁架台上取下，除去循环水浴进出水口连接管，将整个玻璃仪器放入水中浸没，等待清洗。

注意事项：

（1）进样旋钮泻真空　真空泵停止工作后，除了上述小开口真空连接管方法泻真空外，也可以通过完全打开进样旋钮（图 10－2）的方法泻真空。但进样旋钮在开启的同时，样品仓中残留的部分液体溶剂会顺着仪器管路向下流动，在仪器内外瞬间的压差下，可能会被倒吸入右侧冷冻的样品蒸馏烧瓶内，造成样品的污染，这是我们绝不希望看到的情况。因此并不推荐通过进样旋钮开放泻真空的方法。

（2）样品蒸馏烧瓶的摘除时间　完成样品蒸馏后，由于液氮的冷冻、仪器的良好气密性等原因。右侧的样品蒸馏烧瓶有可能无法轻易取下。此时切不可蛮力摘取蒸馏烧瓶，只需等待一些时间，如十几分钟之后再尝试取下蒸馏烧瓶。

（3）玻璃仪器的清洗　由于 SAFE 可以分离油脂类样品中的挥发性成分，因此左侧的废液蒸馏烧瓶中残留的多为油脂类等不挥发性成分，在清洗前可使用碱性玻璃仪器清洗剂浸泡数小时，以期达到较好的清洗效果。另外，除蒸馏烧瓶外，由于 SAFE 主体玻璃仪器构造复杂，管路出口较多，因此在清洗时需要有足够的耐心，仔细清洗每一处仪器细节。特别是图 10－2 中样品仓、进样旋钮、进样管路、管路出口处、管路内侧开口（管路 3a 于管路进口处）、管路 3b 于 12 底部出口、管路 10 于 12 外侧面开口处需要严格清洗，同时在试管刷可探入范围内，各管路出入口内腔道也需要严格清洗。完全清洗后的仪器需要完全干燥后才可以进行下一个样品的操作流程，否则容易造成样品间的交叉污染。

5. 样品的使用期限

经过 SAFE 蒸馏的样品是挥发性极强的样品，因此在条件允许的情况下，应当尽快进样进行仪器分析。万不得已需要保存时，尽量在低温下进行冷冻保存，推荐 －80℃ 冷冻保存。这种情况下最多保存一周，样品保存一周以上，其中的有效成分恐将发生明显变化。

实验三　分析和鉴定食品中的气味活性化合物

一、目的与要求

1. 掌握气相色谱－嗅闻－质谱（GC－O－MS）技术分析和鉴定样品中气味化合物的原理和具体操作方法。

2. 掌握气味化合物的定性和定量分析方法。

二、实验原理

样品进入气相色谱（GC）后经由毛细管柱分离，流出组分被分流阀分成两路。一路通过专用的传输管线进入嗅探口（O），利用人的鼻子作为检测器，对气味化合物进行评价。在对食品风味进行分析时，气相色谱检测到的挥发性化合物并非都是香气化合物，仅有限的物质对食品的香气有贡献，通过 GC－O 可以将挥发性物质中对食品整体香气有贡献的气味化合物识别出来；另一路进入质谱检测器（MS），将 GC－O 同气相色谱－质谱联用技术（GC－MS）相结合，在检测香气化合物的同时获取其化学结构信息，从而迅速、准确地分析鉴定气味化合物。

三、实验仪器

Agilent 7890A－7000B，GC－MS，配备 Sniffer 9000 嗅闻仪

四、实验步骤

（一）进样

如果使用固相微萃取（SPME）进行提取，样品完成吸附后，直接插入 GC 进样口进行加热解吸。在萃取头插入 GC 之前需注意调节 SPME 手柄刻度，使萃取头在 GC 进样口的下沉距离符合分析要求，初次分析可参考调节刻度为 3.8。

如果使用溶剂提取法（如 SAFE），样品完成提取和浓缩后，用微量注射器吸取少量（一般为 1μL）插入 GC 进样口进行加热解析。

将萃取头或液体提取液推入进样口的同时按下 GC 的分析“开始”按键，启动分析程序。使用 SPME 要注意，保持萃取头暴露在 GC 进样口内 5min 后应将萃取头收回手柄内，拔出手柄。

（二）GC－O－MS 分析

（1）在进样之前，应在 GC MassHunter 软件设置好具体的分析方法，包括色谱方法和质谱方法。然后调用方法，点击“进样”，填写数据保存路径（图 10－4）。

（2）进样信息输入完成后，选择“确定并运行方法”，将启动分析程序（图 10－5），等待 GC 就绪（不建议点击“忽略”）。

（3）GC 就绪后，按上述（一）进样方式，将萃取头或液体提取液推入进样口的同时按

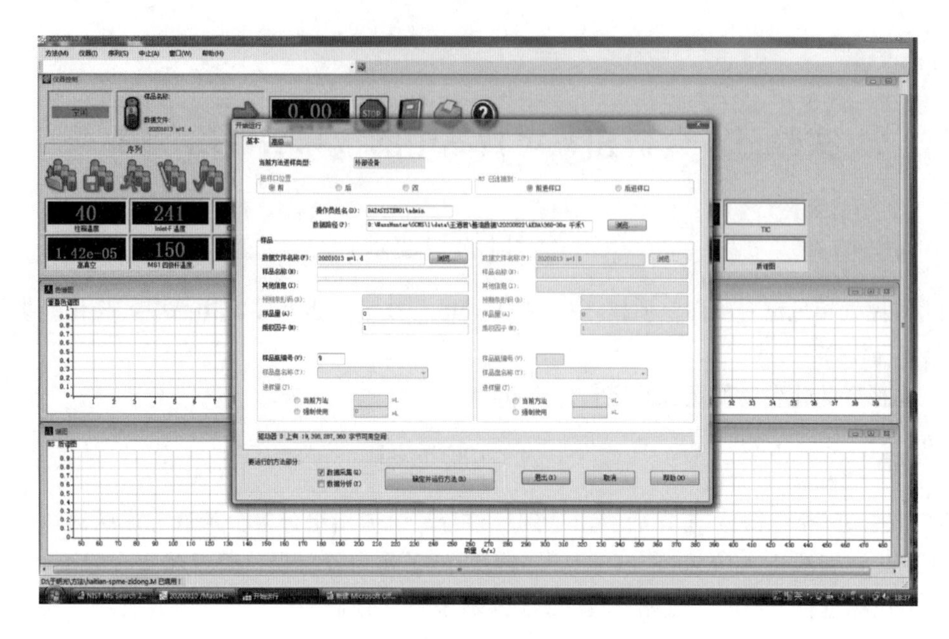

图 10－4　GC MassHunter 软件点击 “进样” 后示意图

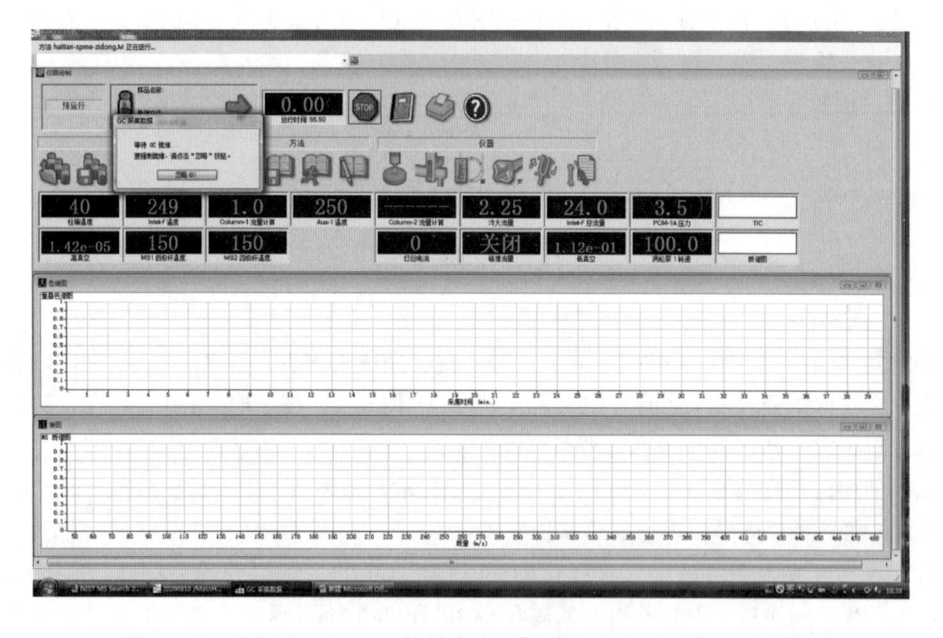

图 10－5　GC MassHunter 软件点击 “确定并运行方法” 后示意图

下 GC 的分析“开始”按键。此时，仪器状态由“预运行”变为“运行”（图 10－6）。如果质谱方法中设置了溶剂延迟，此时还会弹出“是否忽略溶剂延迟”的对话框（图 10－7），建议不做任何处理，不点击“是”或“否”，待溶剂延迟时间达到之后，对话框会自行消失。通常溶剂进样需要设置溶剂延迟，使质谱忽略前几分钟流出的溶剂峰，从而去掉溶剂色谱峰对样品色谱峰的影响，并有利于质谱离子源的维护。

（4）在 GC 分析程序启动之后（SPME 可在热解析之后，溶剂提取可在溶剂延迟之后），

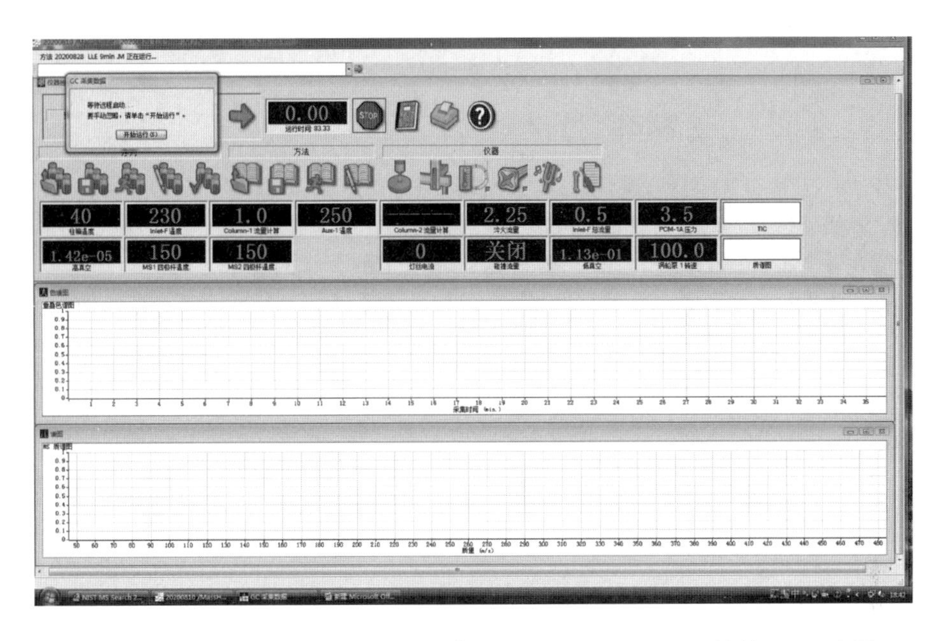

图 10－6　按下 GC 仪器上的 “开始” 按键之后 MassHunter 软件界面示意图

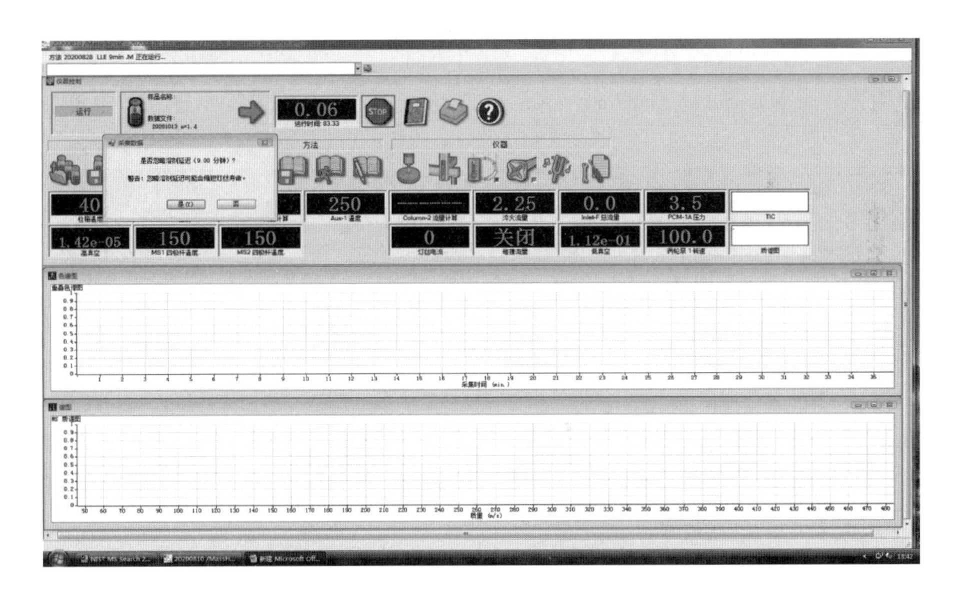

图 10－7　GC MassHunter 软件界面出现 “是否忽略溶剂延迟” 的对话框示意图

GC MassHunter 软件开始采集数据（图 10－8），此时嗅闻员开始进行样品嗅闻，并同步记录闻到的气味特征、气味强度和保留时间。

（三）系列烷烃的保留时间测定

配制 C_6 ~ C_{24}的正构烷烃混合标准溶液，使用与样品相同的柱温箱升温程序，来分析系列烷烃标准溶液，从而得到正构烷烃的标准保留时间，用于后续计算样品中各气味化合物的保留指数。

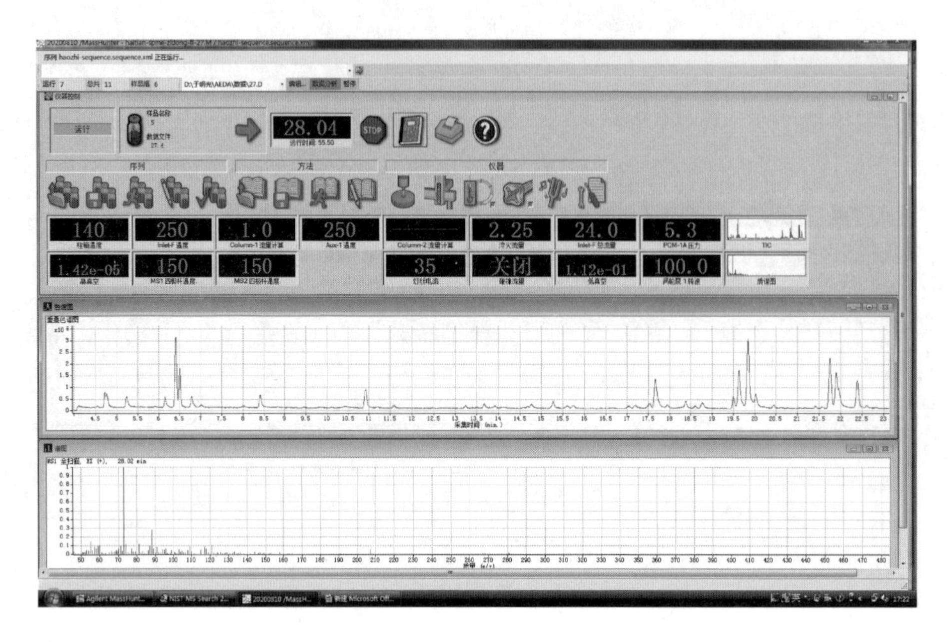

图 10－8　GC 分析程序启动之后 MassHunter 软件采集数据示意图

五、 数据处理

1. 使用 Agilent MassHunter Qualitative Analysis 软件打开数据，并进行积分色谱图（图 10－9）。

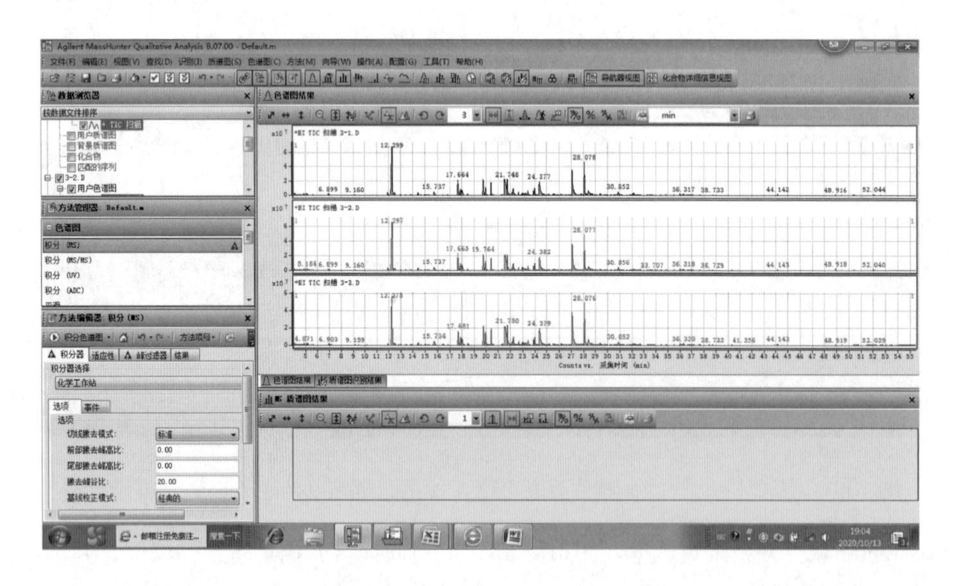

图 10－9　Agilent MassHunter Qualitative Analysis 软件示意图

2. 美国国家标准化合物数据库（NIST）程序检索

对目标化合物进行双击，打开其质谱图，将 GC－MS 得到的质谱图与 NIST 数据库进行比对，推测化合物结构。如下图所示，在质谱图上右击鼠标，选择“使用 NIST MS 程序检索”（图 10－10）。则 NIST 程序打开，软件将自动对目标化合物进行匹配，并按照匹配度列出 100 种推测化合物（通常选择匹配度高于 800 的化合物）。NIST 程序还会给出推测化合物的 CAS 号、化学式、化合物名称等信息（图 10－11）。

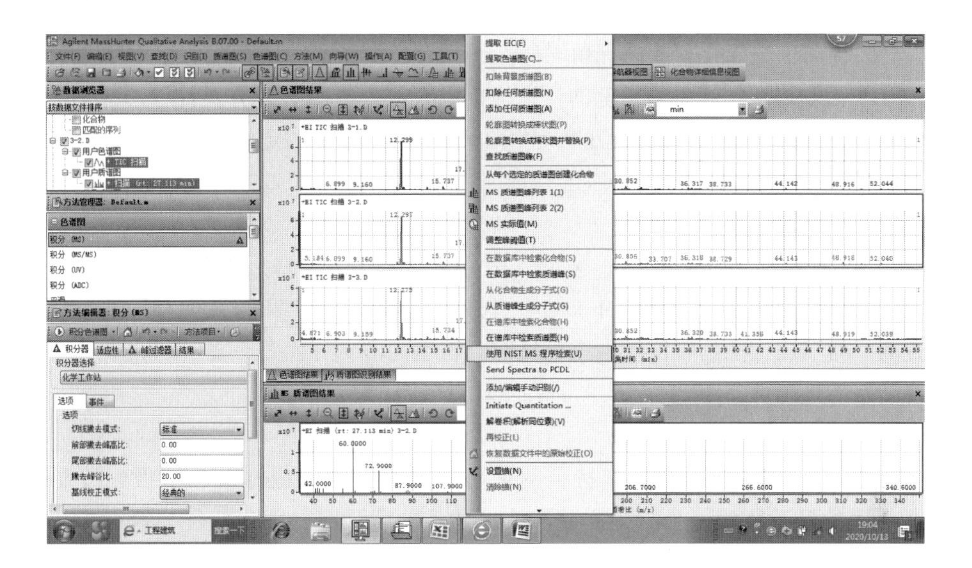

图 10－10　在质谱图上右击鼠标后 Qualitative Analysis 软件示意图

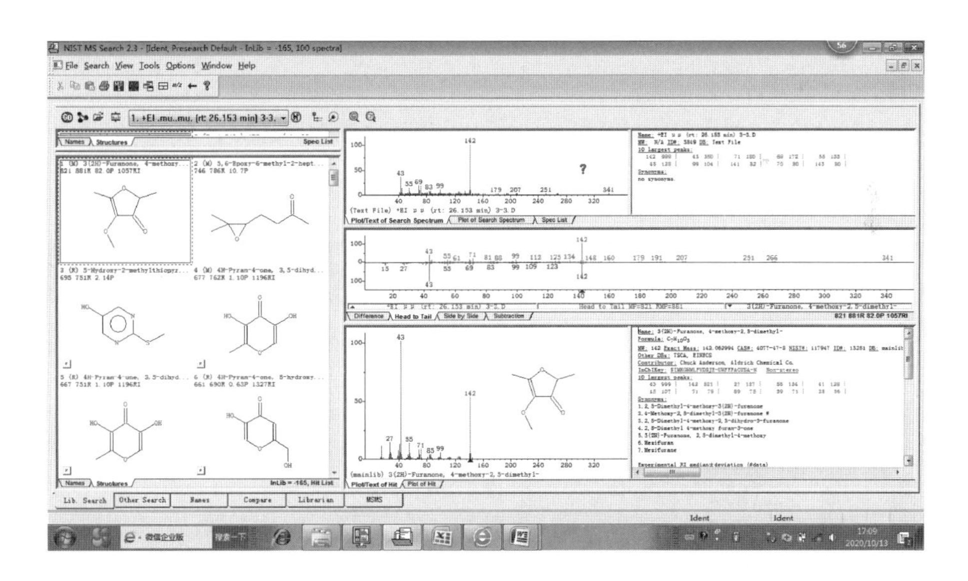

图 10－11　NIST 软件示意图

3. 保留指数（*RI*）计算

因 NIST 给出的定性结果为推测结果，还需进一步验证。应进行保留指数（*RI*）计算。*RI* 值计算公式如下：

$$RI = 100N + 100n\ (t_{Ra} - t_{RN})/[t_{R(N+n)} - t_{RN}] \qquad (10-1)$$

式中　*RI*——保留指数；

N——正构烷烃的碳个数；

n——目标化合物周围的两个正构烷烃的碳数之差；

t_{RN}——C_N 正构烷烃的保留时间；

$t_{R(N+n)}$——C_{N+n} 正构烷烃的保留分离时间；

t_{Ra}——样品中气味化合物的保留时间。

同一气味化合物在相同色谱柱上的保留指数应一致。按照上述方式计算出样品的 RI 值，并与理论 RI 值进行比较，通常相差正负 50 以内可表明所推测的定性结果的正确性。理论 RI 值可通过 NIST 库或 flavornet 等数据库进行查询。

4. 气味特征比对

使用 Flavornet 网站（www. flavornet. org）（图 10－12 和图 10－13）或 The good scents company（TGSC）信息系统（www. thegoodscentscompany. com）（图 10－14 和图 10－15）对化合物的气味进行查询，与嗅闻人员的嗅闻记录进行比对。若嗅闻的气味特征一致，可进一步增加所推测的定性结果的正确性。

5. 标准品分析

根据质谱数据、RI 值以及气味特征的比对结果，配制相应标准品溶液，按照与样品分析时所使用的升温程序，分析标准品溶液，样品的质谱图、气味特征、保留指数与标准品溶液得到的气味特征、质谱图、保留指数是否一致。若三者一致，则可以判定该气味化合物的结构正确。若三者中有任何一种不一致，则不能断定该气味对应何种化合物，需要重新对比 NIST 库寻找可能的化合物，直到确认出化合物为止。由此最终得到准确的定性结果。

6. 内标法定量分析

根据内标的峰面积与浓度，以及各个气味化合物的峰面积，计算各个气味化合物的相对含量。

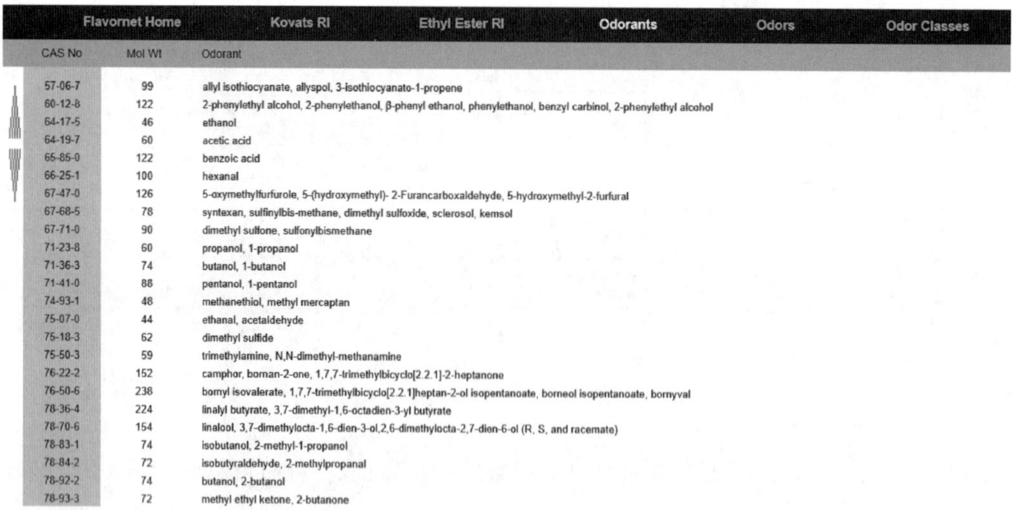

Flavornet Home　Kovats RI　Ethyl Ester RI　Odorants　Odors　Odor Classes

CAS No	Mol Wt	Odorant
57-06-7	99	allyl isothiocyanate, allyspol, 3-isothiocyanato-1-propene
60-12-8	122	2-phenylethyl alcohol, 2-phenylethanol, β-phenyl ethanol, phenylethanol, benzyl carbinol, 2-phenylethyl alcohol
64-17-5	46	ethanol
64-19-7	60	acetic acid
65-85-0	122	benzoic acid
66-25-1	100	hexanal
67-47-0	126	5-oxymethylfurfurole, 5-(hydroxymethyl)- 2-Furancarboxaldehyde, 5-hydroxymethyl-2-furfural
67-68-5	78	syntexan, sulfinylbis-methane, dimethyl sulfoxide, sclerosol, kemsol
67-71-0	90	dimethyl sulfone, sulfonylbismethane
71-23-8	60	propanol, 1-propanol
71-36-3	74	butanol, 1-butanol
71-41-0	88	pentanol, 1-pentanol
74-93-1	48	methanethiol, methyl mercaptan
75-07-0	44	ethanal, acetaldehyde
75-18-3	62	dimethyl sulfide
75-50-3	59	trimethylamine, N,N-dimethyl-methanamine
76-22-2	152	camphor, boman-2-one, 1,7,7-trimethylbicyclo[2.2.1]-2-heptanone
76-50-6	238	bornyl isovalerate, 1,7,7-trimethylbicyclo[2.2.1]heptan-2-ol isopentanoate, borneol isopentanoate, bornyval
78-36-4	224	linalyl butyrate, 3,7-dimethyl-1,6-octadien-3-yl butyrate
78-70-6	154	linalool, 3,7-dimethylocta-1,6-dien-3-ol,2,6-dimethylocta-2,7-dien-6-ol (R, S, and racemate)
78-83-1	74	isobutanol, 2-methyl-1-propanol
78-84-2	72	isobutyraldehyde, 2-methylpropanal
78-92-2	74	butanol, 2-butanol
78-93-3	72	methyl ethyl ketone, 2-butanone

图 10－12　Flavornet 网站示意图

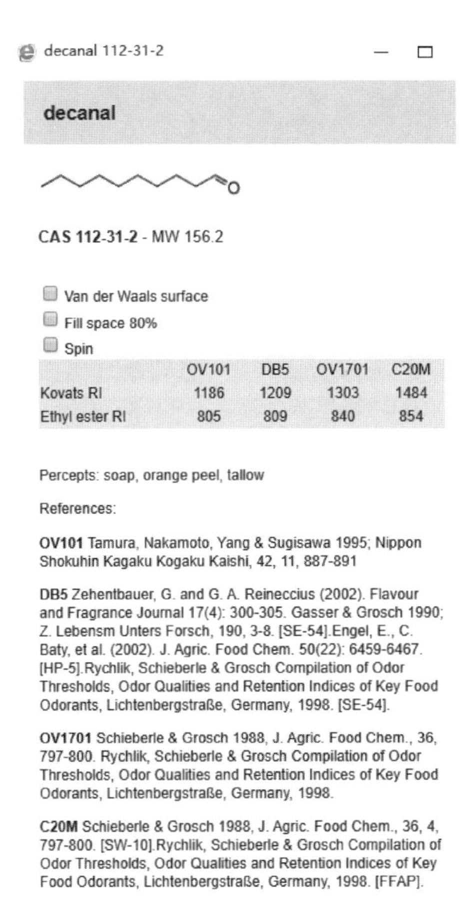

图 10－13　Flavornet 网站中癸醛（decanal）页面示意图

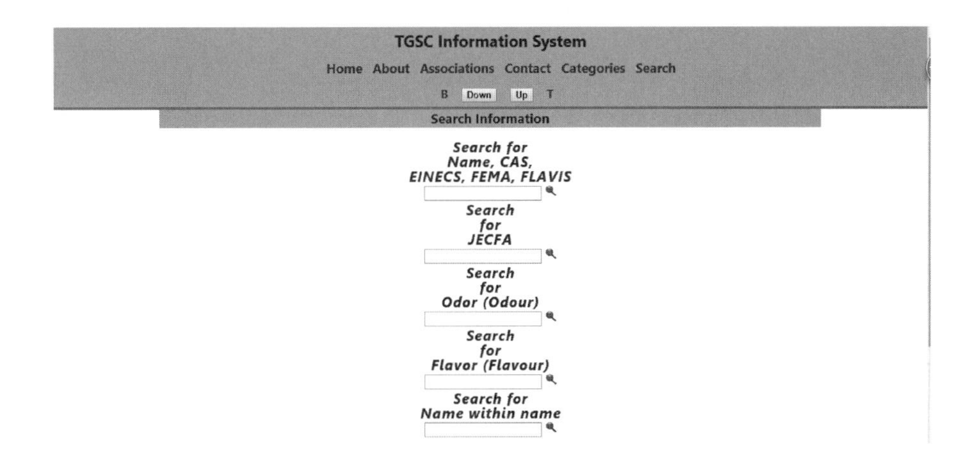

图 10－14　The good scents company 信息系统示意图

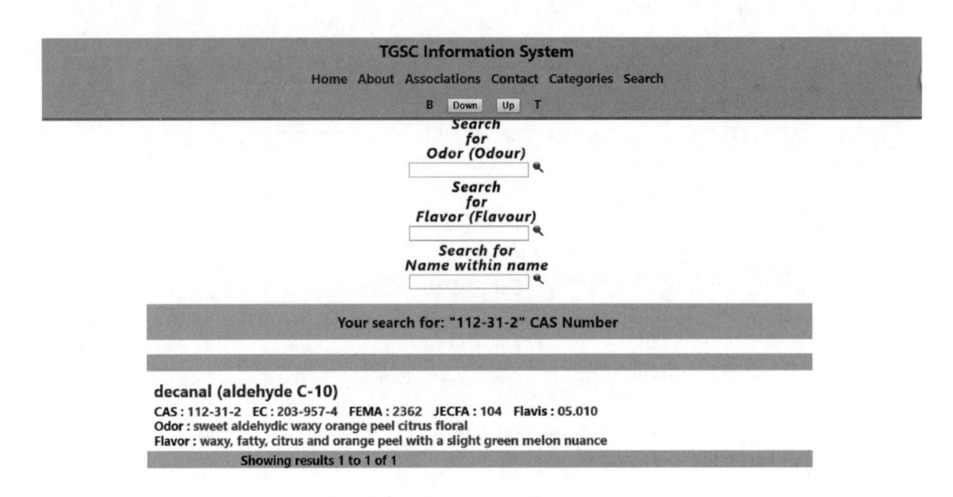

图 10－15 The good scents company 信息系统中癸醛（decanal）页面示意图

实验四 分析和鉴定食品中的滋味活性化合物

一、目的与要求

1. 掌握超滤（UF）、凝胶过滤色谱（GPC）的具体操作方法。
2. 掌握高效液相色谱（HPLC）分析样品中滋味化合物的原理和具体操作方法。
3. 掌握液－质联用（LC－MS）分析和鉴定样品中滋味化合物的原理和具体操作方法。

二、超滤

（一）实验原理

超滤技术的原理是通过超滤膜的使用，使得不同的物质根据分子直径的大小实现分离。由于超滤膜孔径大小不同，在泵的压力作用下，液体样品中的小分子物质通过超滤膜，大分子物质无法通过，由此将不同大小的分子分开，达到对溶液净化、分离、提纯、浓缩的目的。

（二）实验仪器

超滤（Mini Pellicon）

（三）实验步骤

1. 冲洗

（1）打开阀门，排空系统中的保存液（如 0.1mol/L NaOH）。

（2）在干净的容器中加入至少 3L 蒸馏水（0.1m^2 膜包），然后根据情况继续补充蒸馏水。

（3）清洗膜面，不加压清洗　调节泵速至进口压力 0.1～0.15MPa，并使其保持稳定，测定循环液管流出液 pH 至中性。

（4）清洗膜孔，加压清洗　提高泵速至进口压力达到 0.15 ~ 0.2MPa，调节循环阀至循环口压力至 0.05MPa，然后冲洗至透过液管流出液 pH 值至中性为止。

（5）正常水通量测定（normalize water permeability，NWP）：通过泵速和循环阀调节进口压力为 0.1MPa，循环口压力为 0.05MPa，测定透过液口 1min 透过的水体积，通过水温查校正因子，计算 NWP。

（6）完整性测试（integrity testing）　根据 Pellicon 2 膜包使用手册和膜包说明书提供的压力、流量参数进行检测。一般是通过泵将膜包内的水排空，关闭循环阀，用压缩氮气、空气或气筒，通过膜包进口打气至说明书规定的压力值并维持 1 ~ 2min，用适当的量筒计量透过液口每分钟排出的水体积或气流体积，与说明书所提供的值对比，如果小于参考值，则说明膜包完整，如果大于参考值，则说明膜包已经破损。

（7）可以正常投入使用。

2. 超滤

通过试验确定最适当的料液载量，一般对于 0.1m² 膜包，最大的料液体积不要大于 20 L，系统最小残留体积约 100mL，使用时进口压力 0.1 ~ 0.15MPa，循环口压力 0.1MPa；料液温度在 40 ~ 45℃。

注意：进料液时，泵速要逐步提高，并稳定 1 ~ 2min，再逐步调节循环阀，提高循环压力，绝对不能快速加压，否则就会很快和很容易造成膜堵，而影响超滤设备的正常使用。

3. 清洗

（1）水洗　程序和步骤同冲洗，可用 40 ~ 45℃ 的热水。

（2）碱洗 [清洗（cleaning），消毒（sanitization），除热源（depyrogenation）]：在容器中加入 5L 40 ~ 45℃ 0.1mol/L NaOH，开放循环液口和透过液口，启动泵，调节泵速至 P 进口压力 0.1 ~ 0.15MPa，调节循环阀门至循环口压力 0.1 ~ 0.15MPa，当容器中 NaOH 剩下 2.5L 时，将循环液管和透过液管一起放入容器中，全循环 30min 后，停泵排空系统中的碱液。

（3）水洗　程序和步骤同冲洗。

（4）正常水通量测定（normalize water permeability，NWP）：通过泵速和循环阀调节进口压力为 0.1MPa，循环口压力为 0.05MPa，测定透过液口 1min 透过的水体积，通过水温查校正因子，计算 NWP。

4. 保存

将 0.1mol/L NaOH 打入系统保存（Biomax 膜用 0.1mol/L NaOH，PLC 膜用 4% 甲醛），进口压力 0.1MPa，循环口压力 0MPa，直到透过液口的 pH 为碱性，并维持 1 ~ 2min，关闭所有阀门。或将膜堆从不锈钢夹具中拆下来，用密封袋，注入相应浓度的 NaOH/甲醛保护液密封保存。

注意：所有要进入系统的液体要经过 0.22 ~ 0.45μm 的滤器过滤，以保护超滤膜。

三、凝胶过滤色谱

（一）实验原理

样品溶液通过凝胶柱时，柱中可供分子通行的路径有凝胶颗粒间隙（较大）和凝胶颗粒内的孔隙（较小），较大的分子（体积大于凝胶孔隙）被排除在粒子的小孔之外，只能从粒子间的间隙通过，速率较快，在色谱柱中的保留时间较短，先溶出；而较小的分子可以进入粒子中的小孔，通过色谱柱的速率要慢得多，其在色谱柱中的保留时间长。经过一定长度的色谱柱，分子根据相对分子质量被分开，相对分子质量大的在前面（即保留时间短），相对分子质量小的在后面（即保留时间长）。

（二）实验仪器

AKTA AVANT 凝胶过滤色谱仪

（三）实验步骤

1. 开机

按位于底部平台前左侧的 ON/OFF 按钮，打开色谱系统，然后打开电脑电源。待仪器自检完毕，双击桌面上 UNICORN 图标，打开软件。在 System control 模块中选择 Connect to System，将仪器和电脑联机。

2. 准备流动相和样品

流动相在使用前用低频超声脱气 10 ~ 20min，样品需经过 0.22μm 的滤膜过滤。

3. 洗泵

把 A1 和 B1 泵头从 20% 乙醇中取出，用去离子水冲洗，放入分子筛缓冲液中，在 System control 界面下，点击 manual→Execute Manual instructions→Pumps→Pump wash→Inlet A：A1；Inlet B：B1→Excuse。

4. 安装色谱柱和收集管

将色谱柱（如 Superdex peptide 10/300 GL 凝胶色谱柱）连接在方法中设定的柱阀上，在收集器上放入足够数量的试管。

5. 方法编辑

在 Method Editor 模块中对流速、洗脱方式、收集方式等进行编辑。

如蛋白质纯化或分离常用的参数见下（仅供参考）。

（1）常规设置　Method settings→Column type：Superdex peptide 10/300GL→Column position：Position 3→Flow rate：1mL/min→UV：220nm

（2）色谱柱平衡设置　Equilibration→ Flow rate：1mL/min →Equilibrate until：the total volume is 2 colume volume（CV）

（3）进样设置　Sample Application→ Flow rate：1mL/min→Inject sample from loop→Fill loop using：Manual load→Loop type：Capillary loop→Empty loop with：4mL→Fractionate→in waste（do not collect）

（4）冲色谱柱设置　Column Wash→Wash until the total volume is 2 CV→Fractionate→in waste（do not collect）

（5）洗脱设置　Elution→ Flow rate：1mL/min → Gradient elution→ Linear→ Target B 100%→length：2 CV

（6）馏分收集设置　Fraction type：Peak fractionation→ Peak Fractionation destination：3mL tubes（Peak Fractionation settings：Mode：Level；Start level：50mAu，End level：50mAu，Column default：0.75min）→Peak fractionation volume：1mL

（7）样品运行后冲色谱柱设置　Column Wash→Wash until the total volume is 2 CV→Fractionate→in waste（do not collect）

（8）样品运行后色谱柱平衡设置　Equilibration→Equilibrate until：the total volume is 2 CV

（9）方法保存　方法确定无误后，File→Save 或 Save As 保存

6. 上样

AKTA 系统的上样方式比较灵活，可以根据具体样品的条件进行上样，包括用样品环上样（手动上样）、用系统泵上样、用样品泵上样等，这里以用样品环上样为例简单介绍上样过程。

（1）将 2mL 上样环与 loop E 和 loop F 相连。

（2）用注射器将大于 2mL 超纯水（体积至少大于上样环两倍体积）清洗上样环（注意：水中不可有气泡）。

（3）将排除气泡的样品用注射器注入上样环中（注意：不可有气泡，直到上样结束之后，注射器不可拔出，否则会有气泡）。

（4）运行方法　在 System control 模块中找到自己保存的方法，双击打开并运行。

7. 清洗泵及卸下层析柱

将 A1 和 B1 入口放入纯水中，启动 pump wash purifier 功能冲洗 A 泵和 B 泵及整个管路。然后再将 A1 和 B1 入口放入 20% 乙醇中，同样操作将乙醇冲满整个管路保存。设置慢流速和系统保护压力，然后先拆柱子的下端，正在滴水的时候将堵头拧上，再拆柱子的上端，最后拧上上端的堵头。整个过程中应防止气泡进入。

8. 关闭电源

从软件控制系统的第一个窗口 unicorn manager 点击退出，然后关闭 AKTA 主机电源，关闭电脑电源。

四、 高效液相色谱

（一） 实验原理

样品溶质通过高压泵的作用在流动相和固定相之间进行连续多次交换，根据溶质在两相间的分配系数、亲和力、吸附力或分子大小不同引起排阻作用差别，从而使不同的溶质得以分离。

（二） 实验仪器

Agilent 1260 高效液相色谱仪

（三） 实验步骤

1. 操作流程

（1）系统组成　本系统由流动相（A、B、C、D）盘、真空脱气装置、四元泵、自动进样器、柱温箱、二极管阵列检测器（DAD）和计算机等组成（图 10 - 16）。

（2）操作前准备

①根据实验要求配制流动相

a. 选择。组分 - 单组分和多组分；极性 - 极性、弱极性、非极性；常用溶剂为甲醇、乙醇、乙腈、乙酸乙酯、水等。溶剂均应为 HPLC 级，水为超纯水，避免使用对不锈钢有腐蚀性的溶剂，如卤化物碱金属溶液和相应的酸溶剂、高浓度的无机酸例（如硝酸和硫酸）、能够形成卤素自由基或酸的卤化物试剂及其混合物等。其中多采用二元或多元组合溶剂作为流动相，对应装在各个流动相瓶中（A、B、C、D），通过调节各组分的比例改变流动相的极

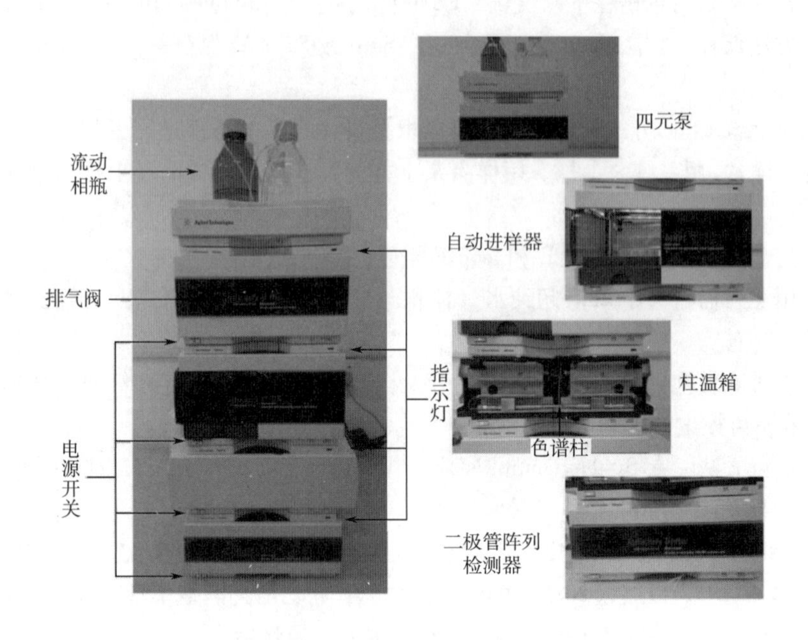

图 10－16　Agilent HP1260 高效液相色谱仪示意图

性，以达到最佳的分离效果，对于部分情况还可以考虑加入缓冲盐，调节出峰时间和达到改善峰型的效果。

b. 过滤。为了除去流动相中的杂质，保护系统和色谱柱，一般流动相需经 0.45μm 的滤膜进行过滤，针对混合溶剂首选有机滤膜过滤，即水相和有机相应使用不同的滤膜。

c. 脱气。为了除去溶解在流动相中的气泡，降低基线噪音，需要把装有流动相的流动相瓶在超声机中超声 20min 左右。对于溶解在流动相中的极微量气体，四元泵集合了脱气机，可以进一步对混合后的流动相进行脱气处理。

d. 冷却。流动相在超声机中长时间超声后，由于水分子振动摩擦，使水温上升，因此瓶中的流动相也会被加热。加热后的流动相进入液相系统和色谱柱后，会影响基线噪声的增加，使平稳时间延长。

②根据实验要求配制样品和标准溶液：配制样品和标准溶液所用溶剂均应为 HPLC 级，水为超纯水，之后用合适的 0.45μm 的滤膜进行过滤，并注入到液相小瓶中，此步骤也可在平衡系统时进行。

③根据待检样品的需要更换合适的色谱柱：柱进出口位置应与流动相流向一致，并安装保护柱，常用色谱柱型号为 Zorbax Eclipse XDB－C_{18}色谱柱（4.6mm×250mm，5μm）、Zorbax Eclipse－AAA 色谱柱（4.6mm×250mm，5μm）等。

④检查仪器各部件的电源线、数据线和输液管道是否连接正常，废液瓶是否够用等。

（3）开机

①打开计算机。

②打开仪器各模块电源，不分先后，脱气装置、输液泵、柱温控制、检测器的指示灯点亮，其中黄色：Not Ready，绿色：Run，红色：Error。

③待各模块自检完成后，双击桌面上“仪器 1 联机”图标，进入 Agilent 1260LC 化学工

作站。

④旋开 purge 阀（逆时针），再从“视图”菜单中选择“方法和运行控制”画面，进入方法和运行控制窗口，点击“泵”图标设置泵参数，其中泵流量设置到 5mL/min，A 流动相溶剂设置到 100%，在工作站中打开泵，排净流动相和管线中的气泡，若使用多元流动相，则依次切换到 B、C、D 流动相分别排气，直至所有通道管路内无气泡为止。

⑤将泵流量设置到 1mL/min，再设定流动相比例，如 A：90%，B：10%。旋紧 purge 阀（顺时针），检查柱前压力（泵压一般不超过 150MPa，若泵压过大则应更换排气阀内滤芯/过滤白头），待压力稳定后，分别用 10% 甲醇水溶液和洗脱梯度初始流动相各冲洗柱子 30min，直至冲至检测器基线平稳后，关闭泵。

⑥单击泵下面的瓶图标，输入溶剂瓶中流动相的实际体积和停泵的体积，如果各溶剂瓶中溶剂体积小于停泵体积，泵将自动停止，以保护泵和色谱柱。

（4）样品分析

①编辑方法

a. 设定进样器参数。进入“方法和运行控制”窗口，选择“进样器”模块，可设定进样模式、停止时间等。其中“进样量”一般设置到 5μL 或 10μL；“标准进针”只能输入进样体积，此方式无洗针功能；“针清洗后进样”可输入进样体积和洗瓶位置，此方式针从样品瓶抽完样品后会在洗瓶中洗针；“停止时间”一般设置为“与泵一致”即可。

b. 设定泵参数。进入“方法和运行控制”窗口，选择“四元泵”模块，可设置流速、溶剂梯度等。在“流速”处输入方法所需流量，如 1mL/min；默认为 A 为 100%，也可设置梯度洗脱程序，设定 A、B、C、D 各溶剂比例及运行时间，其中 B、C、D 可设置；在“压力限值”输入柱子的最大耐高压，建议设定到 200 bar，以保护柱子；“停止时间”一般与方法运行时间一致即可。点击 ON 打开泵，点击 OK，泵即开始工作，图标亦变为绿色。

c. 设定柱温箱参数。进入“方法和运行控制”窗口，选择“TCC”模块，可设置柱温、停止时间等。在“温度”左侧下面的方框内输入所需温度，如 40℃，并选中它，右侧选中“与左侧相同”，使柱温箱的温度左右一致；“停止时间”一般设置为“与泵一致”即可。

d. 设定 DAD 检测器参数。进入“方法和运行控制”窗口，选择“DAD”模块，可设置信号、光谱等。检测波长为检测到的样品吸光度所对应的波长，一般选择最大吸收处的波长。样品带宽为样品波长的带宽决定了检测吸光度的波长范围通常小于 20nm，例如，样品波长为 254nm，样品带宽为 20nm，则从 244～264nm 的波长范围检测吸光度，一般选择最大吸收值一半处的整个宽度。参比波长为参比吸光度对应的波长，它可以补偿由于基线吸光度中的变化（例如，由于梯度洗脱中溶剂组成的变化）而引起的波动，参比波长对应的吸光度将从样品波长对应的吸光度中扣除，一般选择在靠近样品信号的无吸收或低吸收区域。参比带宽：参比波长的带宽通常设定为小于 100nm，至少要与样品信号的带宽相等。同时可以输入采集光谱方式、步长、范围、阈值、采集所用的灯等。“停止时间”一般设置为“与泵一致”即可。

e. 点击“方法”菜单，选中“方法另存为”，选择方法所需储存位置，输入方法名，保存即可，下次使用该方法时可直接调用，无须重新设置。

②编辑序列

a. 由主菜单上的“序列”进入“序列参数”，选择储存数据路径，输入数据文件名等。

b. 由主菜单上的“序列”进入“序列表”，编辑样品分析序列，在表格中可进行“插入”“剪切”“复制”“粘贴”“追加行”等操作，表格中可输入样品位置、样品名称、选择方法、进样次数等信息。

c. 待仪器准备好，基线平稳，由主菜单上的“序列”进入“运行序列”，仪器自动运行，待各模块就绪后开始自动进样并分析。

（5）数据分析

①打开“仪器1脱机”，点击“数据分析”进入数据分析界面。

②从“文件”菜单选择“调用信号”选中所做的数据文件，单击“确定”，也可直接双击打开。

③做谱图优化：从“图形”菜单中选择“信号选项”，再从“范围”中选择“满量程”或“自动量程”及合适的时间范围或选择“自定义量程”调整。反复进行，直到图的比例合适为止，后点击“确定”。

④积分优化：从“积分”菜单中选择“自动积分”选项，若积分结果不理想，再从菜单中选“积分事件”选项，选择合适的“斜率灵敏度”“峰宽”“最小峰面积”“最小峰高”等。从“积分”菜单中选择“积分”选项，则数据被积分。若积分结果依然不理想，则修改相应的积分参数，直到满意为止。调整完成后，点击左边“保存并退出”图标将积分参数存入当前方法中。

⑤打印报告：从“报告”菜单中选择“设定报告”选项。单击“定量结果”框中“定量”右侧的黑三角选中所采用的报告方法（如面积外标法等），单击“确定”。从“报告”菜单中选择“打印”，则报告打印结果将显示到屏幕上，如想输出到打印机上，则单击“报告”底部的“打印”钮输出即可。

（6）关机

①试验结束后在关机前，用10%甲醇水溶液冲洗柱子30min，再用100%甲醇溶剂冲洗柱子2h，然后保存方法和仪器设置。

②退出化学工作站，再依据提示关闭泵及其他窗口，关闭计算机。

③关闭液相主机各模块电源（不分先后顺序），拔掉电源插头。

④做好仪器使用登记，并清理废液瓶、样品瓶及其他杂物，保持仪器及操作台整洁。

2. 液相色谱日常维护

（1）贮液器　清洁是保持流动相贮液器正常使用的关键，要尽可能使用HPLC级的溶剂，试剂含有缓冲盐和非HPLC级的流动相一定要通过0.45μm的过滤器以除去其中的微粒物质。改变流动相时应防止交叉污染，陈旧的流动相和用久了的试剂瓶应定期废弃，防止生长微生物和组分改变。贮器内壁定期清洗，里面的附件要经常更换。

（2）泵　泵的密封圈是最易磨损的部件，密封垫圈的损坏可引起系统的许多故障。采取下列措施可以延长垫圈的寿命：

①每天把泵中的缓冲液体洗干净，防止盐沉积，泵要浸在无缓冲液的溶液或有机溶剂中。

②用HPLC级试剂。

③用烧结不锈钢过滤器，要注意防止因泵阻塞造成压力过高而损坏柱塞杆或烧坏电机。

（3）进样器　停机后要用溶剂冲洗干净进样器内残留的样品和缓冲盐，防止无机盐沉积和样品微粒造成阀转子面磨损或阻塞，严禁用气相色谱那样的尖针头进样。

（4）色谱柱　防止柱性能下降有以下几方面的措施。

①溶剂的化学腐蚀不能太强。

②避免微粒在柱头沉降。

③泵上要装压力限制器，防止压力过高冲击大。

④流动相 pH >7 时用大粒度同种填料作预柱。

⑤柱头加烧结片不锈钢滤片，需要时加保护柱。

（5）检测器　要保持检测器清洁，每天用后连同色谱柱一起冲洗。提倡不定期用强溶剂反向冲洗检测池（拆开柱）。用脱过气的流动相，防止空气泡卡在池内。检测器中的灯有一定的寿命，不用时不要打开灯。

3. 注意事项

（1）流动相不要使用多日存放的超纯水，一般不应超过 3d，否则影响基线平衡。

（2）仪器使用完后一定要对柱子进行冲洗，以保护色谱柱。

（3）流速突然变大或突然变小会导致柱压的突然改变，时间久了柱子填料会坍塌或松动，最终柱压下降，所以泵开始和结束前要注意缓慢改变流速。

（4）氘灯是易耗品，应最后开灯，不分析样品即关灯。

（5）溶剂必须经微孔滤膜过滤。

（6）注意适时更换废液收集瓶，防止废液溢出。

（7）使用人员应经过培训且熟练操作仪器，每次使用应进行使用登记。

（8）当仪器出现故障时应及时与厂家联系。

（四）数据处理

1. 通过 DAD 检测器进行初步定性分析

通过点击“仪器 1 脱机”“数据分析”界面中的“光谱”，打开 DAD 采集到的各个峰的光谱数据，根据化合物的紫外吸收特征进行初步判断。

2. 通过质谱检测器进行定性分析

通过液－质联用技术，采集目标滋味化合物的质谱数据，根据分子离子峰、碎片离子峰等信息对化合物的结构进行定性分析。

3. 通过标准品分析对定性结果进行确认

使用与样品分析相同的洗脱程序分析标准品溶液，根据保留时间和质谱数据对定性结果进行确认。

4. 外标法定量分析

配制不同浓度梯度的标准品溶液，采用与样品分析相同的洗脱程序进行分析，根据标准品的峰面积与浓度建立标准曲线，通过标准曲线计算各个滋味化合物的相对含量。

五、制备型液相色谱

（一）实验原理

制备型液相色谱原理与分析型液相色谱仪一样，后端连接馏分收集器，通过采用液相色谱技术，实现从混合物中分离、收集一种或多种纯物质的目的。

（二）实验仪器

Agilent 1200 制备型液相色谱仪

（三）实验步骤

1. 操作流程

（1）Agilent1200 制备型液相系统组成　本系统由流动相（A、B）盘、脱气装置、二元泵、自动进样器、制备型色谱柱、馏分收集器、二极管阵列检测器（DAD）和计算机等组成（图 10－17）。

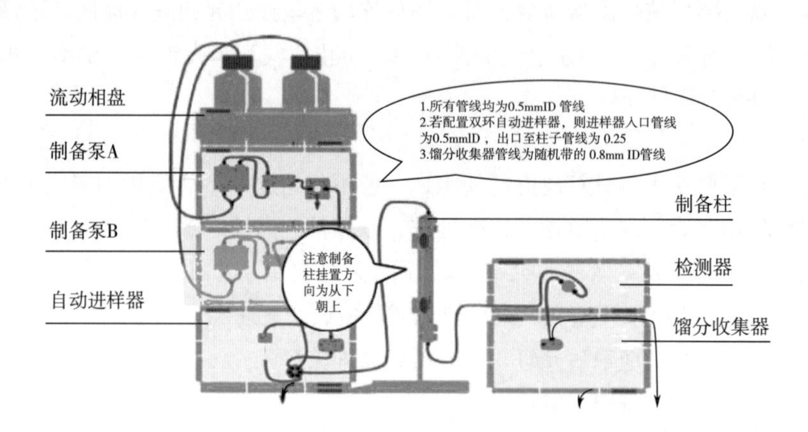

图 10－17　Agilent 1200 制备型液相色谱仪示意图

（2）操作前准备

①根据实验要求配制流动相

a. 选择。同本章四、高效液相色谱相应内容。多采用二元组合溶剂作为流动相，对应装在各个流动相瓶中（A、B），通过调节各组分的比例改变流动相的极性，以达到最佳的分离效果。

b. 过滤。为了除去流动相中的杂质，保护系统和色谱柱，一般流动相需经滤膜进行过滤，水相和有机相应使用不同的滤膜。

c. 脱气。为了除去溶解在流动相中的气泡，降低基线噪声，需要把装有流动相的流动相瓶在超声机中超声 20min 左右。对于溶解在流动相中的极微量气体，二元泵带有电磁冲洗阀（EMPV），可以进一步对混合后的流动相进行脱气处理。

d. 冷却。流动相在超声机中长时间超声后，由于水分子振动摩擦，使水温上升，因此瓶中的流动相也会被加热。加热后的流动相进入液相系统和色谱柱后，会影响基线噪声的增加，使平稳时间延长。

②根据实验要求配制样品和标准溶液：配制样品和标准溶液所用溶剂均应为 HPLC 级，水为超纯水，之后用合适的 0.45μm 的滤膜进行过滤，并注入液相小瓶中，此步骤也可在平衡系统时进行。

③根据待检样品的需要更换合适的色谱柱：柱进出口位置应与流动相流向一致，并安装保护柱，常用色谱柱型号为 Zorbax Eclipse XDB－C_{18}色谱柱（30mm×250mm，7μm）、ZORBAX SB－C_{18}色谱柱（30mm×250mm，7μm）等。

④开机前检查：检查仪器各部件的电源线、数据线和输液管道是否连接正常，废液瓶是

否够用等。

（3）开机

①打开计算机。

②打开仪器各模块电源，不分先后，脱气装置、输液泵、柱温控制、检测器的指示灯点亮，其中黄色：Not Ready，绿色：Run，红色：Error。

③待各模块自检完成后（注：双环自动进样器，馏分收集器开机后需若干分钟才能完成全部自检工作，期间请耐心等待），双击“Instrument 1 Online”图标，化学工作站启动并联通与1200液相色谱的通讯，进入的工作站画面如图10－18所示。

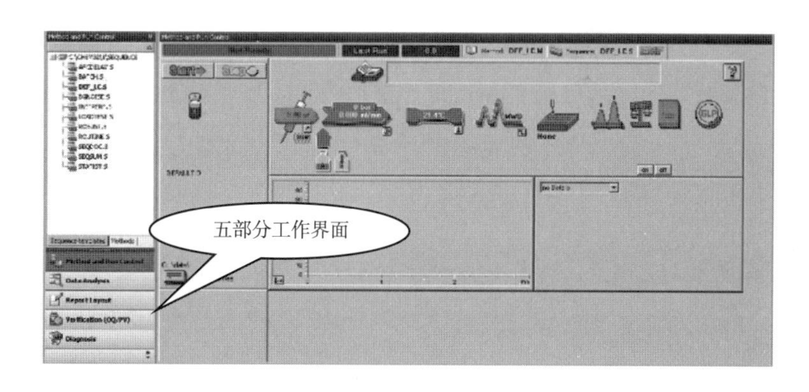

图10－18　Agilent制备型液相色谱仪“Instrument 1 Online”工作站界面示意图

左侧导航菜单中显示化学工作站有五个工作界面，分别是：方法、参数设定及运行的控制界面（Method and run control）、数据处理界面（Data analysis）、报告格式编辑界面（Report layout）、系统认证界面（OQ/PV）和仪器维护及诊断界面（Diagnosis）。

选择Method and Run control，进入仪器各部分参数设定界面。

④运行方法之前先进行排气泡处理，以杜绝气泡等因素对泵压和色谱柱的影响，具体操作如下：

a. 点击“制备泵”图标中的“Set up gradient”选项，进入参数编辑画面（图10－19）。

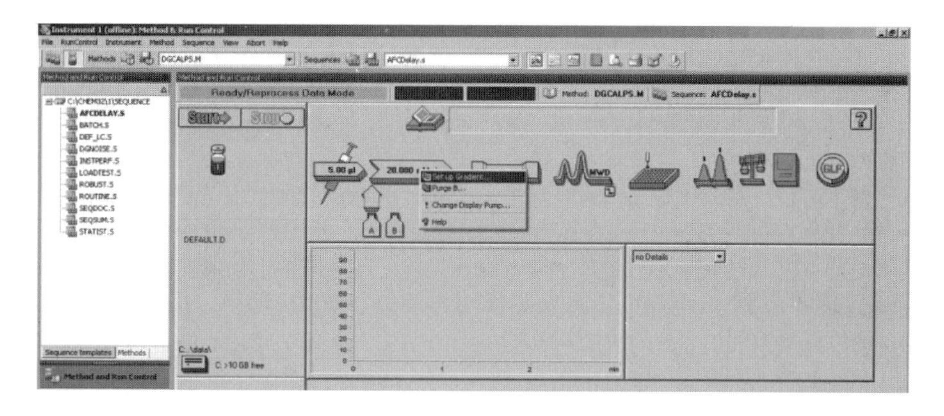

图10－19　Agilent制备型液相色谱仪“Instrument 1 Online”工作站参数编辑界面示意图

b. 确认右上角 Purge（solvent A）被激活（enable 被选中），并保证流速设定为 0mL/min（图 10－20）。

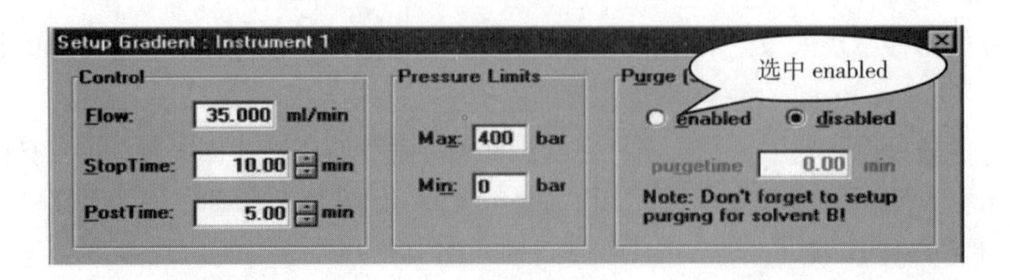

图 10－20　Agilent 制备型液相色谱仪 “Instrument 1 Online” 工作站 Purge 设置界面示意图

c. 点击“制备泵”图标，点击“Control”选项，点击 Pump 和 Purge 选项为 On 状态，返回并点击“Set up pump”选项，设定 Purge 流速为 20～50mL/min（图 10－21），观察连接泵的管线，直到没有明显气泡存在，降低流速至正常使用流速。

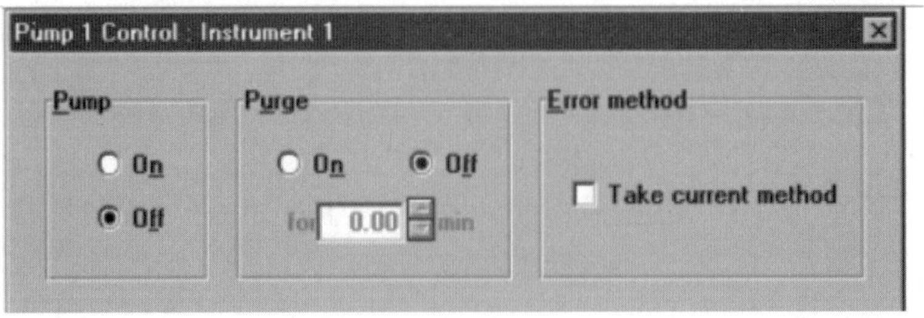

图 10－21　Agilent 制备型液相色谱仪 “Instrument 1 Online” 工作站 Pump 设置界面示意图

d. 点击“制备泵”图标，点击“Control”选项，点击 Purge 选项为 Off 状态，点击 OK，完成 A 泵的冲洗。重复以上动作，对 B 泵进行冲洗。

e. 点击泵下面的瓶图标，选择“bottle fill”，输入溶剂的实际体积和瓶体积（图 10－22）。

图 10－22　Agilent 制备型液相色谱仪 “Instrument 1 Online” 工作站溶剂瓶填充设置界面示意图

⑤将泵流量设置到 50mL/min，再设定流动相比例，如 A：90%，B：10%。旋紧 purge 阀（顺时针），检查柱前压力（泵压一般不超过 10MPa，若泵压过大则应更换排气阀内滤芯/过滤白头），待压力稳定后，分别用 10% 甲醇水溶液和洗脱梯度初始流动相各冲洗柱子 30min，直至冲至检测器基线平稳后，关闭泵。

（4）样品分析

①编辑方法

a. 设定进样器参数。点击自动进样器图，选择“Set up injector”选项，进入自动进样器工作参数设定界面（图 10 – 23），选择合适的进样方式（Injection）和合适的进样量（Injection volume）。其中，Standard injection 为标准进样方式，此方式无洗针功能；针洗功能进样（Injection with needle wash）可以输入进样体积和洗瓶位置，此方式针从样品瓶抽完样品后，会在洗瓶中进行针外壁的润洗；“进样量”一般设置为 100 ~ 5000μL。

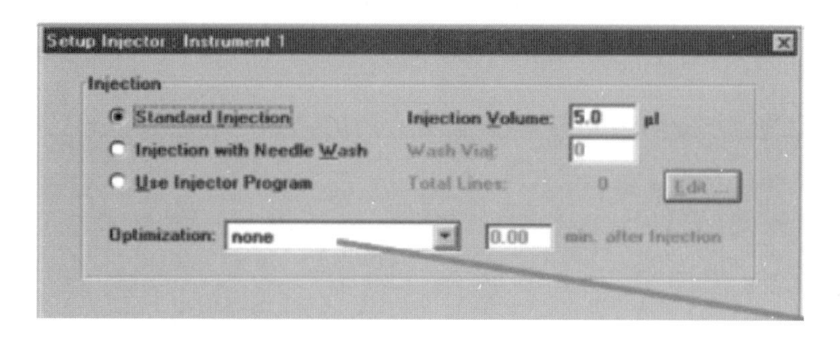

图 10 – 23　Agilent 制备型液相色谱仪 “Instrument 1 Online” 工作站进样器参数设置界面示意图

b. 设定泵参数。点击制备泵图标，选择“Set up gradient”选项，进入制备泵工作参数设定（图 10 – 24）。

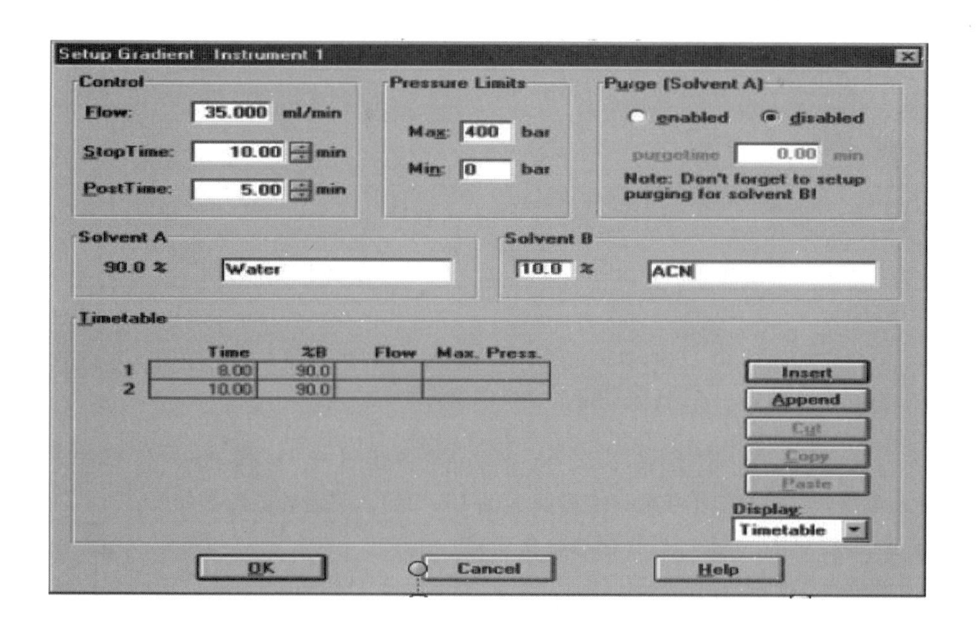

图 10 – 24　Agilent 制备型液相色谱仪 “Instrument 1 Online” 工作站泵参数设置界面示意图

Flow 为设定该方法运行的流速；Stop time 为设定该方法运行的总时间；Post time 为设定后运行时间（用来冲洗或者平衡柱子，结果不计入色谱结果）；Pressure limit 为设定最大耐压，防止系统高压损坏柱子及其他部件，设定最小压力，防止漏液等情况导致的无效结果；

Solvent A、B 为设定等度洗脱的流动相配比，或梯度洗脱的初始流动相配比；Time table 为设定梯度洗脱流动相配比和时间等参数。点击“OK”，完成制备泵工作参数的设定。

c. 设定 DAD 检测器参数。点击检测器图表，选择“Set up signal”进入检测器工作参数设定界面（图 10－25）。在 Signals 中选择输入各工作参数：Sample 为检测波长：一般选择最大吸收处的波长；前一个 BW 为样品带宽：一般选择最大吸收值一半处的整个宽度；Reference 为参比波长：一般选择在靠近样品信号的无吸收或低吸收区域；后一个 BW 为参比带宽：至少要与样品信号的带宽相等，许多情况下用 100nm 作为缺省值；Peak width 为峰宽（响应时间）：其值尽可能接近要测的窄峰峰宽；同时可以输入采集光谱方式、步长、范围、阈值、选中所用的灯。

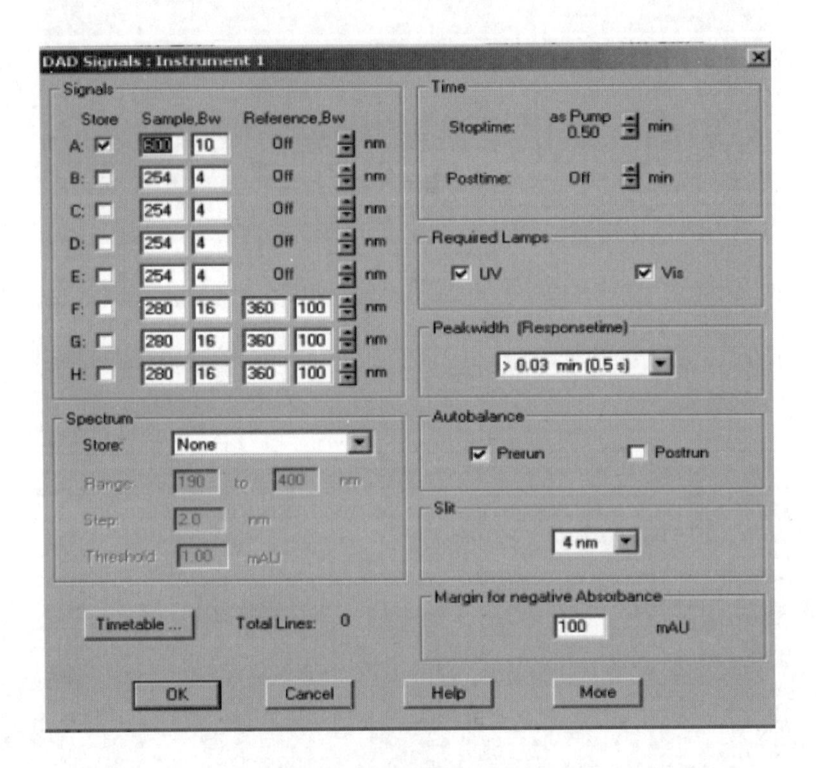

图 10－25　Agilent 制备型液相色谱仪　“Instrument 1 Online”
工作站 DAD 检测器参数设置界面示意图

d. 全自动馏分器的工作参数设定：点击馏分收集器图表，选择“Set up fraction collector”，进入全馏分收集器工作参数设定界面（图 10－26）。需设置的参数如下：

- Fraction Trigger Mode（选择馏分收集模式）：

  Off——不收集任何馏分。

  Use Timetable——使用时间表内的参数进行馏分收集。

  Peak－based——使用基于出峰的性质进行馏分收集，具体参数在“Peak Detector”中给出。

此外，Max. Peak Duration 为当既定时间段内，出峰的信号还是没有回落到基线，立即停止收集。

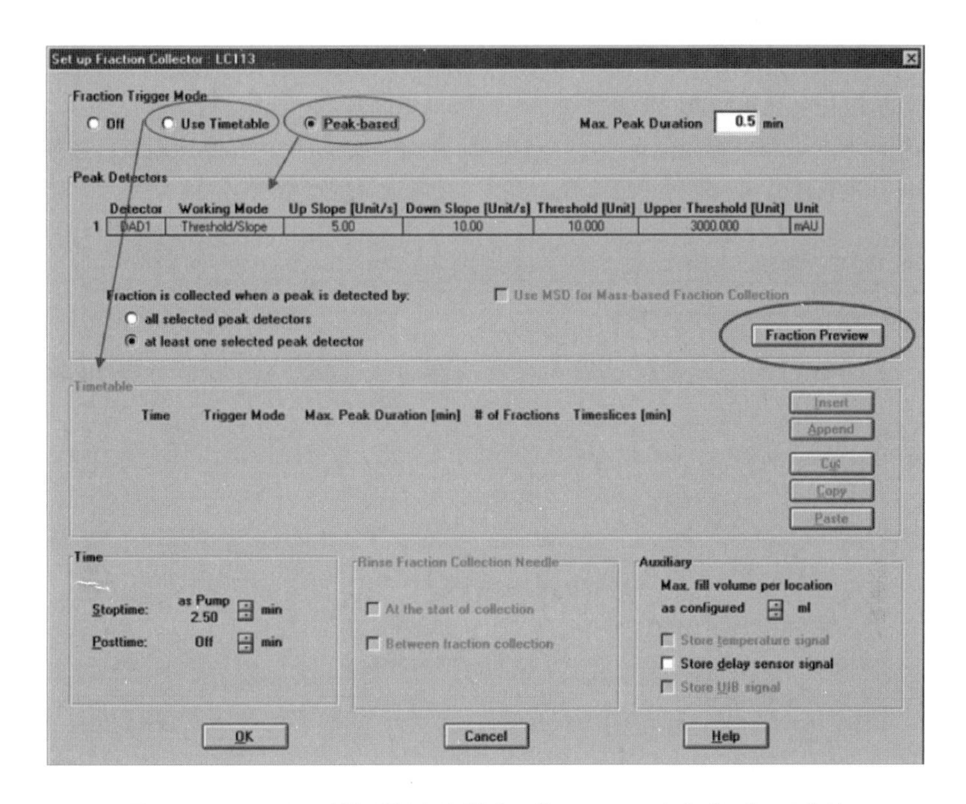

图 10 -26　Agilent 制备型液相色谱仪 “Instrument 1 Online” 工作站
馏分收集器参数设置界面示意图

- Peak Decectors——按照出峰的性质进行馏分收集。

　　Detector——若有多个检测信号，选取正确信号为馏分收集的工作信号。

　　Working Mode——选择该信号触发馏分开始/终止的工作模式，Off 为不触发馏分的收集；Slope only 为仅用信号出峰的上升/下降斜率触发馏分的收集。

Threshold only 为仅用信号出峰的阈值（峰高）触发馏分的收集；Threshold/Slope 为当信号出峰的上升斜率和阈值都满足设定要求，即开始收集馏分，当信号出峰的下降斜率或阈值中任一条件满足设定要求，即停止收集馏分。

此外，Up Slope 为信号峰的上升斜率；Down Slope 为信号峰的下降斜率；Threshold 为信号峰的阈值（峰高）；Upper Threshold 为顶部阈值，一旦信号超过此阈值，则自动停止收集。

Fraction is Collected when a peak is detect by 为若有多个检测器，则选择所有检测器均出峰才激发馏分收集还是任一信号满足条件，即触发馏分收集。

- Time table（根据时间表参数收集馏分）：

　　Time——触发时间。

　　Trigger mode——选择该信号触发馏分开始/终止的工作模式：Time - based 为从该时间起收集馏分；Peak - based 为从该时间起，按照 Peak detectors 表格内的工作参数进行基于信号峰的馏分收集；Off 为关闭馏分收集。

此外，Max. Peak Duration 为当既定时间段内，出峰的信号还是没有回落到基线，立即停止收集；# of Fraction 为该时间段内按照次数等分收集。

例如，Time 设定为 1，并选择了 Time – based 收集方式，Time slices 设定为 4，#of Fraction 设定为 3，则从进样后，从 1min 开始收集组分，到 2min 停止收集组分，然后再立刻开始收集，至 3min 停止，然后再立即开始收集，至 4min 停止。

e. 进样/馏分收集的样品信息输入。点击 sampling diagram 上的样品瓶图表，选择 sample information，进入样品信息输入界面（图 10 – 27）。需设置的参数有：

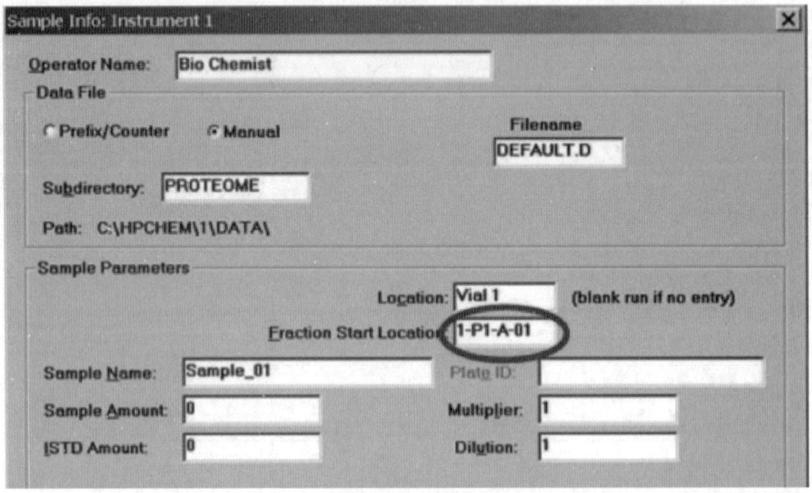

图 10 – 27　Agilent 制备型液相色谱仪 “Instrument 1 Online”
工作站样品信息输入界面示意图

Data file——输入数据文件名称，存储路径。

Sample Parameters——样品参数输入：Location 为自动进样器上放置样品的位置；Fraction Start Location 为全自动馏分收集器上馏分收集瓶/试管的第一个位置（一般会放置一系列收集瓶/试管，以收集不同组分）。

输入其他参数，如样品名称、样品量、稀释/乘积因子、内标量等。

②数据分析

a. 馏分收集结果的查看。点击左侧导航菜单中的 Data analysis，进入数据分析界面（图 10 – 28）。点击 File 菜单中的 Load signal，选择并调用之前进样的图谱。点击下图中的馏分收集任务图表，可以显示该馏分收集的情况，包括图谱和图谱上由绿色部分划出的收集到的馏分情况。其中，左下方的馏分收集样品信息；右下方的馏分收集具体结果。

b. 馏分收集结果的输出。选择 Report 菜单中的 Specify report 一项，进入报告输出设定界面（图 10 – 29）。在界面居中部分的 Add fraction table and ticks 前打勾，以输出馏分收集的详细结果。点击 Report 菜单中的 Print 一项，预览报告输出结果，更可在预览图谱上点击 Print，直接输出。

（5）关机

①试验结束后在关机前，用 10% 甲醇水溶液冲洗柱子 30min，再用 100% 甲醇溶剂冲洗柱子 2h，然后保存方法和仪器设置。

②退出化学工作站，再依据提示关闭泵及其他窗口，关闭计算机。

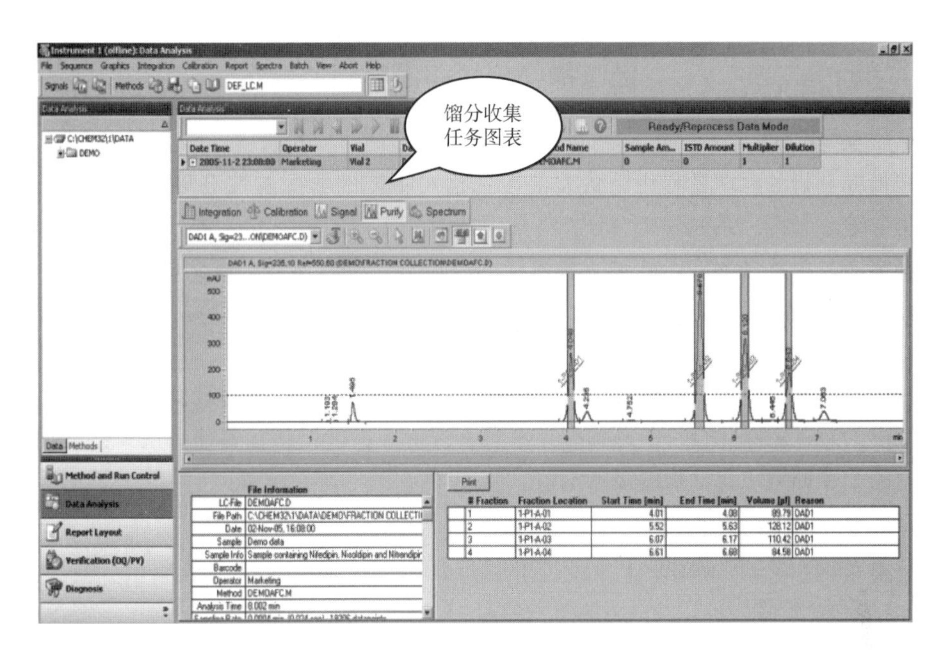

图 10 -28 Agilent 制备型液相色谱仪 “Instrument 1 Offline” 工作站数据分析界面示意图

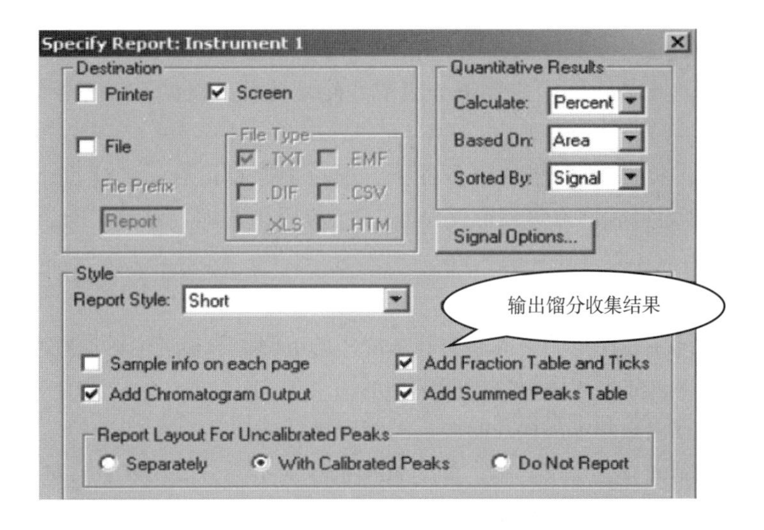

图 10 -29 Agilent 制备型液相色谱仪 “Instrument 1 Offline”
工作站报告输出设定界面示意图

③关闭液相主机各模块电源（不分先后顺序），拔掉电源插头。

④做好仪器使用登记，并清理废液瓶、样品瓶及其他杂物，保持仪器及操作台整洁。

2. 制备型液相色谱日常维护

同本章四、高效液相色谱相应内容。

3. 注意事项

同本章四、高效液相色谱相应内容。

六、滋味稀释分析和滋味阈值测定

（一）实验原理

滋味稀释分析的原理是利用制备型液相色谱对不同的非挥发性滋味化合物进行多级分离，收集浓缩后制得一系列分离馏分。将其中的馏分冻干，并按1:1进行逐步稀释得到一系列的稀释溶液。由感官评价人员对一系列稀释溶液进行感官鉴评，直到尝不到该滋味为止，此时的稀释倍数为滋味稀释因子（taste dilution factor，TD）。TD值越大，则该馏分滋味越强。

滋味阈值指的是滋味活性成分在一定浓度水平下被人体感知到的最低值。其测定原理是将已知浓度的目标滋味化合物不断稀释，由感官评价人员进行感官鉴评，直到尝不到滋味为止，此时的浓度即为该化合物的滋味阈值。

（二）实验仪器

旋转蒸发仪，冷冻干燥仪

（三）实验步骤

在制备型液相色谱将馏分收集之后，因馏分经流动相稀释，不利于感官评价。因此需要对馏分进行浓缩处理，常用的方法为旋蒸蒸发（去除有机试剂）和冷冻干燥（去除水）。之后对收集浓缩后的馏分分别进行滋味稀释分析和阈值测定。

1. 旋蒸蒸发仪的操作步骤

（1）仪器组成　主要由四个主要部分组成：冷凝装置、连接旋转部分、加热装置和真空泵。

（2）工作原理　在加热恒温负压条件下，通过烧瓶在最合适的速度下恒速旋转，使瓶内溶剂扩散蒸发，然后再冷凝回收溶质。广泛应用于浓缩，结晶，分离，回收等实验操作。

（3）操作步骤

①把仪器背面的主控面板的电源插头和水浴锅的电源插头插进电源插座内。

②在水浴锅内加入水至水浴锅体积的4/5。

③分别打开主控面板和水浴锅控制面板上的电源开关。

④在水浴锅控制面板上先按“set”键，此时面板显示屏会出现数字跳动，随后，利用向上和向下键设置需要的温度（一般不超过50℃，以防止倒吸），然后再按两下“set”键，设置完成。

⑤打开水龙头，使冷水充满冷凝管，并保持水的流速适中。

⑥把待浓缩溶液倒入蒸发瓶，待浓缩溶液的体积以不超过蒸发瓶体积的1/2为宜。

⑦关闭排空进料阀，打开真空泵，连接好蒸发瓶。

⑧调节电源开关右侧的升降控制把手，不断调整蒸发瓶在水浴锅内的浸入程度，使蒸发瓶内外液面高度保持一致。

⑨调整主控面板上的旋钮，使蒸发瓶以一定的转速旋转，使瓶及其内部溶液受热均匀，让浓缩开始进行。

⑩当浓缩达到一定程度时，需要把瓶中的溶剂转移。此时，把排空进料阀旋转至进料状态，让其排空数秒，待玻璃系统内外压力一致时，取下蒸发瓶，把其中的溶液转移至其他容

器内。

⑪蒸发完毕后，清洗管路及玻璃零件并放回指定位置，关闭真空泵、水浴锅开关、主控面板开关以及冷凝水开关，关闭电源。

（4）注意事项

①玻璃零件应轻拿轻放，安装前应将其洗干净，擦干或烘干。

②加热槽通电前必须加水，不允许无水干烧。

③如果真空抽不上来，需检查各接头、接口是否密封，密封圈、密封面是否有效、真空泵及其皮管是否漏气、玻璃件是否有裂缝、碎裂、损坏的现象。

④不能在易燃、易爆、含有麻醉剂气体的环境下使用。

⑤做完实验后，应先放真空，再关闭真空泵。

⑥冷凝装置与水管相连，实验前打开，试验结束后记得关闭。

⑦加热装置依样品真空状态沸点而设定，保持接近微沸的状态最佳，温度可由小到大的调整。

⑧选择转速时，一般转速大，效率高，但是容易造成突然沸腾将样品吸走造成不可逆损失。

2. 冷冻干燥仪的操作步骤

（1）仪器组成　真空冷冻干燥机主要由干燥箱、冷凝器（捕水器）、加热系统、真空系统、制冷系统和电气控制系统六大部件组成。

（2）工作原理　冷冻干燥就是把含有大量水分的物质，预先进行降温冻结成固体。然后在真空的条件下使水蒸气直接从固体中升华出来，而物质本身留在冻结的冰架子中，从而使得干燥制品不失去原有的固体骨架结构，保持物料原有的形态，且制品复水性极好。然后在适当的温度和真空度下进行冰晶升华干燥，等升华结束后再进行解吸干燥，除去部分结合水，从而获得干燥的产品的技术。

（3）操作步骤

①将冻干机和泵的电源接通，打开真空冷冻干燥机的泵的开关，并将振气阀的孔旋转至露出来，保持30min（预热泵）。

②打开真空冷冻干燥机的开关，拧紧机器左侧的排水阀和排气阀，关上振气阀的孔，保持30min（机器进行自检）。

③点击冻干机“运行模式”，再点击“预冻”，冷阱温度开始下降，使冷阱温度下降至稳定（大约显示 -53℃，5min 左右可以达到稳定）。

④再点击“预热”（程序已经设定预热时间为20min），在预热的20min时间里，将冷冻好的装有样品的培养皿从冰箱拿出来，用剪刀在保鲜膜上扎一些孔，在将装有样品的培养皿放入真空冷冻干燥机的样品室中，盖上盖子。

⑤当机器提示已经预热好了，是否进行主干燥时，点击确定，进行主干燥，保持15h。

⑥点击机器面板的“终止干燥”，保持30min。

⑦打开振气阀，保持30min后，关泵。

⑧点击机器面板的“停止”，缓慢打开排气阀，用手感受气孔处有微微吸力，直至与大气连通。

⑨一段时间后（大约0.5h），取下机器上方罩子，取出样品，打开排水阀，并除霜，融

化的霜从排水阀流出，出口处放置一个废液瓶。

⑩将样品放入粉碎机制粉，装袋保存。

⑪关闭机器开关，并将机器擦拭干净。关闭机器和泵的电源。

（4）注意事项

①打开冻干机开关后，机器会提示需要维护，先点击“取消”，再点击“好了”即可。

②主干燥的时间依据样品不同，干燥的时间也不同。

③主干燥开始时，真空度需要在15min内达到设定的0.8Pa，否则机器会报警提示，故主干燥开始后，需要守在机器旁一段时间，确保机器达到设定参数并保持稳定。

3. 滋味稀释分析操作步骤

实验流程：将样品中呈味组分通过制备型液相色谱进行制备和富集，将富集得到的组分旋转蒸发浓缩，冷冻干燥后复溶，按照1∶1（体积比）的比例逐步稀释。每个组分按照稀释倍数从高至低分配至感官品评人员进行品评，每个稀释倍数的溶液都需要进行三角实验。直至有超过50%的感官评价人员不能区分某一稀释梯度的呈味溶液与两个空白样品之间的差异时，则将前一个稀释倍数定义为该呈味化合物的稀释因子（TD）。每个组分的TD值取自所有感官品评人员品评结果的平均值。要求每个组分的TD值的误差不超过1个稀释水平，品评结果才有效。随后，按化合物TD因子的大小进行排序。TD越大，贡献越大。感官评价方法如下：

感官鉴评参考国际标准BSISO 16820：2004 *Sensory analysis - Methodology - Sequential analysis*。感官评审小组应由训练有素的感官评价人员（有男有女）组成。所有成员均无任何味觉障碍或相关病史。为了增强对五种基本味觉的感知，采用三角试验法对感官评审人员进行为期3周的培训，并用以下标准化合物配制成的溶液作为五种基本味觉标准品，以保证其对味觉感知的灵敏性：乳酸（20mmol/L）为酸味标准品；蔗糖（50mmol/L）为甜味标准品；硫酸奎宁（0.05mmol/L）为苦味标准品；咸味标准品为NaCl（12mmol/L）；谷氨酸钠（8mmol/L）用于鲜味标准品。感官训练在独立、特定的感官评价室进行，室温维持在22～25℃。为了在感官评价过程中尽量减少感官评价人员对有毒化合物的摄入，对每个样品感官评价完成后，都要求感官评价人员将样品吐出。实验过程中，感官评价人员每次取1mL的样品转移到舌头的味觉感知区域来感知滋味的强度。样本在口腔内的停留时间为10s，然后吐出，回味呈现的味觉，品评人员需要在每组样品中挑选出含有某种味觉特征的样品。再用清水漱口，直到感知不到滋味存在为止。每完成一个样品的感官评价后休息10min。直至有超过50%的感官评价人员不能区分某一稀释倍数的呈味物质溶液与两个空白样品之间的差异，且都能感知到上一个稀释倍数的呈味物质溶液与两个空白样品之间的差异为止。

4. 感官三角试验的操作步骤

将每一个待测样品和另外两个与之对应的空白样品组成一组，并用四位数字随机编号提供给10位品评人员进行品评，每人品评三次。感官品评人员在开始品评之前需要用纯净水漱口，保持口腔干净无异味，戴上鼻夹。感官品评人员每次从一组样品中依次取其中一个样品进行品尝，在口腔中保持10s后吐出样品，回味呈现的味觉，品评人员需要在每组样品中挑选出与其他两种样品存在差别的样品。单个样品品评结束后，用纯净水漱口，确保舌头恢复正常后才能进行下一组样品的品尝。

感官三角实验记录表设计如表10-1所示，仅供参考。

表 10－1　　感官三角实验记录表

姓名		日期		实验编号			
产品名称							

请按下列次序品尝样品并回答问题

次序　1、　　　　　　　2、　　　　　　　3、

一、在上述三个样品中，有两个样品是相同的，另一个是不同的。请挑出不同的样品，并把代号填入下方框中。

二、对于不同样品和相同样品之间的差别程度，请你在相应的横线上面“√”

a. 差别很大________________

b. 差别不大________________

c. 没有差别________________

三、如果你认为样品有差别，请你选择你所喜欢的样品，在相应的横线上画“√”

a. 相同的样品________________

b. 不同的样品________________

四、你对你的选择有多肯定？（在下表中选择一项）

	肯定
	几乎肯定
	有些怀疑
	猜测的

请评价所有的样品。

请评价那个不一样的样品________________________________

____

请评价另外两个样品________________________________

____

如果有差异，请问此种差异你认为是否可以接受？□是　　　　□否

5. 滋味阈值测定的操作步骤

将含有待测定呈味物质的水溶液经 1∶1 稀释成一系列浓度梯度（初始可先稀释为 7 个梯度），每个浓度的样品和另外两个空白（水）组成一组（涩味测定是一个样品和一个空白组成一组），并用四位数字随机编号提供给 10 位品评人员进行品评，每人品评三次。感官品评人员在开始品评之前需要用纯净水漱口，保持口腔干净无异味，戴上鼻夹。感官品评人员使用干净的一次性吸管每次吸取 1mL 的样品放至舌头相应的味觉感受区域，闭口，让样品由味觉感受区域中央向四周扩散，进行品尝，在口腔中保持 10s 后吐出样品，回味呈现的味觉，品评人员需要在每组样品中挑选出含有某种味觉特征的样品。

单个样品品评结束后，用纯净水漱口，确保舌头恢复正常后才能进行下一个样品的品尝。在做涩味和苦味阈值测定时，由于涩味和苦味会长时间停留在舌头上，影响后面样品的判断，由稀释倍数高的样品组向稀释倍数低的样品组进行感官评测，且每品评完每一个样品后用，可用 pH 等于 8.5 的苏打水漱口，消除上一个样品残留的涩味或苦味。待 7 个梯度样品组品评完后，按浓度由低到高的顺序整理数据，若有超过 50% 的感官评价人员不能区分某一稀释倍数的呈味物质溶液与两个空白样品之间的差异，且都能感知到上一个稀释倍数的呈味物质溶液与两个空白样品之间的差异，则取这两个稀释倍数对应的浓度的几何平均值为品评人员的个人识别阈值；取个人最佳识别阈值的几何平均值为小组最佳识别阈值；否则，需要从目前能区分差异的稀释倍数开始，继续扩大稀释倍数，直至有超过 50% 的感官评价人员不能区分某一稀释倍数的呈味物质溶液与两个空白样品之间的差异，且都能感知到上一个稀释倍数的呈味物质溶液与两个空白样品之间的差异为止。

附录

缩略词表

英文缩写	英文全称	中文全称
AADC	Aromatic amino acid decarboxylase	氨基酸脱羧酶
AEDA	Aroma extract dilution analysis	香气提取物稀释分析
AGEs	Advanced Glycation End－products	晚期糖基化终产物
APcI－MS	Atmosphere pressure chemical ionization mass spectrometry	大气压化学电离质谱法
ASICs	Acid－sensing ion channels	酸敏感离子通道
BMI	Body Mass Index	体重指数
CAR	Carboxen	碳分子筛
cGMP	Cyclic guanosine monophosphate	细胞内环磷酸鸟苷
CI	Chemical ionization	化学电离
CNG channel	Cyclic nucleotide－gated channel	cAMP 敏感的环核苷酸门控通道
DAD	Diode array detector	光电二极管阵列检测器
DESI	Desorption electrospray ionization	解吸电喷雾电离
DHDA	Dynamic headspace dilution analysis	动态顶空稀释
DHS	Dynamic headspace sampling	动态顶空分析
DMADP	Dimethyl allyl pyrophosphate	二甲基烯丙基焦磷酸
DoT	Dose over threshold	剂量比阈因子
DVB	Divinyl benzene	二乙烯基苯
EESI	Extractive electrospray ionization	电喷雾萃取电离
EGF	Epidermal growth factor	表皮生长因子
EI	Electron bombardment ionization	电子轰击电离
ELSD	Evaporative light scattering detector	蒸发光散射检测器
ENaC	Epithelial sodium channel	功能性上皮钠通道
ESI	Electrospray ionization	电喷雾电离

续表

英文缩写	英文全称	中文全称
FAB	Fast atomic bombardment	快原子轰击
FFT	2 – Furfurylthiol	糠硫醇
FLD	Fluorescence detector	荧光检测器
Furaneol	2,5 – Dimethyl – 4 – hydroxy – 3(2*H*) – furanone	2,5 – 二甲基 – 4 – 羟基 – 3(2*H*) – 呋喃酮
G6P	D – glucose – 6 – phosphate disodium salt hydrate	6 – 磷酸 – D – 葡萄糖二钠盐水合物
GABA	Gamma – aminobutyric Acid	γ – 氨基丁酸
GC × GC – MS/O	Comprehensive two – dimensional gas chromatography – mass spectrometry/olfactometry	全二维气相色谱 – 质谱 – 嗅闻
GC – MS	Gas chromatography – mass spectrometry	气相色谱 – 质谱联用
GC – O	Gas chromatography – olfactometry	气相色谱 – 嗅闻
GFC	Gel Filtration Chromatography	凝胶过滤色谱
Golf	Olfactory neuron specific – G – protein	嗅觉神经元特异性 G – 蛋白
GPC	Gel Permeation Chromatography	凝胶渗透色谱
GPCRs	G – Protein – Coupled Receptors	G – 蛋白偶联受体
HCN	Cyclic nucleotide – gate cation channel	环核苷酸门控通道
HED	High Energy Density	高能量密度
5 – HMF	5 – Hydroxymethylfurfural	5 – 羟甲基糠醛
HPLC	High performance liquid chromatography	高效液相色谱
IMP	Inosine 5′ – monophosphate	肌苷酸
In – tube SPME	In – tube Solid Phase Microextraction	管内固相微萃取
IPP	Isopentenyldiphosphate	异戊二烯基焦磷酸
KGA	5 – Ketogluconic acid	5 – 酮基 – 葡萄糖酸
LC – MS	Liquid chromatography – mass spectrometry	液相色谱 – 质谱联用技术
LED	Linear Energy Density	低能量密度
LIE	Liquid – liquid extraction	液 – 液萃取法
LOX	Lipoxygenase	脂肪氧合酶
LSIMS	Liquid phase secondary ion mass spectrometry	液相二次离子质谱
M3 – R	M3 muscarinic acetylcholine receptor	M3 型乙酰胆碱蕈毒碱受体
MALDI	Matrix – assisted laser desorption ionization	基质辅助激光解析电离
MEP	Methyl erythritol 4 – phosphate	甲基赤藓糖醇 4 – 磷酸盐
Mesifuran	2,5 – Dimethyl – 4 – methoxy – 3(2*H*) – furanone	2,5 – 二甲基 – 4 – 甲氧基 – 3(2*H*) – 呋喃酮

续表

英文缩写	英文全称	中文全称
MFT	2 – Methyl – 3 – furanthiol	2 – 甲基 – 3 – 呋喃硫醇
MRM	Multiple response monitoring	多反应监测
MS	Mass spectrometry detector	质谱检测器
MSF	Modified sham feeding	改良的假性饮食
MVA	Acetyl coenzyme A	乙酰辅酶 A
NCAM	Neural cell adhesion molecule	神经细胞黏附分子
NEFA	Nonesterified fatty acid	非酯化脂肪酸
NIZO	Nederlandsche Instituut voor Zuivelonderzoek	荷兰乳品研究所
NMR	Nuclear magnetic resonance	核磁共振波谱技术
NPD	Nitrogen Phosphorus Detector	氮磷检测器
OAV	Odor activity value	气味活性值
OB	Olfactory bulb	嗅小球
OE	Olfactory epithelial cell	嗅觉上皮细胞
OICTP	Odor – induced changes in taste perception	气味诱导的滋味增强
OISE	Odor – induced saltiness enhancement	气味诱导的咸味增强
OMTs	*O* – methyltransferases	*O* – 甲基转移酶
OR	Olfactory receptors	嗅受体
OSNs	Olfactory sensory neurons	嗅觉感觉神经元
P&T	Purge & trap	吹扫 – 捕集
PA	Polyacrylate	聚丙烯酸酯碳分子筛
PDMS	Polydimethylsiloxane	聚二甲基硅氧烷
PID	Photo ionization detectors	光离子化检测器
pre – HPLC	Preparative high performance liquid chromatography	制备型高效液相色谱
PTV	Programmed temperature	程序升温气化进样
Q	Quadropole	四极杆质谱
R5P	D – Ribose – 5 – phosphate disodium salt	5 – 磷酸 – D – 核糖二钠盐
RID	Refractive index detector	示差折光检测器
RTPs	Receptor – transporting proteins	受体转运蛋白
SAAT	Strawberry alcohol acyl – CoA transferase	草莓醇基辅酶 A 转移酶
SAFE	Solvent assisted flavor evaporation	溶剂辅助风味蒸发
SBSE	Stir bar sorptive extraction	搅拌棒吸附萃取
SDE	Simultaneous distillation extraction	同时蒸馏提取法
SFE	Supercritical fluid extraction	超临界流体萃取

续表

英文缩写	英文全称	中文全称
SHA	Static head analysis	静态顶空分析
SIDA	Stable isotope dilution array	稳定同位素稀释分析
SIM	Selected ion monitoring	选择离子监测
SPDE	Solid – phase dynamic extraction	固相动态萃取
SPME	Solid – phase microextraction	固相微萃取
SSA	Sensory – specific appetite	感官特异性食欲
SSS	Sensory – specific satiation	感官特异性饱腹感
TAV	Taste active value	滋味活度值
TD	Taste dilution factor	滋味稀释因子
TDA	Taste dilution analysis	滋味稀释分析
TF – SPME	Thin film solid phase microextraction	薄膜固相微萃取
TIC	Total ion chromatogram	总离子流图
TOF	Time of flight	飞行时间质谱
TRC	Taste receptor cell	味觉受体细胞
TRPM5	Transient receptor potential M5	瞬时受体电位通道 M5
UF	Ultrafiltration	超滤
VAS	Visual analogue scale	视觉感官评分
VOCs	Volatile organic compounds	挥发性有机化合物